U0382126

贵州苗族侗族女性传统服饰传承研究

A Study on the Inheritance of the Traditional Costume of the Miao and the Dong Women in Guizhou

周梦 著

中国社会科学出版社

图书在版编目（CIP）数据

贵州苗族侗族女性传统服饰传承研究／周梦著．—北京：中国社会科学出版社，2017. 11

ISBN 978 - 7 - 5203 - 1308 - 7

Ⅰ.①贵…　Ⅱ.①周…　Ⅲ.①苗族—女性—服饰文化—研究—贵州②侗族—女性—服饰文化—研究—贵州　Ⅳ.①TS941. 742. 816 ②TS941. 742. 872

中国版本图书馆 CIP 数据核字(2017)第 267208 号

出 版 人　赵剑英
责任编辑　王　茵
责任校对　崔芝妹
责任印制　王　超

出　　版　中国社会科学出版社
社　　址　北京鼓楼西大街甲 158 号
邮　　编　100720
网　　址　http://www.csspw.cn
发 行 部　010 - 84083685
门 市 部　010 - 84029450
经　　销　新华书店及其他书店

印刷装订　北京君升印刷有限公司
版　　次　2017 年 11 月第 1 版
印　　次　2017 年 11 月第 1 次印刷

开　　本　710 × 1000　1/16
印　　张　38. 75
插　　页　2
字　　数　656 千字
定　　价　188. 00 元

国家社科基金后期资助项目

出 版 说 明

后期资助项目是国家社科基金设立的一类重要项目，旨在鼓励广大社科研究者潜心治学，支持基础研究多出优秀成果。它是经过严格评审，从接近完成的科研成果中遴选立项的。为扩大后期资助项目的影响，更好地推动学术发展，促进成果转化，全国哲学社会科学规划办公室按照“统一设计、统一标识、统一版式、形成系列”的总体要求，组织出版国家社科基金后期资助项目成果。

全国哲学社会科学规划办公室

目　录

导　论

第一节　研究的缘起

一　研究课题的确定

一个民族的民族传统服饰具有物质与精神的双重属性：它既是一个民族物质文明发展水平的体现，也是这个民族精神文明的外化与显现，承载着这个民族的历史、习俗、审美等诸多文化因素。“民族认同要求共享这一认同的人应该拥有共同的东西，即具有一系列特征，过去经常被称为‘民族特性’，我更愿意把它描述成一种共同的公共文化”①，在这种共同的公共文化中，服饰文化是非常重要的组成部分，而具体到贵州的苗族侗族女性传统服饰，因其悠久的历史所传承下来的精美的技艺、因其支系众多而衍生的款式多样性、因其没有自己的文字而使得服饰承载的记录历史的特性等，这些都使得贵州的苗族侗族女性传统服饰具有重要的研究价值。

笔者对贵州苗族侗族女性传统服饰的传承产生兴趣，要追溯到2007年第一次到贵州进行田野调查的时候，当地颇具古风的苗族侗族女性传统服饰吸引了笔者的注意。随后，笔者多次到贵州进行实地田野调查。② 在调查中，笔者发现与贵州苗族侗族男性传统服饰相比，这个地区的女性传统服饰留存更好、更具有鲜明的民族特征。其实男女装的这种差异性由来已久：

① ［英］戴维·米勒：《论民族性》，刘曙辉译，译林出版社2011年版，第25页。

② 笔者的田野调查选择在苗族侗族服饰保存较好的雷山、榕江、从江、台江、丹寨等县作为调查的几个主要地点。

早在20世纪50年代，在台江进行田野调查的学者①就发现了贵州地区苗族男性服饰的差异性较小，各个地区的款式基本相同。与此相对，女装则在各个地区较多地保留了它的古风，其款式都有着独特的风格。在款式的变化速度上，男装的变化速度快，而女装的变化速度较慢。如在20世纪初，台江地区的男子还穿着衣长过脐的右衽大襟衣，下配裤脚达50厘米的阔腿裤，但因为劳作等原因，这种装束渐渐退出了历史的舞台。如果对服饰的演变进行考察，其苗族男装的演变主要遵从实用的角度，而女装则是实用与美观并重，因此，其演变的速度要更慢，换言之，其对传统的保留则更多。《苗族社会历史调查（一）》还提到，男装只有更换的，至多备一套新的，而女性的服装数量较多：其新衣少的也有三四件，多的有六七件，甚至十多件。相比男装的稳定性和较少的变化而言，贵州地区的苗族侗族女装甚至可以成为判定穿着者的民族或支系的文化符号，也因此面临的传承问题更为严重。于是，笔者将研究固定到对贵州苗族侗族女性服饰传承的研究上。

产生对《贵州苗族侗族女性传统服饰传承研究》这一课题研究的兴趣，主要有三个层面的因素。

其一，贵州苗族侗族女性服饰的外观因素。施赖贝尔（Hermann-Schreiber）在《羞耻心的文化史——从缠腰布到比基尼》一书中曾这样写道："为衣服大犯其愁，不胜烦恼的事似乎已经过时，因为现在衣服一个劲儿地越缩越小，到头来会消失得无影无踪。"② 可以说这适合现今中国大部分地区的女性服饰，但对于有着悠久历史和民族文化的贵州苗族侗族女性服饰，尤其是她们的盛装来说，这种趋势似乎并不适用。如果从服饰学的角度来讲，贵州苗族侗族女性的服饰，无疑是"加法"的艺术，这其中不仅包括其服装的各个组成部分，还包括其美丽而又种类繁多的饰品，这些饰品从头饰、颈饰、胸饰到腰饰、手饰，与各个部位的衣服一起构成了盛装。贵州地区苗族侗族女性服饰，尤其是女性盛装各部分组成上的这种"加法"的美具有一种魅力，它同传统的民族历史与文化之间有着相对较为紧密的联系，这种联系构成了它独特的外观，也是吸引笔者想要深入探究

① 贵州省编辑组：《苗族社会历史调查（一）》，贵州民族出版社1986年版。

② ［德］赫尔曼·施赖贝尔：《羞耻心的文化史——从缠腰布到比基尼》，辛进译，生活·读书·新知三联书店1988年版，第1页。

的重要因素。

其二，贵州地区苗族侗族女性服饰的文化内涵。贵州地区苗族侗族女性服饰背后还凝聚着贵州地区苗族侗族的女性文化和地域文化。首先来看女性文化：陈国钧先生在数十年前的《苗族妇女的特质》一书中曾如此评价苗族妇女："笔者多年来深入苗夷区域实地调查，对苗夷族时常接近，深觉他们有许多瑰异的特质，实在难能可贵，尤其是他们的妇女，可说在中国，是最艰苦耐劳，最自立自重，于社会、于国家，是最有贡献，最使我们敬佩的妇女了。"① 服饰文化是贵州地区苗族侗族女性文化的重要组成部分，直到信息化时代、生活节奏日益加快的今天，相当一部分的妇女依然固守着传统的从面辅料材料准备到服装裁制、缝纫、刺绣的各部分工序，从而也使得其女红文化在这一针一线之间传承了下来。再来看地域文化："作为人类社会群体之一种，每一个民族在特定地域内的生产活动、居住习惯、心理素质等，都与其所处的地理环境发生互动关系。"② 贵州地区因其特殊的地域特点，使得居住在其间的苗族和侗族的民族服饰具有鲜明的地区色彩以及强烈的易辨识性。

其三，贵州地区苗族侗族女性服饰的传承现状与趋势。"模仿流动现象可分为横向的地域性的扩大和纵向的时代性连贯持续两种。前者叫传播，后者叫传承。"③ 贵州苗族侗族女性传统服饰尤其是其盛装服饰，是复杂而具有装饰性的，在今天它会向简洁机能化的方向转变，其变化的方向是从复杂的、装饰性的、庄重的、束缚的原型向着简单的、实用的、平常化的、轻装化的方向进行转变，从而完成由复杂的装饰性的礼服化向简朴的机能性的便装化的转变。这种趋势使得对苗族侗族女性传统服饰尤其是盛装服饰的研究迫在眉睫。

研究贵州地区苗族侗族女性服饰的传承问题，主要的切入点是物质文化遗产层面的苗族侗族女性服饰实物与非物质文化遗产层面的苗族侗族服饰技艺。与作为物质文化遗产层面的"静态的"苗族侗族服饰实物不同，非物质文化遗产层面的苗族侗族服饰技艺是"动态的"，它也是贵

---

① 吴泽霖、陈国钧：《贵州苗夷社会研究》，民族出版社2004年版，第59页。

② 管彦波：《民族地理学》，社会科学文献出版社2011年版，第242页。

③ 李当岐：《服装学概论》，高等教育出版社1998年版，第196页。

州地区苗族侗族女性服饰传承的根本。

传承应该包括实物的保护、技艺的传播、文化的保存研究这三方面的内容。需要国家、当地政府、各相关研究机构、当地群众、苗族侗族传统服饰的爱好者共同努力。

综合以上三方面原因，笔者决定开始对《贵州苗族侗族传统服饰的传承研究》这一课题的研究。

二 所研究之民族

（一）苗族

苗族起源于古代的“蛮”。汉代以后，蛮分化为“长沙蛮”和“武陵蛮”。其中“武陵蛮”主要聚居在今天湘、鄂、川、黔四省毗邻的武陵山区，经过数百年生息繁衍，逐渐形成苗族。

现代苗语方言繁多，民族自称也因方言不同而有所差异。大体上，操东部方言（湘西方言）的苗族自称为 qoçiuŋ（果雄），操中部方言（黔东方言）的苗族自称为 mao（模），操西部方言（川滇黔方言）的苗族自称为 moy（蒙）。① 追根溯源，分化前的原始苗瑶民族的自称为 * mrwan > * mjwan，意为“人”，汉文文献记作“蛮”。苗瑶分化后，苗族和使用苗语支语言瑶族的自称变为 * mjwan^{A} * mr̥eŋ^{A}， * mr̥eŋ^{A}意为“绣纹布”， * mjwan^{A} * mr̥eŋ^{A}即“穿绣纹布的人”。“好五色之服”的“蛮”认为刺绣是文明的具体体现， * mr̥eŋ^{A}正是彰显本民族是一个文明的民族。在后来的历史发展中，苗族自称中的 * mjwan 脱落，仅保留 * mr̥eŋ^{A}。②

苗族的汉语他称“苗”，来自苗族自称的对音。③④ 以“苗”称民族始见于唐代。白居易《自蜀江至洞庭湖口有感而作》有“疑是苗人顽，恃险终不役”。《蛮书》记载了咸通三年（862 年）春“黔、泾、巴、夏四邑苗众”的事迹。⑤ 宋代以后，苗作为苗族的民族名称逐渐确定下来，又根据苗族不同支系的特征，陆续衍生出“八番苗”“紫江苗”“长裙苗”“短裙

---

① 龙海清：《苗族族名及自称考释》，《贵州民族研究》1983 年第 4 期，第 59—66 页。

② 石德富：《苗瑶民族的自称及其演变》，《民族语文》2004 年第 6 期，第 22—28 页。

③ 吕思勉：《中华民族源流史》，九州出版社 2009 年版，第 224 页。

④ 杨庭硕：《人群代码的历史过程——以苗族族名为例》，贵州人民出版社 1998 年版，第 59 页。

⑤ （唐）樊绰：《蛮书》，文渊阁四库全书，卷十，1776 年（清乾隆四十一年）。

苗”“黑苗”“红苗”“白苗”“青苗”“花苗”等一系列他称（见表1）。

现代贵州苗族分布在贵州省黔东南州、黔南州、黔西南州、松桃县、紫云县、务川县、水城县等地区，[①] 苗族内部支系众多。这些支系根据衣着、居住地的不同被冠以不同名称。《大明一统志》卷八十八载：明代贵州“夷人类种非一，曰……东苗、西苗、紫姜苗、卖爷苗，习俗各异”[②]。清陆次云《峒溪纤志》载：“苗人……尽夜郎境多有之，有白苗、花苗、青苗、黑苗、红苗。苗部所衣，各别以色，散处山谷，聚而成寨。”[③] 日本学者鸟居龙藏也是根据服色差异将苗族分为五支：红苗、黑苗、白苗、青苗、花苗，其中红苗是着红色衣服、青苗是着青色衣服、白苗是着白色衣服、黑苗是着黑色衣服、花苗是着蜡染及绣花衣服。[④]

表1　　清代苗族不同支系的分类[⑤]

分类标准	名称
衣服颜色	青苗、白苗、黑苗、红苗等
衣服花纹	花苗、大花苗、小花苗、花衣苗等
衣裙样式	长裙苗、短裙苗、围裙苗等
髡髻形饰	尖顶苗、鸦雀苗、爷头苗、葫芦苗等
居住地域	高坡苗、平地苗、城边苗、山苗、坝苗、车苗、箐苗等
居住地名	清江苗、洪州苗、西溪苗、加车苗、滚塘苗、东寨苗、平伐苗、克孟牯羊苗、谷蔺苗、紫姜苗、八寨苗等
居住方位	东苗、西苗等
职业	打铁苗、丝姑苗等
服装模样	古董苗、枕头苗、凸洞苗等
姓氏	蔡家、宋家、龙家、冉家蛮等

（二）侗族

一般认为侗族起源于古代的“骆越”。骆越原居住在今天广西苍梧一

① 贵州省统计局、国家统计局贵州调查总队：《贵州统计年鉴2013》，中国统计出版社2013年版，第426页。

② （明）李贤等：《大明一统志》，三秦出版社1990年版，第1350页。

③ （清）陆次云：《峒溪纤志》，载胡思敬《问影楼舆地丛书第一集》，1908年（清光绪三十四年）。

④ ［日］鸟居龙藏：《苗族调查报告》，国立编译馆译，贵州大学出版社2009年版，第30—31页。

⑤ 张中奎：《改土归流与苗疆再造：清代“新疆六厅”的王化进程及其社会文化变迁》，中国社会科学出版社2012年版，第71页。

带，使用侗台语。魏晋之后，这些部落被泛称为“僚”。后其中一支向北迁徙①，定居在黔桂交界地区，逐渐演化为一系列使用侗水语支语言的民族。根据语言学研究，台、侗水语支分化约在东晋至唐代的数百年间②，侗语和水语分化约在宋末至明中叶。③ 现代贵州侗族主要分布在黔东南州、玉屏县、碧江区、石阡县等地区。④

侗族自称为 kam^{1}（或 $kjam^{1}$、$ţəm^{1}$），各地基本一致。⑤ 在湘黔桂之通道、黎平、三江的三县交界一带，侗族内部还有 $kam^{55}lan^{31}$（老侗）、$kam^{55}ţau^{31}$（皎侗）、$kam^{55}tan^{33}$（旦侗）三部分互称。⑥⑦ 侗族为何自称为 kam^{1}，学者意见纷杂，有路口兼洞说、设围说、地理环境说、人称洞崽说、设围环境社会组织兼备说、地名说和巢居说等多种观点。⑧

侗族的汉语他称“侗”⑨ 也有不同解释。⑩ 陆游《老学庵笔记》卷四

---

① 侗族的“祖源”歌中有这样的叙述：“我们的祖先不是住在别的地方，正是在那梧州（Mu Shu）的沙洲旁，人口逐渐发展，村庄住满了，粮食不够吃，大家才离开了家乡，造只船儿，撑上河来，来到办逛（地名），石姓住罗（地名），杨姓住我（今贵州榕江车江一带，古属内古州）。”中国科学院民族研究所、贵州少数民族社会历史调查组：《侗族简史简志合编》（内部资料），1963 年。

② 石林：《侗台语的分化年代探析》，《贵州民族研究》（季刊）1997 年第 2 期，第 131—147 页。

③ 王炳江、史梦薇：《侗水语分化的语言年代学考察》，《法制与社会》2010 年第 8 期，第 254 页。

④ 贵州省统计局、国家统计局贵州调查总队：《贵州统计年鉴 2013》，中国统计出版社 2013 年版，第 426 页。

⑤ 梁敏、张均如：《侗台语言的系属和有关民族的源流》，《语言研究》2006 年第 26 卷第 4 期，第 8—26 页。

⑥ 阿伍：《侗族的族称》，《贵州民族研究》（季刊）2003 年第 4 期，第 30 页。

⑦ 吴世华：《侗族原始支系初探》，《贵州民族研究》（季刊）1988 年第 2 期，第 125—12 页。

⑧ 张民：《探侗族自称的来源和内涵》，《贵州民族研究》（季刊）1995 年第 1 期，第 89—94 页。

⑨ “侗”有“洞”“峝”“硐”等异体字，见于明嘉靖《贵州通志》、弘治《贵州图经新志》、郭子章《黔记》、田汝成《行边纪闻》。明末邝露《赤雅》、顾炎武《天下郡国利病书》称之为“狪”，专指人称。清代方志相沿不改，如嘉庆《一统志》《柳州府志》《广西通志》《桂平县志》《贵州通志》《黎平府志》《天柱县志》等，都分别延用“狪”“峒”“洞”“硐”。20 世纪 30 年代，徐松石《粤江流域人民史》改用“狪”。至 40 年代，《三江县志》以及梁瓯第《车寨社区调查》才用“侗”。张民：《关于侗族族源的探讨与商榷》，《民族论坛》1992 年第 2 期，第 47—51 页。

⑩ 例如，侗族居处山中小坝，形若“洞天”，谓之“峒民”；“侗之所以被别的民族称为‘峒人’（侗人），乃与其历来选择较平的地点聚居这一事实有关”；“侗人居谿洞中，又谓之峒人”；侗或因其“与苗民随同南窜，由是为侗民”；“侗”是袭“洞庭族”的“洞”；“洞”是侗语“金”（洞）的音意”；或由于历史上在这一地区设置州、峒，对其民称为“峒民”或“峒人”，久而久之，演为对侗族的专称，遁行政单位之名以为名。张民：《侗族史研究述评》，《贵州民族研究》（季刊）1987 年第 3 期，第 103—111 页。

载："辰、沅、靖州蛮，有犵狑、有犵獠、有犵獵"①，这些称谓应当源于当时侗族各支系自称的对音。有学者主张侗族习惯把河溪分成 toŋ^{53} (dongv，意为"段，节"②）归为村寨，汉文文献称为"溪洞"③。有学者认为"侗"来自古侗台语，至今壮语仍称（山间）平地、坝子为 doengh (toŋ^{6})，历代常用"峒""垌""洞""同""栋""东""动"等汉字音译。④《隋书·炀帝纪下》载："高凉通守洗珤彻举兵作乱，岭南溪洞多应之。"敦煌所出《唐开元户部格残卷》称："岭南土人任都督刺史者……百姓市易，俗既用银，村洞之中，买卖无秤。"《通鉴》卷二百四十九大中十二年六月条记峰州"有林西原，其旁七绾洞蛮，常助中国戍守"。⑤ 又《旧唐书》窦群传载：元和中，"在黔中属大水坏其城郭，复筑其城，征督谿洞诸蛮，程作颇急，于是，辰、锦生蛮，乘险作乱，群讨之不能定"。⑥《桂海虞衡志》载：羁縻"大者为州，小者为县，又小者为洞"。⑦ 洞中之人，便被称为"洞蛮""洞民""洞丁""洞人"。最初，"洞"并不专指某一民族，如洞苗，但久而久之，"洞"演化成专指侗族。

至清代，侗族妇女自纺自织的"洞锦""洞布"已闻名于世。

三　调查地点的选取

调查地点的选取是一个非常重要的问题，苗族传统女性服饰在贵州、湖南、湖北、四川、云南、广西、海南等省区均有留存，侗族传统女性服饰在贵州、广西、湖北等省区也均有留存，两者都有留存的是贵州、广西、湖北三个省份。如何选择调查地点，是笔者首先要考虑的问题。

---

① （宋）陆游：《老学庵笔记》，中华书局 1979 年版，第 44 页。

② 潘永荣、石锦宏：《侗汉常用词典》，贵州民族出版社 2008 年版，第 37 页。

③ 杨友桂：《侗族族称族源新议》，《怀化师专学报》1992 年第 11 卷第 4 期，第 12—25 页。

④ 周宏伟：《释"洞庭"及其相关问题》，《中国历史地理论丛》2010 年第 25 卷第 3 期，第 84—92 页。

⑤ 王立霞：《唐代羁縻府州内部结构及其相关问题》，《江西社会科学》2007 年第 12 期，第 91—96 页。

⑥ （后晋）刘昫：《旧唐书》，中华书局 1975 年版，第 4121 页。

⑦ （宋）范成大：《桂海虞衡志》，中华书局 2002 年版，第 134 页。

吕思勉先生在《中华民族源流史》一书中特别提出了贵州省："贵州东南境，以古州为中心，环寨千三百余，周几三千里，谓之苗疆。"[①] 贵州是全球最大的苗族聚居地，苗族也是贵州除汉族以外人口最多的民族。贵州苗族人口约占全国苗族总人口的48.1%[②]，不仅人口多，而且密度大。从服饰的传承来看，贵州省的苗族传统服饰款式更为繁复、保存更为完整，其中以黔东南地区尤甚。贵州省也是侗族人口最多的省份，在贵州的侗族人口占全国侗族总人口的55%。[③] 与苗族传统服饰相同，贵州省境内的侗族女性传统服饰同样款式多样、保存完整，尤以贵州省南部为甚（见图1、表2、表3）。

综上所述，经过反复的论证与考虑，笔者将调查地点选在了苗族侗族女性传统服饰最具特色的贵州，并将贵州省的黔东南作为一个重要的考察地区。

（一）贵州省

贵州省简称"黔"或"贵"，位于中国西南的东南部，位于东经103°36′—109°35′、北纬24°37′—29°13′，东毗湖南、南邻广西、西连云南、北接四川和重庆。全省东西长约595千米，南北相距约509千米，总面积为176167平方千米，占全国国土面积的1.8%。贵州地处云贵高原，地理环境独特。境内地势西高东低，自中部向北、东、南三面倾斜，平均海拔在1100米左右。贵州全省地貌可概括分为高原山地、丘陵和盆地三种基本类型，其中92.5%的面积为山地和丘陵，故有"八山一水一分田"之名。贵州的山脉主要有大娄山、武陵山、苗岭和乌蒙山。大娄山位于川黔之间，呈东北—西南走向，是乌江与赤水河的分水岭；武陵山在贵州东北部，绵延于渝鄂湘黔四省市之间，面积约10万平方公里，整条山脉呈东北—西南走向，为乌江和沅江、澧水的分水岭，主峰梵净山在贵州印江、江口、松桃三县交界处；苗岭横亘贵州中部，是长江、珠江的分水岭，主峰雷公山；西部的乌蒙山将北盘江、乌江、赤水河、牛

---

① 吕思勉：《中华民族源流史》，九州出版社2009年版，第230页。

② 数据来源：五次全国人口普查统计数据。据此数据苗族共有894.01万人，贵州苗族为429.99万人。

③ 数据来源：五次全国人口普查统计数据。据此数据侗族共有296.03万人，贵州侗族为162.86万人。

栏江等水系分隔。由于山脉连绵，丘陵突出，在山岳丘陵之间形成的平原相对狭小，导致耕地较少。

贵州属高原型亚热带湿润季风气候，全省大部分地区全年气候温和，年平均气温在15℃左右，最热月份（7月）平均气温为22—25℃，最冷月份（1月）平均温度多为3—6℃。全省降水较多，受季风影响降水多集中于夏季，阴天多，日照少，境内各地阴天日数一般超过150天。

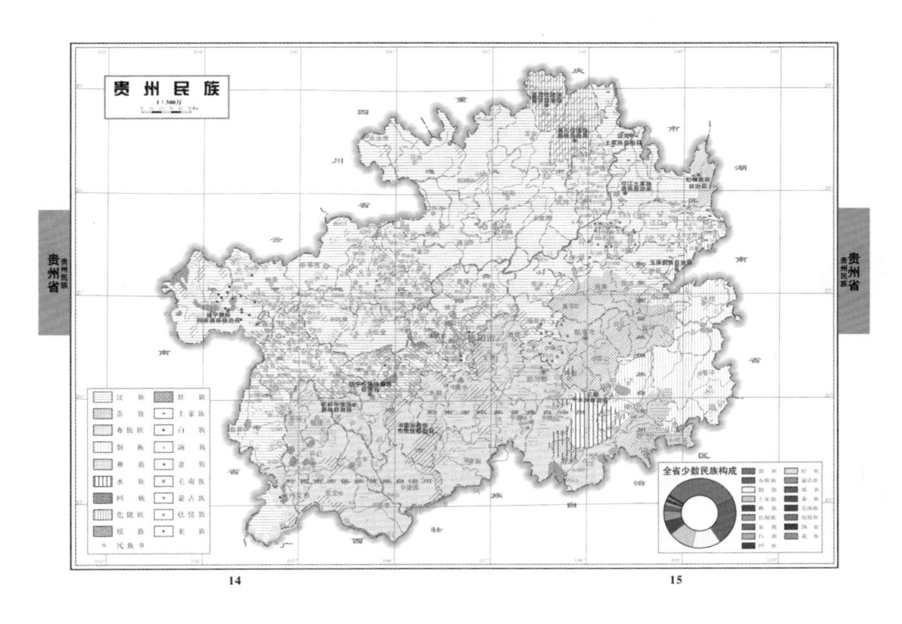

图1　贵州民族分布①

表2　　　　贵州现代少数民族的主要分布地区②

民族	分布的主要地区
苗族	黔东南州、黔南州、黔西南州、松桃县、紫云县、务川县、水城县
布依族	黔南州、黔西南州、镇宁县、紫云县
侗族	黔东南州、玉屏县、碧江区、石阡县

① 贵州省国土资源厅："贵州民族"，2017年8月6日，http：//www.gzgtzy.gov.cn/Html/2008/08/05/20080805_8419047_6755.html。

② 贵州省统计局、国家统计局贵州调查总队：《贵州统计年鉴2013》，中国统计出版社2013年版，第426页。

续表

民族	分布的主要地区
土家族	铜仁市
彝族	毕节市、六盘水市
仡佬族	遵义市、关岭县、石阡县
水族	三都县
回族	威宁县、兴仁县、平坝县、兴义市
白族	毕节市、盘县
瑶族	黔东南州、荔波县
壮族	从江县、独山县、荔波县、都匀市
畲族	凯里市、麻江县、都匀市、福泉市
毛南族	平塘县、独山县、惠水县
蒙古族	毕节市、石阡县、思南县
仫佬族	凯里市、麻江县、黄平县
满族	黔西县、大方县、金沙县、云岩区
羌族	石阡县、江口县

表3　汉族、苗族、侗族在贵州人口中的比重（单位：万人，%）[①]

	各民族合计		汉族		苗族		侗族	
	人口数	占全省（%）	人口数	占全省（%）	人口数	占全省（%）	人口数	占全省（%）
全省	3474.9	100.0	2234.4	64.3	396.8	11.4	143.2	4.1
贵阳	432.3	12.4	361.0	10.4	24.7	0.7	3.3	0.1
六盘水	285.1	8.2	212.6	6.1	19.8	0.6	0.4	0.0
遵义	612.7	17.6	545.0	15.7	26.2	0.8	0.6	0.0
安顺	229.8	6.6	147.9	4.3	30.7	0.9	0.3	0.0
毕节	653.7	18.8	484.6	13.9	44.8	1.3	0.1	0.0
铜仁	309.3	8.9	92.7	2.7	45.1	1.3	36.1	1.0
黔西南	280.5	8.1	170.0	4.9	19.8	0.6	0.2	0.0
黔东南	348.2	10.0	75.7	2.2	144.7	4.2	101.0	2.9
黔南	323.3	9.3	145.0	4.2	41.0	1.2	1.2	0.0

① 贵州省统计局、国家统计局贵州调查总页：《贵州统计年鉴2013》，中国统计出版社2013年版，第462页。

（二）黔东南苗族侗族自治州

在贵州省内，苗族侗族女性传统服饰留存最好的地区就是黔东南。2012 年 12 月，住房城乡建设部、文化部、财政部三部门发通知公示中国传统村落名录，全国 28 个省共 646 个传统村落①入选该名单②，其中贵州省最多，有 90 个，排在第二位是云南省（62 个）。而贵州省的这 90 个传统村落中，仅黔东南地区就占了 60 个。

黔东南被称为“苗侗文化的大本营”，这里是苗族、侗族人口最为集中的地区。从苗族女性传统服饰的角度来看，这里的苗族服饰最为丰富多样。从侗族女性传统服饰的角度来看，黔东南的南部地区是侗族服饰汉化程度最低的地域，因此保留了较多的传统服饰。因此本书对苗族侗族女性传统服饰的传承研究，就以黔东南为田野调查的样本，并辅以对贵州其他地区的文献研究，来完成对于贵州苗族侗族女性传统服饰传承的研究。

黔东南苗族侗族自治州（以下简称“黔东南”）位于贵州省东南部，东邻湖南省怀化，南接广西柳州、河池，西连黔南布依族苗族自治州，北抵遵义、铜仁。境内东西宽 220 千米，南北长 240 千米，总面积 30223 平方千米。黔东南苗族侗族自治州下辖 1 个县级市和 15 个县：凯里市，黄平县、施秉县、三穗县、镇远县、岑巩县、天柱县、锦屏县、剑河县、台江县、黎平县、榕江县、从江县、雷山县、麻江县、丹寨县；州府为凯里市（见图 2）。

黔东南地处苗岭山区，是云贵高原向湘桂丘陵盆地的过渡地带，州境总体地势北、西、南三面高而东部低，其中沟壑纵横，山峦延绵，层峦叠嶂，海拔最高 2178 米，最低 137 米，历有“九山半水半分田”之说。州内有雷公山、云台山、佛顶山、弄相山等原始森林，原始生态保

① 中国传统村落，原名古村落，是指民国以前建村的村落，2012 年 9 月，经传统村落保护和发展专家委员会第一次会议决定，将其由“古村落”改名为“传统村落”。传统村落包含着较为传统的生产生活方式，兼具物质文化遗产与非物质文化遗产特性。

② 其中北京市 9 个、天津市 1 个、河北省 32 个、山西省 48 个、内蒙古自治区 3 个、黑龙江省 2 个、上海市 5 个、江苏省 3 个、浙江省 43 个、安徽省 25 个、福建省 48 个、江西省 33 个、山东省 10 个、河南省 16 个、湖北省 28 个、湖南省 30 个、广东省 40 个、广西壮族自治区 39 个、海南省 7 个、重庆市 14 个、四川省 20 个、贵州省 90 个、云南省 62 个、西藏自治区 5 个、陕西省 5 个、甘肃省 7 个、青海省 13 个、宁夏回族自治区 4 个、新疆维吾尔族自治区 4 个。

图 2　黔东南州行政区划①

存完好。州内三条主要河流，即清水江、舞阳河和都柳江，平行贯穿中、北、南部。黔东南耕地面积较小，人均占有耕地低于全国平均水平。

先秦时期，黔东南属于“南蛮”或“荆蛮”之地。秦汉以后，国家对西南各民族实行羁縻政策，仍其旧俗、官其酋长。明代贵州建省，在相当于现代贵州省东南部的地区设置行政区划②，但国家对地区的控制仅限于驿道及卫所、府州县城。清代着力经营西南，随着“拓边开荒”的

---

① 贵州省国土资源厅：“黔东南州”，2017 年 8 月 7 日，http：//www. gzgtzy. gov. cn/Html/2008/08/05/20080805_8419088_6771. html。

② 谭其骧：《中国历史地图集　第七册》（元、明时期），中国地图出版社 1996 年版，第 80—81 页。

他省人口进入贵州，黔西北地区很快实现了内地化，但黔东南地区在雍正以前基本上仍处于与外界隔绝的状态，“向无管辖，不隶版图，不供赋役，几同化外”[①]，既没有国家任命的流官，也没有土司，被称为“生界”。居住在生界的少数民族也被统称为“生苗”。雍正以后，清政府致力于“开辟”苗疆，在今黔东南及附近地区陆续设立了八寨厅（丹寨县）、丹江厅（雷山县）、清江厅（剑河县）、古州厅（榕江县）、都江厅（三都县，属黔南州）、台拱厅（台江县），合称“新疆六厅”。清政府在这六厅安屯设堡，安置屯军，台拱厅设2卫2堡，共安屯军1786户；清江厅设2卫2堡，共安屯军1918户；丹江厅设1卫12堡，共安屯军830户；八寨厅设1卫11堡，共安屯军810户；古州厅设2卫40堡，共安屯军2519户。[②] 汉民从此才逐步进入黔东南地区。清政府非常重视文化上的民族融合，“今日之化诲约束，熏染渐摩，使雕题黑齿，咸改面而革心。火种刀耕，悉移风易俗，则所以祛扰累而禁需索，勤劝谕而厚拊楯者，尤应首先讲求也”[③]。在服装发式方面，只要有苗人受抚或投降，则先令剃发，之后才视与民齐。雍正十三年（1735）正月，古州镇总兵韩勋奏报苗民剃发改装的情况：“苗民衣装……虽其俗所有来，然苟劝导可施，亦应随时感喻”，“当有各保头人一百四十名欣愿剃头”，“赏给衣帽穿戴，叩接钦差。并据回寨转劝各苗，如愿剃头即恳准从等语”，“仍着通事、头人等，由近及远逐渐宣传使知慕悦改换衣装亦属苗人革新革面之一端”。雍正叮嘱他“此事只可劝导，听其自然，不必强迫者，久之自然合一”[④]。清末，国家进一步加大了同化力度，“无论‘生苗’‘熟苗’，悉令剃发缴械，且变其服饰，杂服蓝白，不得仍用纯黑。于此再严行保甲，杜其盗源；酌设义学，导以礼义”[⑤]。

---

① 国立故宫博物院编辑委员会：《宫中档雍正朝奏折》（第9卷），（台北）“国立”故宫博物院1979年版，第194页。

② 史继忠：《贵州汉族移民考》，《贵州文史丛刊》1990年第1期，第32页。

③ 中国第一历史档案馆、中国人民大学清史研究所、贵州省档案馆：《清代前期苗民起义档案史料汇编》（上册），光明日报出版社1987年版，第195页。

④ 国立故宫博物院编辑委员会：《宫中档雍正朝奏折》（第24卷），（台北）“国立”故宫博物院1979年版，第77页。

⑤ 张中奎：《改土归流与苗疆再造：清代“新疆六厅”的王化进程及其社会文化变迁》，中国社会科学出版社2012年版。

截至2013年，黔东南人口总数348万，相当于全贵州人口的约10%。黔东南是贵州苗族、侗族的主要分布地区，苗族人口144万，占全州总人口的42%、全省苗族人口的37%；侗族人口101万，占全州总人口的29%、全省侗族人口的71%。如前所述，由于黔东南地区在历史上属于“生界”，内地化很晚，至今全州汉族人口76万，只占全州总人口的22%、全省汉族人口的3%。所以，黔东南是贵州苗族、侗族受汉族文化影响较小、保留各自传统文化较多的地区。①

表4　　黔东南地区人口地区分布

地区	人口数（人）
全州合计	3480626
凯里市	478642
黄平县	263123
施秉县	130490
三穗县	155671
镇远县	203735
岑巩县	162008
天柱县	263841
锦屏县	154841
剑河县	180544
台江县	112236
黎平县	391110
榕江县	286336
从江县	290845
雷山县	117198
麻江县	167596
丹寨县	122410

① 黔东南州内有自然村寨3900多个，其中500个纳入中国传统村落备选名单，276个村寨被列入中国传统村落名录，占全国2555个的10.8%。侗族大歌被列为世界非物质文化遗产，苗族服饰、苗族古歌等72个项目列入国家非物质文化遗产名录，是世界乡土文化基金会确定的全球18个生态文化保护圈之一。

第二节　研究的方法、范围与内容

一　研究的方法

本课题旨在对贵州苗族侗族女性传统服饰的文化传承进行比较深入的研究，因此需要对贵州苗族侗族女性传统服饰的历史以及现在的留存状况进行考察。对“过去”这个时间维度的考察需要对历史文献（historical text）进行尽量全面而系统的研读、分析与梳理；对“现在”这个时间维度的考察就要在对现代相关专著、论文等文本资料的研究基础之上，深入到择定的具有代表性的村寨进行实地的田野调查（field work）。本书在研究过程中主要运用的方法有文献研究法、参与观察法以及深入访谈法。对历史文献以及现代文献的研究都纳入文献研究的方法中；“民族志学者不辞辛苦地描写一个文化场景或是非常详尽地描述一个事件，其目的是传达感觉和描述所观察事件的事实”[①]。参与观察是通过笔者对贵州苗族侗族村寨的实地调研，对女性传统服饰实物、技艺以及其背后所蕴藏的文化去调研观察，用自己的内心去体会；如果说传统服饰的实物可以通过实地的观察为研究者建立起对其形态、色彩、造型、搭配等诸多服饰要素的构建，那么想要对其技艺、背后所蕴含的文化，“之所以如此”的由来以及传承的实际状况进行深入了解就需要深入访谈的方法了，此外，对相关专家、学者和研究者的深入访谈也是对传承出路进行探讨的必要的有效方式。

（一）文献研究法

1. 以文字为主的历史文献

历史上关于苗族侗族民族服饰散见于一些历代地方民族志以及相关古籍文献中，如《光绪古州厅志》《贵州图经新志》《万历贵州通志》《乾隆贵州通志》《宣统贵州地理志》《松桃直隶厅志》《镇远府志》《安顺府志》《平越直隶州志》《贵州通志》《明实录》《旧唐书·南蛮传》

① ［美］大卫·费特曼：《民族志：步步深入》，龚建华译，重庆大学出版社2007年版，第97页。

《古州厅志·服志》《大清一统志》《民国贵州通志》等，以及以图片为主的古文献，如《皇清职贡图》《苗人图》以及《苗蛮图册》《番苗画册》《黔苗图说》《七十二苗全图》《贵州百苗图》《黔省诸苗全图》《蛮苗图说》等各种版本的《百苗图》等，本书对其相关部分进行了分析与梳理。因篇幅所限，对其中部分古文献涉及服饰的内容进行梳理。

（1）（清）余泽春：《光绪古州厅志》，《中国地方志集成·贵州府县志辑》。

卷一·苗种

古州之苗有硐家、水家、傜家、黑苗、熟苗、生苗各种。其自清江来者仍其旧，山居者曰山苗、曰高坡苗，近河者曰硐苗。中有土司者为熟苗，无管束者曰生苗。衣服皆尚黑，故曰黑苗。妇人绾长簪，耳垂大环，银项圈。衣短，以色锦缘袖。男女皆跣足。

（2）（明）沈庠：《贵州图经新志》，《中国地方志集成·贵州府县志辑》。

卷六·石阡府·风俗

洞人即狫獠……男子以竹笠鬌头，跣足。妇人绾尖髻，插两股钗，戴大耳环。

卷七·黎平府·风俗

洞人……男子科头跣足或着木履……妇女之衣长袴短裙。裙作细褶，裙后加布一幅，刺绣杂文如绶。胸前又加绣布一方，用银线贯次为饰。头髻加木梳于后……不施膏粉，好戴金银耳环，多至三五对，以线结于耳根。织花绸如锦，斜缝一尖于上为盖头。脚趿无跟草鞋。

（3）（明）王耒贤：《〔万历〕贵州通志》。

卷十五·黎平府·风俗

〔潭溪司〕曰佯犷者男女服饰少异汉人……〔亮寨司〕曰峒人者俗与谭溪同。

卷十五·黎平府·土产

土锦、洞布……

(4)(清)鄂尔泰:《乾隆贵州通志》,《中国地方志集成·贵州府县志辑》。

卷七·苗蛮

黑苗,在都匀之八寨、丹江,镇远之清江,黎平之古州。山居者曰山苗、曰高坡苗,近河者曰洞苗。中有土司者为熟苗,无管者曰生苗。衣服皆尚黑,故曰黑苗。妇人绾长簪,耳垂大环,银项圈。衣短,以色锦缘袖。男女皆跣足。

九股苗,在兴隆卫凯里司偏桥之黑苗同类……其衣服、饮食、婚姻、丧祭概与八寨、丹江等同。

紫姜苗,在都匀、丹江、清平,与独山州之九名九姓同类。

阳洞罗汉苗,在黎平府。妇人发鬓散绾额前,插木梳。富者以金银做连环耳坠。养蚕织锦。衣短衫,扎双带结于背。胸前刺绣一方,以银线饰之。长裾、短裙,或长裙而无袴,加布一幅刺绣垂之,曰衣尾……为生苗,衣短衣。

佯犷……都匀、石阡、秉施、龙泉、黄平、余庆及隆里皆有之……其服饰、婚丧与汉人同。

(5)(清)《宣统贵州地理志》,《中国地方志集成·贵州府县志辑》。

卷三·种族

黑苗,在八寨、丹江、清江、都江、古州等地,其山居者曰山苗、曰高坡苗,近河者曰洞苗。中有土司者曰熟苗,无管束者曰生苗。衣服皆尚黑,故曰黑苗。在古州者,又有爷头苗、洞崽苗之分,皆黑苗也……九股苗在台拱、凯里,与黑苗同类……其风俗与丹江、八寨等苗同，而性尤彪悍……光绪八年巡抚林肇元劝谕苗民薙发改装（八年，台拱、清江、丹江、镇远、施秉、黄平、清平、凯里等属苗民五百四十六寨、一万七千八百六十四户，男女共七万四千三百九十四口悉改汉装。九年，镇远、黄平、施秉、清平、凯里等属苗民三千一百五十二户，男女一万二千九百零六口亦改汉装）。

夭苗，在平越、黄平，一名夭家……衣尚青，男女皆左衽。

紫姜苗，在清平、黄平、丹江等地，与独山州之九名九姓苗同类。

阳洞罗汉苗，在黎平府……妇人鬓发散绾额前，插木梳。富者以金银做连环耳坠。养蚕织锦。衣短衫、长裾、短裙，或长裙而无袴……苗类中之最近人情者。

佯犷……都匀、石阡、秉施、龙泉、黄平、余庆、隆里皆有之……其服饰、婚丧与汉人同。

洞苗，在天柱及锦屏乡。

(6)（民国）刘显世、谷正伦:《民国贵州通志》。

土民志

花苗，即花衣苗。黎平府属有苗六种，花衣苗其一也。近亦多剃发读书应试，惟妇女服饰仍习旧俗。(《黎平府志》)

都匀府属花苗……男以发梳裹发笼，以青布为角状。衣短色青蓝。女用花布一幅制如九华巾覆于顶。未婚者代鸡毛以别之。已婚则去。(《都匀志》)

清平县属花苗又云白脸苗，妇女服饰与各苗大相迥别，花大大领，左衽，高髻，插银角。如系未嫁女，留上则贴以白鸡毛，已嫁者则以白纸剪条代之，以为已嫁未嫁之识别。穿裤不着裙，仍用鞋袜，而袜则以红线绣花于帮上，形如凤嘴，然渐有变为土家者，其装饰与汉家大同而小异。(《清平县志》)

黎平府属有苗六种，一曰白衣苗。近亦多雉发读书应试，惟妇女服饰仍沿旧习。(《黎平府志》)

都匀府有苗九种，白苗居坝固附近一带。男衣短色黑，女衣有

蜡花布一幅。(《都匀志》)

黑苗，在都匀之八寨、丹江，镇远之清江，黎平之古州等地，其山居者曰山苗、曰高坡苗，近河者曰洞苗。中有土司者曰熟苗，无管束者曰生苗。衣服皆尚黑，故曰黑苗。妇人绾长簪，耳垂大环，银项圈。衣短，以色锦缘袖。男女皆跣足。(《乾隆志》)

都匀黑苗居五寨，约百余户。男女着短衣，女围以群。风俗生计日近白苗。(《都匀志》)

清平县黑苗男女俱束发于顶，绾髻头向前。短衣左衽。男髻则插白鸡尾，或锦鸡、野鸡尾为荣。男女皆着草鞋不袜。女子织布自染黑，裙用细褶长及膝下五寸余。(《清平县志》)

黎平属黑苗衣尚黑，短不及膝。(《黎平志》)

镇远府所属多黑苗，其人恒蓄发尚鬼。(《黔南识略》)

秉施有苗四种。黑苗族大寨、广女子，绣布曰苗锦。(《黔南识略》)

黑苗……女子以色布镶衣胸前，锦绣一方护之，谓之遮肚。(《黔记》)

清江黑苗。男子以布束发，顶戴银圈大环耳坠，着宽裤。男女皆跣足。

楼居黑苗。在八寨、丹江……妇人以羊角绾髻。(《黔记》)

黑生苗。在清江属……自雍正十三年改汉人服。(《黔记》)

黑山苗。在台拱、古州、清江三厅，以蓝布束发。(《黔记》)

按台拱、八寨等属土民，风俗习惯多与黑苗同。名称虽殊，其实一也。

九股黑苗。在黄平州凯里司，与偏桥之黑苗为一类。色尚青。(《大清一统志》)

九股苗在兴隆卫凯里司，本黑苗同类……其衣服、饮食、婚姻、丧祭概与八寨、丹江等同。(《乾隆志》)

台拱昔为生苗巢穴。苗族以九股为最著，生齿繁盛，进丹江者曰上九股，近施秉者曰下九股……男子衣服与汉人同，惟妇女而黑齿白服，细褶长裙，无裤，以青布蒙髻，耳垂大环，项系银圈。衣短，以色线缘两袖，富者饰以银花，工织斗纹布，善染。男女皆跣足。(《台拱文献》)

紫姜苗，男女装束与汉人同，而行事与夭家类。(《黄平州志》)

短苗裙在都匀八寨，男子短衣宽裤，妇人衣短无衿袖，前不护肚，后不遮腰，不穿裤，其裙长只五寸许，极厚而细褶，聊以蔽羞。(《黔记》)

《都匀方册》云，短裙苗一名披片苗，居大广、小广。以青布一幅勒肋，横披跨短裙，故名。项挂银圈，耳坠大环，习俗生计无异于仲家也。《八寨访册》云，短裙苗又名鸭子苗，又名高坡苗，居境内北方为多，约占苗族十之三。俗又称为半装苗。男装纯尚黑色，衣短衣。女则衣大领直缝，纽扣密密排列于胸前。亦有衣左衽者，下围褶裙长仅过膝二三寸，内不着裤，近亦有改变者。多不用鞋袜，仅以大趾夹无爽之草履，作客时则穿满帮之花鞋。

西溪苗，在天柱县属，女子短裙不过膝，以青布缠腰。《黔记》按，此亦黑苗中短裙苗之类。

长裙苗，八寨、麻哈、清平有之。《八寨访册》云，长裙苗与下河庙相仿佛，居城治东，仅占苗族中十分之二。其妇女服饰与短裙苗相似，惟长裙及脚背，行动时形如撒网，然衣不用纽扣，以带分系左右……风俗与短裙苗同。《麻哈访册》云，境内苗有长裙、短裙，散见于东北乡。男不薙发挽髻无辫，常裙苗妇人穿耳孔大佩一铜圆形之环加缀饰，短裙苗妇人穿耳孔小，亦佩大环，首挽髻，酷似东洋头。《清平访册》云，长裙苗妇女衣尚青布，织斜纹胸排，以锦或绸着红绿花为饰，裙用百褶，长及脚跋，前后各以蓝缎一幅作为裙光，裙边绣红绿花卉缀以银泡、响铃等类。绾大髻于顶，束以青帕。富者足着鞋袜，贫者草履或木屐。如用裹腿，短裙苗亦然，惟裙短只及膝。

簸裙苗，八寨属有之。《访册》云，簸裙苗又名本地苗，其类极多，居苗族中十分之六。其男女装饰，着短衣，色尚黑。女以布为褶裙，长仅三四寸，盘于腰际，外加以青色绸片或布片，前后□□之。内着短裤仅及膝□。以青布围裹下两肢，加以花纹带缠之。自足胫至股际，约需布数十丈之多，步履不甚轻捷。近今尽改短裙为长裙，不用褶裙，后面仍用□片围之，裹布仅由胫至膝而止，亦有改穿鞋袜者。头挽高髻，绾以银长簪。间有以银打牛角带之。颈带大项圈，十根八根不等，每根有重六、八两或十余两者。戴手镯亦多。此就富者而言，而贫者减是。

高坡苗在黎平府属八洞等处，多散居悬岩峭壁间……男女皆蓄发跣足……《黎平府志》按，此与乾隆志所退黑苗之积俗同。

爷头苗，在古州下游亦多有之，与洞崽同类，皆黑苗也……妇人习俗，编发为髻，近多银丝扇样冠，用琵琶长簪绾之，耳坠双环，项圈数围，以短衣，以五色锦镶边。(《黔记》)

洞崽苗，在古州，先代以同群同类分为二寨，居大寨为爷头，小寨为洞崽。洞崽每听爷头使唤。(《黔记》)

仡兜苗，镇远、施秉、黄平皆有之，好居高坡，不篱不垣。男子衣类土人，女子短衣偏髻绣五彩于胸，袖间背负海巴蚕丝，累累如贯珠，人多嗜酒，四时佩刀弩……(《乾隆通志》)

仡兜苗，清平县有之，男子衣类西苗，余同上。《清平县志》。《访册》云，仡兜分红、白二色，妇人髻高重重缠以花带，红则红花，白则白花。女子戴花帽，帽边贯以珠缨，前面相交，后拖一长幅。女子上帽下里均戴海巴头巾，以对角方布为之，衣袂裙角皆绣花，各以种类分红白。

仡兜苗，又名盖牌苗。男子性悍，衣服皆用青，女子短衣重裙，虽不及仲家之长，而百褶堆拥则过之。(《黄平州志》)

仡兜苗，秉施县有之。喜逐兽，男子薙发，女子挽髻束花不一条，两端披与肩齐。衣盖膝，刺绣于胸袖间。昔称佩刀夹弩之风，今久息矣。(《镇远府志》)

车寨苗，在古州。男多艺业，女工针黹……此种乃马三宝之兵六百名败落据此赘苗家，故有六百户之称。(《古州厅志》)

洪州苗，在黎平，男子与汉人同，勤耕作，女子善纺织，面葛布类颇精细，多售于市，故有洪州葛之名。

苗蛮为种种蛮族之集体，其中纯粹之苗族不过数种，其他均非纯粹之苗也，苗以外之其他种类，如宋家、蔡家、龙家、倮㑩、僰人、峒人、蛮人、杨保土人、倮㑩、侬、水、佯、伶、侗、傜、僮等皆在广泛之名称下称之为苗族。然自纯苗而言，则不能不称之为别种，此不特苗族自身谓然，即汉族亦莫不谓然也，据余实地调查之所得，纯粹之苗，大都下列五种族构成：

一、红苗，着红色衣服；

二、青苗，着青色衣服；

三、白苗，着白色衣服；

四、黑苗，着黑色衣服；

五、花苗，着蜡染及绣花之衣服。

以上五种为其主要者，其他皆不过为其分脉而已，特所谓花苗、白苗、青苗、黑苗、红苗等亦系汉族依据其服色及刺绣等而为土俗学上之区别，别无何等重要之意义……纯粹之苗族，其地理分布以自然各成一定之区域。

红苗为毗连湖南之贵州省东部，其中心地为铜仁附近。

白苗及青苗为贵州之中部。

黑苗一名生苗，以利平、都匀二府为中心，而延至贵州省东南部。

花苗以贵阳附近为起点，西经安顺而至云南之东部，北达武定，延至金沙江，南至珠江上游临安附近。（鸟居龙藏《苗族调查报告》）

土民志二

佟苗。麻哈州有之。《访册》云，佟苗□于天家住养□杀□等寨□养鸭以是□生。故人谓之鸭崽苗。水、佯、伶、徭、侗、僮六种杂居荔波县，雍正十年自粤西辖于黔之都匀府，其服虽有各别，语言嗜好不甚相远。（《乾隆志》）

佟苗，清平县有之。《访册》云，佟苗本名鸭崽苗。女服黑，多着白花或蜡花。裙长仅五寸，近有长至尺二者，□着裤，中裂一缝，外加密纽。裹腿□缠至肘腋，□□□□□高尺许，□以花，□胸背着布一幅如背心，四□均若半□……

洞苗，在天柱、锦屏二属择平坦近水地居之，种棉花为业。男子衣与汉人同，多与汉人佣工。女人戴蓝布角巾，穿花边衣裙，所织洞帕颇精。

黎平府境洞苗向化已久，男子俱薙发耕凿诵读与汉民无异。妇女有汉装弓足者，与汉人通婚。住平坡及河上。（《黎平府志》）

除了上述例举的古文献外，还有一些近代文献的某些章节中也对贵州的纺织服装方面有记叙（见图 3），在这里就不一一列举了。

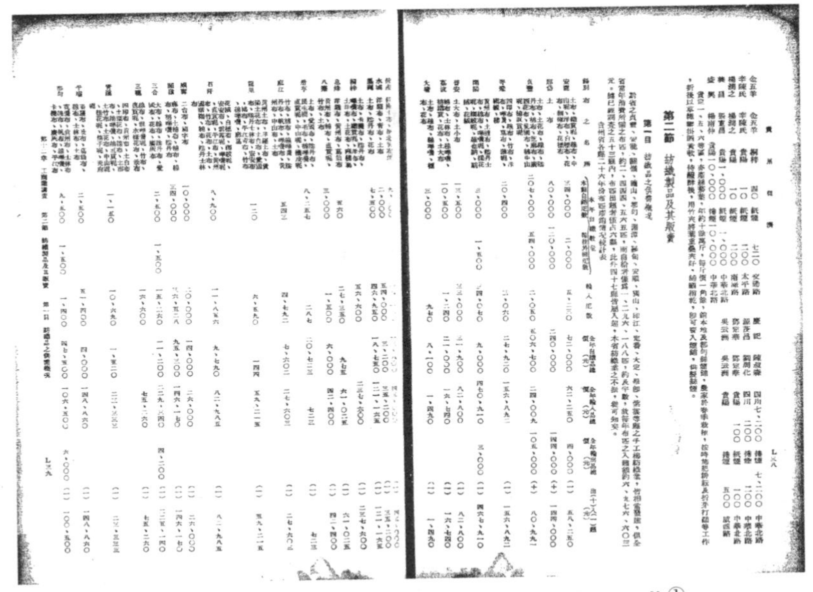

第二節　紡織製品及其販賣

第一目　紡織品之供需概況

图 3　《贵州经济》中“纺织制品及其贩卖”一节[①]

2. 以图片为主的历史文献

以图片为主的历史文献有《皇清职贡图》《苗人图》以及《苗蛮图册》《番苗画册》《黔苗图说》《七十二苗全图》《贵州百苗图》《黔省诸苗全图》《蛮苗图说》等各种版本的《百苗图》[②] 等书，它们为我们研究

① 张肖梅：《贵州经济》，中国国民经济研究所 1939 年版，第 38 页。

② 《百苗图》一般所指为清代李宗昉《黔记》中所称的陈浩《八十二种苗图并说》的一系列抄本的总称。全书按 82 个条目并附载彩绘插图，系统地介绍了清代贵州各个民族的社会文化生活状况，其中涉及了苗、侗、汉、水、瑶、壮、白、毛南、布依、仡佬、土家等民族，是图文并茂的民族志。但因其插图为彩绘，囿于当时印刷技技术，难以批量复制，使得该原本失传，流传下来的为各个时期的临摹手抄本。李宗昉在其《黔记》中所说：“《八十二种苗图并说》原任八寨理苗同知陈浩所作。闻有板刻，存藩署，今无存矣。”目前学术界关于《百苗图》成书年代主要有以下四种观点：一为嘉庆说，二为雍正说，三为乾隆说，四为层叠累积说。《百苗图》中关于苗族、侗族两个民族的资料占了一定的篇幅，涉及从种棉、纺纱到织布的一些服饰制作过程，并且可以从图画中直观地看到当时苗族、侗族女子服装的款式、组成部分以及佩饰等诸多方面，是非常宝贵的历史图画资料。

历史上贵州苗族侗族女性的传统服饰提供了非常宝贵的资料（见图4至图13）。

清代《皇清职贡图》序载乾隆十六年（1751）六月初一上谕云："我朝统一区宇，内外苗夷，输诚向化。其衣冠状貌，各有不同。着沿边各督抚，于所属苗、瑶、黎、僮以及外夷番众，仿其服饰，绘图送军机处，汇齐呈览，以昭王会之盛。各该督抚于接壤处，俟公务往来，乘便图写。不必特派专员，可于奏事之便，传谕知之。"由此可知，《皇清职贡图》中关于其时贵州少数民族服饰的描绘应是真实可信的。

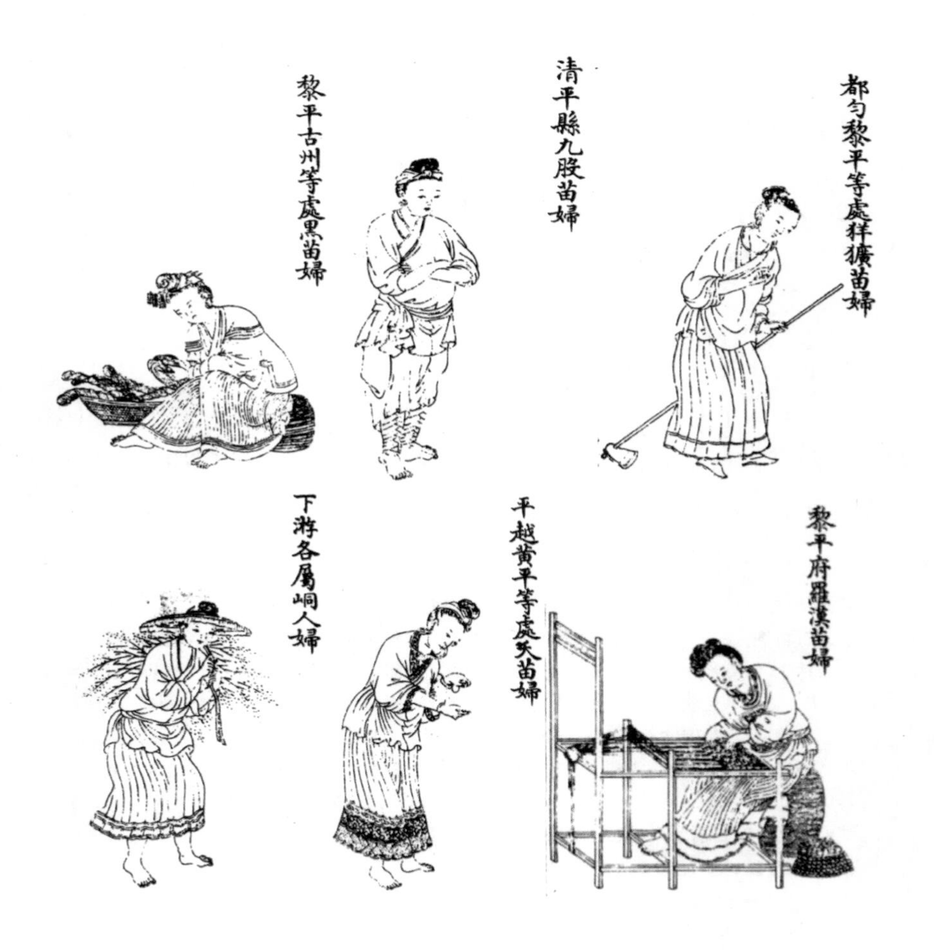

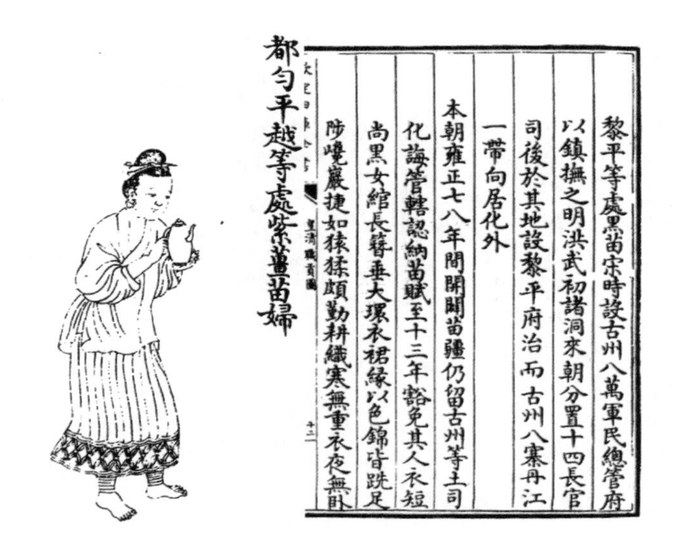
黎平等處黑苗宋時設古州八萬軍民總管府
以鎮撫之明洪武初諸洞來朝分置十四長官
司後於其地設黎平府治而古州八寨丹江
一帶向居化外
本朝雍正七八年間開闢苗疆仍留古州等土司
化誨管轄認納苗賦至十三年豁免其人衣短
尚黑女綰長簪垂大環衣裙緣以色錦皆跣足
陟巉巖捷如猿猱頗勤耕織寒無重衣夜無臥

都匀平越等處紫薑苗婦

图4　《皇清职贡图》① 中苗族侗族女性形象及文字记载

花苗在貴陽大定遵義所屬皆無姓氏其性戇而畏法其俗陋而
力勤衣用敗布緝條織成青白相間無領袖洞其中從頭而籠下裳
以羊幅中分交縷於項每歲孟春擇平壤之所為月場未婚男子吹笙
女子振響鈴歌舞戲謔以終日暮作約所愛者而婦遂私焉亦用
媒妁婦之聘資以妍媸為盈縮亦必男至女家成親越宿而歸唯殺
牲盛饌禱于鬼雖至敗家無悔也

女子搖鈴歌舞場　吹笙男漢戲紅粧
喪居三七延巫祝　盛饌屠牛祀鬼方

图5　《黔省诸苗全图》② 中花苗的衣着

① （清）傅恒：《皇清职贡图》，吉林出版集团有限责任公司2005年版。
② 佚名：《黔省诸苗全图》，写本，早稻田大学图书馆藏。

图 6　《蛮苗图说》① 中白苗的衣着

图 7　《苗人图》② 中苗族女性衣着

① 佚名：《蛮苗图说》，写本，早稻田大学图书馆藏。

② 佚名：《苗人图》，刻本，早稻田大学图书馆藏。

有关《百苗图》或《苗蛮图》这种以图画和注解文字为主要内容的资料种类很多。现存的《苗蛮图》有中国社会科学院民族学与人类学研究所收藏的《黔苗图说》《黔省苗族生活图说》《贵州八苗图》《苗蛮图》等17种；中国国家图书馆收藏的《苗蛮图》《苗民图》《贵州苗民图》等8种；北京民族文化宫图书馆馆藏《百苗图》《苗蛮图》《黔边苗族风土图志》等8种；中国社会科学院历史研究图书馆藏清道光年间云贵总督奉敕绘制《苗蛮图》；中央民族大学馆藏的《御制外苗图》《贵州全省诸苗图说》《黔南苗蛮图说》《苗蛮图》等19种；贵州省博物馆、贵州省图书馆、贵州民族学院、贵州师范大学也收藏有不同版本的《百苗图》或《苗蛮图》十数种。此外，日本、德国等国及中国贵州、云南、湖北、台湾等省和地区的相关机构和个人也收藏有《苗蛮图》40余种。[①] 这些不同的抄本是清代贵州各民族人物风情的真实写照。《百苗图》一般以绘画为主，辅以文字。其中绘画是通过描摹其时其地不同民族居民穿着民族服饰的生产生活情形，而文字是对所描画的场景解说或是对习俗的介绍，概括精炼。《百苗图》的绘画都比较写实，尤其是人物形象细腻逼真，人物的衣饰刻画精细，是非常珍贵的反映民族风情的绘画资料。

以下是《百苗图》中部分相关的文字。

花苗

花苗在贵阳、安顺、遵义所属，无姓氏。其性憨而畏法，其俗陋而勤耕。衣用坏布撕条织成青布，无领袖，从头笼下，名曰“格榜”。每岁春首择平地为月场，未婚男子吹笙，女子摇铃，歌舞戏谑，终日所私，亦用媒妁聘礼，以牛马通知。

红苗

红苗在铜仁府，多有龙、石、吴、麻等姓。衣用班丝织成，女工为务。同类相斗，非妇人不可解。五月寅日，夫妇各宿，不言不出户，为之忌白虎也。凡牲畜皆背杀，以火去毛，微煮带血而食。

---

① 如法兰西博物馆所藏 Insititut des hautes etudes chinoise，Parics、台湾历史语言研究所收藏的《苗蛮图册》《番苗图册》以及贵州刘雍先生私人收藏的《七十二苗全书》《黔苗图说四十幅》等。

人死将所遗衣服装成形像，众皆击鼓名曰“吊古”。

白苗

白苗在龙里、贵定、黔西所属。衣白，男子束发，女子盘发髻长簪绾髻，祭祖用牯牛，择角端正肥状，于野相斗，胜则为吉。卜期屠祭，穿白青，套细褶长裙。祭毕亲友唱和，饮酒为欢。

青苗

青苗在黔西、镇宁、修文、贵筑等处。男女青衣，妇人用青布束发为髻，男子戴竹笠穿草衣，性情犷悍，今则驯良。

黑苗

黑苗在都匀、镇远府、八寨、古州厅。男子跣足陟岗如猿，性好斗，头插白翎，携带镖枪、药弩、环刀。雍正十三年剿督抚禁。草寒重衣，夜无卧褶具，食稻糯。孟春择平坦为月场，不拘老幼，以竹为笙，能吹歌舞配合。人死以红绿线系于竹竿，插在坟前，男女哭祭也。

侗人

侗人在下游洪州尤众，性多猜疑。男女青衣跣足，冬则采芦花御寒。

图 8　《七十二苗全图》中花苗衣着

图 9　《黔苗图说》中红苗衣着

图 10 《七十二苗全图》中青苗衣着

图 11 《百苗图》中花苗衣着

图 12 《百苗图》中花苗衣着

图 13 《黔苗图说》中的侗人衣着

3. 相关专著综述

近十多年来，对于贵州苗族侗族女性传统服饰的文字研究成果也如雨后春笋般涌现，先来看著作类的研究成果：对少数民族服饰综合研究的著作，如戴平所著《中国民族服饰文化研究》，朱净宇、李家泉所著《从图腾符号到社会符号——少数民族色彩语言揭秘》，韦荣慧主编《中华民族服饰文化》，段梅所著《东方霓裳——解读中国少数民族服饰》，钟茂兰等编著《中国少数民族服饰》，杨源主编的《民族服饰与文化遗产研究——国际人类学与民族学第十六届世界大会民族服饰与文化遗产保护专题会议论文集》等，其中部分章节涉及贵州苗族侗族女性传统服饰。

还有对苗族或侗族服饰单独进行研究的著作，如民族文化宫编《中国苗族服饰》，贵州省文化厅编《苗装》，席克定著《苗族妇女服装研究》，张永发著《中国苗族服饰研究》，龙光茂著《中国苗族服饰文化》，杨鶤国著《苗族服饰——符号与象征》，江碧贞、方绍能著《苗族服饰图志——黔东南》，吴仕忠著《中国苗族服饰图志》，杨正文著《鸟纹羽衣——苗族服饰及其制作技艺考察》，中国民族博物馆编《中国苗族服饰研究》，吴安丽著《黔东南苗族侗族服饰及蜡染艺术》，马正荣著《贵州蜡染》，钟涛著《苗绣苗锦》，刘太安著《中国雷山苗族服饰》，以及宛志贤主编的《苗族盛装》《贵州蜡染》《苗绣苗锦》《苗族盛装》系列丛书，还有张柏如著《侗族服饰艺术探秘》，王彦著《侗族织绣》，苏玲著《侗族亮布》。从图像资料考证角度入手的有刘锋著《百苗图疏证》，杨庭硕、潘盛之著《百苗图抄本汇编》，李德龙著《黔南苗蛮图说研究》，从不同的方面对少数民族传统服饰文化进行了研究。这些对贵州苗族侗族女性传统服饰的传承研究作了理论上的积累。

中国民族博物馆所编《中国苗族服饰研究》[①] 为关于苗族服饰的论文集，此论文集既包括综合性研究，也包括区域性研究，其中收录的论文从苗族服饰的历史、服饰风格、服饰类型、服饰特征、服饰佩饰、首饰、刺绣工艺、蜡染工艺、艺术价值等诸多方面对苗族服饰进行了探讨。

台湾学者江碧贞、方绍能所著《苗族服饰图志——黔东南》图文并茂，是对贵州黔东南地区苗族服饰研究的一个较好的文本。此书的成书

---

① 中国民族博物馆编：《中国苗族服饰研究》，民族出版社2004年版。

是基于两位作者对贵州的田野考察，其田野考察工作大致可以分为两个阶段：第一个阶段是1988—1992年，其考察范围遍及贵州省45个县市，以及毗邻贵州省的湘西、桂西北、滇、川南等地区，考察的村寨多达98个。第二个阶段是从1993年至1998年6月，考察的地点主要集中在黔东南地区的68个村寨。他们主要的研究方式是调查、访谈并同时进行影像与文字记录。在进行田野影像的记录时，主要包括以下两个部分：一为着服饰的人的全身像（正常站姿）；二为生活照，包括当地的自然环境、衣食住行以及婚丧喜庆等活动。①

杨鹍国所著《苗族服饰——符号与象征》②，结合符号学的相关理论，从苗族服饰的形制、制作、历史、社会文化功能、精神特性等角度对苗族服饰文化进行了较为系统的梳理，所涉及的层面包括服饰的缘起演变动因、服饰与人生礼仪、服饰与社会生活、服饰纹样的含义、服饰的视觉传达、服饰的风格特征、服饰的人类学价值、服饰的原始思维特点等诸多层面，对苗族服饰文化的研究较为深入，对服饰与图腾崇拜、巫术之间的关系进行了深入的解读。

席克定所著《苗族妇女服装研究》③ 是在集结与整理作者《试论苗族妇女服装的类型、演变和时代》等多篇论文的基础上对苗族妇女以及与服装相关的婚姻进行系统研究综合而成的。从苗族妇女服装的类型、服装的款式和类型形成的时间、服装的发展与演变、服装的社会功能等几个方面对苗族妇女的服装进行了较为深入的研究。

杨正文所著《鸟纹羽衣——苗族服饰及制作技艺考察》④，从苗族服饰的多样性、节日中的盛装、服饰的工艺、服饰的制作者、银饰匠人、蜡染技术、传统技艺的保护等几个方面对苗族服饰及其制作工艺作了详细的介绍和分析。

张柏如所著《侗族服饰艺术探秘》是比较早的系统研究侗族传统服饰的著作。自20世纪80年代开始，张柏如在贵州与湖南的广大侗族地区

---

① 江碧贞、方绍能：《苗族服饰图志——黔东南》，（台北）辅仁大学织品服装研究所2000年版，第25页。

② 杨鹍国：《苗族服饰——符号与象征》，贵州人民出版社1997年版。

③ 席克定：《苗族妇女服装研究》，贵州民族出版社2005年版。

④ 杨正文：《鸟纹羽衣——苗族服饰及其制作技艺考察》，四川人民出版社2003年版。

收集服饰400余件、侗锦数千幅，拍摄当地侗族服饰风俗照片千余幅，并对走访地区的侗族服装款式与图案进行分类整理，撰写出《侗族服饰艺术探秘》[①]，由台湾汉声出版社出版发行。

刘太安主编的《中国雷山苗族服饰》[②]，通过对西江镇、丹江镇、长批村、也蒙村、方祥村等具代表性的村寨来分析雷山境内不同支系、不同地域的苗族同胞穿戴习俗的不同以及服饰的差异，得出雷山县的苗族服饰是苗族服饰百花园中的一枝奇葩的结论。

安丽哲所著的《符号·性别·遗产——苗族服饰的艺术人类学研究》[③] 一书运用艺术人类学的视角，结合作者实地的田野考察，对贵州长角苗服饰的文化特征、族源考证、服饰类型、文化传播与服饰演变，以及仪俗中的服饰、纹样的文化解读等方面进行梳理，并对民族服饰文化遗产的保护和传承提出了自己的看法。

杨源主编的《中国民族服饰工艺文化研究》丛书中，有研究苗族蜡染工艺的《苗族蜡染》[④]、研究苗族服装结构的《苗族女装结构》[⑤]、研究侗族服饰工艺的《侗族织绣》[⑥] 和《侗族亮布》[⑦]，这些著作都从不同的角度对苗族蜡染、苗族服装结构、侗族织绣、侗族亮布的制作等问题有较为深入的研究。

对《苗蛮图》和《百苗图》的研究最早出现于西方，现在也有许多中国学者进行这方面的研究，如杨庭硕、潘盛之编著的《百苗图抄本汇编》[⑧] 将多个版本的《百苗图》进行了整理和汇编，从中我们可以看到不同版本之间苗族、侗族女性服饰的细微差别：《百苗图抄本汇编》按照“说解”“提示”“流标考”“讹误考”“发微”“图考”等几部分对《七

---

① 张柏如：《侗族服饰艺术探秘》，（台北）汉声出版社1994年版。

② 刘太安：《中国雷山苗族服饰》，民族出版社2004年版。

③ 安丽哲：《符号·性别·遗产——苗族服饰的艺术人类学研究》，知识产权出版社2010年版。

④ 贺琛：《苗族蜡染》，云南大学出版社2006年版。

⑤ 黎焰：《苗族女装结构》，云南大学出版社2006年版。

⑥ 王彦：《侗族织绣》，云南大学出版社2006年版。

⑦ 苏玲：《侗族亮布》，云南大学出版社2006年版。

⑧ 杨庭硕、潘盛之编著：《百苗图抄本汇编》，贵州人民出版社2004年版。

十二苗全图》①、《黔苗图说》②、Insititut des hautes etudes chinoise, Parics③、《百苗图》（残本）④、《黔苗图说四十幅》⑤、《苗蛮图册》⑥、《番苗画册》⑦、《百苗图》（4种）⑧ 等传世抄本11种进行了汇编整理。《百苗图抄本汇编》中有很多涉及对苗族、侗族女性服饰的考证，如对苗族服饰的考证有“花苗”一节中“发微”条目的以下叙述：“各抄本对苗族裙装的描述十分准确。花苗的裙装是一种带花边的短褶裙，与《百苗图》卡尤仲家、补笼仲家条中的布衣族裙装有明显的区别。花苗的裙装裙褶细而密，经过定型工艺处理，质料也较厚重。花裙边就图幅描绘情况看，应当为织造或刺绣而成的花纹。”⑨ 对侗族服饰的考证有“峒人”一节中“发微”条目的以下内容：“衣着材料的变化有着其复杂的自然与社会原因，它是侗族生活方式转型的结果……收集鸟羽毛作御寒材料，不仅容易获得，而且效果良好……只能将棉花作为絮料御寒。”⑩ 刘锋所著《百苗图疏证》⑪ 将《百苗图》中的民族与现在中国所划分的民族作了分类和考证，其中第一章为苗族，第四章为侗族。

李德龙所著《黔南苗蛮图说研究》⑫ 将有关《苗蛮图》的由来、版本、民族划分与对应等问题进行了深入细致的研究。

除了国内学者的研究外，海外也有一些学者从事贵州苗族侗族传统服饰的研究工作，如日本学者鸟丸贞惠（Sadae Torimaru）博士在20世纪80年代一个偶然的机会来到贵州，当地苗族的织染和刺绣技术使其叹为

---

① 此版本（简称刘甲本）为刘雍私人藏本，有图69幅。

② 此版本（简称博甲本）现存贵州省博物馆，全书分为上下两册，每册有图40幅。

③ 此版本现藏法兰西博物馆，收藏时间约为清末，是法国传教士在贵州传教期间接受的贵州地方官员的赠品。

④ 此版本（简称民院本）现由贵州民族学院收藏，有图41幅。

⑤ 此版本（简称刘乙本）为刘雍私人藏本，有图40幅。

⑥ 此版本（简称台甲本）现存台湾历史语言研究所，是现存抄本中唯一的足本。

⑦ 此版本（简称台乙本）现存台湾历史语言研究所，有图16幅。

⑧ 此四种分别由贵州省博物馆（简称博乙本）、贵州省图书馆（简称省图本）、贵州师范大学（简称师大本）和刘雍个人收藏（简称刘丙本）。

⑨ 杨庭硕、潘盛之编著：《百苗图抄本汇编》，贵州人民出版社2004年版，第83页。

⑩ 同上书，第233页。

⑪ 刘锋：《百苗图疏证》，民族出版社2004年版。

⑫ 李德龙：《黔南苗蛮图说研究》，中央民族大学出版社2008年版。

观止，从此走上对贵州苗族传统服饰技艺研究的道路。在她的影响下，其女鸟丸知子（Tomoko Torimaru）博士也于20世纪90年代开始这方面的研究。在贵州苗族地区进行多年调查后，她们将调查资料编写成6本著作，分别为：鸟丸贞惠撰写的《布の風に誘われて——中国贵州苗族染织探访13年（FABRIC GRAFFITI）》，由西日本新闻社1999年出版；由鸟丸贞惠撰写的《時を織り込む人々中国贵州苗族染织探访15年（SPIRITUAL FABRIC）》，由西日本新闻社2001年出版；鸟丸贞惠与鸟丸知子共同撰写的《布に踊る人の手——中国贵州苗族染织探访18年》（*IMPRINTS ON CLOTH——18 years of Field Research among the Miao People of Guizhou, China*），由西日本新闻社于2004年出版；鸟丸贞惠撰写的 *SPIRITUAL FABRIC——20 Years of Textile Research among the Miao People of Guizhou, China*（《织就岁月的人们——中国贵州苗族染织探访20年》），由西日本新闻社2006年出版；鸟丸知子撰写的 *One Needle, One Thread – Miao (Hmong) embroidery and fabric piecework from Guizhou, China*, University of Hawaii Art Gallery，由 Department of Art and Art History 于2008年版出版；鸟丸知子撰写的《一针一线——贵州苗族服饰制作工艺》，由中国纺织出版社于2011年出版。

4. 相关论文综述

研究苗族侗族服饰文化的论文也不在少数，基本可以涵盖对苗族侗族服饰历史与变迁、服饰文化、服饰习俗、服饰艺术、服饰技艺、服饰与教育、服饰与旅游、服饰传承以及服饰在当今社会的定位与发展等几个层面。

研究服饰历史与变迁的论文如席克定在《试论苗族妇女服装的类型、演变和时代》[①] 一文中通过对苗族服饰演变过程的研究，提出了苗族妇女早期的服饰是贯首服的观点。黎焰、杨源在《近现代贵州苗族服饰文化的变迁》[②] 一文中对近现代贵州苗族服饰的变迁进行了梳理。郭锐在《民族服饰的变迁——谈苗族服饰的缘起与演变》一文中指出蜡染、

① 席克定：《试论苗族妇女服装的类型、演变和时代》，《贵州苗族研究》1998年第1期。

② 黎焰、杨源：《近现代贵州苗族服饰文化的变迁》，《湛江师范学院学报》2006年第1期。

刺绣和银饰是苗族三大特色技艺，具有审美价值，并反映了本民族的历史文化和风俗习惯，历史上的错落分布以及迁徙构成了今天苗族服饰种类繁多的特征。罗义群的《苗族服饰的形成与流变》一文用较为翔实的文献材料对苗族服饰形成的时间进行了考证，分析了苗族服饰流变历程与原因。王瑞莲在《浅谈苗族服饰的演变与款式花纹》一文中回顾了从三苗时代到清代苗族服饰的演变历程，将近现代苗族服饰从大的类型分为湘西型、黔东南型和黔中南型三类，并梳理了各自的特征。傅安辉在《侗族服饰的历史流变》① 一文中梳理了侗族服饰发展变化的历史，分析了侗族服装所用织物的发展变化，总结了侗族服装“简装—盛装—新的简装”的演变规律，并从经济和婚姻两个角度解释了这一规律发挥作用的原因。李汉林在《论黔东方言区苗族服饰文化与其生境关系研究》② 一文中主张自然不能创造文化，但可以稳定文化，甚至可以模塑文化。黔东南苗族的服饰特点与其生存环境存在密切关系，但在历史进程中，随着自然的退却、社会化的进一步实现，苗族服饰又具有了诸多社会性特点，这是苗族文化适应社会环境、自觉创造的结果。

研究服饰文化的论文如何武在《苗族服饰的“规则性”及其情感寄托》③ 一文中认为没有自己文字的苗族以服饰为媒介、以图案为“语言”来“书写”本民族悠久的历史与文化，正是由于苗族服装这种“语言”的功能、寄寓的情感以及对本民族语言及其一切标志的维护心理和态度，苗族服装才会呈现出其他民族特别是汉族服装少有的“规则性”，才会成为文化的表征、情感寄托的载体。崔岩的《动物纹样在黔东南苗族服饰中的符号学意义》④ 从黔东南地区苗族自身独特的历史文化、地理位置和生活习俗出发，对该地区苗族服饰图案的题材、形式和特点进行分析，

---

① 傅安辉：《侗族服饰的历史流变》，《黔东南民族师范高等专科学校学报》2003 年第 21 卷第 2 期。

② 李汉林：《论黔东方言区苗族服饰文化与其生境关系研究》，《贵州民族学院学报》（哲学社会科学版）2001 年第 2 期。

③ 何武：《苗族服饰的“规则性”及其情感寄托》，《贵州民族研究》2008 年第 2 期。

④ 崔岩：《动物纹样在黔东南苗族服饰中的符号学意义》，《装饰》2006 年第 2 期，第 30—31 页。

提出黔东南苗族服饰图案不但具有实用美观的特点，而且具有图腾崇拜、辨别支系、文化交融等符号功能。丁朝北在《黔南苗族服饰试论》[①] 一文中对黔南地区的苗族服饰按照装饰手法的不同进行了分类，并从历史变迁和生活环境等角度分析了苗族服饰类别差异形成的原因。认为苗族服饰精湛的工艺和艳丽的装饰，反映了苗族人民特有的审美意识，体现了苗族人民的性格美，倾注了苗家姑娘的全部心血，凝聚了苗族人民的聪明才智。许凡、赵晶、阳献东在《符号与象征——黔东南少数民族刺绣纹样的精神意涵》[②] 一文中以黔东南地区刺绣纹样为研究对象，从族群标识和象征、巫术宗教、神话传说的标志与象征、社会角色的标志与象征四个方面分析了黔东南地区刺绣纹样的内在人文精神意涵，提出对其精神意涵的研究有助于为现代的服装设计提供丰富的启示和借鉴，促进民族刺绣与现代服饰设计的更好融合。王清敏在《黔东南苗族服饰图案探微》[③] 一文中从文化的角度对黔东南苗族服饰的图案进行分析，认为黔东南苗族服饰图案深受巫文化影响，希望借助服饰图案获得神力。

研究服饰习俗的论文如石林的《从江苗族着装习俗》[④] 主要从着装习俗入手对从江的苗族服饰进行梳理。

研究服饰艺术的论文如王绿竹在《贵州蜡染艺术浅论》[⑤] 中介绍了贵州黔东南、安顺一带的蜡染技艺，包括蜡染的起源、蜡染的制作工艺过程、蜡染的种类、蜡染图案的造型规律、蜡染图形里有丰富多变的纹样以及蜡染的色彩，认为贵州蜡染艺术是世代相传的古代印染工艺，各族人民不仅继承和发扬了传统的蜡染工艺，同时也在不断地改革创新。陈默溪在《贵州苗族戳纱绣探胜》[⑥] 一文中结合自己多年深入民间所掌握的资料和研究心得，认为黔东南苗族别有特色的戳纱绣是苗族织绣艺术中的精品，工艺技巧高，纹样变化多，色彩协调，鲜艳明快，极富艺术魅

---

① 丁朝北：《黔南苗族服饰试论》，《贵州民族研究》（季刊）1988 年第 3 期。

② 许凡、赵晶、阳献东：《符号与象征——黔东南少数民族刺绣纹样的精神意涵》，《轻纺工业与技术》2013 年第 2 期。

③ 王清敏：《黔东南苗族服饰图案探微》，《贵阳学院学报》（社会科学版）2009 年第 4 期。

④ 石林：《从江苗族着装习俗》，《百科知识》1996 年第 4 期。

⑤ 王绿竹：《贵州蜡染艺术浅论》，《贵州文史丛刊》2008 年第 4 期。

⑥ 陈默溪：《贵州苗族戳纱绣探胜》，《贵州民族研究》（季刊）1998 年第 3 期。

力，并从地区、图案等角度分析了苗族戳纱绣的艺术风格。陈明春在《论苗装图式的美学内涵》[1] 一文中从美学角度对苗装图式的内涵进行了分析，指出苗族服饰图案是特殊的文化载体，体现了苗族对生命自由的达观情感，表现出深邃广袤的空间感和抽象的装饰美感。许星、廖军在《黔东南邑沙苗族服饰研究》[2] 一文中，通过田野调查对邑沙苗族的织布、印染、服饰、刺绣以及发式等进行了分析和研究，探求其背后所蕴含的着装习俗、审美观念和文化内涵。

研究服饰技艺的论文如李建萍的《从江县小黄侗寨的织染工艺与民俗》[3] 从工艺与民俗的角度介绍了小黄及周边地区织染工艺、织染工艺流程、纺织器物及背景，并分析了如何在现代经济大潮中保护、传承和发展小黄侗染工艺，提出了以政府为主制定相关保护政策、以博物馆的形式进行收藏保护、提高民众对民族民间文化遗产的保护意识、发展有特色的传统文化产业带动经济增长等建议。黄玉冰的《西江苗族刺绣的色彩特征》[4] 从色彩的角度入手，分析西江苗族刺绣的特征，得出其服饰色彩是其民族文化与历史的外化的结论。陈宁康、傅木兰在《贵州少数民族挑花》[5] 一文中分析了贵州少数民族挑花的现状、贵州各少数民族挑花的特色、花溪苗族的挑花艺术，认为挑花作为一种古老的技艺，在贵州不仅有丰富的遗存，而且目前还在广泛使用，贵州少数民族挑花艺术的这种生命力与其所具有的实用价值密切相关，图案主题也反映了人们的现实生活和追求幸福的热望。张泰明在《苗族刺绣的历史踪迹》[6] 一文中探析了苗族刺绣的起源，分析了黔东南苗族刺绣的构图、题材、色彩和刺绣技艺，认为苗族刺绣能有如此辉煌的成就绝非一朝一夕之功。冯洁、冯涛在《侗族面料工艺研究》[7] 一文中认为侗族服装的独特性更多来源于

---

① 陈明春：《论苗装图式的美学内涵》，《黔东南民族师范高等专科学校学报》2006 年第 24 卷第 4 期。

② 许星、廖军：《黔东南邑沙苗族服饰研究》，《南京艺术学院学报》（美术与设计版）2010 年第 4 期。

③ 李建萍：《从江县小黄侗寨的织染工艺与民俗》，《古今农业》2007 年第 1 期。

④ 黄玉冰：《西江苗族刺绣的色彩特征》，《丝绸》2009 年第 2 期。

⑤ 陈宁康、傅木兰：《贵州少数民族挑花》，《贵州文史丛刊》1984 年第 3 期。

⑥ 张泰明：《苗族刺绣的历史踪迹》，《贵州民族研究》（季刊）1995 年第 1 期。

⑦ 冯洁、冯涛：《侗族面料工艺研究》，《四川丝绸》2008 年第 3 期。

其独特的面料——侗布。文章通过对黔东南地区侗布的传承与特点、侗布染色工艺、其他颜色侗布的染色方法、侗布的后期整理及光亮效果的制作工艺、工艺原理的考察，对侗布进行了研究。姚作舟、沈磊在《黔东南苗族刺绣的基本特征》[①] 一文中归纳了黔东南苗族刺绣的基本特征，即历史悠久、技艺古老，题材广泛、想象丰富，色彩艳丽、装饰性强，构图与造型稚拙古朴；认为苗族刺绣是苗族生命文化在装饰艺术上的体现，洋溢着浓厚的生命意识，具有极高的审美价值。

研究服饰与教育的论文如陈雪英的《贵州雷山西江苗族服饰文化传承与教育功能》[②]，从教育学的角度入手分析贵州雷山西江苗族服饰的传承，并分析其在当地所承担的教育功能。

研究服饰与旅游关系的论文如刘孝蓉的《贵州民族工艺品传承与旅游商品开发探讨——以台江县施洞镇银饰、刺绣为例》[③]，以台江施洞地区的银饰与刺绣为例探讨了贵州在民族工艺品传承与旅游商品开发中所存在的问题，并提出了可行性的解决方案。吴春兰在《论苗族妇女在服饰民俗旅游中的作用——以黔东南苗族侗族自治州剑河县革东镇为例》[④] 一文中以黔东南苗族侗族自治州剑河县革东镇为例，就苗族妇女在其民族服饰制作中所扮演的主体性角色，说明了她们在服饰民俗旅游中的核心地位。

研究服饰传承以及服饰在当今社会的定位与发展的论文，如曾祥慧在《试析黔东南苗族服饰的文化整合》[⑤] 一文中通过对黔东南苗族服饰现状的研究，得出苗族服饰在发展中不可避免地经历文化的相互碰撞、排斥、吸纳与重新整合，而在此过程中苗族服饰也经过文化调适吸收了新元素。杨晓辉在《贵州民间蜡染概述》[⑥] 一文中认为蜡染是贵州民间最有

---

① 姚作舟、沈磊：《黔东南苗族刺绣的基本特征》，《贵州大学学报》（艺术版）2009 年第 4 期。

② 陈雪英：《贵州雷山西江苗族服饰文化传承与教育功能》，《民族教育研究》2009 年第 20 卷第 1 期。

③ 刘孝蓉：《贵州民族工艺品传承与旅游商品开发探讨——以台江县施洞镇银饰、刺绣为例》，《贵州师范大学学报》（自然科学版）2008 年第 26 期。

④ 吴春兰：《论苗族妇女在服饰民俗旅游中的作用——以黔东南苗族侗族自治州剑河县革东镇为例》，《凯里学院学报》2002 年第 30 卷第 1 期。

⑤ 曾祥慧：《试析黔东南苗族服饰的文化整合》，《贵州民族研究》2010 年第 3 期。

⑥ 杨晓辉：《贵州民间蜡染概述》，《贵州大学学报》（艺术版）2008 年第 22 卷第 3 期。

代表性的传统手工艺术之一，因地区与民族间的差异构成了非常丰富的内容和形式特征。在长期的发展过程中，贵州蜡染始终保持了鲜明的地域特色和民族特色，并世代相传。在新的历史条件下，贵州民间蜡染遭遇社会发展、文化变迁带来的种种影响，其传承发展面临诸多问题，同时也蕴藏新的契机。作为一种活态流变的文化遗产，其在不同的社会背景下，通过建立保护机制和自身的调适，可以继续存活并有所发展。吴海燕、但文红在《黔东南地区苗族妇女传统服饰文化保护研究》[①] 一文中归纳了黔东南地区苗族妇女六种传统服饰类型在颜色、款式和装饰等方面的特征，探讨了地域环境、祖先崇拜和审美观等在服饰形成中的作用；也提出了传统服饰保护在传承人、图案、技术等方面的存在困境。龙叶先在《苗族刺绣文化的现代传承分析》[②] 一文中分析了苗族刺绣文化在现代社会中的境遇和影响苗族刺绣文化传承的原因，提出了对现代社会苗族刺绣文化传承的思考。文章认为虽然苗族刺绣在国内外享有极高的声誉，但它在现代民间生活中衰败的速度却异常惊人。在新的历史条件下，苗族刺绣只有立足于现实条件，实现功能转换，才能摆脱被抛弃的局面，从而得以长足发展。苟菊兰、陈立生在《贵州西江苗族服饰的发展和时尚化研究》[③] 一文中指出西江苗族服饰因地理交通、经济环境因素，呈现一种村落文化切割突出现象，产生时空停滞景观，积聚了丰富的历史文化内涵，但仅仅用保护来维持其原貌，是治标不治本。文章提出西江苗族服饰文化的变迁和发展不可能中断，应该思考苗族服饰艺术的改造和重新构建，保存西江苗装的精华，孕育新的高层次的变化，寻求现代艺术与民族传统服饰文化的同构性，创意设计出有民族风格的中国时装。杨正文在《黔东南苗族传统服饰及工艺市场化状况调查》[④] 一文中认为以黔东南苗族传统服饰及其制作技艺为代表的传统文化资源的市场化已经

① 吴海燕、但文红：《黔东南地区苗族妇女传统服饰文化保护研究》，《贵州师范大学学报》（自然科学版）2011 年第 29 卷第 1 期。

② 龙叶先：《苗族刺绣文化的现代传承分析》，《贵阳学院学报》（社会科学版）2006 年第 3 期。

③ 苟菊兰、陈立生：《贵州西江苗族服饰的发展和时尚化研究》，《贵州民族研究》2004 年第 24 卷第 2 期。

④ 杨正文：《黔东南苗族传统服饰及工艺市场化状况调查》，《贵州民族研究》2005 年第 25 卷第 3 期。

有相当长的发展历史，并表现为不同类型的市场化方式，部分地区的传统服饰及其制作技艺已经对市场产生了依赖性，而且出现了以市场需求为目标的染料商品化生产。应当特别关注市场、市场化或者产业化与民族传统文化资源保护之间的关系问题；在本地消费需求已经衰落的情况下，是“域外”客户的需求使传统服饰及其制作技艺得以延续，在倡导非物质文化资源保护时，对这一现象应给予足够的重视。王爱青的《台江县学校教育传承中苗族服饰文化现状考察》① 认为苗族服饰具有传承苗族文化的功能，但随着现代化的发展，台江县苗族服饰文化呈现传承危机。在苗族服饰文化的传承危机下，学校教育的作用不可忽视。完善苗族服饰文化在学校教育中的传承机制，首先应建立民族文化意识与学校教育的共生机制，其次应整合苗族服饰文化内涵，最后应完善学校教育的传承机制。

还有一些学位论文涉及贵州苗族侗族女性服饰，如龙叶先的硕士论文《苗族刺绣工艺传承的教育人类学研究》② 考察了苗族刺绣工艺传承的现状，分析了苗族刺绣工艺传承的生态环境、传承理念、传承过程，提出了保护、继承和弘扬苗族刺绣的措施。蒋怡敏的硕士论文《苗族服饰图案在数字插画中的应用与研究》③ 试图将苗族服饰图案应用到数字插画创作中去，探索一种新的数字插画表现形式，并争取让这种数字插画形式在民族文化振兴上起到载体的作用，传承和发展中国的少数民族文化。骆醒妹的硕士论文《黔东南西江镇苗族刺绣图案的艺术研究》④ 从西江苗族神话历史传说、民族宗教信仰及民族图腾崇拜等角度对苗族刺绣图案的来历、题材特征、艺术特色及象征意义进行研究，主张保护和发展民族工艺必须同当地的经济文化建设相结合，走大力发展旅游业的道路。李晖的硕士论文《黔东南苗族服饰中传统动、植物图案的应用研究》⑤ 认

① 王爱青：《台江县学校教育传承中苗族服饰文化现状考察》，《凯里学院学报》2009 年第 1 期。

② 龙叶先：《苗族刺绣工艺传承的教育人类学研究》，中央民族大学硕士论文，2005 年。

③ 蒋怡敏：《苗族服饰图案在数字插画中的应用与研究》，东华大学硕士论文，2011 年。

④ 骆醒妹：《黔东南西江镇苗族刺绣图案的艺术研究》，中央民族大学硕士论文，2012 年。

⑤ 李晖：《黔东南苗族服饰中传统动、植物图案的应用研究》，中南民族大学硕士论文，2010 年。

为苗族刺绣及银饰、蜡染的商业化，在一定程度上对苗族传统图案起到了传承与保护的作用。刘天勇的硕士论文《贵州苗族服饰符号语义及研究价值》[①] 通过对贵州苗族服饰符号特征的分类解读，得出没有自己文字的苗族以服饰作为他们文化传播的媒介之一的结论。李亚洁的硕士论文《黔东南苗族服饰色彩研究》[②] 在对剑河县与台江县苗族服饰进行专向色彩调研的基础上，归纳苗族服饰的色彩特点，得出苗族服饰色彩在色调上以蓝色调为主、紫色调次之，在明度上中明度色彩最多、低明度居中、高明度最少，在纯度上高纯度色彩最多、中低纯度均较少的结论；并分析了苗族服饰色彩的成因，也对族服饰色彩的开发与应用提出见解。李丹的硕士论文《云南苗族服饰图案艺术研究》[③] 以苗族的历史、文化作为切入点，通过对云南苗族服饰图案在人类学和美学方面的研究，解读苗装图案的审美特征和深刻文化内涵，探讨一个民族的历史文化、审美观念与服饰的关系，提出了民族工艺在现代社会中的保护、传承和应用的建议。史晖的博士论文《国外苗图收藏与研究》[④] 对国外苗图的收藏和研究进行了比较细致的梳理。申卉芪的博士论文《论苗族传统服饰图案的现代应用》[⑤] 通过研究苗族服饰上几何图案、动物图案、植物图案及其他神话传说图案来解读苗族文化的内涵，借助苗族服饰图案考察了苗族历史文化与其服饰文化的互动关系。陈雪英的博士论文《西江苗族“换装”礼仪的教育诠释》[⑥] 通过对西江苗族服饰、人和教育之间关系，诞生时、结婚时、死亡时的“换装”礼仪得出西江苗族“换装”礼仪教育传承民族文化，培养并强化族群认同感以及实现身份、角色定位和认同，促进个体社会化的结论。

（二）实地调查法

本书采用了实地调查法，书中内容是笔者近十年多次实地田野调查的成果。通过对贵州省榕江县、从江县、雷山县、台江县、丹寨县、黎

① 刘天勇：《贵州苗族服饰符号语义及研究价值》，四川美术学院硕士论文，2005 年。

② 李亚洁：《黔东南苗族服饰色彩研究》，北京服装学院硕士论文，2009 年。

③ 李丹：《云南苗族服饰图案艺术研究》，昆明理工大学硕士论文，2006 年。

④ 史晖：《国外苗图收藏与研究》，中央民族大学博士论文，2009 年。

⑤ 申卉芪：《论苗族传统服饰图案的现代应用》，中央民族大学博士论文，2005 年。

⑥ 陈雪英：《西江苗族“换装”礼仪的教育诠释》，西南大学博士论文，2009 年。

平县、黄平县、施秉县、剑河县等地区的实地调研，实地拍摄了数千帧关于服饰实物、服饰技艺、穿着步骤、穿着状态等内容的一手照片，并与数十位当地的传承人、普通的制作者、当地的服饰学者以及政府相关职能部门的工作人员进行了面对面的交流，在此基础上收集了大量珍贵的一手文字与图片资料，并将其作为本课题问题展开与发展的坚实基础。研究展开的每个部分都是结合具体考察案例进行分析、梳理与研究。

（三）个案访谈

为了让研究更加深入和直观，本书采用了个案访谈的研究方法，访谈对象包括民族地区苗族侗族女性、国内外民族服饰专家、民族服饰设计师、民族地区当地学者、传统服饰技艺传承人、民办服饰博物馆负责人、民间服饰技艺协会负责人、当地政府相关工作人员、民族服饰店主、相关服饰企业负责人、贵州籍苗族服装设计专业学生等不同领域不同层面的被采访人。

二 研究的范围

（一）“物”的层面的实体的服饰

本书所研究的贵州苗族侗族女性传统服饰首先是一个“物”的概念——它是用来穿着的实物的服饰。这个“物”的概念下的“服饰”包括两个层面：一是服装部件，指的是贵州苗族侗族女性所穿的、以织物为材质的那些包裹人体头部、躯干和四肢的衣物，既包括主体服装，即上衣、下衣，也包括辅助服装，即头帕、胸兜、花带、围裙、背带、条裙、袖套和绑腿等。二是饰品，这指的是贵州地区苗族侗族女性所装饰于身体某些部位（如头部、颈部、胸部、手部）的、以金属为主要质料[①]的首饰以及衣服上缝缀的佩饰。

从服饰的类别来看，这些传统服饰既包括她们在重要场合所穿的盛装，也包括在日常生活中所穿的便装。无论盛装还是便装，都指的是具有本民族特色的民族传统服饰，而受汉族服饰影响的完全汉化的服装不在本书的研究之列。

---

① 饰品除了绝大部分以银为材质外，也包括金、木、彩线、毛线、动物身体组织等，详见本书第二章相关内容。

（二）“非物”的层面的手工技艺与动态穿着文化

除了对“物”的层面的考察之外，对贵州苗族侗族女性传统服饰的研究还包括“非物”的方面，这也是由两个层面构成。

首先是制作这些服饰的手工技艺。服饰手工艺是使用布、线、针以及其他各种材料，对服装进行手工制作的技术总称。在本书中，服饰手工艺主要包括刺绣技艺、织染技艺、蜡染技艺、百褶裙的制作技艺以及银饰锻制技艺五个大的层面。其中刺绣技艺主要考察苗族侗族服饰图案与针法的分类；织染技艺主要考察织染工艺流程以及亮布的制作；蜡染技艺主要考察防染剂、点蜡工具、染料、蜡染步骤；百褶裙的制作技艺主要考察百褶裙的制作步骤以及装饰手段；银饰锻制技艺主要考察银饰的制作流程。

其次是服饰的动态穿着文化。民族服饰被誉为民族文化的“活化石”。这个“活”字一方面体现了民族服饰具有穿越岁月长河依旧保有其民族文化特性的特点；另一方面，民族服饰不仅仅是服装本身，它鲜活的留存形式也是其文化的重要组成部分，其留存形式不仅包含了服饰实物本身、穿着完成后的服饰形象，还包括了它的穿着文化，即动态的穿着步骤以及相关的穿着习俗。服饰实物、服饰形象与穿着文化共同组成了民族服饰的全部内容，不可偏废：前两个方面更侧重于“静”态层面，而穿着文化更侧重于“动”态层面。以往对民族服饰的考察多局限于对其穿着完成后状态的考察，本书从多个具体案例入手，从动静态两方面入手，对民族服饰进行解读。

（三）对传承价值与意义的梳理

对贵州苗族侗族女性传统服饰进行传承研究有着重要的价值与意义。首先，从时间的纵轴上看，时代的变迁对于贵州苗族侗族女性传统服饰产生了深远的影响。不要说清代《百苗图》上所描绘的服饰与今天服饰的巨大差异，不要说我们能看到偶尔传世的那些清末民初的服饰实物与今天的服饰相去甚远，也不要说近60年前贵州历史社会调查组所记录的服饰与今天也差异巨大，只要比较20世纪90年代末学者前去调查的相关图片与文字记录，我们就能看到其中的巨大差距。再“拉近”时间轴的刻度，笔者间隔两三年去同一个村寨，其传统服饰的流失情况以及传承的情况都发生了很大的改变。

其次，从空间的横轴上看，民族间与国际交流对贵州苗族侗族女性传统服饰也产生了巨大的影响，这其中包括苗族侗族之间、苗族汉族之间、侗族汉族之间、苗族侗族与其他少数民族之间的交流以及国际的交流，这些都会对贵州苗族侗族女性的传统服饰产生影响，如增强传统服饰的现代性以及降低服饰的民族性与特色。

最后，传统服饰是“活”的民族文化，随着时代的发展，它有着在传承的基础上发展与创新的需求，但离开了根植于本民族的传统的服饰及服饰文化，它的发展与创新就是无源之水、无本之木。

（四）对服饰留存现状的分析以及对传承出路的架构

贵州苗族侗族女性传统服饰的留存现状可以被划分为服饰实物的留存以及服饰技艺的留存。在服饰实物留存的这个层面又可以分为作为贵州当地群众生活中重要组成部分的服饰①和作为商品买卖流失的服饰两个部分。② 在调查中，我们发现今天的贵州苗族侗族传统服饰的技艺留存中存在着简单化与去手工化的倾向，且年龄层与技艺传承之间存在着一定的关系：老年层，即纯熟技艺掌握者去世或逐渐老去；中年层，即部分技艺掌握者多外出打工；年轻层，即传承的后继者没有时间和兴趣学习技艺；因而合适的传承人较为难得。

影响贵州苗族侗族女性传统服饰传承因素主要包括生活方式的改变、经济因素的冲击、交流因素、生活方式的变化、相关立法的缺失以及当地群众传统服饰保护意识薄弱几个方面。

在探讨传承出路时，首先要清楚传承中的三个因素：一是传承中的主体因素，即传承人、组织者以及普通制作者；二是传统中的技术因素，即手工技艺；三是传承中的其他因素，即传承的助力。

传承出路主要应该包括以下层面：一是保护的层面，主要是对贵州苗族侗族女性传统服饰实物的保护以及对于服饰的传承环境的建立，如

① 作为贵州当地群众生活中重要组成部分的服饰存在于八种情况中：作为日常穿着的服饰，作为婚嫁、祭祀、节庆等场合礼服的服饰，作为母女间传承的服饰，作为装殓用“老衣服”（寿衣）的服饰，作为表演服饰和接待服饰的盛装与便装，作为租赁商品的服饰，作为旅游业中接待人员的服饰，作为礼品的服饰。

② 作为商品买卖流失的服饰存在于三种情况中：整套或整件的服装商品、佩饰商品和被拆分的服装局部商品。

原生态苗族侗族文化村寨的建设，等等。二是文化层面的研究，是对贵州苗族侗族女性传统服饰及其文化的研究，包括对古文献的研究和对关于贵州苗族侗族服饰研究的现代著作与相关论文的梳理。三是保障的层面，指的是数字化存档与法律保护。建立贵州苗族侗族女性传统服饰数据库是保障子孙后代对贵州苗族侗族女性服饰认识、研究、继承与发展的基础；制定系统、明确的《中国民族传统服饰保护法》则为贵州苗族侗族女性传统服饰的保护提供了法律的支持。四是发展的层面，首先要将精品服饰和精湛技艺纳入非物质文化遗产体系；其次是对贵州苗族侗族女性传统服饰进行现代设计；最后是对贵州苗族侗族女性传统服饰的品牌化推广。

三　研究的内容

本书的主要内容是对贵州苗族侗族女性传统服饰文化的传承研究，由导论、结论和九章正文组成。

导论部分。首先是介绍研究的缘起，对课题的选题、所研究的民族和调查地点的选取等问题进行介绍；然后是梳理研究的层面与角度；最后是对研究的意义和创新之处的阐述。

第一章是对贵州苗族侗族女性传统服饰的服装方面的研究。首先厘清与界定盛装与便装、一部式与二部式、主体服装与辅助服装三个重要概念；第二部分从服装款式入手对贵州苗族侗族女性传统服饰的主体服装（上衣与下衣）进行梳理；第三部分从服装款式入手对贵州苗族侗族女性传统服饰的辅助服装（首服、足服、肩部辅助服装、胸部辅助服装、腰部辅助服装、腿部辅助服装、小臂部辅助服装、绑缚等辅助服装）进行梳理。

第二章是对贵州苗族侗族女性传统服饰的饰品方面的研究。第一部分是对饰品的概述以及对饰品的历史与分类的研究。第二部分是对女性身体各个部位所佩戴的首饰与衣服上的佩饰进行全面的介绍。第三部分是对饰品的社会文化功能（实用价值、装饰审美价值、经济价值、传承价值、社会文化价值）的分析。

第三章是对贵州苗族侗族女性传统服饰的技艺方面的研究。在这一章里分别对刺绣技艺、织染技艺、蜡染技艺、百褶裙的制作技艺、银饰锻制技艺等工艺进行较为深入的梳理。

第四章是对贵州苗族侗族女性传统服饰的动态穿着文化的研究。第一部分首先定义“动态穿着文化”的概念，然后对主体服装的穿着习俗、辅助服装的穿着习俗、饰品的穿戴习俗、收放习俗（上衣、百褶裙、飘带裙）分别进行梳理。第二部分是针对具体案例（榕江县滚仲村苗族女性盛装穿着步骤、雷山县西江寨苗族女性盛装穿着步骤、榕江县归洪村侗族女性盛装穿着步骤、黎平县西迷村侗族女性盛装穿着步骤）进行分析研究。

第五章是对贵州苗族侗族女性传统服饰的服饰主体——贵州苗族侗族女性的研究。第一部分是对服饰主体——贵州苗族侗族女性的民族学解读，包括对苗族侗族女性的田野调查印象、苗族侗族女性的共性研究（对美的追求的特质）、苗族侗族女性差异性比较研究（性格差异与服饰映照）三个层面。第二部分是梳理传统服饰对于贵州苗族侗族女性的重要意义，分为两个层面：一是提出贵州苗族侗族女性传统服饰与贵州苗族侗族女性之间四位一体的关系，女性是服饰的制作者、设计者、穿着者与传承者；二是对服饰在女性恋爱与婚姻中扮演的角色的研究。

第六章是贵州苗族侗族女性传统服饰的文化意义与研究价值。第一部分是从文化表征、族别标志、评判指标、仪式构成、身份识别、审美表达、情感媒介七个方面来研究贵州苗族侗族女性传统服饰的文化意义。第二部分是对贵州苗族侗族女性传统服饰的研究价值的分析，从三个方面入手：一是时间的纵轴——时代变迁对于贵州苗族侗族女性传统服饰的影响；二是空间的横轴——民族间与国际交流对贵州苗族侗族女性传统服饰的影响；三是传承、发展与创新的需求。

第七章是对贵州苗族侗族女性传统服饰的留存现状与影响因素的研究。第一部分分为三个方面：一是服饰实物的留存（作为贵州当地群众生活中重要组成部分的服饰、作为商品买卖流失的服饰）；二是服饰技艺的留存现状（包括简单化与去手工化、传承女性年龄层与技艺的掌握、技艺传承者的知识产权保护、国家与地方各级政府的宣传与扶持、产销经济利益的分配五个组成部分）；三是个案研究。第二部分是对贵州苗族侗族女性传统服饰传承影响因素的分析，包括“贵州苗族侗族女性传统服饰传承影响因素”及“积极抑或消极——对影响因素双面性的分析”

两个部分。

第八章是对贵州苗族侗族女性传统服饰传承的三个要素的研究。首先是对传承中的主体要素——传承人、组织者以及普通制作者的研究；其次是对传承中的技术要素——手工技艺的研究；最后是对传承中的其他要素——传承的助力的研究。

第九章是贵州苗族侗族女性传统服饰之传承出路与设想。第一部分是保护层面，包括两个方面：一是对贵州苗族侗族女性传统服饰实物的保护；二是传承环境的保护——建立和完善原生态文化村落。第二部分是文化研究层面，包括两个方面：一是对贵州苗族侗族女性传统服饰的田野调查；二是对贵州苗族侗族女性传统服饰的文化研究。第三部分是保障层面：一是将精品服饰和精湛技艺纳入非物质文化遗产体系；二是制定系统、明确的《中国民族传统服饰保护法》；三是建立贵州苗族侗族女性传统服饰数据库。第四部分是发展层面，包括贵州苗族侗族女性传统服饰的现代设计、贵州苗族侗族女性传统服饰的舞台化设计和贵州苗族侗族女性传统服饰的品牌化推广三个方面。

最后是结论，指出贵州苗族侗族女性传统服饰的传承要注重“物”“人”“技”三个方面，并提出对贵州苗族侗族女性传统服饰保护、研究、保障与发展四个层次并进发展的传承框架。

第三节　主要观点、创新之处与学术价值

一　主要观点

经过近十年的实地田野调查和近三年的资料收集、分析以及本书稿的撰写工作，笔者对贵州苗族侗族女性传统服饰的传承研究提出如下六个观点。

（一）贵州苗族侗族女性传统服饰具有很高的文化价值、审美价值以及一定的经济价值

贵州苗族侗族女性传统服饰是民族服饰的精粹，它们是苗族侗族民族文化的外显，具有很高的文化价值，它蕴涵了苗族侗族女性独特的审美与情趣，其与现代设计的结合，能够创造一定的经济价值。

（二）对贵州苗族侗族女性传统服饰传承的研究刻不容缓

伴随经济、交流因素的影响，随着生产生活方式的转变，贵州苗族侗族女性传统服饰实物的逐渐流失和技艺的逐渐湮灭是一个不容回避的问题，据笔者的实地调研发现，即便只间隔两三年观察同一个村寨，其服饰的现代化、实物的流失以及技艺的逐渐失传问题都非常明显，这使得对其的研究具有紧迫性和艰巨性。

（三）“服饰主体”——贵州苗族侗族女性的重要性

贵州苗族侗族女性传统服饰与贵州苗族侗族女性之间是四位一体的关系，她们是传统服饰的设计者、制作者（银饰除外）、穿着者，也是今后传统服饰发展的传承者。因此，贵州苗族侗族女性是传承最重要的因素，对其的引导、培训、扶持与帮助非常重要。

（四）对贵州苗族侗族女性传统服饰的全面考察需要动、静态结合进行考察

以往对民族女性传统服饰的考察多局限于对其穿着完成后状态的考察，但仅仅从静态层面探索少数民族女性传统服饰只是对民族服饰研究的一个层面，对其动态穿着文化的考察（穿着步骤、穿着习俗）则是深入这个民族的服饰文化及审美心理的重要环节。本书从多个具体案例入手，从穿着与佩戴步骤、穿着习俗与特点等方面入手，对贵州苗族侗族女性服饰进行解读。

（五）兼顾物质文化传承与非物质文化传承两个层面

对贵州苗族侗族女性传统服饰的传承应兼顾两个层面：一是物质文化遗产层面的“实物”的保护，二是非物质文化遗产层面的“技艺”的“活态性”发展。传承的两个方向是静态传承方向与动态传承方向。

（六）传承的两个趋向是传统意义上的“传承”与新时代背景下的“发展”

一是对传统的、原汁原味的传统服饰和技艺的保护（这其中包含了对服饰实物精品的留存、对服饰技艺的收集整理以及对传承人的扶助与支持），这是基础，离开了传统的现代设计是无源之水、无本之木；二是应该与时俱进，对贵州苗族侗族女性传统服饰与现代设计的结合进行大胆而深入的探索，这是发展的需要，也是时代前行的必然。

二　创新之处

本课题的创新之处主要体现在五个方面。

（一）宏观与微观（相关案例研究）相结合的研究方法

以往的研究成果多从宏观的角度进行综合性分析与论述，本研究成果不仅有宏观层面的研究，还根据具体的问题结合具体的相关案例进行入情入理的分析，使得读者能够更为形象而深入地理解所述内容。整个成果共 84 个相关案例及个人访谈，是在笔者实地采访基础上完成的。

（二）提出“动态服饰穿着文化”的概念

民族服饰被誉为民族文化的“活化石”。这个“活”字一方面体现了民族服饰具有穿越岁月长河依旧能够保有其民族文化特性的特点；另一方面，民族服饰不仅仅是服装本身，它鲜活的留存形式也是其文化的重要组成部分。民族服饰的留存形式不仅包含了服饰实物本身、穿着完成后的服饰形象，还包括了它的穿着文化，即动态的穿着步骤以及相关的穿着习俗。服饰实物、服饰形象与穿着文化共同组成了民族服饰的全部内容，不可偏废：前两个方面更侧重于“静”态层面，而穿着文化更侧重于“动”态层面，对其的考察是深入这个民族的服饰文化的重要手段。以往对民族服饰的考察多局限于穿着完成后状态的静态层面的考察，但这只是研究的一个层面，对其动态穿着文化的考察（穿着步骤、穿着习俗）则是另一重要环节。笔者对贵州数十个村寨的田野调查，从具体案例入手，从穿着与佩戴步骤、穿着习俗与特点等方面入手，对民族服饰的传承状况进行解读。

（三）从“物”与“非物”两个层面对贵州苗族侗族女性传统服饰进行研究

“物”的层面是实体的服饰，这个“物”的概念下的“服饰”包括两个层面：一是具体的服装部件，二是具体的饰品。“非物”的层面也包括两个层面，首先是制作这些服饰的手工技艺，其次是服饰的动态穿着文化，从穿着与佩戴步骤、穿着习俗与特点等方面进行考量。

（四）提出“贵州苗族侗族女性传统服饰传承”的三个要素的概念

这三个因素首先是传承中的主体因素——传承人、组织者以及普通制作者；其次是对传承中的技术因素——手工技艺；最后是传承中的其他因素——传承的助力。特别值得提出的是在以往的研究中，在主体因素这个层面，研究者们仅把研究的目光集中到传承人身上，但笔者经过实地调查发现，一些掌握服饰技艺的组织者对当地传统服饰传承发挥了同样重要的作用——在技艺的传承层面，她们组织民间技艺协会和妇女互助学习小组；在对外联系与宣传层面，她们组织妇女赴省内外甚至海外表演；在经济利益层面，她们可以起到打通上下游关系的作用。第三类主体因素是普通的制作者，她们也许技术上没有传承人精湛，但人数众多，她们是使苗族侗族传统服饰还留存在苗族侗族群众生活中的最重要的因素。提出传承助力的概念，包括以下几点因素：一是各级地方政府的重视和支持，二是博物馆、研究所、高校等相关研究和科研机构的学术支持和方向性建议，三是当地文化馆对相关文化宣传活动的开展，四是合理运用民间组织的力量，五是相关的服饰公司或企业对贵州苗族侗族女性传统服饰市场化的推进。

（五）打通贵州苗族侗族女性传统服饰的历史、今天和未来

本书不仅对当今贵州苗族侗族女性传统服饰的传承进行实地的调查、研究与梳理，还对历史上的贵州苗族侗族女性服饰进行探究，以考察传承的特点与脉络，这是回溯的层面；此外，本书还对贵州苗族侗族女性传统服饰传承的未来进行设想，并在多个方面提出可行性的建议，这是展望的层面，即本书打通了历史、今天与未来，是对贵州苗族侗族女性传统服饰的传承问题较为全面的梳理。

三 学术价值

在中国少数民族传统服饰中，贵州省因其特殊的地理位置、人民的生活生产方式等因素，其传统服饰的留存状况较好，更能反映民族传统文化、习俗、审美等方面的内容。

贵州苗族侗族女性传统服饰款式多样、技艺精湛、搭配复杂，其造型、图案与穿着习俗背后都蕴藏了深厚的民族文化。伴随着经济、交流、交通、生活方式转变等因素的共同作用，其传统服饰正在逐渐退出当地人的生活，而其服饰技艺也因传承人的老龄化和传承人的难得而逐渐走向湮灭，可以说贵州苗族侗族女性传统服饰每一分每一秒都在消失：这其中有随主人下葬的精美盛装，有随着老人去世而失传的技艺，有随着

交流因素简化和杂糅化的技艺……因此，对贵州苗族侗族女性传统服饰的传承研究迫在眉睫，对其实物和技艺的梳理与研究有着重要的学术价值。

本书立足实地田野调查，本书包括实地拍摄的321帧关于服饰实物、服饰技艺、穿着步骤、穿着状态等内容的一手照片，196幅苗族侗族女性传统服饰的款式线描图和结构图，是珍贵的服饰资料，可为以后的研究者提供一些帮助。

为了让研究更加深入和直观，本书采用了个案访谈的研究方法，访谈对象包括民族地区苗族侗族女性、国内外民族服饰专家、民族服饰设计师、民族地区当地学者、传统服饰技艺传承人、民办服饰博物馆负责人、民间服饰技艺协会负责人、当地政府相关工作人员、民族服饰店主、相关服饰企业负责人、贵州籍苗族服装设计专业学生等不同领域不同层面的被采访人，旨在为读者提供较为全面而翔实、客观的视角。

本书结合民俗学、民族学、艺术学、服饰学的相关理论，对贵州苗族侗族女性传统服饰从服装款式、饰品款式、服饰技艺、动态穿着文化、服饰主体、文化价值、留存现状与影响因素、传承的三个层面以及传承的出路与设想方面进行了较为深入、细致而全面的研究梳理，因此具有一定的学术价值。

第一章 贵州苗族侗族女性传统服饰之“服”

第一节 综述：关于“服”的几组概念

在服饰学中的民族服装的发展中，有着这样的一种理论：无论是地域范围广的民族服装，还是地方性的民俗服装，与中心主流的服装的迅速变迁相比，都具有相对保守的停滞性。这是因为它们一般都处于一个相对孤立隔绝的环境中，在这样的环境中，以自然发生为主的民俗服装一般变化缓慢，形成保守而排他的特征，并逐渐形成了这个地区独特的服饰风格。贵州少数民族服饰就属于这种情况。以苗族为例，明清时节，苗族主要分布的地区除了河谷、平坝之外，以丘陵山地为多，是相对比较封闭的环境，因而形成了不同地区各自的服饰特色，这些具有地域性的服饰特色甚至曾成为对其命名与分类的依据。清陆次云在《峒溪纤志》中有如下记述：“苗人，盘瓠之种也……有白苗、花苗、青苗、黑苗、红苗。苗部所衣各别以色，散处山谷，聚而成寨。”① 这即是以所着服饰颜色进行的分类。清严如熤的《苗防备览》中对此有更为详尽的描述：“苗人衣服俱皂黑布为之，上下如一。其衣带用红者，为红苗；缠脚并用黑布者，为黑苗；缠脚并用青布、白布者，为青苗、白苗；衣褶绣花，及缠脚亦用之者，为花苗。”② 还有从服饰纹样的大小形状来进行划分的，

① （清）陆次云：《峒溪纤志》，载胡思敬《问影楼舆地丛书第一集》，胡思敬1908年版。

② （清）严如熤：《苗防备览》，载王有义《中华文史丛书》，（台北）华文书局1968年版，第374页。

如大花苗和小花苗；从辅助服装首服和足服的颜色与特点划分的，如尖顶苗、黑脚苗；从百褶裙的长度来划分的，如长裙苗、中裙苗与短裙苗。

贵州苗族侗族女性传统服饰不同于我们现在所穿的受西方现代服饰影响的服装，在多种因素的综合作用下，它还保持着较为传统的样式、组成以及独特的搭配方式与穿着方式。因此，在我们研究贵州苗族侗族女性传统服装之前，有几组相关概念需要厘清，它们是盛装与便装、一部式与二部式、主体服装与辅助服装。

一　盛装与便装

（一）盛装与便装的概念界定

受民族传统及文化等因素的影响，贵州的苗族侗族女性服饰有盛装与便装的区别，这也是其服饰的一个显著特点。盛装是以本民族最为精湛的传统服饰工艺来制作，在婚庆、节日等重大场合穿着的具有礼服意义的民族传统服饰。“盛装是只在节日里跳芦笙，或出嫁时才会穿的，那是一套甚至可以称为族徽的符号，我以为把苗族女人的盛装称为穿在身上的族徽也未尝不可……一套盛装的造价不菲，因此那是真正意义上的礼服，女人们在重大的节日中或人生礼仪场合才会穿戴起来，通过这一套符号荣耀她们的身世，神圣着她们的价值，美化着她们的形象，界定着她们的身份。”[①] 便装有两种，一种是以本民族的传统服饰工艺来制作，在平时穿着的服装；第二种是受汉族影响后市售的汉族样式的服装。

如果从穿着场合的角度来划分，盛装主要在节日、婚庆等特殊场合穿着而便装则是在日常生活中穿着。如果从民族文化的角度来考察，盛装是民族服饰中最能体现此民族文化内涵的服装类别。如果从装饰手段上来看，盛装是民族服饰中最为精美的集大成者，贵州苗族侗族女性盛装包括染色（扎染、蜡染）、刺绣、贴花、镶嵌、缀物等多种复杂的手工技艺，所花费的人力、财力、物力都非比寻常。因为穿着场合的不同，在日常和干活时穿着的便装一般都较为短、窄、薄，利于穿着者活动；而盛装因其具有礼服的性质，所以在整体造型上一般较为肥大。

---

① 王良范：《千家苗寨：西江苗人的日常生活》，贵州人民出版社2013年版，第179页。

（二）对二者的比较

在贵州的一些地区，盛装也根据衣饰的复杂程度与技艺的优劣、不同的穿着场合而分为一等盛装和二等盛装，甚至三等盛装。衣饰的复杂程度与技艺的优劣是以款式、面料、制作以及刺绣等工艺手段所花费的时间来衡量。此外，划分了等级的盛装在穿着的场合上也有不同，如在雷山县西江镇，最精良的盛装可能会在主人去世时随着主人入土，次一等的盛装在出嫁等重大的婚庆场所中穿着，再次一等的盛装就是参加节日表演时穿着了。再如施洞的苗族女性盛装分为一等盛装和二等盛装。一等盛装是规格最高、最为繁复的衣服，衣服上用破线绣刺绣很多花纹，并在袖部、前衣片下摆处缀有银片；全套所配的银饰有七八十种，要在头顶正中戴大小两个银角，并在左右两边各插数枝银凤雀，颈间还佩戴数个银项圈、带坠饰的银花压领等。其制作时间超过一年，在姊妹节或出嫁时穿着。二等盛装刺绣纹样不如一等盛装复杂，衣服上花纹较少，也没有最费时费工的破线绣；所配银饰数量也少很多，头上仅有一个银头帕，颈间也只有一个银项圈，一般是赶场、伴嫁时候穿着。便装也分为两类，一类是款式与盛装一样为大襟大袖的衣服，做工较为精致；另一类与汉族服饰相似，下为长裤，是最日常的穿着（见表1—1）。

表1—1　　盛装与便装对照

比较层面	盛装	便装	补充说明
定义	以本民族最为精湛的传统服饰工艺来制作，在婚庆、节日等重大场合穿着的具有礼服意义的民族传统服饰	以本民族的传统服饰工艺来制作，在平时穿着的服装	便装既包括以本民族传统服饰工艺制作的服装，也包括受汉族影响后市售的汉族样式的服装，在这里主要指前者而言
制作者	少数民族女性	少数民族女性	
穿着者	少数民族女性	少数民族女性	
穿着场合	重要场合（包括结婚、葬礼、节庆、祭祀等）	平时穿着（包括家务劳作、出坡等）	

续表

比较层面	盛装	便装	补充说明
材料	自织自染土布、线	自织自染土布、线	有些盛装所用的布本身织有暗纹，盛装所用的线种类更多
工艺	织、染、绣、钉珠、镶拼等	织、染、绣、镶拼等	盛装的工艺比便装的更为复杂，所用的种类也更多
用时	约半年至2年不等	约数天至4周不等	不同地区、不同款式的盛装与便装所用时不尽相同，这里是以较为常见的情况而言

（三）对具体样本的分析

盛装与便装的区别可以存在于诸多方面，如款式、面料、工艺、配饰等。下面以三个样本来进行具体的解析：在一些地区，除去首饰、佩饰以及服装的制作、装饰工艺等方面的差别外，盛装与便装款式本身就存在很大的区别，如下文的样本一；在另一些地区，盛装与便装在服装款式这个层面只存在比较少的差异，装饰手段基本近似，但在首饰、佩饰这个层面存在很大差异，如下文的样本二；还有一些地区，盛装与便装在服装款式这个层面基本近似，所佩戴首饰、佩饰差异也较小，但装饰手段存在较大差异，如下文的样本三。

相关案例1—1：样本一——对雷山县西江苗族女性盛装与便装的对比

图1—1至图1—4所示为雷山县西江苗族女性的四种服装款式，图1—1、1—2为西江苗族女性两种盛装款式，图1—3、1—4为西江苗族女性两种便装款式。第一种盛装的上衣为大领左衽掩襟宽袖衣，下身着裙——内为百褶裙，外为飘带裙。在穿着时还要佩戴诸多银饰：头上要戴银角、银帽、银凤鸟、银插花、银梳；耳朵上戴耳环；颈间要戴一种衣裳款式的银项圈和银压领等；手上要戴银手镯与银戒指。除了这些首饰外，还要在衣服上缝缀各种银片来装饰。第二种盛装款式与第一种的区别主要在于头饰，这种盛装没有佩戴银角，只是以缀银红头帕和银插花装饰头部。图1—3、1—4中两种便装款式基本相似，均为上衣下裤的结构，上衣为小立领右衽大襟窄袖衣，区别在于门襟的装饰略有不同，

在穿着时一般只是在头上插一朵红色或粉色的假花，插一把木梳；手上戴一对款式简单的银手镯或一只戒指，有的还戴耳环，仅此而已。此种款式应为受汉族服饰影响的结果。

图 1—1 西江苗族女性
盛装款式（之一）

图 1—2 西江苗族女性
盛装款式（之二）

图 1—3 西江苗族女性
便装款式（之一）

图 1—4 西江苗族女性
便装款式（之二）

相关案例 1—2：样本二——对榕江县归洪村侗族女性盛装与便装的对比

图 1—5 为归洪村侗族妇女盛装上衣及其款式图，图 1—6 为归洪村侗族妇女便装上衣及其款式图。从中可以看出，无论盛装还是便装都是圆领右衽大襟衣，区别较大的是便装多了一个可拆卸的假袖的构成。无论盛装还是便装，归洪村女性的衣服上都有着异常繁复的刺绣缘边装饰，无论色调还是工艺都非常近似。盛装与便装区别比较大的在以下三个方面：一是面料，盛装用的是灯芯绒面料，便装用的是棉布；二是色彩，盛装为纯黑色，便装为浅蓝色；三是佩饰，穿戴盛装时，佩饰非常繁复：头上需插带 7—9 支类似中国古代步摇的一种有垂坠的银插花；耳朵上佩戴与银插花相似的有垂坠的耳坠；颈间戴一种此地独有的银玉相间的项圈，除此外还有一个扭转银项圈、两条款式不一的银链条；前襟处系一条银挂饰；手上戴银镯和银戒指。穿着便装时，只以木梳固定和装饰头发，手上戴银镯（或玉镯），除此之外，再无银饰。

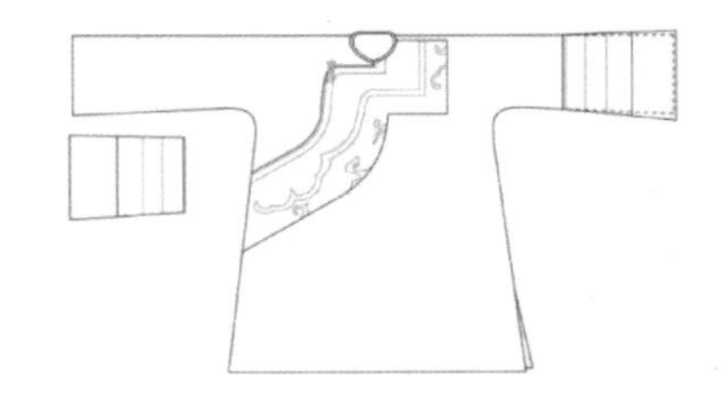

图 1—5 归洪村侗族妇女盛装上衣及款式图

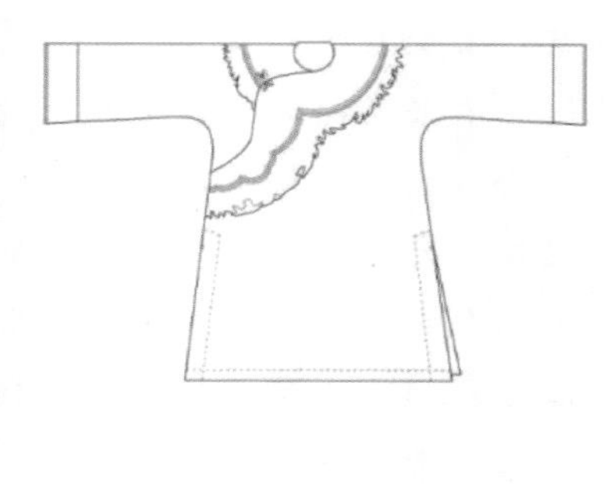

图1—6 归洪村侗族妇女便装上衣及款式图

相关案例1—3：样本三——对榕江县高文村侗族女性盛装与便装的对比

图1—7为高文村苗族妇女盛装上衣穿着效果及款式图，图1—8为高文村苗族妇女便装上衣穿着效果及款式图。

首先从装饰手段来看，高文村盛装的银饰主要有头上的银帽和颈间的银项圈，有些人手上会佩戴手镯或戒指，属于穿着盛装时佩戴银饰较少的类型。此地女性在穿着便装时只以木梳装饰与固定发髻，偶尔有人会戴一只戒指或一对手镯。因此从佩戴银饰角度讲，两者差别没有太大。

其次从基本款式的角度来看，都是上衣下裙，上衣都为圆领右衽大袖衣，且带状装饰花纹所在的位置也基本相同。除了面料（盛装为灯芯绒面料，便装为纯棉面料）和颜色（盛装为黑色，便装为蓝色）的差别外，细节上也有很大的不同。一是颜色的不同：盛装是在全黑的底色上装饰浅色绣花（白底浅红、浅绿、浅黄花）部分；便装是在浅蓝底上装饰浅色绣花（白底浅红、浅绿、浅黄花）部分，但别具特色的是在领口到前襟和肘部以上的袖围处各装饰有一圈黑色滚条和黑色镶拼布，打破了上衣整体的浅色调。二是工艺手段不同：盛装的刺绣部分全部为手工刺

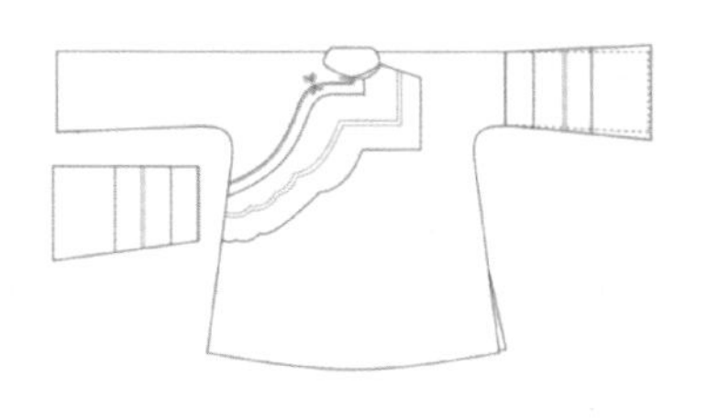

图 1—7　高文村苗族妇女盛装上衣及款式图

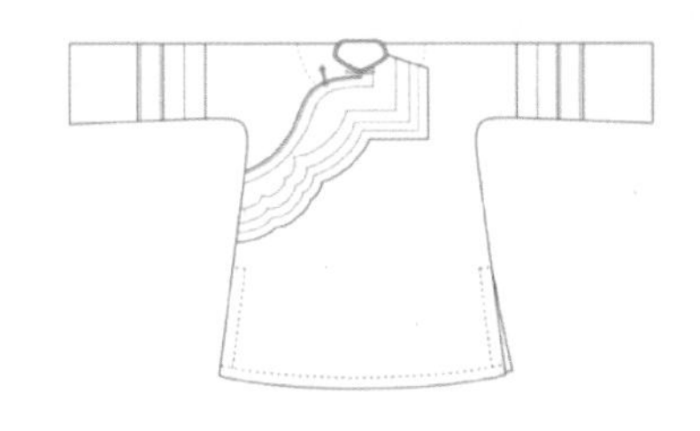

图 1—8　高文村苗族妇女便装上衣及款式图

绣；而便装的刺绣部分有机织的绲边。[①] 三是袖子的构成不同：盛装的两

① 高文村因地处离市集较远的高山山顶，交通极不便利，去市场买机器织好的花带成本较高，因此无论盛装、便装，其刺绣部分多为自己手作。而一些交通较为便利的村寨，妇女便装上的刺绣和装饰花带多为市售机制。这也是民族服饰在今日传承的特点之一。

只袖子各配有一个袖头，我们暂且称之为假袖。这对假袖的平面展开形为梯形，长度为肘部以上约2厘米至袖口的距离，宽度上约15厘米、下约20厘米，上窄下阔。此外，盛装长度比便装略短（2.5厘米），可能是与便装相比，盛装更为讲究上下身比例（上衣略短，使穿着者整体看起来更为修长），当然也可能是偶然的裁剪因素。

（四）盛装的非唯一性

需要特别指出的是，盛装并不是一个简单的概念——它不仅仅是针对便装而言的一种服装范式。我们不排除对于有些支系与村寨来讲，妇女可能有多件便装但只有一件盛装，但对于贵州很多地区而言，苗族侗族女性（尤其是苗族女性）的盛装不是只有一种类型，如在祭祀场合穿着的盛装、节庆时节穿着的盛装、婚礼上穿着的盛装、装殓时穿着的盛装、作为表演服装的盛装，等等。这些盛装中，有的可以在不同的场合穿着同一件盛装，而有的则是在专门的场合穿着的专门的盛装，具体的区分方式与本地的传统、习俗、盛装所有者对传统服饰的重视程度以及家庭的经济状况密切相关。如梭戛地区苗族女性的新娘装和节庆时节所穿的盛装虽然从外形看有些相似，但却是装饰手段不同的两种盛装。作为新娘嫁衣的盛装构成如下：头上戴木角并用长布条捆绑巨大的黑色发髻（真发、假发结合），上衣穿全部刺绣的对襟窄袖衣，下着黑底装饰有红、白、蓝横条的百褶裙，外围黑毡围裙，腿上戴白羊毛毡质裹腿，脚上穿传统的刺绣花鞋，饰品主要是颈部的项圈。在节庆场合穿着的盛装构成如下：头上戴木角并用长布条捆绑巨大的黑色发髻（真发、假发结合），上衣穿蜡染对襟窄袖上衣，下着黑底装饰有红、白、蓝横条的百褶裙，外围黑毡围裙，腿上戴白羊毛毡质裹腿，脚上穿尼龙短袜和白色球鞋，饰品主要是颈部的项圈。对于这两种盛装来讲，前者有穿着场合的固定性，即只为新嫁娘结婚时穿着；后者有穿着场合的非固定性，即可以在节庆、走寨、赶场等场合穿着。这样的例子比比皆是，因篇幅所限，就不一一举例了。

二　一部式与二部式

回溯历史，中国传统服装的形制基本可以纳入两个大的类型：一部式（one piece）与二部式（two pieces）。一部式即上下连属的服装形制；二部式是上衣和下衣分裁分制的服装样式。满族的旗袍、蒙古族的袍服都属于一部式的服装类型；贵州苗族侗族女性绝大部分的服装款式都属于二部式的服装类型。

一部式的服装在这里主要指的是贯首服。贯首服是自古以来一种重要的服装款式，是将一块布裁成“十”字的形状（见图1—9），形成上下左右四个长方形的构成，在布中央十字交叉的地方掏一个圆形的洞（E），这个洞就是头部伸出来的地方（见图1—10）。然后将这块十字形的布按照一组长方形的中线对折，对折的那两个长方形为肩线的位置，没有对折的为衣身。最后将c1、d1、b1、b2四条线缝合，就得到一件贯首衣（见图1—11）。贯首衣裁制和缝合都非常简单，其最初的产生应是生产力不发达状况下的产物。

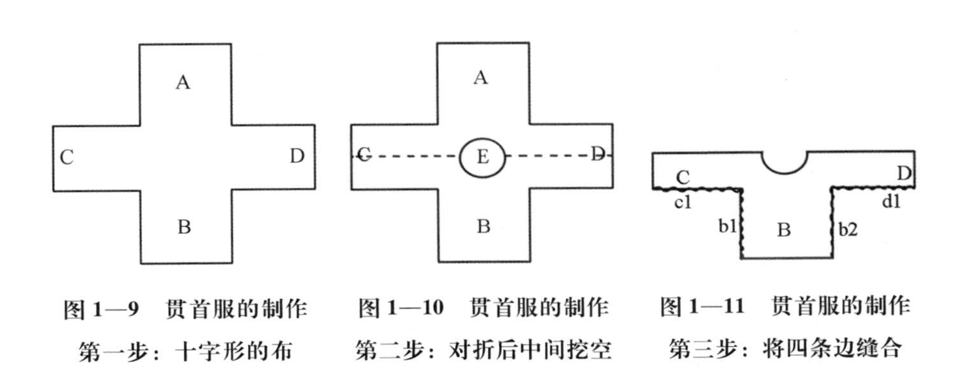

图1—9　贯首服的制作　第一步：十字形的布

图1—10　贯首服的制作　第二步：对折后中间挖空

图1—11　贯首服的制作　第三步：将四条边缝合

贯首服的服装形制由来已久。在西方，早在古罗马时期（Ancient Rome period）就有此种服饰类型“丘尼卡”（Tunica）。① 到了中世纪的拜占庭时期（Byzantine period），这种贯首服被称为“达尔马提卡”（Dalmatica），是把布裁成十字形，在中间挖洞成为领口，在袖下和体侧缝合。② 在中国的清代，皇帝和嫔妃的袍服都是将一块织绣好花纹的十字形布上下对折，对折的横线为肩线；在中间挖出领口的椭圆形，然后将袖

① “丘尼卡构成很简单，用两片毛织物，留出伸头的领口和伸两臂的袖口，在两侧和肩上缝合……”李当岐：《西洋服装史》，高等教育出版社1998年版，第32页。

② 李当岐：《服装学概论》，高等教育出版社1998年版，第39页。

侧和两个侧缝缝合。

二部式为上身与下身分裁分制的服装形制，中国古代的襦裙服以及现代人所穿的上衣下裙及上衣下裤都属于此种类型。与一部式的“一件”衣服相比，二部式是“两件”衣服，其形制更利于活动。

下面是二部式中款式较为简单的久仰乡（现为久仰镇）必下寨六十年前的服装样式，当时全家老幼的服装都是家里的女性来缝制，其服装款式为固定的样式。

相关案例1—4：二部式的剑河县久仰乡必下寨服装款式

剑河县久仰乡必下寨的服装款式不论男女，均是以自织的四幅布幅做成：前片左右各一幅，后片左右各一幅。因布幅的尺寸是一定的，所以若是穿着较为紧窄，就在侧身腋下的部位各加两条布。这种款式的特点就是上下一般粗细的筒形。女性的服装都是无领的大襟衣，后背的布较长，约85厘米，能够盖住裙角。后背的这块布在装饰上可以分成两个部分：上面靠近领部的部分拼接有一条约10厘米的布，布边上有约10厘米的穗子；下半部分是长约25厘米的“裲”。每件衣服的用布量在6.5米左右，需要缝制2天。下身所着为过膝的百褶裙，裙长约45厘米，缝制的时间为4天左右。无论上衣或是下裙，都没有绣花等装饰，属于比较朴素的款式。

三　主体服装与辅助服装

不同于都市中西方化的简洁的现代服饰，贵州苗族侗族女性传统服装的重要特征就在于它数量众多的组成部分，如上衣、下衣（包括裙和裤）、首服、足服、披肩、腰带、围裙、飘带裙、背带、绑腿、花带[①]、肚兜[②]，等等。在不同的地域与支系，服装的这些组成部分的构成差别很大，比如有些地域只有围裙，没有飘带裙；有些地域有包头而没有绑腿，有些地区则相反。因其种类庞杂，为了便于论述，笔者根据服饰学中对

① 花带兼具实用（系结）和装饰（其上的织、绣花纹）双重作用。

② 在一些地区，苗族侗族女性将胸兜作为内衣，穿在上衣之内，并不外露；而在另一些地区，苗族侗族女性将胸兜穿着在对襟外衣之内，因外衣敞怀，故胸兜的中间部分就显露在外。这里主要指的是前一种情况。

于服装的划分理论，将它们划分为两个大的类别，即主体服装和辅助服装：主体服装指的是包裹躯干和四肢的上衣和下衣，辅助服装则指的是上衣和下衣之外的其他服装组成部分，包括头部辅助服装、足部辅助服装、肩部辅助服装、胸部辅助服装、腰腹部辅助服装、背部辅助服装、小臂部辅助服装、腿部辅助服装、绑缚型辅助服装等类别。

第二节　主体服装款式

对贵州苗族侗族女性服饰的研究可以从两个维度去考量：一是从服装的构成去考量——主体服装是一部式还是二部式；二是从领口与门襟的系合方式去考量——是领口与前襟不开合的贯首型，还是领口与前襟开合的开襟式（见表1—2）。

表1—2　　贵州苗族侗族女性传统服装款式分类明细

<table>
<tr><th>主体服装组成</th><th>主体服装组成件数</th><th>对应款式</th><th>领口门襟样式</th><th>领口门襟具体款式</th></tr>
<tr><td rowspan="3">一部式</td><td rowspan="3">一件</td><td rowspan="3">贯首服型</td><td rowspan="3">套头式</td><td>Ⅰ－Ⅰ无领型贯首服</td></tr>
<tr><td>Ⅰ－Ⅱ翻领型贯首服</td></tr>
<tr><td>Ⅰ－Ⅲ特殊领型（旗帜服）贯首服</td></tr>
<tr><td rowspan="6">二部式</td><td rowspan="6">两件</td><td rowspan="6">上衣下裙型之上衣</td><td>对襟式</td><td>Ⅱ－Ⅰ直领（立领）对襟型</td></tr>
<tr><td>大襟式</td><td>Ⅱ－Ⅱ交领大襟型</td></tr>
<tr><td>大襟式/琵琶襟式</td><td>Ⅱ－Ⅲ圆领大襟（琵琶襟）型</td></tr>
<tr><td>大襟式</td><td>Ⅱ－Ⅳ立领（翻领）大襟（琵琶襟）型</td></tr>
<tr><td>对襟式</td><td>Ⅱ－Ⅴ圆领对襟型</td></tr>
<tr><td>大襟式</td><td>Ⅱ－Ⅵ马蹄领大襟型</td></tr>
</table>

一　一部式款式——贯首型贵州苗族侗族女性传统服装

按照笔者所见以及查阅资料的情况，贵州侗族较少穿着一部式贯首衣，而苗族的一些地区如平塘、罗甸、修文、安龙、兴仁、黔西、龙里、贞丰、平坝等县有此种款式，但比起二部式的上衣下裙和上衣下裤，在种类和数量上要少很多。因没有前襟的结构，我们从领口的结构入手，将一部式贯首衣归纳为三个类型，即无领型一部式贯首衣、翻领型一部式贯首衣以及特殊领型一部式贯首衣。

（一）无领型一部式贯首衣款式

无领型一部式贯首衣款式是贯首衣的基本款式，是将一块布裁成类似十字的形状，在中间挖洞作为领口，领口没有任何装饰，但可能会用其他颜色的布包边。然后将两条袖下线和两条侧缝的线缝合。此种类型的贯首服主要分布在贵州平塘县、罗甸县等地。

（二）翻领型一部式贯首衣款式

翻领型一部式贯首衣的做法与无领型一部式贯首衣相同，但要在领口缝缀一块布，布的宽度为 15 厘米左右，长度是领口所挖的洞的两倍，布的两端对齐处在前领口，构成一个翻领的结构。此种类型的贯首衣主要分布在贵州修文县、平坝县等地。

（三）特殊领型一部式贯首衣款式

特殊领型一部式贯首衣的领型也为翻领，但造型独特，与翻领型一部式贯首衣的翻领不同，此种贯首衣的翻领开口不是中开而是向着一边的肩缝侧开，领缘用白布包边作为装饰。在安龙、兴仁等县，特殊领型一部式贯首衣有重叠穿用的习俗，在穿着时使翻领一左一右，领缘的两条白边就呈十字型交叉于胸前，因其类似于旗帜，故称为“旗帜服”①。

二　二部式款式——上下分制的贵州苗族侗族女性传统服装

关于苗族侗族女性服饰尤其是苗族女性服饰的分类方法很多。因其支系众多，且各支系之间服饰的评判难以有统一的标准，目前学界对苗族服饰的分类有多种划分。一些专家学者以及科研单位都以各自的标准对苗族女性服饰进行过不同的分类，如民族文化宫所编的《中国苗族服饰》将其分为湘西型、黔东型、黔中南型、川黔滇型、海南型 5 个类型 23 式；杨正文在《苗族服饰文化一书》中将其分为 14 个类型 77 个种类；

---

① 席克定：《苗族妇女服装研究》，贵州民族出版社 2005 年版，第 30 页。

吴仕忠在《中国苗族服饰图志》中将其分为173个种类；席克定在《苗族妇女服装研究》中将其分为3大类型15个种类。侗族女性服饰种类相对较少，如张柏如将侗族女性服饰分为25类；宛志贤主编、钟涛所著的《中国侗族》中将侗族女性服饰分为15类。

（一）二部式服装款式之上衣

笔者主要以领部和前襟系合方式对其上衣的具体款式进行分类，分类的样本主要来自三部著作，即《苗族服饰图志——黔东南》《中国苗族服饰图志》和《中国侗族》。

《苗族服饰图志——黔东南》将黔东南的苗族服饰分为39种，它们分别是台江县的4个类型：台拱型、施洞型、革东型和方召型；剑河县的11种类型：公俄型、巫门型、稿旁型、柳富型、南哨型、白道型、久仰型；三穗县的1个类型：寨头型；黎平县的4个类型：六合型、荣嘴型、水口型、滚董型；从江县的7个类型：岜沙型、岑扛型、马鞍型、乌牙型、加勉型、孔明型、驾里型；榕江县的6个类型：高文型、计划型、摆贝型、平永型、岑最型、盘踅型；雷山县的2个类型：西江型、桥港型；丹寨县的3个类型：雅灰型、复兴型、扬武型；黄平县的2个类型：谷庞型和重安型；凯里市的3个类型：舟溪型、平路河型、凯棠型。在《中国侗族》中将侗族女性服饰分为15种，其中属于贵州境内的有六洞服饰、九洞服饰、高增服饰、岩洞服饰、口江服饰、雷洞服饰、七十二寨服饰、四十八寨服饰、尚重服饰、平架服饰、三宝服饰、报京服饰和锦屏·天柱服饰（见表1—3）。

表1—3　贵州苗族侗族女性二部式服饰分类

二部式形制类型（以领部和前襟系合方式划分）	代表性服饰类别（苗族）	代表性服饰类别（侗族）
Ⅱ-Ⅰ直领（立领）对襟型	岜沙型、舟溪型、马鞍型	九侗服饰、高增服饰
Ⅱ-Ⅱ交领大襟型	台拱型、施洞型、革东型、方召型	岩洞服饰、雷洞服饰、四十八寨服饰
Ⅱ-Ⅲ圆领大襟（琵琶襟）型	久仰型、盘踅型	七十二寨服饰、报京服饰、口江服饰、三宝服饰

续表

二部式形制类型（以领部和前襟系合方式划分）	代表性服饰类别（苗族）	代表性服饰类别（侗族）
Ⅱ－Ⅳ立领（翻领）大襟（琵琶襟）型	扬武型	锦屏·天柱服饰、平架服饰、尚重服饰
Ⅱ－Ⅴ圆领对襟型	加勉型	
Ⅱ－Ⅵ马蹄领大襟	复兴型	

注：以《中国苗族服饰图志》《苗族服饰图志——黔东南》和《中国侗族》中分类为样本。

从表1—3中可以看出，如果以领部和前襟系合方式为划分方式，从服装形制上对贵州苗族女性服饰进行划分，基本上都可以被涵盖在直领（或立领）对襟型、交领大襟型、圆领大襟（琵琶襟）型、立领（翻领）大襟（琵琶襟）型、圆领对襟型以及马蹄领大襟型六个类别上。[①] 如果以领部和前襟系合方式为划分方式，从服装形制上对贵州侗族女性服饰进行划分，基本上都可以被涵盖在直领（或立领）对襟型、交领大襟型、圆领大襟（琵琶襟）型、立领（翻领）大襟（琵琶襟）型、圆领对襟型五个类别上。[②] 下面分别以具体的例证来分析说明[③]。

1. Ⅱ－Ⅰ直领（立领）对襟型服装样本

（1）岜沙直领对襟型女性传统服饰（苗族）。

编号：No. 1。

型的命名（以代表性地区命名）：岜沙型（从江县）。

服饰分类：Ⅱ－Ⅰ型——直领（立领）对襟型。

服饰构成：直领对襟型上衣、百褶裙（两条）、肚兜、解放鞋。

上衣特点：上衣为直领对襟小袖衣，岜沙女子上衣的面料为自织自

① 以上分类有两点需要说明：一是如果便装和盛装款式不同，则主要按盛装款式计；二是分类主要是针对上衣（有袖）而言，如上衣为交领对襟，所罩坎肩为直领对襟，则按上衣（有袖）款式计。

② 以上分类有两点需要说明：一是如果便装和盛装款式不同，则主要按盛装款式计；二是分类主要是针对上衣（有袖）而言，如上衣为交领对襟，所罩坎肩为直领对襟，则按上衣（有袖）款式计。

③ 部分样本资料来源于汇碧贞、方绍能所著《苗放服饰图表——黔东南》。

染的土布（上衣、胸兜和下身的百褶裙同为这种面料），为一种近似黑色的深紫红色，有类似金属的光泽。这是一种紧窄合体类型的上衣，下摆散开，像一个打开的“A”形。上衣两侧各有一个开衩较高的侧缝，在衣服的领部、前襟、开衩和底摆上装饰有栏杆花和花带。内穿上平下尖的五角形胸兜。重叠穿衣是岜沙的一种风俗，即两件或两件以上的上衣套着穿，需注意的是不论层数，里层要比外层长，从而露出一层层的花边下摆，成为装饰。

下衣特点：岜沙的百褶长裙有两条，前身一条后身一条。长度在膝盖处。百褶裙的装饰与搭配不尽相同：有前后两条都为没有蜡染和刺绣装饰的纯素的百褶裙；也有前面是纯素的百褶裙，后面为蜡染装饰的百褶裙，形成一个对比；还有的是在后面的百褶裙的两端有彩色的绲边，穿着起来在两侧有竖线条的装饰。腿套长度在膝盖以上，素色，在腿肚处装饰有锁绣的白色纹样。

首服特点：无。

足服特点：无。

色彩特点：整体素雅，为接近黑色的深紫蓝色，为自织自染自作亮的土布，上衣的袖口和下摆以及侧缝有对比异常鲜明的白色锁绣纹样，边缘以浅蓝、淡绿等彩色布绲边。肚兜的下摆有三块正方形锁绣绣片组成的装饰物，以白色为主要色调，在其上点缀以少量的红、蓝、绿等色。腿套的中部也有白色锁绣纹样与袖口、衣摆和肚兜下摆呼应。

穿着习俗：年轻女性的穿衣步骤为腿套、前身百褶裙、后身百褶裙、肚兜、上衣、鞋子。

所在地：从江县丙妹、同乐、巨洞、雍里、谷坪等地。

（2）九侗直领对襟型女性传统服饰（侗族）。

编号：No. 2。

型的命名（以代表性地区命名）：九侗型（从江县）。

服饰分类：Ⅱ－Ⅰ型——直领（立领）对襟型。

服饰构成：直领对襟型上衣、百褶裙、胸兜、裹腿、偏带鞋。

上衣特点：九洞型侗族女性服饰上衣为袖子紧窄、两摆开衩的对襟外衣，内穿下半部加花色布的五边形胸兜，胸兜的上部为染色的土布本来的颜色，下部为蓝、绿色彩绸拼合而成，在领口有一条3—4厘米的刺绣花边装饰。

下衣特点：百褶裙的长度在膝盖以上，上面没有任何刺绣和蜡染的装饰。下穿同色同料的绑腿。

首服特点：无。

足服特点：无。

色彩特点：整体素雅，分为重色和浅色两种类型。重色为土布染成的蓝紫色，浅色为市售白棉布。

穿着习俗：年轻女性的穿衣步骤为腿套、百褶裙、肚兜、上衣、鞋子。

所在地：黎平的银朝，从江县的信地、增冲、平楼、高仟一带。

2. Ⅱ－Ⅱ交领大襟型服装样本

（1）施洞交领大襟传统服饰（苗族）。

编号：No. 3。

型的命名（以代表性地区命名）：施洞型（台江县）。

服饰分类：Ⅱ－Ⅱ型——交领大襟型。

服饰构成：包头、上衣、百褶裙、围裙、长布袜、布鞋。

上衣特点：上衣为交领大襟右衽大袖上衣，整个领部和前门襟拼缝布条，并在前胸门襟底端镶拼一长方形绣花装饰布片，上衣的两袖各装饰有两个长方形衣袖花，图案有“龙”图案、“龙与人”图案、“蝴蝶雀鸟”图案、“福寿双全富贵平安”图案等。此种类型的传统盛装有两种类型，一类为色彩鲜艳的“红衣”，此种服装通常搭配银饰成为头等盛装；一类为色彩淡雅的“蓝衣”。“红衣”的衣领、门襟处镶拼的刺绣布条以及衣袖花都以红色为主色调，“蓝衣”的衣领、门襟处镶拼的刺绣布条以及衣袖花都以蓝色为主色调。

下衣特点：一类为百褶裙，为褶裥细密而挺阔的过膝裙，百褶裙上无花纹装饰。一类为内着百褶裙、外着围裙。围裙为两层布，外层由三块布拼成，中间一块较大，为手织几何型花纹布块，多为龙纹，在龙纹外围绕数个棱形的几何框，也有一些故事性的图案，造型拙朴；两边布片较小，为花色相同的刺绣花卉图案。

首服特点：包头帕。此种包头帕为以红色为底色，间以蓝、绿、紫等横纹的头帕，佩戴时将此长方形头帕布以对角翻折，佩戴时前额处正好为翻折的部位，成为装饰。

足服特点：平时所着只有布鞋，年轻女性鞋子的颜色更蓝一些，还会在其上以对比色绣花。穿着盛装时还会穿长度在膝下的绣花绗缝布袜，以青蓝色为多。

色彩特点：暗蓝紫色（土布）、红色或青蓝色绣花、织花（衣领沿门襟花边、衣袖花、围裙、飘带裙）。

穿着习俗：“红衣”的穿衣步骤为先着百褶裙，再着上衣，因此上衣下摆露在外面，在前门襟到下摆的地方缝缀银片；“蓝衣”的穿衣步骤为先着百褶裙，再着上衣，最后系围裙——将围裙系在上衣之外。在搭配长布袜时，布鞋要踩着脚跟穿着，以露出长布袜跟部的花草刺绣图案。

所在地：台江境内的施洞、老屯、平兆、宝贡、五河、良田；施秉县境内的双井、马号、胜秉、清江。

（2）方召交领大襟传统服饰（苗族）。

编号：No. 4。

型的命名（以代表性地区命名）：方召型（台江县）。

服饰分类：Ⅱ－Ⅱ型——交领大襟型。

服饰构成：包头、上衣、袖套、百褶裙、围裙、裹腿、布鞋。

上衣特点：盛装与便装的上衣款式相同，面料均为素色土布。上衣为交领大襟中袖左衽上衣，沿衣领前襟有白色拼布装饰边，袖口有挑花装饰的袖套，以几何纹花卉及相关纹样为主，针脚较粗，花纹较简单。

下衣特点：下衣为至小腿部的百褶裙以及围裙。百褶裙为纯色。围裙为一层布，上接双层布腰头，裙身由三块布拼成，中间一块较大，为挑花几何型绿、白、红、粉四色八角花花纹布块，两边的布为纯色，只在裙底部位挑花刺绣人形图案，有相近色系彩色穗饰。中间图案还有黄、红、白等彩色棱形图案，棱形较大、纹样较简单，充满现代感。

首服特点：包头帕。包头帕为纯土布布片，无论老幼其上皆无花纹。

足服特点：人字口布鞋或解放鞋。

色彩特点：方召型服装整体色调非常浓重，为接近黑色的藏青色，无论上衣、下裙抑或包头帕都是这种近黑的颜色。在这样的底色下，领口和前门襟的白色拼条尤为耀目。此外，袖口、围裙中间有部分彩色点缀。

穿着习俗：年轻女性的穿衣步骤为先穿百褶裙，再穿上衣，最后系围裙。

所在地：台江县方召和翁脚乡的二十多个村寨中。

(3) 台拱交领大襟传统服饰（苗族）。

编号：No. 5。

型的命名（以代表性地区命名）：台拱型（台江县）。

服饰分类：Ⅱ－Ⅱ型——交领大襟型。

服饰构成：包头、交领大襟上衣、百褶裙、围裙（飘带裙）、布鞋。

上衣特点：交领大襟右衽大袖上衣。在后领部拼缝布条；衣领沿门襟有一长道装饰花边。头等盛装的上衣多用市售的灯芯绒布为底布，衣袖花色彩也更为鲜艳；二等盛装的上衣多为自织自染的土布，衣袖花的色彩也更为素雅。

下衣特点：内着百褶长裙（用长约10尺的布打上细密的褶裥而成），外着围裙或飘带裙。围裙为两层布，外层由三块布拼成，中间为一整片绣花或织的花纹的布块，图案以动植物和几何纹样结合为主。飘带裙为节庆、婚礼等场合穿着，每条飘带皆由8厘米宽的三段飘带组成。

首服特点：包头帕（中老年女性佩戴），此种头帕有单色土布的，也有有横纹的类型。

足服特点：青蓝色人字口布鞋（有些带底钉），年轻女性鞋上会有绣花的装饰。

色彩特点：暗蓝紫色（自织自染土布）、深蓝色（自织自染土布）、群青色（市售灯芯绒布）、红绿对比色（衣领沿门襟花边、衣袖花、围裙、飘带裙）。

穿着习俗：年轻女性的穿衣步骤为百褶裙、飘带裙、上衣，因此上衣下摆露在外面；中老年女性的穿衣步骤为百褶裙、上衣、围裙，围裙系在上衣之外。

所在地：台江县台滚、南省、南瓦、番省、报效、壩场、麻栗等地。

(4) 四十八寨交领大襟传统服饰（侗族）。

编号：No. 6。

型的命名（以代表性地区命名）：四十八寨型（榕江县、黎平县）。

服饰分类：Ⅱ－Ⅱ型——交领大襟型。

服饰构成：交领大襟型上衣、百褶裙、围裙、裹腿、花鞋。

上衣特点：上衣为交领大襟小袖衣，面料市售的颜色较浅，为群青色；也有自织自染的土布，颜色较重，为深紫蓝色，有类似金属的光泽。这是一种紧窄合体类型的上衣，衣长很长，下摆在膝盖以上的位置。两侧有开衩，开衩位置在臀位线以上约 8 厘米的位置。袖口、沿开衩的上衣的整个边缘有刺绣的绣条装饰。领口和两肩的肩线有织绣的绲边。

下衣特点：下着百褶裙，下缘在膝盖以上，长度与上衣的下摆持平。在上衣的两侧开衩露出百褶裙的层层褶裥。百褶裙外围长方形围裙，上有异常复杂的刺绣花纹装饰，异常繁复。下系穿裹腿，以织绣的带子系结。

首服特点：无。

足服特点：传统的龙舟造型的花鞋，鞋头上翘，鞋身上有精致的手工刺绣纹样。

色彩特点：整体较亮，如是市售的蓝布则色彩更为明丽，自织自染自作亮的土布则颜色稍暗，与此相对的是袖口和上衣下摆暖色调（浅黄与白）的一圈缘边，与底布的蓝色形成了鲜明的对比。围裙是在蓝底上以暖色调的线刺绣的繁复花纹，形成与整体的蓝（或蓝紫）色的对比。

穿着习俗：年轻女性的穿衣步骤为腿套、百褶裙、上衣、围裙、鞋子。

所在地：榕江县的晚寨、顺寨、八平以及黎平县的洋洞、育洞等地。

3. Ⅱ－Ⅲ圆领大襟（琵琶襟）型服装样本

(1) 久仰圆领琵琶襟传统服饰（苗族）。

编号：No. 7。

型的命名（以代表性地区命名）：久仰型（剑河县）。

服饰分类：Ⅱ－Ⅲ型——圆领大襟（琵琶襟）型。

服饰构成：头帕、圆领琵琶襟上衣、织花坎肩、百褶裙、围裙、布鞋、腰带。

上衣特点：圆领琵琶襟上衣。头帕、上衣都是由自织自染的土布制成，颜色是接近纯黑色但有着深蓝紫光泽的深色。上衣衣背有一排流苏，除此之外，别无装饰。上衣没有任何蜡染和刺绣纹饰，整体素黑。平时穿着时只是单件或两件穿着，在节日等场合，以多为美，至多者有十余件之多，且穿在内层的下摆越长，以此类推，露出多层的布边，很具特色。在上衣外穿一件琵琶襟织花坎肩，两肩处、门襟及下摆有织花以及浅色布条绲边。

下衣特点：内着百褶裙，长度至膝盖，外着围裙。百褶裙和围裙都是由自织自染的土布制成，颜色是接近纯黑色但有着深蓝紫光泽的深色。百褶裙和围裙都没有任何蜡染和刺绣的纹饰，围裙呈梯形，把里面所穿的百褶裙盖住。

首服特点：头帕，为年轻女性佩戴，穿着盛装时再在其上戴银头帕。

足服特点：青蓝色人字口布鞋。

色彩特点：通体为接近纯黑色的有蓝紫光泽的深色，如搭配坎肩穿着，则坎肩的两肩、门襟以及下摆处有红、绿亮色的织花，且门襟处有白色绲边装饰。腰带也以红绿两色为主。

穿着习俗：年轻女性的穿衣步骤为百褶裙、围裙、上衣（多层）、坎肩、腰带。

所在地：剑河县久仰、久敢、摆尾、镇江等地。

（2）七十二寨圆领大襟传统服饰（侗族）。

编号：No. 8。

型的命名（以代表性地区命名）：七十二寨型（榕江县、剑河县）。

服饰分类：Ⅱ－Ⅲ型——圆领大襟（琵琶襟）型。

服饰构成：圆领大襟型上衣（内层）、圆领大襟型上衣（内层）、百褶裙、围裙、裹腿、花鞋。

上衣特点：七十二寨的上衣为圆领大襟型。上衣都是由自织自染的土布制成，颜色是深蓝紫色。内层上衣为窄袖，袖口到腕部，外层上衣为肥袖，袖口在肘部以下，露出内层上衣的袖子。门襟和外层上衣的袖口有宽约5厘米的拼布边，以刺绣、镶拼和绲边组成。因衣身较肥，腰部要系腰带，有纯为绸子的也有刺绣装饰的。

下衣特点：下着百褶裙，是由自织自染的土布制成，颜色是接近纯黑色但有着深蓝紫光泽的深色。百褶裙和围裙都没有任何蜡染和刺绣的纹饰。

首服特点：无。

足服特点：龙舟型花鞋，上绣有繁复的花纹。

色彩特点：整体色泽较暗，为深蓝紫色。门襟与外层上衣的袖口有刺绣等装饰，色条有粉色、蓝色、绿色、红色等色，有些人的上衣下摆也有彩色绲边。

穿着习俗：年轻女性的穿衣步骤为裹腿、百褶裙、内层上衣、外层上衣、围裙、花鞋。

所在地：榕江县乐里、保里以及剑河县的部分地区。

4. Ⅱ－Ⅳ立领（翻领）大襟（琵琶襟）型服装样本。

(1) 韶霭立领大襟传统服饰（苗族）。

编号：No. 9。

型的命名（以代表性地区命名）：韶霭型（锦屏县）。

服饰分类：Ⅱ－Ⅳ型——立领（翻领）大襟（琵琶襟）型之立领大襟型。

服饰构成：包头、立领大襟上衣、长裤、布鞋。

上衣特点：立领大襟右衽中袖上衣。上衣长大，下摆在大腿中部的位置，素色土布，只在领口以下约10厘米处有一条围绕整个胸肩部的挑花（栏杆花）装饰花边。

下衣特点：下衣为同面料肥腿裤，只在裤脚以上约15厘米处镶与上衣同样的挑花（栏杆花）装饰花边。

首服特点：同色、同质料包头帕，上无任何花纹装饰。

足服特点：素色土布人字口布鞋。

色彩特点：此类型服装整体色彩浓重，为暗蓝紫色（自织自染土布）。

穿着习俗：穿衣步骤为先着长裤、再着上衣。

所在地：锦屏县河口、固本、启蒙等地。

(2) 固本立领大襟传统服饰（苗族）。

编号：No. 10。

型的命名（以代表性地区命名）：固本型（锦屏县）。

服饰分类：Ⅰ－Ⅳ型——立领（翻领）大襟（琵琶襟）型之立领大襟型。

服饰构成：包头、立领大襟上衣、腰带、百褶裙、绑腿、布鞋。

上衣特点：立领大襟右衽窄袖上衣（内）、立领大襟右衽大袖上衣

(外)。上衣长大，下摆在大腿中部的位置，面料为自织自染土布，在门襟处有半圈的花带装饰。在袖口处有刺绣和拼色布镶拼。在腰部系蓝绿双色宽腰带。

下衣特点：百褶裙，上系织锦腰带，下缠裹腿。

首服特点：长方形包头布为双层，底层为土布，上层为彩色布，将短边的一侧围在额头上，将头帕随头部向后折，以缀彩色穗的织锦带沿额头一圈绑缚。

足服特点：布鞋。

色彩特点：此类型服装以近黑色的深色土布为主色调，因衣襟花带和袖口花边面积较小，其整体色调较沉稳。

穿着习俗：穿衣步骤为穿里面上衣、着百褶裙、穿外侧上衣、系腰带。裹腿可以在穿上衣之前也可以在之后围裹。

所在地：锦屏县固本、瑶光、户蒙等地。

(3) 尚重立领大襟传统服饰（侗族）。

编号：No. 11。

型的命名（以代表性地区命名）：尚重型（黎平县、锦屏县）。

服饰分类：Ⅱ－Ⅳ——立领（翻领）大襟（琵琶襟）型之立领大襟型。

服饰构成：立领大襟上衣（内层）、立领大襟上衣（外层）、百褶裙、围裙、裹腿、布鞋。

上衣特点：上衣都是由自织自染的土布制成，颜色是深蓝紫色。内层上衣为窄袖，袖口到腕部，外层上衣为肥袖，袖口在肘部以下，露出内层上衣的袖子。外层上衣的袖子有宽约 15 厘米的装饰拼布，上有繁复刺绣及绲边。上衣下摆在臀位线以下约 20 厘米处，也有宽约 15 厘米的装饰拼布，上有繁复刺绣及绲边。

下衣特点：下衣百褶裙，百褶裙外围长方形围裙，上有复杂的刺绣花纹装饰，异常繁复。下系穿裹腿，以织绣的带子系结。

首服特点：无。

足服特点：花鞋或布鞋。

色彩特点：面料底布色泽较暗，但门襟与外层上衣的袖口有刺绣，下摆有彩色刺绣装饰，围裙上布满浅色调繁复刺绣花纹，这些都与底布形成对比。

穿着习俗：穿衣步骤为裹腿、百褶裙、内层上衣、外层上衣、围裙、鞋子。

所在地：黎平县尚重与锦屏县固本等地。

5. Ⅱ－Ⅴ圆领对襟型服装样本。

加勉圆领对襟传统服饰（苗族）。

编号：No. 12。

型的命名（以代表性地区命名）：加勉型（从江县）。

服饰分类：Ⅱ－Ⅴ型——圆领对襟。

服饰构成：包头、上衣、百褶裙（内）、百褶裙（外）、胸兜、布鞋。

上衣特点：上衣为圆领对襟窄袖上衣，面料为素色土布。沿着圆形的衣领镶拼一块绿色或蓝色圆形拼布，此绿色或蓝色拼布在后领部位呈半圆形，有红、黄两色绲边。袖口也有同色同装饰的拼布，与衣领部位对应。门襟处有两对盘扣用以系结，所用为球状铜扣。衣摆的前后中位置最长，呈“V”型向上，腋下约10厘米处开侧开衩，向外延伸的下摆呈斜角。

下衣特点：下裙为内外两件，内为至脚踝处的黑色土布百褶裙，外为穿至膝盖的蜡染百褶裙。蜡染百褶裙在裙身的下1/3处有一道分割：上面是亮布的褶裥，下面是蜡染的褶裥。

首服特点：戴头帕，女子以不同年龄，已婚、未婚所包头帕不同。

足服特点：人字口布鞋。

色彩特点：加勉型服装整体色调为深蓝紫色，其上衣的服饰面料因作亮的工序而具有金属般的光泽，领口和袖口有部分彩色点缀。重叠穿着的两件百褶裙在色彩上有深浅的变化，形成层次感。

穿着习俗：年轻女性的穿衣步骤为内层百褶裙、外层百褶裙、胸兜、上衣。

所在地：从江县加鸠、加勉、加牙、寨坪和宰便等地。

6. Ⅱ－Ⅵ——马蹄领大襟服装样本

复兴型马蹄领大襟传统服饰（苗族）。

编号：No. 13。

型的命名（以代表性地区命名）：复兴型（丹寨县）。

服饰分类：Ⅱ－Ⅵ型——马蹄领大襟。

服饰构成：包头、上衣、筒裙（长裙）、腰带、布鞋。

上衣特点：上衣为马蹄领大襟大袖上衣，面料为自织自染亮布。沿着左衽的马蹄领与前门襟有一条约4厘米宽的刺绣绲边，在上衣的两肩及后背腰部的两侧有相同的绣片装饰。在肩线和衣袖的上部有“窝妥”纹的蜡染拼布装饰，后领口到后背的中间位置有一整块半圆形此种“窝妥”纹的蜡染拼布。下摆为中间长度最长向两边逐渐弧上去的扇形撇摆，衣身两侧从腰部到衣角有侧开衩，上衣以两条布带系合。

下衣特点：下裙为筒裙或长裙。筒裙材质为绸缎或蜡染布。长裙多为家族流传之物，其形制与清代马面裙相似：中间和裙身两侧为不压褶的结构，而中间部分和两侧之间的两片则压有密密的褶裥。

首服特点：戴头帕，红色头帕主要为戴银角装饰时保护头部。

足服特点：人字口布鞋，上刺绣花卉图案。

色彩特点：复兴型服装色彩较为鲜艳，其上衣的服饰面料因作亮的工序而具有金属般的光泽，领口和肩部的红色调刺绣绲边以及肩部和袖身的上部大面积的蜡染图案（蓝、白、黄三色），以及下裙的粉蓝色缎质面料和其上的彩色刺绣图案，使得整体服饰色彩鲜明，红色的头帕和深蓝色腰带也使得色彩更为丰富。

穿着习俗：穿衣步骤为先穿筒裙（长裙），再穿上衣，最后系腰带。

所在地：丹寨县的扬武、复兴、排调等地。

（二）二部式服装款式之下衣

在二部式的服装形制之下的下衣主要可以包括上衣下裤式和上衣下裙式，这也是二部式的贵州地区苗族侗族女性下衣两种基本的形式。据历史文字记载及《百苗图》等图片类文献所见，历史上贵州苗族侗族女性的下衣以裙为主，这既是民族文化的反应，也与稻作的农业生产方式相关，南方湿热气候也是它的形成因素。近几十年，随着人们观念与生活方式的改变，在贵州的很多地区，长裤因其方便性逐渐取代了裙子，但一般以便装为多，传统的盛装还是以裙为主。

1. 下衣之下裤型

《说文·系部》云：“绔，胫衣也。”段玉裁注：“今所谓套绔，左右各一，分衣两胫。”由此可知，最早的裤子并没有裆，是只有两条裤管的套裤。后来才有了连裆裤。因为劳作等因素，上衣下裙是贵州苗族侗族女性下衣很久以来的样式。贵州苗族侗族女性大规模穿裤的历史可以上溯至民国时期，关于民国时期强迫贵州的少数民族女性穿裤的情况在一些史料或书籍中均有所记载，如吴泽霖、陈国钧曾在《贵州苗夷社会研究》有如下记叙："于民国二十二年（1933），国民党县政府派员下乡禁止妇女穿裙子，一见有穿裙的妇女，就用铁钩钩破。从此，妇女便改穿裤子了。"① 而今天，在生活节奏的加快、劳动方式的改变以及民族间相互交流逐渐增多等诸多因素的影响下，贵州苗族侗族女性穿裤子的情况逐渐多了起来，尤其是一些地区的苗族侗族女性在穿着便装时经常穿裤，如雷山西江苗寨的女性。当地女子的盛装还是传统的上衣下裙式，而便装则为上衣下裤式，且上衣款式也与汉族传统服饰相类，这也可以看作是少数民族服饰汉化的一个典型案例。

相对于苗族女性，在贵州的侗族女性穿着裤装更为普遍，在20世纪前半期即如此，尤以南部侗族地区为甚："（侗族女性）大体上分为南北两大类型。南部地区保持着侗族传统服饰特点较多，形式较古老，妇女多穿裙子，有的虽已改装，但在节日或婚嫁时仍按传统穿戴。北部地区已见不到南部地区那种传统服饰，男女均穿衣裤。"② 今天亦如是，在贵州侗族女性下装着裤的主要有贵州黎平县平架地区、榕江三宝地区、贵州镇远报京以及贵州锦屏和天柱接壤的一些地区。贵州不同地区不同支系的苗族侗族女性服饰存在很大的差异，尤其是苗族和侗族这两个不同的民族之间更是如此，不过也有例外，有一个特殊的案例，是笔者偶然发现的：黔东南州东部三穗县的苗族女装和黔东南州镇远县报京乡的侗族女装，它们都是典型的上衣下裤型服饰（见图1—12、图1—13），且两者从服装的款式、用色、面料、服饰细节直到佩饰都极为相似。相隔数十公里的两个地方的不同民族，其服饰如此相似，非常值得我们研究。

---

① 吴泽霖、陈国钧：《贵州苗夷社会研究》，民族出版社2004年版，第333页。

② 同上书，第81页。

图 1—12 三穗苗族女性上衣下裤款式

图 1—13 报京侗族女性上衣下裤款式

2. 下衣之下裙型

贵州苗族和侗族女性传统的下衣都以裙为主，“腰下系带，下不着里衣，以布棉为裙，而青红间道绣团花为饰，亦有系锡铃、绣绒花者，或重穿三四幅”①。裙有条裙、筒裙和百褶裙等，其中较为相似的款式为百褶裙。百褶裙是贵州苗族侗族女性传统服饰中非常具有特色的下衣。

（1）百褶裙的历史。

百褶裙又称“百裥裙”“密裥裙”，是指在裙身上人为压许多竖向的褶裥作为装饰的裙子。百褶裙由来已久，相传已有千余年历史。汉代《赵飞燕外传》中有关于百褶裙由来的一种说法：“成帝于太液池作千人舟……后歌舞《归风》《送远》之曲……帝令无方执后裙。风止，裙为止绉……他日，宫姝幸者，或襞裙为绉，号‘留仙裙’。”② 自 1972 年出土的新疆土番阿斯塔那古墓曾出土一件唐宝相花印花绢褶裙，是唐代斜褶

① （清）严如熤：《苗防备览》，载王有义《中华文史丛书》，台北华文书局 1968 年版，第 377 页。

② （明）吴敬所、（汉）伶玄：《国色天香 赵飞燕外传（外二种）》，吉林文史出版社 1999 年版。

裙的基本样式；还有一件为唐瑞花印花绢褶裙，也为斜褶。1975 年出土的福州黄昇墓中有一件褶裙，裙子有六幅，其中四幅每幅有 15 褶，共 60 褶。还有另一条裙子有褶裥 20 余条。清代百褶裙的褶裥更多，如左右各 50 褶，合为百褶；也有左右各 80 褶，合为 160 褶的。清朝李静山《增补都门杂咏》诗：“凤尾如何久不闻？皮绵单袷费纷纭。而今无论何时节，都着鱼鳞百褶裙。”在清代李宗昉的《黔记》中曾有这样的记载：“男子短衣，宽裤，妇人衣短，无领袖，前不护肚，后不遮腰。不穿裤，其裙只五寸许，厚而细褶聊以遮羞。”说明了清代贵州百褶裙的样式。

《苗族古歌》中有许多关于妇女服饰的记载，如《妹榜妹留》《枫香树种》，以及《仰阿莎》等，其中很多涉及百褶裙，如在《仰阿莎》中有这样的歌词：“她的花衣呀，金鸡的彩毛都比不上，她的褶裙呀，只有菌子才相像……”这里用菌子（蘑菇）来形容百褶裙，而蘑菇在成熟时很像一把撑开的小伞，形成密密的菌褶，与百褶裙非常相似。此外还有这样的歌词：“那青悠悠的百褶裙呀，密密层层的褶褶，闪闪跳动的裙角，花绿绿的裙带，头上插满银花，银鞋光闪闪，头发亮像青丝，手上八十对圈子……”将用自染的发亮的青色土布做成的有着密密褶裥的百褶裙的结构特点描述了出来。《苗族服饰图志——黔东南》提到一条约在清末的百褶裙：“裙分三段，裙头为藏青色，中间为砖红色，下段为蜡染的白花。”[①] 但随着时光的流逝，这种构造较为复杂的、彩色的百褶裙越来越少见。

（2）百褶裙的长度。

贵州侗族女性的百褶裙裙长一般变化不大，基本都集中于膝盖或膝盖以下的位置。而苗族女性百褶裙的长度就存在很大的跨度，除了和侗族妇女一样的膝盖或膝盖以下的位置之外，还有很长和很短的款式。在对苗族女装分类的诸多划分标准中，就有一个以裙长来划分不同苗族女装的方法。即以裙子的长度作为参照物来进行分类，将苗族分为“长裙苗”“中裙苗”和“短裙苗”三类。其实这三个称谓中关于“短裙苗”

---

① 江碧贞、方绍能：《苗族服饰图志——黔东南》，（台北）辅仁大学织品服装研究所 2000 年版，第 334 页。

的叫法不是现在才有的，可以追溯到明清时期，在清代嘉庆年间[①]的《八十二种苗图并说》中就有关于“短裙苗”的记载。《黔记》卷三也有相关的记载：“妇人衣短无衿袖，前不护肚，后不遮腰，不穿裤，其裙长只五寸许，极厚而细褶，聊以蔽羞。”[②]“长裙苗”可以说是相对于“短裙苗”而派生出来的一个称谓。此后，又有了前文所述的裙长在膝盖或膝盖以下位置的“中裙苗”的概念，此概念又是针对“长裙苗”“短裙苗”而派生的概念。台江县岩板地区苗族女性的百褶裙长度很短，裙长约32厘米，裙围1.5米，重叠穿用，在穿着时，再在外面围一条长方形、长度到小腿肚的锡绣围腰。榕江县两汪地区的苗族女性，其百褶裙长度在15—20厘米，与此搭配的是系于腰间的长及脚背的挑花围裙。

贵州特殊的自然环境决定了生活在其间的女性裙子的长度，除了受民俗与传统因素影响外，还与当地的地理条件密切相关，具体分类可见表1—4。

表1—4　　不同长度苗族百褶裙的地域分布特征分类

裙子的长度	居住的地域特征	成因	典型范例
长裙（裙长至脚踝）	平坝、河谷地区	居住地较为平坦，长裙也能防止因河水而滋生的蚊虫的叮咬	西江苗族百褶裙
中裙（裙长至膝盖或膝盖以下）	半坡和坝子	中裙长既利于爬山也利于涉水	高文苗族百褶裙
短裙（裙长至大腿中部）	高山密林	短裙可以无惧树枝与荆棘野草的牵挂（一般搭配绑腿穿着）	空申苗族百褶裙

长裙型如雷山县西江地区长至脚踝的长裙。中裙型的长度与侗族的百褶裙相似，大概到膝盖或膝盖以下的位置，如榕江县高文村到膝盖以

---

① 关于《八十二种苗图并说》的成书年代至今争议较大，一些学者认为其成于嘉庆时期，仲家、车寨苗、鸦雀苗、黑脚苗、郎慈苗和六洞夷人等族成为《百苗图》首次启用的称谓。而另一些学者，如严奇岩教授等认为，上述族称在乾隆时期余上泗《蛮峒竹枝词》中已出现，且其内容与《八十二种苗图并说》非常近似，因此认为此书成书于乾隆时期。

② （清）李宗昉：《黔记》，《中国地方志集成·贵州府县志辑》（第5册），巴蜀书社2006年版，第576页。

下的裙长，在穿着盛装时，这种长度的裙子一般都会配备裹腿穿着。最具特色的当属短裙型，如有着动人传说的空申苗族妇女百褶裙。关于空申超短百褶裙的来历，在空申地区流传着两种说法。一种说法认为，在很久以前，纺织品还没有出现，人们为了蔽体御寒，就用芭蕉的叶子围在腰间作为裙子，后来有了自织的土布，裙子的样式也摹仿芭蕉叶，短短的长度以及像叶子皱褶一样的裙褶，《滇黔记游》载：“夷妇纫叶为衣，飘飘欲仙，叶似野粟，甚大而软，故耐缝纫，是可却雨。”还有一种说法与劳作有关，空申以稻作农业为主，妇女劳作经常下田插秧、捞浮萍打水草，长裙不适宜这种劳作方式，再加上此地区气候较为湿热，短裙利于劳作。

（3）百褶裙的结构与穿法。

苗族侗族女性百褶裙由裙腰和裙面组成。百褶裙的整体造型一般分为两种（见图1—14、图1—15），一种是从裙腰到裙片没有任何坡度的长方形，这样的裙子穿上后呈H状；另一种从裙腰到裙片是从小到大的梯形，这样的裙子穿上后呈A型，一些地区把第二种裙子围度做得非常大，在腰上缠多层，或者将多条这样的A型百褶裙重叠穿，都是为了塑造一个厚度，非常像西方A字型的芭蕾舞裙。除了裙腰的部分，百褶裙的裙身部分也有一片和两片之分：前者为一整片，展开后将两端对齐成为一个环状；穿着时将裙身1/2处与前中对齐，并向后围，最后在后中位置系合。后者是由两个分开的裙片组成，前后两片可以是一样面料、颜色、长短的，也可以是从面料、颜色、长短到装饰手段都有差异的完全不同的两个裙片。赫章县海确寨的百褶裙也非常有特点，当地人称之为“花裙”：由白色麻布压褶而成，裙边加上蜡染或笔画的花纹；此外，还将镶蓝条的红布条作为装饰图案横向缝缀在裙身上。在穿着盛装时，女子还要在腿部缠上花裹腿或穿着毡袜。

荔波县水滩乡的苗族青年女性盛装下着百褶裙，共穿两条：一条是以深蓝色没有做亮的土布制成，其上没有蜡染，长度至脚面；另一条是以深蓝色做亮的土布制成，下摆以上超过1/3的面积有蜡染，长度至膝盖以下，两条百褶裙的重叠穿用并不多见（见图1—19）。图1—20、1—21为两种拼布百褶裙的款式图。

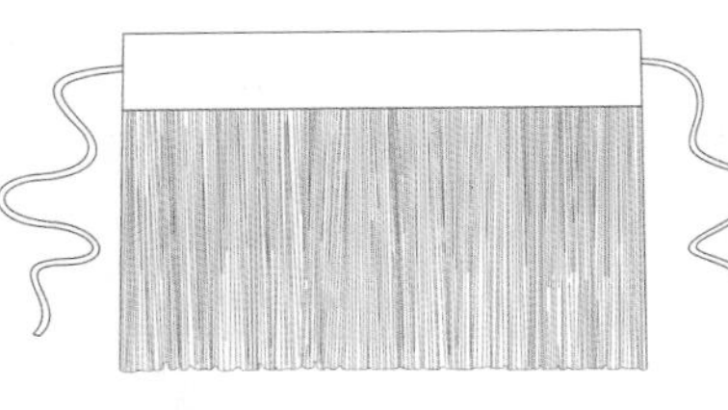

图 1—14 雷山苗族百褶裙款式图

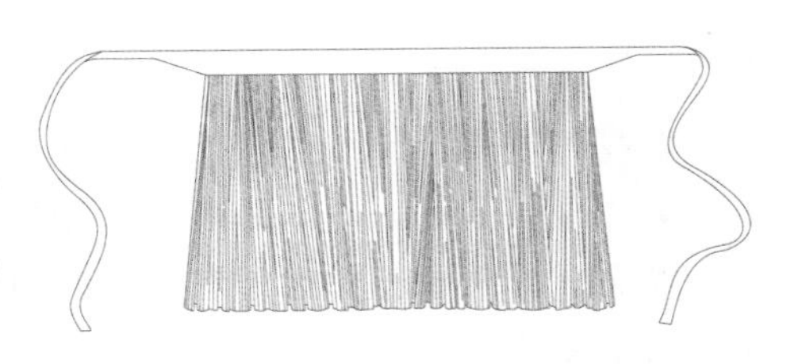

图 1—15 从江侗族百褶裙款式图

图 1—16 二片式百褶裙

图 1—17 蜡染百褶裙

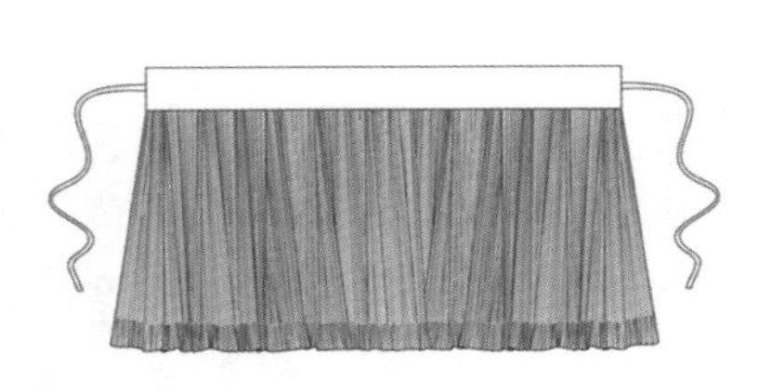

图 1—18 从江侗族百褶裙款式图

图 1—19 荔波县苗族百褶裙穿着示意图

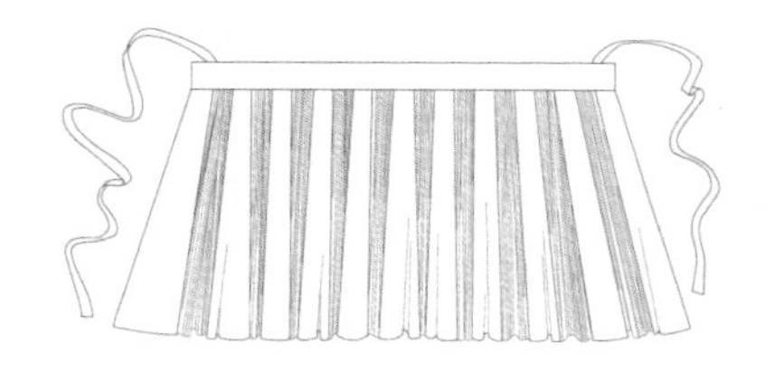

图1—20　榕江苗族百褶裙款式图

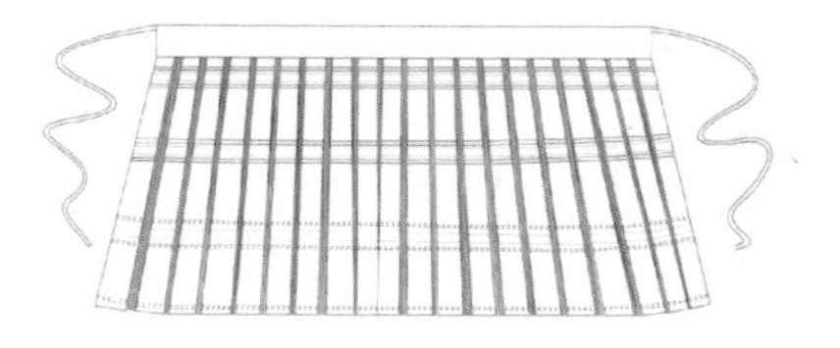

图1—21　榕江苗族百褶裙款式图

（4）百褶裙的装饰。

压褶本身就是一种装饰手段，但贵州勤劳智慧的苗族侗族女性还会用她们的巧思为百褶裙带来更多的变化。如上文三岗二片式的百褶裙，前片为机器压褶的浅蓝棉布和深蓝色土布水平拼接缝的薄布百褶裙片，后片是土布和蜡染裙片竖直拼接缝的厚布百褶裙片。这样前后不同的两片式百褶裙一般前片稍短，围住前身，后片稍长，围住后身。人体的侧中是两个裙片重合的部分，重叠部分在15—20厘米。可能是前片压住后片，也可能是后片压住前片。[①] 除了压褶和拼布、蜡染的结合，还有压褶和蜡染、刺绣的结合，即是以蜡染压褶布和没有任何图案的压褶土布拼合，但点睛之处在于会在蜡染布上用彩色的纱线以平绣、数纱绣等技艺绣花，形成平面与立体的对比。

相关案例1—5：福泉县马坪场苗族蜡染百褶裙

黔南布依族苗族自治州福泉县马坪场地区的苗族蜡染百褶裙很具特色。一是这个百褶裙以白色为多（一般蜡染百褶裙以蓝色所占面积更大）。二是裙身从色彩上来看可以分为上中下三个部分：上部分裙身大面积的白色褶裥上有三条蓝色的横襕；中间的部分蜡染工艺有了改变，有许多竖向排列的蓝白色相间的褶裥，中间1/3的部分还以红黄两色进行了点染；下部分的裙身是更大面积的以白色为主的褶裥。此蜡染百褶裙在裙身这有限的面积上以三种不同的方式来装饰，无论从工艺上抑或从审美上都值得称道。

① 这些穿着的细节，恰是贵州苗族侗族女性服饰的鲜活之处。

（5）百褶裙的收放。

贵州苗族侗族女性所着之百褶裙从穿着场合划分，有盛装时穿着的百褶裙和便装时穿着的百褶裙两个类型。盛装的百褶裙在穿着时要注意最好不要压着坐，以免把褶裥坐平。因褶裥的成型非常费时费工，所以在节日或婚庆等场所穿着的盛装百褶裙一般都是不洗或者很少洗[①]，穿完后就将其按照褶皱叠好收起来，这样可以保持裙子的挺括，还可避免做亮的裙子掉色。因为固形的需要，百褶裙一般都会浆得很硬，新做成的百褶裙都会非常挺括，其硬挺程度比起我们机器压褶的褶裥来毫不逊色，以至于成型较好的百褶裙在穿着者行动时会发出沙沙的声音。便装的百褶裙因重复洗晒，浆性降低，较为柔软透气；裙面上的光泽也会越来越黯淡，颜色越来越接近青蓝等本色。

第三节 辅助服装款式

一 综述：辅助服装款式——多部件的构成

贵州苗族侗族女性服饰的一大特点就是辅助服装种类繁多，即除了上衣和下衣外，还有许多包裹身体各个部位的其他的服装构成。将其归纳，基本可以纳入头部辅助服装、足部辅助服装、肩部辅助服装、胸部辅助服装、腰腹部辅助服装、背部辅助服装、小臂部辅助服装、腿部辅助服装、绑缚辅助服装九种类别，下面分别对其进行梳理。

二 各部分辅助服装分类

（一）头部辅助服装

贵州苗族侗族女性的首服是以纺织物为材料戴在头上的一种辅助服装，具有保护头部与装饰头部的作用。按照外在造型的不同，贵州苗族侗族女性的首服主要包括四种类型，一为头帕，二为围帕，三为帽子，四为护额。四者区别如下：头帕是以一块长方形的布折成各种造型，以单层为多，它的特点是较柔软、好折叠，可以根据不同的地区不同的风

---

① 因穿着次数和穿着时间比日常所穿的便装要少得多，所以保护得当，一般不会脏。

俗折叠成不同的样子。与头帕可以达成多种造型变化相比，围帕的形式要更为固定：以佩戴者的前额为中心，围成一圈，在后中系合，以双层为多。帽子不仅有围帕的围度的布面，还有帽顶，造型更为固定。护额体积最小，有点类似发箍，戴在前额，可以遮住前额的一部分或是一起遮住耳部。在笔者的实地田野调研中，以前面两种为多，这是她们最常见的保护与装饰头部的辅助性服装。

1. 头帕

苗族女性头帕种类繁多，仅在黔东南地区就有十数种之多。[①] 头帕也是侗族妇女衣服中重要的组成部分，侗族有民谚“侗人珍贵头，汉人珍贵脚，草苗瑶人珍贵烟筒和烟盒”，道出了侗族对头部的重视，侗族妇女在过去一年四季都戴头帕，有保暖、遮风沙和装饰等多重作用。

台江反排地区的苗族女性在头帕的两角各钉一条花带，用来捆系。包头时，从后向前额处围过来，露出发髻的大部分，并让围帕的下缘披在肩上。晴隆、普定等县的苗族女性少女梳长发辫，在头上装饰白头帕，然后将发辫由后向前缠在头帕之外，形成黑白两色的鲜明对比。而婚后的妇女则梳髻，挽髻发于头顶，呈锥形，再在其上罩一方青色的头帕，于脑后系结，帕角垂于两边。

榕江县滚仲苗族女性服饰色彩艳丽：底布以蓝、绿居多，在衣襟、袖口和裹腿的中部装饰各色刺绣与绲条，全身上下唯一素雅的是头帕。头帕为长方形布条，是用织机织成——在本色布上有繁复的几何形纹样：中间为白色本料，两头为织就的黑色几何图案的装饰部分。头帕的两端各垂下 20 厘米的白穗。在戴头帕之前，先将头发梳成蓬松的发髻，一部分盖着额头；再将头帕从中部留出与头部同宽的一段面积，将剩下两侧的两段交叉向后互搭，白色的穗子垂于脑后（见图 1—22）。滚仲的头帕只有黑白两色，且纹样只在布条的两边，但因是用家用木机以手工一点点织成，因而是比衣服上手工刺绣部分还要费时费工的部分。黎平县龙额地区的侗族女性头帕，其样式、造型与围裹方式与榕江县滚仲苗族女性头帕非常类似，也是一个长条状白底黑花的织物，织花的部位也集中在织物的两端，但黑色花纹的面积更小、纹样更为简单。

① 龙光茂：《中国苗族服饰文化》，外文出版社 1994 年版，第 60—61 页。

图 1—22 榕江滚仲苗族女性头帕（正面、背面、侧面）

贵定县云雾地区的苗族女性，其头帕呈圆盘形，是以双层的长布条一层层以八字形交叉缠出来的，缠布的长条有黑色、白色、蓝色等色，缠到最外层，头帕的两端露在外面，像展开的蝴蝶翅膀。雷山县郎德上寨的苗族老年女性是用一块长方形的土布作头帕，在佩戴时是以头部后中为中心，将长边的两脚向前额交叉，重叠后以卡子固定在两个额角的位置，露出头顶的发髻而遮住双耳，非常朴素实用（见图 1—23）。雷山西江苗寨老年女性的头帕与此非常类似，可能是这个地区老年女性比较普遍的样式。黔西南贞丰、兴仁、安龙地区的苗族妇女头上戴两层的头帕，此头帕用自织自染的土布做成，垂下的部分用本布挑成穗饰，内有支撑物因此体积较大。榕江县两汪地区苗族女性的头帕非常有特点，是将自织自染的土布裁成长方形，以红、蓝两色的线间隔包边，将窄边的一端在前额处对折，形成一个尖尖的竖直的角，用尾端有穗饰的织锦长花带将其围着头部一至两圈固定，长方形布剩下的部分自然地垂下，长度大概后肩的位置。榕江县的八开地区苗族女性在穿戴盛装时头上佩戴头帕，这种头帕不是土布，而是一种以蓝色为底色织有暖色花朵的缎子头巾。这种缎子头巾是一块长方形的布，在穿戴时将一侧的短边盖在前额的位置，取其两个角绑缚在后脑，再用白底黑花有穗饰的织带围着头部两圈进行固定，剩下的布自然垂下，大概到肩部的位置。龙里县中排地区的苗族女盛装，其头帕是用几丈长的自织自染的土布折叠成 6—7 厘米宽的布带，围着头部一圈圈地缠绕十数圈，最外圈的直径几近 30 厘米。丹寨扬武的苗族老年女性，头部先以土布头帕（内衬蓝色棉布里子）包头，再以彩色带穗饰的花带以前额为中心缠绕绑缚（见图 1—24）。

黎平县岩洞地区的侗族女性服饰的头帕是一条蓝紫色、由 0.1 厘米宽

图 1—23　雷山郎德上寨老年女性头帕（正面、背面、侧面）

图 1—24　丹寨扬武苗族老年女性头帕（正面、背面、侧面）

一层层打褶折叠起来的侗布，叠成十多厘米宽后，围在额头以上的部位。围好后，发髻放在头帕之外。黎平县九龙寨的侗族妇女留发盘髻，一般发髻盘于头顶正中或偏左的方向。老年女性以长 2 米、宽 33 厘米的黑色纱帕包头，一般围三圈。九龙寨的盛装头饰是一种装饰有银饰的红色头帕。这种头帕以一块宽度约 4 厘米的红布为底布，然后将两排每排各 20 颗的银珠钉于红布之上，下排的银珠上还装饰有银流苏。这种装饰有银饰的红头帕在穿戴时要在它里面先围一个纱头帕。台江县巫角地区的苗族女性在穿戴传统服饰时，先把头发在头顶绾成一个大髻，然后用一块长方形的自织自染的蓝黑色土布做头帕：将长方形的短边围在前额，前中交叉呈“人”字型，用一条宽约 1.5 厘米的手织花带将其沿头围线捆缚固定。台江县岩板苗族女性的头帕是用与衣服一样的自织自染并做亮的土布为料，是将此布叠成宽约 12 厘米的条状围在额前，再从后中向前折叠成两个翅状的造型在前中缝合。头发扭三转盘于头顶，头帕与其相配非常干练。

剑河县柳川地区的苗族女性，将其长发扭结成发髻盘于头顶，然后将自织自染并作亮的土布做头帕来装饰和束发，头帕的边缘以彩色线密密纳缝。这种头帕是将一块长方形的土布从后脑向前包住头部，在额头的位置将布的两个尖角翻折，形成两个翅膀一样的结构（见图 1—25）。

图 1—25　剑河柳川苗族头帕

从江银潭下寨侗族女性头帕造型独特，其外形与围裙相似：是一块长方形的布，在顶部的两端拼缝有两条长条的带子。头帕的面积很大，从后向前围裹，在前额处交叉，然后将交叉后的布两端的两条带子围于脑后系结（见图 1—26）。

图 1—26　从江银潭下寨侗族女性头帕

相关案例1—6：对台江县五河潘玉珍的访谈（一）——关于头帕

被采访人：潘玉珍（女，苗族，台江施洞五河人，70岁）
采访时间：2016年3月5日
采访地点：北京潘家园潘玉珍家中

问：您现在在北京，平时穿汉化的现代服饰，但还戴传统的头帕？

答：是。我们这头帕是有讲究的，你看折的方向是向东方的，因为老辈子人说我们民族是从东方来的，从东方来贵州，所以头帕要折向东边；银簪头要从右向左插，也向着东方；发梳也向着东方插；我们的上衣也要右压左，向着东方，方向不能错。我们那儿的年轻女孩不戴头帕，老年人头发掉了好多，再有为了保护头就戴头帕。我们的风俗不能有碎发，一根头发都不能掉下来，都要梳上去。过去，我们那儿小姑娘都剃头，15岁以后才留发，没结婚的姑娘挽发髻时发尾的马尾要垂下来，已婚的妇女发尾要挽到发髻里。穿盛装时我们的头发和头饰加起来有25厘米高呢。

问：您戴的头帕是织的吧？上面的条纹是什么意思？

答：对，是自己织的。我们不是从东方来的嘛，这些条纹就代表黄河、长江、清水江，这里面有我们的历史。（此时潘玉珍的小外孙女要把一个簪子戴在外婆的头上）这个簪子不是我们那里的，不能瞎戴——首饰和衣服要一致，头帕、衣服和背也带一致，一个地方就是一个地方的。比如斗纹布是女人布，那男人都不能用；斗纹布还不能做下裤，做了就得罪老天爷，传统是一点都不能错的。

2. 围帕

围帕一般有固定的长和宽，长度是佩戴者头围的长度加上重合量，宽度是佩戴者双眉至头顶的长度。围帕以两层为多，制作时先将两块相同长宽的布正面相对，再在其反面将三个边缉合，然后将正面掏出来将没有缝合的第四道边以手针扦合。此外，两个短边及后中对合的两个边上左右各有一条或两条用于系合的布条。

台江县苗族女性的头帕是一方宽约20厘米的红色织锦，在佩戴前要把左下角和右上角对折，以前额为中心，在脑后系结（见图1—27）。施秉县苗族女性的头帕与前者头帕的造型、颜色、佩戴方式都非常相似（见图1—28），只有头帕的底色和花纹的粗细有非常细微的差别。剑河县展留地区的苗族围帕很有特点，是由两部分组成：先是将一长方形的布一端折叠成等腰三角形，包住后脑的发髻；再将一块宽约20厘米的长方形的布按照头围的围度在头上围一圈；最后把包住后脑的前一块布的下端垂下的部位绕着后一块布，然后在后脑部固定（见图1—29）。

图1—27　戴围帕的台江苗族女性

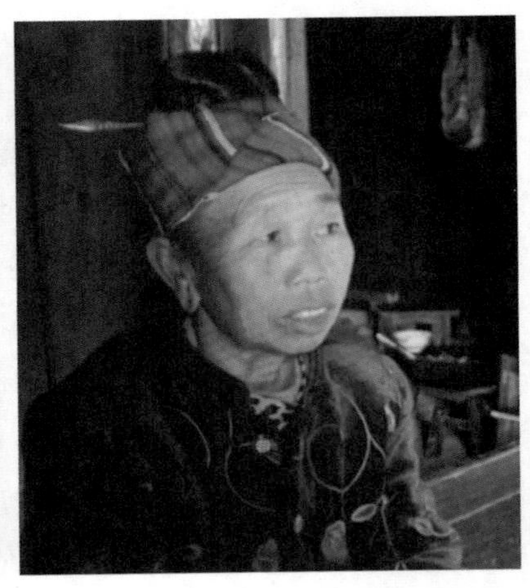

图1—28　戴围帕的施秉龙塘苗族女性

图1—29　剑河展留苗族围帕佩戴图（正面、背面、侧面）

围帕的面料可以是没有任何图案的土布，如前所述的剑河展留苗族围帕；也可以是织就的有条纹的布，如前所述的台江、施秉苗族围帕；还有就是在底布上缝缀银饰的样式，雷山西江苗族女性的缀银玉钩红围帕就是如此（见图1—30、图1—31）。这种与银饰结合的款式，是将各种银饰固定在围帕上，一般用手针扦缝，然后戴在头上。这种围帕是以三排银玉钩组成：上下各一排以银丝盘绕成一组四个涡形小圆盘的“X”形银玉钩（是对蝴蝶的拟态，直径约3厘米），一排6组，上下一共12组；中间一排长方形银玉钩（长6—7厘米、宽约3.5厘米），一排6片，上面雕刻鹡宇鸟和花朵的纹样，笔者所见是上下蝴蝶形银玉钩各6组，上下共12组；中间长方形银衣片6片，全部18片银玉钩的这种组合。也有上下蝴蝶形银玉钩各5组，上下共10组；中间长方形银衣片5片，全部15片银玉钩的组合。银玉钩片数的多少和佩戴者头围的大小相关。这种红布围帕的尺寸根据每个佩戴者不同的头围而略有差异，头帕一般高15—20厘米，长约50厘米（见图1—31）。

图1—30　雷山西江苗族女性头帕佩戴图（正面、背面、侧面）

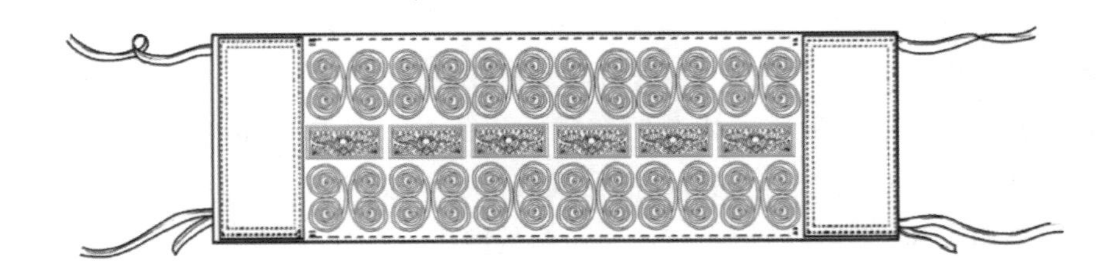

图1—31　雷山西江苗族女性头帕平面展开示意图

与西江这种在围帕上疏密有间排列银饰的手法不同，凯棠的围帕上从上到下密密地排了四行银泡，因其满，几乎将围帕底布都遮盖住了（见图1—32、图1—33）。在形状上，与前者相比，为下宽上细的造型，接合处更加闭合。

图1—32　凯棠头帕佩戴图

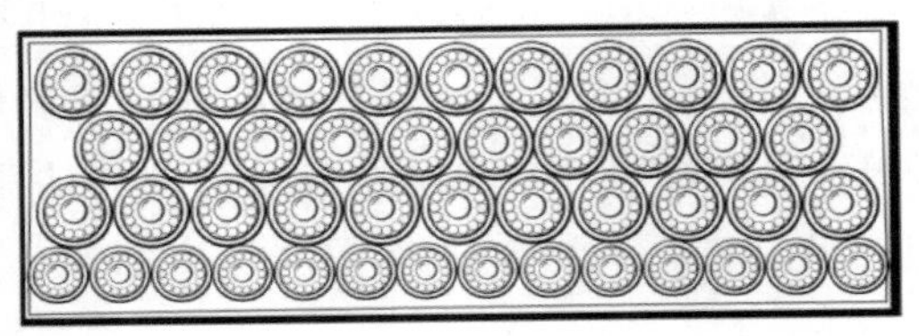

图1—33　凯棠头帕平面展开示意图

黎平县平架地区的侗族女性首服也是头帕，此地的头帕有用刺绣技艺的，这种头帕是将一块刺绣花纹的长方形布从前额向后围，并在脑后系合，戴好后刺绣的部分主要在两额以及脑后的部位，并用一条彩色的丝带绑缚；除了刺绣的头帕，还有一种是织锦的头帕，也是一条长方形的布，两侧是彩色的条纹，中间是黑色的花纹，头帕的两端垂白色的穗子，戴时也是将其从前额向后方固定。

黎平九龙寨的妇女留发盘髻，一般发髻盘于头顶正中或偏左的方向。老年女性以长2米、宽33厘米的黑色纱帕包头，一般围三圈。除了这种纱头帕外，还有一种穿着盛装时穿戴的银头帕，是在红布上装饰两排银珠的款式。在过去，九龙寨女性用较软的土布做成头帕“绑告”包头。这种头帕长80厘米、宽50厘米，在两端缝织就的花带。

3. 帽子

与没有盖、无法遮住头顶的头帕不同，帽子是由帽身和帽顶两部分组成的。它与头帕另一个不同之处在于其更硬挺，塑形性更好。如黄平地区的女帽，顶部是压褶的，将一条长边处抽紧后就呈360度的圆形，然后将两端对齐缝合成为帽顶。再与装饰有刺绣图案的帽身缝合，就成为具有地方特色的帽子（见图1—34、图1—35），非常具有标识性。

图1—34　黄平苗族女性帽子

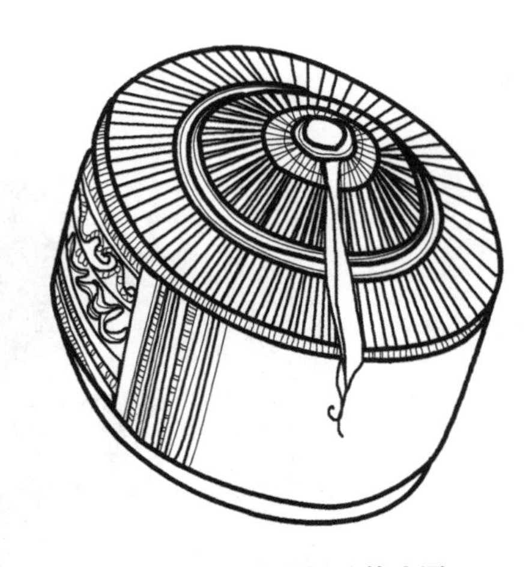

图1—35　黄平帽子款式图

贵州福泉县马坪场地区苗族女性的帽子造型与佩戴方式非常有趣。帽子的底布为黑色，上有刺绣的图案，在帽子的边缘有一圈浅色的绲边。除了帽筒外，在前后各有一个类似“舌头”的构造，前面的舌头盖住了一部分紧紧贴合前额的偏分长刘海（此刘海是横向的，是将额前的长发从一侧耳朵的位置梳向另一侧耳朵的位置），“舌头”的浅色绲边将乌油发亮的头发衬托得更为黑亮。

威宁地区的苗族妇女盘发髻于头顶，并在其外戴尖锥形的竹帽，最为有趣的是为了使竹帽像发髻，还要在外面用缠着假发的头发将其层层缠裹，状如有着高高尖顶的长发髻。清镇、平坝、修文、长顺等地交界地区的苗族女姓所戴的帽子很有特点，是一种内衬有篾竹撑架的青布锥形帽，在帽子的外面还要围一个宽约7厘米的挑花花带，花带以绿色为主色调，兼以红、白、黑三色。除了花带，帽子上还装饰有串珠子的穗饰。

4. 护额

最后一种首服是一种戴在额前的绣花护额，当地人管它也叫帽子，流行于黔东南凯里市舟溪鸭塘一带。这种护额呈“8”字形，为内外两层，中间有一层棉花里子，外层上是在黑色或绿色等不同颜色的底布上刺绣艳丽的红色系花朵（见图1—36）。这种护额非常像清代女性的遮眉勒①，可能是受汉族服饰的影响。其作用有三：一为装饰；二为遮风保暖——可以遮住耳部；三是一种保护作用——在佩戴这个护额时外面还要戴一个中间粗两边细的银护额，可以使得皮肤不用与金属直接接触。

图1—36　戴护额的苗族女性

（二）足部辅助服装

脚上所穿的各种鞋子是贵州苗族侗族女性的足部辅助服装，材质有

① “清代妇女在天气稍冷的季节，平时在额间常系遮眉勒，既为美的装饰，又具有御寒功能……平民百姓妇女所戴，在北方叫‘勒子’或‘脑箍’，南方叫做‘兜’，以黑绒制作为多，也有加缀一些珠翠或绣一点花纹的。套于额上掩及于耳……”黄能馥、陈娟娟：《中国服装史》，中国旅游出社1995年版，第366页。

草、布、塑料和皮子①，从20世纪50年代直至70年代末80年代初，贵州苗族侗族女性平日所着鞋子主要以妇女手工打的草鞋和手工制作的老式布鞋为主，和长布袜一起是脚部所着的传统款式，在穿着盛装时一般搭配老式的绣花布鞋，在平时穿偏带布鞋、解放鞋和塑料凉鞋，这些款式是时代发展的产物（见图1—37），也有赤脚的情况（见图1—38）。②

图1—37　贵州苗族侗族女性几种常见鞋子款式图（上左、上中：传统绣花鞋；上右：草鞋；下左：现代绣花鞋；下中：解放鞋；下右：系带半跟鞋）

梭戛地区女性所着鞋子款式的变化体现了足部辅助服装的变迁：这里的苗族女性在20世纪70年代以前穿着一种绣花的草鞋，这种绣花草鞋是在稻米草打成的草鞋基础上以彩线在上面绣花，是节庆时节穿着的足服。这种绣花草鞋消失后这个地区的女性又用白色棉布做成类似的款式，再以辫绣的工艺在其上刺绣。后来，市场上有白球鞋售卖，因此地区寨子多建于山坡，贵州多雨山路泥泞，白球鞋的胶底利于防滑，与前两者

① 在20世纪50年代，赫章县海确寨足服为草鞋，冬天时为了保暖则穿上自制的牛皮鞋。

② 在采访中笔者发现，贵州很多地区的中老年苗族侗族女性在夏天有时会打赤脚，这一方面和习俗或便于劳作有关，如挑水和染布时赤脚，另一方面也和当地炎热的天气有关。

相比脏了也容易清洗，于是很受当地女性喜爱，20 世纪 80 年代以来，这种市售的白球鞋就取代传统的绣花草鞋和绣花布鞋，成为当地女性穿着盛装与便装时的足服了。①

图 1—38 赤脚的苗族女性

1. 草鞋

侗族歌谣里有关于草鞋的描述："不会唱歌你莫来，不如在家打草鞋，一天打得三两对，两天打得三五排……"草鞋以草编织，样式简单，赤足穿着。"草鞋，亦称'草履''芒鞵'或'芒屐'等。多以竹丝（或大麻）为经、麻丝（或稻草）为纬编织而成，亦有用丝线和布混合编织的。"② 在《苗族社会历史调查》中也有关于草鞋的相关记录，如剑河县久仰乡必下寨的苗族女性在 20 世纪 50 年代多穿草鞋，草鞋是当时非常普

① 只有一种情况例外，在新嫁娘穿着作为嫁衣的盛装时，脚下穿着的还是自己手工制作刺绣的花鞋。

② 管彦波：《中国西南民族社会生活史》，黑龙江人民出版社 2005 年版，第 46 页。

遍的足服，不论男女老幼都穿草鞋（见图1—39）。他们的草鞋都是自己编自己穿，所用原料为糯稻芯草，在制作之前要先把草捶软，然后搓成绳子，按照鞋子的长短将绳子截成四段，一端系在胸前的腰带上，另一端套住小棍，制作的人坐在凳子上，以两只脚的两个拇指蹬着木棍来编织。在过去，与剑河县柳川镇南寨乡展留村锡绣苗族服饰相搭配的是一种手工做的草鞋，现在因为市售的鞋子很方便就能买到，当地妇女就不做那种鞋子了。侗族草鞋是用加工（捶或舂）过的糯米草编织而成，制作方法如下：将四根草绳一边系在腰间，一边套在大拇指上来编鞋头，然后编向两侧的前鞋身部分；鞋背是以三根粗绳做鞋帮，只编一半，没有后跟的构成。①

图1—39 穿草鞋的苗族女性

2. 老式绣花鞋

老式绣花布鞋保持传统的民族特色，笔者在贵州所见的款式很多鞋

① 杨玉林：《侗乡风情》，贵州民族出版社2005年版，第99页。

底有一定的厚度、鞋尖向上跷起，呈龙舟造型。鞋面由左、右两片组成。鞋面有面、里两层，里层为棉布，外层一般用自织的土布或者是购买彩色的丝绸做面。老式绣花布鞋多以刺绣为主要的装饰手段，刺绣的纹样有花、草、鱼、虫、飞禽、走兽等各种图案。在制作时，先用纸剪好花纹图案贴于鞋面上，再用各色丝线及各种刺绣技法按照图案的形状绣出来。鞋底为布底，是一层层布粘合而成，用细麻线或粗棉线以细密的针脚一针针手工纳缝。刺绣图案的色彩丰富艳丽，所描摹的事物栩栩如生，但因其制作工艺繁复，且以此精工制作而成的绣鞋怕水怕灰，需要小心爱护，不符合现代的生活节奏，因而渐渐退出了人们的生活。[①]

西江地区的苗族女性，其传统的鞋子样式为绣花鞋，称为“元宝鞋”“浪花鞋”或“云纹鞋”，其名字与鞋的造型有关：像一只小船，前高而后平，一般为蓝、绿等色，鞋跟与鞋头为浪花纹。晴隆县的苗族盛装绣花鞋，造型古朴，也没有鞋尖的起翘，与其他地区不同的是在它的鞋面上有类似袜子的结构，即整体看是一个到脚踝的类似袜子的族服，但又有鞋面和鞋底，剩下的部分是双层的白色土布。此地的花鞋有两种类型，一种是这种有白色土布的类似袜套的，一种是普通的花鞋样式。丹寨的苗族“当姑娘未出嫁前，阿妈就为她们精心制作数对船头鞋，又称‘元宝鞋’‘云纹鞋’……这种鞋像一只小游船，前高后平，多以绿色作底，少有红色，鞋跟与鞋头为浪花纹，又如一只装饰非凡的彩船……”[②] 从江县高增等地区的侗族女性在穿着盛装时，脚上所穿为钩头绣花鞋[③]，鞋面分左、右两个绣片，在前中和后中对齐缝合，靠近脚面的一边还缝缀有错色的绲边。鞋尖上翘，鞋面为彩色布，刺绣有动植物图案，非常艳丽。四十八寨侗族女子盛装的绣花鞋比高增地区的绣花鞋前部更尖且上翘。榕江县乐里镇侗族女子花鞋非常漂亮，色彩亮丽，鞋面上绣有各种花草、

---

① 榕江县忠诚镇高文村的刘梦发（女，苗族，38 岁）告诉笔者：在这一带传统的鞋子现在不兴穿了，只有老人穿。此地中青年女性基本不穿老式布鞋，也不会做这种鞋，为了方便都穿解放鞋。母亲那代人会做这种鞋，但现在穿的也不多了。

② 翁家烈、姬龙安：《中国苗族风情录》，贵州民族出版社 2002 年版，第 37—41 页。

③ 侗族的绣鞋很有特色，鞋面上绣满各种美丽的图案，最具特色的是其尖尖上翘的鞋头，此外鞋子的整体造型也与船相似，因此不同地区将这种鞋称为“钩头绣花鞋”“船形踏跟鞋”“攀尖绣花鞋”，也许在细部存在差异，但笔者认为均可以归为这种花鞋中。

鱼虫、蝴蝶的图案（见图 1—40）。此花鞋的鞋底很特别，约 1 厘米厚的鞋底除了最下面的一层是布的质地以外，其余的全是以类似宣纸的薄棉纸一层层粘合的，大概一两百层，细腻洁白。姑娘们穿着时也非常小心，不会在泥泞和灰尘多的地方穿。笔者调查时了解到，在节日婚庆等重大场合穿这种鞋的时候，她们一般是在脚上先穿一双普通的鞋，到了目的地再换上这双，以免弄脏或损坏。黎平尚重西迷村的侗族盛装花鞋造型与前文所述款式相类似，但色彩不同，是以红、绿两色为主色调，在鞋面上刺绣粉色、白色、黄色的纹样（见图 1—41）。

侗族妇女有一种很具特色的花鞋——龙纹梗边锁丝绣花鞋，是将丝线先编成梗再缝缀成龙纹的造型，然后用其他的颜色在龙纹之外的鞋面上刺绣，远远看去像盘在脚面的两串花枝。笔者在采访时，小黄村的妇女在搭配盛装时多穿传统的龙纹梗边锁丝绣花鞋（见图 1—42）。

图 1—40　榕江乐里侗族绣花鞋

图 1—41　黎平尚重侗族盛装绣花鞋

3. 新式布鞋

随着时代的前进，除了老式的绣花布鞋外，还有新式布鞋。新式布鞋其实就是汉族女性所穿的偏带布鞋，与汉族的偏带布鞋多为无花纹的单色不同，苗族侗族女性会在黑色、蓝色、绿色等色的鞋面上绣上花卉，一般在鞋面的前部，既有在中间的也有偏于一侧（外侧）的，体现了苗族侗族女性喜爱刺绣的特征（见图 1—43）。此外，最近几年，贵州苗族侗族年轻女性比较流行穿一种偏带的黑色绒布半跟鞋，主要是在参加活动或跳舞的时候穿着（见图 1—44）。

图 1—42 小黄侗族龙纹梗边锁丝绣花鞋

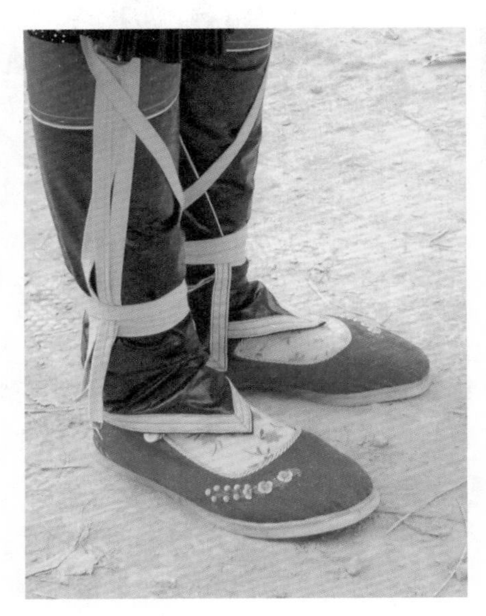

图 1—43 绣花的偏带布鞋

图 1—44 黑色绒布半跟鞋

4. 胶底解放鞋

除了草鞋、布鞋之外，因着贵州潮湿的气候，很多苗族侗族女性还习惯穿胶底解放鞋（见图1—45）或者塑料凉鞋。胶底的解放鞋多为军绿色，在干活时穿着，胶底具有防滑的功能，即便下雨路滑也不会影响走路。

图1—45　解放鞋

5. 塑料凉鞋和塑料拖鞋

塑料凉鞋穿脱方便，颜色很多，笔者所见有红色、粉色、蓝色、绿色、紫色等。解放鞋的价格在10元左右，塑料凉鞋的价格在5—10元，比穿着布鞋更为方便便宜（见图1—46、图1—47）。塑料凉鞋和塑料拖鞋是近些年贵州苗族侗族女性较多穿着的足服，与传统的绣花布鞋和市售的布鞋相比具有以下优点：一是便宜易得——传统的绣花鞋是手工制作，制作需要一个周期，市售的布鞋价格也比其贵；二是穿着方便，贵州多雨，且做浇田、挑水等农活时免不了打湿鞋子，穿塑料的材质就方便多了；三是塑料凉鞋和塑料拖鞋适合当地炎热的天气。

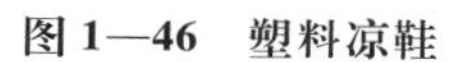

图1—46 塑料凉鞋

图1—47 塑料拖鞋

6. 长布袜

除了鞋子以外，贵州苗族侗族女性传统的足部辅助服饰还包括用自织土布裁制、手工刺绣装饰的长布袜。有学者在20世纪90年代到施洞进行考察时，其地有长布袜，其形制与清代皇族长布袜近似，为双层结构，长度在膝盖位置，包住脚面的部分以青蓝色居多，其上以平绣装饰有花草的图案，脚跟的部位以双线绗缝。与此长布袜搭配的是人字口花布鞋，在穿着时要踩着后脚跟，以露出长布袜上精美的刺绣，很具特色。

7. 鞋垫

足部辅助服装除了鞋子和长布袜外，鞋垫也是非常重要的一部分，如侗族女性的鞋垫兼具实用与传递爱情的双重功能。做鞋垫是侗族女性女红中重要的组成部分，一般从十一二岁开始做，至十七八岁就成为制作这种鞋垫的能手。鞋垫里面的布壳是以魔芋淀粉熬成糊将数层旧布粘合而成，然后用色彩鲜艳的新布做面、罩在布壳上，布面上用彩色丝线刺绣花草鱼虫的各种图案。

鞋垫是侗族青年男女之间传递爱情的信物，如青年女性会将精心制作、刺绣的鞋垫送给心上人；而青年男性会向自己心仪的女孩讨要她亲手制作的鞋垫。这种以鞋垫为媒介来进行情感沟通的情形在侗歌中有这样的表达：“月亮出来亮堂堂，做双鞋垫给情郎，莫嫌妹妹做得丑，鞋垫虽丑情意长。”①

（三）躯干部辅助服装

1. 肩部辅助服装——披肩

在贵州省水城县南开地区，这里的苗族女性服饰非常具有特色。其上身为白色的上衣，款式非常简单，没有任何纹样与装饰，但在上衣外面则是一件造型独特的披肩。此披肩为长方形，长边方向正中的位置有一条开口，一端破开以缝缀在上衣上，开口的另一端在布的背面缝合一个三角形的布块，在人穿着时就有了一个活动的量，也有保护开口的作用。此披肩运用了拼布和挑花刺绣等装饰手段，其上的纹样种类较多，各具意义，有屋架花纹、羊奶果花纹、火镰花纹、荞籽花纹、粑齿花纹，等等。由这些几何状的刺绣与拼布相结合，采用橘红、明黄为主体色调，黑色、白色条纹穿插其中，在纯白的上衣映衬下，具有独特的视觉冲击力。

黎平县尚重地区侗族年轻女性的服饰非常华美，其特色之处在于其上衣外一个类似清代云肩的披肩（见图 1—48、图 1—49）。《元史·舆服志》记载：“云肩，制如四垂云。”清代江南的妇女因所梳发髻较低，怕弄脏衣服，因此在肩部佩戴云肩。尚重地区的披肩一般以绿色为主色调，间以小面积红、黄、蓝等色作为点缀；刺绣繁复，并缀有珠饰，纹样多为婉转的曲线盘绣图案，人称“绣画”，下端装饰有彩色的流穗。与此呼应的是下装的围裙与足下的弯头绣鞋。围裙为长方形，由两部分组成，一为腰头，二为围裙的主体部分。腰头为长条形刺绣，中间为图案，四周刺绣镶边，主体部分是一个近似正方形的长方形——上下为短边、左右为长边，中间是菱形的丝绸，颜色为蓝色或绿色，四周围绕着 3—4 个层次的刺绣花边。这套盛装非常华美，刺绣面积很大，做工繁复，如果一个人绣制，完成一套需要 2—3 年的时间。

---

① 杨玉林：《侗乡风情》，贵州民族出版社 2005 年版，第 99—100 页。

图 1—48　尚重侗族女装穿戴款式图

图 1—49　尚重西迷村披肩局部

2. 胸部辅助服装——胸兜

在历史上，很多民族的女性如侗族、满族、汉族都喜欢将胸兜作为紧贴身体的内衣，其最初的作用应为保护胸腹部的脏器，尤其是护住肚脐。贵州苗族侗族女性所穿的胸兜多为五角形的造型，面料以自织自染的土布为多，近些年也用市售的现成面料来制作。

贵州很多地区苗族侗族胸兜款式都极为相似，如从江县岜沙苗族女性的胸兜，在领口处拼接一块蜡染的梯形领口布，胸兜的下摆处是由三片彩色的棱形布拼接而成，因上衣也敞怀穿，胸兜及胸兜色彩成为服饰上主要的组成部分（见图 1—50）。再如从江县的高调、三岗两个村子的女性胸兜，都是一个黑色土布为底的五边形，领口处为一块梯形的刺绣贴布，从腰部到下摆处有五个棱形块来拼接：腰部左右各两块的棱形块为市售的彩色布，下面的三块呈“V”字形，上面有繁复的刺绣花纹（见图 1—51、图 1—52）。

苗族女性与侗族女性在穿着胸兜上有一定的区别，笔者所见的苗族女性多将胸兜作为内衣穿着，而侗族妇女因其上衣多直领对襟的款式，两个前片之间是敞开的，留出的部分露出胸兜的中间部分。当然，如何

图 1—50　岜沙村穿胸兜的女性

穿着也没有一定之规，也可以根据需要以绳系结或敞怀穿着（见图 1—53）。根据穿着场合的不同，胸兜也有盛装和便装之分，主要体现为其上装饰手段的不同（见图 1—55）。

图 1—51　高调村穿胸兜的女性

图 1—52　三岗村穿胸兜的女性

图 1—53 胸兜的不同穿着方式（左一、右一为敞怀穿，左二、右二为掩襟穿）

图 1—54 尚重侗族胸兜局部

3. 腰腹部辅助服装——围裙、条裙（飘带裙）、腰背、腰带

（1）围裙。

围裙是苗族侗族妇女较为常见的辅助服装，围裙具有双重的作用。

图 1—55　三种女性胸兜结构图（左：侗族便装胸兜；中：苗族便装胸兜；右：苗族盛装胸兜）

一是它的基本作用——保护下衣的清洁；二是在此基础上的装饰作用——很多地区的女性盛装围裙是整体服装中装饰最为繁复的部分。围裙的工艺种类有刺绣、挑花、补花、蜡染等（见图 1—56）。贵州苗族侗族女性的围裙一般以青黑色土布为底，有的是织花的，有的以黑白两色线挑花，有的用彩线在上面刺绣或补花。

图 1—56　高文盛装围裙局部

围裙上的图案和装饰有比较满的类型（见图 1—57）；也有只在边侧装饰、大部分面积都留白的类型；有主要以横竖条纹以及几何纹为装饰的类型（见图 1—58、图 1—59）；有以具象纹样装饰的，如图 1—60 中的金鱼与花卉；还有以抽象的图案装饰的，如图 1—61、图 1—62。

图 1—57　黎平尚重两种围裙

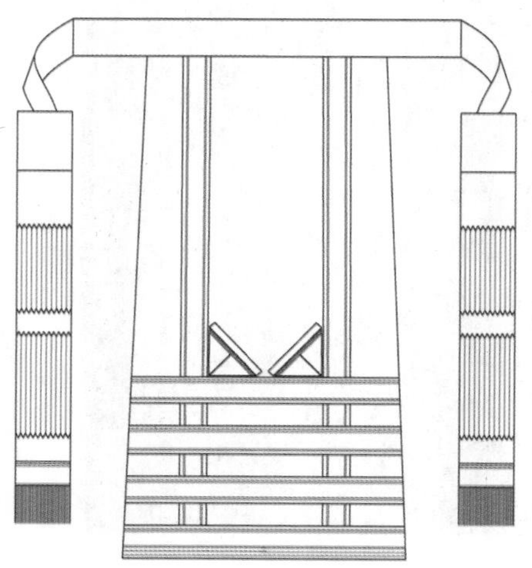

图 1—58　雷山苗族围裙

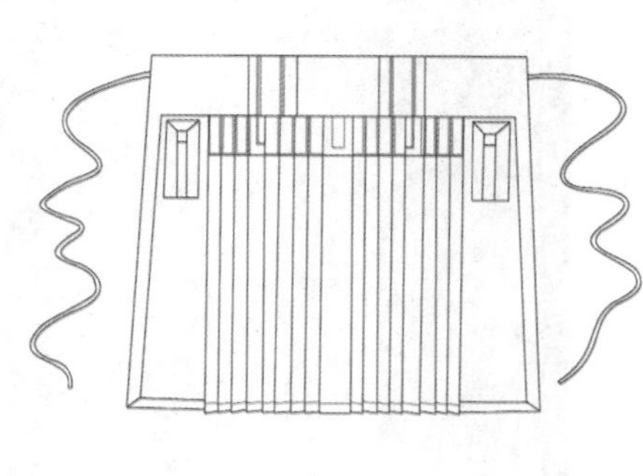

图 1—59　从江侗族围裙

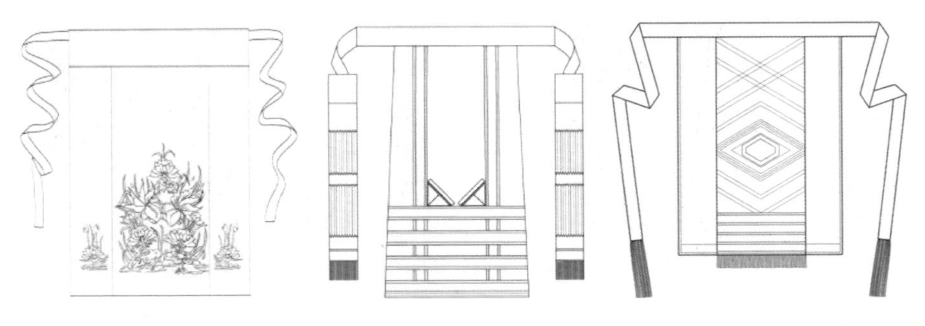

图 1—60　雷山苗族围裙　　图 1—61　苗族织锦围裙　　图 1—62　台江苗族围裙

台江县台拱地区的围裙长度大约到脚面，与里层裙子长度相类。以刺绣或织花装饰中间一条约 18 厘米的花幅，然后将土布或缎子分为两条，左右各一，缝在花幅的两边。两边如果是土布则刺绣较满的纹饰，如果是缎子则绣一条龙，留出缎子的空隙。

凯里市鸭塘地区的盛装围裙也非常有特色，是近似梯形的一个片，非常的挺阔，并没有像其他地区一样包裹身体。在色彩上，是对比浓烈的大红与深绿，具有浓郁的地方色彩（见图 1—63）。台江地区女性盛装围裙是整个盛装的亮点所在，造型为长方形，长度到脚踝的位置，整体色调以暗红色为主。在此长方形上分为三个部分，左右两边为对称的两块，从面积到花纹完全一样，图案是平绣的比较具象的花朵和叶子；中间是主体的一块长方形的构成，布满了抽象的几何形织绣图案。围裙带子也非常精致，为同一色系的手织带。其围裙图案具有“繁”和“满”的特点，加上其暗红的色调，辨识性极高。

施洞的有一种盛装围腰，颜色有红色、蓝色、蓝紫色三个色系。其上的装饰是由自制的木机来织花。在制作时以黑白两色线为经线，以彩色为纬线。图案是以中心向四周展开，左右对称。其上的纹样既有具象的龙、凤、花鸟图案，也有各种抽象的几何图案，还穿插着抽象的人形图案（见图 1—64）。雷山郎德上寨的围裙长度没有规定，一般是根据个人的高矮而定，宽是布的幅宽，约 73.3 厘米。

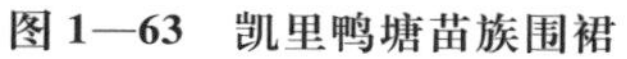

图 1—63 凯里鸭塘苗族围裙

图 1—64 台江苗族围裙

图 1—65 和图 1—66 是榕江两款苗族围裙样式，造型与装饰手段大同小异，都是在腰头和围裙的左右两侧装饰刺绣的花带，前者裙面的底布为市售的紫色印花缎子布，后者裙面的底布为市售的黑色丝绒。图 1—67 为榕江七十二寨地区侗族盛装围裙的款式，其底布为自织自染的近黑色侗布，在腰头和围裙的左右装饰有以浅色为主色调的刺绣。图 1—68 是从江岜扒地区的盛装围裙，其装饰手段主要是其上缝缀的银片，计有银片 48 片，其中圆形银片 32 片，长方形银片 8 片，边角处的不规则银片 8 片。除了裙身的银片装饰外，围裙的底边还缝缀有银一排银垂饰。此款装饰繁复的盛装围裙是盛装中最亮眼的部分。图 1—69 是从江庆云地区侗族女性盛装围裙，其装饰手段主要为裙身的压褶和裙头部位的刺绣。

图 1—65 榕江苗族围裙款式图

图 1—66 榕江苗族围裙款式图

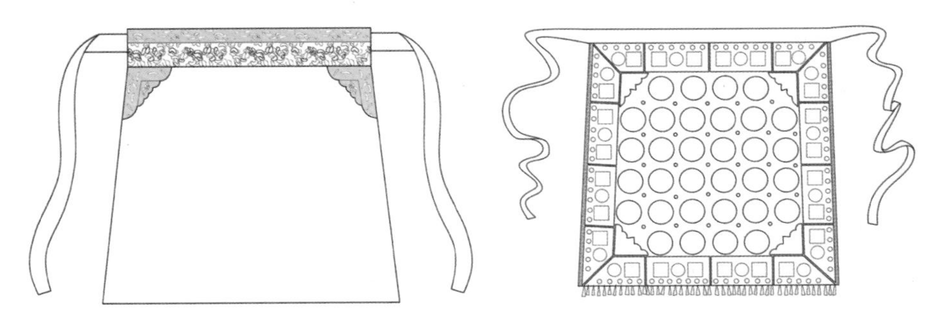

图 1—67　榕江侗族围裙款式图

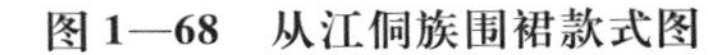

图 1—68　从江侗族围裙款式图

图 1—69　从江庆云侗族围裙

（2）条裙（飘带裙）。

条裙（飘带裙）是装饰于裙子外的装饰性服装，侗族一般叫条裙，苗族一般叫飘带裙，虽然叫法不一，但其款式大同小异，多为裙腰下缝数条至十数条长带子。条裙（飘带裙）在穿着时里面还有一条裙子，一般为百褶裙。飘带上的装饰部位一般以刺绣手法为多，其上的花纹可以绣也可以织，贵州月亮山地区苗族女性的飘带裙底端还缝缀有珠子和白鸡毛，这种装饰手法与苗族的“百鸟衣”类似。

雷山地区的苗族女性最喜欢穿飘带裙，“其飘带是单根绣制，上窄下宽，下端形似剑头，每根花带都统一绣着一色花纹，有牵牛花、云纹花、辣子花，中间为各种蛇虫飞鸟，上端为火焰花或鸟羽花”[①]，其图案据笔者看来受汉族服饰影响较大。笔者在西江羊排村杨昌发家所见飘带裙（见图1—70、图1—71），色彩浓丽，以红、绿、黄、黑为主。裙长95厘米，其中腰头宽为14厘米，共有飘带22条，每条飘带长76厘米、宽8厘米，每两条飘带之间重叠部位宽为2厘米。每条彩条以五截组成，中间用穿上珠子的线连接起来。飘带上的图案有牡丹、荷花、牵牛花、石榴、金鱼、鸟、鸭子、青蛙、老虎（虎头）、蝴蝶、鸳鸯、大雁等动植物。彩条的尾部缝缀有彩色的珠子，珠子的底部是穗子。在《苗族服饰图志——黔东南》一书中对飘带裙是如此介绍的：“‘扣搭’是由9—11条绣花带组成，每根条带分成2—3节，中以蝴蝶形绣片缀连，节与节之间再以彩色珠花和流苏为装饰，条裙面料大多为丝绸，上以彩线平绣花草、鸟蝶纹样，带尾镶嵌如意云纹。”[②] 在穿着场合上，西江的飘带裙属于盛装的组成部分，在平时穿着时是不系的，只有在婚庆节日等重大场合才会围在百褶裙外。

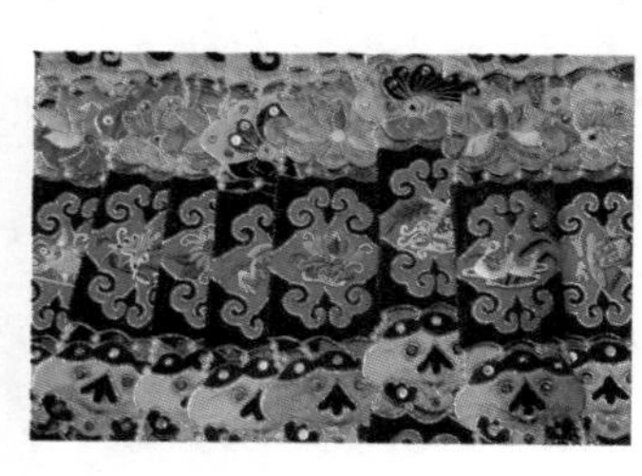

图1—70 西江苗族飘带裙局部

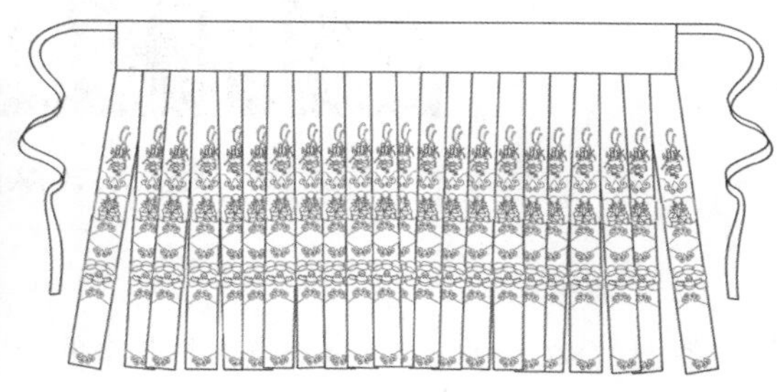

图1—71 西江苗族飘带裙款式图

四十八寨侗族女子盛装非常华美，她们的条裙更是光彩夺目，这种条裙由十多条带状各异的飘带组成，每个飘带都是由不同形状的绣

① 翁家烈、姬龙安：《中国苗族风情录》，贵州民族出版社2002年版，第37—40页。

② 江碧贞、方绍能：《苗族服饰图志——黔东南》，（台北）辅仁大学织品服装研究所2000年版，第173页。

片、珠串、银片、银铃铛、彩绦组成，其上运用了打籽绣、平绣等工艺手段，色彩艳丽，造型别致（有宝瓶形、葫芦形、花朵形），所费人工巨大，所用工艺为用梗线、编带工艺合绣。在穿盛装时，前身已着围腰，后身则在百褶裙外加着一件条裙，整个腰臀部的服饰都富丽且具有美感。

（3）围腰、腰背和毡围。

“腰背”是两片装饰用的绣片，系在后腰的位置，做工精美，有花带镶边，有珠饰点缀。其最初的来源，也许与保护经常活动的腰部有关。从江县的贯洞、新安侗族女性在穿盛装时，要同时在裙子外面加系“条裙”和“腰背”。从江县龙图地区的侗族妇女盛装中有腰背的构成：“上衣为亮紫色开襟衣或右衽大襟衣，下着百褶裙，外系缀满银片的围腰，足着舟形钩嘴花鞋。”①

贵定县云雾地区的女性下衣有两条围腰，一条是前围腰，一条是后围腰。前围腰较长，到膝盖以下，前中有一个约 10 厘米的开衩，有刺绣的花装饰，后围腰短，只到臀部的位置，为麻织物，较为挺阔。前后围腰是穿在长裤外面的。

尚重地区侗族女性在穿着盛装时会在后腰处系一条围腰，整个围腰全部饰以造型绚丽、花纹繁复的刺绣。此由裙腰和裙身两部分组成：裙腰是穿着者的腰围加上前中折叠的量，刺绣和装饰华美，且只有后身和侧身的结构，前身是空的（见图 1—72）。

梭戛地区陇戛苗寨的女性有一种材质特殊的围腰——毡围。这种围腰是这个地区成年的苗族女性必备的辅助服饰，是以青黑色羊毛毡制成，外观近似椭圆形，质地厚重。毡围的系结方式也很特别：上部的两个带子是围到后颈处系合，下部的两条带子围到后腰系合。这种毡围的作用更多地体现在它的实用价值上：陇戛苗寨位于海拔 1879 米的山上，这里的年平均气温在 12—14℃，阴冷潮湿，此毡围可以保护女性的腹部不受寒邪侵袭，还可以把手放入毡围之内保暖。毡围还有一个非常有趣的作用，在女性绣花时可以将其解下来做刺绣的小桌子。

---

① 杨玉林：《侗乡风情》，贵州民族出版社 2005 年版，第 87—88 页。

图 1—72　尚重侗族两种围腰

（4）腰带。

腰带是配系在腰间的长带子，主要起到绑缚上衣的作用。据笔者所见，与苗族女性相比，侗族女性所用更多，可能是与侗族女性更喜欢合体的身形相关。

据研究人员在 1958 年 4—7 月的调查显示，海确寨苗族的服装为麻质，以手工织就的布片两幅缝合而得到衣服的造型。缝合处在后颈处，顺着两肩在腋下处缝合，然后与袖子缝合。这种上衣没有纽扣，以带口袋的白麻布腰带系在腰间充当腰带。在款式上，女子所着服饰上衣较短，下着百褶裙。

贵州侗族女性的腰带一般都非常长，是将一条长条的布（约 1.5 米）在长边对折，两端进行装饰。腰带有镶花边、缀银饰和刺绣等不同装饰手段。从江县邑扒侗寨的缀银饰腰带为水红色混纺面料，两端为市售的白底红花镶条，底端缀红穗和以银蝴蝶、银鱼为主题的数条银链（见图 1—73）。榕江县七十二寨侗族花带为亮黄色缎子，用色雅致，两端以刺绣为主要装饰手段，以白色、黄色等浅色为主，花纹非常繁复，底端会缀有彩色的珠子，珠子下是提取刺绣部位的主体色调——黄、粉、白、绿的各色穗子（见图1—74）。

图1—73　岜扒的缀银饰腰带

图1—74　七十二侗寨的刺绣缀穗饰腰带

4. 背部辅助服装——背带、背牌

（1）背带。

背带是贵州苗族侗族女性最常使用的辅助服饰之一，其作用更多地体现了实用价值。从用途上来划分，背带可以分为背篓筐等劳作工具的普通负重类型的背带和背孩子的背儿带，后者准确地说是属于婴幼儿的服饰品，但它同样属于贵州苗族侗族女性服饰的一个组成部分。普通负重类型的背带只有实用功能，因此一般没有装饰，而背儿带很少没有装饰的，且很多背儿带装饰繁复。背儿带的装饰部位集中在背儿带的背扇上，多运用拼布、镶绲、刺绣、蜡染等工艺手段装饰，甚至装饰满整个背儿带的主体部分。背儿带的纹样以繁复为多，其装饰面积较大，多用小块的绣片拼组成整幅的图案。

图 1—75　正在刺绣背儿带的苗族女性

图 1—76　高文苗族背儿带

图 1—77　岜沙苗族背儿带

图 1—78　扬武苗族背儿带

贵州苗族侗族的背儿带造型不一，装饰手段各异。背儿带一般是母亲做给自己的孩子的，包含了慈母对爱儿浓浓的爱意，因此在技艺上可以说是无所不用其极，凝聚了母亲所在地区传统服饰装饰工艺最菁华的部分，从中可以管窥贵州苗族侗族女性精湛的传统手工技艺。

图 1—79　苗族背儿带局部

图 1—80　侗族背儿带局部

背儿带由包裹孩子的背扇和绑系孩子的带子两部分组成，背扇有一扇和两扇两种类型。从造型上看，一扇的背扇主要可以分五种：一是“T”字形，二是长方形，三是正方形，四是一字形，五是三角形。

图 1—81 至图 8—86 都为“T”字形的背儿带，其中图 1—83 至图 1—85 在造型上比较接近，图 1—85 至图 1—86 的带子与背扇的两端同宽，连为一体。图 1—87 与图 1—88 为长方形背儿带，图 1—89 为正方形背儿带，图 1—90 为一字形背儿带，图 1—91 为三角形背儿带。

图 1—81 背儿带背扇的主体部分为正方形，有上下左右四个边框组成它的外围，装饰有折枝花，中间是棱形，棱形的中间是一个正圆，组成太阳纹与团花的造型。棱形与四个边框之间是四个等腰三角形，装饰有团花的图案。此背儿带是以贴布绣与平绣相结合的刺绣手法，还装饰有大量的亮片和铜泡，增加了亮度，使之更加华丽。上面提到的背扇主体的每个不同的分割部分都用不同颜色的彩色布为底色，有粉色、浅黄色、深黄色、蓝色和橘色，分割线与边缘线用锡箔纸装饰。此背儿带的带子由两部分组成：与背扇相接的头部部分中间粗两边细，其装饰手段和色彩与主体部分一致；尾部部分是没有任何装饰的、以自织自染布对折扦缝的带子，带子长约 2.1 米。

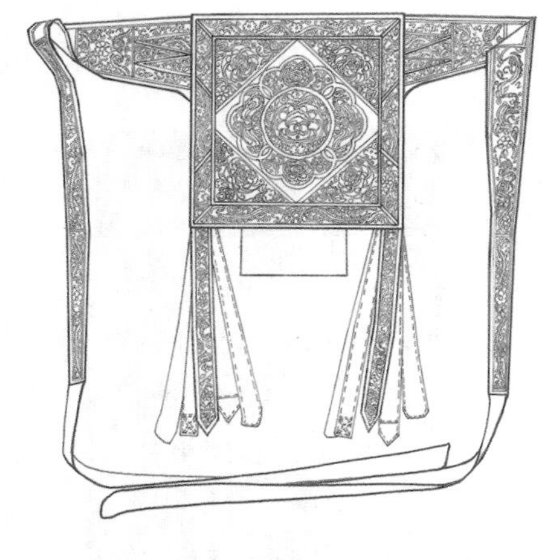

图 1—81 从江苗族贴布绣螃蟹花蝶背儿带款式图

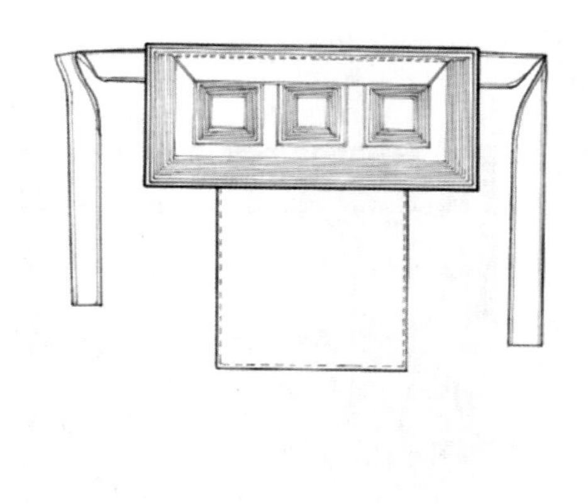

图 1—82 贵阳苗族挑花背儿带款式图

图 1—82 背儿带的背扇部分呈“T”字形，“T”字形的上面一部分是一个横向的长方形，由三个一字形排列的正方形的挑花绣片组成，每个正方形的绣片四周都有四圈绲边装饰，所用装饰手段为堆绣。三个正方形之间用花带间隔。“T”字形的上面一部分是一个正方形，是在红布底上以几何纹挑绣。此背儿带的带子是以黑色棉布为底，红色布包边，以红、粉、白三色线挑花装饰，也是长约 60 厘米。

图 1—83 背儿带的背扇近似一个“T”字形，“T”字形的主体部分是以两块长方形的挑花背扇组成的，这两块长方形绣片的主体部分挑花的纹样为成对的蝴蝶和飞鸟。边缘装饰以长条的挑花图案，如四瓣花、十字花、圆点、方块以及缝缀红色和深棕色绲边。整个背扇部分以宽约 1.5 厘米的深棕色缎子包边。此背扇和带子所用面料均为黄平地区所特有的自织自染并做亮的土布，与其他地区的土布不同，此地区的土布为暖色调，是一种泛着金色光泽的、介于咖啡色与青紫色之间的颜色。此背儿带的带子很宽，宽度与“T”字形的上部宽度同宽，长约 2.8 米，这样的长度和宽度使得包裹孩子时更为牢固和保暖。

图 1—84 背儿带是以深紫蓝色自织自染的土布为底布，整体呈长长的“T”字形。背扇的主体部分是八条横向的长方形绣片，图案分别为“鱼”“太阳花”，“鱼”“鸟”，“鱼”“太阳花”，“鱼”“鸟”，“太阳

花”，“鸟”，“鱼”“太阳花”，“鱼”“太阳花”。主要以对布装饰，在全体的统一色系（紫蓝）下每条绣片都有各自细微变化的色调，淡雅内敛。这八条横向的绣片边缘呈“T”字形，边缘拼接镶两条细绲条的同色系宽布带。此背儿带的带子是深紫蓝色土布，没有装饰。

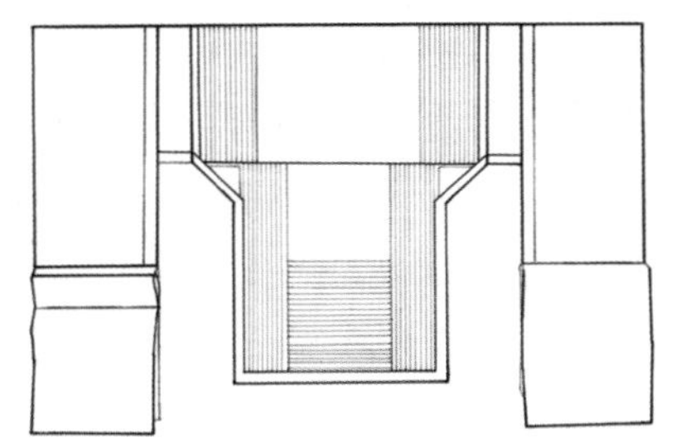

图 1—83　黄平苗族挑花背儿带款式图

图 1—84　台江革一苗族堆绣背儿带款式图

图 1—85 背儿带是以深紫蓝色自织自染的土布为底布，整体呈长长的“T”字形。背扇的主体部分是以蓝色为主色调，间以浅紫、紫红、白色的挑绣绣片，第一排为整排的立人纹样，第二、四、六、八、十、十二排为蝴蝶纹样，第三、五、七、九、十一排为蝴蝶和立人纹样。整体图案充满秩序感和节奏感。

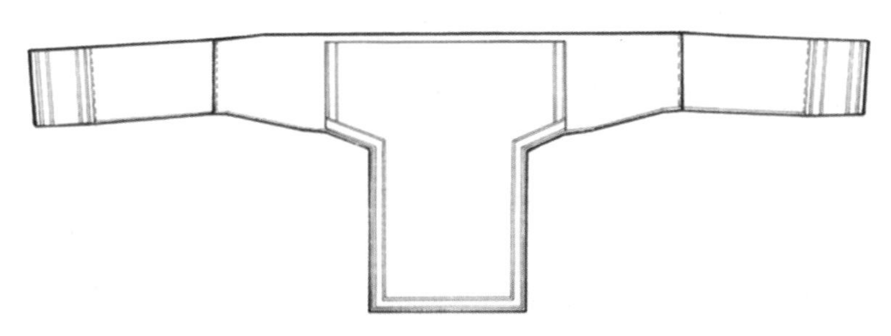

图 1—85　台江革一苗族挑花背儿带款式图

图 1—86 背儿带的整体造型为一个长长的“T”字形，背扇与带子为一体，中间的主体部分也呈“T”字形，是在红色棉布上以白色、黑色、

绿色、红色线以梗边绣、打籽绣和辫绣装饰蝴蝶、鹡宇鸟以及花卉的图案，边缘的装饰还有堆绣。此背儿带的带子与背扇部分为一体，长约 1.1 米，是在土布的底布上装饰深色的织锦条状装饰。

图 1—87 背儿带背扇的主体部分为竖向的长方形，在布局上划分为三部分：最上面是横向的长方形，由左右两个正方形的绣片组成，方块中是以十字挑绣的手法刺绣的四朵藤花图案，主色调为红、黄两色，花卉的边缘以白色作为分割线，两个绣片边缘装饰有两条织锦的花带。中间的部分是用红、绿、黄、蓝四色拼接绗缝的装饰带。下面部分的主体是一个正方形的绣片，也是以十字挑绣的手法刺绣的藤花图案，色调与上面的两个绣片相同，但花只有一朵。图案外装饰双层织锦花带，内细外粗。主体纹样的左、右、下分拼接三块翠绿色布作为装饰。此背儿带的带子约长 1.5 米，为双层蓝色棉布，以白色线绗缝出花卉图案。

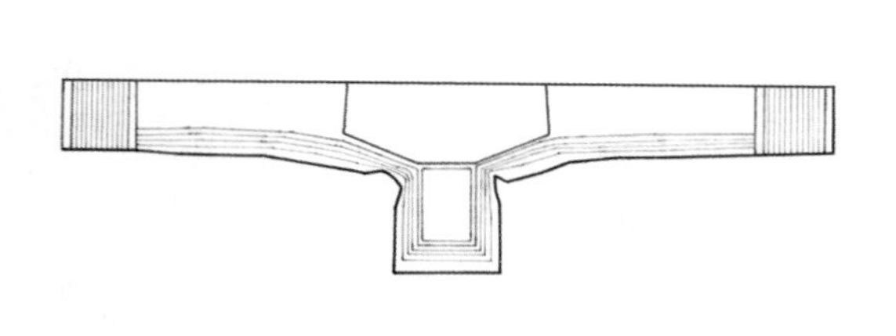

图 1—86　台江苗族梗边打籽绣背儿带款式图

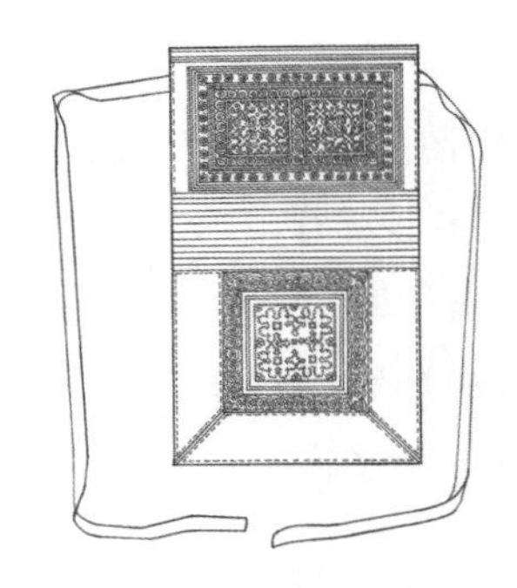

图 1—87　苗族十字挑绣藤花背儿带款式图

图 1—88 背儿带背扇部分整体呈一个竖向的长方形，此长方形由中间主体的正方形绣片、上下各一个横向的长方形绣片以及左右各一个竖向的长方形绣片五部分组成。主体的正方形以浅绿色缎子为底布，上面缝缀以红布为底，以白色、绿色、蓝色、粉色、黄色绞绣装饰的花卉图案。中间的绣片为正圆形，正圆的上下左右各有一片花瓣形绣片，正方形的四角是四个三角形如意纹边的绣片，这九个绣片都是以红布为底在上面用彩色刺绣。正方形上方的长方形为一个整体绣片，边缘以织锦装饰带装饰；下方的长方形由三组小正方形绣片组成，边缘也以织锦装饰带装饰；两侧两个

竖向的长方形绣片各为一个整体，没有织锦装饰带装饰。此背儿带的带子有两组，分别固定于背扇的四个角，是由市售的彩花布和土布两段组成。

图 1—89 背儿带的背扇为正方形，是以黑色棉布和绿色缎子布为边，中间为正方形挑花绣片。此正方形挑花绣片也分为两部分，上半部分是在黑色棉布底布上以几何花卉纹样为主要图案的挑花装饰；下半部分是在绿色缎子布为底布上以“米”字“喜”字为主体纹样的挑花装饰。整个绣片以红、白两色为基础色，点缀以少量的绿色。上半部分还装饰有三个双层布夹棉芯的如意形鱼吊坠，吊坠下接带链银响铃。此背儿带的带子长约 1.9 米，由两部分组成：与背扇相接的部分略粗，是红色织锦花带，两侧绗缝绿布条装饰；尾端部分略细，是深蓝底、红白条纹的织锦花带。

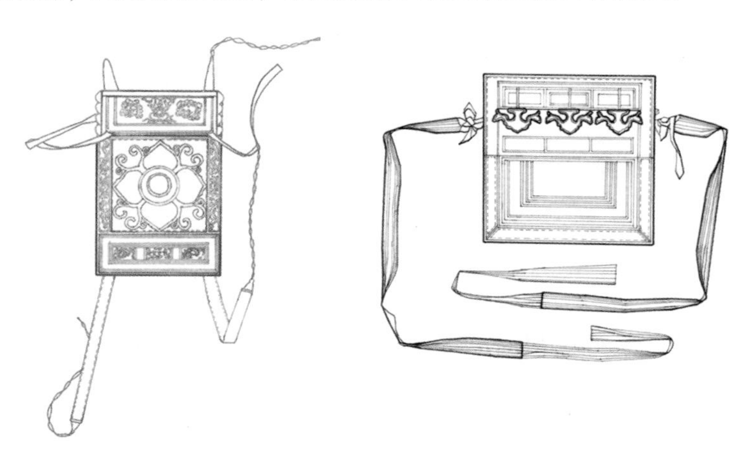

图 1—88　黎平尚重侗族绞绣背儿带款式图　　**图 1—89　苗族挑花“米”字“喜”字背儿带款式图**

图 1—90 背儿带背扇的主体部分近似一字形，整个装饰部分是一个宽约 50 厘米的长方形。装饰部分的正中间是一块长方形的织锦布片，由 13 个棱形为主体，每个棱形的边缘都有不同颜色装饰。为便于围包小孩，在织锦布片的正中捏了一个省，使得此部分呈一个两边微微上翘的“V”形。织锦布片所用线色彩丰富，计有黑、石绿、桃红、深紫、浅紫、大红、钴蓝、浅粉、浅黄等色。织锦布片的左右两侧由两宽三细的织锦条纹装饰，其上花纹也呈几何形。织锦条纹的两侧依次镶拼桃红、浅金黄、深紫三色布块。布块以外的部分就是土布本布的带子了。此款背儿带的带子是与背

扇为一整体，与背扇同宽，展平后整个背儿带就是一个长长的一字形长条。

图1—91背儿带造型独特，背扇由两部分组成，上面是一个长方形的条状刺绣绣片，是在黑色棉布上以平绣刺绣花朵和鸟的图案；下面为五角形，底布为蓝紫色的缎子布，上以渐变的粉红色系、黄色系、绿色系、蓝色系以及紫色系彩线平绣花卉与鸟的图案。中间是一朵种于花篮中的盛放的花朵，花朵两边是对鸟的纹样。此背儿带的带子是织锦的花带，为素色花带，只有黑白两色，与背扇上方的长条相连。

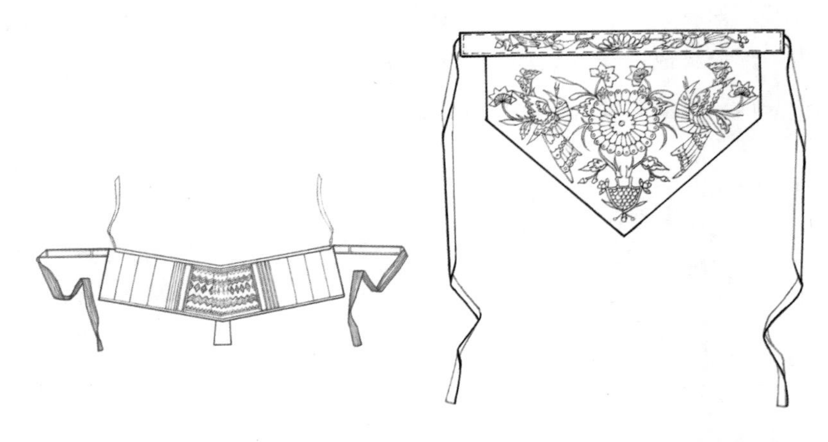

图1—90　黎平侗族织锦背儿带款式图

图1—91　松桃苗族平绣背儿带款式图

除了一扇的背扇，背儿带中还有两扇的背扇，上面一扇主要为了盖住孩子的头部，用下面的一扇包住孩子的身体。与苗族相比，侗族背儿带更多见这种两扇的造型。

图1—92背儿带的主体部分由两部分组成，上面是一个正方形的背扇，背扇的中间是一个正方形，正方形的中间是一个圆形，以平绣绣一朵团花，并装饰四朵如意纹；这个圆形被四个花瓣围裹，每个花瓣上都各有一朵平绣的花朵；花瓣与正方形外轮廓之间形成四个近似三角形的夹角，也是以平绣绣上四朵花。背扇中间的这个正方形的边缘装饰有织锦的花带，花带的外围是呈对角线分割的四块等腰梯形的绿色棉布拼边。主体部分的下半部分是一个“T”字形背扇，由一块长条形、一块正方形以及两块三角形的平绣绣片和一块竖向的长方形本色黑布组成。主体部分是正方形的绣片，

中间为圆形，圆形内有一个八角花，八角花的四角装饰有内外两层的八个绣片。背儿带的带子由红、绿两种颜色的布组成。

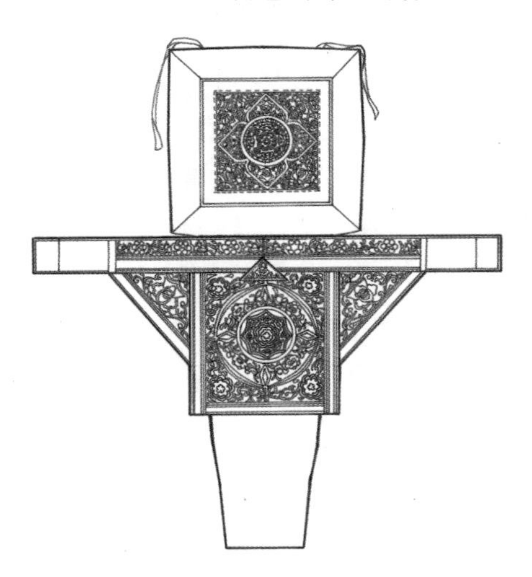

图 1—92　从江庆云侗族平绣背儿带款式图

图 1—93 背儿带背扇的主体部分由两部分组成，上面的部分是以黑布为底，在其上以彩色线进行平绣装饰，图案不是那么规整，两侧以桃红、绿色和白色挑花成装饰带，上面缝缀一条织锦带。下面的部分是挑花刺绣的规则几何纹样。此背儿带有两个带子，上面的带子较短，约 0.8 米，全部为黑色的土布；下面的带子较长，约 1.2 米，由两部分组成，与背扇相接的部分是以彩色线挑绣几何纹样，两端的部分也是黑色的土布。

由前文主体服装与其他辅助服装，我们可以看到尽管贵州苗族侗族女性的传统服饰款式多样、装饰手段繁复（尤其盛装更是如此），但与苗族女性服饰相比，侗族女性的服饰更为素淡内敛且装饰技艺相对简单，但在对于背儿带这项特殊的服饰品上，侗族的背儿带无论是在造型的变化上、用色的丰富性上还是装饰手段（主要是刺绣技艺）的复杂程度上都毫不逊色，尤其是黎平尚重和从江地区的侗族背儿带，其绚烂与繁复程度尤甚。

（2）背牌。

背牌是苗族服饰中的一种，以贵州省贵阳市高坡乡一带的苗族妇女背牌最为有名。背牌的结构是主要是三个部分，前后各缝有一大一小两片长方形的布，中间是一块长方形的布，中间有一个长方口开口，或者用两条

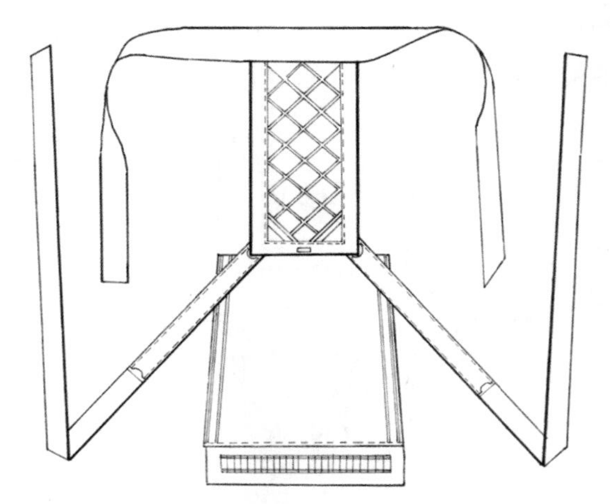

图 1—93 黎平侗族平绣挑花背儿带款式图

宽 6—8 厘米的布带连接。背牌的前片多为 8—12 厘米的方形绣片，后片区别较大，分为盛装型和便装型两种，前者为 30 厘米左右的方形绣片，颜色以黄、红为主，被称为“黄背牌”；后者为长方形（长 15—20 厘米，宽 12—15 厘米），以白色为主调，被称为“白背牌”，高坡女性每人都会有一两件“黄背牌”和若干件“白背牌”。在有些地区，背牌上有很多装饰，如惠水县摆榜苗族女性的背牌上装饰有银片、银铃及海贝等装饰物。

背牌可以被看作胸背部的辅助服装，类似于披肩被穿在上衣之外（一些地区也称其为披肩），因此将其归为辅助服装则更为妥贴。背牌的纹饰主要以挑花为主，在节日等重大场合中穿着“黄背牌”时要在其上缀满银片，因怕银片丢失，平时不缀，单独存放，节庆穿着时再缀上。背牌的装饰手段主要有蜡染和刺绣，“邻近的花溪、乌当以及清镇、龙里、贵定、惠水等县的苗族妇女都佩戴着类似的背牌。居住在黄平县重安江、凯里市麻塘等地的苗族妇女的背牌，在结构上与高坡背牌相似，但用蜡染和精密的菱形刺绣图案装饰”①。

5. 小臂部辅助服装

贵州凯里市舟溪和鸭塘地区的苗族女盛装有一个非常特别的辅助服装

① 杨正文：《鸟纹羽衣——苗族服饰及其制作技艺考察》，四川人民出版社 2003 年版，第 58—59 页。

构成——袖套（见图1—94）。袖套、绑腿和独特的花鞋是鸭塘地区的特色配饰，其袖套多是在蓝色、红色、浅绿色的底色上以不同色调的红色、粉红色绣上牡丹花和深绿色的叶子。绣法也以平绣为主，绣的时候在牛皮纸印好的图案上直接绣，所以绣出来的图案既美观整齐，又有一定的厚度。

图1—94　鸭塘地区女性的袖套

6. 腿部辅助服装——绑腿和腿套

绑腿和腿套是贵州苗族侗族女性传统服饰中很具特色的构成：在上衣下裙的款式中，因为支系和地域的不同，裙子的长短也不相同，其中比较常见的是裙长在膝盖的位置，为了小腿部位的保暖问题，绑腿或腿套就成为必不可少的辅助服装配件了，它们具有御寒和保护小腿实用作用以及装饰作用。此外，在插秧等稻作劳作时小腿部位常常需要裸露，因此绑腿和腿套具有这样一种功能：劳作时方便取下，需要时就能穿上。

绑腿与腿套的作用相同但结构不同：绑腿是将一块长条的布包裹于小腿处，按照传统的包法是自下而上包裹，再在包好绑腿的小腿的部位用彩色丝线的花边进行装饰。传统的苗族妇女绑腿一般长1—2米、宽20—40厘米，面料为自织自染的土布，从膝盖以下开始围裹，缠数圈。与绑腿不同，腿套是用一整块长方形的布按照穿着者膝盖至小腿的尺寸剪裁并进行缝合。在穿着时，只需要将其套上即可，不用一道道地缠绕，因其便捷而成为今天贵州主要的腿部服饰，甚至还有用类似厚丝袜的弹性针织面料代替土布作为腿套的面料，如榕江县的某些苗族村寨就是如此，这种弹性针织面料的应用，可以说是传统服饰文化与现代生活相融合的产物。

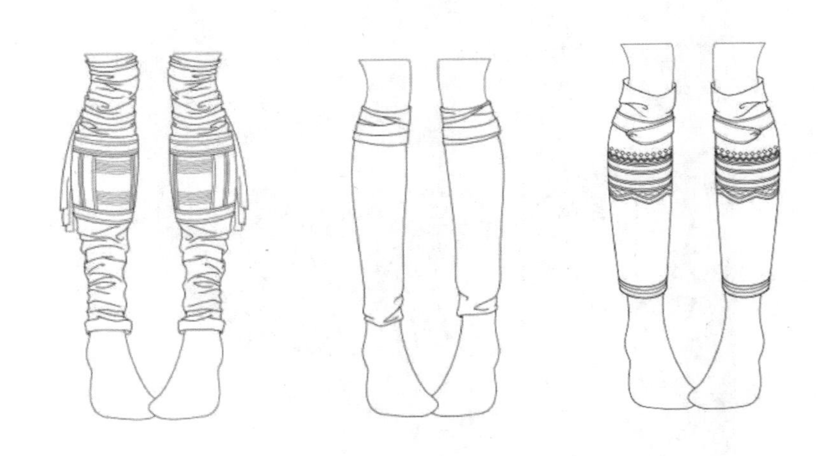

图 1—95　三种腿套款式对比（左：从江苗族女性腿套；中：榕江侗族女性腿套；右：榕江苗族女性腿套）

平时居家时，绑腿和腿套可穿可不穿；但在穿着盛装的时候，要穿戴上绑腿和腿套。前者的款式比较简单，没有什么装饰，后者则是比较正式的款式，有些地区盛装时所着的绑腿或腿套上还装饰有繁复的刺绣。表 1—5 为裙长与有无裹腿构成的一个大致的对应关系。

表 1—5　　苗族女性裙长与地域分布特征关系

裙长	居住地的地域特征	裙长的形成因素	有无裹腿的构成
长裙	平坝与河谷	居住地较为平坦，长裙也能防止因河水而滋生的蚊虫的叮咬	无
中裙	半坡与坝子	中裙既利于爬山也利于涉水	基本有（兼具装饰与实用功能）
短裙	密林高山	短裙可以无惧树枝与荆棘野草的剐蹭	有（兼具装饰与实用功能）

滚仲苗族女性的腿套由四部分组成：最上面是纯白色棉布；第二段是自织的以红色为主色调，点缀以绿色、白色、蓝色的花边；第三段是市售的绿色缎子布，此绿色与花边上的绿色相呼应；腿套底端则是宽约1.5厘米的红色自织花边。在上端白色棉布处还以自织的、颜色较为素淡的花带绑缚（见图1—96）。

从江县岜沙苗族女性是从膝盖以下至脚踝的位置以紫蓝色土布腿套包裹腿部，在小腿肚的地方再装饰有宽约10厘米的自织带子，并在腿套的上口用1厘米左右的彩带缠绕，主要起固定和装饰的作用（见图1—97）。

图1—96　滚仲苗族女性腿套

图1—97　岜沙苗族女性腿套

从江县小黄侗寨的腿套是笔者所见最为简单的类型——其面料为黑色棉布，面料上没有任何装饰纹饰，用以绑缚腿套的则是用市售的浅蓝色的确凉布裁成的宽约2.5厘米的布条。此腿套虽然简洁但却反衬脚上彩色的龙纹梗边锁丝绣花鞋更为显眼（见图1—98）。与此形成鲜明对比的是黎平县尚重镇西迷侗寨的盛装腿套，在双腿的外侧装饰有刺绣华美的装饰带（见图1—99）。

7. 绑缚型辅助服装——花带

花带是贵州苗族侗族女性服饰中非常常见的服饰配件，在人体的不同部位做装饰或绑缚之用。一首《讨花带》的芦笙曲中唱道：“送根带伙

图 1—98　小黄侗族女性腿套

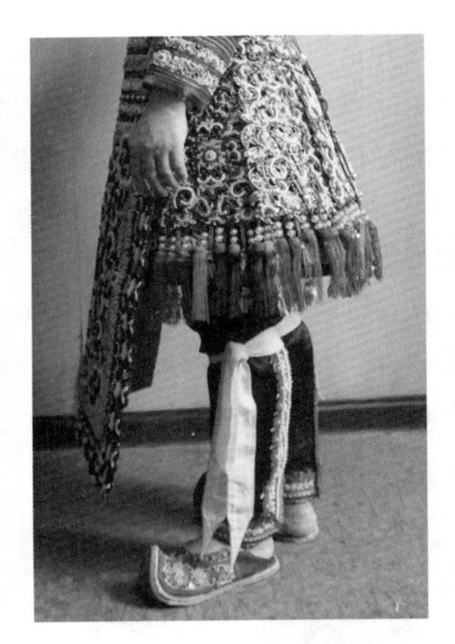

图 1—99　西迷侗族女性腿套

伴，送根带伙伴，送根有须的花带，送根龙舞的花带，不送一庹长，也送一尺许，拴住芦笙头，拴住我的心……”花带有装饰和系合两种作用，可以放在衣服的衣襟、衣袖、裤脚、腰部或作为围裙带以及背儿带的带子，还可以作为信物送给心上人。花带是苗族女性很喜爱的装饰品和必需品，可以用来做围裙带、裹腿带、裤带等，还是青年男女恋爱时女方送给男方的信物。编织花带是女孩们必须学习的本领，一般从五六岁就开始学习。花带用丝线和棉线编成，宽 3—6 厘米，长度根据所需进行设计。

据贵州省编辑组编《苗族社会历史调查（二）》第三编《雷山县掌披苗族社会历史调查资料》中记载花带的宽度有大、中、小三种，大的宽约 15 厘米，中等的宽约 10 厘米，小的宽 2—3 厘米。每根长 1. 3—2. 3 米。有丝织和棉织两种质地，丝织的一般是在节日活动穿盛装或作客时用，以若干根挂在裙的两侧或后面的裙带上，作为装饰；棉织的都是平时佩用。带子是挑数着纱子编制而成的，其花纹都是几何图形。在制作时，大、中号的都放在织布机上织，小的一般随身携带，闲时随便挂于某处就可以操作了。①

据中国科学院民族研究所、贵州少数民族社会历史调查组的调查，在1958年前后，在侗族地区最为常见的编织物为侗锦以及形式多样的花腰带。所用材料有全部自织的棉线的，也有全部丝线的，还有就是以棉线和丝线交织的，主要图案为几何纹样以及花鸟纹样。②

图1—100、图1—101、图1—102是三种苗族侗族妇女所做的花带：图1—100为榕江县滚仲苗族花带，色彩鲜艳，花带的主体部位为彩色线织成，两端用珠子和穗子装饰。图1—101是高文村用作围裙带子的花带。图1—102为榕江县高调村苗族花带，其尾部为三角形，并缝缀有珠子和白色的羽毛。

图1—100　榕江滚仲苗族花带

图1—101　榕江高文村的苗族花带

① 贵州省编写组：《苗族社会历史调查（二）》，贵州民族出版社1987年版，第226页。

② 中国科学院民族研究所、贵州少数民族社会历史调查组：《侗族简史简志合编》（内部资料），1963年，第49—57页。

图 1—102　榕江高调苗族花带

第四节　余论——关于服装细节的几个补充说明

一　细节之材质

自织自染的土布、市售的棉布和绸缎是黔东南地区苗族侗族女性服饰最常用的材质，但除了这些面料外，还有一些较为特殊的材质，如榕江县七十二侗寨上衣的绵羊皮里子，衣摆和袖口处的绵羊毛里子要比面料略长，做成出锋的样式。

在进行田野调查时，笔者所见一件女盛装外衣的里子为羊皮，用细密的针脚缝缀在面料内侧，羊皮为经过硝制处理的洁白绵羊皮。值得一提的是衣摆和袖口的长度要比面料长度略长，面料经过土法染色所具有的金属光感的黑紫色与柔软、洁白、卷曲的皮毛里子形成鲜明的对比（见图 1—103）。

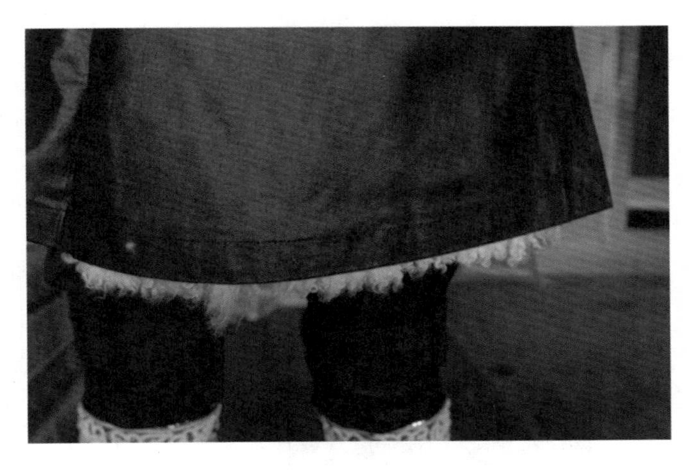

图 1—103　外短内长的上衣衣摆

二　细节之衣袖

贵州一些地区的苗族侗族女性盛装的袖子上会配一对可拆卸的袖头，在穿着外层上衣时，最后将这两只袖头套在外衣袖子的肘部，用曲别针固定。这些袖头除了装饰的作用外，还有非常实际的实用作用。

很多可以拆装的袖头图案精美、刺绣繁复，其作用主要在于装饰。图 1—104 就是榕江县七十二侗寨的盛装袖头，是盛装上衣上最为精美的部位；黎平县西南部口江地区侗族女子服饰上衣的袖部很具特色，其衣袖由到肘部的真袖子和从肘部到袖口的假袖子组成。假袖子固定在真袖子里面，真袖子的下半部和假袖子的全部都是由多条彩色绸布拼接而成的，色彩缤纷，有红色、粉色、黄色、蓝色、紫色、绿色、白色等。

还有一些地区的袖头其作用在于盛放物品。笔者在榕江县高文村进行田野调查时，这里的苗族女性服装的上衣袖子肥大，整个袖子也是由真袖（袖子的上半部分）和别在真袖之外的半截假袖（袖子的下半部分）组成，真假袖子接缝处形成一个夹角，当地妇女用其来盛放零钱等杂物，假袖子用脏后可拆下来换洗而不用洗整件衣服，很具巧思。

三　细节之扣子

笔者调查的很多苗族侗族村寨的女性服饰用银币或仿银币来做扣子，

图1—104 用曲别针固定的可摘卸的袖子

如滚仲村（苗族）、银潭上寨（侗族）、小黄村（侗族）、归洪村（侗族），除了用于系结，这种金属扣也可以起到一种装饰的作用。榕江县七十二侗寨的侗族女性盛装就是以这种银币扣子来系合：上衣的领口、门襟的前胸位置和门襟的腰部三处各有一枚扣子。据当地妇女介绍，在民国时期，这个偏远的贵州村落流通的货币比较珍贵，因此将其用作同样珍贵的盛装之上来系结，后来约定俗成变成了一种较为固定的装饰方法。这些银币扣子有较少的一部分是一代代传下来的真币，绝大多数都是现代仿造的。分布于贵州黎平县东南角与广西三江西北角的雷动地区，其侗族女性上衣的扣子也是银币样式，与前面所述不同，此种服饰的银扣数量更多，每个钉扣的位置要缝缀五六颗扣子，成为一种独特的装饰（见图1—105）。

四 细节之领部结构

雷山县西江地区的苗族女性盛装上衣的衣领很特别，在后中的位置

图1—105　缀于便装上做扣子的银扣以及普通的银扣

多出一个由四个等边三角形组成的立体结构。这个结构是一个增加的量，使得后衣领并不是平服地贴于后脖颈。其独特之处就在于在一整件平面裁剪的衣服上有一个立体的构成。穿着上之后，要把这个立体的领竖直地整理好，露出后脖颈以及脖颈与后背相连接部位（见图1—106、图1—107、图1—108）。

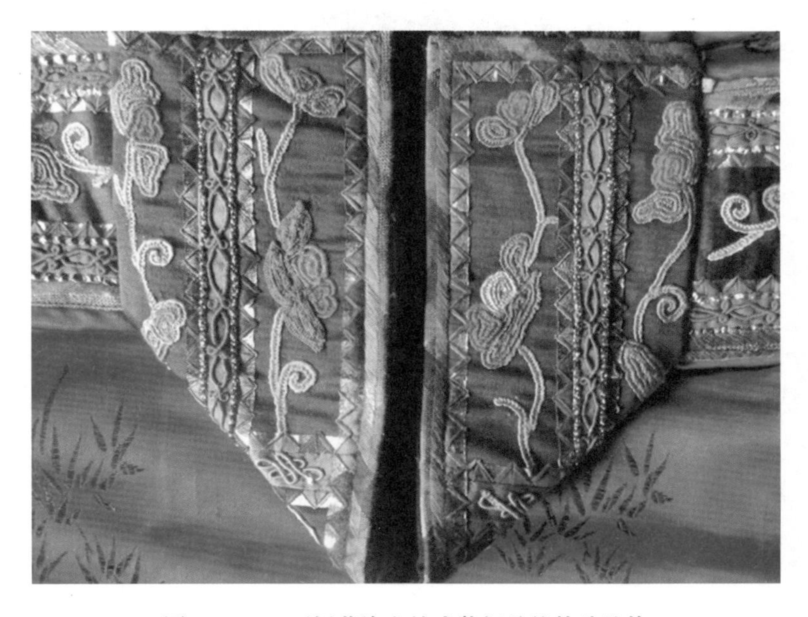

图1—106　西江苗族女性盛装领子的特殊结构

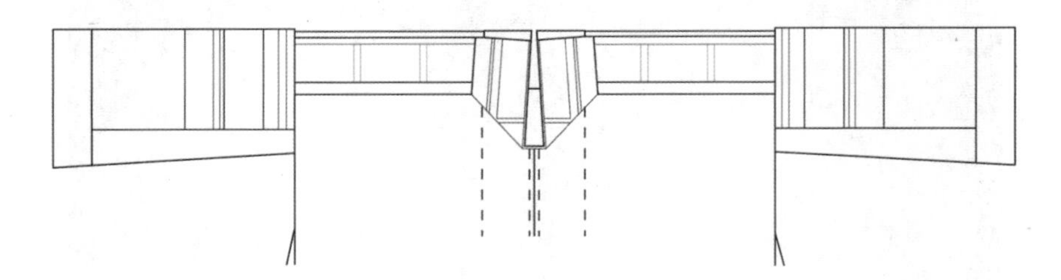

图 1—107 西江苗族女性盛装领子结构图

图 1—108 西江苗族女性盛装领部穿着效果

五 细节之衣摆

贵州苗族侗族女性的衣摆有很多很有特色，如在衣摆上缝缀有银链的银蝴蝶，有些用与衣服布料不一样的布进行绲边，还有一些衣摆的两个侧缝开衩，露出里面重叠穿衣的衣服下摆花边。荔波县水滩乡的苗族青年女性盛装，衣摆呈大字型摆开，前中最长而两摆最短，整个衣摆的下缘呈一个半圆形，“衣角向下延伸与下摆连成斜角行，走动时前后摆动如羽翼般”①。

① 江碧贞、方绍能：《苗族服饰图志——黔东南》，（台北）辅仁大学织品服装研究所 2000 年版，第 225 页。

第二章　贵州苗族侗族女性传统服饰之“饰”

第一节　综述

一　饰品的分类：首饰与佩饰

贵州苗族侗族女性传统服饰是由“服”和“饰”两个部分组成的，其服饰之美在于其服装，也在于其饰品，二者缺一不可。“饰”指的是“饰物”，这里的“饰物”包括两个部分，第一部分是佩戴在身上各个部位的首饰[①]，如戴在头部的银冠、银角（银翼）、耳环等，颈部的项圈、项链、压领等，戴在手上的手镯、戒指等；第二部分是佩挂和缝缀在衣服上的佩饰，如银衣片、银泡、银坠饰等。这两部分共同组成了贵州苗族侗族女性传统服饰中的“饰”，其材质以银为多（见图2—1）。

图2—1　施洞“姊妹节”银衣的世界

---

① 首饰本是指男女头上的饰物，《后汉书·舆服下》：“后世圣人……见鸟兽有冠角頾胡之制，遂作冠冕缨蕤，以为首饰。”

二　饰品的种类：量多而繁杂

苗歌《仰阿莎》中有这样的歌词：“头上插满银花，银鞋光闪闪，头发壳像青丝，头上八十对圈子，项圈大像碓杆”，从中可以看到过去苗族女性全身装饰银饰的胜景。据相关资料记载，20 世纪 50 年代末对于经济比较富裕的苗族地区的调查显示，这些地区的银饰种类繁多、款式多样，有银角、银雀（银凤）、银冠、银扇、插头花、花银梳、无花银梳、银簪、银马帕、前围、后围、插头、银针、耳柱、耳环、银牌、猴链、扭丝项圈、雕龙项圈、响铃圈、花压领、无花压领、银罗汉、戒指项圈、银牙签、六方手镯、空心手镯、扭丝手镯、圆手镯、竹节手镯、龙头手镯、翻边手镯、扭转手镯、蜈蚣手镯、四方戒指、四连环，等等。[①] 在上述物品中，“其中有的只有苗语名称无汉语译名”，如“勋沧”“送甘尼”“送泡”“送行边加生”“桑里”“都干”“向后”“加板”，等等。这些银饰的款式大部分今天还有，还有一部分已经不再流行而退出历史的舞台。在 20 世纪八九十年代，台江地区整套盛装上的银饰有 50 种之多，用银量达到 16 斤之多。

一般来讲，不同地区的苗族女性盛装饰品的种类不尽相同，具有比较固定的分类与组成，这其中也包含了对每种饰品的重量的规定，这些规定代代相传而成为一种范式，如台江施洞一带制作一套头等盛装银饰用银达 225.85 两之多，这其中包含 30 多个种类，每种饰品也有固定的重量[②]，再如 20 世纪 50 年代对台江覃膏地区银饰的调查显示，其银饰（头部、胸部和手部）竟有 25 个品种之多，包含了 8 种头部饰品、8 种胸部饰品和 9 种手部饰品，每种饰品也有固定的重量。[③]

饰品种类的繁多和组成的多样性构成了贵州苗族女性传统服饰的一大特征，其细分的多样性在一些史料中有非常详细的记载，如《苗族社

---

① 中国当代文学研究会少数民族文学分会：《少数民族民俗资料（第二集上册）》，1981 年，第 143—144 页。

② 贵州省编写组：《苗族社会历史调查（二）》，贵州民族出版社 1987 年版，第 292—294 页。

③ 同上。

会历史调查》在“台江县苗族银饰成本和使用地区概况表”一节中有对台江县施洞、城郊、革东、革一、绥阳、覃膏、巫芒七个镇银饰种类、用量、工时的记载，现将其摘录如下[①]：

银角（状似牛角，中间有十来根银片向上伸展）：施洞、城郊、绥阳3镇使用，其中城郊、绥阳2镇银角重15两、需工8天；施洞银角较小，只有10两重，需工6天。

银冠：革一使用，重量为35两，需工30天。

银插花（三角形状，花朵如香椿菜）：施洞、城郊、革东、绥阳、覃膏5镇使用，重量为4两，需工8天。

花银梳（以银片包住木梳，背焊有许多银花向外展开）：施洞、城郊、绥阳、覃膏4镇使用，城郊、绥阳、覃膏3镇重量为5两，需工8天；施洞重量为4两。

银簪（形式多种，各地区不一）：施洞、城郊、革东、革一、绥阳、覃膏、巫芒7镇均使用，重量为0.7两，需工1天。

银梳（木梳的外壳包银，刻有花纹）：施洞、城郊、革东、绥阳、覃膏、巫芒6镇使用，重量为1.4两，需工2天。

马帕（以十四匝小银片结成，长一尺左右）：施洞、革东2镇使用，重量为5两，需工7天。

银雀（1只银雀或3只银雀列成一排、覃膏地区的银雀一排有5个）：施洞、城郊、革一、绥阳、覃膏5镇使用，重量为5两，需工7天。

前围（半圆形，以许多花朵构成，下吊许多瓜片）：绥阳使用，重量为1.3两，需工3天。

后围：施洞、城郊、革东、革一、绥阳、覃膏、巫芒7镇均使用，重量为0.4两，需工3小时。

桑里（笔架形式，以银片构成）：施洞、革东2镇使用，重量为2两，需工1.5天。

都干（以许多银螳螂列成一排，中间高，两边低）：施洞使用，

① 贵州省编写组：《贵州社会历史调查（一）》，贵州民族出版社1986年版，第292页。

重量为3.5两，需工4天。

向后（外围用二龙抢宝式，中央竖立四根银片向外伸展）：施洞使用，重量为7两，需工12天。

加板（三角形状，以20枝银花构成，每枝花上有银蝶一只）：施洞使用，重量为4两，需工12天。

小插头针（针尾配有花朵）：施洞使用，重量为1两，需工2天。

耳柱：施洞、城郊、革东、革一、绥阳、覃膏6镇使用，重量为2两，需工1天。

耳环：施洞、城郊、革东、革一、绥阳、覃膏、巫芒7镇使用，各地区的形式不大相同，有的重几钱，有的重四五两，需工1天。

银牌：覃膏使用，重量为35两，需工30天。

猴链：施洞、城郊、革东、革一、绥阳、覃膏、巫芒7镇使用，重量为16两，需工3天。

扭丝项圈（以四方银条扭转而成）：革东、革一、覃膏3镇使用，重量为18两，需工2.5天。

六方项圈（以一根六方的粗银条挽成）：施洞使用，重量为18两，需工1.5天。

雕龙项圈（扁圆状，空心，刻有龙）：施洞、城郊、革东3镇使用，重量为6两，需工5天。

响铃项圈（扁形，刻有龙，外圈悬挂有许多响铃）：施洞、城郊、革东、绥阳4镇使用，重量为12两，需工12天。

戒指项圈（用一根粗银条串着二十来个像顶针一样的圆扣）：革一使用，重量为15两，需工10天。

勋泡（以4根方银丝扭结成）：施洞、城郊、革东、革一、绥阳、覃膏、巫芒7镇使用，重量为25两，需工6天。

花压领（扁状半圆形，刻有龙凤，下悬响铃和花片）：施洞、城郊、革东、革一、绥阳、覃膏、巫芒7镇使用，重量为15两，需工15天。

无花压领（形状同上，但没有花片和响铃）：施洞、城郊、革东、革一、绥阳、覃膏、巫芒7镇使用，重量为10两，需工12天。

牙签（以细丝结成链子，下端悬有牙签、耳瓢）：覃膏使用，重量为5两，需工6天。

书泡（用银丝扭结成）：施洞、城郊、革东、革一、绥阳、覃膏、巫芒7镇使用，重量为5两，需工2天。

银锁链（链的下端悬挂一把银锁）：覃膏、巫芒使用，重量为4两，需工2.5天。

六方手镯（以一根六方银条挽成结）：施洞、城郊、革东、革一、绥阳5镇使用，重量为10两，需工1天。

空心手镯：施洞、城郊、革东、革一、绥阳、覃膏、巫芒7镇使用，重量为1两，需工2天。

扭丝手镯（以六根银丝扭结成）：施洞、城郊、革东、革一、绥阳、覃膏、巫芒7镇使用，重量为6两，需工3天。

圆手镯（圆银条挽成结）：革东、覃膏、巫芒3镇使用，重量为5两，需工1.5天。

竹节手镯：施洞、城郊、革东、革一、绥阳、覃膏、巫芒7镇使用，重量为1.5两，需工1.5天。

扁手镯：施洞、城郊、革东、革一、绥阳、覃膏、巫芒7镇使用，重量为5两，需工1.5天。

翻边手镯：绥阳、覃膏、巫芒3镇使用，重量为5两，需工2天。

扭转手镯：施洞、城郊、革东、革一、绥阳、覃膏、巫芒7镇使用，重量为7两，需工1.5天。

蜈蚣手镯：施洞使用，重量为3两，需工3天。

空心扭镯：城郊、绥阳、覃膏、巫芒4镇使用，重量为1.6两，需工1.5天。

送甘尼：施洞使用，重量为7两，需工3天。

送泡：施洞、革东使用，重量为2两，需工2天。

龙头手镯：施洞、覃膏使用，重量为4两，需工3天。

送边行加生：施洞使用，重量为7两，需工8天。

四方戒指：施洞、城郊、革东、革一、绥阳、覃膏、巫芒7镇使用，重量为0.15两，需工1小时。

马鞍戒指：施洞、城郊、革东、革一、绥阳、覃膏、巫芒7镇使用，重量为0.1两，需工1小时。

四连环：施洞、城郊使用，重量为0.4两，需工1天。

具体到今天某一地区的银饰来讲，虽然有一些简化，但相对于其他民族还是较为繁复，以西江苗寨为例，女性盛装银饰就有以下组成[①]：

银角：（大银角两角间宽62厘米、中银角两角间宽52厘米、小银角两角间宽42厘米，高64—68厘米，银片宽10—14厘米）：头饰，重量为400—500克，工时为7天。

银冠（由马排头围、银片、银花、银雀、银凤组成，周长为44厘米，两层间距为48厘米，外层长为43—47厘米）：头饰，重量为1200—1500克，工时为20—25天。

银梳（套木梳用，长9厘米、宽4厘米）：头饰，重60—100克，工时为1—2天。

银雀花：头饰，重400—600克，工时为7天。

银插花：头饰，重900—1200克，工时为15天。

银插针：头饰，长12—15厘米，重30克，工时为0. 5天。

银扇（开面宽30厘米、高20厘米）：头饰，重200—500克，工时为4天。

银耳环、银耳柱、银耳坠：头饰，重10—50克，工时为0.5—3天。

银项圈（银项圈分实心和空心两种，空心有六廊柱曲扭式、实心蜈蚣式、圆柱式等几种）：项饰，重750—1000克，工时为4—5天。

银项链（银项链由12个银环相扣连接而成）：项饰，重750—1000克，工时为1天。

银压领（银压领与银链、银牌、吊铃一起挂于胸前，空心长

---

① 韦荣慧：《西江千户苗寨历史与文化》，中央民族大学出版社2006年版。

23厘米、宽10—12厘米、厚2厘米；小压领重180—200克、中压领重300—400克、大压领重600—800克）：项/胸饰，工时为2—6天。

银衣片（衣身的衣背、衣角、衣袖等部位，银衣片的形状有长方形、正方形、三角形、半圆形、菱形，其上压以浮雕的龙凤、花鸟等图案）：佩饰，重800—1000克，工时为10—15天。

银背鼓：衣身背饰，直径12厘米，重30—50克，工时为1天。

银腰链：腰饰，长34—45厘米，重200—500克，工时为2—3天。

银泡（每套30个）：衣身佩饰，大的重70克，小的重20—30克，工时为2天。

银铃：衣身佩饰，重4克，工时为每天50个。

银脚链：足饰，周长18—22厘米，重8—15克，工时为2天。

与苗族女性一样，侗族女性也非常重视以饰品来装饰自身，其首饰与佩饰种类繁多，20世纪50年代，侗族女性的装饰品主要有项圈、项链、手镯、戒指、耳环、银花和银冠等，“每逢喜庆节日，即着银饰盛装，并佩戴多层项链、项圈”①。田野考察所见，贵州侗族女性饰品大致上可以将其纳入头饰、颈饰、耳饰、手饰以及服装上的佩饰几个类型：头饰有银梳、银簪、银花、银阖叶、银莲蓬、八方针、中心针、龙爪耳环、菊花耳环、丝条耳环等；颈饰有银项圈、银项链（双龙项链、四方项链、响铃项链等）、银链条等；手饰有龙镯、空心镯、扭镯、五棱镯、钓钓镯和各种戒指。衣服上的佩饰有兼具装饰和实用双重作用的针筒和银扣子，如锁钉在绣花衣胸上的装饰银扣（也称葡萄扣），再如缝缀在裙角、背儿带或围腰上的装饰银胡须和银珠等。

---

① 中国科学院民族研究所、贵州少数民族社会历史调查组：《侗族简史简志合编》（内部资料），1963年版，第59页。

三　饰品的材质：银质为主

贵州苗族侗族女性饰品的材质主要以银为主，辅以木头、珠子、绢、缎、毛线、动物的身体组织等其他材质。[①] 银作为一种贵金属在历史上有着驱秽避邪、吉祥平安的民俗文化功能。银在苗族传统观念中被认为能“驱鬼避邪，可以抵御一切妖魔，同时也象征着财富。在苗医中，银无毒，能辨别毒，有毒则银黑，人健康则银亮，病者则灰色。当苗民在大山里饮水时，预先将银放入水中看银色。人感冒或闹瘟疫时，常用银刮身。苗族不论男女老幼，总是佩戴些银饰在身，以护命脉，健康成长和长寿……有的长者死后，也要给他带些纯银饰品或银屑，使他在阴间避免鬼魔缠身并当作银币用”[②]。除了辟邪与财富象征之外，其银白色的光泽对服装的深色土布具有一种反衬的作用，也具有审美的作用。

侗族人民非常喜欢银饰，白银是侗族女性最为常用的首饰和佩饰的金属原料，就像一首侗族山歌中唱的那样：“孔雀展翅美中美，妹戴银装花上花；银装越多花越美，朵朵银花映彩霞。”侗族的《礼俗歌》中也有这样的句子：“青布蓝布拼成方块花，红绒黄绒连成‘百岁块’，纯质的白银塑出群仙图。”除了耳环和戒指中的一些款式是用黄金打造外，用于装饰的银梳、银花、银簪、项链、手镯和大部分的耳环与戒指所用材质均为银质。除了金、银以外，贵州苗族侗族女性首饰与佩饰还有一种金属原料，这就是价格更为便宜的铜，因其价格优势，现在也有很多人佩戴，“近年来，九龙寨的男女老少中流行一种铜制的手镯。手镯以铜丝或铜片做成”。[③]

四　饰品的历史、文化与作用

在历史文献方面，对苗族传统服装的描述可见《黔苗图说》《皇清职贡图》《苗蛮图册》《百苗图》《黔南识略》中的相关部分，在其中也提

---

① 贵州苗族侗族女性最常用的梳子多以木头为材质；珠花多以单粒的珠子或成串的珠子为材质；绢和缎为做绢花、缎花所用的材质；毛线是用来做花球和花蕊的材质；刺猬的刺为动物的身体组织，可以用来做发簪。

② 杨文章、杨文斌、龙鼎天：《中国苗族银匠村——控拜》（内部资料），第39—40页。

③ 刘锋：《侗族：贵州黎平县九龙村调查》，云南大学出版社2004年版，第340页。

到了配饰。如《黔南识略》记载镇远府苗族女子“银花饰首，耳垂大环，项戴银圈，以多者为富”[1]。另据《凤凰厅志》载，苗族“妇女银簪、项圈、手钏、行縢皆如男子，惟两耳皆贯银环三四圈不等，衣服较男子略长，斜领直下，用锡片红绒或绣花卉为饰，富者头戴大银梳，以银索密绕其髻，裹以青绣帕，腰不系带，不着衷衣，以锦布为裙，而青红间道，亦有钉锡铃、绣绒花者”[2]。

回溯历史，我们会发现清代苗族无论男女皆戴首饰，其装饰部位包括头部、颈部、手部等，“富者以网巾束发，贯以银簪四五支，脑后戴二银圈。左耳贯银环如碗大，项围银圈，手戴银钏，衣服系锡皮，缠青布行縢。足蹠厚如兽膰，能履桥根、趋菁芥，捷如猿猱。其妇女，银簪、项圈、手钏、行縢皆如男子，惟两耳贯银环二三四五不等，以多夸富。衣较男子微长，斜头直下，用锡片、红绒，或绣花卉为饰，头戴银梳，以银丝密绕其髻，裹以青绣帕”[3]。

约在民国时期，贵州苗族侗族男女所佩戴的饰品就在数量上逐渐拉开了距离。而今日，女子盛装时所佩戴首饰有几十种之多，而男子如戴首饰，则一般只戴银项圈和银戒指，或者不佩戴任何饰品。

从文化层面上来看，银饰背后包含了丰富的文化内涵。首先是图腾崇拜，以银子打造特定的造型来对一些图腾象征物进行模拟。据《述异记》记载，被认为是苗族祖先的蚩尤“铜头铁额，食铁后，耳鬓如剑戟，头有角，与轩辕斗，以角抵人”。[4] 而今，贵州省一些地区的苗族女性在着盛装时，头戴牛角形银头饰，可以看作是对蚩尤古风的追崇。其次是趋吉避凶的文化功能。苗族认为银能够驱邪避害、保佑平安，因此在一些重要的日子，如节庆、祭祀以及人去世之后的“踩堂”上都会佩戴银饰。他们还认为颈上佩戴银项圈能防止鬼怪的伤害，因此无论孩子还是成人

---

① （清）爱必达：《黔南识略》，《中国地方志集成·贵州府县志辑》（第5册），巴蜀书社2006年版，第427页。

② （清）黄应培：《道光凤凰厅志》，《中国地方志集成·湖南府县志辑》（第72册），江苏古籍出版社2002年版，第202页。

③ （清）严如熤：《苗防备览》，载王有义《中华文史丛书》，（台北）华文书局1968年版，第376页。

④ （南朝梁）任昉：《述异记》，中华书局1931年版。

都佩戴项圈——苗族婴儿满月后就要带上银质的八仙帽和长命锁，锁是要将孩子“锁”在尘世中，以此来保佑孩子顺利长大；而成人主要是女性在穿戴盛装时佩戴，除了趋吉避凶之外主要还有装饰的作用。2012 年，笔者在西江苗寨进行田野调查时，当地的牯藏头唐守成（男，苗族，时年 42 岁）告诉笔者西江的小孩帽子上都有银饰，还有一对银手镯，从小时候就开始戴，长大一点镯子就加一点银子，再大一点再加一些银子接着戴，一点点加直到成人为止，也是祈求保佑的意思。银被侗族人认为是富庶和荣华的象征，他们也认为银能辟邪，侗族的童帽上有 18 个罗汉，也是以此来保佑孩子平安长大（见图 2—2）。再次，苗族的银饰还和巫术密切相关。“……苗家还有一个流传至今的巫术占卜习惯，每当人生了病，就要把他（她）戴的银戒指或银手镯取下，与鸡蛋一起在患者身上滚来滚去，然后将戒指鸡蛋煮沸，看看戒指或手镯是否变黑；如果变黑了，即认为该人中了邪……”①

图 2—2　戴镶银童帽的侗族女童（左）

① 杨鹍国：《苗族服饰——符号与象征》，贵州人民出版社 1997 年版，第 265 页。

银饰体现了经济价值。清同治年间徐家干在《苗疆见闻录》中记道："喜饰银器……其项圈之重，或竟多至百两。炫富争妍，自成风气。"在解放前，银饰的重量与数量是不同阶级区分的一个重要标志，据20世纪50年代的调查，台江县苗族农户拥有的银饰，富农家庭比贫农家庭一般要多出4—6倍。直至今日，苗族侗族女性所戴的银饰依然从侧面反映了其家庭的经济情况：家中经济条件好的就为女儿准备得多一点；经济条件差的就准备得少一点。很多家庭都是有一点钱就打点银饰，如此一点点积攒出整套饰品。

除了纯银、白铜之外，还有苗银——苗银不是纯银，是苗族地区加工银的统称，一般为九二银或九五银，纯银比苗银更贵，根据家里的经济状况，人们选择用纯银或是苗银打造银饰：经济条件较差的就用苗银；而经济条件好的就用纯银，有些有钱的人家家里会用纯银打几套之多。

与经济价值紧密相连的就是银饰的传承价值——贵州苗族侗族女性的银饰还有遗产继承的作用，作为重要的家庭财产的银饰，一般由女性来继承。"在占里……在继承权上，山林、菜园男女对半分成，房基、家畜归男孩，金银首饰、布匹则让女儿带到夫家。"[①] 这种情况田野调查时很多见，如雷山县郎德上寨，衣服和银饰是女孩继承，男孩子继承的是房子。首饰与佩饰一般为母女间的传承，母亲传给女儿后，女儿作了母亲，再传给自己的女儿，如此代代相传、绵延不息。一些地区对银饰的传承都是按照如下的方式：将一套银饰拆分给女儿，女儿有了自己的女儿，再打新的银饰和老的银饰混在一起，重新分配后再传给下一代，然后再将老首饰和新加入的首饰混合，再重新分配后给更年轻的一代女性，如此循环，老的银饰物件就逐渐分散了，且新银饰被不断补充进来。因此形成贵州苗族侗族女性首饰老新结合的特点，"（郎德上寨的姑娘）其饰物或是古代流传下来的'老银饰'，或者是按照传统样式打制的'新银饰'"[②]，这与首饰、佩饰的传承密切相关。在继承中，民族传统的银饰得到了传承。

---

① 张晓松：《草根绝唱》，广西师范大学出版社2004年版，第132页。

② 郎德苗寨博物馆：《郎德苗寨博物馆》，文物出版社2007年版，第42页。

五 饰品在传统服饰中的重要作用

如前所述，贵州苗族侗族女性对银饰非常喜爱。尤其对于女性盛装来说，繁复的银饰是不可缺少的组成部分。家庭里有了女孩子，在她很小的时候就开始准备银饰，经济情况好的时候就多买一点、经济情况差的时候就少买一点，但一般在姑娘嫁人的时候要准备齐传统盛装上配套的银饰，黔东南地区苗族青年女性一套的盛装花费需要一两万元人民币，不是一笔小的开支，但却是必备的。因此它不仅是盛装必要的组成部分，也是一种传统和民族文化。

一般而言，除了特别的支系之外，贵州苗族侗族女性传统服装在款式上来考察，大多都并不复杂，基本上都是前后结构的、以平面裁剪为主要裁剪方式的样式。但如果将刺绣、蜡染等手工方式进行装饰并佩戴上首饰与佩饰后，就成为繁复的服饰了，由此可见饰物的重要作用。

相关案例 2—1：对台江施洞苗族女盛装款式及佩戴饰品情况的分析

台江施洞地区的苗族女性传统盛装，其上衣和下裙的款式并不复杂：上衣为大袖对襟侧开衩，在穿着时需要掩襟，笔者所见以右衽为多，在肩袖部拼接布满破线绣的绣片来装饰。下裙为一片式百褶裙，展开后为360度的圆环。

台江施洞苗族女盛装所对应的饰物非常繁复：首先是头部，先要在头上围上银头帕，再在其上佩戴前后相对的大小两个银角（或银凤鸟），在银角两侧各佩戴2—3支银插花，后脑部佩戴银梳。耳朵上佩戴耳环。再看颈胸部，佩戴3个银项圈和1个花压领。手腕上佩戴银手镯，手指上戴银戒指（最多达8只）。以上是首饰。佩戴在服装上的佩饰主要分布在前衣襟、后背以及肩线和袖口等部位：前衣襟装饰3排，每排4个共12个银片（也有2排银片1排圆片的样式），在银片中间和银片周围环绕110个圆泡。后背有3排每排5个共15个银片，在银片中间和银片周围环绕90个圆泡，下摆的最后一排银泡上缀有装饰有蝴蝶的银吊坠。肩线与袖口部位缀有80个银泡，袖口处的银泡缀有与衣摆一样的银吊坠。①

单从款式上看，台江施洞苗族女盛装并不复杂（见图2—3），但如果在衣服上用刺绣等装饰手段，再加上佩戴的首饰和缝缀的佩饰，其面貌就焕然一新了（见图2—4）。在贵州各个地区各个支系的苗族服饰中，施洞女盛装可以说是其中最为繁复的类型之一，其中饰品起到了重要的作用。

图2—3　盛装上衣与下裙款式图

图2—4　着银饰盛装穿着示意图

相关案例2—2：对黎平尚重西迷村女盛装银饰佩戴情况的分析

西迷村的饰品以银饰为主，可分为银簪、银梳、项圈、手镯、耳环等可以独立佩戴的首饰，以及缝缀在某些辅助服饰上的装饰部分。西迷村女性盛装的特点在于一“满”字，其“满”主要体现在其衣服各个组成部分的刺绣上。与此相对，此地的饰品相对比较简单，如头发上仅插两支银插花、一支簪子和两把银梳，装饰于头部的银饰还有银耳环，以

① 此地女盛装佩饰的样式、分布具有一定之规，大体相同，但姑娘们盛装上的佩饰在形状和数量上并不是严格地统一，因此这些数字是以一位姑娘盛装上的佩饰为样本，余者与此相差不多。

前为呈圆圈形的珠子，现在是链状银耳环。其颈胸部的饰品则相对比较复杂，有项圈（一般为两个）和银压领，项圈是西迷村侗族女性着盛装时必戴的饰品，课题组所见的银项圈有三种样式：一种是以中间粗两边细的圆柱形银条绞成羊角状的常规扭条款式（见图2—5），第二种是以细银条做成的常规绞丝款式（见图2—6），第三种则是独具特色的以十多个戒指间隔红、绿两色玉石串成的项圈（见图2—6），这种以玉石装饰的银项圈并不多见，笔者在黔东南地区只在榕江县归鸿村见到过类似的款式。银压领的主体部分錾刻着双龙戏珠，下坠银链，银链上依次为银片小人、银片蝴蝶和银铃铛。装饰于手部的饰品有手镯和戒指两种，手镯有银手镯和青玉手镯，银手镯多为乳钉的款式（见图2—7）；戒指多以细细的银丝绞成菊花等款式，多戴于中指或无名指。上衣中穿在最外层的短袖衣的扣子是直径为0.5厘米的银球，按照较为古老的样式所制作的围裙的系带底端装饰有缀银链的银蝴蝶。另外，用于系结胸兜的银后缀为S形，S形的两端各有一个螺旋形的涡状装饰。(见图2—8)。

图2—5　羊角银项圈

图2—6　戒指玉石项圈和绞丝银项圈

图2—7　乳钉造型的银手镯

图2—8　银后缀

不同年龄层的女性所佩戴的饰品存在很大差异，观者一般可以从女性所佩戴的饰品上来判断她的大致年龄：一般未婚的青年女性佩戴的饰品种类最多，饰品的样式也最为繁复；成婚后的新妇佩戴的饰品种类要比前者为少；与新妇相比，中年女性佩戴的饰品更少了；只佩戴一两样饰品（如耳环、手镯）或不佩戴任何饰品的是老年女性，20 世纪 90 年代末以来，棱戛地区的苗族姑娘喜欢用红毛线缠绕项圈，再将缠好红毛线后的 4—5 个项圈用绣片包裹固定，佩戴起来繁复而美丽，而这种装饰性很强的项圈组合只是未婚和刚结婚的女性佩戴，生产后的女性就改戴单个的项圈了。曾有一位苗族老年女性告诉笔者，如果在她们这个年纪还佩戴很多饰品会被别人耻笑。

从女性所佩戴的饰品种类和款式上，观者还可以判断出她是否已经成婚：前文所述的棱戛地区，其未婚的苗族姑娘在头后插戴由红白两色线做成的小花，在青年男女跳花坡时，未婚男子只有看女孩脑后是否有这朵小花就可以判定她是否结婚，如果佩戴了就可以展开追求。

第二节　分类详述:饰品的具体款式

一　首饰

（一）头饰

头饰是研究少数民族女性服饰一个非常重要的方面，它具有标识的作用，也是支系识别的徽族标志。管彦波在《文化与艺术——中国少数民族头饰文化研究》中写道："几乎每一个民族的头饰，都可以说是表达该民族审美心理的一种特定符号，都是民族情感的象征、民族尊严的标志，都有着很强的传承性和稳定性，往往成为一个民族排异认同、追根寻古、纪念祖灵、祈求神佑，亦或自识、向心、内聚的物质外壳和文化依凭"①，由此可见头饰在民族传统服饰中的重要作用。

---

① 管彦波：《文化与艺术——中国少数民族头饰文化研究》，中国经济出版社 2002 年版，第 17 页。

1. 发式

在研究贵州苗族侗族女性头饰之前，不可回避的是对其发式的考察。据文献记载，苗族男女自古代以来都是蓄长发而挽椎髻于头顶，在此发髻边插上具有实用与装饰双重作用的木梳，其情形可以在一些历史文献及图画资料中窥其一斑，如《都匀府志》记载：“都匀花苗……男以木梳裹发，笼以青布为角，短衣，青蓝。”再如《贵州通志·土民志》曾有如下描述：“花苗，在贵筑、广顺等处，男女折败布缉条以织，衣无衿，窍而纳诸首，以青布裹头，妇人敛马鬃尾杂人发为鬓如斗，笼以梳……”今天贵阳附近的花溪、长顺地区的苗族妇女，在头顶插一把大木梳，用长长的自织青蓝色土布一层层地盘在梳子上，体积巨大，与上述描述基本符合。

“画中(《黔苗图说四十幅》) 没有正面描绘苗族妇女可以追求发式的硕大，而是描绘苗族妇女不辞劳苦地搜集马鬃马尾去装饰发髻，含蓄地表现了苗族妇女对美的向往和追求。”[①] 笔者在榕江县调查时，发现这里的女性都非常重视她们的头发。她们的头发都很长，很多是长可委地（见图2—9)，这也是便于她们梳出较为复杂的发式（见图2—10、图2—11)。侗族几乎每个村寨都有茶树，因此茶油是侗族女性天然的美发护发用品。茶油是将茶树籽去壳，将其捣烂成团，晒干静置。待洗头时取一小坨，用纱布将其包裹，放入水中煮，煮出油后，用这个油来洗头，头发乌黑发亮。

图2—9　正在洗头的榕江苗族女性

图2—10　榕江苗族女性独特的发式

① 杨庭硕、潘盛之:《百苗图抄本汇编》，贵州人民出版社2004年版，第75页。

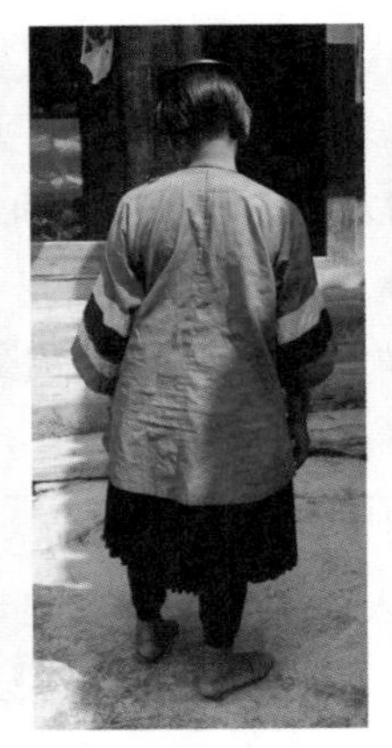
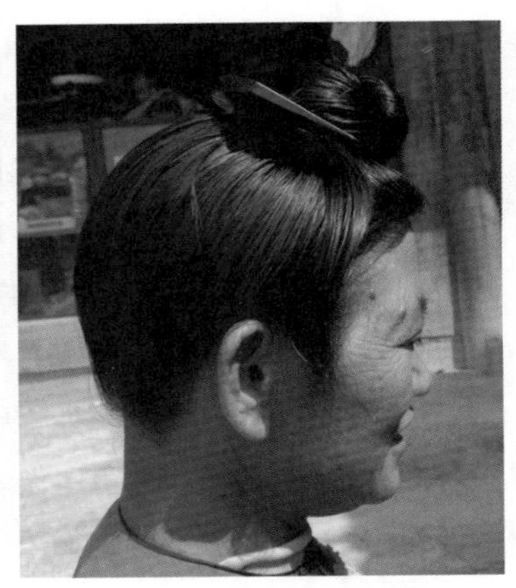

图 2—11　榕江侗族女性发式（正面、背面、侧面）

不同地区的苗族女性发式差别很大，一些梳椎髻，如贵州黔东南、黔南以及湖南省的湘西等地区的苗族妇女；一些梳发辫，如威宁县的苗族妇女；一些将头发梳成高髻或盘成椭圆形，如雷山、凯里、台江等地区的部分苗族妇女；还有一些地区的妇女则是将假发（如毛线）等掺杂在自己的头发中然后盘成各种形状的发髻，如剑河县稿旁的苗族女性。假发可以说是贵州一些地区苗族侗族女性必要的束发道具，这和她们所需要塑造的发型以及相关的头饰有关：水城县南开地区苗族女性的假发体积庞大、造型夸张，是将大股黑色毛线缠绕在头顶盘 2—3 个圈。若说发式最为夸张的类型，当属六枝梭戛地区的苗族女性发式，“以前头饰上的假发由真发搓麻线而制成，一般长有 170 厘米左右，轻则三四斤，重则十多斤”，这种假发所用的材料其实是别人的真发：“每个青年女性的假发都是由母亲及其外婆每一根脱落的头发掺着麻线搓成一小股一小股的辫子缠成的，很多小股的辫子绾成一圈，一圈是一代人的头发，一般有 2—3 圈，即两三代人的头发，有的戴在角上的有 5 圈，即 5 代人的头发，每代人的头发颜色不同。如果自己家的头发不够做一个大的假发髻，就会用自己织的麻布去跟周围的汉族换头发。”① 因以真发做成的假发过重，在今天一般用混纺的黑色毛线来替代，黑色毛线重约 3 斤，将其与真发

① 安丽哲：《符号 · 性别 · 遗产——苗族服饰的艺术人类学研究》，知识产权出版社 2002 年版，第 40—41 页。

混合成15—20厘米宽的发束，以木牛角为支架，用长长的白布把发束缠成“∞”形盘于头顶，整个发束的体积约为头部体积的3—4倍。与苗族女性相比，侗族女性的假发一般体积较小。笔者在榕江三宝侗寨进行调查时，发现当地的侗族妇女用这种在头发中掺入假发的形式来塑造发型。假发有的是真的头发，更多的是黑色毛线等替代品，在梳头时将用绳子或皮筋扎成一绺的假发插到发根的部位，然后与真发一起进行扭、盘等造型，如果不细看，一般很难发现。

即使是同一地区，不同年龄的女性发式也存在不同，这种现象古已有之：“苗女未嫁者，额发中分，结辫垂后，以锡铃、海蚆、药珠为饰。”[①] 20世纪晚期也是这样，住在从江加勉一带的苗族，“将女子发型分为‘汤倒洒’‘剃洒’‘编洒’和‘哈洒’四种发式，代表孩童、少女、成年未婚、已婚四个阶段”[②]。这里的女子发型大致分为四种样式（见图2—12），“各标志不同的年龄层和已、未婚状态。幼儿到15岁之间，普遍蓄留苗语叫‘汤倒洒’的发型，发根齐耳，额前有刘海。‘汤倒’是盖碗，‘洒’是发，这种短发的造型看似一个覆盖的碗，故以此名之。留‘汤倒洒’的女孩，表示正值成长期，尚未成年，自然不能列入恋爱、结婚的对象。过了15岁，女孩开始留长发，为避免发丝散乱，妨碍视线，在发未长长之前，普遍以一块白地（底）黑花的方帕围额，细心地将发丝挑成上下二层，披在帕外，这种发型苗语叫做‘剃洒’，汉译为二层发式。除了‘剃洒’外，年龄更大者也采用苗语叫‘编洒’的发型，汉译为‘一边倒式’，就是把发丝梳向单侧，露出半边头帕。‘编洒’和‘剃洒’均是15—18岁女孩采用的发型，这时她们已具有恋爱、择偶的自由，可以和人定下婚约。婚后，女子一律将长发挽成云髻，苗语叫‘哈洒’，意思是挽发。从此，发型便固定下来，不再更改”[③]。

---

① （清）严如熤：《苗防备览》，载王有义《中华文史丛书》，（台北）华文书局1968年版，第377页。

② 江碧贞、方绍能：《苗族服饰图志——黔东南》，（台北）辅仁大学织品服装研究所2000年版，第45页。

③ 同上书，第225页。

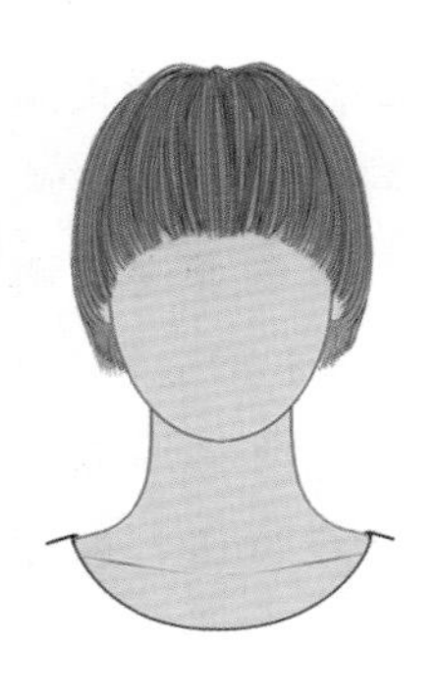
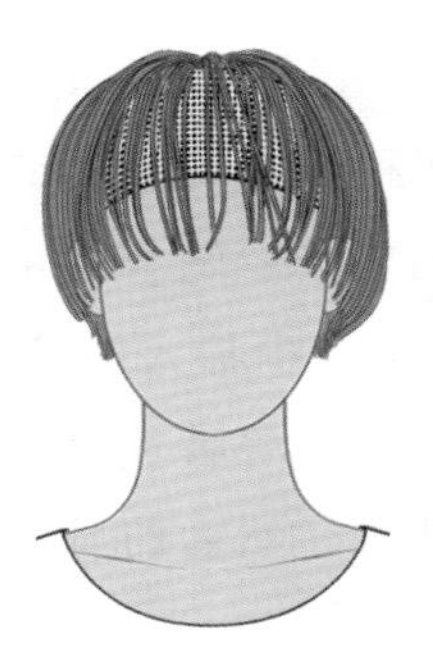
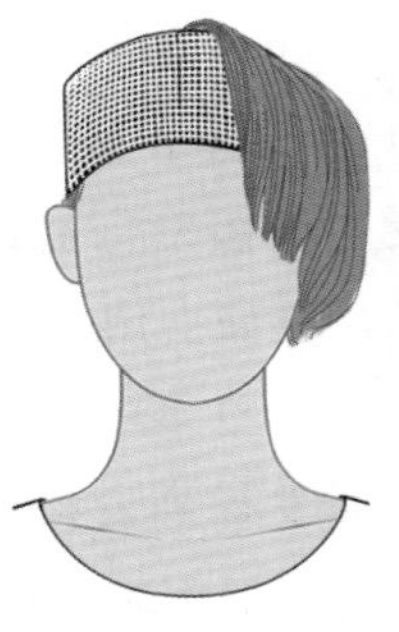

图 2—12 加勉不同年龄的四种发式

贵州省水城县陡箐乡“少女盘发于头后呈锥状，留流（刘）海，额前围一圈绿毛线；妇女掺假发，绾大髻呈螺旋状，插彩绘木梳”[1]。妇女所缠的大髻非常庞大，所用的这股毛线宽度有 15 厘米左右，在视觉上很具冲击力。赫章县海确寨女性都梳髻，但按照结婚与否其发髻存在一些差别：新婚的女性梳 15 厘米高的高髻，内有髻撑[2]，以髻撑为基座将梳理顺滑的长发在头顶处挽一个锥形的尖髻。未婚女性不梳尖髻，而是将长发在双耳后绾成两个盘髻，为了使其膨大还需加上一束棕褐色的羊毛绳做的假发，垂到胸前，再在其上装饰饰品，或者在左右两个盘髻上各插上一把木梳，这种发式要比已婚女性的发式更为醒目，也符合其未嫁的身份特征。老年女性的发式较为简单，是将长发在头顶绾起盘髻；女孩子一般散发，只在前额处剪齐。

在一些地区，发式还是区分是否未成年的标志，如前文所述的惠水县摆榜地区的少女，顶部的长发在脑后打髻，而顶发之外的四周则留短发。龙里县中排地区与此类似，其少女要把额发统统剃去，只留顶发绾髻于脑后。威宁地区的苗族少女将长发束成一束扭结后沿着后脑的位置绾发髻于脑后；而已婚妇女则将发髻盘于头顶，在发髻之外戴锥形的竹帽。

侗族女性的发式以椎髻为主，这可能和其为古越人的后代有关，古越人是稻作之民，而椎髻盘于头顶，较为利落，便于稻作。侗族女性发

---

① 吴仕忠：《中国苗族服饰图志》，贵州人民出版社 2000 年版，第 360 页。

② 髻撑是一种使发髻的高度和造型定型的辅助物。

式有髻（螺丝髻、平盘髻、∞字髻、边环髻）、饼髻和盘发辫三类。

笔者所见贵州苗族侗族女性其发髻一般分为两种类型，或者是像西江苗寨、小黄、岜扒那样将头发捋紧在头顶梳一髻，然后在此上装饰各种头饰；或者是像高文、七十二寨、庆云乡地区（见图2—13）那样颇有古风的、较为膨大的造型。后者也分为两种，一种的膨大部分位于头顶，如高文、七十二寨，还有一种的膨大部位于脑后，如庆云乡地区。

图2—13　从江县庆云侗族女性独特的发式

因为发式和习俗的差别，苗族侗族女性头发上的银饰主要分有发梳、簪类、抹额类、头花类、凤雀、插花、插针、银帽、银冠、角形头饰、飘头排、片花，以及其他装饰物，等等。

2. 发梳（木质、银质、银木结合以及塑料质地）

兼具装饰作用和实用作用的发梳是贵州苗族侗族女性最为基础最为常见的头饰，一般为扇形或月牙形。其中木质和塑料质地的发梳更多是为了梳理与固定头发，而银质、银木结合的发梳更偏重于装饰。发梳历史悠久，清爱必达在《黔南识略》卷十二中就记载贵州苗族戴梳的习俗：“男女皆挽髻向前，绾簪戴梳，衣服以青为色……”①

贵州苗族侗族女性所用的发梳从质地上来看一般有四种类型：纯木质、

① （清）爱必达：《黔南识略》，《中国地方志集成·贵州府县志辑》（第5册），巴蜀书社2006年版，第427页。

纯银质、银木结合（在木梳外包银皮装饰而成）以及塑料。在佩戴场合上来看，木制和塑料质地为穿着便装时所佩戴；其余两种一般见于穿着盛装时所佩戴。木梳较为常见，有没有装饰花纹的，也有在其上雕刻简单纹样的。银梳和银木结合的发梳上多镌刻有复杂的纹样，如龙、凤、花鸟、鱼虫等，很多还会装饰锥角乳钉以及式样复杂的垂坠物。侗族女性的头梳如只以木头为材质，则多有雕刻，上面雕刻着精美的花纹，如凤凰、芙蓉、兰花、石榴等图案，因此侗族的头梳又叫雕梳（花梳），多以梨树、琵琶树为材料。雕梳可以分为金雕梳、银雕梳和木雕梳三种类型，金雕梳是以金粉水涂在木梳上，银雕梳是在木梳外包一层银质的外壳。

位于黔西南的安龙县木咱地区的发梳是木制，不同之处在于其上还以彩绘的方式以红、绿、黄、白、黑等色进行装饰。这种彩绘的木梳与大多数插于头部后方的插戴方式不同。在佩戴时，妇女先将长发向脑后梳拢，而后在后脑的下方进行扭结，将发尾拿到头顶的位置，盘一个圈以此彩绘的木梳固定。紫云苗族布依族自治县板当镇沙坝村的苗族女子发式非常具有特色，是将长发先在脑后扭转成一个绳状，然后将经过扭转的头发沿发际从左至右绕一圈，最后在末端用梳子固定。黎平口江地区的侗族女子在头顶左侧挽髻，因发髻较大，所以在发髻根部插一把小木梳以固定，再在木梳上装饰一大束银花，状如独角。从江岜扒地区侗族女性的发髻梳在头顶偏后的位置，木梳插在发髻的底端，可以随时梳理头上掉下来的碎发（见图2—14）。剑河柳川苗族在头顶正中的位置盘一个很大的发髻，将月牙造型的木梳插在发髻后中的根部（见图2—15）。

图2—14　插木梳的从江岜扒侗族女性

图2—15　插木梳的剑河柳川苗族女性

雷山桃江苗族妇女的银梳十分精美，梳子为半圆的造型，宽约 12 厘米、高约 5 厘米。梳子的下半部为木质的细密的梳齿；上半部在梳背的部分包着银片，錾刻双龙戏珠的图案；梳背的月牙形顶部装饰有十数枝银花，每枝银花的根部都是以加工成螺旋形的银丝与梳子连接，具有伸缩性，能随着佩戴者的走动而颤动。别具匠心的是在这十几枝银花的中间还点缀着几只银鸟和银鹿，长度比银花略低，充满层次艺术感。

台江施洞地区有一种纯银的银梳，造型呈半月形，梳齿也呈曲形，梳背顶端的边缘是十一组角状装饰，梳子上刻有简单的花草及鱼纹，是穿戴盛装时佩戴的。雷山新桥苗族女性穿戴盛装时在脑后从下向上斜插一把大银梳，上有一排银刺装饰，与梳子的主体部分呈 90 度角（见图 2—16）。从江小黄侗族女性在穿着盛装时会在发髻的右前方平插一把装饰有锥角的银梳（见图 2—17）。

图 2—16 插银梳的新桥苗寨苗族女性

图 2—17 平插银梳的小黄侗族女性

雷山苗族女性在穿着盛装时喜欢以银木结合的发梳装饰，这种梳子的外形呈“∩”形，是用银片包在长齿的木梳上。图 2—18 左所示的发梳由梳子和梳子上焊接的装饰银插花两部分组成。银片把木梳背全部包住，留出梳齿，银片上装饰有双层的小银泡，呈几何交叉状。在包银的银片上焊接数枝银花枝，花枝的枝头有滚圆的银珠，会随着插戴者走动而款摆。图2—18左所示的发梳是在银片上錾刻蝴蝶和鹡宇鸟的纹样，是以凸起的两层小银泡把它分割成三个部分：梳子上方的中间主体部分是一只蝴蝶，其两侧有相对的两只鹡宇鸟；两侧是梳子下方隔着木齿的两只蝴蝶。这些纹样与苗族图腾崇拜有关。这两款银木结合的发梳体积都比较大，所以两侧都有固定用的银插针。

图2—18 雷山苗族两种银木结合梳子

台江苗族也有一种与图腾崇拜有关的银梳，是以银包木梳，在包银的银片上錾刻有蝴蝶图案的银梳，梳子的头部焊接有圆锥形锥角（见图2—19），这种银梳在佩戴时要从下向上插向发髻底部，因其体积较大，为了能更好地固定，在梳子两侧有银链串连的发针结构，佩戴时以发针插在发髻的两侧以防掉落。

榕江还有一种装有银寿仙的发梳。此发梳也是以银片包住木梳的梳背留出木齿的部分。银片上以压模装饰有4只蝴蝶（在中间）、4朵菊花（在两侧），边缘装饰有双层的小银泡。① 这款发梳最具特色的是13个立体银寿仙的装饰：这十数个银寿仙不是装饰在发梳的顶部而是在包银银面上，是錾刻在13个尖锥型锥角上，再从寿仙的头顶引出弹簧螺旋状细

① 与前面几种银木结合的发梳不同，此款发梳没有银插针的结构，但包银部位的底部并不与木梳齿的底端持平，而是多出约2.5厘米的量，在插入发髻底部时可以将发髻部分包起，可能也起到稳固发梳的作用。

银丝盘旋缠绕在寿仙与锥角上，从梳背上再垂下 13 个串银蝶吊与银瓜米等装饰物，因银寿仙与梳子的梳面呈九十度角，因此发梳插入发髻时，银寿仙都是竖立状，银链全部下垂。西江盛装时佩戴的发梳是银包木的款式，在包银的银面上焊接 3 只直立的锦鸡，翅膀展开，尾部打开做飞翔状，是若干枝弹簧螺旋银丝，每枝银丝的顶端都焊接一朵八瓣的花朵。西江苗族女性也有一款类似的发梳，也是银木结合的材质（见图 2—20）。

图 2—19　台江苗族锥角式银梳款式图

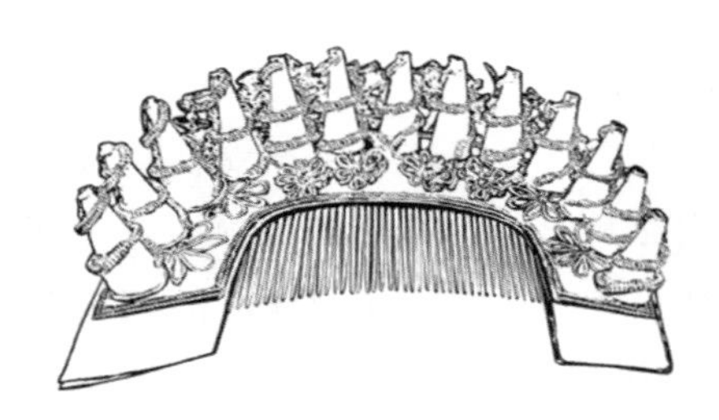

图 2—20　西江苗族寿仙银梳款式图

塑料梳也是现代贵州苗族侗族女性常用的梳头与装饰工具，可以看作是民族的传统装扮方式与现代生活方式结合的产物，一般颜色艳丽，其优点是价廉易得，缺点是样式简单，容易起静电（见图 2—21）。

图 2—21　头插塑料发梳的从江岜沙苗族少女

3. 头花

头花是贵州苗族侗族女性头饰中最为常见的装饰物之一，头花既有绢花、缎花、线球花等假花，也有在大自然中采摘的真花。

在穿戴盛装时，头花可以和发簪、插花等其他头饰进行组合来装饰头部；在穿戴便装时，头花又可以单独佩戴，作为简单的装饰物。头花既可以单枝佩戴，如西江苗族女性在穿着便装时，会将一朵鲜艳的绢花（一般为大红色或粉红色）簪于发髻的一侧；也可以数枝一起佩戴，如雷山县大塘地区的苗族女性就戴三枝头花：一枝在发髻的正上方，两枝在发髻的两侧。

一般而论，相较于苗族女性，贵州的侗族女性头饰中更多地插戴彩色的绢花和花球。从江县贯洞地区的侗族女性，穿着便装时会在发髻上插一枝头花。从江县高增地区的侗族女性在高高挽起的发髻上向右侧斜搭 1—2 串白色珠链，珠链将发髻分成两个区域，在右侧的区域插上一朵或数朵彩色绢花。从江县银潭下寨的侗族女性则是装饰较为现代的长串假花以及彩色的花球（见图 2—22）。

图 2—22　头插银簪和绢花的侗族女性（正面、背面）

4. 簪（银质、竹质或动物的刺）、钗（银质）与步摇

《急就篇》中有“冠帻簪簧结发纽”之句，唐颜师古注：“簪，一名笄。”“发簪的最初用途，仅仅是绾束头发，进入阶级社会之后，则逐渐演变成炫耀财富、昭明身份的一种标志……”[①] 贵州苗族侗族女性的发簪，其作用主要在于装饰，是头饰中一个重要的组成，一般以银为料。在贵州流传着这样的说法：其起源一为簪发，二为防身，因此这个地区很多的发簪都是有尖尖的角或是做成刺猬的尖刺样。在穿着盛装时，可以佩戴发簪数根；而在平时，一般只戴一支。贵州不同地区的苗族侗族女性，其发簪的造型各不相同，有粗有细、有直有弯、有大有小，簪头的造型也各有特色。

雷山郎德上寨的苗族少女长至十二三岁时，就开始挽一种称为苗鬏鬏的发髻，苗语谓之“秋博夫”，是将头发挽于头顶成髻，在右侧插有银簪，在髻后插上木梳。从江岜沙苗族女性便装时只在脑后插一支银簪，这支簪一般都较粗较重，且簪头做成铜鼓的造型，是民族文化的外在体现（见图2—23）。黎平尚重西迷村的侗族女性银簪，其造型的曲线类似如意，簪头有五朵立体的花朵装饰（见图2—24）。凯里市鸭塘地区的银

图2—23　从江岜沙铜鼓造型的簪子

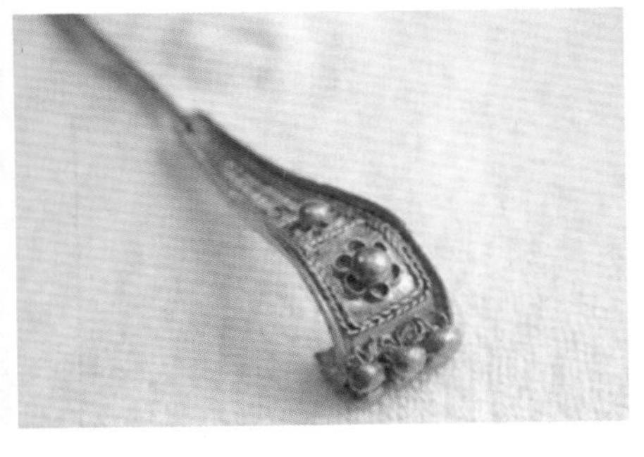

图2—24　黎平尚重侗族发簪

① 高春明：《中国服饰名物考》，上海文化出版社2001年版，第92页。

簪有造型非常独特的簪头，是对称的造型，左右两边各用两股银饰弯成外面半圆、里面曲线的造型。

从江县高增地区的侗族女性，在穿戴盛装时头上会插一支簪头为梅花造型的银簪，这支银簪长约30厘米，宽约4厘米，梅花头直径约6厘米。在插戴时，从脑后偏右的一侧向左下方插入，露出一大段簪子和梅花形的簪头。

贵州黔东南地区有一种尖头发簪，造型简洁，其簪顶的造型形如毛笔，根据中间粗两边细的形状錾刻层层的条纹，簪身的上部也刻有简单的纹样（见图2—25）。还有一种朵花蝴蝶造型的苗族银簪，簪顶以压模的形式自下而上依次装饰有叶片、花朵以及蝴蝶，叶片为十字形、花朵为圆形、蝴蝶为蝴蝶形，形成曲线的外轮廓（见图2—26）。黔东南地区还有一种在顶部缀有银链的发簪，银链的底端焊接着以九条银链连接梳状十二齿银插针。此银簪的簪头体积较大，近似半圆形，上面錾刻有鹡宇鸟和花卉的图案（见图2—27）。台江地区有一种龙头造型的银簪，簪头是造型写实的龙头，张着嘴，龙的下巴上缀有银链的缀饰，龙的脖颈处錾刻有凹凸不平的龙鳞，形状与龙船相似（见图2—28）。

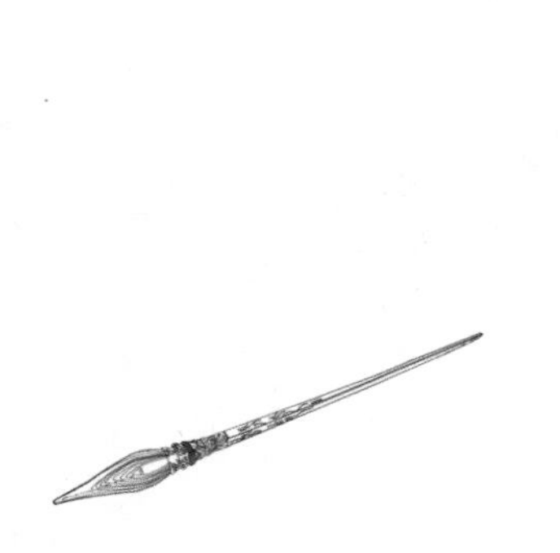

图2—25　苗族尖头发簪款式图

图2—26　苗族朵花蝴蝶发簪款式图

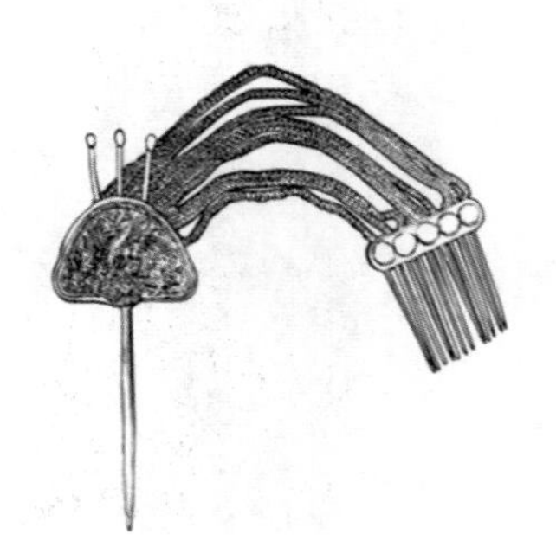

图2—27　苗族缀银插针银簪款式图

图 2—28　台江龙头银簪

“古代妇女一向用笄固定发髻，簪是笄的发展，在头部盛加纹饰，可用金、玉、牙、玳瑁等制作。”① 贵州苗族侗族女性簪子不仅限于贵重的材质，如黎平县九龙村侗族女性所佩戴的簪子是以竹子为材质，并以红色的绸缎或布做成花朵钉在竹节上，并装饰有白色的鸡毛。而竹子的簪子还不是最具特色的，在贵州凯里市鸭塘地区的苗族女子着盛装时拿刺猬的刺来簪头，当课题组成员询问当地妇女，为何不拿其他质地的簪子来簪头时，她们回答说用银簪等都不如用这个来簪头效果好（见图 2—29），这种以动物的身体组织为装饰材料的发簪称得上是别具一格。

图 2—29　刺猬刺的簪子（正面、背面、侧面）

① 黄能馥、陈娟娟：《中国服装史》，中国旅游出版社 1995 年版，第 121 页。

与发簪造型相似的是发钗，二者的不同之处在于发簪是一股而发钗是两股。贵州苗族侗族女性较多使用发簪的形制但也有一些地区有发钗，如黎平县尚重地区侗族女性穿着盛装时就佩戴发钗（如图2—30）。

图2—30　尚重西迷村侗族女性发钗

与前者相比，步摇的装饰点在下面的垂饰上。《释名》对步摇如此定义："步摇，上有垂珠，步则摇也。"《后汉书·舆服志》对此的解释为："汉之步摇以金为凤，下有邸，前有笄，缀五采（彩）玉一垂下，行则动摇。"榕江七十二侗寨的女性在穿着盛装时，其头饰中最具特色的就是以彩色绒线扎成毛球装饰的银步摇（见图2—31），这种步摇下垂五条银链，银链长约20厘米，在佩戴时脑后插一支，左右两侧各插两支，随着佩戴者的走动，银链不停地款摆，颇有古风。

5. 凤雀、插花和插针

台江施洞地区的银凤雀小巧精致（见图2—32），是以细细的银丝扭转缠绕而成，一般盛装时要在脑后插五支，一支放在中间，两侧各两支；施秉地区苗族女性盛装的头饰银凤鸟造型饱满，两侧银翼作展翅飞翔状，是头饰中最为重要的部分（见图2—33）。

图 2—31 七十二侗寨步摇佩戴（正面、侧面、背面）

图 2—32 施洞银凤雀及款式图

图 2—33 施秉苗族女性插在脑后的银凤雀

图 2—34 银凤雀和银插花（中间为银梳）

惠水县摆榜地区的苗族少女发饰独特，顶部的头发留长后在脑后打髻，而顶发之外的四周则留短发。发髻上插缀有红线花的银插花。

插花的形制与插针相似，但顶端的装饰物更加繁复，一般为动植物造型（见图2—34）。插针的针部有单一一个针的，也有两个针合为一股的。贵州台江地区的苗族女性在穿着盛装时流行在头部的四周插若干支银插针。这些银插针造型各异：有顶端装饰若干只蝴蝶的银插针；有中间装饰蝴蝶四周装饰花朵的银插针；有中间装饰螳螂四周装饰花朵的银插针。雷山地区的银插花中间部位是一个立体的锦鸡，锦鸡双翅呈展开状，锦鸡的尾部是呈扇形铺开的花枝。除了以上的款式，还有更为复杂的双龙双凤造型的银插针，顶部还缀有银链喇叭吊坠，会随着佩戴者的走动而摇摆。

插针与发簪造型有些类似，尾部一般长度略短、宽度略细，也是起到装饰及固定的作用。台江地区有一种俗称“毛毛虫”的银插针，长约35厘米，一头为银针，另一头是以细细的银丝编成的银链，尾端有环形银套，此种银插针在佩戴时插于头部，以两个为一组。还有的插针在尾部缀有以细细的银丝编织而成的银链，佩戴插针时还要将银链固定于头上（见图2—35）。

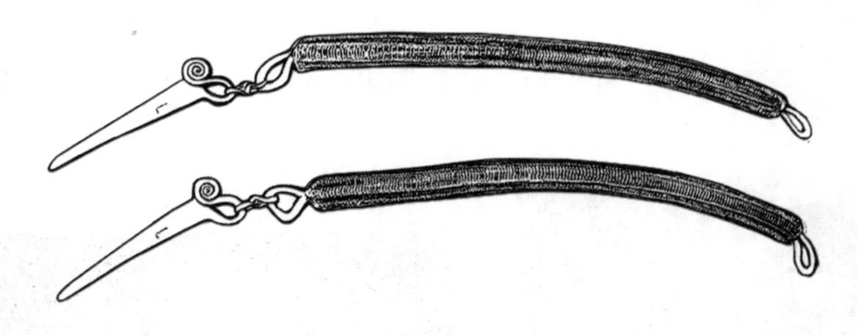

图2—35　银插针款式图

6. 抹额

抹额是一种将布帛裁制成特定的形状围勒在前额的服饰品，自古有之，其最初的作用应是为了保护额头以免风邪侵袭。一般来讲，抹额的材质为布料，贵州苗族女性的抹额既有布质的，也有一种特殊的材质——银质。不同地区的抹额造型不尽相同：榕江地区的抹额长约40厘米，两头为椭圆形。此抹额是由两条银片组成的，上下各焊接 12 个尖尖的圆锥[①]，穿戴时围在前额（见图 2—36）。荔波县佳荣地区的苗族女性在穿着盛装时也佩戴银抹额双层锥，其形制与图 2—36 所示类似，一般是姑娘十七八岁之前佩戴。凯里市鸭塘地区苗族女性盛装的抹额也为银质，是一个中间粗两端稍细的银片，银片上錾刻太阳纹和鱼纹（见图 2—37）。台江施洞的银抹额造型非常繁复：整个抹额是一条长近 50 厘米、宽约 10 厘米的长银片，上面装饰三排银饰，最上面一层是一排芒纹的太阳花，中间一层的正中间是一片圆形镜片，两侧各有七个人骑马的银饰；最下面一层是垂饰。从江加鸠地区的苗族女盛装其头饰是银抹额，在佩戴时先在头部围上折叠成长条状的毛巾，再在其外佩戴有着两层尖锥的银抹额。

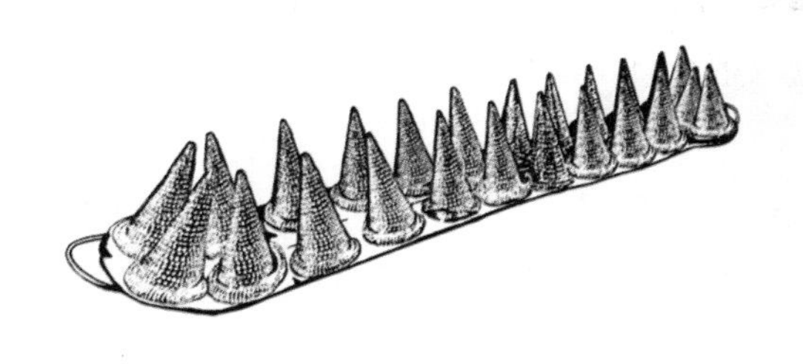

图 2—36　榕江苗族尖锥银抹额款式图

图 2—37　凯里市鸭塘地区造型独特的银抹额

7. 银帽（银冠）

银帽与银冠虽称为“帽”“冠”，但它们并不能被算作传统意义上的首服，被纳入“饰”的范畴则更为准确，在笔者的采访中，“帽”和“冠”是在不同地区的不同称谓，但所指皆是这种戴于头顶的体积巨大的头饰。贵州不同地区的苗族侗族女性银帽（银冠），即使外形相似，在细节上也会

① 贵州苗族女性的很多首饰都有圆锥形刺状装饰，如簪子、手镯、银梳等，其最初的作用是对上坡或走亲戚的独自外出女性的保护——这圆锥形的尖刺可以在坏人侵袭时起到防身的作用。后来这些具有防范作用的圆锥形尖刺就成为一种装饰的范式而留存下来。

有很多不同，因此可以将其看作是一种区分不同支系的服饰符号。

从外观上看，银帽（银冠）可以分为三种，一种是包裹整个头顶的样式，贵州革一、黄平一带的苗族盛装的银帽即是这种类型；另一种是顺着前额水平环绕一周的样式，如雷山西江苗寨、榕江高文苗寨的银帽（银冠）就是这种类型（见图2—38）；最后一种是银围帕与其他头饰的组合，因佩戴效果与银帽（银冠）类似，因此也将其纳入此类，台江县施洞镇白支坪村的苗族银帽（银冠）就属于这种类型。

图2—38 西江苗族女性银帽（外观与内视图）

黄平的银帽（银冠）由三层组成，先以铁丝围成一个半圆，再在其上焊接数百朵银花，还装饰有银铃和银片。银帽的帽檐由长约60厘米、宽约6厘米的银带制成，上面镂刻着精细的花纹，并在下端悬挂一串串银铃铛。银帽顶端正中是一只银凤凰，凤凰的旁边是几只银凤雀，银冠的背面还拖着一条长约60厘米、宽约3厘米的螺旋状银飘带。整个银帽造型饱满，美丽夺目，其价格也非常昂贵："贵州黄平苗族，其妇女的银饰十分有特色，仅是银凤冠的银净重就可达2—4斤，价值十分昂贵。在这里银饰成了姑娘们比美比富，或选择配偶的价码。"[①] 雷山西江的银帽（银冠）在穿戴时先以额头为中心从前向后绑缚一条折叠好的毛巾，再将正中为银花朵、周围錾刻有"人骑马"（或称"骑马过河"）纹样的银帽围戴在头上，此银帽（银冠）下缀装饰有银蝴蝶的银铃铛，上有上百朵小银花。榕江高文村的苗族女性银帽与西江的银帽在造型上非常相似，

① 管彦波：《文化与艺术——中国少数民族头饰文化研究》，中国经济出版社2002年版，第235页。

也在帽身上錾刻“人骑马”的纹样，但中心的花朵更大更精美，帽顶的小银花还有用彩色毛线做的花心（见图 2—39）。从江雍里地区的苗族女性的银帽也是围在脑前一圈，银帽最下面垂在额前的是一圈小铃铛，与银帽相搭配的是插于头顶的一只有着三股长尾的银凤鸟，此外银帽上还装饰有粉色的绢花和白色的绒球。

图 2—39 高文苗族缀毛线花球银冠（整体、局部）

台江县施洞镇白支坪村的苗族银帽，先是在包头上（质料为彩色的布或毛巾）佩戴一个花纹繁复、缀有垂饰的银头帕，再在头上插戴银凤雀、银花枝和银垂饰。凤鸟是主体的装饰物，体积大，造型立体饱满，置于银帽的顶端，雕刻有细密羽毛纹理的两翼作展翅状，凤尾以 45 度角垂于脑后，四个雕满花纹的长银条置于两侧，营造出一个非常“满”的头部造型效果（见图 2—40）。

图 2—40 施洞苗族女盛装银帽（正面、背面、侧面）

相较于苗族妇女的银帽，侗族女性的银帽体积更小，造型更为简洁（见图 2—41）。但随着时代的发展，两个民族之间的交流增多，侗族女性的银帽也受到苗族的影响，一些地区的侗族姑娘觉得苗族的银帽好看，甚至照着样式来打制。

图 2—41　戴银冠的侗族女性（正面、侧面）

8. 角形（翼形）头饰（银质、木质）

苗族女性最具特色的头饰就要数角形（翼形）头饰了，而侗族女性一般是不戴这种角形（翼形）头饰的。“黔东南苗族妇女着盛装时，头戴牛角形银饰，身着银饰披挂，实为蚩尤遗风。雷山民间传说，这种武士式的服饰，古为男装，男子穿着出嫁，后改为女子出嫁，女子不愿去，男子让她们穿这套盛装后才出嫁。”①

关于此种“U”形银饰的称谓以及它是对何种动物的拟态是存在争议的。在笔者前期对相关著作的梳理中，一般都称其为银角，即是对水牛这种动物的角的拟态，据说是对“牛”崇拜的遗迹。但学界也有不同看

① 潘定智：《从苗族民间传承文化看蚩尤与苗族文化精神》，《贵州民族学院学报》（社会科学版）1996 年第 4 期。

法，如苗族学者杨文斌先生（男，苗族，74 岁）在 2016 年接受笔者采访时，认为此为银翼，即鸟的翅膀，是与苗族的鸟崇拜有关。杨文斌先生告诉笔者，西江 80 岁以上的老人都称之为“嘎达逆”（音，苗语），即银翼；60 岁以上的人才称之为“角”。杨文斌也从民族文化的角度对这一观点进行了阐释：“牛”为“蝴蝶妈妈”所下的 12 个蛋之一，与苗族祖先姜央是兄弟姐妹的关系，不存在崇拜的关系，而鹡宇鸟为“蝴蝶妈妈”孵蛋，才使得姜央得以出生，因此是苗族恩人，此装饰是对其的拟态，因此在这里我们将这种“U”形银饰称为角形（翼形）头饰。

在贵州不同的地区，这种装饰于头顶的角形（翼形）头饰质地与造型差异很大：从质地上来讲，既有银质的，也有木质的，一般所见前者较多，如贵州的西江、施洞、革一、雅灰等地，银角为主要的头饰；但后者如六支地区梭戛苗族女性的木制角形（翼形）头饰也非常有名——六支地区梭戛乡苗族被称为“长角苗”，正是因为此地女性特殊的头饰木牛角。此牛角体积巨大，是一个横宽达到 60 厘米的牛角形木条，以白布条捆绑于后脑，俗称“戴角”，不会“戴角”的女性会受到人们的讥笑。中年以上的女性只用其来装饰，年轻女性则以此为支架，将数量巨大的黑色毛线缠成“∞”字形盘于头顶。

从造型上来讲，不同地区的角形（翼形）头饰大小、形状都有较大的差别，且各地区银角造型与佩戴组合都不尽相同；凯里市三棵树镇的银角大而尖，凯里市舟溪地区的银角与银抹额搭配佩戴，雷山西江控拜村的银角非常宽，都匀市基长乡的银角造型与鸟类似。

在各个佩戴银角的地区中，以西江苗寨的银角最为著名。西江苗寨银角的高度在 60—80 厘米，两个角之间的距离在 70—80 厘米（见图 2—42）。西江银角呈“U”字形，银角的中间部分最宽而逐渐从两角变细，银角的正中间是一般圆形太阳纹浮雕，也有装饰一片小圆镜面，两侧各有一条龙，与中间的圆形装饰组成双龙戏珠的图案。银角正中上还插有一个银扇，银扇高约 30 厘米、宽约 45 厘米，扇形的底部錾刻有对凤的图案。经采访得知，整个银角的重量在 1—2 公斤。与此造型类似的是鸭塘苗族女性盛装银角（见图 2—43）。

图 2—42 西江苗族女性盛装银角　　2—43 施洞苗族女性盛装银角

从江加鸠地区苗族女性的头饰造型独特，是以一个大银角和数支鼓形银簪以及缀坠饰的银头牌相组合的类型：其银角为“Ψ”形，除了对称的两角外，在中心的位置还有一条竖起的银片，此银片下粗上细、其尖端高于两角的尖端，像一把直指上天的宝剑。从数量上讲，有些地区的角形（翼形）头饰是单片的，有些地区是两片的（如图 2—44）。雷山西江的银角为单片、台江施洞的银角为两片。

图 2—44 施洞苗族女盛装银帽与大小银角结合的头饰（右为大银角款式图）

9. 飘头排（银质）

飘头排是一种较为特殊的银饰，它不同于一般头饰的曲线造型，而呈现直线的造型，是剑河、台江部分地区苗族女性的头饰。飘头排是长度在40—50厘米、由五条银片组成的头饰，一端有尖角，中间为錾刻太阳纹的圆形圆牌或錾刻双龙抢宝纹样的半椭圆形圆牌。相传这种飘头排的造型来源于锦鸡额头前美丽的羽毛，其不对称的造型在贵州苗族女性头饰上属于较为少见的类型。台江县方昭乡反排苗族女性穿着盛装时头上所戴的主要头饰就是银飘头牌，另在脑后插数朵粉红色绢花，耳朵上戴一对银耳环、颈间佩戴1—2根银项链，除此之外，再无其他装饰，因此银飘头排是其首饰中最为显著的部分（见图2—45）。

图2—45　反排女性的银飘头排（右为款式图）

10. 片花

贵州省都匀市坝固乡地区女子的头饰为一个独特的"双龙抢宝"的银片花，造型与发髻的形状类似，戴在头顶正中的位置，以两侧的银链将发髻紧紧包住。

11. 其他装饰物

除了以上头饰外，还有一些较为特殊的装饰物，如成股的毛线、竹片，等等。水城县南开地区的苗族女性要在头发上装饰大股的红、黄色毛线，此装饰物与其披肩上的红、黄两色相互呼应：少女梳左右两根辫子，但要在辫子上绑缚一大股红色的毛线装饰；已婚妇女以长发夹杂黑毛线盘髻于头顶，再在其上用直径 10—15 厘米宽的红黄色毛线盘旋缠绕来装饰。

安顺市岩蜡地区的苗族女子其发式造型非常特别：“用竹片 2 块，两端绑扎尖角木梳，左端置于头顶，绾发于上，头发向右边呈弧形绕竹片垂于肩，两端露出木角。”①

（二）耳饰

上文所述之头饰主要指的是佩戴于头上，尤其是头发上的饰品，而下文所述之耳饰指的是佩戴于耳朵上的饰品，主要有耳环与耳柱两种大的类别。

1. 耳环（银质、毛线）

贵州苗族侗族女性的耳环样式丰富、种类繁多，很多是和图腾崇拜与民族文化密切相关。黔东南地区苗族女性有一种造型简洁的银耳环，是以细银条盘成的涡纹，是对曾经苗族水边生活的写照（见图 2—46）。都匀地区有一种造型十分简洁的银耳环，耳环的主体是一个直径近 8 厘米的半圆形银环，尾部是一个圆锥形的装饰（见图 2—47），应是从早期女性用尖利锥形物防身的首饰造型演化而来。

图 2—46　苗族涡纹盘缀银耳环款式图　　**图 2—47　都匀银耳环款式图**

① 吴仕忠：《中国苗族服饰图志》，贵州人民出版社 2000 年版，第 272 页。

贵州苗族侗族女性的很多耳环是对动植物的拟态，有些来自自然界，有些与图腾物相关，现举几例：对自然界中植物的拟态，很多是采用仿生学原理，如茄子形的银耳环。这种银耳环的主体造型为长型的"茄子"，实心，有一定重量（近30克），"茄子"的把为"S"形的挂钩，设计巧妙（见图2—48）。有一种菊花银耳环，整个耳环的环部是素底，用于在耳垂处穿孔的上部呈圆曲的锥形，下部逐渐变粗并进行扭曲造型，在整个耳环环部的1/2处焊接一朵菊花，菊花为双层，花心是一个银珠，内层是六片花瓣，外层也是六片花瓣，都是以银片卷曲而成（见图2—49）。还有一种侗族的银耳环也是以菊花为主体的造型：以开口的"S"环为耳钩，开口的两端都盘曲为涡状，挂主体部分的涡更大，主体的银菊花为上小下大的三层盛开状，最外层的花瓣边缘缀有24组长叶片的缀饰（见图2—50）。流行于黎平肇兴地区的侗族菊花龙爪银耳环是对菊花和龙爪的拟态，整个造型是一个开口的环形，环形穿耳的一端是涡状，环形的外缘模仿龙的爪子，且装饰一圈珠纹，银环的内部有三朵双层花瓣的菊花，花蕊突出，每层有六个花瓣（见图2—51）。黎平地区还有一种菊花银耳环造型又与前几种不同，穿耳部分的银环呈水滴状，穿入耳孔的一端没有装饰，另一端呈涡状，下坠一小一大两朵菊花，菊花的造型呈圆柱状，两面为单层的14瓣菊花，花蕊突出；中间为银圆柱（见图2—52）。

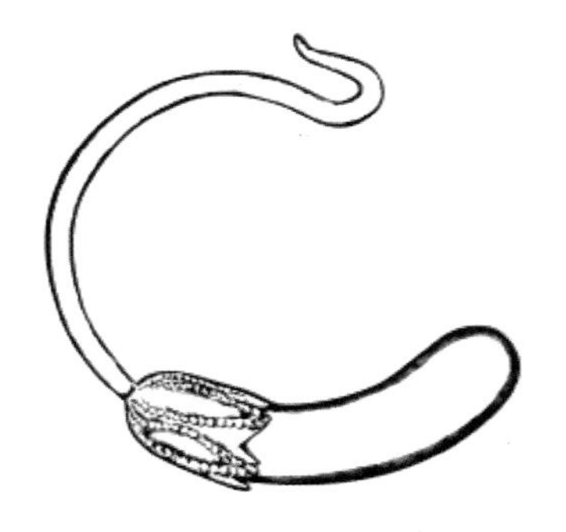

图2—48　苗族茄子造型银耳环款式图

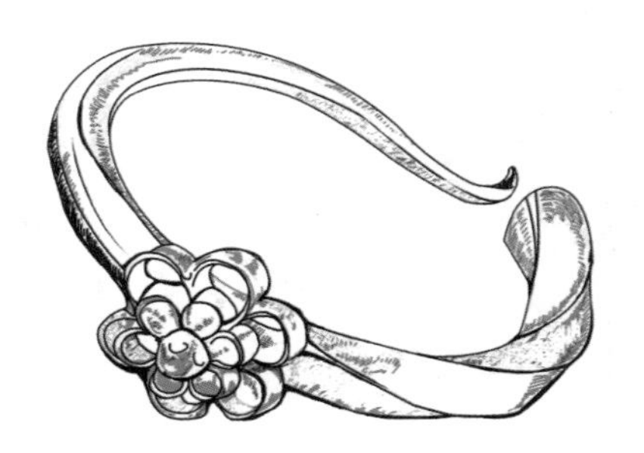

图2—49　苗族菊花银耳环款式图

图 2—50　侗族菊花银耳环款式图

图 2—51　侗族菊花龙爪银耳环款式图

图 2—52　侗族轴状菊花银耳环款式图

流行于台江、剑河一带的“榜香由”耳环是对蜻蜓的拟态（见图 2—53）。“榜香”在苗语中是蜻蜓的意思，而“由”则代表飞翔，“榜香由”指的就是飞翔的蜻蜓。此种耳环左右的两个圈代表对蜻蜓翅膀的模拟。“榜香由”来源于一个传说①，是为了纪念一个化为蜻蜓的女神，从而流行起这种造型独特的耳环。剑河县南加镇苗族女性的耳环为环形，直径 7—8 厘米，并在底部挂一只有垂缀的银蝴蝶。台江施洞地区也流行一种对蝴蝶拟态的银耳环，这种耳环由三部分组成，最上面是穿耳的圆环，圆环下坠一个为蝴蝶造型的主体组成部件，蝴蝶下面缀银瓜米，瓜米籽粒大饱满（见图 2—54）。苗族女性还有一种耳环很具特色，用细细的银丝盘成一个螺旋形，从窄到宽，像一个牛角，是图腾崇拜在服饰上的体现（见图 2—55）。图 2—56、图 2—57 也是两种不同造型、以“牛角”为主体装饰物的耳环。

侗族女性的耳饰有很多是关于花的造型，这和侗族爱花有关（见图 2—58、图 2—59）。从江庆云侗族女性有一种很具特色的银耳环，是在主体的银环上以细银丝缠绕顺着环形排列 9 个花冠形的珠子（见图 2—60）。

---

① 相传古时台江、剑河这一带曾遭受过毒蚊的侵袭，一位时年 800 岁、名叫“榜香”的苗族女性为了族人毅然变为蜻蜓，吃光了毒蚊，解除了灾害，受到当地人民的尊崇，于是当地妇女将其形象的拟态做成耳环戴在耳朵上。

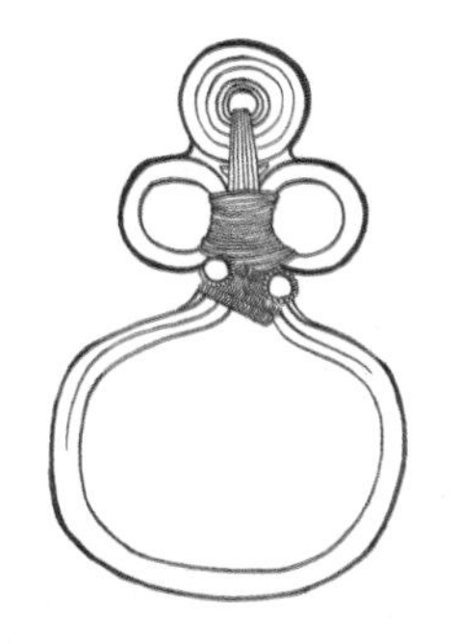

图 2—53　苗族"榜香由"银耳环款式图

图 2—54　苗族蝴蝶形银耳环款式图

图 2—55　苗族银盘丝牛角形耳环款式图

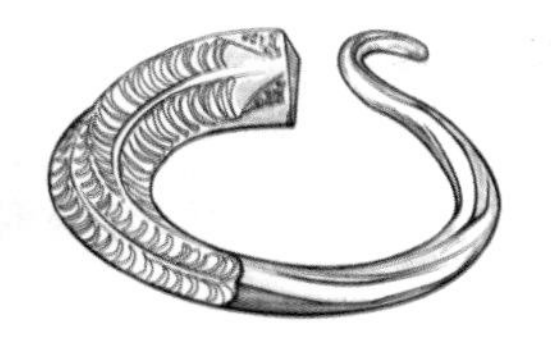

图 2—56　苗族牛角形银耳环款式图

图 2—57　苗族牛角银耳环款式图

图 2—58　从江侗族女性耳环款式图之一

图 2—59　从江侗族女性耳环款式图之二

"贵州省黎平县口江、银曹一带的侗族妇女盘发，结髻于前额，发的尾端飘于脑后，插红木梳，耳吊银环或玛瑙环。"① 侗族女性还有"一耳三钳"的装饰方法，即在一个耳朵的耳垂处戴三个耳环，每个耳环的体积还不小，非常具有特色。贵州黎平侗族妇女有一种耳坠长约 10 厘米，很有重量，挂在耳洞的上半部呈"S"形挂钩状，耳坠的主体部分像一个小银灯笼，内有银铃铛，下缘缀有长短不一的银片和银链，随着人的走动而摆动。

① 杨玉林：《侗乡风情》，贵州民族出版社 2005 年版，第 88 页。

图 2—60 庆云花冠珠子耳环

贵州苗族侗族女性的耳饰材料不仅有金、银等金属，还有的以彩色丝线束成一束作为装饰，以大红、桃红等艳丽的色彩为多，套挂在耳朵上，别有意趣（见图 2—61）。

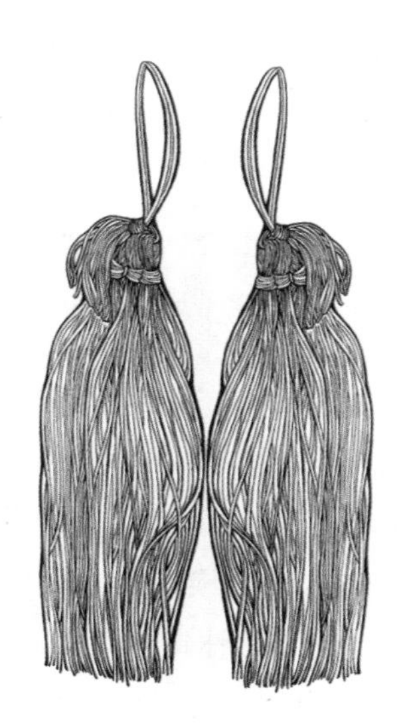

图 2—61 苗族彩线耳饰款式图

2. 耳柱

台江、雷山等地区的苗族女性喜戴车轴状耳柱，耳柱为圆柱形，多为实心，一般为中老年女性佩戴，年轻女性多佩戴式样更为复杂的、有缀饰的耳环。据采访得知，耳柱在佩戴过程中是一点点增加重量和体积的，以这种方法一点点将耳洞撑大，因此佩戴耳柱的女性耳孔会很大，笔者所见有耳孔中空部分直径在 1 厘米以上的。此外，因耳柱多为实心，有一定的重量——每副为 50—190 克——所以能将耳垂拉得很长[①]（见图 2—62）。

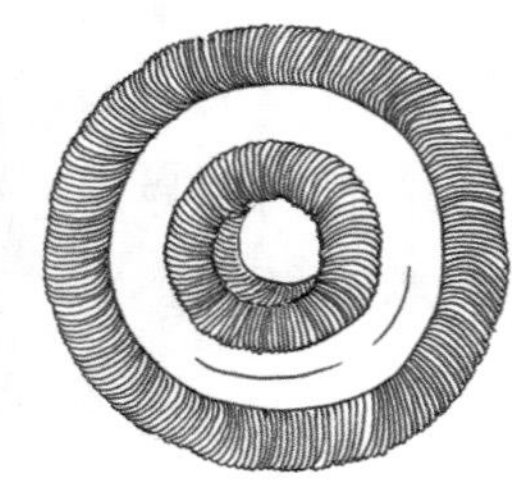
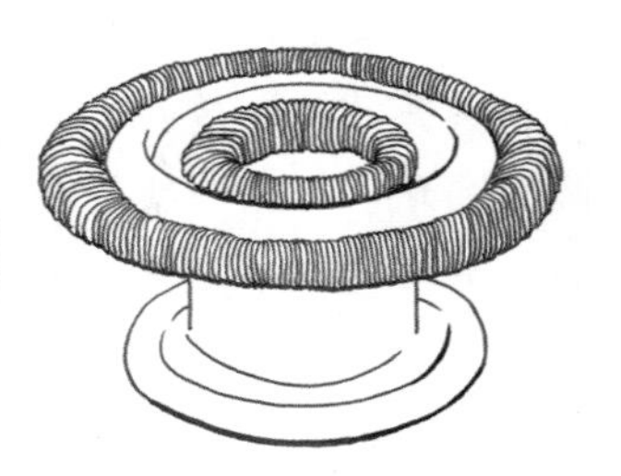

图 2—62　佩戴车轴式银耳柱的妇女（右为款式图）

（三）颈胸饰

贵州苗族侗族女性颈部饰品的很多款式宽而且长，很多直接垂到了胸部，因不好进行精确的区分，如项圈挂于颈部的部分可将其划为颈饰，垂于胸部的部分又可以将其划分为胸饰，故现将其统归于颈胸饰。

贵州苗族侗族女性的颈胸饰主要有项圈、项链、链条、压领等。

1. 项圈

项圈是苗族侗族女性较为常见的颈胸饰，多为穿着盛装时佩戴，也

---

① 贵州苗族女性自幼穿耳洞，至成年后则可以佩戴此种耳柱。车轴状耳柱可以将耳垂拉长，在当地长耳垂被认为是有福气的。

是颈胸饰中最为重要的样式。项圈款式多样，从造型方式上来看，有以银片打制成近半圆的弧度所做成的环状；有以打制成扁扁的银片做成的环状；还有以实心银条做成的圆条或四棱、六棱的环状款式。

第一种会在有弧度的银片上錾刻各种动物、植物花纹，下面一般缀有银链、银铃或银叶等装饰物。图 2—63 是造型很有特点的豆荚形银项圈，是将一整个长银条打造而成的：中间是正圆形项圈圆环，再将长银条两端各 1/4 处向外弯，弯成豆荚的形状。项圈中间的圆环錾刻蝴蝶和连枝花纹样，两侧豆荚状的反折部分装饰有折枝花的纹样。图 2—64 是黔东南地区有一种簪花耕牛银项圈。此种项圈一套两只，均为活扣，在佩戴时小项圈戴在里面、大项圈戴在外面。两个项圈均用浮雕式雕刻，小项圈的纹饰主体为一只正在吃草的牛，牛的前后身各有一个人，人后是蛇，蛇后是老鼠，边角处装饰花卉；大项圈的纹饰主体是神兽修狃的形象，两侧装饰连枝花。黔东南地区还有一种有缀饰的银项圈，此项圈呈圆形，死口，正中錾刻有双龙戏珠的纹样，边缘的空隙装饰卷草纹，项圈的下部缀有由银链串起的银蝴蝶和银叶片。

图 2—63　苗族豆荚银项圈款式图

图 2—64　苗族簪花耕牛银项圈款式图

第二种的银片上不錾刻花纹，造型简洁，下面可以缀垂饰也可以不缀。如图 2—65 所示，以三片中间粗两头细的银片为一组，其上以三角形的两条边为分割打制不同角度的面，形成特殊的装饰效果。

图 2—65　苗族银片项圈款式图

第三种以粗细不同的银条做的项圈，一般不缀垂饰，有一根银条的款式，也有几根银条的款式，后者有以几个单根银条组合的佩带方式，也有一组银条为一个项圈的款式，佩带圈数的多少与当地的习俗以及家里的经济状况相关。绞丝银项圈是女性饰品中非常普遍的款式，是将不同粗细的银条扭转形成不同的造型，一般没有花纹，如果有只是在前中的位置不扭丝而刻比较简单的花纹，顶端有活扣。图 2—66、图 2—67 是从江县苗族和侗族女性的两种银项圈，前者是苗族的扭丝银排圈，以七条绞丝银条为一组；后者是侗族的绞丝银项圈，是将两个单独的绞丝银项圈重叠佩戴。图 2—68 为雷山西江苗族女性银项圈，为银条扭转而成；2—69 是以细银条绞丝呈螺旋环状。这两种项圈一般以几个为一组，佩戴的个数根据婚姻状况来决定。图 2—70 为从江芭沙苗族女性银项圈，俗称羊角圈，重达十几至几十两，制作时将一条中间四方、两端或圆或扁的银条的中间部分绞成羊角状圆圈，两端打造成套钩。图 2—71 为榕江乐里镇侗族女性盛装所佩带的银项圈，以更细的银条锻造缠绕而成，工艺更为复杂。从江县庆云侗族女性盛装所佩带的银项圈有 7 斤沉，是佩戴一组四个的银排圈外，再佩戴一个单个的扭索项圈（图 2—72）。图 2—73 为西江苗族女性的银项圈，是一种錾花纽丝银项圈，此项圈为活扣设计，由三个圈组成，以粗银条以纽丝的手法扭结而成，最里圈和最外圈的为全部都是纽丝的款式，是以圆条扭结；中间的项圈是以银条扭结，两边扭丝而中间不扭丝，錾刻花朵的纹样。清镇、平坝、修文、长顺等地交界地区的苗族在穿着盛装时佩戴的银项圈很有特色，是将 8—9 个直径约 1 厘米的圆柱形银条做成的圆环佩带在一起，圆环从小到大排列。这种项圈的固定方式很特别，是在圆环上选两个点用红线将这几个环紧紧地缠在一起，缠住的部位（约 5 厘米）几个环紧密相接，离着两个固定点最远的位置（佩戴时是在胸前的部位）每个环之间间隔约 1.5 厘米。

图 2—66　从江苗族女性的扭丝项圈

图 2—67　从江戴扭丝项圈的侗族女性

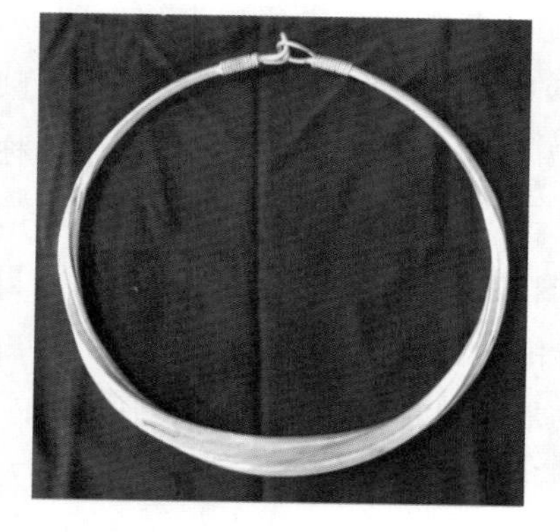

图 2—68　雷山西江苗族银项圈之一

图 2—69　雷山西江苗族银项圈之二

图 2—70　从江苗族银项圈款式图

图 2—71　榕江侗族银项圈款式图

图 2—72　庆云侗族银项圈（右为款式图）

图 2—73　苗族錾花纽丝银项圈款式图

除了以上三种较为常见的类型外，还有一些别具特色的款式，如戒指项圈和嵌玉石项圈。

流行于贞丰地区的苗族戒指银项圈很有特色，主体是一条錾刻有连枝花的有活扣的银条，在其上串有16只缀银蝴蝶瓜米吊坠的凸花银戒指，这种银项圈不是很常见。还有一种缀银锁银项圈，此种银项圈的圈部是最为简单的活口素银圆环，开口处弯起，挂一个以银链连接的长方体银锁，锁上錾刻“长命富贵”等具有吉祥寓意的汉字。嵌玉石项圈是以银和玉石两种材质制作，是在银项圈的基础上每隔一段穿一块绿色或红色的圆柱形玉石，玉石为彩色，笔者所见有白色、绿色、红色等颜色。图2—74为榕江县乐里镇侗族女性盛装时所佩带的款式，当地人介绍说这种项链苗族女性是不戴的，只有侗族女性佩戴。在黎平县尚重地区，当地的侗族女性在穿着盛装时佩带的是与此相似的嵌玉石的款式（见图2—75）。

图2—74　榕江侗族女性玉石项圈款式图

图2—75　黎平尚重侗族女银项圈

2. 项链

苗族侗族的颈胸饰除项圈以外，比较多见的还有项链。这里的项链不是汉族那种较细的、长度只在脖颈处的项链，而是造型手段独特、样式各异、长度达胸腰处的款式。项链有粗有细，以粗者为多，有些重量几近千克。笔者所见各个地区的项链造型都不尽相同，有的是以银珠连缀而成，有的是以银带连接而成，有的是以圆柱形银丝扭结环扣而成，有的是以诸多花卉造型的银饰勾连而成。

台江施洞地区有一种以 31 根宽约 0.8 厘米的银丝螺旋状环扣的银项链（见图 2—76），环与环相扣，简洁大方，长约 1 米。黔东南地区还有一种链形银项链，是由约 20 个亚腰形链扣环环相扣而成，工艺简洁，长约 1.2 米。台江施洞还有一种以近 40 朵银条卷成的双层四瓣梅花连缀而成的项链，此种项链造型别致、工艺较为复杂，长约 1 米。笔者在从江岜沙见到一种缀有立体银蝴蝶的项链，中间的装饰物为蝴蝶状，下缀银响铃，是图腾崇拜的遗迹（见图 2—77）。从江地区侗族女性的项链造型简洁，有以空心的圆珠相连而成的侗族串珠项链（见图 2—78），长度及腰。同一地区还有宽约 1.5 厘米的诸多小银带的侗族链式项链（见图 2—79），长约 1.1 米。图 2—80 是一种苗族的链条式项链，是以十数个椭圆形银环环环相扣而成。

图 2—76　施洞银项链款式图

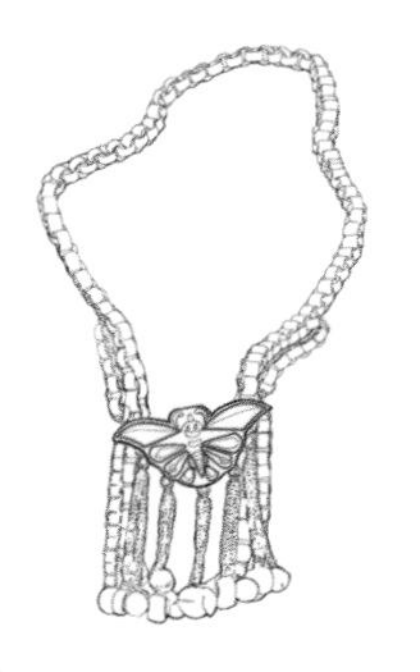

图 2—77　岜沙苗族银蝴蝶项链款式图

图 2—78　侗族串珠项链款式图

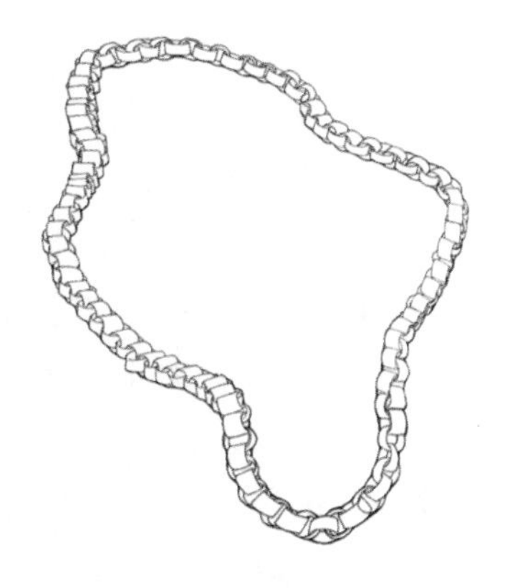

图 2—79　侗族链式项链款式图

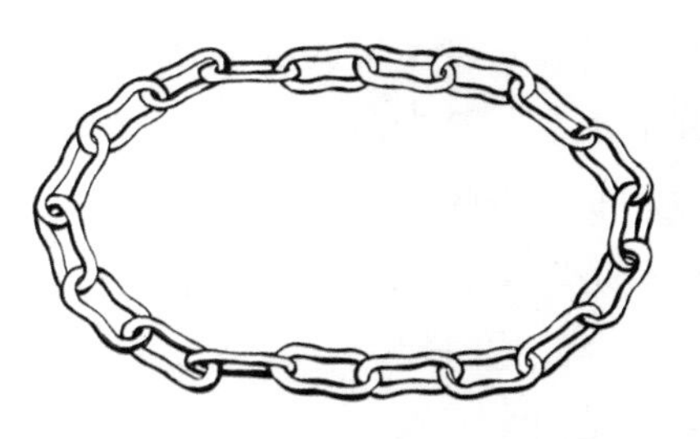

图 2—80　苗族链条式项链款式图

3. 压领

压领也是一种具有民族特色的银饰，其最初的功用应为使领部与前胸更为平服，现在的主要功能为装饰。

压领分为花压领和无花压领两种，前者有花片和响铃等缀饰（见图2—81）；后者没有花片和响铃等缀饰。笔者所见其主体部分多为蝴蝶的造型，中间刻有二龙戏珠或龙凤的图案，其形制与银锁相类，据传是由银锁演化而来。[①] 压领在佩戴时可以是单独戴在胸前，也可以是和银项圈结合佩戴，如台江施洞未婚女性在穿着盛装时，先佩戴花压领，再在其上佩戴三个银项圈。压领的银链条比项圈的更长，所以结合佩戴时一般不会被遮挡。

台江城郊、施洞、革东、革一等地苗族妇女佩带银质胸饰银压领。这种银饰呈扁状半圆形或呈麒麟的造型，刻有龙、凤、蝴蝶、鱼、水纹、云纹等，体积一般较大，做工精美。

4. 响铃板

响铃板是苗族女性特有的配饰，黄平苗族妇女有一种叫响铃板的银饰，形状好像一对接在一起的牛角。银板上刻有二龙抢宝、吊护心银盘，下垂银制的鱼、虫、花、矛、刀、剑状饰物。

---

① 很多地区苗族少女有佩戴银锁的风俗，一般从小就佩戴，直到出嫁时再取下来，戴银锁具有趋吉避凶的意味。

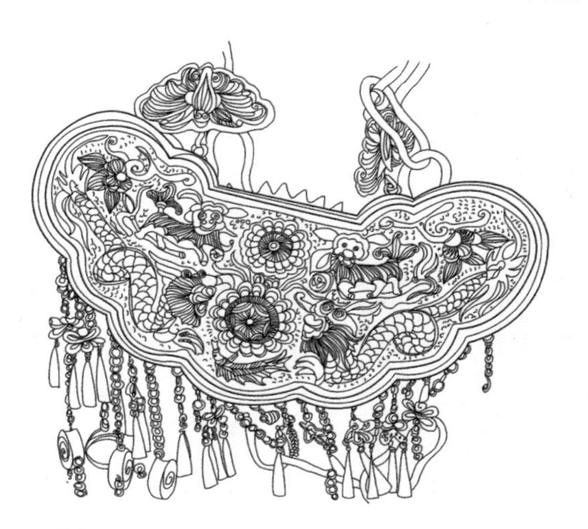

图 2—81　雷山西江苗寨的银压领款式图

（四）背饰

贵州苗族侗族女性的背饰主要为银吊坠，其作用是为了与穿戴在前胸的、具有一定重量的胸兜相平衡，尤其是盛装胸兜因装饰华美而具一定的份量因而更需要平衡；此外也具有装饰作用，为惯常佩戴之物。吊坠主要分为两种，一种是较为平面的螺纹形吊坠，一种是立体的多面体吊坠，这两种样式，苗族侗族女性都有佩戴的情况，但就笔者所见，一般以侗族女性佩戴居多。

很多地区的侗族女性吊坠都为“S”形，是由一个“S”形所连接两个圆形的涡状螺纹，这种平面螺纹造型的吊坠较为常见，应是与先民对水的崇拜有关（见图 2—82、图 2—83）。与其他地区不同的是，黔东南六洞地区的吊坠体积较大，这也成为此地区侗族女性服饰的特点之一。尚重地区侗族女子的吊坠是由两个“S”形螺纹进行扣合，与六洞地区不同，圆锥形的系结部分为空心，坠头为实心多面体，整体体积很大，有一定的重量（见图 2—84），此地区也有平面造型的螺纹形吊坠，如西迷村的吊坠是以一个“S”形连接两个涡状螺纹（见图 2—85）。榕江县朗洞镇卡寨苗族女性也在背后佩戴这种吊坠，应是受侗族影响。

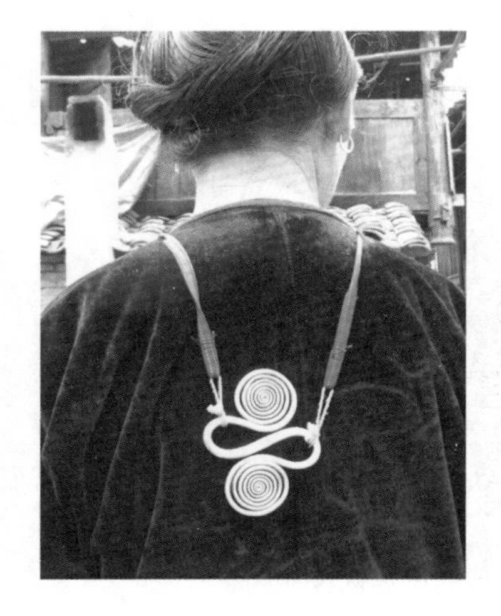

图 2—82 从江侗族女性涡状螺纹“S”形吊坠

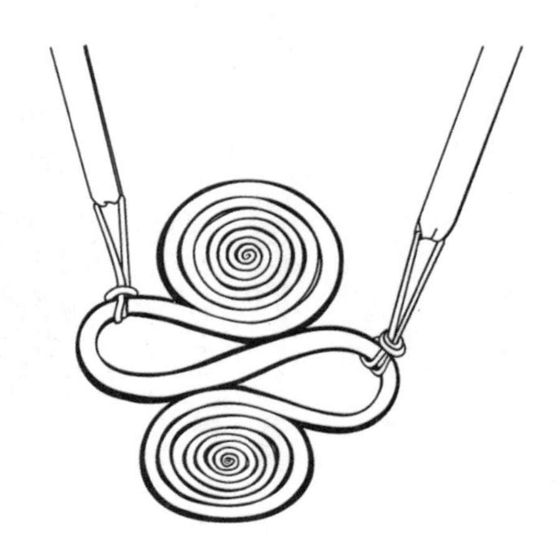

图 2—83 涡状螺纹“S”形吊坠款式图

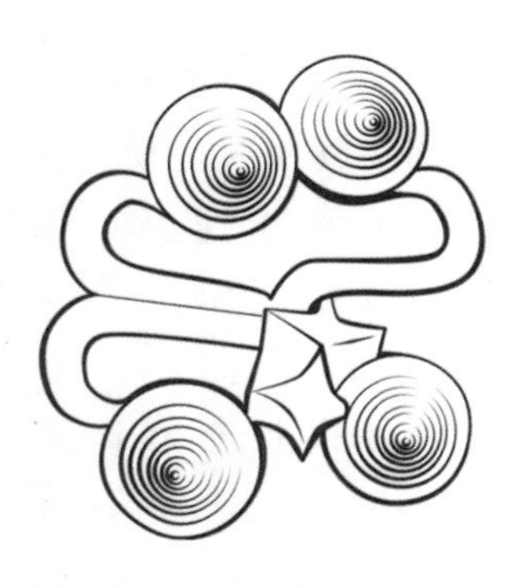

图 2—84 立体造型的侗族涡状吊坠款式图

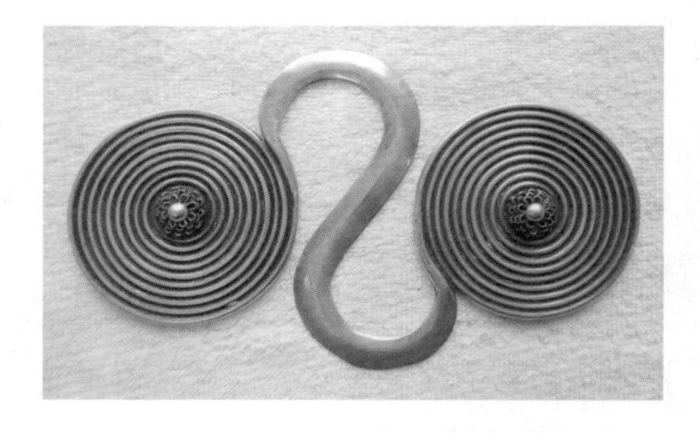

图 2—85 黎平侗族女性涡状螺纹“S”形吊坠

多面体吊坠在不同的地区造型不尽相同，如图 2—86 为从江岜扒村侗族女性吊坠，图 2—87 为从江小黄村侗族女性吊坠，图 2—88 为从江县银潭下寨侗族女性吊坠。多面体吊坠的面数有多有少，如图 2—89 一个为十四面体的银吊坠，一个为十二面体的银吊坠。多面体银吊坠都是实心的，因此较重，一般在 500—700 克。

图 2—86 从江岜扒村侗族女性多面体吊坠

图 2—87 从江小黄村侗族女性多面体吊坠

图 2—88 从江银潭下寨侗族女性多面体吊坠

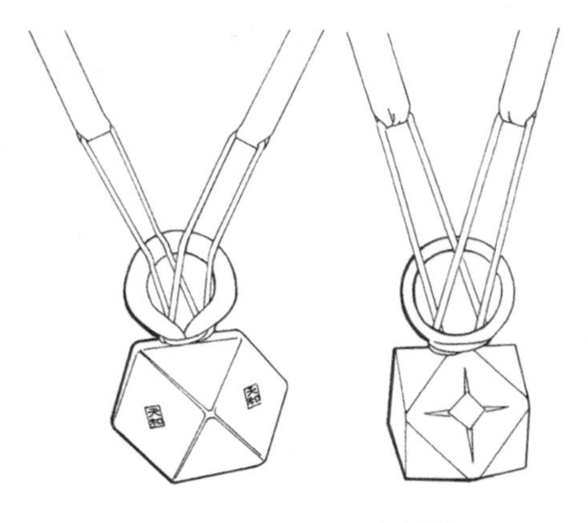

图 2—89 两种侗族吊坠款式图

（五）手饰

贵州苗族侗族女性的手饰主要有戒指和手镯。年轻的苗族侗族女性特别是苗族女性喜欢同时戴多个戒指和手镯，尤其是穿着盛装的时候，她们会在手腕上戴不同式样的数个银镯，或在手上戴数枚戒指：除拇指不戴外，其余手指戴一对、两对、三对，最多至四对不等的戒指（见图 2—90）。这既是与以多为美的审美理念有关，也体现了比美炫富的心理。

图 2—90 八个手指都戴着戒指的施洞姑娘

贵州苗族侗族女性的手镯大致可以分为四种类型，一是造型简洁、款式简单的圆环形或棱形手镯；二是各种造型的绞丝银手镯；三是装饰有乳钉等装饰物的银手镯；四是在形状上对动植物拟态的手镯或是錾刻动植物纹样的手镯。

台江地区有一种工艺较为简单的六方手镯，是用一根六方形银条挽结而成（见图 2—91）。图 2—92、图 2—93 是两种常见的款式较为简单的棱形银手镯，与前者的活口不同，这两款银手镯的交结处是以银丝缠绕成的死口。

图 2—91 苗族六方银手镯款式图

图 2—92 苗族六棱银手镯款式图

图 2—93 苗族银条银手镯款式图

绞丝是贵州苗族侗族女性饰品中常见的制作方式，以这种方式制作的款式以项圈和手镯为多。这种手镯是将银熔化后拉成均匀的圆柱形银丝，将其按照不同的排列方式缠绕编制而成，形成不同形状与排列的中空的圈。以绞丝的形式缠绕编制的方式有很多种，排列的方向、层数、角度、方法在不同的地区有不同的方式，即便是同一个地区也多有两种以上的造型方式。这种绞丝银手镯一般接口处还以此银丝紧密地缠住。

贵州苗族侗族有很多以动植物为主题的手镯，其中以竹子为主题的手镯很多，台江县城郊、施洞、革东、革一、巫芒等地苗族妇女佩带的竹节手镯，是一种空心的手镯，形状如竹节。图2—94所示是其中造型比较简单古朴的类型，该手镯中空，镯子的边缘是对一节节竹子的拟态。图2—95、图2—96是黔东南地区流行的以花卉为主题的两款活口银手镯，其上的乳钉既为装饰也被认为具有辟邪的作用。图2—95的银手镯是直径为6.5厘米的宽手镯，镯面上装饰有三排银乳钉，在结口的两端各装饰有一朵四瓣菊花，花蕊和四片花瓣的顶端各装饰有一个铆钉。图2—96是苗族的掐丝活口银手镯，镯身分割成四排，中间两排是镂空花朵造型，两边两排是曲线几何造型。镯子的接口为三层花瓣的菊花造型，花蕊为乳钉状。黔东南地区还有一种盛装银手镯，为直径约6厘米的四棱扁带状圆环，接口处是用细银丝螺旋形缠绕，镯面的底部镂空，两边有掐丝装饰，上铸九凸花九朵，花朵为锥状，顶端为花心，下为两层花瓣（见图2—97）。

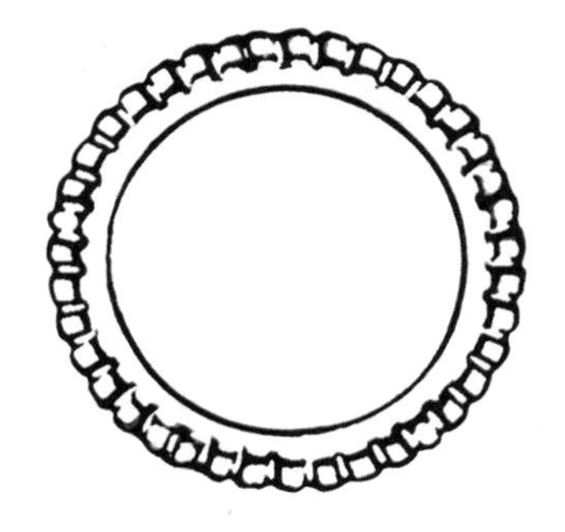

图2—94　苗族竹节手镯款式图

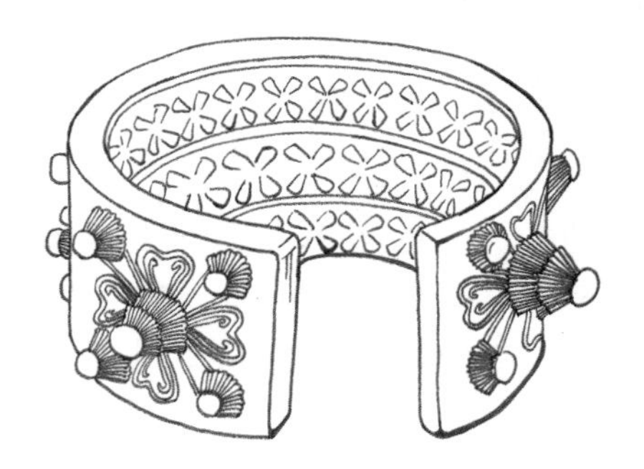

图2—95　苗族菊花乳钉手镯款式图

图 2—96 苗族菊花银手镯款式图

图 2—97 苗族九凸花手镯款式图

台江苗族女性手镯中有一种装饰有尖锥状银鼓钉的手镯，形状如刺猬的刺，具有辟邪的功能。对龙造型的拟态也是手镯中最为常见的造型之一，图 2—98 是以三股银丝扭结而成的一款活口手镯，接口处是相对的两个龙头的造型，龙睛为凸起型银珠，龙鳞是雕刻的。还有的龙造型的银手镯是更为立体的造型，镯身是圆柱形的，布满模拟龙鳞的凸起。流行于黔东南地区的苗族双头龙手镯造型独特，镯身为两个头共用的龙身、手镯的两端是两个龙头；龙头造型夸张，没有角，吻部长；龙身上錾刻着龙鳞并装饰有凸起的乳钉纹（见图 2—99）。台江苗族女性还戴一种龙头手镯，这种手镯呈双头龙的造型，镯子的接口为两个龙头，镯身为龙的身子，以细银条扭曲编制的镯身好像龙的鳞一样（见图 2—100）。除了全为龙的造型外，还有龙凤图形的银手镯。如流行于黔东南地区的侗族银手镯，约 6 厘米宽，中间高到两边渐窄，至末端拉成银丝缠成圈，其上錾刻有龙凤戏珠的纹样，并装饰云、花等纹样（见图 2—101）。流行于雷山一带的苗族花鸟纹银手镯造型独特，是将长银片弯成上下一样的宽度（宽约 10 厘米、直径为 6.5 厘米）的活口宽银环，在银片上以压模的形式装饰鹡宇鸟和花草的纹样，还装饰有银乳钉，这种宽度在手镯中比较鲜见。

图 2—98　苗族龙纹银手镯款式图

图 2—99　苗族双头龙手镯款式图

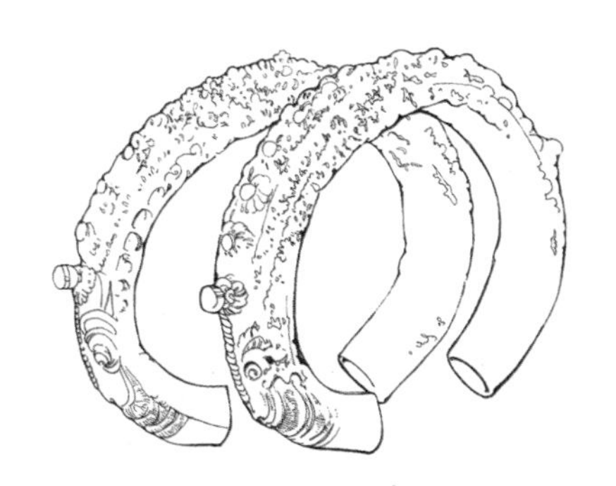

图 2—100　苗族龙头手镯款式图

图 2—101　侗族龙凤银手镯款式图

二　佩饰

如果说佩戴项链、戒指、耳环、手镯等首饰是中国许多民族女性所共有的特征，那么在衣服上缝缀或悬挂佩饰则是贵州苗族侗族女性服饰尤其是盛装服饰较为独特的特征了，其中苗族女装更是如此，所谓“银衣”就是指的这种在衣服上缝缀银饰的衣服，也因此这些佩饰是以佩戴在盛装上为多。本书将佩饰分为悬挂佩饰和缝缀佩饰，分而述之。

（一）悬挂佩饰

悬挂佩饰主要指的是佩挂在衣服的银饰，与缝缀的佩饰不同，它们可以随时摘下。台江反排的苗族女性，其服饰为全黑，非常素雅，衣饰上唯一醒目之处在于斜挎于肩的一个锁形银佩饰，以银链钩挂于银饰两端，银链长度约 90 厘米，古朴而凝重（见图 2—102）。鸭塘地区盛装背部要佩戴一个银挂饰，做工精美细致，由一个半圆形银片和十四个小圆银片组成，还点缀有银铃铛（见图 2—103）。

图 2—102 台江反排苗族妇女的银佩饰

图 2—103 鸭塘地区盛装背部银挂饰

侗族女性有佩挂佩件的习俗，主要的材质为银。佩件可以佩戴在胸前，如笔者在从江邑扒侗寨还看到这里的侗族女性佩戴于胸兜领部的银坠饰，由五段银饰组成，最上面是银蝴蝶，中间是在银片上镂刻有蝴蝶、花卉、鸟等图案，最下面是双龙的造型，下端缀有七条银链（见图 2—104），这是当地款式简洁的盛装上衣上最为亮眼的装饰；也可以佩带在腰侧，如从江邑扒侗族“笆篓”型银挂件（见图 2—105），以彩线挂于后腰，一般成对出现，有一对的，有两对的。

图 2—104 从江侗族女性胸部的银挂饰

图 2—105 从江侗族女性“笆篓”形银佩饰

有的佩饰具有实际的功用，如主体是银蝴蝶或以细丝结成链子，在此之下是牙签、掏耳勺等缀饰；如中间是可以打开的银筒，链的底部是刀剑铲勺之类的模型饰缀；再如放针线的银针筒，“针筒以银子或竹子作成，长 15 厘米左右，形如钢笔般粗细，开口处有一个帽子盖住，内装各式绣花针。佩带时，用线拴住两头吊起挂在里层敞襟衣系带上，使针筒刚好从外面衣角开叉（衩）处露出。这样既美观又实用，显示出侗族妇女的心灵手巧”[①]，针筒里盛放针线等物品。还有纯做装饰的银饰，如悬着银链的小小刀、戟、叉、剑等兵器的造型，又如挂于衣服的领部、扣眼位置的装饰物，没有什么实际的作用。锦屏县稳江乡的苗族女上衣，整体非常素雅，但在前门襟处有多个小铃铛的银扣链装饰。天柱县竹林乡的苗族女上衣，也在门襟上有银扣的装饰：从衣领左侧的扣眼开始，沿着门襟的方向一直到腋下最后一个扣位为止，到腋下后垂下长长的银链，链尾缀两个银铃铛。惠水县摆榜地区的腰带上装饰有镂刻的银片、银铃铛和一种在贵州苗族女姓服饰中不常见的材料——海贝。雷山西江苗族女性的便装有装饰于肚兜顶端的银饰和门襟处的银饰，在黑色丝绒布上格外显眼（见图 2—106）。

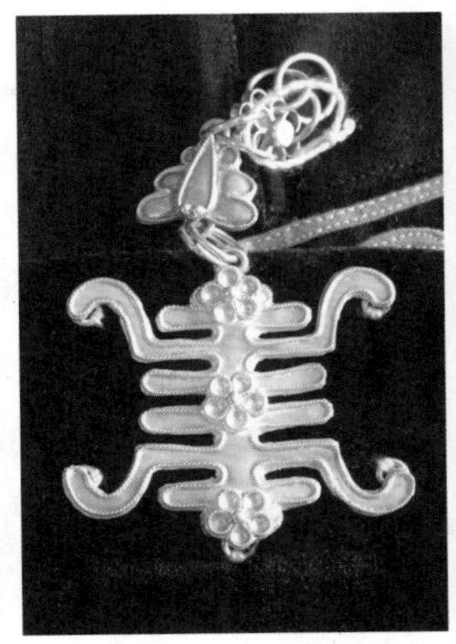
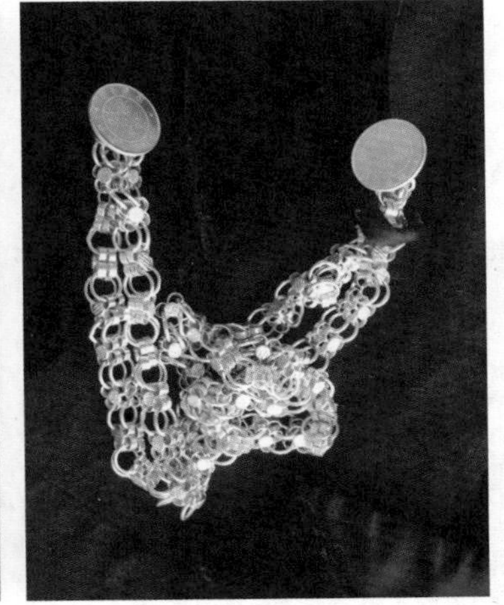

图 2—106　西江苗族便装银缀饰

---

① 刘锋：《侗族：贵州黎平县九龙村调查》，云南大学出版社 2004 年版，第 340 页。

（二）缝缀佩饰

缝缀佩饰是以针线缝于衣片上的银饰，主要是缝在盛装上。在不同的地区，缝缀于盛装上的佩饰也各不相同，为了便于梳理，我们将其分为头部缝缀佩饰（围帕上）、肩部缝缀佩饰（上衣肩线和肩部）、胸部缝缀佩饰（上衣前胸部）、前衣摆缝缀佩饰（上衣衣摆）、后腰背缝缀佩饰（上衣腰背部）、围裙缝缀佩饰（围裙）、衣袖和腰带缝缀佩饰（袖肘、袖口和腰带）七类。

1. 头部缝缀佩饰（围帕）

头部的缝缀佩饰是指那些装饰于头帕上的银饰，比较具有代表性的是雷山西江苗族女性的缀银饰红头帕。笔者在西江唐兴发家所见的这种头部缝缀佩饰是装饰于一块红色的围帕上，上下各六组"X"形的涡纹圆银片，以银条卷成，中间为乳钉。每个"X"形由四个圆片组成，是对蝴蝶的拟态。在上下两组银圆片之间是六组横向的长方形银片（长 6 厘米，宽 2.5 厘米），压模制成，刻有展翅飞翔的蝴蝶纹样。整条红头帕上共有 18 个银片，所表现的主题都是蝴蝶。

2. 肩部缝缀佩饰（上衣肩线和肩部）

肩部缝缀佩饰一般分为两种类型，一种是缝缀于后肩部，如图 2—107 的从江高调少女上衣的肩部佩饰；还有是缝缀于肩线上，一般为沿着肩线的一排银泡或银花，如图 2—108 为台江苗族盛装上衣的佩饰，图 2—109 为西江苗族女性盛装上衣肩部的银缀饰。

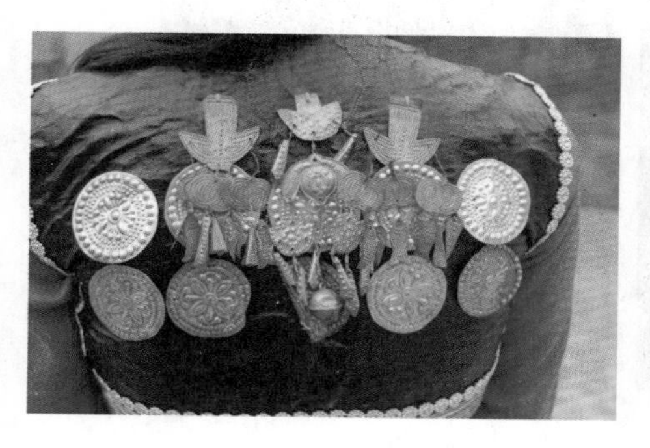

图 2—107　从江高调肩部银缀饰

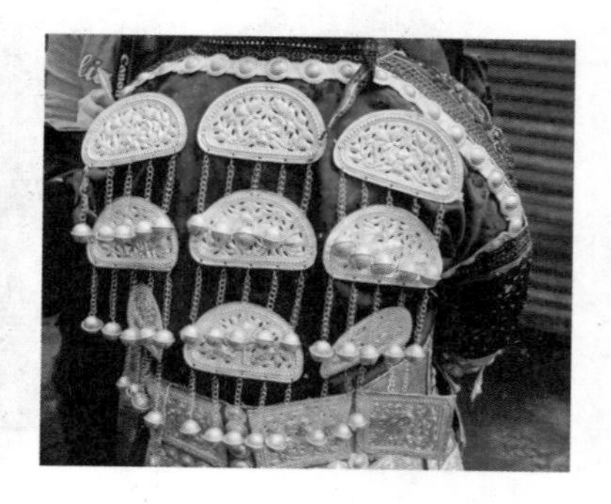

图 2—108　台江女童上衣银缀饰

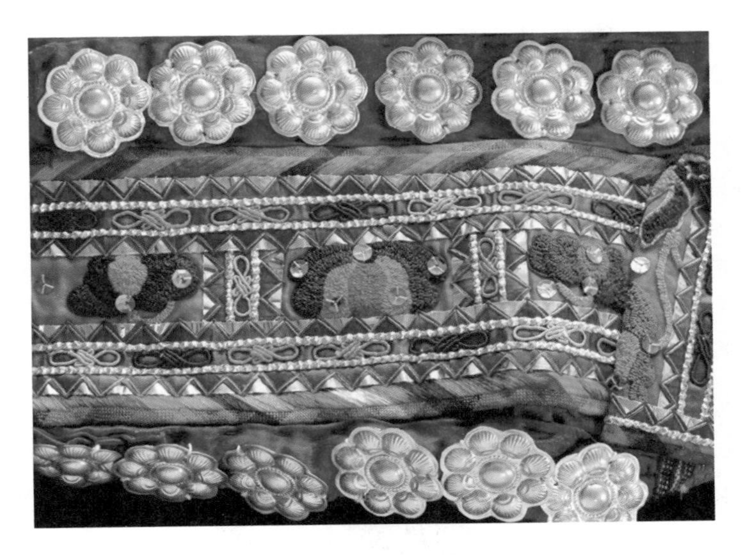

图 2—109 西江盛装肩部银缀饰

3. 胸部缝缀佩饰（上衣胸部）

缝缀于胸部的佩饰比较具有代表性的是雷山县大塘乡新桥村的苗族女性盛装，其主体服装为对襟上衣和膝盖以上约 8 厘米长度的超短百褶裙，上身的辅助服装是长度到腰际的胸兜，下身的辅助服装是短于超短裙的围裙。胸兜是所有服装中最为繁复的部件，上面布满缝缀的银片，以图 2—110 的盛装胸兜为例[①]，有主体银片 14 片、点缀于其间的银花 20 朵和小银泡 76 片。主体银片有 4 片与蝴蝶造型相关，2 片在胸兜的顶部，2 片在左右两边，剩下 10 片长方形的造型在胸兜的下部，錾刻花卉的纹样。

4. 腰背缝缀佩饰（上衣腰背部）

腰背缝缀佩饰主要指的是装饰于腰背部的各种造型、大小与排列的银片。不同地区的银片造型与排列方式都不尽相同。麻江县铜鼓村的苗族女性盛装在腰背处缝缀不同形状的银衣片 12 片，组成纵四横三和横四纵三的两幅正方形图案，每块吊排铃 5 个。台江施洞地区的

① 需要指出的是，虽然新桥女装上所缀银饰的部位、银饰的种类和造型都大体相同，但几乎每套盛装都存在个体性的差异，具体到胸兜上的银饰数量更是各个不同，这更体现了每套民族传统服饰都具有独特的特质这一珍贵属性。

图 2—110　雷山新桥苗寨缀银饰胸兜

苗族女性盛装后腰背处也盛行以银衣片装饰，其银衣片外形较为规则，一般是以正方形（长方形）银片为主、点缀圆形银片的组合或是全部为正方形（长方形）的银片。前者为如横向排列的三行或四行银片——如果是三行，则最上面为黑绒布，缀不规则银饰，下面排列一行圆银片，两行正方形银片（见图 2—111）；如果是四行排列，则没有大面积的黑绒布和不规则银饰，第一行为长方形银片，第二行为圆形银片，第三、四行为正方形银片（见图 2—112）。在每行银片间有银泡点缀。后者全是正方形的银片且银片分不同的大小，如大号正方形银片 6 个，中号长方形银片 7 个，小号正方形银片 7 片。施洞地区盛装银衣片上不悬挂响铃银链或长喇叭状银坠，只是衣摆处最下面一排的银泡上有一排响铃银链。

在后腰背处装饰有银衣片是雷山苗族女装的特色，衣片的片数一般 8—16 片。图 2—114 所示为八片的组合，运用了镂刻及錾花工艺，图案主题为蝴蝶、鹡宇鸟、狮子和花等。每个银片根据主体的不同呈现不同的造型，其中圆形与长方形是比较规律的造型，其余的都是以主体形状来造型，如以展翅的蝴蝶为造型的外形。除 8 片外，还有 11 片、12 片、

图 2—111　施洞苗族女盛装后腰背部佩饰（三行排列）

图 2—112　施洞苗族女盛装后腰背部佩饰（四行排列）

图 2—113　西江苗族女盛装腰背部佩饰（三行排列）

16 片等不同的片数组合，每种组合的造型也不尽相同：11 片的银衣片为三列排列，左右各四片、中间三片。中间一列的中间一片是有花瓣造型的正圆，主题纹样为鹡宇鸟和蝴蝶，下方缀 7 个响铃银链；此外的 11 片皆按照主题纹样的造型切割边缘，计有人骑兽银衣片 2 片，各缀 4 个响铃银链；狮子纹主题银衣片 2 片，各缀 4 个响铃银链；人抬鱼主题银衣片，各缀 4 个响铃银链；鱼形纹主题银衣片，缀 7 个响铃银链；双鱼纹主题银衣片，缀 4 个响铃银链；鹡宇鸟纹主题银衣片，缀 4 个响铃银链。12 片的银衣片为三列排列，每排四个银衣片。主题纹样为蝴蝶、龙、鹡宇鸟、狮子、花鸟，运用镂刻及錾花工艺。每个银片根据纹样主题的不同呈现不规律的造型，每片银片下方都缀有响铃银链。16 片的银衣片为三列排列，上面和中间的两排各 6 片，造型为规则的长方形；下面一排为 4 片，造型为曲线的等腰三角形。长方形的主题纹样为鱼和折枝花（各六片），三角形的主题纹样为蝴蝶妈妈，长边为如意纹。16 片衣片下部皆缀有长喇叭状银坠。不同于施洞地区，西江盛装上的每片银衣片上都会悬挂响铃银链或长喇叭状银坠。

图 2—114　西江苗族盛装衣背八种银片样式款式图

5. 衣摆缝缀佩饰（上衣衣摆）

在前衣摆缝缀佩饰的有雷山县西江苗寨、郎德上寨以及台江县施洞地区。雷山郎德上寨女子上衣“欧拜”（苗语），为大袖敞胸，胸前交叉的“乌摆”（苗语）由数十块不同花纹、不同样式的挑花图案缝缀而成，花纹上还缀有各种银饰品。雷山西江苗族女盛装上衣为右片压左片的掩襟方式，衣摆处是沿着缘边有一排银衣片，中间为长方形缀喇叭吊坠，两侧拐角处为等边三角形，也缀有喇叭吊坠。这套缝缀在前衣摆处的银片共 16 片，其中 4 片为三角形，12 片为长方形。三角形银片以如意纹为主，中间是蝴蝶、花鸟等纹样。长方形银片以鱼和折枝花为主，这两个主题各 6 片（如图 2—115）。台江施洞苗族女性的盛装上衣为右片压左片的掩襟方式，衣片底摆呈尖角，在红色或粉红色的底布上斜向缝缀有三排圆形和长方形的银片，每排银片的中间还以银泡装饰（如图 2—116）。

图 2—115　西江苗族盛装前衣襟佩饰

图 2—116　施洞苗族盛装前衣襟佩饰

6. 围裙缝缀佩饰（围裙）

与苗族女性相比，侗族女性更多的在盛装的围裙上缝缀银饰。从江高增侗族女性盛装的佩饰给人一种富丽雍容的感觉，装饰有圆形、长方形银片的围裙是其最具代表性的装饰细节，长方形银片（一般一边各两片）在两侧呈竖条状，圆型银片（有几十、上百个）在中间横平竖直地缝缀在紫红色缎料的围腰上。从江小黄与岜扒两个侗寨的女性盛装最华丽的部分都是缝缀满满银饰的围裙，且款式上较为相似：小黄的围裙是在紫红色底布上装饰有 12 个长方形银片和 20 多个圆形的银片，长方形银片在底布的左、右、下三个方向排列，中间是 28 个圆形的银片，底摆还缀有一排小银铃铛（见图 2—117）。岜扒的围裙是在紫色底布上装饰有 20 个长方形银片、4 个蝴蝶形银片以及 32 个圆形的银片，长方形银片在底布的左、右、下三个方向排列，中间是圆形银片，底摆也缀有一排小银铃铛（见图 2—118）。

苗族女性也有装饰于围裙上的缝缀饰品，如黄平苗族妇女佩带的银围腰，是将 12 块以上的偶数长方形银牌缝在布条上做成，银牌上錾刻有燕、鱼等动物的纹样，四周装饰人形和盾形银片，下缀银铃。

7. 袖肘、袖口和腰带缝缀佩饰（袖肘、袖口和腰带）

袖肘部的装饰有面积比较大的，如前文所提到的新桥苗族女性盛装，其主体的对襟上衣袖部缝缀有数朵银蝴蝶；也有面积比较小的，如西江苗族女性盛装的大襟上衣的袖口处所缝缀一圈带垂饰银蝴蝶。

图 2—117 从江小黄侗族女性围裙银佩饰

图 2—118 从江岜扒侗族女性围裙银佩饰

腰带上缝缀银饰是很多地区女性盛装的一大特点。雷山西江苗族女性盛装的腰带上会缝缀若干银蝴蝶响铃吊坠，此种腰带底布是蓝色绸料，在其上装饰花带，花带上缝缀带银响铃的银蝴蝶。腰带的形状近似“T”字形，佩戴后正中低、两边高，“T”字的左右两边各有 4 只银蝴蝶，“T”字的尾部上有 3 只银蝴蝶，每只银蝴蝶上挂 3 串银响铃，共计 11 只蝴蝶、33 串银响铃（见图 2—119）。据笔者观察，是否缝缀这些小的缀饰具有一定的偶然性，即便是同一个村寨的不同女性的盛装，有的会缝缀缀饰，有的则不会，如黎平尚重的西迷村侗族女性盛装，有些人在腰带的尾部会缀有垂银铃铛的银蝴蝶，有些人的腰带尾端只以彩色丝线装饰。是否缝缀在于个人的喜好。还有一些缀饰是缝缀在腰间彩色腰带的两端，如小黄侗寨就是如此。

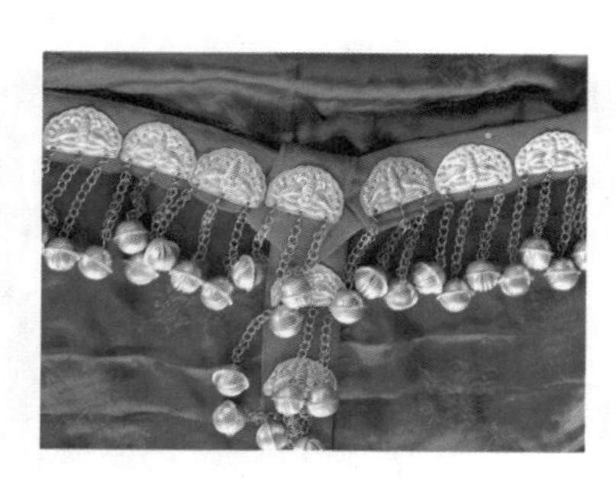

图 2—119 西江缀银饰腰带局部

第三章　贵州苗族侗族女性传统服饰之“技”

贵州苗族侗族女性传统服饰尤其是其盛装的精致与美丽是毋庸置疑的，而精致与美丽的产生离不开精湛而独具巧思的民族传统服饰技艺。在这一章里我们就从刺绣技艺、织染技艺、蜡染技艺、百褶裙的制作技艺、银饰制作技艺五个方面对贵州苗族侗族女性传统服饰技艺进行较为全面、深入的解析。

第一节　刺绣技艺

一　综述

贵州的少数民族在服饰上喜爱以刺绣为装饰，《黔苗竹枝词》称黔苗“当胸刺绣太骄生”。[①]《黔记》载“女红极精，绣蟒不减于顾氏露香园者”；[②]《苗防备览》中有“苗服，惟寨长薙发，馀皆裹头椎髻，去髭鬓，短衣跣足，着青布衫，间用黑布袴，腰系红布，领亦尚红，衣周边俱绣彩花于边”[③]的记载，都反映了贵州少数民族古代织绣艺术。苗族侗族女性服饰中有很多刺绣的装饰，尤其苗族自古好斑斓彩衣，五彩的刺绣可以满足她们这种对服饰色彩的需求。

贵州很多苗族侗族女性传统服饰都给人一种繁复的感觉，但如果细

---

① 雷梦水、潘超、孙忠铨等：《中华竹枝词》（五），北京古籍出版社 1997 年版，第 3562 页。

② （清）李宗昉：《黔记》，《中国地方志集成·贵州府县志辑》（第 5 册），巴蜀书社 2006 年版，第 554 页。

③ （清）严如熤：《苗防备览》，载王有义《中华文史丛书》，（台北）华文书局 1968 年版，第 376 页。

细观察，其服装的结构一般都比较简单——以平面的裁剪得到的衣片很少的服装结构[①]，其复杂一是在于服装的组成部件多，以盛装尤甚；二是有诸多银饰的组成部件；三是多样的装饰手段，即在简单构成的衣片上以刺绣、镶嵌、拼布、绲边等技艺进行的装饰，其中以刺绣所达到的装饰效果最为显著。

苗族刺绣的图案多运用各种变形和夸张手法，体现出独特的民族审美情趣。侗语的刺绣称为 Qiup wap，在农闲时刺绣是侗族女性的一大爱好。侗族女性擅长刺绣，她们会在帐帘、枕套、荷包、褡裢上刺绣装饰图案，也会在衣服上进行刺绣，一般服装上的刺绣多分布在领口、衣肩、袖口、门襟、腰头、裤口以及首服的头巾和足服的鞋面上。其刺绣纹样一般有世代相传的“蓝本”，在色彩上注重对比与和谐。

苗族刺绣与侗族刺绣在纹样、布局以及刺绣在服装上所占的比例均有所不同：第一，从纹样上来看，侗族刺绣以花草、鸟禽、云雾居多，龙纹也是一种普遍的图案，其他动物的纹样并不普遍，此外，抽象的几何纹样是侗族刺绣中较为常见的图案类型；苗族刺绣纹样种类较多，除了抽象的几何纹样和具象的花草、鸟禽、云雾外，还有野兽、山水、人物和神话场景。第二，从刺绣的布局上来看，侗族刺绣更具有一定的规范性与范式，侗族大面积的刺绣（如围裙和背儿带）一般以几何形进行布局和分割，如背儿带是在四方形内接一个菱形，再在菱形中有一圆圈，除了中心的这个圆圈外，四方形与菱形交叉形成多个三角形。[②] 第三，从刺绣在服装上所占的面积来看，除了较少的一些村寨（如黎平县尚重地区的一些侗族村寨）外，今天的贵州侗族女性传统服饰相比苗族女性传统服饰，刺绣在服装上所占的面积要少[③]，尤其对比二者的盛装则更是如

① 也有很少的衣服是立体的结构，但一般都是在服装局部，如西江女盛装的领部以及“旗帜服”的领部，等等。

② 这种看似复杂的、具有多重分割的背带刺绣在制作时是分别制作然后进行组合的：先绣中心圆环以及八个三角形的绣片，然后将这九个绣片分别缝缀在对应的位置上，在对每个小绣片的边缘进行刺绣、绲边、镶缀等装饰。

③ 据笔者查阅有关资料，在几十年前，贵州侗族盛装也有大面积刺绣的款式，其中一些观之其华丽程度与苗族盛装相类，但可能是受汉化的影响，侗族盛装有逐渐简化的趋势，这直接表现在对刺绣的应用上，反观苗族盛装简化的趋势较慢，因此造成二者在刺绣装饰手段上的差异。

此——侗族女性盛装的刺绣多集中在衣服的边缘上，且宽度一般不太宽，如果有大面积的刺绣也多见于围裙上；而苗族的女性盛装有些是用刺绣布满整件上衣，因此在华丽的程度上两者区别较大。

贵州苗族侗族的传统手工刺绣其精彩之处在于它是一种个性化的服饰技艺，即便在具有相同刺绣工艺传承的同一村寨，不同女性刺绣纹样也不尽相同，图3—1是同一个村寨中穿着传统便装的几位苗族女性，她们上衣的刺绣缘边从色彩搭配到纹样、底布的配色以及刺绣的纹样都有着细微的区别。图3—2是榕江县乐里镇一个侗族村寨穿着便装上衣的母女俩，其服饰的刺绣部分从底布的颜色到刺绣的花样都有很大不同。图3—3、图3—4、图3—5中所展示的是前图中女童的便装上衣，分别为上衣全图、上衣领部刺绣局部、上衣袖部刺绣局部。图3—6是榕江七十二侗寨一个侗族村寨中四位中年女性的便装上衣局部，前面三件为便装上衣，最后一件为盛装上衣，其衣襟上装饰有不同的刺绣纹样，从刺绣的图案到颜色的运用、花边的装饰都各不相同。

图3—1　穿着不同刺绣花纹缘边上衣的苗族女性

图3—2　穿着刺绣缘边上衣的侗族母女

图3—3　侗族少女便装上衣

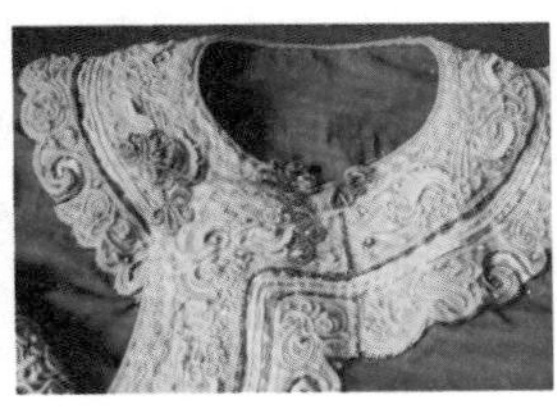

图3—4　侗族少女上衣领部刺绣

图3—5　侗族少女上衣袖口刺绣

图 3—6　同一村寨女性上衣领部刺绣

绣花在贵州苗族侗族女性的生活中扮演着重要的角色，以下两个事例是笔者在从江一个苗族村寨所见。第一个事例是在村子的围场上，几位年轻的姑娘围着一个和母亲过来走亲戚的邻村小女孩，小女孩五六岁的样子，之所以引起大姐姐们的围观是因为她围兜上刺绣的图案——这几个姑娘面对这种从没见过的图案，一边热烈地讨论一边拿出手机将其拍了下来，几位姑娘专注的眼神、小女孩开心的样子都给笔者留下了深刻的印象（见图 3—7）。第二个事例是寨子的大路旁有两位正在做女红的苗族少女。一位坐在长椅上刺绣花带，一位以长椅为桌子描着刺绣花样子，时不时地就手中的活计低声交谈着，她们的旁边站着一个六七岁的小女孩，眼睛一眨不眨地看着两位姐姐手中所做的活计，笔者一行进寨时她们三人就是这样，等一两个小时后笔者从寨中出来时还是这样——做活的少女和观看的女童都沉浸其中，这就是传统服饰技艺的传承（见图 3—8）。

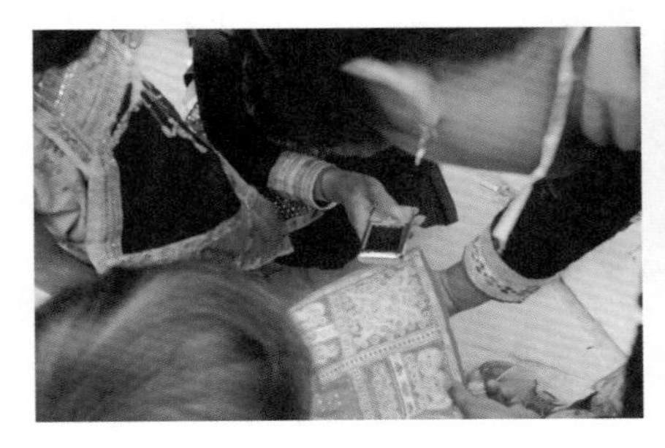

图3—7　正在研究刺绣纹样的苗族少女

图3—8　正在刺绣的苗族少女与观看的女童

相关案例3—1：黎平尚重西迷村侗族女性盛装工艺

西迷村侗族女性盛装的工艺主要是土布的织、染、做亮工艺、百褶裙的压褶工艺以及服装上的刺绣工艺（包括两件长衣一件短衣的下摆和袖口处、围腰的全部面积、围裙的大部分面积、披肩的全部面积、裹腿的部分面积），其中尤以刺绣工艺最为精彩（见图3—9、图3—10）。

尚重地区的侗族女性盛装可谓侗族女性服饰中华美繁复的代表，它的装饰特点在于装饰花纹的“满”，西迷村侗族女性盛装的装饰是其典型的代表：因为刺绣部分面积很大，所以需要先制作出不同部分的绣片，然后将这些绣片分别缝缀在相应的位置组成整体的刺绣部分。在制作时，要先在浆好的棉布上粘上一层红布，然后用剪刀剪成不同的形状，再在此基础上进行刺绣。在色彩上，以绿色为底色和主色调，在此基础上最多的是白色，然后点缀黄、蓝、红等色彩。西迷村侗族女性盛装刺绣部分主要以缠绣、编带绣、贴布绣几种绣法为主，编带绣和缠绣都是要先编或先缠，所以本身也有一定的厚度，因此整个刺绣部分就非常具有立体感，使得刺绣的装饰部分更显华美。

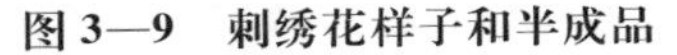

图3—9 刺绣花样子和半成品

图3—10 刺绣完成的一个绣片

相关案例3—2：对剑河县展留村龙政桃的采访

采访时间：2016年1月27日

采访地点：剑河县柳川镇南寨乡展留村[1]

被采访人：龙政桃（女，苗族，60岁）

问：您是从几岁开始做的锡绣？

答：那很早了，从我13岁的时候我就开始学了。

问：那你们现在在做的这种是锡绣吗？

答：是呀，我们在做的这种就是锡绣，锡绣很麻烦，一共有四五道工序，我们现在都在做前面两道工序的绣法，我身边这个人现在做的就是第一道工序，旁边这个人做的就是第二道工序。第一道工序的刺绣做完之后要染色，染完后再做第二道，然后后面还有两道工序的刺绣要做，麻烦得很。

问：那你们做一块这样的刺绣需要多长时间呢？

答：太久了，一道工序要花费大概一个月的时间呢。

问：那你们会经常做刺绣吗？

答：现在是冬季，也没有什么农活干，我们也挺清闲的，大家一闲下来就做刺绣，平时农忙的季节我们就去种地去了，也没时间做。

---

① 到达展留村的路非常难走，得先从南寨乡的岸口渡船，然后再步行1个多小时的山路才能到达。可能由于交通相对比较闭塞的原因，这里的生态环境保护得相对比较好，还有很多女性在做传统的刺绣。

问：现在村里做刺绣的人多吗？有年轻人过来跟你们学做刺绣吗？

答：现在村里我们只要一闲下来就做，年轻的像你们这么大的女孩都出去上学了，但是她们回的时候也会做一些，不做就没有新衣裳穿嘛。

问：您做刺绣的布是自己织的吗？

答：是呀，这些布都是我们自己织的，先用棉絮纺线，再纺成纱，然后再织成布。

相关案例3—3：对台江县五河潘玉珍的访谈（二）——关于刺绣

被采访人：潘玉珍（女，苗族，台江施洞五河人，70岁）

采访时间：2016年3月5日

采访地点：北京市潘家园潘玉珍家中

问：请谈谈您的经历。您是从什么时候开始学习传统服饰技艺的？

答：我是从小就开始学刺绣的，跟妈妈学的。大姐出嫁了，二姐也出嫁了，妈妈就说教你吧，你得会这些啊，从小就接触——缠线、画样子什么的，11岁左右正式学，开始织围腰、织锦，然后开始学数纱绣，再一样一样地学其他的绣法。（潘玉珍指着手中的织锦）像这种织锦的围腰，要反面织正面看，是婚前穿的，婚后可以包小孩，我三天就学会怎么织了。

问：您对各种绣法都知道得这么清楚，懂得也这么多，记得这么清楚，真是很难得。

答：这个（苗族服饰传统服饰技艺）不光是我妈妈要教我我才学，是因为我喜欢。喜欢这个就会学完这种（技法）就想学那种（技法），都想学下来。我学织万字纹布才用了三天就学会了。记得清楚也不是因为记性，而是自己经历过的，还有就是因为喜欢这个（苗族服饰传统服饰技艺）。

问：你们那儿现在做传统服饰的能手还多吗？

答：我们那儿还有这样的人，只不过一般岁数都比较大了。一个村子有三五个吧，唱也唱的[①]，做也做的。过去没有钱的，没法买银子装饰衣服，但有手艺就用绣的，绣满花，比缀银饰还好看。过去你不会这些手艺，就会说你不能干，所以都学。只要学了就会爱上，就会想着学更多的绣法和织法，现在年轻人不爱这些了。

问：您给我展示的这件盛装的每个花纹都有它的含义吧？

答：是。（潘玉珍指着手中盛装上的刺绣）这个是螃蟹。我们苗族古歌里关于螃蟹和虾的歌就有568首！上次一个研究古歌的要我帮着找人给他唱，我找的我一个亲戚，上午10点到的开始录，录到下午4点半，才录了不到一天，没时间就走了，可是我那个亲戚会唱的苗族古歌录两个月也录不完呢。我们做刺绣前，根据古歌，要哪段就画哪段，然后把它绣出来。（为了给笔者解释清楚，潘玉珍展开一件鼓藏衣，指着鼓藏衣上的一个纹样）这个是央公央妹，是我们苗族的祖先。这里为什么有一匹马呢？因为当时他们成亲时故意刁难他们，让一匹马向左走，一匹马向右走，碰到了才可以结婚，后来碰到了。这就是这个场景。这是一个石磨，苗语叫“斗给”（音），这里是一头牛在犁田，这些都是古歌里的场景。这个是狗，狗是我们的朋友。蜘蛛也是吉祥的——古时候没有窗帘，就让蜘蛛在窗户上吐丝织网当窗帘。这里是竹子，按照古歌，是说我们的手都是竹子做的，一节一节的，仙人吹一口气，活了，变成有血有肉的手了。这件鼓藏衣是我讲故事（古歌里的故事），然后请我的一个姑妈来画，她一听到故事，不用起草稿，就能一笔不改地把我说的故事画出来。在我们那儿，有些人是专门画画的，她不绣，她会画，也不用修改，很快就能画出来，请她画完再请人绣，绣的人每天给四五十的工钱，她就可以不离开家不离开孩子挣到钱。（潘玉珍拿出一件童装）你看这上面用的是数纱绣，在我们那儿用数纱绣绣法的都是童装。（潘玉珍又拿起一件百褶裙）你看这件百褶裙上面为什么有这样一条横着的蓝道呢，这个代表黄河、长江。百褶裙这一条条褶就好比是我们的一道道的田。这条是我们施洞的百褶裙，裙摆毛边不能露着，必须折上去，再在背面扦上；台江、台拱、雷山的百褶裙下摆可以剪完就完了，露的都是毛边。（潘玉珍又拿起一件盛装上衣）这个布是“万字布”，又叫“云钩”，住在山顶

① 这里指唱苗族古歌及根据古歌进行刺绣等技艺。

上的高坡苗，她们的盛装袖子上的刺绣是红底绿色刺绣。语言[①]和衣服是配套的——说不同语言的人穿不同的衣服。台江县就有八种不同的语言，就有八种不同的衣服。比方说施洞围腰的带子是红色的，这是水边苗；台江围腰的带子是绿色的，这是山坡苗。我们五河（下游人）的上衣是右襟压左襟，向东的；施洞（上游人）的上衣就是左襟压右襟的。还有施洞武河的围腰是一长幅，直上直下的；台江的在腰头就有进去的两个三角，都不一样。台江流行绉绣和辫绣。在过去，不会织“万字”纹的布是嫁不出去的，现在不讲这些了。

二　花样与工具

（一）花样

贵州苗族侗族女性传统服饰上的纹样非常繁复多样，她们在刺绣时有些时候是直接在布上绣，此种情况多见于较为简单的纹样，或是那些心中有丘壑的刺绣能手；还有一些时候是在花样的基础上进行刺绣。

贵州苗族女性刺绣花样的取得一般有三种方式——手绘、剪纸与印刷（见表3—1）。手绘是以很细的笔沾上特殊的彩色颜料（如革东地区用一种黄色颜料）在布上绘上要刺绣的图案。布有棉布有绸子，颜色一般较深，如黑色、深蓝色等。所画的布面积大小不一，一般都是局部：苗族的刺绣一般是先绣好局部再缝缀在衣服上（尤其盛装更是如此），因此就可以先按照所画的图案把纹样绣好后再缝在衣服的特定部分，所以花样子都是一块一块或一条一条的。剪纸的原理与剪窗花相似，如剪长条形的衣袖花时，可以将数张一样大小的长条纸叠整齐，用有颜色的线（因纸是白色为了拆线时好看故要用彩色的线）将叠齐的这些纸的边绷缝，然后根据图案的对称性再以每个对称中心为中轴将纸对折，用剪刀的尖部剪掉镂空的部分，打开后就是对称的图案了。和手绘的花样相比，剪纸的花样因为是镂空的可以重复使用。一些年纪较大的人刺绣能够不参照任何样图而徒手直接在纸上剪出花样。最后一种取得花样的方式是印刷。这种方式所用的工具有些像几十年前学校考试时油印卷子的方式。在印刷时先将样图放在蓝色复印纸下，在复印纸上用笔沿着样图的边缘

---

① 这里指不同支系的苗语。

线勾线，将勾好线的复印纸安装在油墨机上，将要印图案的布放在油墨机上，盖上盖子后布的上方是复印纸，用滚子沾上蓝色的油墨均匀地在复印纸上滚动，打开盖后复印纸下的布面上就有蓝色的纹样了。这种方式也是可以重复操作得到若干相同花样的。

表 3—1　　对三种花样取得方式的比较

种类	工具	花样的材质	取得花样的数量	特点
手绘	笔、颜料、面料	面料	一张	对操作者本人的技法的要求高
剪纸	纸、剪刀、针线	纸	多张	操作简单
印刷	复写纸、笔、油墨机、面料	面料	多张	操作工程较复杂

花样的交流一般是在母亲、邻里亲朋和姐妹之间，但现在集市上也有很多售卖的花样。售卖的有些是用第一种方法直接手绘在布片上的，还有就是卖的纸质的花样——用大红纸衬在白色镂空的花样上，有些售卖者为怕落上灰还会在外面还罩一层薄薄的塑料袋。

（二）工具

在过去的年月，女红曾经是贵州苗族侗族女性生活中重要的组成，其中刺绣技艺繁复而需要耗费很多时间，是女红中重要的组成部分。“工欲善其事，必先利其器”，在刺绣时，很多女性都会用到一种特殊的工具——纸质针线包。

相关案例 3—4：独特的纸质针线包

纸质针线包是用折纸的方式将纸折成可以收纳、有厚度的一个个小袋子，用来收纳针线等杂物，极具巧思。它的材料是一种具有韧性的厚棉纸，有些年代久远的会泛起像油纸一样的光泽，它虽然是纸质的，但为了用得长久其封面一般以自织的土布进行贴面进行保护。它的封面一般都绘有花纹，笔者所见的有左右两只“龙”（见图 3—11）及牡丹花卉的样式。它一般有四扇，左面两扇对折成为书的偶数页，右面两扇对折成为书的奇数页。打开它是四扇的“针线袋子”，每个“针线袋子”有上下两个正方形的收纳格子，四扇共八个格子，格子的封面上会用各种色彩描绘出花卉的图案：每个格子单独有图案，八个格子组合起来又是一个整体的图案，非常巧妙。每个格子可以分门别类地放入各色彩线以及各种尺寸的针。除了针线，一些常用的绣花样子也会被夹在其中得到很好的保存。当地女性都会好好保护自己的纸质针线包，因此它虽然是纸质的，且有些都用了几十年，尽管有些破损，但还是继续承担着它的使命。

当然也有简易版的收纳包，笔者在雷山县时曾请当地一位苗族女性为我们演示缠线的过程，她从一本流行歌曲的曲谱中小心翼翼地拿出了夹在其中的花样子，她的花样子是用蓝色复印纸将花样复制在白纸上再按照边缘线剪下来的，有动物、植物、人形等图案（见图3—12）。

图3—11　台江地区的纸质针线包

图3—12　雷山苗族女性夹在书中的刺绣花样子

侗族女性在绣花时有一种特殊的辅助工具——绣花篮。绣花篮又称为“舟篮”，是盛放针、线、花样子以及银插花、银梳、银手镯等银饰的盛器，也是侗族女性日常必备的用品。绣花篮整体造型为长方形，长约50厘米、宽约20厘米。编制绣花篮的是专门的篾匠，一个篾匠一天能编制一个绣花篮。制作绣花篮的工艺较为复杂，仅破篾就由好几道工序组成，破篾后还要进行削光等处理步骤，然后才是编制，有些绣花篮还会用彩色画出花草鱼虫的图案。

今天刺绣所用的线也是不同往日：传统的绣线多为苗族侗族女性以生丝染色而成，较难获得且较易褪色，但色彩淡雅；现在人们基本上都用市售的、以化学染剂染出的丝线（见图3—13）。这种丝线色彩种类多、色牢度好、色彩艳丽，但也因此失去古拙之美。笔者2011年到贵州考察时，在市集中见到这种化学染色丝线，不同于我们常见的滚轴，而是成束售卖，一束人民币2—3元。

图3—13　市集中售卖的化学染色丝线

三　贵州苗族刺绣技艺

苗族有一首《花之歌》是这样唱的："花花衣裤花头巾，花帕花带花围裙，花花鞋子花花伞，花花场赶花花人"，所讲的就是用刺绣的工艺手段来装饰的花衣。格罗赛（Ernst Grosse）在《艺术的起源》一书中这样说过："完全由自己想象构成的图形，在装潢艺术上从来没有占过重要的地位。它们在文明人群中也是比较的少，在原始民族中更是绝对找不到，装潢艺术完全不是从幻想构成的，而是源于自然物和工艺品的。"① 同样，贵州苗族侗族女性刺绣的纹样绝大多数都来自生活，还有就是源于本民族的历史和传说，其中以苗族尤甚。"苗族巫术信仰的神灵有两种：自然

① ［德］格罗赛：《艺术的起源》，商务印书馆1984年版，第90页。

物、植物和动物神的‘拟人化’与祖先神的‘拟物化’。自然物的拟人化就是一种原始的‘神话形象思维’，由于‘万物有灵论’和‘互渗律’的作用，在苗人眼中关于世界的图像是有机的，他们坚信万物有灵，灵灵相通，所有的事物既是物质的又是精神的，并且互相感应联系，因此在苗族刺绣中它们的形象也全部通过‘神化’处理，拟人、夸张、象形的手法比比皆是。”[①] 这些民族文化的浸润体现在服装上就是外化为那些充满想象力的，甚至具有魔幻色彩的刺绣图案。

（一）苗族服饰图案

苗族刺绣中的传统图案种类很多，多为具象的动物与植物[②]，较为常见的有龙、鱼、鸟、牛、蛙、蝴蝶以及牡丹、荷花等花卉图案。这些图案具有丰富的民族文化内涵，承载了诸多图腾崇拜、生殖崇拜、祖先崇拜等不同的寓意。除了具象的图案以外，几何形的抽象图案也是苗族女性服饰上常见的装饰类型，这些抽象的几何纹样除了极少的只具有纯装饰性以外，大部分都是对苗族人民生活中所见事物的抽象简化，也有一些与神话传说及图腾崇拜密切相关。

苗族女性服饰图案的大体类别以及局部搭配等有着代代相传的一定之规，但刺绣者又是相对独立的个体，她们都有着自己各自的审美，因此在刺绣时也会根据自己的喜好对传统图案进行一定的修改，这又造成了每个绣品在共性之外的独特个性。我们可以将苗族女性服饰图案主要分为以下几个方面：动物类（包括图腾图案）、植物类、人物类、几何类、情境类、汉字类，现择其要点进行分析。

相传历史上苗族不同的支系以不同的图腾作为氏族的象征符号，以此来护佑人民的安康平顺，这些图腾有些来源于自然界真实存在的动植物，如蝴蝶、鱼、鸟等，有些则来源于神话传说，如龙、盘瓠等。

龙在苗族人民心中是一种图腾，也是一种吉祥物，既能兴云布雨，又能消灾降福。苗族《引龙歌》中是这样描述龙的重要性的：“没有了水龙，养猪猪不肥，养鸡鸡不大，种谷没得吃；把龙接回来，养猪猪也肥，

---

① 尹红：《黔东南苗绣艺术中的原逻辑思维》，《艺术探索》（广西艺术学院学报）2005年第19卷第2期。

② 如安顺县收集的苗族蜡染制品有410种，其中鱼纹有47种，蝴蝶纹有28种。

养牛牛都大，养鸡鸡也有，谷子堆满仓，有吃又有穿，家家都富裕。”龙在苗族文化中能施雨以使五谷丰登，能为人民带来幸福安乐，是美好的象征。龙纹样的种类很多，如水牛龙、蚕龙、双头龙、盘龙、卷龙、鱼龙、飞龙、蜈蚣龙、人头龙，等等。龙纹在贵州的黔东南地区比较流行，例如西江苗族女性盛装上的衣袖花就是以刺绣的技法装饰的各种以龙为主题的图案，比较常见的有蚕龙——身体短胖，有明显的肢节，呈蚕形，有两足或四足；鱼龙——也称为鱼变龙，此龙身体肥短，尾巴宽大如鱼尾；飞龙——头为龙头，身子为鸟身、蚕身、鱼身等；蜈蚣龙——此龙身体细长，头为蜈蚣，自头至足皆长满须鳍；叶龙——头部为蚕头或龙头，身体细长，形似蜈蚣，或为一头双身，身体两侧长满双鳍，似野蕨叶。用辫绣、绉绣等刺绣技法刺绣龙纹是西江女装的一大特点，因此此种纹样具有突出的立体肌理效果，笔者所见的龙纹样一般以绿色为主色调，在此基调上有墨绿、草绿、石绿等不同渐变层次，间以小面积的粉色色带装饰，而底布一般为大红色，红绿对比鲜明，用色大胆。

图 3—14　苗族女盛装中的龙纹样图案

图 3—15　受汉族龙凤纹样影响的现代苗族刺绣中的龙凤图案

蝴蝶纹源于苗族对“蝴蝶妈妈”（“妹榜留”）的祖先崇拜。在苗族的传说中，蝴蝶妈妈生了 12 个彩色的蛋，蛋内的小生命有一个就是苗族的始祖姜央，因此蝴蝶成为苗族女性服饰中常见的纹样类型。黔东南地区蝴蝶纹样运用较多，如在台江施洞地区的蝴蝶纹样很多是表现“蝴蝶妈妈”的形象：有人面人身蝴蝶翅膀的造型，有人面蝴蝶身的造型，有人面蝴蝶身并长着长长翅膀的造型。贵州东部苗族的蝴蝶纹样受汉族蝴蝶纹样影响，其造型取材于现实生活中的蝴蝶，一般与折枝花一同出现，体现“蝶恋花”的主题。

苗族女性服饰中的鸟形纹样也很常见，有的来自现实的鸟类，如孔雀、仙鹤、锦鸡、喜鹊、鸳鸯、鹌鹑等；也有的来源于传说，如凤凰[①]；除此之外还有作为图腾崇拜物的鹡宇鸟。在苗族创世神话中，神鸟鹡宇帮助蝴蝶妈妈孵化了12个蛋，因此才有了人类与万物，因此鹡宇鸟也是苗族鸟纹样中很常见的一种类型。鸟纹样在服装上基本是与其他纹样组合出现，如与花草组合，与人（代表苗族始祖“姜央”）组合，与蝴蝶、鱼组合，等等。苗族盛装中很具代表性的“百鸟衣”是苗族传统服饰的精品，其上绣满各种鸟的纹样，“百鸟衣”的条裙下衣是一圈长飘带，飘带的底端缀有白色的鸟羽，与服装上百鸟衣的主题呼应。

动物图案中运用比较多的还有鱼纹样（见图3—16）。苗族人对鱼的喜爱因其多子，有生命力强、繁殖力强的象征意义。在牯藏节时，苗族的牯藏头要用干草将干鱼绑在额头上装饰以避邪。还有一些苗族地区在过鼓社节时用鱼来祭祖。鱼也是苗族人喜爱的食物，流行于黔东南的《苗族史诗·蝴蝶歌》中唱道：“榜生下来要吃鱼，鱼儿在哪里？鱼在继尾池。继尾古塘里，鱼儿多着呢！草帽般大的瓢虫，仓柱样粗的泥鳅，穿枋般大的鲤鱼。在这里得鱼给她吃，榜略好喜欢。”[②] 苗族女性服饰中多见鱼纹。在黔东南地区，鱼纹经常和龙纹一起出现，这是因为鱼纹还被认为是龙纹的原形，“被苗民称为‘然构’的大鲶鱼鱼形，有‘鱼公公’的含义。长长的身体，宽大的嘴，还长着长长的胡须，四周总是围绕有小鱼、小鸟，欢呼雀跃，有着王者风度的‘然构’被视为龙的原型”[③]。在苗族传说中也有着“鱼变龙”和“龙变鱼”的说法。贵州东部地区的鱼纹比较写实，会与花卉进行组合。

---

① 在苗族文化中，有时凤与鸟是一个统一的概念，如黔东南地区苗族女性头上所戴的银凤雀，其造型来自“凤”与“鸟”两种形象。“苗族的凤实际上便是鸟，黄平一带称为‘嘎’（鹤）、雷公山称为‘浓’（野鸡），丹寨地区称为‘斗’（即鸟）……”辅仁大学织品服装研究所中华服饰文化中心：《苗族纹饰》，（台北）辅仁大学出版社1993年版，第13页。

② 马学良、今旦：《苗族史诗》，中国民间文艺出版社1983年版，第167页。

③ 钟茂兰：《民间染织美术》，中国纺织出版社2002年版，第184页。

图 3—16 苗族服饰中的鱼纹图案

动物类中除了动物的整体外也包括动物的局部，如角图案。苗族的角图案有水牛角、羊角和鹿角，其中以水牛角最为常见。牛角图案的运用与苗族对牛的崇拜相关，他们的神话中也有关于牛的传说。

除了具有图腾崇拜和吉祥意义的动物图案外，一些生活中的动物也会出现在刺绣中，如青蛙、老鼠、兔子，等等（见图 3—17）。

图 3—17 苗族背儿带上的青蛙图案

苗族的植物纹样种类繁多，其中有很多是取自自然界中的花草植物，如桃、李、菊、莲、石榴、浮萍、葫芦、水草、蕨草、向日葵、鸡冠花甚至野生的蕨菜等，取其花瓣、花枝、茎叶、蓓蕾进行构图和组合（见图 3—18）。植物纹样中还有在苗族的诞生神话中占有重要地位的枫树。枫树也是苗族的图腾，在苗族文化中，枫树是一种神木，有神通[①]，与苗族的祖先蚩尤有关，《山海经》中有“有宋山者，有赤蛇，名曰育蛇。有木生山上，名曰枫木。枫木，蚩尤所弃其桎梏，是为枫木”的记述，郭璞注云：“蚩尤为黄帝所得，械而杀之，已摘弃其械，化而为树也。”[②]《述异记》中更有枫木成精变为人的传说：“南中有枫子鬼，枫木之老者，为人形，亦呼为灵枫焉。”[③]

图 3—18　雷山苗族围裙上的花朵图案

在苗族刺绣图案中，也经常可见人物的形象（见图 3—19）。这里的

① 关于枫树的神通，《南方草木状》记载：“枫人。五岭之间多枫木，岁久则生瘤瘿。一夕，遇暴雷骤雨，其树赘暗长三五尺，谓之枫人。越巫取之作术，有通神之验。取之不以法，则能化去。”（晋）嵇含：《南方草木状》，载《汉魏六朝笔记小说大观》，上海古籍出版社 1999 年版，第 260 页。

② 佚名：《山海经校注》，袁珂校注，上海古籍出版社 1980 年版，第 373 页。

③ （南朝梁）任昉：《述异记》，中华书局 1931 年版，第 24 页。

人物形象可以是表现生活中的人，如进行生产生活活动的苗族人民；但更多的是再现苗族神话传说中的情景，如对苗族祖先姜央形象的摹写。在苗族刺绣图案中，人物纹样一般不会单独出现，较多地表现为与动物纹样的组合，如表现开天辟地的传说中与牛、龙的组合；表现婚嫁场景中和花、鸟的组合，等等。这些组合不是无意义的出现，一般都具有它背后隐含的深意，“在民间故事里我们还见到人的性命有时同草木的生命联系在一起，随着草木的枯谢，人的生命也因之凋萎”①。

图 3—19　苗族服饰人物图案

几何纹样在中国的历史上由来已久。1982 年，湖北江陵马山楚墓出土的丝绸织锦，包括春秋、战国时期的锦、绣等门类，从中可以看出其时已具有相当先进的织造工艺，其中有菱形纹和规矩纹。我们在黔东南

① ［英］J. G. 弗雷泽：《金枝》，徐育新、汪培基、张泽石译，新世界出版社 2006 年版，第 634 页。

黎平县苗族的织花背儿带纹样和凯里舟溪、雷山、剑河等地的织锦上也能看到与此非常类似的菱形纹和规矩纹。与具象的图案相比，苗族刺绣中的几何图案所占比例较小，如在衣服的衣袖处或者背儿带的四边，或是作为花带的纹样。苗族的几何纹样是对具体事务的简化与抽象，“在几何纹饰中有许多几何图形如三角形、正方形、长方形、平行四边形、五边形、六边形、万字纹、菱形、圆形、螺旋线、星形线、玫瑰线等这些最基本的图形通过连接、对称、组合又构成了基本的纹样如锯齿纹、网纹、菱形八角花、回纹、水波纹、卷蔓、团花、牛角纹、鱼纹、蝶纹、龙纹，等等”①。如果将几何图案进行细分，可以分为直线型的几何纹样与曲线形的几何纹样。前者如三角形、正方形、长方形、五边形、六边形、菱形、“卍”字等形状（见图3—20），多为二方连续、四方连续、八方连续来排列，经过组合代表了特定的图案，如“山川”“江河”“田园”“城池”等，此类几何纹样在黄平和雷山等地区可以见到；后者比较典型的如涡旋纹（苗语称“窝妥”）（见图3—21）。

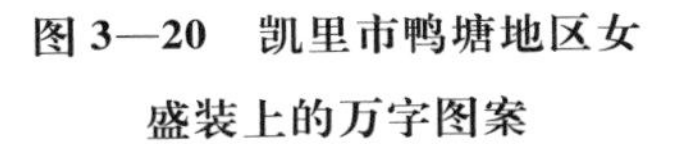

图3—20　凯里市鸭塘地区女盛装上的万字图案

图3—21　“窝妥”图案线描图

最后一种是对某种情境进行摹写的纹样，这种图案一般是对苗族神

① 肖绍菊：《苗族服饰的数学因素挖掘及其数学美》，《贵州民族研究》2008年第28卷第6期，第109页。

话传说中某个场景的再现，如创世纪神话中的“种枫树”和“鹡宇鸟孵蛋”的场景，或是“造日月”“射日月”等神话传说中的场景，对这些情境的描摹一般都是以多种纹样进行组合而成的图案。黔东南的凯里、雷山苗族女性的盛装有一个名字叫“雄衣”，即男人的衣服，苗语为“ud bad”（乌背），“其特征是无领，对开襟，（衣）衽上缀有花边、绣袖，其花纹有勇士搏斗，双牛觝脚，以及各种鸟禽、猛兽，有的还绣着人、兽、龙、鸟和花草，同在一个画面上，借以传承苗族先民与鸟兽同居、茹毛饮血的痕迹”①。

苗族的刺绣图案中还有一种非常有趣的类型，就是以汉字为图案。图3—22是笔者2012年在雷山进行田野调查时所采集到的一个样本，是一件女性盛装上衣的局部。此上衣做工精致、装饰繁复，其最大的特点是全部以“汉字”为主体图案。图案中汉字的部分用绉绣手法，每个汉字颜色各不相同——红、粉、绿、蓝、紫，即便是同一色系（如绿色），每个字也用不同色调进行区分，每个汉字为一个小的主体，占据一个方格，其外用平绣、堆绣等手法装饰有三层几何纹样的花边。汉字有繁体有简体，并不统一，笔者就此问其主人，答曰：刺绣者并不识字，也不知道繁体简体之间的区别，只是觉得汉字好看，将其作为“图案”来绣。笔者听闻，非常震惊。图3—23是台湾学者江碧贞和方绍能1990年在雷山地区所采集到的一个样本的线描图，也是一件女性盛装的上衣，也是以汉字作为图案进行装饰，装饰部位是在两袖的位置，是一对衣袖花。据笔者调查，以汉字为图案应是从20世纪五六十年代开始，其原因应是当时的扫盲运动，认字是一种“时兴”，聪慧的苗族女性就以此为“图案”将其绣在自己心爱的盛装上。后来笔者也采访到两位将“汉字”作为图案刺绣在衣服局部的苗族女性，她们普遍年龄偏大，并不识字，在她们心里“字”与其他的图案并无不同，她们只是将其像画画一样照着绣下来。

① 翁家烈、姬龙安：《中国苗族风情录》，贵州民族出版社2002年版，第37—38页。

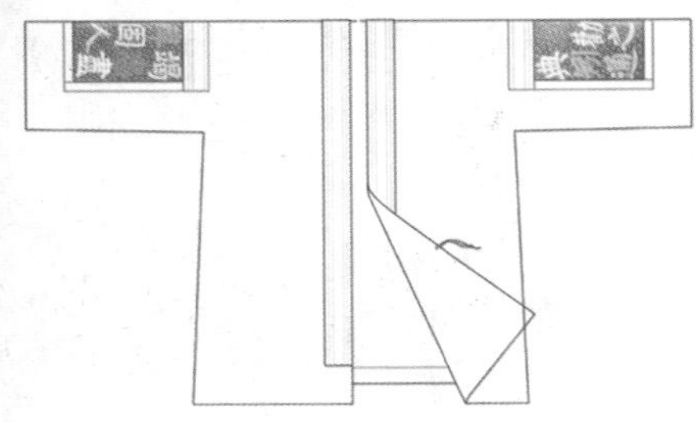

图 3—22　汉字图案盛装局部　　　图 3—23　汉字图案盛装款式结构款式

（二）苗族服饰刺绣针法

苗族刺绣的主要针法有平绣、锁绣、辫绣、绉绣、缠绣、数纱绣、锡绣、打籽绣、破线绣、贴布绣、堆花绣、挑花绣等。

平绣是苗绣中一种基础的针法，因其较为简单所以应用广泛。平绣一般与纸模[①]结合在一起，按照纸样以平针走绣，单针单线，针脚排列均匀，纹路平整光滑。很多人在刺绣时把纸膜覆盖在面料上，然后根据图案的具体形状以各色彩线用平针把纸模覆盖住，因此我们经常可以摸到在面料和刺绣之间有一层硬硬的东西——那就是纸质的花样子。西江地区苗族女性服饰中，有很大一部分用的是平绣，主要运用在两个袖部、老年人的围裙上以及飘带裙上的花纹中（见图 3—24），多以平绣刺绣龙、蝴蝶、鸟、鱼、蛇、花、石榴、葫芦等图案；施洞地区的平绣图案有龙、蝴蝶、鸟、鱼、牛、马、虎、猴、兔、修狃等动物。

锁绣是中国一种古老的刺绣方法，在中国出土的一些织物残片上有锁绣的纹样，如在湖北荆州江陵马山一号楚墓出土的战国时期的织物上有锁绣的动物纹样；在湖南长沙马王堆一号汉墓中也出土了西汉时期的锁绣绣片。锁绣一般适合做长条形的装饰图案或是作为边缘的分割线。也有一些地区将锁绣技法用于某个物体的整体性刺绣，如岜沙女性盛装的胸兜就是用锁绣绣出一片片花瓣，组成一朵大花。锁绣技法有单针、双针之分。单针法锁绣是以一针一线来刺绣，每插一针结一个扣，将针

---

① 纸模也叫剪花或苗花纸，是刺绣图案的纸样子。

图 3—24　平绣

从扣中插入，形成一环扣一环的纹路；双针法在刺绣时运用双针，所用绣线一粗一细，粗线作扣，将细线穿入孔中然后扎紧。此外，还有开口锁绣，这是由普通锁绣变化而来，每一个底部都是开放的，从而形成更宽的链条，使填充的区域更加密实。[①]

辫绣是苗族刺绣特色技法之一。辫绣是在"绣"之前先要进行"编"的程序——先将彩色丝线按 6 根、7 根，至多 15 根为一组，编成细密均匀的辫带，然后再将这些彩色的辫带按照图案的形状钉绣在底布上。辫带在编织时用力需均匀，编出的带子要直、顺，上下粗细一致。直辫绣可以是按照平铺的方式将两股丝线像编辫子一样编成"人"字形辫带；也可以变成更具立体感的圆圈式的由一个个小疙瘩组成的辫带。很多苗族地区盛装上衣上的衣袖花就是用彩色的辫带缝缀而成，图案多为龙、鱼、虫、花卉等图案。

绉绣与辫绣相类，编制的小辫不皱起、平铺在布上的是辫绣，而皱起的则为绉绣。绉绣在制作时，是将八九根或十几根丝线编成小辫，然后将小辫按照所设计的花样均匀地绉起，由外侧向里侧钉在布上。与更为平整的辫绣相比，绉绣具有非常明显的凹凸的肌理效果，很有立体感，也适于做渐变的效果，如台江地区的辫绣衣袖花有深深浅浅的绿色，非

① ［日］鸟丸知子：《一针一线：贵州苗族服饰手工艺》，蒋玉秋译，中国纺织出版社 2011 年版，第 42 页。

图 3—25　西江苗族用于打辫子的木凳

常悦目。这种绣法在凯里和雷山地区也很流行。

图 3—26　绉绣

缠绣是先将一根棉线（或用麻线、丝线和马尾鬃等材料）用丝线不留缝隙地缠绕起来，然后根据图案的起承转合将缠绕着密密丝线的棉线圈出各种造型或作为图案的缘边，一般以曲线造型为多：半圆、四分之三圆、正圆，等等。

锡绣其实是一种缝缀的工艺，其做法有三：一是将卷成小筒并压平的小锡条按照所设计的纹样（一般都为类似万字纹的几何形，近些年也有了新的设计）缝缀在布面上；二是在制作时先用线在土布上按照既定的构图进行挑花刺绣，然后用特制的锡箔剪成大约宽 1.5 厘米的锡条，卷边后钉在绣布上，形成黑底银花绣片；三是裁剪出很细的锡条（约 0.3 厘米），以此为经线，以普通丝线为纬线，按照所要绣的图案将两者穿插得到图案。如先将一片锡箔从一边裁开裁出若干锡条，另一边不裁到底；然后将没有裁断的这一边用线固定在长条状的硬纸板上，此时锡条全部并列排列开来；按照所设计的图案用丝线在这些锡条中间边挑边固定，从右至左到背面后再从右至左一排排绣过来形成图案。因工艺的复杂，这种绣法已不多见。锡绣纹样主要有“万”字纹、“寿”字纹或几何纹，一般锡绣的底布以染成藏青色的土布为多，闪亮的银白色锡片与低沉的底布颜色构成明暗的对比。剑河锡绣主要分布于贵州省剑河县境内的南寨、敏洞、观么等乡镇，先用棉线在布上挑花，然后将金属锡丝条缀于图案中，再用黑、红、蓝、绿四色蚕丝线在图案空隙处绣花。

图 3—27　锡绣

打籽绣在苗族刺绣技法中较为特殊，虽然苗绣中的很多技法都具有立体感，但打籽绣“打”出的一粒粒小籽非常细密、厚实，像开口的石榴一样凹凸相间，具有更为立体的观感。在制作时，先是用缠丝线钉在花纹的边缘形成外轮廓的边缘，然后在边缘中刺绣。“打籽”的方法如下：刺绣时每插入一针时在布面上回针，用丝线缠绕二三圈后插入绣布，形成颗粒状的丝线结，如此反复，使丝线结布满花纹的轮廓线。凯棠地区的女性盛装多采用打籽绣和堆绣的手法，花纹集中在衣领、两肩和袖肘处，其中打籽绣的花纹以红、绿、白三种颜色间隔，成为服装上的亮点。台江革一地区的打籽绣在贵州地区较为著名，以白色、粉色、红色、绿色为主色调，肌理细腻、色彩典雅。

破线绣是苗族刺绣技法中很特别的一种，它不是运针法而是一种运线法。破线绣的针法没有特别之处，在绣时多用平针的针法。是将丝线破分成8—12股细丝，以此细丝进行刺绣。因进行破线后的丝线极细，所以以此制作的绣品极为平整细腻，具有很好的光泽度。破线绣的关键在于破线，其方法如下：第一，将双股的丝线先展开成单股的丝线，将此丝线穿针后在尾部打结；第二，将皂角包成塑料小包；第三，将打过结的线穿过包裹皂角的塑胶包，每股线的尾端一个皂角包；第四，被皂角的黏性捋过的丝线因线端垂着的皂角包的重力而更加顺滑并具有光泽，待其晒干后就可以进行破线了。在用破线绣进行刺绣时一般都把所要绣的图案的剪纸纸样用皂角粘在底布上，在刺绣时按照纸样的外轮廓将其一针一针地覆盖即可。需要注意的是破线绣每针之间不要有缝隙的间隔，这样绣出来的图案才更漂亮，因破线而形成的光泽才更连贯。与其他绣法不同，破线绣的绣片更怕脏，因此绣完一块就需要用薄纸盖住一块以维持其新净。台江县施洞地区苗族妇女运用此技法精湛，其盛装上衣以红色为主，其用破线绣所绣的水云纹、人纹和鸟纹非常精致（见图3—28）。

贴布绣与其说是一种针法，不如说是一种布片的装饰方法，但因其同样需要针线缝缀装饰，我们在这里将其也纳入刺绣技法中。制作贴布绣要先在布上剪出需要的图案形状，一般都用有颜色的布，如自织自染做亮的亮布。将剪出形状的亮布放在底布上，然后用彩色丝线沿着亮布的边缘盘阵固定。将绣好边缘的底布沿外轮廓剪出，缝缀于衣服上，贴布绣就完成了（见图3—29）。剑河地区小童的衣服以及童帽的帽顶多用贴布绣。凯里舟溪、丹寨扬武以及麻将下司地区多用贴布绣来装饰服装。

图 3—28 破线绣

图 3—29 贴布绣

堆花绣也是一种布片的装饰方法，因其固定时也需要针线，且一般不会独自使用，多与打籽绣等其他绣法混合搭配，因此也将其列入刺绣技法中。与贴布绣一般使用单一色布进行镂空剪刻不同，堆花绣多用不同色布混合搭配或是用同一色系的布进行渐变的搭配。制作堆花绣的方法如下：将上过浆的布裁成大小相等的等腰三角形布片，从最大角顶部引对折线，按此中心线对折形成一个更小的等腰三角形，并用针固定，将这些折叠好的等腰三角形布片错开排列，每个尖角之间的距离大概在0.2—0.5厘米（根据图案的需求调整间隔），层叠的层次有多有少，最多能达到15层。用若干这种层叠并错开的三角布拼成设计好的图形，一般以几何图形居多，也用于比较具象的图案，如龙身的龙鳞部分。堆花绣将排列间隔的规则性与布片多彩的颜色完美组合，在规整中见跳跃，是一种美丽的装饰手法。台江革一、施洞和凯棠地区较多运用堆花绣的技法，图3—30所示为台江革一堆花绣。

图3—30　堆花绣

数纱绣是苗族女性较为常用的一种绣法。数纱绣是根据所设计的纹样通过数底布上的经纱和纬纱的根数进行挑绣。数纱绣有不同的绣法，有的是从底布的正面挑绣，如绣交叉的十字形；以底布的正面朝上，根据纹样（一般为几何纹样，如长方形、正方形、棱形等）数纱线，从右向左施针，到达图案设计的边缘线后剪断打结，然后再回到右边，从第二行开始从右向左施针，如此往复，绣出的图案具有充满秩序感的规整性，与织花相类；再如从底布的反面进行平挑，正面得到的是与反面相反的图案——反面线迹较短而正面线迹较长，在刺绣时需要运用逆向的思维；还有一种是在白色底布上通过数纱的方式以黑线进行正反两面的挑纱，这种绣法多见于袖口翻折部位的装饰。在绣时按照事先想好的图形布局，以面料的经纬纱计算图案的造型。挑花绣的整体结构工整，讲究对称，其图案多为几何造型，富于结构感。以贵阳市花溪一带的挑花最著名（见表3—31），常见的挑花图案有牛头、羊头、狗头、青蛙、螃蟹、燕子、水爬虫、冰雪花、刺藜花、浮萍、荷花、稻穗、荞子花、铜鼓、灯笼、铜钱、太阳、楼阁、田园、桥梁、河流、银杈、猪蹄杈、牛蹄杈、苗王印等。贞丰县女性上衣的衣背多以深蓝色或深绿色的丝线挑花而成。在挑花时，丝线分横纵两个走向，每个单独纹样图案规整，都是左右、上下均等对称。其地的围裙也是用挑花的工艺，以白棉线在自制自然的蓝青色底布上挑花，颜色对比鲜明。

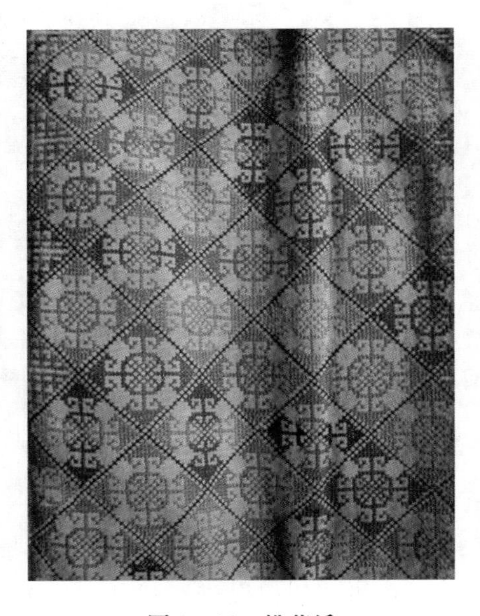

图3—31　挑花绣

相关案例 3—5：花溪苗族挑花绣及其历史沿革

花溪的挑花绣是数纱而绣，在绣时头脑要一直保持警醒，一根数错则会影响下面的挑花的位置。在制作时，不用底稿，在底布的反面挑绣，绣好的纹样在正面呈现整体的效果。“花溪苗族挑花技艺具有追念祖先、记录历史、表达爱情和美化自身等功用，同时又有很强的装饰性。”①

花溪苗族挑花的艺术风格可分为早、中、晚三个时期，1900 年以前为早期，挑花底布为自织自染的青色麻布，以银色调为主，白色中点缀有小面积的彩色，图案为几何纹样；1900—1966 年为中期，底布多为自织自染的青色麻布，也有一些自织自染的青色土棉布，色彩较为艳丽，多以红色调为主，再配以彩色丝线，图案也更加丰富；1967 年至今为晚期，此时期挑花底布色彩和质地都呈多样化趋势，甚至使用窗纱为底布，所用的彩线除了蚕丝线还有毛线，图案也更加多样化。

四　贵州侗族刺绣技艺

(一) 侗族服饰图案

刺绣是贵州侗族女性服装中重要的装饰手段，“孔雀遇到金鸡，总要开屏比美。侗族姑娘遇到节日，总要换上新衣服，看谁绣的最美丽”②。侗族女性服饰中的图案多为花草、鸟鱼、龙蛇与几何图案。除了日常生活中出现的动植物形象外，很多侗族刺绣纹样背后一般都蕴含着丰富的民族文化内涵：鱼图案、棱形图案与鱼崇拜有关；水波图案、漩涡图案与水崇拜有关；龙图案、蛇图案、漩涡图案与龙蛇崇拜有关；云雷图案与天崇拜、雷崇拜有关；齿形图案与山崇拜有关；圆圈图案与太阳有关，等等。现将侗族女性服饰纹样分为动物图案（以图腾图案为例）、植物图案、自然和天体崇拜物、井纹样、多耶纹样与祖庙纹样、几何纹样等类别进行介绍。

---

① 吴安丽：《黔东南苗族侗族服饰及蜡染艺术》，电子科技大学出版社 2009 年版，第 187 页。

② 杨通山：《侗乡风情录》，四川民族出版社 1983 年版，第 63 页。

图 3—32　七十二侗寨女性盛装上的刺绣

侗族女性服饰上的动物图案有龙纹样、蛇纹样、鸟纹样、鱼纹样、蜘蛛纹样，等等。龙是中国传统的一种吉祥象征，这种在神话传说中出现的动物具有随心变化的异秉，“龙，鳞虫之长，能幽能明，能大能小，能短能长，春分而登天，秋分而入渊”①。在侗族古歌与民间神话中，姜良与姜妹是侗族的祖先——龟婆孵出后生松恩和姑娘松桑，二者结合后生下了龙、蛇、虎、熊、猫、狐、猪、鸡、鸭、雷以及姜良、姜妹，因此龙与侗族是兄弟姐妹的关系。龙纹样是侗族刺绣图案中常见的纹样，经常以云龙、盘龙、翔龙、二龙戏珠、双龙双凤等形式出现。黎平茅贡侗族螺丝衣也是古老的盛装，“因纹饰卷曲如螺丝，被称为‘螺丝衣’，其刺绣精致，图案结构完美。以侗族民间信仰来看，此螺丝纹应当为龙纹。与此衣相配的是花带帘裙”②。

① （汉）许慎：《说文解字》，中华书局 1978 年版，第 245 页。

② 廖君湘：《侗族传统社会过程与社会生活》，民族出版社 2005 年版，第 269—270 页。

侗族的祖先古越人有崇拜蛇的习俗，《说文解字》载：“闽，东南越，蛇种。”[①] 在侗族的传统文化中，蛇是龙的化身，他们认为蛇是吉祥的象征，从不吃蛇肉。侗族认为“萨岁”是跌下龙身而坐上神坛的，因此如果在庙宇或祖坟看到蛇，都会被视为是“萨岁”显灵，如孕妇梦见蛇进屋，则意味会生贵子。“黎平银朝侗族古老的盛装，绣饰精美华丽，婚嫁及重大活动时穿用，现今犹存其富丽堂皇的光彩。叶片式帘裙，令人追忆起原始时代人们编草叶为裙的情景。帘裙上绣饰的‘滚圆形龙纹’，反映出侗族对龙蛇的崇拜。”[②] 这种对蛇的崇拜其实还包含一种敬畏的心理，在很多侗族地区，人们禁止捕蛇和吃蛇肉，如果不小心吃了要马上漱口去其味，唯恐“蛇神”见怪。因此，在侗族女性服饰中也经常会出现蛇的造型。

古越人有崇鸟的习俗，“越地深山有鸟如鸠，青色，名曰冶鸟……越人谓此鸟为越祝之祖”[③]，《吴越备史》中也有如下的句子：“有罗平鸟，主越人祸福，敬则福，慢则祸，于是民间悉图其形而祷之。”因此鸟纹样也是侗族的图腾纹样。侗族的创世古歌有这样的故事：世上只有姜良与姜美两兄妹，是一只鸟做媒人促使他们二人结成了夫妻，而后繁衍出了人类的后代；又是这只鸟为二人衔来谷种，使得他们可以耕种生活下去，因此侗族人“敬鸟如神，爱鸟如命”，鸟是侗族刺绣中常见的纹样。

相传侗族祖先最早以狩猎、采集为生，在没有种水稻之前都是吃鱼的，直至今天侗族都有在稻田养鱼的习俗，他们也非常爱吃鱼。从江县的庆云乡每逢农历十月十二都要过“冻鱼节”。相传清朝咸丰年间，这个地区石姓祖上有一位勇士叫石大力，是六洞农民起义首领之一，他英勇善战，倍受族人拥戴。有一年他率兵出征，直至秋收未归故里，但族人还是开田捉鱼煮好，盼他回来享用。家族此举感动了天神，天神下令让天气变冷，让鱼冻结起来。十月十二日石大力回来后，尝到的鱼因冻起来而保持了鲜美的味道。后来，石姓侗家为了感谢天神，即决定每年

---

① （汉）许慎：《说文解字》，中华书局1978年版，第282页。

② 廖君湘：《侗族传统社会过程与社会生活》，民族出版社2005年版，第269—270页。

③ （晋）张华：《博物志校证》，范宁校证，中华书局1980年版，第37页。

的农历十月十二拿冻鱼祭祀天神，成为今天的“冻鱼节”。侗族认为鱼是洁净的动物而鱼的形象能够昭示渔农生产顺利，就连侗族婴儿满六个月后第一次吃荤，也是喝一口鱼汤，由此可见鱼在侗族传统文化中的重要性。侗族将鱼看作是吉祥的象征，因此在侗族女性的传统服饰上，能看到鱼鳞、鱼骨、鱼眼等刺绣纹样，在女童的童帽上还可以看到鱼的图案。

“萨”（祖母，sax）又称萨玛、萨岁、萨玛天子、萨天巴。“萨”是侗族宗教信仰中最原始的也是最大的神，“世间一切萨最大”。侗族“尤其是崇拜‘萨岁’（先祖母），至高无上，大凡生产、生活琐事，都要祭萨……”[①] 在萨神的体系中，有一个被称为“萨巴隋俄”的神，她“双眼安千珠，放眼能量百万方”。侗语的“隋娥”意为“蜘蛛”，侗族人民认为“萨巴隋俄”在天上象征日光，在人间则化身为金斑大蜘蛛，因此蜘蛛是侗族的图腾崇拜物。侗族人认为出门遇到蜘蛛是平安喜庆的吉兆。在一些侗族地区男女双方结婚时要在婚床的四角放置用布包裹的蜘蛛以求子求福。因此，侗族人崇拜蜘蛛，在侗族的刺绣纹样上也多见蜘蛛的形象，侗族《礼俗歌》中有这样的句子：“绣出的人群能把歌堂踩，绣出的百鸟能歌唱，绣出的黄狗把尾摆，绣出的蜘蛛会牵丝……”，蜘蛛纹也多见于侗族织锦中。

植物纹样主要包括树纹样和花草纹样。侗族爱树，每个家庭都种树，每个村寨都有具有特殊民俗意义的风水树。笔者在榕江进行田野调查时，经常能看到侗族村寨中要几个人合围才能环抱的老榕树，当地居民介绍说这些老榕树有着上百年甚至几百年的历史。“榕”在侗语中与“龙”同音，因此，侗族也将“榕树”称为“龙树”，在民族文化中它象征了吉祥与生命。榕树的形象也多出现在侗族女性的民族传统服饰上；此外，这种象征着吉祥与生命的植物的形象还出现在了侗族的背儿带上，如太阳与榕树的组合——正方形或长方形的背扇中间有一个以金色、红色的线绣出光芒的太阳，而背扇的四角则是四棵长满茂密枝叶的榕树。

侗族女性传统服饰中的花纹样非常多，无论盛装还是便装都是如此，

① 三江县民委：《三江侗族自治县民族志》，广西人民出版社1989年版，第82页。

花卉的纹样一般出现在上衣的门襟处和袖口处、胸兜的上部、鞋子的鞋面等位置。“七十二寨女性的衣着，夏秋为兰（蓝）或白色单衣，冬春为青紫色棉衣和罩衣，圆领右衽，衣服宽大，长至膝，宽袖口，绣有花、草、鸟、虫、鱼等图案。下穿青色百褶裙，裙长50厘米，脚扎绑腿，穿绣花鞋。”① 笔者到七十二寨地区的侗族村寨调研时发现，花卉的图案是最常出现的纹样（见图3—33）。

图3—33 七十二寨侗族女性上衣的花草纹

自然和天体图案包括太阳纹和云雷纹等纹样。在侗族的传统文化中，太阳被当作“万物之神”，在一些地区还保留着“迎太阳”的习俗。老人们还这样告诫年轻人：“谁用手指指太阳（是对太阳神的不敬），日后定会招来殃祸。”② 侗族对太阳尊崇也和南方稻作民族的属性相关：在历史上，侗族生活的地区多在山林中，树木参天蔽日，且多近水源，因而雾气萦绕。在这样的地理环境下太阳的光和热就尤为重要，它不仅能给人

① 杨玉林：《侗乡风情》，贵州民族出版社2005年版，第89页。

② 吴浩：《中国侗族村寨文化》，民族出版社2004年版，第181页。

们带来干爽还有利于农作物的生长。[①] 侗族女性把这种对太阳的崇敬体现在了刺绣纹样上，太阳纹在侗族刺绣纹样中一般以两种形式出现：或是以丝线刺绣光芒的具象的圆出现，或是以“卍”字纹或“八芒太阳纹”的抽象符号形式出现。

侗族崇尚万物有灵，认为自然界各种事物和自然现象都有神灵来主宰，并进一步影响人们的生产和生活。因而他们对自然极为崇拜，“在侗族人看来，山、水、花、草、鸟、兽、风、雨、畜禽、雷、闪电、巨石、太阳、月亮、土地、树、洞穴，甚至对生活影响较大的桥梁、井等，都有某种神秘的力量在操纵，从而将它们视为神灵并加以崇拜”[②]。云雷纹样常常作为吉祥的符号出现在女性服装领口与袖口等边缘，云雷图案代表天、云和雷象征绵延不断的山脉。

侗族喜水，他们在选择村寨位置时一般都要靠近河流，笔者在贵州田野调查时发现，与苗族相比，侗族在居住上更喜欢滨水而居，与此相关，井在侗族的民族传统文化中占有比较重要的地位。一些侗族地区在新年挑第一担水时要在河边、井边焚香祭“水神”；一些侗族地区清晨打第一桶水时先挽一个草标投入井中，并对井中说一句“惊动了”。侗族女性将对水、对井的喜爱运用到衣服的图案里，一般多用于肚兜、衣服的边缘以及背儿带的装饰中。

多耶纹样是来源于侗族生活中的多耶舞，这是对跳舞场景的模拟，描绘的是一排抽象的小人手拉手的样子。笔者在调研中在很多侗族村寨都看到祖庙，而祖庙纹则表达了侗族人对祖先的追思与崇拜。祖庙纹是以一个庙亭和一个人组合的纹样，人在庙亭之中。

相较于苗族女性服饰上较多出现的具象图案，侗族女性服饰上有更多的几何图案：菱形、三角形、十字形等，按照一定的规则排列，或围绕一个中心呈发散状。较多分布于上衣的衣领、前襟、袖口、衣摆，胸兜的上部以及花带等服装构件和位置上。

（二）侗族女性刺绣针法

侗族的刺绣技法多样，有平绣、挑花绣、梗边锁丝绣、编带绣、贴

---

① 刘芝凤：《中国侗族民俗与稻作文化》，人民出版社1999年版，第78页。

② 杨筑慧：《侗族风俗志》，中央民族大学出版社2006年版，第136页。

花绣等二十余种。在刺绣时，有些技法是直接在布上刺绣；有些是先用硬纸剪成特定的形状，再用布包起硬纸来刺绣。此外，在一些地区，女性的盛装以及背儿带上除了刺绣还会粘贴小小的圆铜片并缝缀彩色的小珠子，铜片一般在花心的位置，珠子则在绣片上按照固定的距离间隔缝缀。

平绣是先把设计好的图案的轮廓画在面料上，或用纸剪出纸样贴在底布上，在刺绣时按照图案的轮廓一针挨着一针平行地铺线刺绣，平绣讲究力道均匀，使每条线组成的面平整光滑没有缝隙。还有一种平绣是用硬纸壳做纸样，因硬纸壳有一定的厚度，所以刺绣出的图案略高于底布，具有凹凸的肌理效果（见图3—34）。

图3—34　平绣

挑花绣是根据所设计的纹样将布料上的经纱纬纱以针挑绣而成，在刺绣时要数清纱线的根数，每一根都不能数错。与苗族相比，侗族使用挑花技艺并不多，一般用于头巾、腰带、胸兜以及背儿带的装饰上，侗族挑花常见的动植物纹样有银钩花、龙爪花、刺泡花、木叶花、茨梨花、旗盘花、八瓣花以及各种鸟类等。几何纹样有山字纹、水波纹、云气纹、星点纹、三角纹、方格纹、锯齿纹、万字纹等。

梗边锁丝绣是侗族刺绣技法中很有特点的一种，由两部分组成：一是用两三股白线捻成的粗线刺绣的边缘线，二是用彩色线盘成的一粒粒

“米粒”，这些“米粒”密密麻麻的排列，手感致密。纹样多为龙纹、波浪纹。

编带绣的重点在于先“编”后“绣”，在“绣”时所使用的“线”是将12股丝线编成扁平带。在绣之前先编好带子再用带子盘结出各种图案。底料一般用染为深色的侗族土布，编带所用的线色彩鲜艳，带子的鲜明的颜色与底布形成对比，突出了图案的主体。编带绣适合表现弯曲的长线条，如龙纹样。在制作时以白色单线作为龙的轮廓线，轮廓线以内用彩色的带子盘成龙鳞的肌理（见图3—35）。

图3—35　编带绣

贴布绣是用各色布壳拼出图案，在边缘用线固定。贴布绣所用的布壳一般颜色鲜艳，笔者所见用绸缎等质料的很多，绸缎所具有的顺滑的光泽与底布的厚棉布形成对比。边缘线不是一根，而是一条，使得分割更为明显。

第二节　织染技艺

一　织布

织布技艺是贵州苗族侗族服装制作过程中的一个重要环节。贵州苗族侗族的服装面料主要为棉。在过去，贵州苗族侗族家庭的服装都能自供自足，而妇女们也是在从棉的种植、采摘、加工到纺纱、织布、染布的过程中度过一年年的岁月。

苗族女性织布有着繁复的工序。先是纺纱步骤：纺纱所用工具为纺车，需要双手和脚协同操作，纺出一轴轴的纱线，在纺纱过程中，力道是否均匀直接影响到所织的布是否细密。接着是对纱线进行进一步的加工：纱纺好后要放在锅里煮，捞出后沥干水分，然后用糯米面和水调成浆水来上浆，然后是蒸纱和晒干的过程。上完浆后就是牵线，卷入经线轴然后就可以上机织布了。最后是织布的步骤：织布时在梭子来回穿过经线时，用手拉有篦子的木板，将纬线拍紧，这样织出的布才会紧密而结实。[①] 要想得到平整的布匹需要着力均匀、精力集中。这种纯手工织出来的布是一种自然的本白色，而不是像漂白布那么白，用这种本白色的土布在制作内衣和被套等床上用品时，是不用染色的；如果是制作外衣、百褶裙等传统服饰则需要进行染色。

在过去，织布也是侗族女性需要掌握的一项手工技艺。侗族女性织布也要从种棉开始。侗族女性一般在农历的二月份开始耕种自家的棉田和蓝田，种之前先要用自家火塘里的木灰给地追肥，中间不施肥不锄草，采用粗放的形式进行田间管理。九月份，棉花就成熟了。[②] 棉花成熟后要进行晒干、筛选、去籽、弹碎、纺纱、排纱、上篦、卷纱、浆纱等一系列工序。在其中的筛选过程中要选出好棉和次棉，好棉用来织布，次棉用来做冬季棉衣的夹里和棉絮。然后开始用土纺车织布，这期间所用到

---

① 王慧琴：《苗族女性文化》，北京大学出版社1995年版，第187—188页。

② 张力军、肖克军：《小黄侗族民俗——博物馆在非物质文化遗产保护中的理论研究与实践》，中国农业出版社2008年版，第126—127页。

的工具有脱棉籽机、弹花机、纺纱车、倒纱车等自制木质工具。织布机有撑架杆、脚架、“重”（两片）、“扣”（两片）、卷纱轴、卷布轴、脚踏板、拍板、坐板以及梭子等组成部分。用这种家用织布机所织的布幅较窄，做衣服时要用几幅布进行拼接。

姑娘出嫁前会从家里继承姑娘田，即棉田，“（苗族）男孩有男孩的‘份’，女孩有女孩的‘份’，‘女孩继承棉地，男孩继承水田’，父母还给女儿一份‘姑娘田’。‘姑娘田’是姑娘出嫁时的陪嫁品，谁家若不给女儿‘姑娘田’，不仅会遭人耻笑，还有被男方退婚的可能”①。在《贵州省剑河县久仰乡必下寨苗族社会调查资料》中也有相关的记载：“财产的赠予，一般是指女儿出嫁时娘家赠予的‘姑娘田’，但极为罕见。一般赠送‘姑娘田’的，都是因为娘家没有儿子，所以才在女儿出嫁时酌情送她一些田，但数量不多，最多五挑。所赠之田，待出嫁人亡故后，娘家的房族还要收回。”② 侗族也是如此，“女儿也有部分财产，即父母陪嫁给她的姑娘田、姑娘地以及银饰和平时自积私房钱，或棉花、布匹之类，但陪嫁的财产只限于亲生女儿继承，不能转让他人。如果嫁出去的女儿没有女孩，这份财产在女儿去世后就要回归娘家。如果嫁出去的女儿有女儿，这份财产也可以通过姑舅表婚的形式回归娘家”③。在侗族姑娘的陪嫁中，还有一项纺织工具——纺车。纺车不是在姑娘出嫁时与别的嫁妆一起送入婆家的，而是在新娘出嫁两三年后，回娘家举行仪式，再把纺车“请”到婆家。请到纺车后，婆家的亲友回来观看与品评新媳妇的纺织技艺。④

自织自染的土布不仅是做传统服饰的原材料，还是亲友间联络感情、礼尚往来的物品，如贵州侗族苗族在亲友结婚的时候送布作为贺礼：“送的布匹多少据家里情况和与新人的亲属远近而定，有的送 2 尺，也有的

---

① 张晓松：《草根绝唱》，广西师范大学出版社 2004 年版，第 132 页。

② 中国社会科学院民族研究所贵州少数民族社会历史调查组、中国科学院贵州分院民族研究所：《贵州省剑河县久仰乡必下寨苗族社会调查资料》（内部资料），1964 年，第 23 页。

③ 刘锋：《侗族：贵州黎平县九龙村调查》，云南大学出版社 2004 年版，第 265—266 页。

④ 杨玉林：《侗乡风情》，贵州民族出版社 2005 年版，第 101 页。

送4尺。偶数代表好事成双。"①

二　染布及后续过程

布织好后，就开始染色的工序了。贵州苗族侗族女性染布所用的染料蓝草取自自然界，蓝草的种植具有一定的不确定性，其生长的好坏取决于气候的优劣和一些其他因素，因此，为了保证得到充分数量的蓝草，"苗族人经常同时种植两种品类的蓝草"②。笔者在榕江、从江等地看到当地妇女将蓝靛放在瓦缸中发酵③，发酵时按一定的比例向缸中加水和石灰。蓝靛嫩绿色的叶子在发酵过程中渐渐腐烂，变成一种深蓝色，缸顶部的水面上也会浮起一层泡沫，发酵完要把这层渣滓去掉，从而得到染浆。土布的染色是一次次的重复过程，染完晾晒，然后捶打④，再染色、晾晒、锤打，如此循环十几遍后才能得到理想的深青蓝色。染好的布还要上胶，上胶具有固色和使布硬挺的作用。有些地区的胶是以牛皮和草木灰水混合，一些地区还会加上新鲜的牛血、猪血，这样染出的布非常光亮，并在青蓝色中带有一种紫色。上胶的布要在阳光充足的天气下进行晾晒，然后再上浆、晾晒，最后得到美丽的亮布。不同地区的染色技艺略有差异，如黎平县雷洞地区的侗族服饰其染色工艺与众不同，因为抹了蛋青，布在太阳光线的照射下闪闪发光。

（一）制蓝

染布是从制蓝开始的。蓝草是一种特殊的植物还原染色材料，中国关于制蓝的历史非常悠久，《夏小正》就有五月"启灌蓝蓼"⑤ 的记载，

---

① 曹端波、傅慧平、马静：《贵州东部高地苗族的婚姻、市场与文化》，知识产权出版社2013年版，第63—64页。

② ［日］鸟丸知子：《一针一线：贵州苗族服饰手工艺》，蒋玉秋译，中国纺织出版社2011年版，第21页。

③ 发酵的器具是不拘一格的，笔者还在从江县的一个苗寨中看到用尿素袋作盛器的，除了瓦缸，也有一些人家是用塑料缸进行发酵的。

④ 捶打时将整匹布折叠好再进行捶打，其作用一是使染料深深渗透至布的纤维中去，二是使布光亮、挺括。捶布的木槌有大有小、有粗有细，不同地区造型各不相同，重量为几斤至十几斤。笔者曾试着捶了十几下，就觉得胳膊酸痛，而这只是服装制作数十个环节中的一个，由此可见传统服饰制作的不易。

⑤ 夏纬瑛：《夏小正经文校释》，农业出版社1981年版，第44页。

点明了蓼蓝种植的时间是在农历的五月。古籍中关于“蓝”的描写比比皆是，如《诗经·采绿》中有“终朝采绿，不盈一掬，终朝采蓝，不盈一襜”[①] 的诗句；再如《荀子》劝学中有“青取之于蓝而青于蓝”的词句。[②]《齐民要术》对制蓝有较为详细的描写：“七月中作坑，令受百许束，作麦秆泥泥之，令深五寸，以苫蔽四壁。刈蓝，倒竖于坑中，下水，以木石镇压令没。热时一宿，冷时再宿，漉去荄，内汁于瓮中。率十石瓮，着石灰一斗五升，急手抨之，一食顷止。澄清，泻去水；别作小坑，贮蓝淀著坑中。候如强粥，还出瓮中盛之，蓝淀成矣。”[③] 后来的《本草纲目》和《天工开物》中都有制蓝的记录。《本草纲目》载：“南人掘地作坑，以蓝浸水一宿，入石灰搅至千下，澄去水，则青黑色。亦可干收，用染青碧。其搅起浮沫，掠出阴干，谓之靛花，即青黛。”[④]《天工开物》载：“凡蓝五种，皆可为淀。茶蓝即菘蓝，插根活。蓼蓝、马蓝、吴蓝等皆撒子生。近又出蓼蓝小叶者，俗名苋蓝，种更佳。凡种茶蓝法，冬月割获，将叶片片削下，入窖造淀。其身斩去上下，近根留数寸，熏干，埋藏土内。春月烧净山土，使极肥松，然后用锥锄（其锄勾末向身，长八寸许）刺土打斜眼，插入于内，自然活根生叶。其余蓝皆收子撒种畦圃中。暮春生苗，六月采实，七月刈身造淀。凡造淀，叶与茎多者入窖，少者入桶与缸。水浸七日，其汁自来。每水浆一石，下石灰五升，搅冲数十下，淀信即结。水性定时，淀沉于底。近来出产，闽人种山皆茶蓝，其数倍于诸蓝。山中结箬篓输入舟航。其掠出浮沫晒干者，曰靛花。凡蓝入缸，必用稻灰水先和，每日手执竹棍搅动，不可计数。其最佳者曰标缸。”[⑤] 这些都真实地记录了制蓝的古法。

贵州气候温暖湿润，适合蓝草的生长，其产量较高，色泽鲜艳。贵州种植蓝草并用之染色的历史悠久。光绪《黎平府志》中载有关蓝靛的

---

① 周振甫译注：《诗经译注》，中华书局 2002 年版，第 381 页。

② （清）王先谦：《荀子集解》，中华书局 1988 年版，第 1 页。

③ （北朝魏）贾思勰：《齐民要术校释》，缪启愉校释，中国农业出版社 1998 年版，第 374 页。

④ （明）李时珍：《本草纲目新校注本》，刘衡如、刘山永校注，华夏出版社 2008 年版，第 750 页。

⑤ （明）宋应星：《天工开物译注》，潘吉星译注，上海古籍出版社 1998 年版，第 262 页。

制作方法：“蓝靛名染草。黎郡有二种，大叶者如芥，细叶者如槐。九十月间，割叶入靛池，水浸三日，蓝色尽出，投以石灰，则满池颜色皆收入灰内，以带紫色者为上。”[①]

在贵州，一般在阴历三四月份开始种蓝，选择较为阴湿的田地。六七月间，蓝草叶呈绿色，九十月份就到了可以收割的季节。将收割的叶子经过一系列处理制成蓝靛。

制作蓝靛主要有四个步骤：泡蓝、打靛、沉淀、中和。

第一，泡蓝。泡蓝是将采摘来的蓝草放入盛器[②]中，用清水浸泡数天（根据日照和气温），待蓝草被浸泡至腐烂，即出蓝后，将蓝草和其他渣滓捞净，可投入田间作为肥料。

图 3—36　刚刚放进盛器的蓝草

图 3—37　正在发酵的蓝草

图 3—38　发酵完成的蓝靛

第二，打靛。把调匀的石灰水倒入盛器中并不停搅拌，直至起沫，此时液体呈现深蓝色。然后继续搅拌至泡沫变深、发亮。石灰在此有固色的作用，如侗族民歌所唱的那样：“石灰拌蓝靛染色牢，布染蓝靛永远青。”

第三，沉淀。停止搅拌，静置一夜，待桶内液体沉淀后，倒去面上分离出来的较清的水，沉在盛器底部的深蓝色泥状物，即为蓝靛膏。

第四，中和。将过滤后的草木灰水盛于一容器中，将蓝靛和米酒一起缓缓加入此容器，然后将几种物质中和搅拌。静置一周至十天，得到

① （清）俞渭：《光绪黎平府志》，《中国地方志集成·贵州府县志辑》（第 17 册），巴蜀书社 2006 年版。

② 笔者所见盛器有木桶、瓦缸等。

最后的蓝色染液。

（二）染色及后续过程

土布的制作，不同地区不同村寨都不尽相同：在染布时用多少蓝靛、浸染时间的长短、漂洗晾晒的次数、胶质和蛋清的用量、捶打的力道和时间，都没有一定之规，都在于当地的制作传统、制作者的经验以及喜好，这也使得成品的亮布具有了一定的个性化，体现了贵州苗族侗族女性服饰的多样性。在亮布的制作工程中使用的工具主要有染桶、木槌、葫芦瓢、石板（用于捶布）、刷子等，工序有洗染、上胶、捶布、刷蛋清、蒸布等工序。

1. 洗染

在染布前，先点燃一把稻草，将黑色的稻草灰放入藤篮中，舀水过滤。过滤后加入水搅拌，然后将其注入染桶中，然后经上文制蓝后已成为泥膏状的蓝靛。用木棍搅拌后再倒入自制的糯米酒，完成染液的制作。

将自织的白色棉布放入桶内浸泡，取出在清水中洗净，然后再放入染桶，这样的步骤重复多次，直到布料染均匀后取出洗净晾干。[①]

面料经过浸染后，出缸与空气接触，由于被氧化，呈现出比染料颜色更为鲜明的蓝色。此外，还可以把当年使用不完的蓝靛染料沥干水分晾干制成固体保存起来，留作来年再用，笔者在一户农家后院的树枝上亲见了这一情景（见图 3—39）。

此外，值得一提的是，在贵州地区，苗族侗族女性服饰除了蓝靛还有其他的染料，都是就地取材，以植物的根茎叶为原料。“在西江，染整材料也相当丰富，除薯莨外，还有枫叶、柏枝、松枝、土茯苓、柿子汁、鸡蛋清、牛皮胶、黄豆浆、石灰等，添加剂既有虎杖、车前子等中草药，也有不属于中草药的，如嫩烟叶、红辣椒等，染料来源几乎涵盖了所有的多浆植物，那么可以推断绣线的染制也是在此基础上发展开来的。一直到现在，西江苗族平日穿的简单服饰就是用贵州盛产的蓝草发酵成为蓝靛，再用蓝靛染制的布来制作服装，其所有的工艺都是自然环保的，

---

① 笔者在榕江等地进行田野调查时看到当地妇女一次次重复这个步骤，因问其故，得知多次的浸、染与洗是为了使颜色更加均匀固定，如果想布的颜色浅些就减少浸、染的次数，反之则相反。

图 3—39 正在固化用以保存的蓝靛

获得的服色也显得亮丽沉稳。”[①] 还有黔东南的黄平、施秉、凯里一些地区的苗族女性喜欢在衣服、背儿带、围腰等处刺绣，而刺绣的底布是一种红青布。这种独特的红青色的土布是当地女性自己手工染色制成的，是用一种名为“品紫”的矿物质染料，加一定比例的水使之溶融，然后将品紫溶液均匀地涂抹在布匹上，晾干后就呈现出具有金属般光泽的红青色土布。

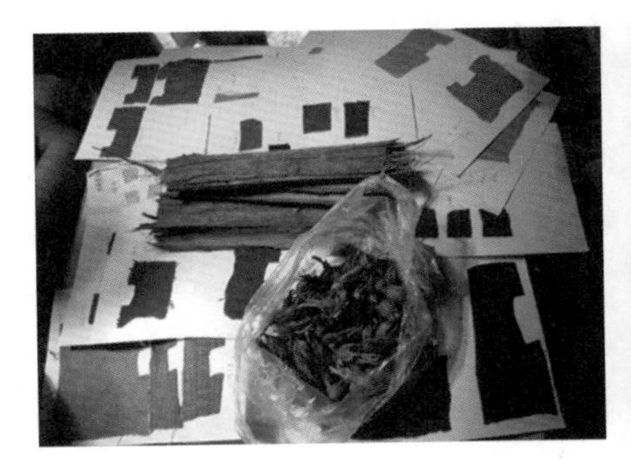

图 3—40 西江植物染料图版

图 3—41 黄柏皮提取的染液

① 黄玉冰：《西江苗族刺绣的色彩特征》，《丝绸》2009 年第 2 期，第 53 页。

苏玲在其著作《侗族亮布》中对部分苗族侗族染整材料进行了总结，计有18种：

木蓝。使用部位为茎、叶，在农历九月底可以采摘，可以使布变蓝。

马蓝。使用部位为茎、叶，在农历九月底可以采摘，可以使布变蓝。

蓼蓝。使用部位为茎、叶，在农历九月底可以采摘，可以使布变蓝。

薯莨。使用部位为块茎，生长3年以上的四季都可以采摘，采后洗净、切片、熬水，可以使布呈棕红色。

金樱子。使用部位为根部，生长1年后可以用火烧，次年生的根可以采集，洗净、捣碎、熬水，可以使布呈棕红色。

红辣椒。使用部位为果实，成熟后就可以采摘，晒干后蒸，可以使布变红。

虎杖。使用部位为根部，在秋季挖出捣碎，在染布时用生的，可以使布变红。

红鸡冠花。使用部位为花朵，在秋季花盛开时采摘，晒干后蒸，可以使布变红。

黄豆。使用部位为种子，在成熟时采摘并晒干，可以防止过度氧化产生靛红。

鸡蛋。使用其蛋清，在使用时取整个鸡蛋在蛋壳上打小孔，将蛋清分离出来，可以增加硬度，起到定型的作用。

牛皮。使用牛胶，熬煮出胶，可以增加硬度，起到定型的作用。

柿子。使用其果实的汁液，在果实未成熟时采摘并挤汁，可以使蛋白质凝固，增加硬度，起到定型的作用。

山茶树。使用其根部，在秋冬季挖取，可以使布呈棕红色。

多耶（杜鹃花的一种）。使用部位为茎、叶，在9—10月采摘，使用新鲜的茎、叶。

芭茅草。使用部位为花朵，在9—10月采摘，用刚开的花。

大血藤。使用部位为根部，在秋季挖掘，洗净捣烂后生用，可以使布变红。

金刚藤。使用部位为块根，全年或秋末至次春采挖，洗净后捣碎。

辣蓼草。使用部位为茎、叶，四季皆可采摘，起到杀菌消毒的作用。①

2. 上胶

上胶是将固体牛皮胶放在水盆里，将盆放在火上加热，将牛皮胶熬化，然后用刷子蘸上融化后的牛皮胶汁均匀地刷在布上。

3. 捶布

捶布是将布折叠，以一定的长度为单位叠成一摞，铺在平展的石板上，用木槌②不停地捶打。将整匹布折叠好再进行捶打（见图 3—42、图 3—43），其作用是使染料均匀而深入地渗透至布的纤维中去。每次捶完都要拿塑料布将布包裹紧密，防止风干变硬。捶布是一个必要的工序，笔者在七月间进行考察时，家家户户的女性都在捶布，所以贵州当地有“路过苗家寨，处处闻捶声”的说法。捶布看似简单，没有什么技术含量，但笔者曾在三宝侗寨借当地妇女的木槌试着捶了几下布，马上觉得肩头、手臂和手掌都很疼，且该位妇女介绍，每下捶布的力道和布匹的受力面都要均匀，使笔者叹服。

4. 做亮

做亮是贵州苗族侗族女性在将布染色后的又一道工序。经过做亮的土布有一种类似金属的光泽，非常美丽。“布匹放入蓝靛液中浸染十数遍，拿到小溪里漂洗十数遍，再在山上晒过十数次，那颜色就像夏日里的蓝宝石般的夜色。布料还需浸上鸡蛋清，放到大青石板上，用棒槌千锤万打，直到布纹被蛋清完全浸透，看不出一丝布纹为止。这样浸染出来的布发出耀眼的紫蓝色光泽，这就是美丽而高贵的靛蓝色彩。”③

---

① 苏玲：《侗族亮布》，云南大学出版社 2006 年版，第 21—23 页。

② 笔者在贵州地区不同的村寨看到的捶布的槌子一般都为木质，但造型不一，槌面有大有小，且重量不尽相同。但捶布的方法以及在力道和受力面上都必须均匀这两点都是相通的。

③ 张晓松：《草根绝唱》，广西师范大学出版社 2004 年版，第 74 页。

图 3—42 正在捶布的苗族妇女

图 3—43 正在捶布的侗族妇女

图 3—44 成匹折叠好要捶打的布

在不同的地区，做亮的方法不尽相同：黔东南侗族具有光泽的“蛋布”是在蓝靛染成后，以鸡蛋清均匀刷制而成，干后的布匹挺括光亮；还有的是用牛皮熬成胶液，刷在染后的布匹上，有固色和使布具有光泽的效果；在一些苗族地区，在用蓝靛染布后，在布面上涂上猪血或柿子的汁液，或者将柏枝或松枝点燃后用烟熏炙，然后放在光滑平整的石板上，用木槌捶打，捶打的力度一定要均匀，捶打完的布料会发出金属般的光泽。在从江一些地方则是以刷蛋清的方式来做亮，在施洞等地是涂水牛皮的煮液来做亮，在丹寨等地是用涂猪血的方式来做亮。以刷蛋清的方式为例，此道工序用刷子蘸着蛋清（鸡蛋或鸭蛋清）刷在布匹上以增加布匹的亮度。根据所要达到的亮度来决定蛋液的多少，如若要非常亮就多刷蛋液。然后在火上将布匹烤干。值得一提的是，不同的地区，在第三、第四这两道工序上，有不同的排序。不同的村寨在捶布和刷蛋清这两道工序的顺序上不尽相同，有些地方是如正文所示先捶布后刷蛋液，还有一些地方是先刷蛋液然后进行捶布，一槌捶下去使蛋液紧密地附着在织物纤维里。还有一些地方在刷蛋液前还将新鲜宰杀的牛血刷在布面上，然后倒入搅拌均匀的蛋液，最后再捶打，经此处理的布颜色偏向红紫色。如果加入山上所采的一种草木煮水，最后完成的面料就呈褐色了。还有不加蛋清的做法，所得的布更接近于黑色。

因此，所加原料的不同以及工序的不同是由制作者想要的布料颜色和光泽度来决定的，这也是我们在不同的地区所看到土布在外观上都存在差异的原因。

5. 蒸布

最后将布匹卷成筒放入甑中蒸，一般蒸的时间为20—30分钟。蒸好后取出晾凉。再放入染桶里漂洗，晾晒，成为亮布。因将附着胶质、牛血、蛋液等一系列液体的布匹反复捶打，这些液体覆盖了织物纤维的凹槽，因此最后完成的布已看不到纹路和肌理，成为亮闪闪的“亮布”。

以上所述为一个大致的制作工序，在不同的地区制作方式不尽相同，如蓝靛、石灰和其他原料的用量、盛器、搅拌的时间、染布后续步骤的前后顺序、各个工序所需的时间等，每个地区都有自己的传统与习俗。《贵州东部高地苗族的婚姻、市场与文化》一书中提到了贵州一个名为源江的苗寨对染布和其后整理的整个过程：把蓝靛的叶子放在装满水的大木桶里，三天后将蓝靛捞出来往桶里放石灰（一个桶放1—2斤石灰）。然后是搅拌工序：一天一次，每次两三分钟。桶里的水完全沉淀后把上层的泥状蓝靛捞起来，加上草木灰搅拌成糊状，将这些糊状物过滤，过滤出的水盛放在一个坛子里成为染布的染料。在容器中放一斤的酒和一斤的染料，将二者混合后就可以染布了。染完布后是晒布的流程，如此染、晒七八次以后开始捶布，捶布时力道要均匀，捶数天后将布泡入浆水中一天，晒干后再蒸一两个小时，放入染桶中。将一种叫做甲基的草药熬成黑浆，将布泡入其中。然后将布拿出来晒干，反复这一过程。将牛皮切成小块熬成黏稠的汁液状，将其中的浆状部分过滤出来用以染布。然后蒸布，大概蒸一个小时后再重复捶、染、洗、晒的过程。这个染布以及后续的过程需要大概一个月的时间。[①]

（三）侗族亮布

在贵州，侗族女性自己种植棉花，待棉花收获后对其进行筛选，一般最后要做成衣服的要选择最好的棉花。棉花选好后要去掉棉籽，经过弹碎、纺纱后织成布。侗布的染制过程程序多、过程长。先要种植蓝靛，待几个月蓝靛长成后（一般为秋季），要连根带叶采摘下来放入盛器（盛器一般为大的木桶或大瓦缸）中浸泡数天，然后加上糯禾草灰水以及石灰水，搅拌后静置，待其沉淀结块后就是靛蓝了。靛蓝出来了，但染料还需要进一步的制作，即将此靛蓝溶于注水的大桶中，加入蓼蓝“把曼”和烧酒，搅拌均匀，静置半天后水变成青色，将本白色的土布投入其中进行染色，取出、清洗（见图3—45）、晾晒（见图3—46），然后再重复以上的步骤，重复的次数根据所需颜色的轻重而定——颜色越深重复的次数越多，反之则相反。染完后还要涂上蛋清煮化的牛皮水，晾干后用木槌捶打以使牛皮水深深渗入布料的纤维，这样染出的布具有金属一样的光泽。

图3—45 侗布的漂洗

图3—46 晾晒染色的侗布

① 曹端波、傅慧平、马静：《贵州东部高地苗族的婚姻、市场与文化》，知识产权出版社2013年版，第63页。

图 3—47　正在剪布的侗族女性

图 3—48　闪着金属光泽的侗族亮布

根据所制作服装的不同，从面料的质地上来划分可以将侗布分为软侗布和硬侗布两种。两者的区别是硬侗布缺少一个使其柔软的捶打过程，且染料的量也比制作软侗布染料的量略少。

制作软侗布的步骤如下：将牛皮膏以热水溶化，加入将当地植物根茎煮至红色的水，再加上碱或糯禾秆灰，此时水已变为血红色。将这三种材料的混合溶液搅拌均匀，将用蓝靛染过的土布放入这种混合溶液中，静置，待充分吸收后取出布料，晒干。然后以木槌捶打，用甑子蒸。再放入混合溶液中浸泡、取出、晒干、捶打、蒸，反复多次，直至颜色呈红褐色为止。

三　织锦

织锦是古老的纺织技艺，“凡为织者，先染其丝，乃织之，则成文矣”[①]，“织采为文曰锦”[②]，即用染好颜色的彩色经纬线，经提花、织造工艺织出图案的织物。锦在古代是代表最高技术水平的丝织物，因其制作工艺复杂、费时费工而名贵异常。观其名查其意，“锦”由“金”和“帛”组成，故《释名》云：“锦，金也，作之用功重，其价如金，故其

① （汉）许慎：《说文解字》，中华书局 1978 年版。

② （宋）戴侗：《六书故》，上海社会科学院出版社 2006 年版，第 725 页。

制字从帛与金也。”[①] 由此可见“寸锦寸金”的说法古已有之。中国的蜀锦、云锦、宋锦和壮锦，合称“四大名锦”。中国的很多少数民族有织锦的手工艺，如苗锦、侗锦、壮锦、土家锦、毛南锦、瑶锦、傣锦等，这些少数民族织锦多以棉线为主，也有以棉线与丝交织的。

（一）苗族织锦

苗族织锦是苗族女性传统服饰技艺中的重要组成部分，历史悠久，对其较为准确的记载多见于清朝。清乾隆《镇远府志》卷九“风俗”记载了苗族的富有人家在龙舟节上的穿着：“苗人于五月二十五日亦作龙舟戏，……是日男女极其粉饰，女人富者盛装锦衣，项圈、大耳环……”[②]《镇远府志》还有苗人“女子更劳，日则出作，夜则纺织……以色锦缘袖”的记载。清《铜仁府志》也有相似的描述：“女苗习耕种，勤纺织，养家蚕，织板丝绢及花布锦，以为业。”[③] 清《遵义府志》有“锦用木棉染成五色织之，质粗有纹采”，记录了以棉线染成彩色织锦的习俗。[④] 清光绪《黎平府志》记载清代苗族女性“以麻线为经，丝线为纬，挑五色绒，其花样不一，出古州司等处。苗家每逢场集，苗女多携以出售”[⑤]。清爱必达在《黔南识略》中记载贵州苗族女性“女子银花饰首……所绣布曰苗锦”[⑥]。

用织锦这种手工艺制作服饰品的风俗在贵州一带很盛行。从材质上来看，这种织出的有纹理的布最初只限于用棉线，这需要经过种棉、采摘、选棉、轧花、弹花、卷花、纺纱、浆纱、牵纱、染色、织等多道繁杂的工序；后来又有以棉线为经线、丝线为纬线，还有经、纬线全部改为以丝线为材质的。

---

① （汉）刘熙：《释名》，中华书局1985年版，第69页。

② （清）蔡宗建：《镇远府志》，《中国地方志集成·贵州府县志辑》（第16册），巴蜀书社2006年版，第89页。

③ （清）敬文：《铜仁府志》，《中国地方志集成·贵州府县志辑》（第45册），巴蜀书社2006年版。

④ （清）郑珍、莫友芝：《遵义府志》，遵义市志编纂委员会办公室，1984年。

⑤ （清）俞渭：《光绪黎平府志》，《中国地方志集成·贵州府县志辑》（第17册），巴蜀书社2006年版。

⑥ （清）爱必达：《黔南识略》，《中国地方志集成·贵州府县志辑》（第5册），巴蜀书社2006年版。

从织物的形状与面积来看，贵州苗族这种用织的方法在面料上呈现花纹的技艺主要有两种类型。一类是我们在第一章提到的"花带"，花带一般宽度为2—8厘米，长度短则十几厘米、几十厘米，长则几米，其作用主要是绑缚与装饰，还可以作为馈赠的礼品。还有一类宽度为20—50厘米，长度在几十厘米至一两米，是我们通常指代的织锦。这种较大面积的织物可以用来做衣服上的装饰、围裙以及背儿带等服饰品。

贵州苗族织锦的图案以几何型为主，是将动物、植物（如青蛙、水牛、鸟、蝴蝶、蟹、鹰爪、虎爪、蛇、蜈蚣、枫树、杉树、稻谷、辣椒花、梨花等）等图案进行抽象化的处理后组合的连续纹样。"雷山苗族织锦首推公统村的织锦，以细丝为经纬纱，在卧式织机上织锦者凭借储存在大脑中的图案纹样，借助竹片挑纱和脚踩按动经纱，然后投梭拉筘。织出的锦细腻有光泽，手感轻柔，色彩淡雅。图案有飞鹭、浮萍、游鱼、小角花、寿字纹、几何纹、鞭纹等。该锦用丝之细，达到每平方厘米经纱60根、纬纱90根的水平。"① 苗族典型的菱形织锦是以棱形作为空间进行连续的重复，每个菱形中是抽象化的图案，菱形与菱形之间则以双线或三线来分割。

与刺绣随时随地可以操作的特性不同，制作织锦需要有特定的工具——织机。织机也是自家制作的，不同的地区构造不尽相同，有普通的织机也有腰机。普通的织布机是通过脚踏板来牵动综线②使经线上下交错开口，反复交替织出织锦，如凯里市附近苗族的织机采用线综和五支踏板来织物；再如铜仁松桃一带的织机有两个中筒的构造，第一个中筒将经纱分为两部分，第二个中筒把前一个分为1/2的中筒中的经线又分为两个部分。此种织机的踏板不是片状而是一根横放的长棍子。③ 腰机是以制作者的腰部来控制调节经线张力的织布机，如革东地区的织锦是以腰机用手牵引经线来织花纹，制作时同时提起三根经线而一根经线下沉

① 雷山县文化体育局：《雷山苗族非物质文化遗产申报文本专辑》，中央民族大学出版社2010年版，第46页。

② 综线是在织布时使经线上下开口交错以将梭子引入纬线的织布机结构。

③ ［日］鸟丸贞惠：SPIRITUAL FABRIC—— 20 Years of Textile Research among the Miao People of Guizhou, China（织就岁月的人们—— 中国贵州苗族染织探访20年），西日本新闻社2006年版，第112—115页。

来织出挑纹。①

贵州苗族的织锦有双色的也有多色的，双色的以黑白两色为多，也有黑蓝双色以及白蓝双色。凯里舟溪一带的背儿带，长约 1.5 米、宽约 30 厘米，经线为白丝线、纬线为黑丝线，经线、纬线交织成几何纹样的图案。前文所述铜仁松桃地区的织锦色彩丰富，花样繁多，有对比鲜明、色彩明快的以红、绿为主色调，装饰以白、蓝条的色彩搭配；也有以渐变的三个色度的浅桔黄和白色为主色调，装饰以深蓝色的典雅的色彩搭配，是苗族织锦中的精品。

（二）侗族织锦

据《北史》卷九十五，至南朝或唐，僚人已经“能为细布，色至鲜净”。② 明初，浙江上虞顾亮谪戍五开卫（今黎平）作《侗锦歌》云：“郎锦鱼鳞文，侬锦鸭头翠；侬锦作郎茵，郎锦载侬被；茵被自两端，终身不相离。”明江盈科《黔中杂诗》称赞“洞女肤妍工刺锦”③。至清代，侗锦被时人称赞“颇精”④。在古州（榕江）一带有名为“武侯锦”的侗锦，“锦用木棉线染成五色织之，质粗有文采。俗传武侯征铜仁蛮不下。时蛮儿女患痘，多有殇者，求之武侯。侯教织此锦为卧具，立活。故至今名之武侯锦”⑤。张澍《续黔书》卷六称洞锦“锦之以花木名者：芙蓉也，蒲桃也，牡丹也，葵花也，蘘荷也，樱桃也，茱萸也，林檎也，芝草也，皂木也。以鸟兽名者：对凤也，翔鸾也，翻鸿也，仙鹤也，孔雀也，鸳鸯也，飞燕也，麒麟也，金雕也，天马也，辟邪也，狮团也，象眼也，走龙也，蛟文也，龟背也，虎头也。以器物名者：楼阁也，樗蒲也，绶带也，银钩也，盘球也，簟纹也，鱼油也，博山也，连璧也，杂珠也，答晕也，方胜也，阇婆也。皆所谓惣五色而极思，藉罗纨以发想

---

① ［日］鸟丸贞惠：SPIRITUAL FABRIC—— 20 Years of Textile Research among the Miao People of Guizhou, China（织就岁月的人们—— 中国贵州苗族染织探访 20 年），西日本新闻社 2006 年版，第 80 页。

② （唐）李延寿：《北史》，中华书局 1974 年版，第 3155 页。

③ （明）郭子章：《黔记》，书目文献出版社 1997 年版，第 994 页。

④ （清）李宗昉：《黔记》，《中国地方志集成 · 贵州府县志辑》（第 5 册），巴蜀书社 2006 年版，第 573 页。

⑤ （清）田雯：《黔书》，《中国地方志集成 · 贵州府县志辑》（第 3 册），巴蜀书社 2006 年版，第 534 页。

者矣。黎平之曹滴司出洞锦，以五色绒为之，亦有花木禽兽各样，精者甲他郡。冻之水不败，渍之油不污”[①]。胡奉衡在《黎平竹枝词》中写道：“松火夜偕诸女伴，纺成峒布纳官租。”[②]

侗锦分为“素锦”和“彩锦”两种。素锦一般为黑白、蓝白或黑蓝双色的色彩搭配，多以白色为经，蓝、黑色为纬，经纬互为花纹。彩锦是以黑、白色为经线，彩色丝线为纬线交织的织物，通常用三种以上不同的棉线或丝线织成。彩锦常用的颜色有红、绿、紫、黄、蓝等，颜色艳丽、对比明快。

侗锦多为几何纹样，有菱形纹、锯齿纹、万字纹、三角纹等，其组合是对鸟、兽、鱼、虫、花草和天体的抽象拟态，通过对几何纹样的不同组合，形成题材多样、内容丰富的图案。

侗锦的制作也要经过种棉、采摘、选棉、轧花、弹花、卷花、纺纱、绞纱、绞经、排经、织等十数道工序，且在织的过程中每一根经纱都要提前计算出根数，必须记清提、按的顺序——提起几根经纱，穿入几根纬纱等，一根错则全错。织一块一尺见方的侗锦需要1000多根纱，对技艺和脑力要求都很高。

第三节 蜡染技艺

蜡染，古称“蜡缬”，与“绞缬”（扎染）、“夹缬”（镂空印花）并称为中国古代三大印花技艺[③]，为中国民间传统印染工艺的一种，是以蜡为防染材料的传统手工印染技艺。慧琳《一切经音义》卷五十“摄大乘论第二卷众缬”条：“缬以丝缚缯染之，解丝成文曰缬。今谓西国有淡疊

① （清）张澍：《续黔书》，《中国地方志集成·贵州府县志辑》（第3册），巴蜀书社2006年版，第595页。

② 雷梦水、潘超、孙忠铨等：《中华竹枝词》（五），北京古籍出版社1997年版，第3524页。

③ “缬”是以镂空印花或以防染物、辅染物辅助印染而成的织物，缬的出现标志着中国古代丝绸印染技艺的重大进步，“三缬”为中国古代服装印染三种独特的工艺。

汁，点之成缬，如此方蜡点缬也。”[①] 中国古代发现的蜡染文物，有新疆于田出土的北朝蓝色蜡缬毛织物蓝色蜡缬棉织品、新疆吐鲁番阿斯塔那北区墓葬出土的西凉蓝色缬绢和唐代的几种蜡缬绢、蜡缬纱。蜡染工艺在中国西南少数民族地区世代相传，尤其在贵州少数民族地区，蜡染已经成为少数民族妇女生活中不可缺少的一部分。苗族的传说中，靛蓝色是月亮的底色，有了靛蓝月亮才变得美丽。

一　防染剂

贵州的蜡染防染剂有枫香脂、蜂蜡和石腊等。枫香脂取自枫树的油脂，从江县的岜沙地区就是使用这种防染剂。在取枫树油脂时，取一把锋利的刀将枫树的外皮割破，流出的汁液并与牛油混合，将两者一起熬煮成为一种深褐色的物质。待其冷却后像蜡一样凝固，在用时加温使其熔化，以此在面料上绘制花纹，然后是染色和去蜡的工序。蜂蜡是工蜂的蜡腺中分泌的一种脂类，具有很好的防潮作用，黏性极佳，适合描绘较为细腻的图案。石腊是从石油中提炼而成，属矿物质，根据精致的程度可以分为粗石腊、半精炼蜡和全精炼蜡。[②] 其因黏性小而易断裂，经常被和蜂蜡一起使用。

二　点蜡工具

点蜡的工具为蜡刀。从材质上来看比较多的是铜质蜡刀和铝制蜡刀，蜡刀也不一定全是金属质地，如雷公山和月亮山地区苗族就用鸡、鸭毛管来点蜡。[③] 蜡刀有多种规格，粗细、大小各不相同。一些地区全套的蜡

---

① （唐）慧琳：《一切经音义》［M/OL］，榑桑雒东狮谷白莲社刻本，1737 年版（日本元文二年），［2017 - 08 - 07］. https：//www. digital. archives. go. jp/DAS/meta/MetSearch. cgi?DEF_XSL = default&IS_KIND = summary_normal&IS_SCH = META&IS_STYLE = default&IS_TYPE = meta&DB_ID = G9100001EXTERNAL&GRP_ID = G9100001&IS_SORT_FLD = &IS_SORT_KND = &IS_START = 1&IS_TAG_S1 = fpid&IS_CND_S1 = ALL&IS_KEY_S1 = F1000000000000103707&IS_NUMBER = 100&ON_LYD = on&IS_EXTSCH = F9999999999999900000% 2BF2009121017025600406% 2BF2005031812174403109%2BF20081121 10371121713%2BF1000000000000103707&IS_DATA_TYPE = &IS_LYD_DIV = &LIST_TYPE = default&IS_ORG_ID = F1000000000000103707&CAT_XML_FLG = on。

② 贺琛、杨文斌：《贵州蜡染》，苏州大学出版社 2009 年版，第 26 页。

③ 杨再伟：《贵州民间美术概论》，云南美术出版社 2009 年版，第 18 页。

刀有十多支，还有一些地区只用两三支即可。

蜡刀在制作上也非常有讲究：先在硬纸片上画下所需刀片的形状，以此为形在铜、铝等金属上照样子剪出来，基本呈“T”字形，顶部为扇状；然后选粗细适中的木棍，在一端用刀劈开切口，然后将刀片放入切口中；用结实的细绳将刀片与木棍接合的两三厘米一点点紧密地缠死，蜡刀就做好了（见图3—49）。

图3—49　画蜡的蜡刀

三　染料

贵州苗族侗族女性较为常用的染色剂是蓝靛，这种传统的植物性染料具有悠久的历史。明代嘉靖年间的《贵州通志·风土志》中有对蓝靛的记载：“永宁州靛山在慕役司（今镇宁），水迴山转，其中深箐可种蓝，蓝有木蓝、缪蓝，耕久而益有收，山箐之中，积数百年之枯叶烂柯，刀耕火种，土尚暖，寒则不生，岁必异地而植。”明《本草纲目》有如下记载：“靛叶沉在下也，亦作靛。欲作靛，南人掘地作坑，以蓝浸泡，入石灰搅烂，澄去水，灰烬入靛，用染青碧。”清代《贵阳府志》中也有相关记载：“黄平山多田少，山涧多植蓝靛。”对于蓝靛的种植与提取，在《贵州省剑河县久仰乡必下寨苗族社会调查资料》中有详细的描述：

> 蓝靛是用来染布的染料作物，共有两个品种。一种就是通称的蓝靛，在三四月间栽。它的留种方法是，收割蓝靛叶时把顶梢和叶子摘去泡蓝制靛，留靛秆为种子。靛秆在降霜以前，把它藏在（卧放或立放）干田里，深约六七十厘米的坑内，盖以稻草，再铺上约十厘米厚的泥土，使其不通风，风雪不入内，次年三月敞开，让它发芽，到栽的时候再取出来。栽蓝靛时，在已挖好的地上掏窝，再放入蓝靛秆六七根，盖上土，并踩紧，然后施肥于其上，不盖土。蓝靛的行距五六十厘米，窝距约四十厘米，最好是栽在干田里。栽好后四十来天薅头道，以后还要薅第二道和第三道，并追施粗肥。打谷子前蓝靛已长大，便全部割下把叶子和顶梢泡制蓝靛。另一个叫“苪略”（汉名不详）的蓝靛品种，则是靠种子繁殖的，在二月初播种在园中或干田里（不施底肥），等秧苗长到十厘米左右即移栽于土中，栽好后施些细肥，不盖泥土，其行距和株距均为三十厘米左右。长到二三十厘米时薅头道，四五十厘米薅二道，并追施细肥，六月下旬，即割来泡制蓝靛。留做种的不割，八月种子才成熟。这一种产靛量不如头一种多，所以种的人逐渐减少。[①]

在自给自足的农业时代，人们穿衣要从种棉、纺纱、织布开始，而染料也同样需要从种植始，因此蓝靛成为日常生活中必备之物。时至今日，在贵州很多少数民族聚居的区域，仍然保持着种蓝的习俗，很多农家除了种植棉花的田地外，还会留有种植蓝草的田地，蓝田一般选在土质潮湿的地方。从蓝的培植、加工到使用均是以一家一户为单位，也有农户将自家用不完的蓝靛拿到集市去卖。蓝草的收割和加工取靛一般是在农历七月和十月进行。蓝草株高2—3尺，味芬芳。约5公斤蓝草出泥膏状蓝靛1公斤。

笔者在调查时发现，一些地区还种植蓝靛，如丹寨；一些地区已不再种植，如榕江县三宝地区，妇女们如果需要染色时就去附近种植蓝靛的村寨买。究其原因可能有两点：一是三宝地区的蓝靛主要用于土布的

---

① 中国科学院民族研究所贵州少数民族社会历史调查组、中国科学院贵州分院民族研究所：《贵州省剑河县久仰乡必下寨苗族社会调查资料》（内部资料），1964年，第13页。

染色，其地理位置决定了它的生活方式较其他地区更为汉化，因此穿传统的民族服装的人越来越少。二是丹寨地区的蜡染是被纳入国家非物质文化遗产名录的传统手工艺，除了土布的染色，这个地区的蜡染产业也非常发达，这直接决定了这个地区的蓝靛种植。

四　蜡染步骤

蜡染是贵州苗族侗族女性最常使用的手工印染技术。制作时用蜡刀将加热好的防染剂画到布面上。经过一定时间的冷却，蜡在布面上结成一层薄薄的蜡壳。将封好的布放入加入蓝靛等染料的缸中浸色。没有蜡液覆盖的那部分布染上颜色，而被蜡液覆盖的那部分因为有蜡的保护无法着色。这道工序需要反复操作，投入缸中大概几次至十几次。[①] 然后经高温使布面上的蜡熔解，被蜡包住的部分是白色的。然后对整块布进行反复的漂洗，整个步骤就完成了。《苗族社会历史调查》中有1957年4—8月在从江县加勉乡调查时对蜡染情况考察后的记录，现摘录如下：

> 用黄蜡（蜜蜡）在白布上画上图案花纹，然后下染，画上黄蜡之处，染不上靛，染好将蜡脱去，即成白色的图案花纹，这叫做蜡染……画蜡花须将白布用水煮过后，把白布敷在一块光面薄石板上，然后用蜡笔（用铜片做成笔嘴，宽约3—4分，用篾条夹好，长约3市寸）沾上用灯盏煮熔了的黄蜡，在白布上画上花纹图案，画的时候不用样本，随手画来即成。花纹多为用线条组成的几何图案。[②]

笔者在调查中几次看到染完布的苗族侗族女性的双手，因为染色的步骤需要多次的反复，蓝靛的颜色就渗入皮肤中了，即使水洗也不容易洗掉（见图3—52）。

---

① 次数多则颜色深，次数少则颜色浅，次数的多少根据制作者所需要的深浅度来调整。

② 贵州省编写组：《苗族社会历史调查（二）》，贵州民族出版社1987年版，第26页。

图 3—50 正在画蜡的苗族女性

图 3—51 正在进行中的蜡画

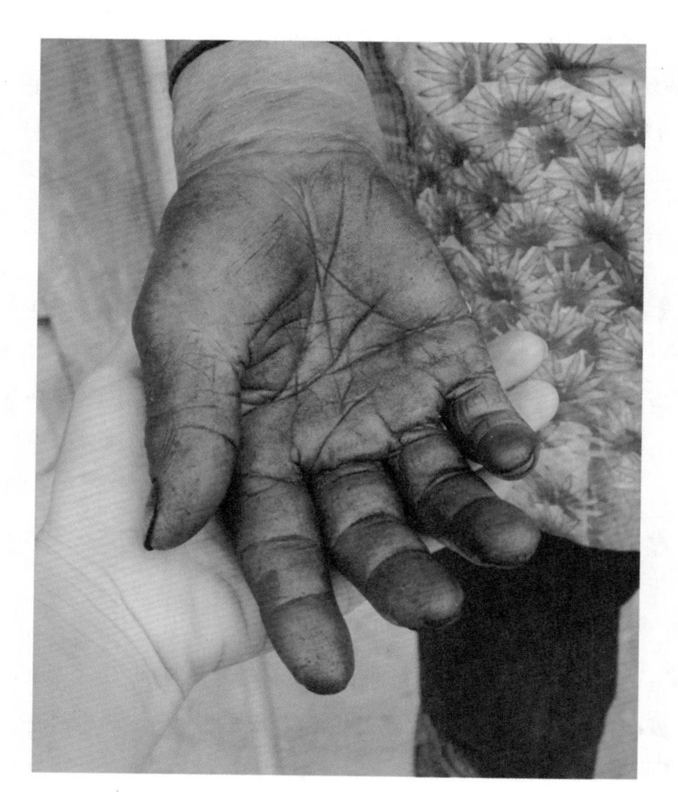

图 3—52 染完布的苗族女性的手

图 3—53　蜡画纹样

相关案例 3—6：丹寨县苗族蜡染步骤

蜡染的制作工具主要有铜刀（各种型号）、瓷碗、水盆、大针、骨针、谷草、染缸、小灶等（见图3—54）。制作时先用草木灰滤水浸泡土布，脱去纤维中的脂质，使之易于点蜡和上色。然后把适量的黄蜡放在小瓷碗里，将瓷碗置于火上，蜡受热熔化成液体后，即可往布上点画。点好蜡花的布再用温水浸湿，放入已发好的蓝靛染缸，浸泡数次，浸泡的数量与需要的颜色的深度呈正比。染好布后拿到河边漂洗，让清水冲去浮色。洗好的布要放入锅内煮沸，蜡熔化后会浮在水面上。然后再将布反复漂洗，使蜡脱净，最后进行晾晒。丹寨的蜡染布要在晾晒后在空隙上手绘红色和黄色的花纹——红色以茜草根提取，黄色以栀子提取。

图3—54　丹寨蜡染工具

第四节　百褶裙的制作技艺

一　百褶裙的制作

百褶裙的制作是贵州苗族侗族女性非常重要的工艺手段，其制法精湛，固型性好，甚至可以与机器压褶的效果媲美。其褶裥根据需要有疏密之分，细密者可达千褶以上。因其褶裥的缘故，百褶裙自身有独特的型，纵向挺阔而横向可开合有松量。贵州各地区百褶裙的制作方法各不相同，下面就分析其中几种。

黄平地区的百褶裙一般用10多米最长至20多米的自织自染的深紫色

窄幅土布，在制作时将土布铺于平整干净的地面上，喷洒上白芨水汁，然后折叠成一条条宽窄一致的褶皱。之后再次喷洒白芨汁，并用棉线将其串连起来，使之定型即可。这种百褶裙由裙腰、裙身、裙边三部分组成，其中以裙边部分最美观而重要。

台江县台拱地区的百褶裙每条用布量在20米左右，是将自织自染的土布裁出所需的长度，拼缝起来成为百褶裙的宽，然后将布放在用稻草铺成的弧形席面上，将布展平，在其上均匀地洒上白汲水，用指甲将布折成小褶，用线粗缝固定，这样压的褶每条裙子约有500个。

一些地区将打好褶的裙身用针线密密纳缝以固定褶裥，使褶裥之间是闭合的状态，然后将褶裥闭合的布片捆绑于圆木桶上，捆绑好后用十数根粗线将其按木桶围度绑好。过数天后解开线后再剪开纳缝的线，百褶裙就做好了。还有一些地区用长的笔直而粗细适中的树木来代替木桶。

还有的地区不借助任何其他的辅助物体，是将用线将褶裥纳缝好的裙片以一端为中心，卷成一个卷，然后用带子紧紧捆扎来固定。

与以上几种曲线固定的方式不同，还有的是平面的固定形式，如榕江一些地区用一个木架子来固定百褶裙的褶裥，具体方法如下：将百褶裙每个褶裥都纳缝好，然后将其紧紧密闭合在一起，再用粗线缝穿其两端、绕于木架上下各一个圆木棍上（见图3—55）。

图3—55　以木架固定的苗族百褶裙

二　百褶裙的装饰手段

在贵州苗族侗族女性传统服饰中，百褶裙有很多类型，现将笔者田野调查所观察到的几种类型结合具体案例梳理如下。

（一）单色、单纯压褶、无其他装饰手段的百褶裙

这种百褶裙是较为普通的款式，是以自织土布染色、压褶，通过褶裥的疏密形成不同的肌理效果，亦没有刺绣、绲边或拼接其他的面料等装饰手段。整件裙子只有布料的本色，如蓝黑色、蓝紫色等。从江庆云乡的百褶裙就是这种类型，但庆云乡的百褶裙在压褶方式上有其独有的特色，即其在褶裥上富有变化。它的褶分为两部分：一部分是占整个裙面 4/5 的上部的细褶，另一部分是占整个裙面 1/5 的下部的粗褶。上半部分因为褶裥之间间隔距离小，所以更紧地包裹身体；下半部分因为褶裥间隔距离大，所以更松身使得下摆张得更开，好像底摆的花边一样。

（二）以刺绣工艺装饰的百褶裙

黄平谷陇寨百褶裙由裙腰、裙身、裙边三部分组成，裙腰为青色，裙身为自染的紫红色，裙边有人形纹、圆点花、浮萍花和鸟翅膀花等花纹，别具特色。贵定县定东地区的苗族百褶裙裙面的褶裥由四段不同长度与致密程度的褶裥组成，第三段的褶裥蓝色最深，且每两个间隔会有一小块丝线补绣的部位，工艺精湛，于淡雅中见俏丽。

（三）蜡染与压褶相结合的百褶裙

蜡染与压褶相结合的百褶裙是将布先蜡染，之后再压褶。蜡染的图案一般以几何图案或几何化的图案为多，这样结合的百褶裙，在褶裥打开时看到的蜡染是一个图案，在褶裥密闭时看到的蜡染是另一个图案（见图 3—56）。

图 3—56　蜡染与压褶相结合的百褶裙

（四）拼接与压褶相结合的百褶裙

剑河县温泉及台江县五河地区的苗族女性，其百褶裙是由自织自染的深蓝色土布与宽约 18 厘米的以红色为主色调，间以蓝、绿等色条纹的织绣布片缝缀而成，本布在上，织绣在下。在制作时，先将两种布缝合在一起，然后一起压褶，这两个部位在肌理上是统一的，在色彩上是对比鲜明的。从江三岗女性的百褶裙是由压褶的黑紫色土布与市售的亮蓝薄棉布相拼接而成（见图 3—57）。其本布的褶裥压得并不深，而蓝薄棉布上也有机器所压的暗褶，两者合而为一，很是协调。

（五）拼接、蜡染与压褶相结合的百褶裙

从江三岗的苗族百褶裙也是运用拼接的装饰手段，是将压褶的深蓝紫色土布与压褶的石绿色棉布拼接，不同的色彩与明度对观者造成很强的视觉冲击力，形成韵律和节奏感。笔者还在三岗村看到一个正在晾晒的布片，由三部分组成，上面是白色蜡染，中间是黑色花纹（牛皮胶质），下面是咖啡色花纹（麻栗果烧出来的颜色）。这是裙子的一个裙片，三块缝在一起，色彩素雅美丽，具有现代气息。

图3—57 黑紫与亮蓝相间的榕江苗族百褶裙

榕江滚仲百褶裙是将蓝紫色的布片与白色的蜡染布片（白底蓝花的布上装饰有长方形的红、黄、粉、绿色块）竖向相间拼接，无论蜡染部分还是本料，都运用了压褶的工艺，整条裙子都充满褶裥（见图3—58）。图3—59是另一种上下拼接的蜡染百褶裙。

（六）拼接、蜡染、刺绣与压褶相结合的百褶裙

梭戛地区苗族女性的百褶裙样式独特，是以拼接、蜡染、刺绣与压褶相结合的百褶裙。这种百褶裙以黑色为底色，装饰有红、黄、蓝、白色四种颜色。此裙的裙身一般由三部分组成：最上部是白色麻布的腰头；腰头以下是蓝白两色的蜡染布；然后是在黑色厚棉布底部上每间隔六七厘米拼接数条横向均宽约为1.5厘米（或以宽约为3.5厘米和宽约为0.8厘米间隔）的彩色（红、黄、蓝、白色）刺绣布条。据说此百褶裙上拼接的这数条刺绣带代表的是其祖先迁徙过程中经过的山川与河流。

图 3—58　蜡染面料与深色土布相间的榕江苗族百褶裙

图 3—59　蜡染拼接百褶裙

第五节　银饰制作技艺

一　银饰制作的工具与工序

与前文所述的各项技艺不同，银饰技艺绝大多数是由男子完成的，这也是贵州苗族侗族女性传统服饰中唯一女性不能完成的部分。[①] 贵州境内苗族女性的银饰主要是在家庭作坊里以手工操作的形式完成的。其工具主要有铁墩、大小铁锤、风箱、熔炉、油灯或汽灯、铜锅、银锅、银槽、松香板、木焊板、焊银压板、弯头气管、拉丝板、骨秤、锥刀、铗银钳、抽丝钳、拉丝钳、方形钻、圆形钻、扁空心钻、指甲钻、锥钻、卡钻、镊

① 银饰的制作技艺都是祖传的，不是简单的“传男不传女”，而是不外传。例如如果把此技术传给女儿，女儿出嫁后就等于把这门手艺传给了外姓人。但嫁进来的媳妇不在此例，因此有媳妇嫁进家来，丈夫把此技术传给妻子，夫妻俩一起做银饰的情况。

子、剪刀。[①] 其工序主要有以下几项：熔银、铸型、锻打、拉丝、压坯模、錾刻、焊接、编结、洗涤、刷亮。根据款式的不同，银匠先把熔炼过的白银制成薄片、银条或银丝，再运用上述錾、刻、镂等不同工艺，做成不同部分的部件，最后以焊接或编织的形式连接成型（见图 3—60）。

图 3—60　银衣片（西江苗寨银饰）

相关案例 3—7：银角与银雀的制作过程

苗族银饰的制作工艺非常复杂，现将侯天江所做的记录进行整理，以窥苗族银饰之一斑。[②] 第一个案例为银角的整个制作过程，第二是案例为银雀的拉丝过程。

（一）银角的制作过程

从形态上看，银角的形状呈水牛角状。一般分为三种不同的型号：大型银角两角之间宽约 62 厘米，中型银角两角之间宽约 52 厘米，小型银角两角之间宽约 42 厘米；高度在 64—68 厘米。

以中型银角来看，其制作过程包括熔银、铸型、锻打、刻纹、制作和接，以及清洗六个步骤。银角从形态上看是类似牛角的样子，但不是

① 杨鹍国：《苗族服饰——符号与象征》，贵州人民出版社 1997 年版，第 71 页。

② 吴育标、冯国荣：《西江千户苗寨研究》，人民出版社 2014 年版，第 94—95 页。

像牛角的锥状，而是片状，银片厚度为10—14厘米。银角图案一般为“双龙抢宝”（中间元宝可以看作“太阳”）、“龙凤呈祥”，每条龙身大约长30厘米，宽5厘米，厚0.5厘米；凤的位置在银角的尖端。元宝为半球形，直径约6厘米，厚度约为0.15厘米，外有四层凸起的小小圆点，如太阳放射的光芒。以上铸造基本的图形需用时3天。元宝为“向阳葵”的交叉纹样，内为“福”字，还要在龙身上装饰各种曲线纹、鱼鳞纹，以上雕刻细纹需用时3天。锻打是一个重复的工序，用时约2天。银棕片的剪型、造型、雕刻用时约为3天。整个银角的制作用时为7—8天。以下为具体的步骤。

熔银。点火后加热10分钟，待温度达到1000摄氏度后将银熔为银水，倒入银槽，待冷却后银水成为银块。

铸型。用火烤松脂待其冷却后将其定型成松脂板，将银角片放在松脂板上以撞钉对其反面进行撞打，形成具有一定厚度的“双龙抢宝”“龙凤呈祥”和“太阳”的形状。撞打时反面凹下去的部分正是正面凸起的部分。

刻纹。将银角的背面放在手板上，在正面雕刻元宝、龙上的各种细部纹样。

锻打。将银片加热约2分钟，待变红后锻打至冷却；再加热变红再锻打至冷却。此后加热的时间逐渐加长，约百余次后，成牛角的模型。

制作和接银棕叶片。银棕片长约22厘米、宽约8厘米、高约10厘米，棕片下有两根长约6厘米、宽为1厘米的银插针。棕面上有银片12片，长14厘米、宽2厘米。棕片内刻有花朵、飞舞的凤以及蝴蝶的纹样。制作银棕片需先剪出其形状，再用撞打的方式造出上面的纹样，还需雕刻纹样细部的花纹。最后将此银棕叶片接于银角正中的反面。

清洗。将银角放入明矾水中浸泡，共两次，每次10分钟，还可以将其放入磷酸液中浸泡，时间约2个小时。将在以上溶液中浸泡过的银角放进冷水中，用铜刷洗刷。最后用炭火烤干或用电吹风吹干。

（二）银雀的拉丝制作过程

银雀的整个工艺流程包括熔银、锻打、拉丝、造型、焊接、清洗和装配七个步骤，总用时约为15天。上文已将银角的制作过程进行了较为详细的描述，因银雀的制作过程中大部分步骤与银角相类，因此在此只将银雀制作成过程中最具有代表性且工艺也最为繁复的一个步骤——拉丝进行梳理。[①]

银雀的拉丝过程包括十一个步骤，工具为拉丝板，每个丝点为0.3毫米（30丝），具体如下：①将银块锤打成条；②将银条的一头锤打成如针头的粗细；③将银条的尖端穿于拉丝板所要求的单位眼孔；④用夹钳夹住银条细的一侧拉丝——从410个丝单位拉起，每4个摹位后要烧一次，在此过程中加菜油（茶油）作为润滑，拉50克银的丝至33丝；⑤将银丝条烧红，用两根钢针将其夹住，用力拉使其变扁；⑥在平木板上放拉扁的丝头，上面压一个小木椎，进行搓压，使丝条由扁丝条变为螺旋形；⑦烧红银条，按原来搓压的方向再进行搓压；⑧在木板的两侧钉两个钉子，将搓压成螺旋状的丝条绕3—4圈，即6—8根丝；⑨将长度在1—2.5厘米的小竹片压于并排的6根丝（或8根丝）上；⑩用熔化的牛胶或乳胶粘在竹片或银丝面上，待干后再粘一次；⑪第二次干后再粘一次，然后夹断两头。整个拉丝的十一个步骤用时约3天，待粘合的部分全干后再进行后面造型、焊接等过程。

侗族的银器打造也和苗族相似，一般为世代相传："银匠是世代相传的，在家中的一层有一个角落，占用1.5平方米大小的一块地方，作为加工地。在地上砌一个脸盆大小的火塘，一个用牛角做的盛放矾水的壶，一个15厘米见方的铁錾，再有就是各种用于雕、钻、焊、锻、刻的工具。"[②] 与侗族女姓银饰相比，苗族女性的银饰款式更为多样、工艺更为复杂，一件比较复杂的银饰要经过数十道工艺才能最后完成。在打制银饰的工费方面，根据银器种类的不同，收费也不同。收费的标准根据首饰的大小和工艺的复杂程度而定，如打制一对耳环需要十几或几十块钱不等。

贵州苗族侗族女性喜银，也喜其洁白，因此，除了银饰的制作工艺，为银饰除污去垢也是银匠的一项日常工作。这项对银饰的清洁工作俗称

---

① 吴育标、冯国荣：《西江千户苗寨研究》，人民出版社2014年版，第95—96页。

② 张力军、肖克军：《小黄侗族民俗——博物馆在非物质文化遗产保护中的理论研究与实践》，中国农业出版社2008年版，第166页。

“洗银”，在操作过程中要先给银饰涂上硼砂水，用木炭火烧去附着在银饰上因被氧化而发黑的物质，后放进明矾水中烧煮。然后经过清水洗净，再用铜刷清理。经过这样处理的银饰就光亮如新了。

二　银匠村

这些以银子为原料的首饰与佩饰都是由专门的工匠来制作，有些村寨本身就有工匠和作坊，如果没有就要去相邻有银匠的村寨去做。如西江镇打制银饰主要有两个渠道：一是在西江古街上的银饰店打制，主要服务外地游客（见图3—61、图3—62）；二是到邻近的控拜这样的银匠村打制。“控拜银匠学徒一般从十五六岁开始，跟着师傅走乡串寨，开始只干一般的杂活，如拉风箱、传递工具等。工价一般归师傅，徒弟只得饭吃和零花钱，三年以后徒弟出师，可独立自行谋生。”① 在雷山县大沟乡的控拜、麻料、乌高，台江县的九摆、塘龙村，凯里市的高觉等村子，村中几乎家家户户世代从事银饰的制作，被当地人称为“银匠村”，有的村子有着数百年的银饰制作历史，生产的银饰品除了销往全国各地，还远销港澳以及日本、欧美等国家和地区。银匠村的银匠有些常年在外地包括北京、上海等大城市扎根，制作银饰并开设店铺售卖，凭着这种特殊的技艺在当地买房；还有一些只在当地和附近的村寨活动，他们一般农忙时务农、农闲时外出走村串寨为人们打制银饰，活动范围多集中在贵州省南部，为当地的苗族、侗族、瑶族、壮族、布依族、水族等民族加工银饰。

图3—61　西江古街的银器店

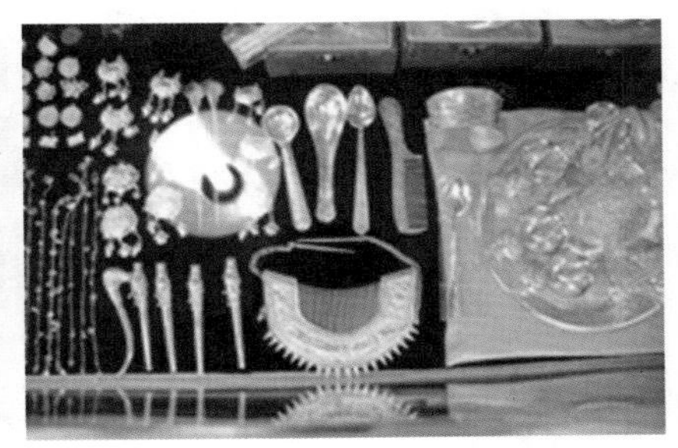

图3—62　银器店所售商品

① 杨文章、杨文斌、龙鼎天：《中国苗族银匠村——控拜》（内部资料），第39—40页。

相关案例3—8：雷山县控拜银匠村

控拜位于贵州省黔东南苗族侗族自治州雷山县西江镇，控拜村位于东经108度，北纬26度，海拔1000米。“控拜”是苗语的音译，是指一个片区而言。控拜寨分为上寨、中寨和下寨，有穆姓、龙姓、杨姓、李姓和潘姓。控拜地形复杂，其田地大部分为高山冷水田，如遇上多雨的年代，收成较差，因此一百多年以来，全寨大部分的经济收入主要靠男子农闲时在外制作银饰来创收。据2005年统计，全寨有998户，有银匠263人。控拜村的这些银匠在凯里市、雷山、榕江、从江、台江、丹寨、黎平、荔波、锦屏、三都、剑河、关岭和广西环江、三江、南丹以及北京等地制作和加工银饰。控拜银匠定点制作银饰的有一百多户，年收入300万元以上。20世纪90年代，控拜村被列为贵州省苗族银饰艺术之乡；2006年控拜村、麻料村、吴高村入选为首批国家级非物质文化遗产苗族银饰锻制代表作名录；2008年10月，贵州省文物局将控拜村列为《贵州省村落文化景观保护示范村》和《中国贵州生态博物馆本土化探索示范点》。控拜银匠村的银饰工艺传承是按照谱系来进行的①，其传承是以亲缘关系为主。

① 控拜村银饰工艺传承谱系中分为杨干约支、杨黄约支以及穆姓、李姓、龙姓的传承，具体情况如下：（1）杨干约支中有第一代杨干约；第二代杨略干、杨金干、杨勇略、杨往金、杨干金、杨九金、杨保金；第四代杨动勇、杨保往、杨当九、杨故九、杨务九、杨党保、杨毛保；第五代杨翁东、杨贞东、杨你毛、杨善毛、杨保毛、杨金务、杨乔务、杨立务；第六代杨金你、杨岩你、杨山你、杨兄善、杨里善、杨你金、杨合金、杨玲金。（2）杨黄约支有第一代杨黄约；第二代杨干黄、杨根黄、杨候黄；第三代杨你干、杨虾干、杨略跟、杨少跟、杨讲候；第四代杨可虾、杨九可、杨里可、杨保往、杨动少、杨善讲、杨毛讲；第五代杨定九、杨翁九、杨服里、杨九保、杨善保、杨许动、杨再东、杨保东、杨当善、杨荣毛、杨新毛；第六代杨五代、杨双保、杨当保、杨金荣、杨应荣；第七代杨海当、杨培双、杨元五。（3）穆姓谱系第一代穆栋荣；第二代穆晒动；第三代穆荣晒；第四代穆动荣；第五代穆当动；第六代穆文武。（4）李姓谱系第一代李九杨；第二代李立九；第三代李耶立；第四代李修耶、李羊耶、李黄耶、李牛耶；第五代李善修；第六代李五善；第七代李扬五。（5）龙姓谱系第一代龙廷芝；第二代龙玉林、龙玉高；第三代龙海金、龙海清；第四代龙顶天、龙顶安、龙顶金、龙忠林、龙忠华。雷山县文化体育局：《雷山苗族非物质文化遗产申报文本专辑》，中央民族大学出版社2010年版，第46页。

相关案例3—9：雷山县麻料村银饰手工艺人李正隆[①]

李正隆（1903—1986），男，苗族，雷山县西江镇麻料村人，清光绪二十九年（1903年）生人。李正隆于民国七年（1918年）15岁时跟随叔叔外出学习银饰制作技术，直至75岁（1978年）才结束银饰制作生涯，在家颐养天年。

李正隆可以做出银角、银花、银压领、银雀、银梳、银围腰链等数十种银饰。头花是其拿手活，一套头花包括底部的花草，中部的山雀、蝴蝶，上部的凤鸟。李正隆于1964—1978年接受雷山县民贸公司的聘请，在公司的银器加工组工作，生产了数以万计的银饰。在此期间，李正隆还为上海民族博物馆制作了整套的银饰纹样模子。李正隆对自己多年来摸索出来的技术并没有保留，只要有人向他请教，他都悉心教授，先后传徒12人。

1986年，李正隆在麻料家中去世，其事迹载入《雷山县志》人物志目录。

随着旅游业的发展，除了卖给本地的乡亲，银饰还作为一种商品走进千家万户，在旅游业较为发达的县城和一些成为著名景点的村寨，银饰是重要的旅游产品。因为其中巨大的商机，一些银匠村的银匠会在上述地方开设店面，一般月租金在几百元至上千元，旺季的时候每个月的流水有几万元，淡季也在一两千元。每件银饰的利润在40%—60%。据笔者了解，卖给本民族的人和卖给外地来的游客价格会有一些差异。

第六节　传统服饰技艺的变迁——一个近60年前的调查案例

贵州苗族侗族女性传统服饰技艺并不是一成不变的，而是在不断地

① 雷山县文化体育局：《雷山苗族非物质文化遗产申报文本专辑》，中央民族大学出版社2010年版，第55页。

变化，这个变化的过程也是一个扬弃的过程。在由中国社会科学院民族研究所贵州少数民族社会历史调查组、中国科学院贵州分院民族研究所编印的《贵州省剑河县久仰乡必下寨苗族社会调查资料》（内部资料）中的手工业部分，对剑河县久仰乡必下寨的服装制作过程有一个非常详细的介绍，可以让我们从中了解到近60年前的贵州苗族服饰制作技艺。[①]正是因为有前人深入细致的调查，才使得今天的我们可以从中分析总结出在服装技艺上今昔的不同，也使得我们对传承的研究能够有较为坚实的田野基础。现将调查小组在1958年对“服装制作”部分的调查内容梳理如下。

相关案例3—10：剑河县必下寨的服装制作过程

剑河县久仰乡必下寨的服装制作过程主要分为纺纱、织布、染布、缝制四个大部分。

首先是纺纱。纺纱分为选花、轧花、弹花、纺纱四个步骤。在选花之前，要先把棉花进行曝晒，然后把棉花分为上、中、下三等。其中上等和中等的用来纺纱，下等的则用来弹棉絮、做被子等。把拣选过的棉花烘干后，用轧花机[②]把棉籽轧脱。据此材料介绍，在解放前，这一带没有人会弹棉花，都是台江的匠人来弹。[③] 解放后，本地人也学习弹棉花。把棉花弹蓬松后，用一截大约筷子粗细的棕粑叶秆把棉花裹住，再用搓板搓成棉花条，然后用这些棉花条来纺纱。在当地纺纱车较为普遍，每位成年妇女都会有一台。纺纱车是由木架、车轮、踏板、纺花针等部分组成，由当地木匠制作，每台折合人民币大概120元。纺纱的方法如下：妇女坐在一个高二尺许的凳子上，双脚踩踏板来转动车轮，左手用拇指和食指捏着棉花条牵纱，右手来整理棉纱使其均匀，此外还需要用右手

---

① 此调查时间为1958年，调查者为杨通儒、谢馨藻、张启扬、潘国藩，整理者为谢馨藻、杨通儒。

② 轧花机是由一根直径一两厘米的铁棍（从市集上购买）和一根直径三四厘米的木棒（当地木匠制作）组成，这两部分用一个木架套住，将其固定在一根约1米高、0.3米宽、1.3米长的条桌上。轧花时，人坐在桌边的高凳上，以脚踏踏板让铁棍转动，左手“喂花”，同时右手摇轧花机的弯把来转动木棒，使铁棒和木棒相对转动，棉籽就脱落了。

③ 一人一天可弹六七斤皮棉，每斤工资为折合人民币三四元钱。

卷纱成纱锭——每锭重约100克。因为是较为精细的手工制作，所以每个人每天大约只能纺出50克的棉花。

其次是织布。织布分为浆纱、牵纱、织布三个步骤。在把纺好的纱锭挽成纱支以后，用稻草灰过滤的碱水煮一个小时，取出晒干后进行浆纱，浆纱的水是用白芨的根块舂烂后加水而得。把浆好的纱一支支地挂在竹竿上，每支都以一根小竿把纱拧紧将水挤出，然后待其干后再解开小竿。经过浆纱的工序后，织布时纱支就比较坚固、不易断了。牵纱是将经纱浆好后倒在竹篾编成的“腊胡”上，五个纱锭为一组，需要两个人合作，一般需要一天的时间。牵纱所用工具为牵纱凳[①]，把两条牵纱凳间隔数米放在两端，两凳的间隔以所要织的布的长短来决定。把“腊胡”纱锭放在牵纱凳的一侧，一个妇女把五根纱合在一起，来回挽在两凳的小木桩上，牵完纱后将纱逐根引入竹筘[②]，梳理纱线后将其挽在木架“羊角”上，然后将纱线的一端剪断，引入纬纱，卸下竹筘后再用纱钩[③]将纱线引进另外一把竹筘[④]。做完这些工序后，将“羊角”一起安在织布机上来织布。织布时以手接梭子，因此布的宽度在28—30厘米。必下寨所织的布分为两种，一种是我们普通所说的“土布”，另一种是工艺更为复杂的、苗语称之为“㭴”的布。第一种布一般的成人女性都会织，用这种织法可以织头帕和裹腿，宽度在13—16厘米。第二种被称为“㭴”的布是一种有暗纹的布，有斜纹和斗纹[⑤]等不同种类。织“㭴”的工艺比前者要复杂得多，因此只有个别妇女会织。[⑥]“㭴”是女性衣背部的面料，长度是一件衣背的长度。当时的调查人员对“㭴”的织造方法有比较细致的记载：织机是一个前高后低的木架，

① 制作时需要牵纱凳两条。每条长10厘米、高6厘米，凳面钉有高16厘米的5个小木桩，每个小木桩的间隔为16厘米。

② 竹筘为市售，可以买到。

③ 纱钩为铜片制作。

④ 每齿引入两根纱线。

⑤ 斗纹是呈斗方形的纹样。

⑥ 据《贵州省剑河县久仰乡必下寨苗族社会调查资料》中的资料记载，这种织法是从十七八岁开始学起，到二十多岁才能完全掌握，可见其复杂，而贫寒人家的女孩就没有时间学习，由此可见在数十年前这种织法还和制作者的家庭状况密切相关。而今时今日，对于这些技法的掌握只与制作者是否有时间相关，这种转变也是时代变迁的产物。

前面有“羊角”，中间两侧各有一根小木桩柱，上面连一根木棍，以把经纱撑成中间高、两边低。脚板上用套绳来代替踏板，此套绳是需要套在脚上的，在伸脚时经纱就会紧一些。梭子长66厘米，中间宽两边细，中间宽五六厘米，中有槽，用以按纬纱的纱锭。在织布时，要先架上经纱，按照所需要的纹样插入3—5根长66厘米的竹签，然后将长55厘米的一端粗一端细的竹片在经纱上按照纹样数出纱线的根数后把梭子穿进去，形成经纱和纬纱的交织。在插梭子时，还可以同时拍紧上一根纬纱，以使布的纹路细密。与上一种织法相比，这种织法费时费工。与织作“裲”的复杂相对应的，这种有暗纹的土布不仅在当时数量不多，今天亦如是。笔者在雷山县进行田野调查时，看到有一件类似“裲”的织法的女性盛装上衣，其价格比其他仅仅以土布做成的要高许多。询问其原因，店主说刺绣等装饰手段与其他的没有什么区别，但其织造技术非常费工，且这种有暗纹的衣服在数量上也比一般土布的要少很多，因此价格也要高很多。

再次是染布。在这部分对蓝靛的制法、染水的制法和染布的方法都作了描述。在制作蓝靛时，要把蓝靛（叶子和顶梢）放在直径2尺、高2.5尺的桶中。在桶里倒满清水，泡3—7天①，到蓝靛的叶子脱色后把它捞出来，再在清水中倒入石灰水②，然后用瓢舀水再倒水如此反复大约半个小时，发酵的泡沫会由白色逐渐变为蓝色。次日，将桶中上面部分的水舀去，就得到蓝靛了。制染水多是在9月间，是将碱水③装满木桶，每天倒入一小碗分量的蓝靛，在六七日后就成为可以染布的染水了。把自织的土布放进染桶内，一次放几匹，一个小时后将其捞出，放在染桶口的木板上，布上的水分会随着木板的方向滴回到染桶中，约半个小时后，布上的水基本滴完了，再把布放进去染，如此反复6—7天，布就成了蓝色。然后将布上的浮色用清水洗去，将布晾干，上豆浆，再晾干后刷上

① 根据月份的不同，所泡的天数也不同：八月、九月泡三四天，十月泡六七天。

② 每百斤蓝靛叶需石灰五斤。

③ 碱水以杉树枝烧灰泡制，在制作过程中需要过滤：在“滤碱桶”里铺一层稻草，放灰，把“滤碱桶”放在染桶的桶口，将热水倒入其中，水由桶底漏出就是碱水。

一年杀的水牛皮熬成的皮浆[1]，上完皮浆的布再晒干后再用甑子蒸，大约蒸一个小时以后取出放入染桶。再染四五天，用清水漂洗，晾干，把布折叠起来用木槌捶打使之平滑。这之后就是再将上牛皮浆、蒸、染、捶等工序反复三遍左右，使布成为紫褐色。在“染布的方法”一节中还谈到了一个非常重要的信息：布染得好坏，不仅与染的时间长短、浆布、捶布的次数有关，还和蓝靛以及染水的好坏密切相关。其中提到一般的布浆到三遍就成了紫褐色，但有的布浆两遍就可以，而有的布浆四遍还达不到理想的颜色。这里还提到了关于制作人非常重要的信息：当时的苗族女性白天要出坡干活，所以染布的时间只能集中在早上八九点出工之前以及晚上睡觉之前的较为零碎的时间，因此要将布染成理想的紫褐色，大概需要二十五六天的时间。在这期间，染水要每天放入半碗蓝靛，称为“喂靛”，每次“喂靛”之后需要沿着桶的边缘迅速搅拌一二十分钟，使其均匀，放置一夜后，染水可以继续使用。

最后是缝纫。有“裁、缝”，“男装样式和用布”，“女装样式和用布”，“编草鞋”四个部分，其中女装样式与编草鞋两个部分与本书的研究相关。必下寨的女装是无领的大襟衣，其特点为衣背长，约 85 厘米，能够盖住裙角。衣背由上下两部分组成：上半部分拼缝一块 10 厘米宽的布，布的边缘是 10 厘米长的穗子。衣背的下半部分就是上文所提到的“裲”，长度在 25 厘米。上衣没有绣花装饰，每件上衣用布 6.5 米左右，需缝制 2 天。下面的百褶裙为过膝的款式，裙长 40 厘米。缝制一条裙子，花费时间约为 4 天。百褶裙的制作方法如下：把自织的土布剪成 40 厘米的长度，共三十余幅，缝成一个长条，用线穿过布的长度，将其拉紧，褶裥就形成了。有褶裥的部分是裙身，再在这块长方形的充满褶裥的布上绱上腰头，就可以将之前横穿的线抽出来了。

---

① 笔者在查阅文献资料时，发现一些书中记载要用新杀的水牛皮的皮浆，甚至有些书中说要在血没有凝固时取用，以使色彩更为亮丽。笔者分析，这固然是和各个不同地区具有不同的风俗有关，还有可能也与制作者所要的不同颜色、颜色的不同深浅有关。

第四章　贵州苗族侗族女性传统服饰之“动态穿着文化”

在研究贵州苗族侗族女性传统服饰的“动态穿着文化”之前，先要对什么是“动态穿着文化”进行释义：动态穿着文化是对服饰的穿着习俗与穿着步骤等方面服饰文化的考察。严格地讲，服饰文化兼具“静态”与“动态”的双重属性。在研究某种服饰时，除了对服饰实物的组成部件、穿着完成效果等方面（“静态穿着文化”）进行考察外，服饰的穿着习俗与穿着步骤等方面内容（“动态穿着文化”）也应该被纳入研究范围。

在研究贵州苗族侗族女性传统服饰时，对其“静态”即穿着完成后的状态的考察仅仅是研究的一个层面，而对其“动态”方面的考察——穿着状态（穿着步骤与穿着习俗等）的研究则是深入这个民族服饰文化的重要方面，也是区别此种民族服饰而非彼种民族服饰的考察指标之一，尤其是对于服装构件多、饰品繁杂、穿着步骤复杂的盛装更是如此。如榕江县归洪村的侗族女性盛装的袖口刺绣精美、色调素雅，是上衣上最为华美的部分，但其实其袖口是用别针别到衣袖上的，上衣原有的袖子是纯黑色，上面没有装饰，而这对可拆卸的袖子是独立的部件，繁复的刺绣将底布全部覆盖，如果不研究穿着过程、只看衣服穿完后的样子，我们会以为其袖子是一体的。

退一步讲，若干年后，如果我们虽然保留下了很多传统服饰，但因其部件的繁多及结构的复杂而不知道怎样穿着，那无疑是很遗憾的一件事。事实上，在笔者的考察过程中，确实出现过这样的问题——专门保管收藏的工作人员也不知道所保管的不同支系的苗族盛装中几套结构复杂的衣服的穿法，这引起了笔者的思考。因此，对“动态穿着文化”的考察是不可或缺的。下面就从穿着习俗与穿着步骤入手对贵州苗族侗族女性传统服饰的“动态穿着文化”进行解析。

第一节　“动态穿着文化”之穿着习俗

在“动态穿着文化”的穿着习俗中，我们可以从主体服装的穿着习俗、辅助服装的穿着习俗和饰品的穿着习俗三个方面去考察。

一　关于主体服装的穿着习俗

关于主体服装的穿着习俗指的是对女性传统服饰中的上衣和下衣的穿着习俗。首先，重叠穿衣以及上衣下摆的外短内长可以算是两个相辅相成的重要特点。雷山县掌坡苗寨的年轻女性在穿裙时要把四条或五条百褶裙重叠穿着，这是因为当地以多条百褶裙所形成的隆起的效果为美。以自织土布为材料的百褶裙本身就有一定的厚度，而每条裙子的褶裥都形成1厘米左右的厚度，四五条就是4—5厘米的厚度，层层叠叠，体积可观，具有一种厚重的美感。①

其实，在贵州很多民族地区都有重叠穿衣的习俗，如贵州西北部的毕节地区和黎平的九龙地区都有此风俗。在毕节，苗族新娘在婚礼这天要把自己所有的新衣都穿到身上，衣服以多为尚，其有两层寓意：一是向大家展示新嫁娘的女红水平；二是显示娘家家道殷实，有经济实力。黎平县九龙地区亦是如此，只不过多为节庆时期穿着：“节庆之日，一定要穿上亮布衣，三到五件衣服层叠相加，从内到外依次递减，每件衣服都要露出一小截衣边角，以显示主人缝制侗衣的高超技艺。”② 安顺地区的女子盛装，在上衣的前后下摆另接若干层花衣脚，每层衣角都是以同色系（红色）的不同邻近色刺绣不同的纹样，非常美丽，其巧思使人赞叹。与此相同，笔者在从江县的岜沙苗寨进行考察时，发现这里的年轻姑娘也喜欢重叠穿衣，件数略少，只有两件，也是外短内长，从外面上

① 贵州省编写组：《苗族社会历史调查（二）》，贵州民族出版社1987年版，第225页。
② 刘锋：《侗族：贵州黎平县九龙村调查》，云南大学出版社2004年版，第337页。

衣的下摆处露出里层上衣的缘边。她们衣摆的缘边由有几层镶拼、刺绣的布条组成，看起来更有层叠之感（见图4—1）。

图4—1　岜沙苗族女子的衣摆局部

贵州侗族女性服饰中以自织自染的土布做亮后制成的上衣一般称为"亮布衣"，这种具有金属光泽的衣服是在布染好后以加以猪血、蛋清，反复捶打而成，属于比较贵重的面料，因此也是裁制盛装的原料。黎平县九龙寨侗族女性在穿着亮布衣时要先穿着胸兜、单衣和当地特有的一种镶蓝边的上衣，然后将亮布衣穿在最外面，是一种约定俗成的穿着习俗。

除了以上习俗外，贵州很多地区的苗族侗族女性主体服装都有一个可拆卸的部位——她们的盛装有一对可拆的假袖（见图4—2）。假袖一般较肥，呈上小下大的梯形，长度为肘部以上约2厘米至袖口的距离。这对假袖具有实用和装饰的双重作用：袖口与领口是上衣最易脏易破的地方，有了假袖即便袖口有残破也不需要抛弃整件衣服，只替换假袖部分即可；假袖上多装饰有刺绣、绲边、镶条等，华美精致。此袖上部内侧还缝有小的口袋，可以盛零钱等小杂物，若非亲眼所见其穿着过程，只看穿着后的状态又怎么会知道呢？

图 4—2　侗族女性盛装中的假袖

二　关于辅助服装的穿着习俗

还有一些习俗是关于辅助服装。在雷山西江苗寨，女性戴盛装银帽时要先将一块长方形的布（现在多用毛巾）折两折，以前额为中心围半圈，以缝缀在布两端的布条系合，这样是为了防止直接戴银帽将皮肤划伤，也是为了保护头部不被金属的银冠硌到。因布的面积小于银帽的面积，所以戴好后看不到里面的布。滚仲苗族女性在戴头帕之前，先将头发梳成蓬松的发髻，一部分盖着额头；再将头帕从中部留出与头部同宽的一段面积，将剩下两侧的两段交叉向后互搭，白色的穗子垂于脑后。在台江地区有一些苗族女性穿着盛装时要在头发上罩一块较硬的藏青色长方形帕子，这个帕子讲究起角和起角线，帕子的上面两个角要交叉插在发髻后的梳子上面，用针别住，状如燕尾。① 六支地区的成年苗族女性都要戴“角”，她们把重达 3 斤的假发做成发绳，整成发束，然后用网将其罩起以塑形。在戴假发前先在后脑别一把长长的、如弯月般的木梳，木梳的两个角朝上。梳子的中间有梳齿，将假发缠别在这个木梳上，然后用白色的布条前后左右绕着固定。梳好后的发髻如一个横着的“8”字形，宽度远远超过两肩的宽度，是服饰的重要组

---

① 杨鹍国：《苗族服饰——符号与象征》，贵州人民出版社 1997 年版，第 27 页。

成部分。

黎平县九龙寨女性曾有一种头帕，是用自织自染的土布经过反复捶打做成的头帕，这种头帕侗语称为“绑告”。“绑告”头帕长 80 厘米、宽 50 厘米，在两端缝织就的花带。在穿戴时，将其对折包于头上，然后用花带从额头前方向后裹缠，然后打结。

榕江县归鸿村侗族女性盛装所着之花鞋，其造型、配色与鞋底都很特别，除此之外，在穿着时也有着独特的风俗——在穿着时脚不能全部伸进鞋中，足跟要踩着后鞋跟穿，用俗语讲就是“趿拉着穿”（见图 4—3）。通过仔细观察，笔者发现在这种花鞋的后跟部，以后中心为基点，有一个左右对称的等腰三角形的折痕，在穿着时要按照这个折痕将后鞋帮放平，脚踩进去后脚后跟踏在放平的后帮上。这种穿着习俗与当地的一种传统密切相关——如果将脚全部穿在鞋中，后跟也蹬上，表示穿着者的家中有老人去世。因此如果穿错是很忌讳的。

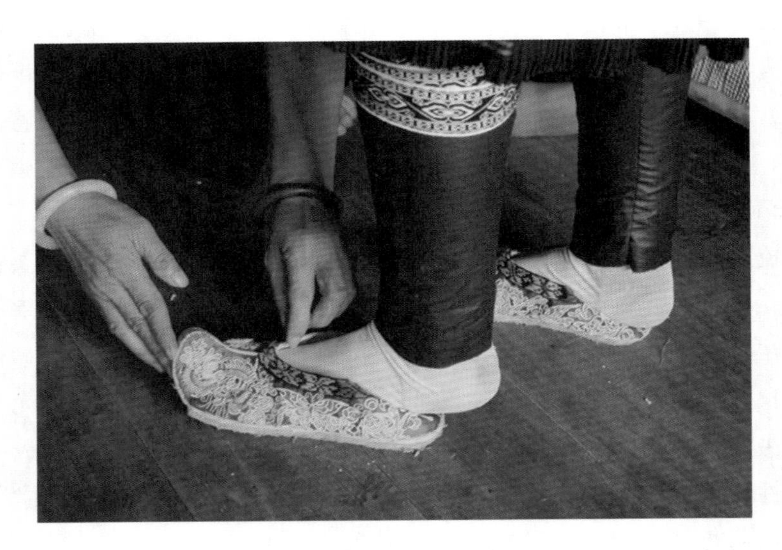

图 4—3　穿法独特的侗族花鞋

在赫章县海确苗寨，花衣为节日的盛装，是“外套服，其主要部分为花臂和‘后方巾’。花臂衣服分大花臂和小花臂两种，本寨为大花臂都是织有白底、红蓝花传统图案的毛织品。分量重，是多层缝合的，并缝上常服为里衬”[1]。这种衣服在穿着时，要将两襟在前胸处搭合系上的麻布腰带。“‘后方巾’接在后颈的花臂合口处。外套衣（衣）幅面较一般地区为大，穿着时必需（须）用挎带搂住。”这里所说的挎带是用毛线织成的有花纹的细带。两个带子横跨左右肩，从腋下部位扣住大袖。着盛装时，花衣之外还要披一个披毡。

三　关于饰品的穿戴习俗

除了主体服装和鞋子，穿着习俗中也有关于配饰方面的。剑河县南加镇的苗族女性有佩戴多副耳环的习俗；雷山西江服装上的银衣片在祭祀、节庆和婚嫁等活动时要缝缀在衣服上，平时要取下收藏，以防因氧化而变色。

饰品的多少和所穿的服装的隆重程度成正比：盛装所佩戴和缝缀的饰品要多于便装。具体来讲，以青年女性为例，在穿着便装时只会佩戴少量的饰品，如耳环、手镯、戒指和木梳（也有很少的人戴银木结合的梳子），衣服上基本不缝缀任何饰物。在穿着盛装时，会根据一等盛装和二等盛装佩戴不同数量的饰品，无论一等盛装还是二等盛装，饰品的数量都比穿便装时要多得多。如笔者所见的施洞青年女性的一等盛装所佩戴的饰品如下：大银角一个、小银角一个、银凤翅若干、银梳一个、银花枝若干、耳环一副、项圈三个、银压领一个、银手镯若干、戒指八个，除此之外，盛装上还缝缀有方银片、圆银片数十个，蝴蝶银缀若干。

在对银饰的佩戴上，苗族秉承以多为贵、以满为美的穿戴理念，因此一些地区的苗族女性会佩戴多对耳环，如剑河县南加镇苗族女性会在耳垂上佩戴一对耳环，再把三对耳环以彩色线穿起缀于头帕上，垂下来的这三对耳环与戴于耳朵上的那一对耳环位置重叠，远远看去，好像戴着四对耳环。

---

① 中国科学院民族研究所少数民族社会历史调查组、中国科学院贵州分院民族研究所：《贵州省赫章县海确寨苗族社会历史调查资料》（内部资料），1964年版，第21—22页。

四 收放习俗

贵州苗族侗族女性服饰，在收放上都有它的习俗及一定之规，如上衣（盛装或便装）、下裙（百褶裙或飘带裙）、鞋子等，如何折叠、如何摆放等都有比较固定的习俗，保证了衣服的平整与洁净，是其服饰文化的一个组成部分，在这里也做一个补充的说明。

（一）上衣的收放习俗

除了特殊的位置以外（如西江苗族女盛装的领部），贵州苗族侗族女性服饰在服装结构上都属于平面裁剪的类型，衣服的裁片基本都可以纳入前片与后片的范畴中，没有侧片的结构。在收放时一般是将两个袖子按照肩线位置捋直，然后将捋直的两个袖子都向后折，然后对齐；再捋两个前片，然后将两个前片再向后折对齐；将袖子往衣身的方向收拢，最后对折（见图4—4）。

图4—4 用传统方式叠好的上衣

黎平县九龙寨土布的服装主要有三种不同的面料：一是自织自染的

较软的土布，二是自织自染的较硬的土布，三是自织自染并做亮的亮布。三者的区别如下：前两种布在纺织和染色的工序上相同，区别在于前者在最后的捶打工序上所花的时间更多，因而更为柔软，一般用其裁制较为贴身的衣物；第三种亮布衣与前两者相比，更多了做亮的工序，即加入蛋清与猪血后进行捶打，使这两种液体的混合液比较牢固地渗入面料的纤维中，但此种亮布衣最后晒干后虽然具有金属般的光泽，但也因为加入蛋清与猪血的混合液后使其更为挺括，容易产生衣褶。亮布衣的材质比较特殊，不宜熨烫，因此对其的收放就要比较注意，当地人一般是将其衣袖向后折，将里子向外翻出，然后将衣服分为几段折叠然后压平，下次收放时还是按照这个方法收放，次数多了就有了折痕，每次按照这些比较固定的折痕折叠，使衣服减少其他的折痕，得到较好的保护。

（二）百褶裙的收放习俗

百褶裙的收放是以保护褶裥的塑形以及亮布的光泽为前提，一般都是先捋好褶裥，然后再卷起，不同地区大同小异。以笔者亲见为例，百褶裙收纳方式如下：在收之前要先把每个褶裥捋好，然后左手在裙腰处握紧，右手把捋好的褶裥以拇指和食指一个一个褶裥地拢紧；这时右手握紧裙摆处，松开左手把没有褶裥的裙腰向下翻折；再互换手，左手固定，以右手拿两条裙带，将裙带围绕并拢褶裥的裙身，以顺时针绕圈，最后打结（见图 4—5）。

图 4—5　捆裹好的侗族百褶裙

（三）飘带裙的收放习俗

在雷山县西江千户苗寨，这里的苗族女性有一种非常具有识别性的裙子——飘带裙。飘带裙是穿在百褶裙之外的，具体款式在本书第二章第一节已有叙述。它的特色是裙身由二十余条①飘带组成，每条长七十余厘米，宽8厘米。笔者所见的飘带有三段的有五段的。以三段为例，我们把离裙腰最近的一段定为第一段、中间的一段定为第二段、离裙腰最远的定为第三段。在收放时，首先把第三段向上对折，对折后裙身有单层的第一段和双层对折的第二段和第三段；然后再把双层的第二、三段向上和第一段对折；再将这些折叠好的三层的裙片从一侧卷向另一侧，然后用两个腰头的两条长长的裙带将卷成一团的裙片缠几圈系结（见图4—6、图4—7）。

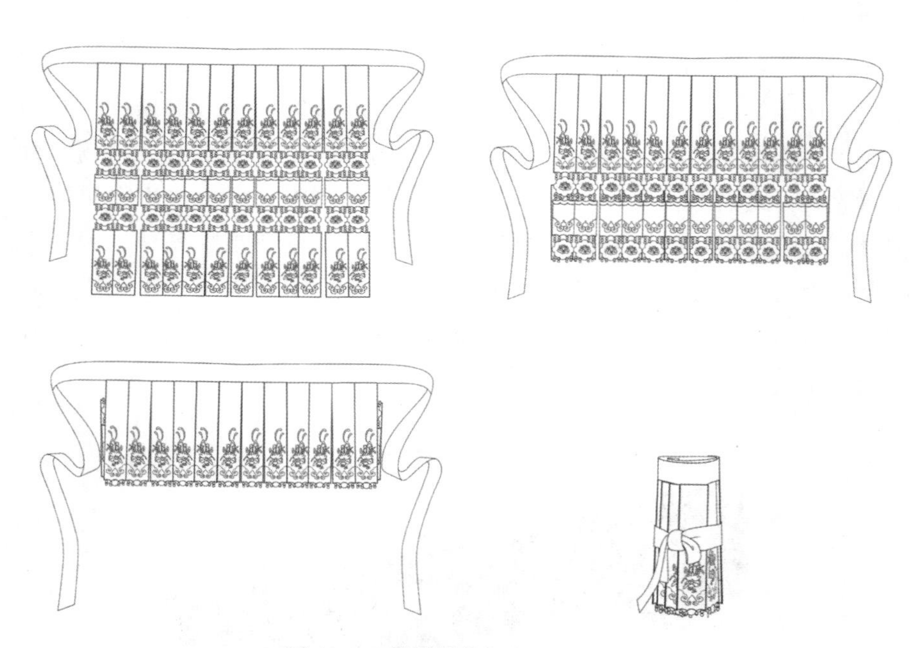

图4—6　飘带裙的捆绑步骤示意

① 飘带的数量根据穿着者腰围的围度来定。

图 4—7　捆好的飘带裙

相关案例 4—1：榕江县归洪村侗族女性盛装的收放

笔者在 2009 年的田野调查时，来到榕江县七十二侗寨的归洪村。在采访一个新媳妇时，笔者看到她从木制的大衣箱子深处拿出了自己的盛装上衣和裙子。盛装上衣是从后中对折，以两个衣袖的肩线一方为基准线，再在衣肘处对折。与盛装相搭配的花鞋收放得更为讲究，居然是收在层层包裹的白棉纸中。

归洪村的盛装是以作亮的土布裁成，颜色是近似黑的深紫褐色，但其装饰的花边（手工绣成）却以亮白、月白、浅绿、浅粉为主，对比之下，使得底色更暗，而花边更亮。这样的花边虽美丽，但其颜色之浅浅到让人担心——笔者看到后就在想如果是手没有洗干净摸一下，可能马上就会摸脏了。但当这位侗族女性拿出盛装和鞋子时，笔者看到的是衣服上纤尘不染的白色绣花和雪白的鞋底，没有任何压褶且光亮如新的黑土布的面料，让笔者以为是新做好的新衣。因为衣服太新了，笔者问她是不是才做就，她告诉笔者，她虽是新妇，但嫁过来也已经五年有余，这套盛装制成的时间就更久了，是她为出嫁时穿着一针一线缝制刺绣的。当笔者询问盛装的价格时，她说没有价格，因为她不卖。[①]

除了以上的内容，还有一些是和民族文化相关的习俗："在家里妇女衣裳也不能挂在祖宗灵魂居住的地方。就是挂晒洗的衣裳也是由于男女不同、身体部位的等次不同而不同，如先挂父母的，再挂兄弟的，后挂姐妹的，在这个序列中又呈现从头到脚的系列，先挂帽子，然后是衣服、裤子、袜子和鞋，而且这些衣物的正面和背面都要朝着一个方向。"[②] 这些特殊的习俗体现了传统文化对服饰的影响，具有特别的动人之处。

第二节 "动态传着文化"之穿着步骤

在研究贵州苗族侗族女性传统服饰的传承时，只研究服饰实物本身或是制作出这些服饰实物的技艺还并不全面，还有一个重要的方面是服饰（尤其是盛装）的穿着步骤，即我们不仅要知道贵州苗族侗族女性穿什么、穿的衣服是怎么做出来的，还要知道她们是如何穿的。其原因有三：其一，穿着步骤这个动态的、鲜活的层面也是贵州苗族侗族女性服饰文化重要的组成部分；其二，贵州苗族侗族女性传统服饰尤其是其盛装的组成件数很多，如果步骤不对会直接影响其穿着效果；其三，随着时代的发展，因制作繁复、穿着步骤复杂等因素的影响，传统服饰有着渐渐退出当地群众生活舞台的趋势，即便是本民族的人都有不会穿本民族的传统服饰（尤其是盛装）的情况，因此对穿着步骤的记录和研究就显得尤为重要。

不同地区、不同款式的传统服饰，其穿着步骤也不尽相同，笔者结合榕江县归洪村侗族女性盛装、榕江县滚仲村苗族女性盛装、雷山县西

---

① 她的回答其实在笔者的意料之中，想到采访过程中她始终以沉静而和缓的动作有条不紊地配合，笔者忽然体会到了侗族女性那安静和内敛的天性。这件承载着她美好感情、一针一线做成的盛装体现了勤劳、智慧、内敛的侗族妇女最为精致的手工技艺、最为深刻的对美的认知与体悟，也寄托了一个侗族少女对未来的美好憧憬，这和侗族女性盛装文化一样，是无价的。

② 刘锋：《侗族：贵州黎平县九龙村调查》，云南大学出版社2004年版，第234页。

江寨苗族女性盛装、黎平县西迷村侗族女性盛装四个具体案例，对贵州苗族侗族女性传统服饰的穿着步骤进行研究。

一　对归洪村侗族女性盛装穿着步骤的解读

侗族女性盛装具有一种古朴素雅之美，这种美既表现在它的造型特征、色彩搭配等方面，也表现在它动态的穿着步骤、穿着状态和穿着习俗上。归洪村是榕江县乐里镇[①]所辖的一个侗族村寨，这里风景优美、民风淳朴，服饰极具特色。选择归洪村侗族女性盛装作为研究案例并不是偶然的。首先，归洪村侗族女性盛装符合侗族女性服装较为朴素的特点，以大面积的黑紫色调为主，辅以小面积的月白色调，整体色调朴素。其次，归洪村侗族女性盛装又具有它自身的特色：与一般的侗族女盛装相比，归洪村侗族女盛装在造型上体积更为庞大，色调更为深沉（接近纯黑的黑紫色），与侗族女装整体的秀丽素雅相比，更具有一种古拙大气的美感（见图4—8），可能是受相邻其他民族的影响。

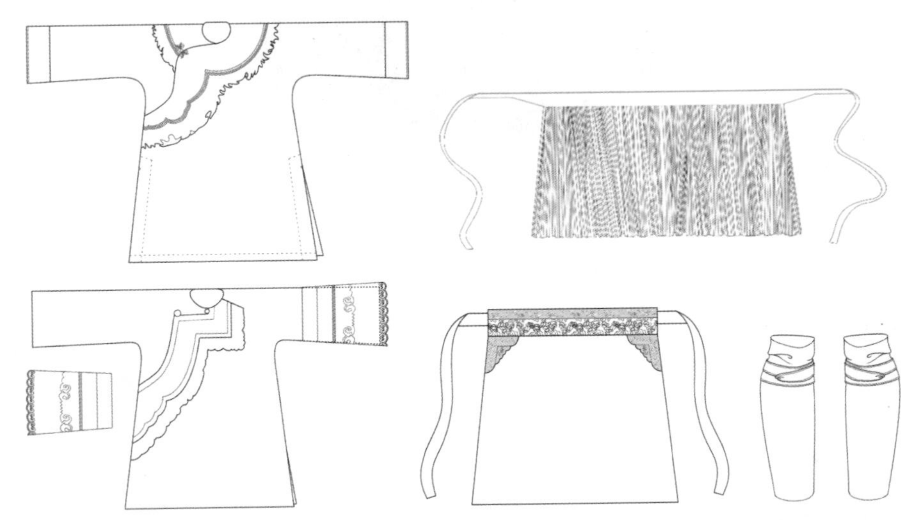

图4—8　归洪村女性盛装构成（上左：内层上衣；上右：内层百褶裙；下左：外层上衣；下中：外层围裙；下右：裹腿）

① 乐里镇在榕江县北部，面积183平方公里，人口2.11万，苗族侗族等民族占91.9%。辖1居委会、19村委会。

相关案例 4—2：榕江县归洪村侗族女性盛装穿着步骤

归洪女性盛装由以下部分组成：里层上衣、外层上衣、百褶裙、围裙、裹腿、各种银饰。在穿着时可大致分为七个步骤。

第一个步骤：梳头。归洪村侗族女性在穿着盛装之前有一个非常重要的准备工作——梳头。梳头时每梳一下均需要用发胶固定，其造型独特，为向上、左、右三个方向都膨大的发髻，颇有中国初唐女子发式之遗风（见图 4—9）。梳头的整个过程约需 40 分钟。

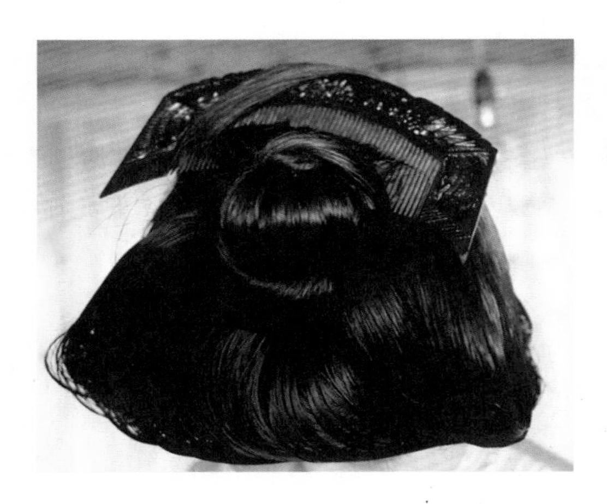

图 4—9　颇具古代遗风的发式

第二个步骤：穿腿套。归洪村侗族妇女穿盛装之前身上所着为紧身合体的秋衣秋裤。在穿衣之初，首先穿着的是腿套，腿套是用黑紫色的自染自织的侗布制成，裁出腿围的宽度后将两侧对齐缝合，长度为膝盖以下至脚踝以上，上粗下细，与小腿形状吻合，紧裹住小腿部位。点睛的一笔为腿套上所系的花带。花带是白色自织布上用黑线挑花挑出各种纹样的宽度为 2 厘米的长带子，从中间对折、左右交叉三周后系合，有固定和装饰腿套的作用。穿腿套和系花带的时间约为 10 分钟。

第三个步骤：穿里层上衣和里层裙子。如果仅仅在衣服穿完之后观看，只能看到外层的服装构成，很难了解外衣之内的穿着。归洪村侗族女盛装上衣的一个重要特点就在于它的美和精致是由内到外的：其里层的黑色大襟右衽缀皮毛棉上衣与外层的黑色大襟右衽夹上衣相比，具有毫不逊色的装饰细节：同样的款式、0.5 厘米的绲边、做工精美的装饰细节——袖口以及领口至衣襟处都有宽博的手工刺绣装饰，运用了平绣、编带绣[①]等刺绣技艺。里层的百褶裙与外穿的不同：面料为市场上买来的、用机器轧好褶裥的黑色丝光棉。据当地人介绍，原本里面的裙子也和外面的裙子一样，是用自染的土布自己压褶。随着市售布的普及以及生活节奏的逐渐加快，里面的裙子就都改为用这种机器织、机器压褶的布料了。穿里层上衣和里层裙子的过程用时约 25 分钟。

第四个步骤：穿外层上衣和外层裙子。两件上衣的重叠穿着是为了穿裙时腰间不起褶和塑造饱满而膨大的外形。黑色的外层上衣也是大襟右衽的款式，在前襟和袖口处有浅色的装饰带，为手工刺绣，异常细致精美。与里层上衣不同，外层上衣为单层，类似于罩衣的概念。外层的裙子是用自织的土布，与上衣的土布不同，其质地没有那么紧密，较为稀松，因而更具悬垂感。与内层上衣相比，外层上衣刺绣部位更为立体，这与内层上衣穿在里面更需平整相关，且颜色更为素淡，与本布的黑紫色形成了鲜明的对比，具有很强的装饰效果（见图 4—10）。裙摆处用同色线密密地包了一层边，使裙摆更具有垂坠的效果。穿外层上衣和裙子的过程约需 20 分钟。

第五个步骤：系围裙。这条围在两层百褶裙之外的围裙，与上衣一样也是用质地细密的黑色侗布，在裙腰和围裙的两侧装饰有浅色调的装饰带，图案为绣工精美的细密花纹。系围裙的过程用时约 10 分钟。

第六个步骤：佩戴首饰。衣服穿好后，就是佩戴各种首饰了。佩戴首饰时，先戴耳饰和颈饰。耳饰是圆形吊坠，为侗族图腾之一——龙的造型。因其很有重量，所以在佩戴时也可以不穿入耳孔中，而用红线栓起来挂在耳朵上。颈饰有三种，两种为造型不一的银链条，还有一种是项圈，这种项圈是此地侗族特有而其他民族没有的样式——以银圈和玉

---

① 这种绣法使用的“线”是将十二股丝线编成扁平带，再用扁平带盘结出各种图案。底料用本色侗布，与带子的鲜艳色彩对比分明。图案整体以线条表现为主，通常以白色单线条作轮廓线，内填以彩色线。

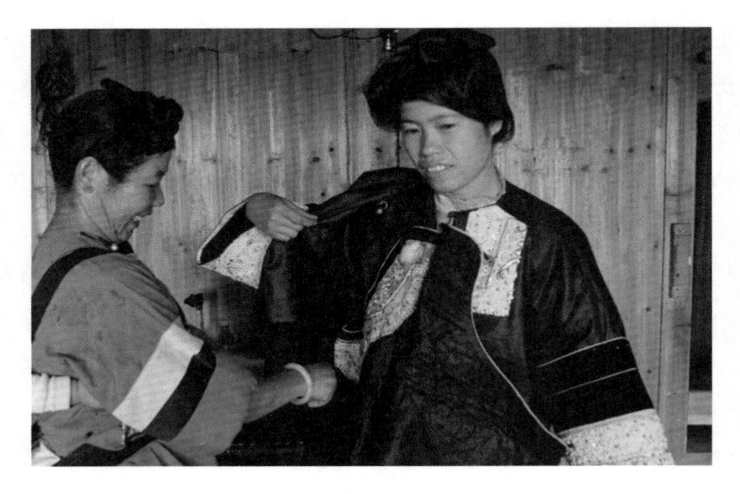

图 4—10 内外层上衣的装饰部位有较大差别

石间隔组成的款式。佩戴耳饰和颈饰的用时约为 25 分钟。

第七个步骤：穿花鞋。归洪村的花鞋造型别致，像船头翘起的龙舟。鞋面为浅粉色缎面，由左右两片组成，在上面刺绣浅色的花纹。鞋底厚约 2 厘米，为白色。穿鞋的过程用时约 5 分钟。

经过以上步骤，穿戴盛装的过程就完成了，用时共需约 2 小时 25 分钟，其繁复与隆重可见一斑（见图 4—11）。

图 4—11　归洪侗族女性盛装穿戴步骤示意图

二　对滚仲村苗族女性盛装穿着步骤的解读

滚仲位于榕江县南部的平江乡①，2012 年，滚仲村入选由住建部、文化部、财政部等部门评出的“第一批中国传统村落名录”②。滚仲苗族女装色彩鲜艳大胆，极具艺术色彩，其裙长至膝盖，属于中裙苗的类型。

相关案例 4—3：榕江县滚仲村苗族女性盛装穿着步骤解读

滚仲女性盛装由以下部分组成：上衣、百褶裙、围裙、裹腿、头巾、银饰。在穿着时可大致分为六个步骤。

第一步先穿里面的上衣，上衣为立领大襟右衽窄袖上衣。领部、前门襟和袖口有少量刺绣和彩色布条相拼作为装饰，面料以较轻薄的市售的确凉布料为多。

第二步是穿下身的百褶裙。滚仲百褶裙特色鲜明，极具美感。这种百褶裙是将蓝紫色的土布布片与白底蓝花的蜡染布片（蜡染布上装饰有

---

① 平江乡位于榕江县城北部，全乡国土面积 178 平方公里，全乡辖 16 个部门，1 个居委会，12 个行政村，73 个村民小组，54 个自然寨，3555 户，14128 人，是以苗、侗、水、瑶等多民族既聚居又杂居且分散居住的乡。

② 中国传统村落名录是在全国传统村落摸底调查的基础上，从全国几千个传统村落中经过择优推荐、调查初筛、专家委员会评审、公示等流程评选出来的。2012 年，榕江县共有 5 个村落入选，其他 4 个村落为兴华乡八蒙村、兴华乡摆贝村、栽麻乡大利村、栽麻乡宰荡村。

手绘的红、黄、蓝、浅蓝色块）竖向相拼接。无论是蜡染的部分还是土布本料，都运用了压褶的工艺，因而整条裙子都充满褶裥。

第三步是穿外面的上衣。上衣为右衽立领窄袖大襟衣，在领口、前襟、腰部以上各有三粒盘扣。整个领部、前门襟和袖口有多层刺绣和彩色布条相拼接作为装饰。面料以较厚的条绒面料为多，一般衣身为蓝、绿等冷色调而装饰部位为粉色、红色、桔色等暖色调，并穿插点缀少量与衣身的蓝、绿色一致的冷色调绲条。袖口除绲条装饰外，还缝缀有8厘米的彩色缎子袖头。

第四步为系裹腿。裹腿是上粗下细的直筒型，外层为彩色缎面，如绿色。上部边缘装饰有多层彩色拼条，下部边缘装饰有少量拼条。

第五步是围围裙。榕江县滚仲地区苗族女性的围裙样式很特别，近似一个正方形，底布为黑色丝绒，在底布的左、右、下三个边上装饰有长方形绣片（见图4—12）。绣片的纹样为绿底粉花粉叶，每条绣片的两边还装饰有银色锡纸边。围裙的上部有两条横向的绣片，上面一片较宽，为杏黄底、粉紫色花叶。围裙的两个系带底端还装饰有两条杏红色调的手工织就的花带，尾部缀珠子和杏红、石青色穗子。底布的黑色与围裙四周四条杏黄、艳粉、草绿调子绣花绣片形成鲜明的对比，具有独特的美感。滚仲的刺绣围裙在平时也可以穿戴，但一般是较旧的围裙（新的好的也是要在重要场合穿着），可以起到保护里层裙子的作用。

最后是点睛之笔——围头帕。滚仲头帕别具特色，是在自织的本色土布上以机器织出黑色的图案。头帕为长方形，中间为白色本料，两端为机织的黑色几何图案的装饰部分。头帕的两个短边各垂下20厘米的白色的穗子，对比鲜明，很具现代感。在戴头帕之前，先将头发梳成蓬松的发髻，一部分盖着额头；再将头帕从中部留出与头部同宽的一段面积，将剩下两侧的两段交叉向后互搭，白色的穗子垂于脑后。① 头帕的黑白二色和衣服鲜艳的颜色（蓝、绿、粉红）形成了鲜明的对比。

---

① 据当地妇女介绍，别看这头帕色调简单，面积也不大，但因为是用自制的木机一点点对齐织成，所以最是费时费工，平均每天大概织几厘米，十天左右才能织完，是其服饰中除了绣花部分外最费时的部分。

图 4—12　滚仲的围裙式样

图 4—13 滚仲苗族女装穿戴步骤示意

三 对西江寨苗族女性盛装穿着步骤的解读

西江苗寨位于贵州省雷山县的东北部，有 1200 多户、5600 多人，是全国最大的苗寨，素有“千户苗寨”之称。西江苗寨女性传统服饰为长裙支系，盛装衣身上以辫绣、缠绣和平绣等工艺装饰，年轻女性盛装以头戴大银角而著称，这是中国苗族女性诸多支系中辨识度很高的一种典型传统服饰。

相关案例 4—4：雷山县西江苗族女性盛装穿着步骤解读

西江女性盛装由以下部分组成：上衣、百褶裙、飘带裙、腰带、包头布、各种银饰。在穿着时可大致分为七个步骤。

第一个步骤：系里层的百褶裙（见图 4—14）。西江苗族女裙为典型的长裙型，长至脚踝。百褶裙有两种材质，一为自染自织的土布，在其上运用传统工艺压褶；二是市卖的以机器压褶的黑色人造棉裙子。裙子的长度为腰部最细处至脚踝，宽度为臀围的 2. 1—2. 5 倍。穿着时将裙子的 1/2 处对准穿着者的前中心，然后从前中心向后部围绕一圈，一般都会留 10 厘米左右的交叉的量，围绕一圈后再将腰带在前中心打结。

第二个步骤：系飘带裙（见图 4—15）。西江的飘带裙据笔者看来受汉族服饰影响较大，色彩浓丽，以红、绿、黄、黑为主。以羊排村杨昌发家的飘带裙为例，此裙裙长95厘米，其中腰头宽为14厘米，共有飘带22条，每条飘带长76厘米、宽8厘米，每两条飘带之间重叠部位宽为2厘米。每条彩条以五段组成，中间用穿上珠子的线连接起来。飘带上的图案有牡丹、荷花、牵牛花、石榴、金鱼、鸟、鸭子、青蛙、老虎（虎头）、蝴蝶、鸳鸯、大雁等动植物。彩条的尾部缝缀有彩色的珠子，珠子的底部是穗子。

图4—14　围里层百褶裙　　图4—15　围外层飘带裙

第三个步骤：穿盛装的上衣（见图4—16），上衣为交领大襟左衽，有内外两层，内层为自家织染的棉布，外层为紫色、蓝色的绸缎或黑色的土布。前襟、衣袖（从袖肘到手腕部分）、两肩等部位以挑、绉、打籽等绣法绣出各种图案。盛装上衣缀有很多银佩饰，主要装饰在背部和袖口的部位，银色的佩饰与上衣黑色土布的底色相辉映，使得白的更白、黑的更黑。值得一提的是，盛装上的银饰只要在重要的场合中才拿出来佩戴，平时为了避免遗落或损坏并不拿出来。[①] 上衣的衣领很独特，在后

① 此外，如果一套盛装作为“老衣服”陪葬，其上佩挂的银饰也要摘下来，一是为了防止盗墓贼盗取银饰，使死者不安；二是这些银饰与头饰、颈饰、耳饰、手饰一起都要传给下一代（女儿）。

中的位置多出一个由四个等边三角形组成的立体结构。这个结构是一个增加的领，使得后衣领并不是平服地贴于后脖颈。其独特之处就在于在一整件平面裁剪的衣服上有一个立体的构成。穿着上之后，要把这个立体的领竖直地整理好，露出后脖颈以及脖颈与后背相连接的部位。

第四个步骤：系腰带和打底的毛巾。西江女性盛装上衣有一个非常具有特色的装饰物——腰带。腰带为宽度为 5 厘米、中间有硬纸壳作衬的红色双层棉布条，以打籽绣与平绣的工艺装饰有动物或植物的图案，图案之间的间隔位置缀有银蝴蝶，每只银蝴蝶下垂有 3 条银铃铛。腰带只有后半圈，用两头和上衣后中所系的带子系合在一起（上衣系结方式是将左片的衣角与右衣身用两根布条系在一起），在后中心处垂下 10—15 厘米的长度。从后面看，像一个“Y”形（见图 4—17）。

图 4—16 穿盛装上衣

图 4—17 围盛装腰带

打底的毛巾就是市售的一般毛巾，以白色为多，也有印花的，多是将短边的两侧三折，以带子系在脑后，其作用是保护围戴银帽的头部（见图 4—18）。

第五个步骤：佩戴挂于胸前的银项圈和银压胸（见图4—19）。因头饰的巨大，需要穿过头部挂于胸前的胸饰必须要提前佩戴。银项圈多为纽纹，粗细一般由家里的经济条件决定。银压领有有花银压领（有银铃铛的缀饰）和无花银压领（无银铃铛的缀饰）两种，有压住前门襟和装饰的双重作用。

图4—18　系打底的毛巾

图4—19　佩戴银项圈

第六个步骤：佩戴头部的银头饰。在西江，盛装的头饰一般分为两种，一种是以银帽与银角为主的头饰：在插戴时先将银帽围在已经包了毛巾的头上；然后戴银角，银角高80厘米，两个角之间距离也是80厘米，重量在1.5—2公斤，呈“U”字形，中间宽两头细，两角根对接处为一圆形太阳纹浮雕，多为双龙戏珠纹。在银角正中的后方是一排扇形打开的银片，长25厘米，宽2厘米。

另一种是以缀银饰红头帕为主的头饰（见图4—20）。缀银饰红头帕是缀有蝴蝶型银饰的横条状大红色围帕，是将两排用银丝盘绕而成的螺纹圆形银片缝缀在一块红的头帕上，银片直径3厘米左右，红布根据每个人不同的头围尺寸略有差异，一般高为12—15厘米，长度为比佩戴者的头围略短。[①] 红头帕的两侧各有一条织的花带，花带长 30 厘米左右，尾端缀有三段以珠子连缀的彩色布条，上面以平绣刺绣有花朵和蝴蝶的图案，最尾部缀有桃红、浅粉、石绿三色穗子。

图 4—20　围缀银饰红头帕

图 4—21　插戴银头饰

① 以唐兴发家的缀银红头帕为例：此帕上下各有六组螺纹圆银片，每组四个，呈方形，竖向的两个螺纹圆银片之间以“X”形的银丝连接，是对蝴蝶图腾的较为抽象的拟形。在上下两组圆银片之间是六组横向的长方形银片（长 6 厘米，宽 2.5 厘米），刻有较为具象的展翅飞翔的蝴蝶纹样。

图 4—22　西江女性盛装穿戴步骤示意图

第七个步骤：插戴银首饰。以与红头帕相配的首饰为例，有插在头部正中央的银凤雀、两侧各三支的银插花和插于头部后中的银梳等银饰（见图 4—21）。最后穿花鞋和佩戴戒指、手镯等手饰。

四　对西迷村侗族女性盛装穿着步骤的解读

西迷村位于黎平县西北部，距离县城 94 公里，距镇政府 7 公里。全村共有二百余户一千多人口。西迷村是尚重琵琶歌的发源地，也是附近侗族琵琶歌和侗族文化的中心，也因此其盛装服饰异常华美繁复。

相关案例 4—5：黎平县西迷村侗族女性盛装穿着步骤与习俗

西迷村女性盛装由以下部分组成：两件长衣、一件半袖套衣、百褶裙、披肩、围腰、围裙、腿套、绑腿、花鞋（或绣花偏带高跟鞋）、各种银饰。在穿着时可大致分为十三个步骤。

第一个步骤：梳头。西迷村侗族女性穿着盛装时所梳的发型与前面三个地区都不相同，是将长发向头顶梳起，在头顶上部横向梳一个长发髻，并将两鬓处的头发梳出蓬松的效果。

第二个步骤：穿裹腿。裹腿为深紫色的绸缎，长度至大腿根部，大腿的两侧各有一条花带，将其固定于腰部，有点类似西方的吊袜带（见图 4—23），裹腿的这种长度和这种固定方式在贵州侗族女装中并不多见。

膝盖以下的裹腿在外侧有立体的刺绣条装饰，是将装饰条缝缀于腿套之上，其刺绣纹样与围肩、围腰、围裙上的刺绣装饰相呼应。

第三个步骤：穿花鞋。如前文所述，这里盛装的足服有传统的鞋尖上翘的花鞋款式以及改良的绣花偏带半跟鞋的款式，鞋尖上翘的花鞋款式应是对龙舟的拟态，这种盛装足服的造型在黔东南地区较为常见。穿着时花鞋不将鞋跟提上去而是踩在脚后跟下，这与笔者在榕江县乐里地区所见的侗族女性盛装足服的穿法一致。如果是穿这种传统的款式就在穿上腿套后穿着；如果是穿改良的偏带半跟鞋则是在将盛装全部穿着完后再穿。

第四个步骤：绑腿带。在裹腿膝盖以下约 3 厘米的位置以一条宽约 3.5 厘米、长约 1.5 米的白色粗布布带绑缚，其作用是使腿套更贴合腿部。系结的方法如下：以小腿为轴将布带包于小腿外侧——以小腿外侧一点为分割点使布带两侧长边占总长度的 2/3、短边占 1/3，将两个边交叉并打结，然后以长边围绕固定端结一个布圈，这时长边与短边长度基本一致，下垂的两条边和布圈作为了绑腿的装饰。

第五个步骤：穿百褶裙。百褶裙的裙长在膝盖以上，为近似黑色的深紫色，是将自织自染的土布上浆上色作亮，褶裥宽度约为 0.4 厘米，非常细密。百褶裙为一片式，以前中为中心围一圈在后身交叠，以裙端的两条深蓝色长布带系合。

第六个步骤：穿胸兜（见图 4—24）。西迷村的胸兜非常具有特色，它的主体部分比其他支系的胸兜要大很多，呈上平下尖的五角形，最低端的尖角盖过百褶裙的裙摆，约为膝盖以下 2 厘米。所用为自织自染并做亮的土布。胸兜的顶部靠近领口的位置镶拼了两块等腰三角形的立体刺绣的绣片，将两个三角形其中的一个锐角边缝合，直角边在外侧，以宽约 1.5 厘米的手工织花花带做边缘装饰。胸兜的系合点有两处，一是在后腰部以两个细布条系合，还有一个是在后领部，将领口的两条织花花带套在 S 形银后缀上。值得一提的是，银后缀还有装饰的作用，在穿着完胸兜后，还要穿着长短不同的三层上衣，而银后缀要放在最外层上衣的外面，成为背部一个重要的装饰物。

第七个步骤：穿里层对襟长衣（见图 4—25）。此衣的面料为市售的单层蓝色缎面。衣身上窄下阔，两侧有开衩。袖子紧窄，长度为九分。

沿底摆和两侧开衩处镶拼宽约6厘米的刺绣镶边，以绿色为主色调，袖口也装饰有刺绣镶边，与衣摆的刺绣呼应。

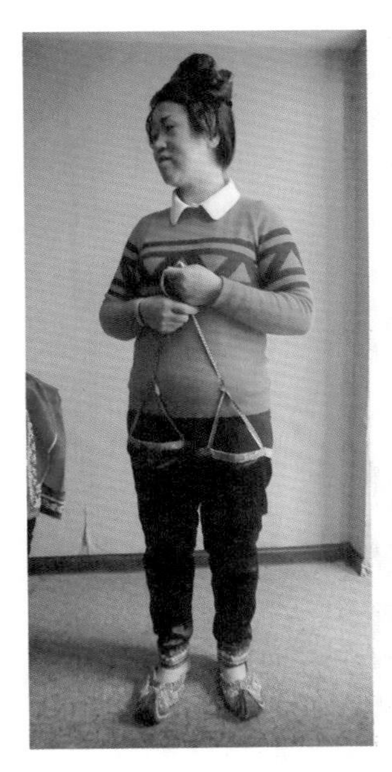

图4—23　以吊腿带固定腿套

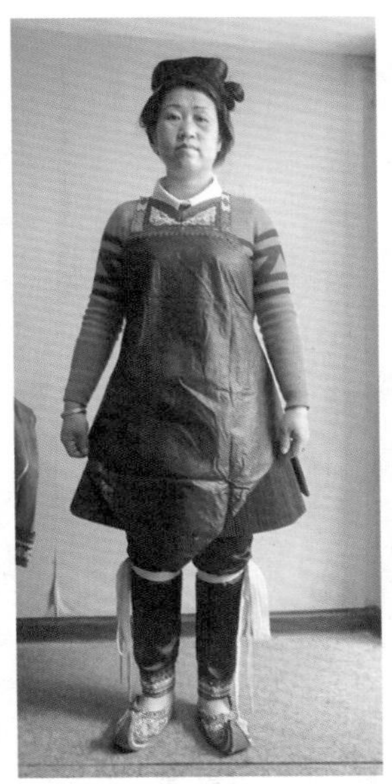

图4—24　穿着胸兜

图4—25　穿着内层对襟长衣

第八个步骤：穿外层左衽大襟长外衣（见图4—26）。外层长衣与内层长衣在面料、刺绣装饰和衣身的造型上基本相同，最大的不同之处在于衣料的颜色以及前身的结构及门襟的系结方式：外层长衣为紫色，前身的结构为右襟压左襟的形式，右襟的领口处的尖角与左侧缝各有一条细带，以这两条细带系结。此外，衣袖也比里层的袖子略长，将其盖住。

第九个步骤：穿最外层右衽琵琶襟短套衣（见图4—27）。短套衣为黑色丝绒面料，衣长仅及腰部，露出外层长外衣。袖子也为上窄下宽的造型，露出外层长外衣的半截袖子。在三件上衣中，这件套衣的装饰最为华美，刺绣装饰沿琵琶襟装饰于前襟，袖口的刺绣装饰也更宽更复杂。

第十个步骤：穿围腰（见图4—28）。围腰是尚重地区侗族女性别具特色的辅助服饰，由裙腰和裙身两部分组成，裙腰是穿着者的腰围加上前中折叠的量，裙身与雷山西江的飘带裙相似，是以一条尾部缀穗饰的刺绣布条组成，但与前者相比，这里的围腰长度仅及膝盖以下的位置，刺绣和装饰更为华美且只有后身和侧身的结构，前身是空的。整个围腰全部饰以造型绚丽、花纹繁复的刺绣。因腰部紧紧系结，围腰之内又穿有两件上窄下宽的长衣，从而使得围好后的裙部从腰线向裙摆撒开，具有立体的美感。

图 4—26　穿着外层左衽大襟长外衣

图 4—27　穿着最外层右衽琵琶襟短外衣

图 4—28　穿着围腰

第十一个步骤：穿围裙。围裙是贵州侗族女性盛装中比较常见的辅助服饰组成，但尚重地区的盛装围裙具有它自身的特点：一是面积大，二是装饰异常繁复。西迷村的围裙长度为从腰间到脚踝的距离，宽约为腰的宽度加上两臂宽度之和。围裙的裙身由一个大的长方形和一个小的长方形的绣片组成，大长方形的短边与小长方形的长边相等，将相等两边连缀起来组成一个大长方形。围裙的左、右、下三个边各装饰有一条宽约 5 厘米的刺绣边。围裙中间留有一个近似菱形的面积没有刺绣，露出里面的蓝色缎子底布，在密密匝匝的刺绣之外留出了空隙。此外，围裙系带的位置很特别：围裙的系带并不是放在裙腰的两端而是在裙腰长度左右各1/4处，两条系带之间的长度与穿着者腰部的宽度相若，因此在系结后围裙基本是竖直的而不是形成围着人体的弧度（见图4—29），具有很强的装饰性。

图4—29　穿着围裙

图4—30　穿着披肩

图4—31　头部饰品佩戴效果

第十二个步骤：戴披肩（见图4—30）。披肩是尚重地区侗族女性另一别具特色的辅助服饰。此种披肩的造型古朴，展开是一个近似360°的圆环，造型与云纹类似，上面布满立体的刺绣，边缘缀着60个蓝、绿、紫、桔、粉红等色的穗饰，中间装饰有28个银链。披肩的圆口处呈60°角镶拼一圈领口，领口中间穿上桔色的绳子，以此绳系结在后领口处。佩戴后的披肩与古代的云肩相似，美丽而具有古意。

第十三个步骤：佩戴饰品（见图4—31）。先是戴缀花银压领，然后是两个项圈，接着是在头部的左右各插一支缀九条长长银链流苏的银花枝，头部后中插两把缀十条银链的银梳（称为银梳，但只具有装饰作用，发髻顶部还有一把银梳是在梳头时起固定作用的）。然后是在双手上佩戴手镯，再在头部右侧佩戴一支如意造型的银簪（见图4—32）。

图4—32　穿着完成（正面、背面、侧面）

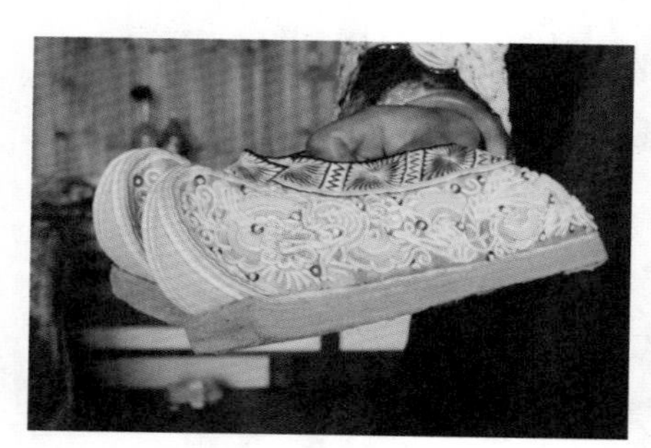

图4—33　归洪村盛装花鞋

图4—34　西迷村盛装花鞋

对于民族传统服饰来讲，只考察它被穿着后完成的状态是非常不够的，穿着步骤、穿着习俗、穿着细节等都应该是我们考察的对象。如前所述，榕江县归洪村侗族女盛装的花鞋在穿着时要后脚跟踩在鞋跟之上，与此风俗相同的是黎平县的西迷村——这两个寨子盛装的花鞋虽然在颜色、造型与装饰手段上都不尽相同（见图4—33、图4—34），但在穿着习俗上是一样的，如果不考察其动态的穿着文化，是无法发现这些鲜活的细节的。因篇幅所限以上只是举了四个案例。其实在对每个村寨传统服饰的考察上都应该按照这样的组成部分来进行，这样可以尽可能地保证我们不遗漏有效的信息，能够更完整保留传统服饰及其文化。比如课题组2016年对剑河县柳川镇南寨乡展留村（这个村寨的苗族女性擅长锡绣）进行调查时，龙政桃（女，苗族，时年60岁）介绍说她们出嫁时穿的衣服上面并没有锡绣，只有平时穿着的盛装才有，这是一个很独特的或者说是如果我们不实地采访就无法了解的穿着习俗。龙政桃还介绍说新娘的嫁衣不用穿好，只需要在进门时披在身上就好。因采访时没有碰到婚嫁的场面，因此究竟是怎样“不用穿好”而只是“披在身上”就没有办法准确得知了，而这些鲜活的细节恰恰是民族传统服饰独特的魅力所在，也是其服饰文化重要的组成部分。

在调查中，笔者还发现不同地区不同的村寨服装各个部件的穿着习俗各不相同，就以裹腿为例，上述的归洪村在穿着本地侗族女盛装时是先穿裹腿；滚仲村在穿着本地苗族女盛装时是在中间步骤穿裹腿；而展留村在穿着本地苗族女盛装时是最后才系绑腿：其穿衣顺序为先穿里面的一件土布织的衣服，再穿百褶裙，然后穿绣锡绣的外衣，接着再分别在前后系一块绣上锡绣的围裙布，最后再系上绑腿——这些不同都是需要实地进行考察和采访才能够了解的。

第五章　贵州苗族侗族女性传统服饰之“服饰主体”

第一节　对服饰主体——贵州苗族侗族女性的民族学解读

在我们研究贵州苗族侗族女性传统服饰时，苗族侗族女性是一个非常重要的主体因素，甚至我们可以说是一个决定性的因素。其原因在于贵州的苗族侗族女性不仅是本民族传统服饰的穿着者，还是它的设计者、制作者与传承者。或者可以说，没有贵州苗族侗族女性，就没有贵州苗族侗族女性传统服饰。因此，对贵州苗族侗族女性传统服饰的主体因素——贵州苗族侗族女性进行解读就显得尤为重要。

英国著名的功能学派民族学人类学领袖人物拉德克里夫—布朗（A. R. Radcliffe-Brown，1881—1955）主张比较法的使用，他主张的比较法主要有两种：一种是横向的比较，即把历史上某个时期的或者当代不同社区的社会文化进行比较；二是纵向的研究，即研究文化变迁问题，通过考察，比较同源文化的各地方差异发生的起因与历程。在这里，我们先要将苗族侗族女性作为一个统一的个体进行考察，根据笔者的田野调查得出对苗族侗族女性较为相似的一般化的性格的总结，这可能是能够产生绚丽多彩的贵州苗族侗族女性传统服饰的重要因素之一；二是通过横向比较的方式，展开对二者性格中不同特征的考察，这可能是贵州苗族侗族女性传统服饰在造型、用色及图案风格等方面有很大差异的一个重要因素。

一 “他者”的视角

因前文所述的原因，笔者作为一个对贵州苗族侗族女性传统服饰进行研究的研究者，服饰的穿着者——女性本身也被笔者纳入观察的范畴。在观察中，作为“他者”（the other）的观察角度使得笔者的调查具有两面性：其一，“闯入者”的身份决定了笔者以“他者”的观察角度对“当地人”进行考察，也使得“观察者”（笔者）与“被观察者”（被观察与采访的苗族侗族女性）的每个个体之间保持了一定的客观距离，这也使得调查的结论相对客观。

其二，法国哲学家、存在主义代表人物萨特（Jean - Paul Sartre）认为我们对于自我的感觉取决于我们作为另一个人所凝视的目标的存在，也就是说我们可以在“他者的目光”中完成对自我的认识。但这其中也存在一个问题，即“他者”的观察角度决定了笔者的旁观者的调查角度，文化背景的差异性以及对于一些相关知识层的欠缺，可能造成调查与认知层面一定的不足。

二 苗族侗族女性的共性研究——性格特质层面

居住于贵州的苗族与侗族有着各自的语言、民族文化以及习俗。一些传说中有关于苗族侗族亲密关系的传说，如《迁徙的传说》，说的是在很久以前，有哥俩离开老家，临走时父亲拿出一双筷子和一个鸡蛋对他们说：以后要像筷子那样互相依靠，要像鸡蛋那样没有缝隙。这两个兄弟就是后来的苗家和侗家，苗家住在山上，侗家住在山下，他们牢记祖先的告诫始终互相友爱。[1] 今天在贵州，这两个民族受相同地域因素、相近的经济文化类型、较为频繁的文化交流以及审美日渐趋同等诸多因素的影响[2]，有一些共性的特质，体现在苗族侗族女性身上，则是其所共有的特质：勤劳聪颖、热情爽朗、善良淳朴。

① 吴育标、冯国荣：《西江千户苗寨研究》，人民出版社 2014 年版，第 158—159 页。

② 周梦：《黔东南苗族侗族女性服饰文化比较研究》，中国社会科学出版社 2011 年版，第 244—247 页。

（一）勤劳聪颖

勤劳是贵州苗族侗族女性的一个重要特质，无论是在家庭生活还是在经济生活中，女性都承担了重要的角色。在笔者进行调查的地区，在乡镇中接触比较多的是开设旅店的家庭，一般都是老板娘或这家的姑娘主持旅店日常的事务：为客人分配住房、调配被褥、做饭打扫、结账算钱，一手包揽，无不井然有序、有条不紊。在集市中贩卖食物、日用产品、服饰产品的也基本上都是女性。如果是生活在农村的女性，劳作则是生活中的一条主线，贯穿了她们的生活，出坡干活、家务劳动、带养孩子等都是她们常规的生活组成部分。特别值得一提的是，女性在田间的劳动有一些是男子不参与的，这都是与制作服饰相关的劳动，比如种麻、种棉、种蓝靛。在棉麻收获以后，还有纺纱、织布、染布、捶布、制作传统服饰等也都是妇女的劳动范围。所以说，田间劳动、家务劳动和制作服装构成了她们日常生活中劳作的三个部分。在这些劳作中，不同年龄层的女性所承担的劳作类型有一定的差异性：中年女性是家里的主要劳动力，是出坡干活、纺纱织布、捶布染布、制作传统服饰的承担者；少女和年轻姑娘多承担各种家务的劳作，或是为自己赶制服装的嫁妆。随着人们对教育的重视，这个年龄层的女性中有很大一部分白天都上学读书，有完成小学课程的、有完成初中课程的，还有一部分完成了高中的课程甚至读到大学。老年女性承担带孙辈孩子的重任，也会做一些类似捶布、染布之类的劳作。三个年龄段的女性所承担的劳作大致分工如上，但三者之间时有穿插，并不存在绝对的界限。尤其是家庭生活这个层面，女性包揽了家中的全部活计，从做饭、收拾屋子、挑水、舂米、喂养家禽、制酒等常规的家务到男子不会承担的种种“活路”，如制作服装的种棉、采棉、种靛、纺纱、织布、捶布、染布、裁衣、缝衣、刺绣，不一而足。贵州的苗族侗族女性是如此的勤劳，以至于以笔者“他者”的视角观察，得到如此结论：对贵州的苗族侗族女性，尤其是对于生活在乡村的女性而言[①]，辛勤的劳作是一种生活的“方式”或者可以说是一种生活的“准则”。

在调查中笔者发现，承担如此繁重而种类繁多的劳作的贵州苗族侗

① 生活在乡村的女性也是传统服饰的主要制作者。

族女性，并没有不堪重负的感觉，基本上都是游刃有余地将一切打理得井井有条，这需要一定的智慧——聪颖是贵州苗族侗族女性的一大特质。她们的心灵手巧似乎是溶于血液中的一种天生的禀赋：总是能够轻松地将家务与劳作分工、调配后完成，总是能够驾轻就熟地掌握全套的服装制作技术，总是能够将自己和家人的一应需求一一解决。并且拥有这些聪颖禀赋的并不是个体的某一位或某几位苗族侗族女性，而是她们作为一个整体所共同拥有的。

（二）热情爽朗

热情爽朗是贵州苗族侗族女性的又一性格特点。笔者曾于从江县庆云乡对当地侗族服饰进行调研，在工作人员陪同下与当地干部群众一起午餐。席间笔者称赞侗歌好听，犹如天籁之音，笔者话音刚落，在座一位侗族妇女便站了起来，要为我们唱一首侗歌。这首用侗语演唱的歌曲悠扬悦耳，因为笔者听不懂侗语，于是向歌者请教，她热诚地逐字翻译给笔者：“请客来，请客到家没有菜，街上有肉无钱买，喝杯空酒别见怪”，质朴的歌词将其民族重情的特质表露无遗。随后，她还给笔者搛菜、与笔者对饮。看着她明媚的笑脸，回想刚才她大方敬酒的举动，体会着这歌词中情谊，笔者被深深地感动了。

随着贵州旅游业的发展，国内外游客纷纷来到贵州，家庭旅馆应运而生。笔者多次住宿在当地苗族侗族的农家旅店中，一般主持这种旅店的都是苗族侗族女性，她们对客人热情友好。笔者在郎德上寨田调时，留宿在寨中的一户家庭旅馆，旅馆中饭菜是按一天三顿每人 15 元人民币收取费用[①]，早餐较为简单，午、晚饭为分量实在的五菜一汤和不限量的以当年的新米做的米饭。一天午饭的一个菜是炝炒鱼腥草。鱼腥草（Heartleaf Houttuynia Herb）又名折耳根、狗心草，是一种当地的特色植物，具有清热解毒、消肿疗疮、利尿除湿、健胃消食等功效，但其味辛咸，外地人很难吃惯。我们看到这道菜，想着放在这里白白浪费了，于是就将其交还给主事的店主的女儿——一个 19 岁的苗族姑娘，告知她四盘菜已经足够了，这道菜没有动，可以给其他客人吃，她点头并接过菜。本以为这件事到此就告一段落，谁知几分钟后这位苗族姑娘给我们端过

① 调查时间为 2009 年，相对当年物价，此收费可谓低廉。

来一盘大块猪肉炒黄豆，笔者发现其余客人桌上都没有这道菜，姑娘告诉我们这不是做给客人的而是自己家人吃的。我们听后觉得不妥连连推辞，但她却坚持一定要我们收下，告诉我们说五道菜是客饭的标准，不能少我们的菜。看着她满脸热情的笑容笔者感动不已。

（三）善良淳朴

在田野调查之行中，有两件事给我留下了异常深刻的印象。其一发生在从江县一个不那么富裕的小寨子三岗。笔者一行到达三岗后从寨门进去拾级而上走向村里的一片空场，到达空场的坡顶时我们看到一个年约一岁的孩子，这个赤足、穿着单袍的孩子坐在地上，几步之遥的坡下就是高十几米的盘旋的一级级石阶。在我看来，这个背对着坡头自己坐在地上的孩子随时有摔下去的危险，于是想要把他抱到相对安全的地方。当时正在自己摆弄小石子玩耍的孩子看了看逐渐走近他的陌生人，忽然哇地大哭了起来，这一下子使得笔者手足无措，不知如何是好。这时孩子的妈妈——一位年轻的苗族女性走了过来，我忘记语言不通急忙向她解释。她静静的、带有一丝羞涩地看着我，没有一句怨言。孩子看到妈妈更加委屈，哭声也越来越大，年轻的妈妈看看我们又看看孩子，神情中有一丝犹豫，但最终做了决定：转过身去背对我们俯下身子并打开衣襟，小男孩很默契地踮起脚尖，仰起头钻进妈妈安全的怀抱中吃奶。母亲没有责怪、没有抱怨，而是用奶水和温暖的怀抱安抚了被笔者这个闯入者吓哭的孩子。在那个夏日的黄昏，喂奶的妈妈、吃奶的孩子、把头转向别处的同行的男同志以及受到深深震荡而目瞪口呆的我仿佛定格在黄昏中这个叫三岗的小山村中，这位苗族的年轻妈妈的善良淳朴也永远留在了我的记忆深处。

其二发生在从江县的高调村。当时笔者一行在高调附近的一个村寨进行调研，向当地群众询问具有特色的传统服饰，一位来这个村子参加婚宴的苗族中年女性说她们村（高调）有一种缝缀有羽毛的刺绣的彩衣非常漂亮。司机询问路程如何走，她爽快地要带我们去，笔者以为她参加完婚宴要回村正好顺路，于是没有推辞。我们开着车约 15 分钟后来到了高调村，这位苗族女性让我们在村中的空场稍等，不一会儿她带着拿着花衣的另一位村民来到笔者一行的面前。在笔者的调研一切顺利、步入正轨之后，这位苗族女性向笔者告辞——她还没有参加完婚宴还要步行走回刚才的村子，这使得一直以为她搭顺风车顺便为我们当向导的笔者不禁大为震惊而汗颜：仅仅为了使素昧平生的笔者调查顺利，她不辞辛苦为我们带路并联系服装的所有者，然后还要步行回开车需要15分钟的邻村，这在笔者所生活的环境中是非常不常见，甚至是不可理解的，但她毫不犹豫地做了，带着深深地感动笔者与她握手道别，这一幕也像上文所述的年轻妈妈喂奶的场景一样镌刻在笔者的记忆中。

以上内容是笔者数次贵州之行多个景象的叠映，虽具有偶然性但同时也具有一定的必然性，可以从中管窥贵州苗族侗族女性的性格特征。

三　苗族侗族女性的共性研究——对美的追求层面

朱光潜先生在《西方美学史》中如此总结车尔尼雪夫斯基对美的定义：“（1）美是生活；（2）任何事物，凡是我们在那里面看得见依照我们理解应当如此的生活那就是美的；（3）任何东西（原文亦可译为“对象”或“客体”），凡是显示出生活或使我们想起生活的，那就是美的。”①

对美的追求是贵州苗族侗族女性一个共同的特点，这种对美的追求表现在三个具体的方面。

第一个方面是对于家庭的，作为女主人，她们对美的追求体现在将家收拾得井井有条，很少看到家中凌乱无序。

第二个方面是对配偶及孩子服装的用心。笔者在从江岜沙进行调研时对当地的一位苗族女性进行访谈，作为一名中年的女性她为自己做新衣的频率已经放慢到两年一件了，而对于需要参加寨中很多活动、在游客参观时充当“演员”、经常在“在外面走”而充当家里“门面”的丈夫，则是一年缝制四五身新衣。笔者在参加寨中活动时看到其丈夫，其服装果然从头到脚干净簇新。在孩子的服装方面，苗族侗族女性把她们对于孩子的爱都凝注在亲手缝制的童装的一针一线上。在调查中，笔者见到数量众多的精美的童帽、童衣、童鞋，这些衣服上布满精美的刺绣，有些是甚至需要花费数月乃至半年的时间方可绣成（见图5—1）。让自己的孩子穿戴得更美的心愿由此可见一斑。

---

①　朱光潜：《西方美学史》，人民文学出版社1964年版，第563页。

图 5—1　戴手工花帽的侗族女童

第三个方面是对于自己所着的服装以及自己形象的重视。贵州苗族侗族女性对美的追求也体现在了她们对自身形象以及本民族传统服饰的重视上。在调研中，为了尊重被调查者，笔者在摄影之前都会与对象进行沟通，在得知要照相的时候，几乎所有的女性都会低头检视自己的衣着和头发，超过半数的女性更提出回家换衣服。笔者在榕江县高文村调研时，前期采访的是几位中年的苗族女性，她们得知要拍照后相互交换了一下意见，都提出要回家换衣服。大约半个小时后，这几位妇女重新回到笔者面前，她们不仅换上了节日才穿的盛装①，还重新梳了头，有些还化了淡妆。

相关案例 5—1：对榕江县马鞍寨吴国仪的采访

笔者一行在榕江县马鞍寨进行采访恰逢二组的苗族女性吴国仪（女，

① 随着生活方式的改变、生活节奏的加快、民族间的相互融合等因素的影响，在贵州很多地区的苗族侗族女性服装中，盛装与便装在款式上并没有什么差别，甚至有些村寨的便装是穿旧了的或破损了的盛装，将其“降格”为便装后再裁制新的盛装，如此进行循环。这也是我们经常看到一些妇女所着的服装很旧，甚至领口、袖口等处有残破，但衣服上的刺绣还是非常精美的原因。但在拍照时，当地女性会觉得便装的旧衣不够好看，很多人会要求回家换新衣。

36岁，苗族）正在捶布。笔者就土布的染布工艺等情况与她交谈，因为语言问题请当地司机小吴进行翻译，在小吴的协助下沟通很顺利，采访结束后笔者提出给她照相，但出人意料的是她没有同意，理由是头发凌乱、衣服陈旧。在笔者眼中，吴国仪的这个理由并不成立——笔者觉得她的头发既不凌乱，衣服也不陈旧。司机小吴继续与她沟通，后来她终于说出了心里话：她觉得自己已经36岁了，大女儿都18岁成人了，这样的自己已经老了，不美了，因此不愿意将“不美”的自己的影像留下来。

虽然经过司机小吴的一再劝说，吴国仪最终同意照相，但她对“美”与“老”的理解引起笔者的思考：当地女性对年龄的认知与一些大城市相差很大。在一些城市中，因为职场发展或经济等条件的限制，在吴国仪这个年龄才结婚生子的女性并不鲜见，且有着逐渐上升的趋势，而两个孩子的母亲吴国仪因大女儿已成年，就认为自己已经老了，且已远离了“美”。在贵州很多地区，“美”似乎是年轻女性的专利，尤其是年轻的未婚女性，其盛装装饰最为繁复、配饰最为繁多就是一个例证。

相关案例5—2：对榕江县滚仲村某青年女性王某的采访

在榕江县滚仲村进行田野调查时，笔者一行在村口遇到一位年轻的苗族女性王某（女，28岁，苗族），她也正在捶布。王某娇小的个头、圆圆的脸庞、细细的眉毛，全身散发着一种温和气息。采访后笔者提要给她照相，她同样提出自己穿的是干活的旧衣裳，不美，不想照。后来她同意照相不过告诉我们要上楼换一下衣服。[①] 因为滚仲服装款式组成不太复杂，笔者以为至多15分钟王某就会换好衣服，结果我们足足等了三十多分钟她才下楼来。看到焕然一新的王某，笔者恍然大悟——她不仅换了新衣服，还重新梳了头发并化了妆。美丽的妆容搭配上色彩鲜艳的传统服饰，很精神。也由此可见其对外在形象的重视。

---

① 她的家是一个两层的木制吊脚楼，放衣服的卧房在二楼。

在笔者看来，她也就20岁左右。在随后的采访中，她告诉笔者她已是两个孩子的妈妈了，小儿子已经4岁。在我们看来28岁的王某很年轻，但在言谈中她流露出她认为自己不再年轻的意思。

王某全家人所穿的所有的衣服，包括背孩子的背儿带都是她手工缝制的，是她在劳作之余一针一线做出的。王某告诉笔者，如果时间和经济上都允许，她会经常给自己做新衣服，这样能够“更漂亮一些”。而穿旧了的衣服就淘汰成便装平时干活穿。

通过上述两个案例，我们可以看到当地女性对美丽的理解，并且在她们眼中，“美”和“年轻”是两个相辅相成的概念，即美是有年龄限定的。这也就可以解释在贵州，苗族侗族女性最美的衣服往往是年轻的、未出嫁的姑娘所穿着的。

最后，值得一提的是贵州的苗族侗族女性对头发非常重视，这也从侧面体现了她们对美的重视。在日常生活中，她们非常重视对头发的保养，以淘米水洗头、以桐油梳头是当地的风俗，因没有化学成分、对头发损害较少，因此当地苗族侗族女性的头发多乌黑油亮且不易断发，散开后很多达到腰际，利于盘髻并在穿着盛装时装饰以众多银饰。

这种对美的追求的特质构成了贵州苗族侗族女性的一种心理特点，这也就解释了在繁忙的田间劳作与家务劳动之余，苗族侗族女性还有心力利用几乎所有的闲暇时光以异常繁杂的工序为自己和家人缝制出传统的民族服饰。

四 苗族侗族女性差异性研究——性格差异与服饰映射

“民族学自产生之初就是以异己社会文化为研究对象的。这是民族学的一个研究传统。”[①] 朱慧珍在《苗族与侗族审美比较研究》一文中指出苗族侗族的“相同之处在于崇尚群体美、女性美。不同之处在于苗族崇尚力，赞美崇高，侗族崇尚智慧，赞赏秀美；苗族崇尚冲突美，悲剧美，侗族则偏爱和谐美与喜剧”[②]。勤劳聪颖、热情爽朗、善良淳朴这些经过

① 宋蜀华、白振声：《民族学理论与方法》，中央民族大学出版社1998年版，第211页。

② 朱慧珍：《苗族与侗族审美比较研究》，《贵州民族研究》1998年第4期。

数次对贵州的田野调查而对当地苗族侗族女性所产生的较为直观的印象，可以被看作是对贵州苗族和侗族女性的共性的认识。不容忽视的是，尽管两个民族在贵州当地杂居，通婚现象也不鲜见，且相互间的交流与融合日益加强，但两个民族之间还是存在一定差异的，这些差异也在苗族侗族女性身上有一定的体现。

在笔者的调查经历中，所遇到的苗族侗族女性众多，其性格也各异，但若将这些“个体”按照民族的不同（苗族与侗族）划分为两个女性群体（苗族女性与侗族女性），从较为宏观的角度去考量，则根据笔者的个人经历可以得出这样一个结论：针对笔者调研的这两个女性群体而言，苗族女性相对来说更为外向豪爽，而侗族女性相对来说则更为含蓄内敛。在侗族的祖先传说中，姜良和姜妹婚后生下一个无头无耳、无手无脚、像一个圆球似的胎儿，姜良就把这个肉团砍成了几份，而这个肉团的几个部分就变成了不同的民族——肉变成了侗族、骨头变成了苗族、筋变成了汉族。因此，侗族人脾气很好，苗族人有棱有角，汉族人最为聪明(抑或狡猾)。这虽然只是一个传说，但却从一个侧面体现了侗族对自己民族特性的一种认定。

相关案例5—3：对苗族侗族女性群体性性格差异研究——

对榕江县高文村苗族女性的调查案例

笔者在榕江县高文村进行田野调查时，一行人刚到达村口，适逢几位中年女性用自酿的米酒在为同村的一位男性送行，笔者觉得有趣就驻足观看。那位男性走后，这些苗族女性并没有回家而是在村口喝酒划拳(见图5—2)。装酒的盛器是一个中等大小的不锈钢盆，初时盆中有满满一盆的米酒，用来喝酒的就是盛饭的红花白瓷碗。她们的规则是划拳输了的人就喝一碗，不一会儿，盆中的酒就不见了一半。其中一位女性总是输，好几碗米酒下肚看起来有些醉了，不想再喝了，可其他几位并不同意，扶着她硬灌下去。输的人笑、赢的人笑、喝的人笑、不喝的也笑，她们大口喝酒，大声猜拳，就连划拳的手势也异常豪放，不一会儿整个盆就见底了，她们说着笑着兴尽而归，呈现在笔者眼前的是一种简单而直接的快乐。

整个划拳喝酒的过程持续了大概半个小时，几位苗族女性全程开心而爽朗地大笑，初时仅仅因为我们一行外来者的观看有一丝羞涩，但过了不一会儿就恢复原态毫不介意了。在这里看不到酒桌上惯常的矜持推脱乃至拿腔作势，一种发自内心的快意与惬意扑面而来。在随后的调查中，笔者发现这个村寨的女性传统服饰图案鲜艳活泼，与其村民的个性一脉相承。后查阅相关资料，这个村寨20世纪90年代的服饰与今有很大的差别，但热烈与明艳是其共同的特征。

图5—2 喝酒划拳的苗族妇女

高文村这几位苗族妇女的爽朗、干脆与热烈使笔者想到体现在苗族女性传统服饰中的那些不寻常：造型独特而体积庞大的盛装结构；充满视觉冲击的、对比色的色彩搭配；图案中人与动物、植物与动物的不合比例的构图……苗族女性这种外向豪爽的性格特征外化就体现在了她们的“设计作品”上——就是那些流露出天马行空的想象力的、美丽而绚烂的本民族的传统服饰。以她们的双手一针一线制出的服饰体现了她们的精神世界，也体现了她们精神世界的某些特质。

相关案例5—4：对苗族侗族女性的群体性性格差异研究——对榕江县七十二寨侗族女性的调查案例

笔者在榕江县北约40公里的七十二侗寨对其侗族女性盛装进行考察时，村长安排了两位年轻的新媳妇为笔者演示盛装的穿着步骤。当地的盛装保留情况良好，从梳头、穿里层衣服到穿外层衣服，乃至佩戴首饰都有一定的规范，因此全套盛装穿戴下来用时达到2小时35分钟，仅梳头一项就用时40分钟。在这两个多小时的过程中，两位年轻侗族女性除了跟帮自己穿衣的婆婆低声沟通以及回答笔者的问题外，很少说话，全程都非常安静。为了不给浆得挺阔的盛装留下坐褶，这两个多小时她们都是站立的，中间也没法坐下稍稍歇息片刻。当时正值七月酷暑，所着服装除了贴身的紧身衣外，每个人有两件盛装上衣、两条百褶裙和一条围裙，还有裹腿和绣鞋以及繁复的佩饰。其中外层上衣还有毛皮的内里。在整个过程中，这两位年轻媳妇毫无怨言，也没有任何焦躁和不耐烦，自始至终默默配合，始终保持安静而恬淡的表情并耐心回答笔者的各种问题。笔者最后看着梳着类似古代女子云髻、穿着具有古意的大襟右衽大绣衣的她们，在一刹那忽然觉得沉静的她们就像两位古代的女子，而只有具有如此沉静的心态，才能够静心刺绣出她们身上盛装那异常繁复的花纹。

特别值得一提的有两点：一是她们所着之盛装都是自己亲手缝制和刺绣的，其上花纹装饰异常繁复，如不静心是无法绣成的。二是她们对盛装的收纳都非常用心，花鞋甚至以薄绵纸包起来，鞋底没有什么灰尘[①]；盛装的衣服上除了折痕外没有任何褶裥，且其上的花纹洁白如新。[②]看着如此崭新的盛装，笔者想当然地以为这两套盛装是新做成的，但与她们交谈后得知这套盛装是从出嫁前两三年开始做，嫁过来也有3年了，因此至少有5年的历史，每年的节庆等重大场合还要穿着，却保护得如此完好，非细心而静心而不能也。

---

① 当地穿盛装花鞋的方法如下：穿着平时的便鞋到节庆的场所，手拎盛装花鞋，到地后再换上，这样是为了保护花鞋，使其不粘太多的灰尘，也由此可见当地对传统服饰的重视。

② 当地的盛装以黑紫为主色调，装饰以间以浅粉、浅黄的白调子刺绣装饰花边。

这两位新媳妇都是二十出头的年纪，年龄不可谓不年轻，但两个多小时的辛苦过程中她们不焦不躁、不卑不亢、温文有礼、恬淡安静。她们是村长随机点名协助笔者调研的两位年轻女性，是一种偶然，但其也必然代表了当地侗族女性一般化的性格特征：内敛恬静。

榕江县七十二寨两位侗族女性所表现出的这种内敛并不是个例，笔者在“侗族大歌之乡”从江小黄村采访时，两位被采访者潘艳花（女，23岁，侗族）、陈贵娘（女，28岁，侗族）也是如此。在整个采访中，两个人都是语速较和缓，遇到笔者的提问都是先思考一下再用较为简单的语句进行回答，这种审慎的态度也具有一定的普遍性。为了进行全面的了解，笔者所提的问题庞杂而琐碎，但二人没有任何不耐烦而是细心地一一作答。

如果对侗族传统服饰进行考量，我们可以发现侗族女性这种相对内敛的性格特征也体现在了她们作品——服装上。从造型上来看，侗族女性的服装款式适中而合度，很少特别夸张的造型，以纤巧为主。从图案上看，其纹饰的颜色也较为淡雅，一般面积都不大，只是装饰在衣服的领口、袖口、前襟、裤脚等处，并不起眼。从饰品上来看，一般来讲，侗族女性的首饰与佩饰在数量上比苗族女性少，样式也较为简单。这些都可以视为她们内敛性格特征的一种外在体现。[①]

当然，对苗族女性与侗族女性两者之间外向与内向的判定是相对而言的，也可能和笔者所采访的对象的个体性有关，存在一定偶然性，但性格平和是她们共同的特征，待人热情与真诚是她们共同的特性。

苗族侗族女性传统服饰的最终实物呈现其实是一种“设计”，它固然是苗族侗族民族文化在服饰上的显现，同时亦是作为服饰的制作主体——苗族侗族女性的思想、性格与审美的外化，因此我们可以说，苗

---

① 侗族的内涵与含蓄表现在他们的日常生活中，如他们经常用“隐语”来表达。在谈到青年侗族男女的恋情时，会说“星子绕月亮”，其中“星子”代表男青年、“月亮”代表女青年；青年男子们相约“爬窗探妹”或“行歌坐月”，不说是“玩姑娘”（因“玩”字带有贬义），而说是去“串寨”；青年女性出嫁，不说出嫁而说“出客”（因“出嫁”有被卖的意思）；女性怀孕了，也不直接说怀孕了而说不“狠”了。杨玉林：《侗乡风情》，贵州民族出版社2005年版，第210页。

族侗族女性传统服饰的差异性在一定程度上来讲，是苗族侗族女性性格差异的映射。

第二节　传统服饰对于贵州苗族侗族女性的重要意义

一　四位一体——设计者、制作者、穿着者与传承者

在对贵州苗族侗族女性有了一定的了解之后，我们能够更好地理解其对于传统服饰的重要意义：对于服饰而言，苗族侗族女性扮演着四位一体的决定性的重要角色，即她是本民族传统服饰的设计者、制作者、穿着者与传承者。

（一）设计者

设计（design）是把一种计划或设想通过某种形式传达出来的活动。人们通常认为设计是一个较新的概念，其概念的正式产生应该在包豪斯（Bauhaus）[①] 建立之后。今天的苗族侗族女性服饰则是千百年来传承的结果，表面上看来似乎与设计没有什么关系。但事实并非如此：“设计”这个“概念”的确立是在20世纪初，但“设计”这个“活动”却贯穿了人类数千年的历史，大到一个城市的规划，小到一个茶杯的器型，无不是设计。同理，中国数千年的服装史同时也是一部设计史，每个朝代的服饰固然是这个时代政治、经济、文化与思想的反应，同时也是它的制作者的思维、审美和精神世界的映射。贵州苗族侗族女性传统服饰也是如此，它的盛装更如是。就其盛装而言，它固然是本民族传统服装的延续，但在每个时期，又都被加上这个时代的特点，这些时代的烙印通过苗族侗族女性的设计被赋予了新的变化，比如色彩搭配的细微变化、银饰款式的更新等，都体现了贵州苗族侗族女性对美的理解。夏夫兹博里（Shaftesbury）在《杂想录》中对于美和丑有一段论述：“比例合度的和有规律的状况是每件事物真正旺盛的自然的状况。凡是造成丑的形状同

---

① 包豪斯是德国魏玛“公立包豪斯学校”的简称，后改称“设计学院”，习惯上仍沿称“包豪斯”，它的成立标志着现代设计的诞生，对世界现代设计的发展产生了深远的影响。

时也造成不方便和疾病；凡是造成美的形状和比例同时也带来对适应活动和功用的便利。”[①] 贵州苗族侗族女性恰是以自己独特的审美、智慧的巧思设计出了适合在不同场合穿着的民族传统服饰。

笔者在田野调查中，一次次被贵州苗族侗族女性传统服饰所震撼，其珍品无疑已经脱离了服装这个层面而上升到艺术的高度，而这样的服饰珍品是由聪慧的贵州苗族侗族女性所设计：用什么颜色的面料、怎样的刺绣针法、怎样的色彩组合、什么样的银饰搭配，她们都是胸中有丘壑。在这里，她们就是艺术家，而服饰就是她们的艺术作品。我们常常说，画作就像一面镜子，是一个画家内心的真实反映，体现了其所思所感，而其心地的明净与污浊也无法遁形；同样，传统服饰也是苗族侗族女性内心的一面镜子，是她们的作品，只不过笔在这里变成了针线，画布在这里变作了面料。

鲍桑葵（Bernard Basanquet）曾在《美学史》中援引了黑格尔的观点：“美仍然在于整体性的原则，这种整体性是通过不同品质的一致的暗示展现出来的。”[②] 在做每一件服饰之前，她们的头脑中已经有了相应的雏形或者称之为蓝图，然后按照这个蓝图一步步地实施：“艺术意境之表现于作品，就是要透过秩序的网幕，使鸿濛之理闪闪发光。这种秩序的网幕是由各个艺术家的意匠组织线、点、光、色、形体、声音或文字成为有机谐和的艺术形式，以表现意境。”[③] 贵州苗族侗族女性传统服饰就是苗族侗族女性的审美表达，是她们对美的认识的外化，是她们对生活的感受，从服饰的造型到款式部件的搭配，从图案纹样的排列到色彩的组合，无不体现了苗族侗族女性蕙质兰心的巧思，其中的很多服饰品具有非常高的艺术感染力（见图5—3、图5—4）。

---

① 朱光潜：《西方美学史》，人民出版社1964年版，第212页。

② ［英］鲍桑葵：《美学史》，张今译，广西师范大学出版社2001年版，第273页。

③ 宗白华：《美学漫步》，上海人民出版社1981年版，第78页。

图5—3　剑河县公俄苗族女装服饰局部

图5—4　从江县加鸠苗族女下装

相关案例5—5：对榕江县归洪村侗族女性盛装的审美解读

从整体审美上来看，归洪村侗族女性盛装具有一种庄严大气的美感，且流淌着厚重的古韵之风。这主要是从造型和色调两方面来说的。

首先是造型。这种盛装不是合体的造型而是较为肥大。为了塑造宽大的穿衣效果，除去贴身的秋衣秋裤，上衣由单、夹两件组成，下裙则是由两条百褶裙和一条围裙组成，褶裥折叠的厚度和硬挺的围裙共同组成了膨大的效果。

其次是色调。整款盛装作为底色的是大面积的黑：上衣的前襟、两臂和裙子的黑色块与具有古意的膨大的乌发形成呼应。宽大的前门襟、腰头和袖口的刺绣以白色、浅绿、浅粉等淡色调为主，打破了大面积的黑色所带来的过于沉重的感觉。处于两者色调之间的是制作精美、数量繁多、闪亮耀目的装饰于头部、颈部和胸部的银饰。这些银饰以银白的色调为主，间中点缀有红色、绿色、蓝色（银凤翅上的毛线球装饰）以及温润的淡红色（银项圈上的玉石），形成统一又带有几许亮丽色彩的中间色调。

整款盛装于厚重的基调中见华丽细致（刺绣和银饰），具有一种和谐凝重的美丽。

不仅是整体的庄重大气，在一些服饰细节上也体现出具有艺术性的处理方式。

一是花带对腿部整体暗色调的调剂。大面积黑紫色腿套上，机织花带中白色的几何花纹具有点缀的作用，打破了整体的暗色调。

二是轻盈缤纷的花鞋配色。与衣身大面积的黑色形成对比，整个花鞋都是以浅色调为主——在浅粉的缎子底上刺绣有白色、浅绿、浅黄等色的立体图案。这种浅色调与前门襟、腰头和袖口的白色、浅绿、浅粉形成呼应。但花鞋不是一味的浅色，在鞋口处装饰有一条以黑色为底色的花带，与整体的黑色调相统一。

三是多种材料质地的矛盾与统一。在归洪村的这套盛装中，棉布的厚实、绸缎的精致、金属的光亮、绒线的柔和，形成了不同材质的对比，而所有这些材料在面积与颜色的合理分割与搭配之下，组成了一副和谐的画面。

（二）制作者

设计之后就是制作，如果将针线比作女性的画笔，面料就是画布，贵州苗族侗族女性传统服饰的制作过程也是她们“我手画我心”的过程。“在过去，做针线活是九龙寨姑娘一生中最重要的活儿之一，它差不多要消耗一个人一生中三分之一的时间，针线活主要指打鞋垫、打布鞋、做衣服、背儿带、布带、刺绣等。这些物品做出后既可以自用，也可以用于出嫁时的陪嫁物。传统上往往用女孩陪嫁物中的这些物品的多少来衡量女孩的勤与惰，为此有些姑娘出嫁时仅鞋垫就有六七十双。随着人们价值观念和衡量标准的改变，现在陪嫁物中女红物品所占分量大大减少，被一些现代工业品，尤其是家用电器之类的物品所取代。但女孩从小要学会穿针引线的训练仍不放松，九龙寨民认为女孩长大后，尤其是嫁到别家，如不会缝补，那将是母亲的极大耻辱和自身的笑话，甚至让别人作为故事流传百代。”[①]

侗族谚语“看你侗妹乖不乖，就看你那双绣花鞋”，其意为若要看一位侗族姑娘是否心灵手巧、是勤快还是懒惰，看她所绣的花鞋就一目了然了。如果一位年轻的侗族姑娘已有了订亲的对象，但却对其不满意，她在对意中人诉衷肠时就会唱这样的歌：

我得丑夫父母却逼嫁，你们却暗欢喜，

① 刘锋：《侗族：贵州黎平县九龙村调查》，云南大学出版社2004年版，第525页。

如今我白费劲纺细纱浪费了我的手艺，
我那丑夫穿这精致衣裳一点不珍惜一会儿就弄脏，
人才丑得就像石头生灵菌，面目就像生刺的泡桐树，
不知怎样才能从他家中逃脱。[①]

盛装作为传统的礼服，其工艺繁复、制作精良，更能反映贵州苗族侗族女性作为服饰制作者的不凡。我们可以采用类比的研究方法，以西方的礼服——高级时装（HAUTE COUTURE）为参照对象，对二者进行比较来进行研究。

在西方有一个可以和中国少数民族盛装类比的概念——高级时装。与盛装相比，高级时装也是在重要场合穿着，也是全手工缝制，也是以非常精巧的技艺来装饰，其设计与制作周期也较长。但与高级时装动辄数人数十人来缝制一件衣服不同，盛装的制作者一般只有一人。此外，高级时装是设计者与制作者分离：它是高级时装设计师的设计作品，但制作过程却需要制版师、样衣师、工艺师通力合作共同完成，即设计师只是完成想法，而制作和最终的完成却另有其人。而盛装的设计者亦是它的制作者，这就使得将自己最初的想法完全付诸实践成为一种可能，即苗族侗族女性的个体就可以完成一件衣服从设计到制作的全过程。

凡勃伦（Thorstein B Veblen）在《有闲阶级论》中曾有如下的论述：“除了少数无关紧要的例外，我们总觉得代价高的、手工制的服装用品，在美观上和适用上比代价低的仿造品要好得多，即使仿造品模仿得十分高明，这个观念也不会改变——因为仿造品之所以会使我们发生反感，并不是由于它在形式上或色彩上，或者在视觉效果的任何方面有什么欠缺。”[②] 西方那些手工制作的服装尤其是高级时装或可以用凡勃伦以上对手工服装的观点来归纳，即它的手工制作是为了其经济附加值和独有性，而贵州苗族侗族女性服装则不然，贵州苗族侗族女性服装尤其是盛装，其手工制作的特点不是从经济或独一性的角度来考虑，而是由其实际的生产生活条件决定的（见表5—1）。

① 刘锋：《侗族：贵州黎平县九龙村调查》，云南大学出版社2004年版，第347页。
② ［美］凡勃伦：《有闲阶级论》，蔡受百译，商务印书馆1964年版，第132—133页。

表5—1 盛装与高级时装对照

比较层面	盛装	高级时装	补充说明
定义	以本民族最为精湛的传统服饰工艺来制作，在婚庆、节日等重大场合穿着的具有礼服意义的民族传统服饰	指巴黎19世纪中叶由设计师查尔斯·沃斯（Charles Worth）创立的以上层社会的贵夫人为顾客的高级女装店及其设计制作的高级手工女装	高级时装是法语 Haute-Couture 的意译
制作者	少数民族女性	高级时装裁缝	高级时装的制作者不是它的穿着者，盛装的制作者是它的穿着者
穿着者	少数民族女性	上流社会女性	同上
穿着场合	结婚、葬礼、节庆、祭祀等场合	婚礼、宴会等重要场合	两者都是在重要或重大的场合穿着，同样具有礼服的性质
材料	自织自染土布、线	绸、缎、纱、绡、金线、银线、各种珠子宝石	传统盛装所用的面料为自己种棉、纺纱织的土布，而高级时装所用面料为纺织厂所织造的各种精致面料
工艺	织、染、绣、镶拼等	织、绣、钉珠、镶拼等	两者的工艺并不相同，但共同的特征是均为手工工艺：盛装的手工制作是受条件限制的；高级时装的手工制作是它的卖点所在
用时	约半年至两年	约半年至一年	每件盛装/高级时装的用时都不尽相同，如有些顶级的高级时装用时以万小时为单位计算，这里只是一个大概的时间
人手	一人	数人、十数人或数十人	盛装一般都是以个人为单位制作，也有请母亲或姐妹帮助做一些较难的部分的情况；高级时装在制作时是以团队为单位来进行的，如从大类看有制版师、样衣师和工艺师；在最后的装饰过程中，有某些技工负责绣花、某些技工负责钉珠

（三）穿着者

贵州苗族侗族女性传统服饰的一大特点在于，它的“设计者”与“制作者”同时也是“穿着者”。对贵州女性来讲，它是为“我”设计的、为“我”所穿着的衣服。据笔者在贵州采访了解到，当地的绝大部分苗族侗族女性都非常喜爱她们的传统服饰，认为传统服饰比现代的服饰要更好看（见图 5—5、图 5—6）。

贵州苗族侗族女性对传统服饰具有很深的感情，尤其是其盛装，很多都是母亲一针一线手缝，包含了不可言说的感情。作为穿着者，她们对衣服非常珍惜：对日常所着的便装摆放有序，而对盛装则认真收放：银饰或者放在木箱中，或者用干净的塑料布包裹以防氧化变黑。花鞋也是放在木箱中，甚至用薄薄的绵纸层层包裹。盛装的上衣和裙子也是按照固有的习俗折叠收放，收放之间丝毫不见敷衍。

按照传统习俗，在结婚与节日等重大场合，民族传统盛装是她们必备的“礼服”，这固然是风俗习惯使然，但也是她们自身的审美取舍以及对传统服饰的认同的体现。

图 5—5　岜沙苗族女性盛装

图 5—6　归洪侗族女性盛装

（四）传承者

贵州苗族侗族女性不仅是贵州苗族侗族传统服饰的设计者、制作者、穿着者，她们还是它的传承者。苗族侗族女性服饰传承的关键是技艺的传承，而人则是技艺的掌握者。制作传统服饰对于女性来讲是一种生活方式，是与她们的生活密切相关的一个事项，一代代的女性传承着她们的技艺，而传统服饰也随着她们的一针一线留存了下来，服饰技艺也就随着她们的一针一线传承了下来："妇女们干农活，并负担炊事、饲养等家务，所以纺纱都在晚上和早上出工之前进行，晚上操作到十一二点或下一两点才休息，一般在腊月到次年五六月为纺纱期间。这里的姑娘很小时候就学习纺纱，十一二岁时，操作的熟练程度已像成人一样了。"①

二 传统服饰与女性恋爱、婚姻

民族传统服饰在贵州苗族侗族女性生活中占有重要的地位，美丽的服饰与装扮在她们的恋爱婚姻生活中扮演了重要的角色，在一些传说、史诗以及山歌中，经常可以看到对服饰与婚恋的描写，如下面这首山歌：

> 女儿穿上了母亲给做的衣服，尾部绣上了三朵漂亮的黄花，她每天都穿着这件心爱的衣服和心爱的人谈，但是也要听父母的话才好呀。女儿穿上了母亲给做的衣服，尾部绣上了三朵漂亮的红花，她每天都穿着这件心爱的衣服和心爱的人谈，但她不知道怎么样才能和她不喜欢的那个人过一生。②

这首散发着淡淡哀伤的山歌将一个苗族姑娘穿着心爱的衣服与爱人相会，却不能与之结合的哀婉心情表露无遗。

① 中国社会科学院民族研究所贵州少数民族社会历史调查组、中国社会科学院贵州分院民族研究所：《贵州省剑河县久仰乡必下寨苗族社会调查资料》（内部资料），1964 年，第 34 页。

② 安丽哲：《符号·性别·遗产——苗族服饰的艺术人类学研究》，知识产权出版社 2010 年版，第 165—166 页。

（一）传统服饰与恋爱

1. 比美的道具

贵州苗族侗族女性所着之民族传统服饰在其婚恋生活中具有重要的意义，它装扮着未婚的少女们，用以吸引男青年，也因此未婚女性的服装与配饰是最为丰富与华美的，而在结婚以后，女性们衣服上的花纹与所佩银饰都要少很多——或者是因为装饰华美的盛装与繁复的配饰部分地完成了它们作为吸引异性的重要道具的使命了。在《贵州苗夷社会研究》一书中有如下的句子：“苗夷族在婚丧喜庆时期，亦即男女发生婚姻关系的媒介场所，倘没有新鲜花衣，便不容易引起男子爱恋的热情，因而缺乏出嫁的可能性。”①

贵州苗族侗族女性的传统服饰，尤其是盛装，在当地人的生活中还承担着一项重要的任务——它是其穿着者比美的道具，这在节庆等重要场合显得尤其突出，例如在苗族的“姊妹节”上就是如此。在“姊妹节”上为自家参加的姑娘装扮是每家每户都要做的：为姑娘穿上最为隆重的花衣、戴上尽可能多的银饰。每户人家都希望自己家的姑娘最漂亮，不要被别人家的姑娘比下去了，因此会举全家之力为此而努力——很多家庭会提前若干年就开始为女儿缝制盛装、打造银饰，至女儿到可以参加“姊妹节”的年纪就把这些都备齐了；还有些家庭经济条件一般，因此没有整套的银饰，但也会为女儿绣制美丽的盛装，戴上家里所能拿出的全部的饰品。

以刺绣装饰的盛装从裁制到刺绣需要半年至一年的时间，有一些地区盛装的样式复杂，因此花费两年的时间都不鲜见。银饰的打造也要花费很多时间，如上文所述的家里经济条件较差的家庭则需要有一点闲钱就去银铺打制一点银饰，一点一点的积攒，有的能攒够全套，有的就只能佩戴稍少的银饰。

笔者于2011年在台江施洞对其“姊妹节”进行调研，在去会场的路上遇到了几位苗族少女（见图5—7），其中年纪最小的是施洞镇白支坪村时年13岁的龙诗梅（中），她穿着施洞地区特有的黑红色调的盛装，盛装上缀有复杂的银饰，头部、手部和颈胸部佩挂有多种银饰；像每一位

① 吴泽霖、陈国钧：《贵州苗夷社会研究》，民族出版社2004年版，第138页。

参加“姊妹节”的姑娘一样，她们都化着淡淡的妆。当时还是小学生的龙诗梅告诉笔者，她可能是参加姊妹节的年龄最小的人。为了让女儿参加“姊妹节”，龙诗梅的母亲从她10岁起就开始给她做盛装了，因为盛装是比拟她长成时的尺寸做的，且佩饰沉重，前几年她还“穿不起”（撑不起来）。与盛装搭配的所有银饰都是身为银匠的龙诗梅的父亲精心打制的。龙诗梅告诉笔者，参加“姊妹节”的姑娘佩戴的银饰的多寡与其家里的经济条件相关，家里都是竭尽所能尽量为其置备。

图5—7 盛装的龙诗梅（中）和刘美（右）

相关案例5—6：施洞“姊妹节”与盛装比美

“姊妹节”，是贵州省台江县老屯、施洞地区苗族的一个传统节日，每年农历三月十五日至十七日举行，苗语为“努改林”（nongx gad liangl），是“吃姊妹饭”的意思。

“姊妹节”是以苗族青年女子为中心，以邀约情人游方对歌、吃姊妹饭、跳芦笙木鼓舞、互赠信物、订立婚约等为主要活动内容。因贵州苗族有聚居的习惯，又普遍实行同宗不通婚的法则，而所居多偏僻的山区河坝，交通不便，青年人交往的机会不多，因此要借助“姊妹节”这样的活动来增加青年男女相识相交的机会。[①] 关于施洞“姊妹节”还有一些动人的传说：相传以前施洞口完全是姊妹的世界，这里是一大片森林。有几十个勤劳美丽的苗族姑娘伐木垦荒，辛勤耕耘，获得了大丰收。第二年春天的阴历三月，这些姑娘们向四邻八寨的年轻后生发出邀约，后生们闻讯都非常高兴，争相前来与姑娘们相会，于是，每年三月十五日的“姊妹节”便成为一种习俗，流传至今。

在“姊妹节”期间，其活动安排如下：农历三月十三日，年轻姑娘们采摘各色植物，用来为紫、红、黄、绿、白五色糯米饭中的前四色染色。[②] 在“姊妹节”期间，青年男子会向中意的姑娘讨取“姊妹饭”，而姑娘的回应则代表了她对小伙子的态度。[③] 十四日，姑娘们都下田里去捕鱼捞虾，三月十五至十七日是节日的正式活动时间，年轻姑娘们都身穿盛装，佩戴全套的银饰，参加对歌、跳芦笙和跳木鼓舞等集体活动。在“姊妹节”期间，苗族姑娘们以精致的妆容、繁复闪亮的“银子衣裳”吸引异性的眼光，以期找到称心的伴侣。

在今天，“姊妹节”除了作为苗族青年男女的一种欢庆活动外，还被赋予旅游观光的新意义，在被当地政府组织后，保存了基本形式，而对比从前，其内容已经进行了简化。

相关案例5—7：苗族“爬坡节”与盛装比美

每年农历二月中下旬的“午”日，是施秉县白洗乡苗族的“爬坡

---

① 徐赣丽：《当代节日传统的保护与政府管理——以贵州台江姊妹节为例》，《西北民族研究》2005年第2期。

② “姊妹饭”中的五色分别有以下寓意：紫色象征富裕殷实，红色象征寨子发达昌盛，黄色象征五谷丰登，绿色象征美丽的清水江，白色象征纯洁的爱情。

③ 姊妹饭的标记意义如下：如藏松叶代表针，暗示青年男子要回赠姑娘绣针和花线。挂竹勾暗示用伞酬谢，表示日后多来往。放香椿芽表示姑娘愿与后生成婚。放棉花则暗示姑娘们很思念后生（苗语称棉花为“忍”，与苗语“想念”同音）。放棉花和芫荽菜表示急于成婚的心情。挂活鸭是希望日后回赠一只小猪给姑娘饲养，以备来年吃姊妹饭时，杀猪联欢。放辣椒或大蒜暗示以后不愿再来往或绝交。

节”，苗语为“吉把梭”。届时，年轻的苗族女性在长辈妇女的陪同下，穿上自己最美丽的盛装，将银饰装饰全身，比美斗妍。姑娘们款款走向会场，身上的银铃发出悦耳的撞击声，吸引人们的目光。①

相关案例 5—8：苗族“闹冲”与盛装比美

在凯里市的舟溪、青曼、大冲和麻江县的白午、铜鼓、卡乌以及丹寨县的南高等地的苗族同胞，会在农历二三月间鼠、马日里“闹冲”，其意义在于：鼠为农家大敌，而苗语的“马”与“虫”字发音相似，虫也是农家大敌。因此在农历二三月间的鼠、马日里，一些地方的苗族同胞不下地干活而是聚会闹冲，相传这样可以闹得老鼠和虫子四处逃窜，无处藏身。“闹冲”的地点因月份的不同而不尽相同：二月的“闹冲”在凯里、麻江、白午乡交界的钉耙山，三月的“闹冲”在麻江县铜鼓乡腰箩冲。在“闹冲”这一天，成千上万的苗族青年男女从家里赶过来，男女皆着盛装，女子要穿盛装的上衣和百褶裙，系上自织的花带，戴上银角、银凤、银项链和银手镯，美丽的身姿吸引着男青年们的目光。②

相关案例 5—9：苗族“采花节”与盛装比美

在贵州省西北部的大方县响水区，每年农历二月十一至十三为“采花节”，在这一天清晨时分，方圆百里的苗族姑娘穿着自己手工制作的盛装来到显母的花场上。在“采花节”这个特殊的场合，青年男女要展开一场竞赛——男子比赛谁芦笙吹得好，女子比赛谁的衣服漂亮。

相关案例 5—10：侗族“播种节”与盛装比美

在镇远县的报京乡，每年农历三月初三到初五，为当地侗族同胞的“播种节”，又称“三月三”。这个节日是为了欢庆即将到来的播种季节，

---

① 贵州省文化厅群文处、贵州省群众文化学会：《贵州少数民族节日大观》，贵州民族出版社 1991 年版，第 57 页。

② 同上书，第 69—70 页。

有着预祝五谷丰登、六畜兴旺的意思。到了这一天，侗族姑娘们会穿上绣有月月红的新侗衣，系上绣有凤凰的围腰，足着绣有菊花或梅花的布鞋。此外，她们还会在头上插上银头饰，颈间戴上银项圈，双手戴上银手镯。

相关案例 5—11：侗族“吃相思”与盛装比美

每年的 12 月底，是贵州一些地区的侗族群众举办“吃相思”的日子。“吃相思”是侗族群众为了村与村、寨与寨之间拓宽交流、加深友谊而举行的一种民间迎新年活动。榕江县和从江县的一些村寨每年都会举办这样的活动，如 2013 年 12 月 28 日，榕江县宰荡村与从江县岜扒村的侗族群众利用农闲时节举办“吃相思”来迎接新年的到来，在这一天，穿着节日盛装的年轻的侗族姑娘们端着自酿的米酒，在寨口唱拦路歌欢迎附近村寨的客人来做客。姑娘们穿上自己最美的、泛着闪亮光泽的侗布盛装，头上、胸前都佩戴着银饰，腰部系绿色等鲜艳色彩的腰带，发髻上插着艳艳的花，每位侗族姑娘都化着浓淡合宜的妆，一个比一个美丽。

2. 定情的信物

在贵州苗族侗族历史上有着以传统服饰作为定情信物的传统，直到今天，在一些受汉化影响不太严重、还保留着缝衣刺绣的苗族侗族地区，服饰还肩负着恋人之间感情纽带的重要作用；可以充当信物的有头巾、手帕、花带、鞋垫、银饰，等等。男女感情加深以后，双方可以互赠一些礼物，如小的银饰或服饰品等，服饰成为男女双方传情达意的桥梁。从江县岜沙苗寨男子的上衣需要系腰带，腰带的后方会系有绣花的带子，据当地工作人员介绍，这些带子是婚前由相好的姑娘手绣。在雷山县西江苗寨，女孩如果喜欢一个男孩，要送男方一方自己手绣的胸巾，如果男孩喜欢她、想娶她，就要了这个胸巾，否则就退还给她。

如前文所述，苗族和侗族姑娘们在本民族的一些恋爱活动中，乃至一些节日场合都会穿上自己最漂亮的盛装，家里也会把最美丽的银饰全给姑娘佩戴上，这不仅仅是比美——以最美的姿态展示自己还可以增加姑娘们对未婚男青年的吸引力。在像“姊妹节”这样的节庆场合[1]，盛装又成了相亲的道具——那些有着美丽的面容、穿着做工精致的盛装、佩戴着繁复饰品的姑娘，总是能够吸引年轻小伙子们的目光。

苗族的恋爱活动一般称为“游方”或“跳月”，陆次云在《峒溪纤志》中曾经谈道：“苗人之婚礼曰跳月，跳月者，及春日跳舞求偶也。”[2]《黄平州志》也有这样的记载：“跳月吹笙闲时山歌木叶，两相勾引于深山密箐，促膝私语，谓之摇阿妹。”[3] 这是苗族青年男女传统的社交活动，以对歌的形式结交异性，达到择偶的目的。“游方”或“跳月”有些类似自由恋爱，但同时也需要遵守一定的规则，比如场地和参加的人：“与自由恋爱不同，能够彼此游方的寨子相对固定，如革东寨的年轻人一般只能去附近同一婚姻圈，有联姻关系的大小稿午村、方家寨、温泉村等游方场上找姑娘，而不能去流川边上的一些苗寨。”[4]

侗族的恋爱活动一般称为“行歌坐月”或“玩山”。虽然名称不同，但其中都包括了对歌、跳舞、谈情、互赠信物以定情等基本元素。[5] 如从江县占里侗寨“行歌坐月”是青年男女在某一个青年的家里，女的一边做针线活，男的一边弹琵琶倾诉爱慕之情的活动。一些地区的侗族青年男女初次见面，如果互相中意，男方就会向女方索要信物，女方就会将身上佩带的一件银饰摘下送给男方。一首山歌正是对这种风俗的写照：“情妹有心送银装，妹把心事交给郎，银装戴在郎身上，郎和情

---

① 姊妹节是贵州黔东南地区苗族传统节日，每年农历三月十五至十七日举行。姊妹节的苗语黔东方言为 nongx gad liangl，意为“吃姊妹饭”。张永祥、许士仁：《苗汉词典（黔东方言）》，贵州民族出版社 1990 年版，第 341 页。今天的姊妹节概括下来有四个作用：一是苗族同胞共同欢庆的节日，二是女孩们展示美、比美的活动，三是青年男女相互认识的场所，四是民族旅游、宣传的窗口。

② 陆次云：《峒溪纤志》，载胡思敬《问影楼舆地丛书第一集》，1908 年版。

③ （清）李台：《嘉庆黄平州志》，《中国地方志集成·贵州府县志辑》（第 20 册），巴蜀书社 2006 年版，第 427 页。

④ 曹端波、傅慧平、马静：《贵州东部高地苗族的婚姻、市场与文化》，知识产权出版社 2013 年版，第 27 页。

⑤ 侗族青年男女恋爱较为自由，家庭和社会一般不干涉。“行歌坐月”和“玩山”大都是群体性的、公开性的，很少个体秘密进行，至少三五成群。其表达方式多种多样，有飞毽传情、秋千结伴等，但以行歌坐月最为普遍。即使结婚以后，妻子未正式来夫家常住期间，男女双方仍可参加社交活动。《从江县志》收录的“坐夜歌”就将侗族男女从相识、相互试探、互诉衷情到最后依依不舍道别等几个阶段描写出来。

妹共心肝。”[①] 榕江县七十二寨地区有一种青年男女古老而独特的恋爱方式——“爬窗探妹”，当地人称之为“星子绕月”，其中“星子”代表男青年、“月亮”代表女青年。在深夜，男青年来到女青年家的吊脚楼下以琵琶、牛腿琴或胡琴伴奏唱歌：“今晚月亮圆又圆，我们来到妹窗前，若是腊乜在闺房，快开窗门把话讲。”如果女青年不理会，他们还会接着唱；如果女青年有意，就会请男青年爬窗聊情。在开始的爬窗探妹中，可能会有几个男青年一起结伴而行，如若女青年看上了哪个后生，以后他就单独前往，姑娘会避开家人用布匹扭成绳子，拉后生到窗前谈情。如果到了定情的阶段，姑娘会将自己亲手所绣的花带送给后生。花带长2米、宽2—3厘米，上面精心刺绣有花鸟的图案，色彩艳丽。后生也会回赠玉镯、银镯和雕梳给心上人。[②]

除了专门的恋爱活动，很多节日也为姑娘和小伙子们谈恋爱提供了机会，比如“姊妹节”“挑花节”“讨笆篓”。“姊妹节”期间的夜晚是年轻的姑娘和小伙子们谈情说爱、互相了解的时候。小伙子们会来到姑娘寨子中固定的游方场所，通过吹口哨和木叶的方式将姑娘吸引来，双方通过唱情歌来互相了解、相互沟通。贞丰县的苗族女性非常珍视她们亲手所做的挑花衣背，在恋爱时，会将其送给心仪的男性，在这里，这一片刺绣精致的绣片承载的是姑娘的浓浓深情。

在从江一带的侗族男女，扁米、手帕和花带是他们求亲中相互往来的信物。如果一位侗族男青年中意一位侗族女青年，会在秋收的时节央求一位老年侗族女性挑两个装满求亲扁米的饭篓到对方家中去求亲。如果女青年和她的家人同意，就会在饭篓里放上她亲手所绣的一块手帕和一条花带作为回礼。如果女青年家在饭篓中放上三个煮熟的鸡蛋，则表示他们还需要考虑。无论是手帕、花带抑或熟鸡蛋，回礼都放在盖严的饭篓中用糯米草捆好，不可让其他人看到。[③] 这种独特的求亲方式无论成功与否，都只有当事双方的家庭知道，其中饱含了智慧与体贴。

---

① 中国当代文学研究会少数民族文学分会：《少数民族民俗资料（第二集上册）》，1981年版，第127页。

② 杨玉林：《侗乡风情》，贵州民族出版社2005年版，第59—61页。

③ 《贵州日报》1996年10月23日；杨玉林：《侗乡风情》，贵州民族出版社2005年版，第63页。

在侗族青年男女的订亲仪式上，男方要赠送给女方银手镯或玉手镯作为信物，而女方要回赠男方亲手缝制的花带、衣服和自织的布匹。如若订亲后一方对另一方不满意，即将对方所赠的信物托媒人或自己直接退还，对方收到退还的信物后就知道这门婚事已经告吹了。收到退还信物的一方或者将对方的信物也退还，或者觉得不好意思，也就不退还信物了。[①]

相关案例5—12：苗族“挑花节”与服饰定情

八堡[②]的花场是青年男女社交的场所，每年阴历的五月初五，八堡花场就会聚集从大方、毕节、金沙三个县七个区二十多个乡赶来参加八堡苗族“跳花节”的几万名苗族同胞。[③] 在相互接触中，互相爱慕的男女青年就会互定终身。姑娘让小伙子当众解下他身上的肩带，小伙子也当众为姑娘系上一幅青色的围裙，带上围腰的姑娘就是小伙子家的媳妇了。随后，姑娘还会送给小伙子一条自己刺绣的腰带，作为定情的信物。

相关案例5—13：侗族“讨笆篓”与服饰定情

一些恋爱的风俗与服装密切相关，如镇远报京地区在过农历三月三的时候有这样一个特殊的风俗：三月初一到初三，未婚的侗族男青年要去向姑娘们讨定情的信物——装着葱蒜的篮子和装着鱼的笆篓。而姑娘们在捞装在笆篓里的鱼虾时，都会郑重地穿上平时舍不得穿的绣花鞋，在下田前她们会把绣花鞋脱下来留在田埂上。捞好鱼虾后一些姑娘马上把篮子送给男青年，这时男青年就要多说些好听的话向姑娘们“讨篮子”“讨笆篓”，周围还会挤满看热闹的人，要是哪个青年被拒绝，大家就会取笑他，但一般而言，“讨笆篓”的双方都早已情投意合，很少有被拒绝的。然后，姑娘们会向家里“讨米”合伙做饭款待这些男青年，饭菜会分别用姑娘们各自精心绣制的新头帕盖着，以便于对方品评姑娘的厨艺和女红。

---

① 杨玉林：《侗乡风情》，贵州民族出版社2005年版，第73页。

② 八堡，位于贵州毕节市大方县，是附近新上寨、新开、菱角、大寨、青杠、五龙六个寨子的中心。

③ 贵州省文化厅群文处、贵州省群众文化学会：《贵州少数民族节日大观》，贵州民族出版社1991年版，第97—98页。

相关案例5—14：奇妙而伤感的服饰事象——打背牌

打背牌是高坡等地区的苗族特有的风俗，而服饰（黄背牌）在其中扮演了重要的角色。打背牌是在农历的三月初三或四月初八，青年男女通过打背牌的形式来定下一个约定：相恋的男女就用这种方式与对方定下来世的婚约。为何不在今世婚配呢？这是因为这里旧时多以“娃娃亲”的形式婚配（其实就是父母之命的婚姻），高坡60岁以上的男女大多是自小定下“娃娃亲”，这种亲事是不能悔婚的，无故悔婚在当地是非常严重的一件事，是被悔婚家庭几代人的“耻辱”，极端者甚至因此会找鬼师进行报复，因此是“死路一条”。打背牌在当地是一项非常隆重而充满名誉感的仪式，打背牌需要两个条件：一是男女双方的父母喜欢自己孩子的恋人（不是日后与之成亲的人）；二是双方的父母愿意花钱花精力为孩子操办这个仪式——双方父母要准备的东西很多：一般男方家至少要杀一头猪（有时还得杀牛、羊），提供参加仪式的人的饭食和米酒，女方家要准备的至少是一斗糯米。因其花费巨大，且耗费精力，所以一般是一个村子两对以上的人一起举办。对于当事人来讲，这是一件足以怀念终生的自豪的事情。

在打背牌前，女方要先从本寨或邻寨借数百块背牌，扎成两米多高，送到男方的寨子里。到了打背牌的这一天，双方的亲戚朋友拿着扎好的背牌到男方寨子里的山坡上放下，参加此仪式的男青年一字排开，拿弩和箭射离自己一米远的自己恋人的黄背牌。此外，一个男青年可以同时和两个、最多四个的女青年打背牌。此外，打背牌的双方还要互赠信物，一般男方会收到女方亲手所绣的白底挑花手帕一方，让男方死后盖在面部或枕在头下以便要阴间相认，先去世的一方会在阴间等着另一方然后一起投胎。

“打背牌”不仅是一种民族文化事象亦是一种服饰文化事象，服饰在“打背牌”这一民族事象中扮演着重要的角色，这不仅表现在“打背牌”这一活动必不可少的道具“背牌”上，还包含了其他服饰品：打背牌后，双方需要互赠信物以作为死后在阴间相认的信物，一般女子赠送给男子的是一方白底绣花手帕[①]，待男子去世后要在头上盖此手帕以便双方在阴间相认。

在高坡，背牌具有不同的等级，这不同的等级中所蕴含的文化意义差别很大：最一般的是便装时所佩戴的白背牌，每位女性都会有若干个，这种白背牌仅仅是作为一种具有装饰作用的辅助服饰而存在；再往上一级是与盛装搭配的黄背牌，这种黄背牌每位女性会有1—2个，它也是“打背牌”这一活动的“主角”，是这种特殊的服饰事象所必不可少的道具，在其上蕴含了男女双方情感的交流；最上层的是巴郎背牌，巴郎是水牛，巴郎背牌是在祭祖活动中给水牛披的背牌，这种背牌与信仰密切相关，更具有仪式性，也因此更为尊贵，当地人是这样讲的：“黄背牌谁都可以拥有，但要敲过巴郎的人家的女人才有资格把黄背牌带入棺中。”[②] 当然除了这种情况外，打过背牌的姑娘在死后也可以将她的这块黄背牌作为与男方相认的信物作枕头带入棺材，因多种因素的制约，打背牌的必竟是少数，因此这种情况也不多见。这三种背牌的普遍性（或者说是数量）是随着等级的向上递进而减少的，尤其是巴郎背牌更是珍贵。

“打背牌”这种服饰事象是特定历史阶段的产物。据当地人介绍，“打背牌”产生于约300年前，而一直延续到解放后。随着时代的向前发展以及时光的流逝，这种特殊的服饰事象必然会退出当地人们的生活以及历史的舞台。其原因如下。

其一，“打背牌”是特殊民族风俗，即定娃娃亲这种婚俗下的产物。在过去，当地男女的婚嫁都是在幼儿时以父母之命的娃娃亲结下的，“退亲只有死路一条”。吴秋林进行田野考察的2000年，高坡60岁以上的人基本都是定的娃娃亲，也因此才有“打背牌”这一服饰现象存在的可能。

其二，观念的改变。“打背牌”耗费巨大的财力物力，如男方家至少要宰杀一只猪，有些还要宰杀牛羊，要准备人们在这一活动中所需的所

---

① 手帕是以自织的土布为面料，本白色，四方形，有五组花卉，四角各一组，中心一组，都为“X”交叉形，中间一组是两排叶子，其余皆为一排，所用技法为挑花。

② 吴秋林：《美神的眼睛——高坡苗族背牌文化诠释》，贵州人民出版社2001年版，第39页。

有饭食与米酒，还要准备鞭炮与红绸；女方家至少要准备一斗米以上的糯米饭，因此只有极个别的经济条件很好的家庭才有可能举行这个活动。这样大张旗鼓的、以大量财力物力所举行的活动其结果只是为了一个虚无而不确定的所谓的来世的约会，在现代人眼中这未尝不是一种“无用功”，因此观念的改变，也是促使“打背牌”退出历史舞台的重要因素。

其三，“打背牌”具有一定的危险性。按照当地习俗，“打背牌”一定要打中，一般打三次，如果三次都打不穿，则需要跨过背牌，再打三次，如果这三次依然没有中，就不能再打了，但这样的结果是短命、绝后和贫穷，如“同时打背牌的陈四英当时打了几箭都没能打中背牌。四年后陈四英就死了”①。再如“他（王道平）说他十多岁时见五寨的一个男的与龙打岩的一个女的打背牌时，几次都未打中，这个男的回家不到一个月就死了”②。

随着时代的发展、婚配方式的改变以及人们观念的改变，真正的“打背牌”（现在的“打背牌”只是作为旅游表演节目而存在的）已经从当地人的生活中消失了，而曾经打过背牌的人也逐渐离世。在吴秋林2000年的走访中，很多寨子老一辈打过背牌的人（一般都是个位数）中在世的只有一两位了，且年龄都在六十余岁至八十余岁。若干年后，随着这些亲历者的离世，“打背牌”这一服饰文化事象只有留存在人们的记忆以及文字的记载中了。

在高坡不戴背牌是一个不可想象的事情，如女性去外地工作，在外面的环境中她们不好意思戴背牌，但当她们去世时一定会戴一块背牌走的。③ 在这里，背牌不仅仅是一种辅助服饰，它还是一种民族的文化符号、精神的认同符号以及对自我归属的认定符号。

不仅是“打背牌”这种特殊的服饰文化现象的消失，背牌本身形制、装饰手段以及所运用的面料的改变也随着岁月的流逝而改变。如一些较为古老的黄背牌是以蚕丝绣成，蚕丝本身的黄色与染色的黄丝相比，颜

---

① 吴秋林：《美神的眼睛——高坡苗族背牌文化诠释》，贵州人民出版社2001年版，第82页。

② 同上书，第37页。

③ 杨玉林：《侗乡风情》，贵州民族出版社2005年版，第124页。

色更为自然古朴；此外，这种较为古老的黄背牌还装饰有银饰和海肥。现在这种黄背牌已不多见，一般较好的是以黄色丝线绣成的，后来黄色丝线又被黄色棉线所替代，黄色棉线又以黄色毛线所替代。随着所用材料的不同，背牌的精致度逐渐降低，工艺逐渐粗糙，其背后所蕴含的文化价值与审美价值也相应减弱。

值得一提的是，随着时代的向前发展，当地青年男女一般以自由恋爱为多，相爱而不能婚配已成为历史，背牌的作用多表现在装饰上而渐渐减少了它的文化意义，“打背牌”也渐渐向旅游表演的方向靠拢。

（二）传统服饰与婚姻

1. 传统服饰与结婚

贵州苗族侗族实行一夫一妻婚，一般来讲，婚姻比较自由，类似于“自主婚”（marriage by mutual consent）的形式，即“男女双方通过互相交往情投意合，不受家庭支配而自由选择婚姻对象的一种婚姻形式。自主婚主要是从当事人双方的意愿出发，较少考虑家族及其他社会因素而缔结的婚姻”[①]。但在一些地区，也有“姑舅表婚”（俗称“还娘头”）和“不落夫家”等传统习俗。

女性的某些服饰风俗与她们的婚姻密切相关，在20世纪50年代，赫章县海确寨的姑娘出嫁时，父母需要准备披毡一领、毡袜一双，这两种服饰需要在姑娘去婆家时或姑娘与爱人回娘家参加父母所办的“嫁女酒”时给她。“姑娘的所有服饰、头饰、耳环、梳子等，是从成年时逐渐准备起的。”[②]

苗族侗族婚礼之时新娘都穿“露水衣”，其称谓相同，但其内容却区别很大——苗族女性的“露水衣”是装饰着很多银饰的崭新盛装；侗族女性的“露水衣”则是旧衣，其意在于警醒新人进门后要勤俭持家。[③]

在黔东南清水江流域迎亲时，新娘要身着盛装，打一把红色的伞，在两位“命缘”好、儿女双全、夫妻和睦的中年女性以及四个青年人的

---

① 周大鸣：《文化人类学概论》，中山大学出版社2009年版，第168页。

② 中国科学院民族研究所少数民族社会历史调查组、中国科学院贵州分院民族研究所：《贵州省赫章县海确寨苗族社会历史调查资料》（内部资料），1964年，第19页。

③ 黔东南苗族侗族自治州文化局：《民族世俗艺术研究》，贵州民族出版社1993年版。

护送下，与新郎步行到男方家中。

女性嫁到不同支系或不同村寨中，仍然穿着自己支系服饰的情况也比较多见，笔者在榕江县高文村就看到了穿着两种支系服装的苗族母女（如图5—8）：母亲所穿为蓝绿色圆领右衽大襟上衣，从领口到大襟装饰有花边，沿门襟缝缀仿银币金属扣；袖子及腕，袖端装饰数条窄花边；下着自制的土布与蜡染相间彩花百褶裙；系边缘绣花的蓝色绸缎围裙；腿裹绿色绸缎边缘绣花裹腿；头包白底黑花的手织头巾；脚穿解放鞋。女儿所穿为蓝绿色圆领右衽大襟上衣，从领口到大襟装饰有花边，沿门襟缝缀黑色盘扣；袖子及肘，袖端装饰宽花边；下着以现成的褶布缝制而成的黑色百褶裙，腿上围着黑色弹力裹腿；头上挽髻，无包头巾，脚着浅蓝色塑料拖鞋。

图5—8　高文村穿着不同支系服饰的苗族母女
（左一为女儿，左二为母亲）

相关案例5—15：婚礼上的纺纱车和彩蛋

被采访人：谷陇镇苗族妇女

采访时间：2016年1月24日

采访地点：黄平县谷陇镇车站

采访时，几位苗族中年女性正忙着把染成粉色且缀有粉色毛线穗饰的熟鸡蛋挂系在纺纱车上（见图5—9）。

问：请问你们为什么要把这个红蛋系在纺纱车上呢？

答：新娘出嫁回娘家时，要向你的妈妈或兄弟姐妹要这么一个纺纱车才吉利。

问：那这个你们是要拿去参加婚礼用的吗？

答：对呀，我们要去吃喜酒，一会儿我们还要往上面系上钱、几支小米穗和一些棉絮。

问：这个纺纱车代表什么意思呢？

答：这个纺纱车是对新娘好——是个好兆头，希望新娘在婆家能过上幸福美满的日子。

图5—9　装饰纺纱车的苗族女性

2. 传统服饰与离婚

还有一些服饰习俗与离婚相关。在20世纪50年代，贵州赫章县的海确寨，离婚的种种理由中排在第一位的就是“女方不会缝制花衣服”。与此并列的是“作小偷小摸”，将不会缝制花衣与偷盗相提并论而放在休妻理由的第一位，由此可见女红在苗族女性生活中的重要地位。在海确寨，服饰还在婚姻纠纷的调节时扮演重要的角色：女方提出离婚而不被男方认可时，需要寨老来调节，调节不成时女方需要出“麻衣两套、花衣两套、酒数斤，或麻衣、花衣各一套，酒十斤、羊一只”①。衣服是赔偿男方的，经过这些，婚姻关系就算解除了。

在苗族一些地区，青年男女在结婚后不久离婚，如果是男方先提出来的，那么男方不仅要给女方钱，还要将原来作嫁妆的银饰归女方，便于她日后再嫁；如果是女方先提出来的，要将银饰留给男方，便于他日后再娶。如在黔西北地区的苗族如果女方提出离婚，需要给男方九套花衣作为补偿。

笔者在收集资料时发现，在20世纪60年代中期对台江县反排苗寨所进行的社会历史调查中，服装样式的不同也能够成为离婚的理由。“近来离异就比较多，据28对在28岁以下的夫妇统计，仅9对没有出现离异情况。有19个男子，……他们先后同31个妇女离婚。在这31次离婚中，从男方看，有5人离婚2次，有1人曾离婚8次，其余13人各离婚1次。离婚原因有以下数种：双方或一方被他人诱骗的11人，……辈分和服装（指服装样式）不同的各1人……。”②

其实“服装样式不同”只是一个表面的描述——服装样式不相同是表，而支系不同为里，即支系不同是不可以通婚的。半个世纪过去了，现在的情况又如何呢？笔者在田野调查中发现，现在服装样式的不同（支系不同）很少再成为苗族男女结合的障碍，不仅是不同支系，即便是不同民族通婚的情况都很多：笔者数次到贵州所接触的当地群众，苗族与侗族之间，苗族、侗族与汉族之间，苗族、侗族与其他少数民族之间通婚的例子不在少数。

---

① 中国科学院民族研究所少数民族社会历史调查组、中国科学院贵州分院民族研究所：《贵州省赫章县海确寨苗族社会历史调查资料》（内部资料），1964年，第23页。

② 贵州省编写组：《苗族社会历史调查（二）》，贵州民族出版社1987年版，第180页。

第六章　贵州苗族侗族女性传统服饰之文化意义与研究价值

第一节　贵州苗族女性传统服饰的文化意义

贵州苗族女性的民族传统服饰款式多样、配饰繁多、做工精美，集中体现了苗族服饰文化的丰厚底蕴，蕴含了丰富的民族文化意义，其文化意义可以从文化表征、族别标志、评判指标、仪式构成、身份识别、审美表达、情感媒介七个方面去解读。其中，文化表征和族别标志属于宏观的文化范畴，评判指标、仪式构成、审美表达和情感媒介是针对服饰的主体——制作者与穿着者而言（一般其制作者也是其穿着者），身份识别方面是就服饰主体与他人之间关系而言。

一　文化表征——本民族历史、文化、习俗的集中体现

贵州的苗族侗族女性传统服饰体现了两个民族独特的历史与文化。如黔东南苗族女性传统服饰上的很多装饰都和其独特的历史文化息息相关：如百褶裙上的条纹形花边象征着苗族的迁徙路线，裙角的人形纹象征着民族的团结，围裙上的三角纹象征着山峦沟壑，服饰肩背装饰的水涡纹表达了对故乡的思念。[①]

梁启超在《什么是文化》中认为："文化者，人类心能所释出来之有

① 曾祥慧：《超越传统的认知——试论黔东南苗族服饰的知识性》，载余正生《苗族文化发展凯里共识》，中国言实出版社2013年版，第386页。

价值的共业也。”[①] 在贵州苗族侗族女性传统服饰上所体现的民族文化包括以下几方面内容：神话传说、图腾崇拜、历史文化、民族风俗与民族禁忌。

（一）神话传说与花衣等服饰的起源

“神话既是社会集体与它现在和过去的自身及与它周围存在物集体的结为一体的表现，同时又是保持和唤醒这种一体感的手段。”[②] 神话是一种以原始思维创作出来的故事，是现实和历史的神化，是“关于神仙或神化的古代英雄的故事，是古代人民对自然现象和社会生活一种天真的解释和美丽的向往”。[③]

传说作动词指“辗转述说”，作名词指“口头上流传的关于某人某事的叙述或某种说法”。[④] 唐韩愈《谁氏子》诗云：“神仙虽然有传说，知者尽知其妄矣”，神话传说千百年来一直是文人墨客与民间艺人进行创作的不朽源泉，对后世影响深远。拉德克利夫—布朗曾在《安达曼岛人》一书中写下这样的话：“任何一个部落的传说，都是在一定数量的信仰或陈述的基础上展开的。”[⑤]

在神话与传说这个层面，贵州尤其是黔东南地区的苗族神话更具特点：大胆、神奇而富有浓厚的浪漫主义色彩。这些神话与传说题材在苗族的刺绣中有很多的体现，如龙帮助人类架云梯取得金银的故事、人类起源的“蝶母生人”故事、人类英雄的“骑马征战”故事、狗喊出太阳与月亮的故事、狗帮人类取得种子的故事，等等。这些神话与传说经过千百年代代相传，在没有文字的苗族也就采用另一种方式——以服饰以及服饰上的纹样对此进行记叙。这些神话与传说中不乏天马行空的想象力，与此对应服饰图案就呈现出多维空间思维形式的表达，于是也就出现了苗族服饰图案中多维时间空间的集合，这种融幻想与虚构为一体的

---

① 梁启超：《什么是文化》，《学灯》1922 年 12 月 9 日。

② ［法］列维·布留尔：《原始思维》，丁由译，商务印书馆 1997 年版，第 438 页。

③ 中国社会科学院语言研究所词典编辑室：《现代汉语词典》（第 7 版），商务印书馆 2016 年版，第 1162 页。

④ 同上，第 201 页。

⑤ ［英］拉德克利夫—布朗：《安达曼岛人》，梁粤译，广西师范大学出版社 2005 年版，第 136 页。

美学表达具有很浓的浪漫主义色彩。

特别值得一提的是，苗族神话与传说不仅是这个民族文化的一种外化方式，它还与这个民族原始的宗教意识、对神明的敬畏密切相关，体现了苗族万物有灵、自然崇拜、图腾崇拜的信仰，而这些都外化为苗族服饰尤其是苗族刺绣图案的功用性与目的性。

在贵州，关于服饰的传说有很多，下面就列举几个典型的例子来看看服饰与神话传说的关系。

1. 关于花衣的传说

相传在很久以前，苗族女子的衣服上没有那么多花，有一年牯藏节，大家正在吹芦笙、踩歌堂，忽然来了一位脚上长鱼鳞的老爷爷和三位美丽的姑娘，姑娘身上穿着美丽的花衣，吸引了大家的目光，其中寨子里最手巧的姑娘阿辛更是非常痴迷地看着。牯藏节结束后，老爷爷和三位姑娘从河岸上消失了，这时大家才恍然大悟，他们是龙王和龙女。阿辛立志要学会绣花衣，于是天天立在他们消失的河岸处，她的执着终于感动了龙王，于是派仆从把阿辛带到龙宫里，龙女亲自教她绣花。学成后阿辛回到了寨子中，她把做花衣的方法教给了寨中的姑娘，从此苗族女性就穿起了花衣。

2. 关于花鞋的传说

在贵州的一些地区，侗族女性的绣花鞋都有尖尖上翘的鞋头，与龙舟的形状非常相像。关于花鞋这种独特的造型，也有一个传说：相传在很久以前，侗族的祖先在一次迁徙中，忽然遇到一条大江，此时偏偏又赶上狂风暴雨，江面波涛汹涌，很多船都被掀翻了，这时忽然出现了一艘龙舟，把侗族祖先平安带到了江对岸。为了感谢龙舟的帮助，从此后侗族妇女的花鞋就开始仿照龙舟的造型。

西江等地老年女性的寿鞋名为“鸡冠鞋”“鼻梁鞋”，呈船型，是因为相传苗族祖先住在东方河湖之地，所用交通工具为舟船，老人去世后穿着船鞋，会更快地与祖先团聚。

3. 关于兰娟衣的传说

贵州苗族地区流传着这样一个关于苗族女性衣服上纹饰的传说：在很久以前，苗族有一个叫兰娟的女首领，她勇敢而智慧，在带领苗族同胞迁徙时，为了日后能回到家乡记住所走的路线，就用彩色的丝线在衣服上绣各种相关的符号——经过黄河时，在袖口上绣一条黄线；经过长江时，在袖口上绣一条蓝线；经过洞庭湖时，在前胸的位置绣湖泊的图案。一路走来，途经的山山水水都成了她衣服上密密麻麻的彩线记号。到达目的地后，兰娟按照她衣服上的各种符号，在衣服的领口、袖口、裤脚、前胸等处重新刺绣，制成了独具特色的记载苗族迁徙历史的服装。后来在女儿出嫁时，兰娟就将这件记载着本民族迁徙历史的服装送给女儿做了嫁衣。苗族姑娘们觉得好看，也纷纷以此法制作“兰娟衣”，“兰娟衣”就在贵州流行起来了。[①]

4. 关于旗帜服的传说

花溪式女装款式与其他地方不同，它是在苗族传统女装中较少的一个款式构成——贯首衣，这种前短后长的贯首衣被称为“旗帜服”。“旗帜服”前片约长 50 厘米，后片约长 65 厘米，在领部有一个翻折的领子构造，此构造高约 20 厘米，长约 70 厘米。关于“旗帜服”的由来有一个动人的传说：很久以前，有一个苗族小伙子被拉去打仗，他的母亲非常伤心，就每天坐在村口的路边啼哭，盼望儿子能够得胜归来。有一天，一个军队路过村口，领兵的人听到哭声，觉得声音很熟悉，仔细看正是自己多年未见的母亲。母子相见，悲从中来抱头痛哭，当兵的儿子看母亲穿的很少，就随手将军旗扯下来围在母亲身上，这就是“旗帜服”的由来。

5. 关于百褶裙的传说

关于百褶裙的来历有很多动人的传说，现摘录两则。

其一，古时候苗家穿的裙子与汉族的没什么区别，一对苗族母女立志要缝制一种特殊的裙子，作为苗家的标志。一天，她们偶然看到山坡上有五颜六色的青杆菌，灵机一动按照青杆菌褶子的形状做成了一条充满褶裥的裙子，女儿将这条裙子穿到花场上踩花，被寨子中其他苗家的姑娘看到，大家都觉得很好看，也学着做了起来。于是很快这种百褶裙就传遍了各个苗寨，从此各个支系的苗族女性都穿起了长短不一的百褶裙。

其二，在遥远的过去，有一个勇敢的苗族猎手，一次在打猎时捕获

---

① 田鲁：《艺苑奇葩——苗族刺绣艺术解读》，合肥工业大学出版社 2006 年版，第 20 页。

了一只羽毛五彩斑斓的锦鸡，于是把它送给自己心爱的姑娘阿榜。阿榜非常喜欢猎手的这个礼物，为了表达自己的爱意，就照着锦鸡的样子，用布打褶来模仿锦鸡的一片片羽毛，在布上刺绣各种颜色的花来模仿锦鸡的色彩，做出了最初的百褶裙。阿榜的百褶裙受到寨子中其他姑娘的赞美，她们于是纷纷仿做，这就是苗族百褶裙来历的又一个传说。

6. 关于蜡染的传说

蜡染是贵州苗族传统服饰制作中一种别具特色的技艺，其来历也有着动人的传说：相传在很久以前有一个聪明美丽的苗族姑娘，有一天她在睡梦中来到一个花园，里面有无数的奇花异草，还有蜜蜂在飞舞。姑娘看得入了迷，连蜜蜂爬满了她的衣裙也浑然不知。等她从梦中醒来，看到真有蜜蜂从她的裙子中飞走，并且留下了点点的蜜汁和蜂蜡。她赶忙把裙子放到靛蓝的染桶中，想用蓝色把这些斑斑点点全覆盖住。染完后，又拿到水中去掉浮色。谁知当她从水中取出衣裙时，深蓝色的裙子上被蜂蜡点过的地方并没有被染上蓝色，而是像一朵朵绽开的白花。姑娘灵机一动，就地取材找来一截树枝，用它点上加热熬化的蜂蜡，在白布上画出了蜡花的图案，然后将其放入靛蓝染液浸泡，最后用沸水熔掉蜂蜡，布面上出现了点点的白花（见图6—1）。从此，蜡染技术就被应用到对衣服的装饰中了。

图6—1 衣领部的蜡染

7. 关于“射背牌”的传说

关于背牌有一个古老的传说：地玉和地莉是两个相爱的苗族青年男女，他们两情相悦，却囿于父母之命而不能缔结良缘，情深义重的两个人不忍心斩断这段情，就向父母和族人提出了通过“射背牌”来死后成亲的要求——“阳间不能婚、阴间结夫妻”。地玉和地莉还要求双方父母和族人到场观看此仪式。后来，双方父母与族人都被他们的爱情所感动，于是同意了这个既不悖父母之命，又能使他们的感情得到慰籍的办法。从此以后，“射背牌”成为那些不能结婚而感情深厚的恋人们以慰相思之苦的重要仪式，背牌也成为当地女性必须穿戴的辅助服装。

（二）图腾崇拜与服饰图案造型

“图腾”是北美印地安人奥季布瓦族（Ojibwa）的方言“totem”的音译，意为“它的族”。图腾（totem），是记载神的灵魂的载体。古代原始部落认为本氏族起源于某种特定的动物、植物，这种动物、植物与他们有血缘关系，是本氏族的祖先或保护神。人们对之顶礼膜拜，将其奉为本氏族的图腾崇拜物，并形成相应的礼仪、制度、禁忌和风俗。原始民族对大自然的崇拜是图腾产生的基础。运用图腾解释神话、古典记载及民俗民风，是人类历史上最早的一种文化现象。

苗族有着“万物有灵”的观念，认为人的灵魂可以脱离肉体而永恒存在。因此也就有着关于祖先崇拜的种种传说。苗族人民“相信自己的始祖和列祖列宗的灵魂都是不灭的，他们生活在另一个世界，只要虔诚崇敬和经常祭祀，就会保佑子孙幸福，驱邪避灾，一家安宁”①。也因此在苗族地区流传着大量关于始祖的传说，并盛行各种关于祖先和先人的祭祀活动。

服饰中体现祖先和图腾崇拜的服饰细节比比皆是，如服饰中的蝴蝶、龙、牛、天体等图案体现了祖先崇拜以及图腾崇拜，苗族创世史诗中有“枫树与蝴蝶”“姜央射日月”等传说，而花、草等植物图案则体现了其“万物有灵”的宗教信仰。这些图腾体现在服饰上就是平面的刺绣图案以及立体的“拟物化”的银饰造型，“在西江苗族妇女头部装饰里的牛角，

---

① 伍新福：《中国苗族通史》，贵州民族出版社1999年版，第71页。

以及像鸡羽的长裙，广西融水‘芒蒿’等的装扮，都是‘拟物化’的‘道具’”①。

苗族的图腾有盘瓠、蝴蝶、月亮②、鱼、鸟等（见图6—2），侗族的图腾有井、葫芦、蜘蛛、花蛇，等等。

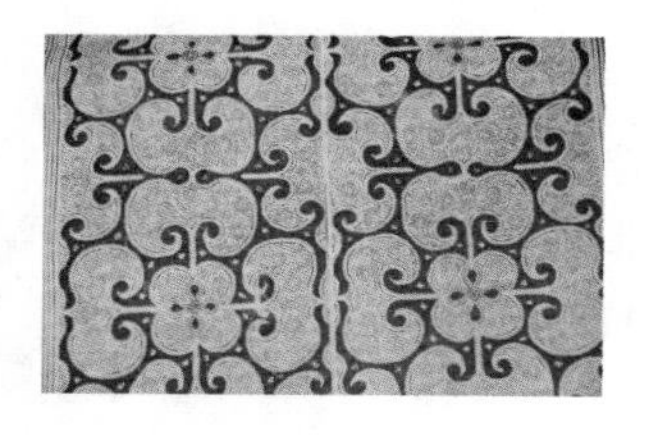

图6—2 蜡染鱼雀花图案

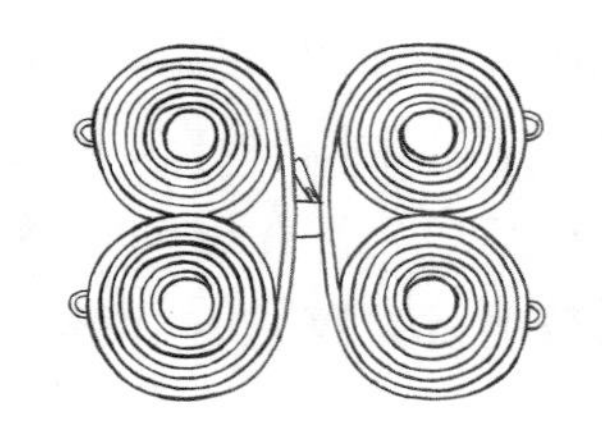

图6—3 西江苗族头饰上的银蝴蝶款式图

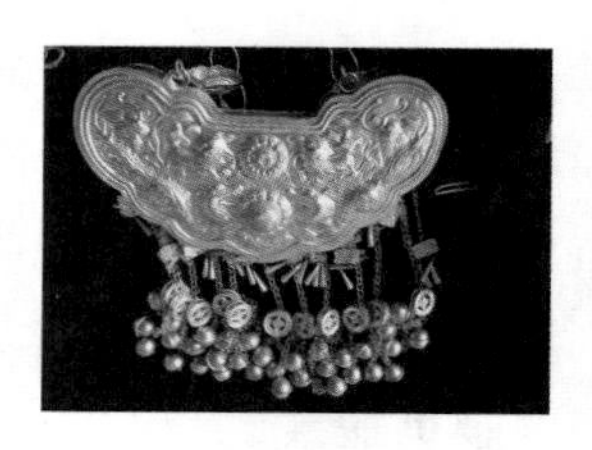

图6—4 西江苗族的蝴蝶形银压领

1. 姜央、蝴蝶妈妈与蝴蝶造型③

姜央（Jangx Vangb）被认为是苗族的祖先，是妹榜妹留（Mais Bangx Mais Lief，即“蝴蝶妈妈”，也有学者主张译为“花母蝶母”④）的孩子。流传在贵州的关于苗族起源的神话传说有《开天辟地》《枫木歌》等。其中《枫木歌》中如此叙述：一个神人得到一粒种子，让神兽修狃犁地，种上种子，并把枫香树栽在池塘边。一只野鹤吃了池塘中的鱼，理老断案判定枫树为窝家。于是砍倒了枫香树，枫香庄生了妹榜妹留，妹榜妹留又生了十二个蛋。然后始祖姜央和龙、虎、雷公等从蛋中出生，其中一个就是苗族的祖先。苗族古歌《焚巾曲》是这样叙述的：“混沌的太初，朦胧的岁月，蝶妈（蝴蝶妈妈）生老人，生远祖央公。央公生我们的妈妈，妈妈才生我们大家。”因此在苗族的女装中，蝴蝶是一

① 尹红：《黔东南苗绣艺术中的原逻辑思维》，《艺术探索》（广西艺术学院学报）2005年第2期，第100—102页。

② “苗族崇拜日月，但相比之下，对月的崇拜较其他民族尤甚。苗族民间叙事长诗《仰阿莎》扬月贬日，就是这种宗教在文学上的反映。苗族青年有吹笙踏歌找伴侣的习俗，谓之‘跳花’或‘跳月’。‘花’和‘月’都是女性的象征，这间接说明月亮具有女性祖先的神格。”罗义群：《苗族文化与屈赋》，中央民族大学出版社1997年版，第198页。

③ 姜央和蝴蝶妈妈是苗族神话传说中的人物。

④ 石德富：《“妹榜妹留”新解》，《贵州社会科学》2008年第8期。

个非常常见的题材，被用到衣服刺绣的纹样上，或是银饰的图案上（见图6—3、图6—4、图6—5、图6—6），这与传说中苗族祖先蝴蝶妈妈有着密切的关系。

图6—5 衣袖花上的蝴蝶刺绣图案　　**图6—6 衣角上的蝴蝶纹样银片**

2. 蚩尤与迁徙纹样

蚩尤经常被视为苗族的“第一祖先”[①]，在贵州、广西融水等地的苗族，每6年或13年举行一次的大型祭祖仪式“吃鼓藏”，要先祭始祖蚩尤。在汉文文献记载中，蚩尤为九黎之君，“轩辕之时，神农氏世衰。诸侯相侵伐……而蚩尤最为暴，莫能伐……于是黄帝乃征师诸侯，与蚩尤战于涿鹿之野，遂禽杀蚩尤”[②]。在一些苗族史诗与歌谣中，蚩尤被奉为苗族的祖神，具有崇高的地位，是牛图腾和鸟图腾氏族的首领，在滇东北、黔西北苗族地区，有关于“格蚩爷老”的传说。在贵州关岭地区流传的《蚩尤神话》，与汉文古籍关于逐鹿之战的记载颇有类似之处。[③]

---

① 段宝林：《蚩尤考》，《民族文学研究》1998年第4期。

② （汉）司马迁：《史记》，《五帝本纪》，中华书局1963年版，第3页。

③ “格蚩爷老”是否指蚩尤有争议。“格蚩爷老”的含义，或认为“格蚩”意为爷爷、老人，“爷老”意为英雄。吴晓东：《苗族〈蚩尤神话〉与涿鹿之战》，《民族文学研究》1998年第4期。或认为“格”是词头，“蚩”是苗族杨姓的苗姓，“尤老”或“爷老”是对老人的称呼，不能简称为“蚩尤”。吴晓东：《西部苗族史诗并非有关蚩尤的口碑史》，《民族文学研究》2003年第3期。

关于蚩尤与迁徙的传说同样体现在了贵州苗族女性的服装上，如苗族女盛装头上的银角和木角——相传“蚩尤氏鬓如剑戟，头有角，与轩辕斗，以角抵人，人不能向”，而银角和木角就是对有角的蚩尤的拟态，部分地区苗族女性佩戴银角头饰也是由此而来。

再如滚仲女子的传统服饰体现了那段迁徙的历史：“（滚仲女子盛装）下着蜡染百褶裙，裙上有青、红、蓝线条或图案点缀。青线条代表长江，红线条代表黄河，蓝线条代表都柳江。它的内涵是苗族的祖先曾在长江、黄河两岸的生活，……这三条彩线象征身居都柳江，怀念祖先和故里。”①

3. 鸟崇拜与银饰造型

鸟崇拜也是苗族重要的图腾崇拜符号。在苗族的神话传说中，鹡宇鸟扮演了重要的角色：“古歌唱道，苗族第一个始祖叫姜央，他与雷、龙、虎、蛇等都是蝴蝶妈妈生的兄弟。枫木变蝴蝶妈妈，生十二个蛋，计宇鸟（鹡宇鸟）来孵蛋，才生姜央众兄弟。众兄弟长大了，争当大哥，姜央用火攻，制服众兄弟，当了大哥，后来兄弟分家，龙管水域，雷管天上，虎管森林，姜央管平地。雷公霸占了耕牛和家产，姜央去向雷公借牛来犁田，后又将牛杀来祭祖了。雷公报复，从天上下来劈姜央，姜央原有准备，便捉雷公关到铁笼里，雷公得水，破笼逃跑上天，下大雨发洪水淹姜央。姜央上天去与雷公斗，迫使雷公消了洪水。”② 台江县方昭乡反排村的苗族女性所佩银饰为变形的鸟纹。丹寨县的排调村、雷山县的大塘村的姑娘们，其头上所戴的也是鸟形的银饰。还有一个非常典型的案例——黄平县苗族女性的银帽（当地人称其为银鼎），其银帽顶上最中间是一只银凤，银凤四周是四只银鸟，脑后拖下四条长长的银带象征着鸟的尾巴。

4. 牛崇拜与银角造型

“崇‘牛’遗风，不但在今天的各地苗乡山寨中仍有传承，而且还贯穿于苗族社会生活的各个领域。苗族老人去世时要砍牛祭祀。苗家人的神龛、堂屋门楣及一些庄重肃穆的屋宇上设置水牛角。节日里的龙舟头

① 杨宏远、姜永能：《山水相伴的家园——榕江》，贵州人民出版社 2006 年版，第 151 页。

② 潘定智：《从苗族民间传承文化看蚩尤与苗族文化精神》，《贵州民族学院学报》（社会科学版）1996 年第 4 期。

要做成牛角形的‘龙角’。苗族女性在花衣绣片上绣牛角形‘花绣’，银饰上镂刻牛角形‘花纹’。妇女头上戴牛角形‘银角’、梳子。”[①] 传说在母系氏族时代，在苗族婚姻中出嫁的一方不是女人而是男人，而男人在出嫁前要像今天的新娘一样打扮一新。当时的人们觉得水牛是吉祥的动物，其犄角更是威风，于是就将水牛的角绑到出嫁的男子的发髻上，以此来彰显男方的健壮。进入父系氏族以后，出嫁的就变成了女人，而装饰牛角的习俗还是沿袭了下来，但牛角的笨重使人们木雕牛角来代替真的牛角，最后演变成以银片打造银角并流传至今，就成为苗族女性一种非常重要的首服饰品。

5. 盘瓠与犬纹样

“好五色衣服”[②] 的苗族，除了牛以外还有一种重要的图腾就是五色犬盘瓠。苗族色彩斑澜服饰与盘瓠密切相关。

《后汉书·南蛮西南夷列传》中有一个关于盘瓠的传说：“昔高辛氏有犬戎之寇，帝患其侵暴，而征伐不剋。乃访募天下，有能得犬戎之将吴将军头者，购黄金千镒，邑万家，又妻以少女。时帝有畜狗，其毛五采，名曰槃瓠。下令之后，槃瓠遂衔人头造阙下，群臣怪而诊之，乃吴将军首也。帝大喜，而计槃瓠不可妻之以女，又无封爵之道，议欲有报而未知所宜。女闻之，以为帝皇下令，不可违信，因请行。帝不得已，乃以女配槃瓠。槃瓠得女，负而走入南山，止石室中。所处险绝，人迹不至。于是女解去衣裳，为仆鉴之结，着独力之衣。帝悲思之，遣使寻求，辄遇风雨震晦，使者不得进。经三年，生子一十二人，六男六女。槃瓠死后，因自相夫妻。”因此我们可以在一些支系的苗族盛装中看到斑斓的色彩与犬的图案。

6. 龙崇拜与服饰造型

对龙的崇拜，也多反映在服装的图案上。“贵州苗族服饰上常见的苗龙图案，生殖意象非常直露。如表示交合：有些图案的龙都是成双成对相集，有的表示交媾态。表示孕育：龙身上长出花蕾、花朵或果子，或以产仔多、生殖繁盛的鱼虾为龙体（苗族方歌有‘子孙如鱼虾，人口越

① 吴正彪：《蚩尤神话和苗族风俗浅谈》，《黔南民族师专学报》1999 年第 4 期。

② （南朝宋）范晔：《后汉书》，中华书局 1973 年版，第 2829 页。

来越多’的说法)。生殖器象征：牛角龙不仅表示农业意象，也表示男性生殖器的坚挺有力。……另外，苗龙图案相配的果实图案多选石榴、葫芦，也是生殖繁盛的意象。”[①] 另据宋兆麟先生在《雷山苗族的招龙仪式》[②] 一文中所讲，“苗族的祭龙仪式是崇拜龙图腾的遗风。祭龙时，在接龙的路旁插许多竹子，其上拴纸人。妇女在村口持酒相迎，为龙叩头、烧香，往龙身上系棉条和麻匹，然后每个妇女抱三五个纸人。据说这是向龙要小孩，俗称讨婴崽，棉条和麻是招引小孩的。贵州苗族老人李正方说：‘为了招娃娃，求年景，就要招龙（祭龙）。’可见，祭龙的主要目的是繁衍子女，生育后代”。

7. 井崇拜与井纹

侗族爱水，井与侗家人息息相关，侗族传统文化认为井有井神，神圣而不可侵犯，若对其不恭敬就会引来眼疾等祸患。侗族女性的服饰上经常有井纹的装饰，是一种吉祥的表达。[③]

8. 葫芦崇拜与背儿带纹样

在神话传说中，姜良姜美在洪水中坐到一个大葫芦上而得救，兄妹脱险后结为夫妇，于是有了人类，葫芦被认为是逢凶化吉和繁衍的象征，因此在侗族的背儿带上经常能看到葫芦的图案。

9. 蜘蛛纹样

侗族奉蜘蛛为图腾神，相信有人死后要见祖宗。当老人去世后，入殓时需用一床寿毯（侗锦）裹尸，寿毯上需织金斑大蜘蛛图案，表示死者能升天，回到萨天巴（蜘蛛图腾神）身旁。[④]

10. 蛇崇拜与蛇纹样

在一些侗族地区的传说中，还讲到他们的始祖母与一条大花蛇婚配，后来生下一男一女，滋繁人丁，成为侗家祖先，[⑤] 因此蛇纹也是侗族服饰

---

① 邓启耀：《衣装秘语——中国民族服饰文化象征》，四川人民出版社 2005 年版，第 122 页。

② 宋兆麟：《雷山苗族的招龙仪式》，《世界宗教研究》1983 年第 3 期。

③ 还有一种说法是井象征着女性的生殖器，代表了繁衍与繁荣。

④ 杨保愿：《侗族萨神系神话正误之辩析》，载中国少数民族文学学会《神话新探》，贵州人民出版社 1986 年版，第 482 页。

⑤ 陈维刚：《广西侗族的蛇图腾崇拜》，《广西民族学院学报》1982 年第 4 期。

中常见的纹样。

（三）历史文化与服饰纹样

苗族侗族女性的服饰是她们各自民族历史的体现。在历史上，苗族没有文字，文化只能借助文字以外的手段传承。苗族服饰用图案纹样记载了本民族的过去，被誉为“穿在身上的历史”，田连阡陌纹、九曲江河纹、城池纹反映了历史上苗族在故地生活的经历，黔东南苗族服饰大量使用“天地”“平原”“长江”“黄河”“骏马飞渡”“江河波涛”等题材，如在苗族女性银冠上錾刻“人骑马”的纹样（见图6—7），它由一排骑着马的骑士组成，饰带代表渡过的黄河，这是对苗族祖先迁徙时过江渡河情形的反映。台江县革东地区的百褶裙采用的是十字挑花的方式，是自织自染的深蓝紫布上以红白两色挑绣出“人骑马”的纹样。

图6—7　錾刻“人骑马”的苗族银冠

苗族在历史上经历过五次大的迁徙，这些都对其民族文化产生了深远的影响。笔者在雷山田野调查时所发现的一个细节也印证了这一点。在当地，笔者发现这里的老年男性在走路时都喜欢将手背在身后。有一天，房东带着笔者去山上一个村子看一家人的传统服饰，所走的是崎岖的羊肠小路，而房东依然将手背在后背，这引发了笔者的思考：虽说房东是当地人，路比较熟，但以这种姿势走路还是很容易失去平衡的。想到在西江所看到的老年男性都是如此走路，笔者就向房东提出了疑问。他的回答让笔者非常吃惊——他说听他的父辈讲苗族这个苦难的民族在历史上有过很多次迁徙，经常被人欺负、追赶，每次被抓着的时候男人们的双手都在身后被捆死，使人无法打开，并用绳子将这些男人捆成一队，这样就再也没有办法逃跑了，被绑得多了就成了习惯，一代代流传了下来。笔者虽然不知道这种口耳相传的说法其真实性有多少，但此地老年男性这样的走路习惯却是真实不虚的，这也可以从一个侧面管窥苗族苦难深重的历史。

《苗族服饰——符号与象征》的作者杨鹍国认为："苗族的迁徙流动对服饰的影响比较大，且颇有规律。一般的情况是，部分苗族从甲地迁移到乙地后，他们为了保持服饰的'地方亲属关系'，以便怀乡认祖，其服饰就必须保持古制，不得更改；而留居原地（甲地）的部分则可以服饰大变。"[①] 苗族女性服饰中很多纹饰是和这样的迁徙历史密切相关的，如上文提到的滚仲女子盛装那独具特色的蜡染百褶裙。笔者在滚仲调查时，发现滚仲的百褶裙图案繁复、色彩丰富，非常具有自身的特色：其百褶裙的款式（两种布拼接）、颜色（蓝、红、青、黄）与装饰手段（在蜡染的底布上进行刺绣）都与其他地区其他支系的苗族女性百褶裙有着非常大的差异，于是询问当地苗族女性，她们众口一词说这是世世代代流传下来的，为什么这样就说不清楚了，这也使得笔者觉得对贵州苗族侗族女性服饰的文化研究迫在眉睫。另外值得一提的是迁徙的历史对苗族女装产生了深远的影响，甚至可以说，苗族迁徙的历史在一定程度上塑造了今日种类繁多的苗族女性服饰文化，而服饰也成为苗族历史文化的最佳注解。

《战国策》中有"三苗之居，左有彭蠡之波，右有洞庭之水。汶山在其南而衡山在其北"的句子，我们也在很多苗族女性的服饰上看到代表水的图案。贵州省西南部的镇宁县，苗族老人穿的裙子有三种，一种叫"迁徙裙"，苗族叫"bainao"，意思是"九黎裙"，有八十一条横线，分九级，表示蚩尤有九子，每子又有九子，共八十一人，即九黎部落。一种是"三条母江裙"，表示过去蚩尤失败后苗族迁徙，过黄河、长江和嘉

① 杨鹍国：《苗族服饰——符号与象征》，贵州人民出版社1997年版，第89页。

陵江。再一种是"七条江裙"，表示祖先迁徙过七条江河。①

侗族文化滥觞于古越文化，古越人以稻作的农业生产方式、建造"干栏"式建筑和习水用舟为主，具有文身、断发或椎髻、崇尚鬼神、行鸡卜、以蛇和鸟为图腾的特点。这些民族文化特色在其女性服饰上有着明显的体现，如侗族女性多梳椎髻，一些地区的侗族姑娘头上喜欢插公鸡的羽毛（鸡图腾）。大部分侗族女性都穿裙、下穿腿套或裹腿，以适宜稻作，等等。此外，侗族银饰的挂件中有剑和长矛，据传是象征祖先"萨岁"用过的武器，将其佩戴以示纪念。侗族已婚妇女会在前门襟的地方挂一串银饰，包括银刀、银谷粒、银鸟、银草等，是为"前钗花"，所挂之物都和她们的生产生活方式密切相关。

在贵州苗族女装上，利用刺绣、织绣、拼布、蜡染等种种工艺手段来"书写"的本民族历史文化俯拾皆是，《苗族服饰——符号与象征》中有关于服饰中部分纹样的释义。② 现以服饰中的几何纹样为例，来探讨其中的文化表征（见表6—1）。

表6—1　　关于服饰中部分几何纹样的文化表征

编号	纹样图案	纹样类别	纹样寓义	补充说明
1		天体	星辰纹	天体纹样体现了苗族"万物有灵"的图腾崇拜文化
2		天体	星辰纹	此纹样不仅用于衣服，还用于银饰的纹样造型上
3		天体	星辰纹	除了关于星辰的纹样外，造型简单的"日""月"纹也很常见，体现万物有灵的崇拜
4		山川	山川纹	可用编织、刺绣、挑花等工艺手段
5		山川	山川纹	多用于裙子的下摆等部位

① 潘定智：《从苗族民间传承文化看蚩尤与苗族文化精神》，《贵州民族学院学报》（社会科学版）1996年第4期。

② 杨鹍国：《苗族服饰——符号与象征》，贵州人民出版社1997年版，第207—215页。

续表

编号	纹样图案	纹样类别	纹样寓义	补充说明
6		河流	九区江河纹	象征苗族在迁徙过程中所渡过的河流
7	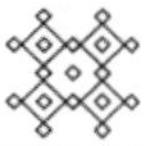	河流	九区江河纹	同上
8	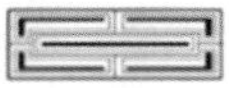	田地	田连阡陌纹	田连阡陌纹多用于衣袖花和上衣后背以下部分，后者多重复排列，形成节奏感
9		水	水涡纹	可用于蜡染、刺绣，贵州苗族地区称其为“窝妥”
10	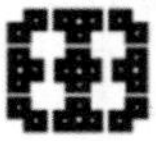	房屋	房架花纹	对传说中房屋的纪念
11		房屋	房架花纹	对传说中房屋的纪念
12		器物	火镰纹	由四个“T”字形组成的方形挑花图案，表示光明吉祥之意
13		货币	铜钱纹	代表成串的铜钱，寓意富贵
14		货币	铜钱纹	代表成串的铜钱，寓意富贵
15		动物相关	羊奶纹	由状如羊奶的“U”字形组成，寓意富有殷实
16		动物相关	蝴蝶纹	寓意生命之源
17		动物相关	蝴蝶纹	寓意生命之源
18	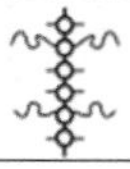	动物相关	蝴蝶纹	寓意生命之源
19		动物相关	鱼纹	多为连续图案
20		植物相关	蕨萁叶纹	此纹样为蕨萁的幼芽形象

续表

编号	纹样图案	纹样类别	纹样寓义	补充说明
21		植物相关	荞子花纹	此纹样为荞子形象
22		植物相关	百花纹	中间“+”字代表花芯，四周“8”字代表百花，寓意幸福
23		植物相关	桃花纹	寓意吉祥

从表6—1我们可以看出，贵州苗族的服饰纹样，涉及天体、山川、河流、田地、房屋、动物、植物，以及器物、货币、水等不同的题材，所表现出的是对本民族历史的纪念、对本民族图腾的崇拜，以及对吉祥、富贵和生命之源等寓意的追溯。

（四）服饰风俗与服饰禁忌

1. 服饰风俗

秘密忙绣。雷山县的丰塘、甘益、公统和吴尤一带的苗族姑娘从很小的时候就开始学绣花，到了十多岁就基本就掌握了全部的技艺。她们绣制的服饰除了平时所穿戴的衣服外还有一种是不可以给人看的①，被称为“秘密忙绣”——这是做给婚后所生的孩子的，忙绣的种类有小花帽、小鞋和背孩子的背儿带等。因准备的服饰品较多，一般要做到出嫁前为止。② 姑娘婚后生第一个孩子时，娘家和婆家要一起准备婴儿的“满月酒”，娘家的妈妈和嫂子会在这个时候从衣柜中取出姑娘在出嫁前“秘密忙绣”的儿童服饰送到亲家家里，而婆家需要准备好酒肉招待亲家和送礼的宾客。然后大家一起欣赏、品评新媳妇忙绣的成果。这些“秘密忙绣”的服饰品色彩主要以青、蓝、红色为主，所绣的对象有飞禽走兽、花草鱼虫，绣工都非常精致。③

① 姑娘们在进行“秘密忙绣”时一般会在自己的卧房或是晚上没人的时候做，这类服饰尤其不愿给家里的男性成员以及寨子上的长者看到。

② 在这些服饰品中，小鞋子最多达到七八十双，一般的三四十双，最少的二三十双；小花帽多的有三四十顶，少的有一二十顶；背带多的十余幅，少的两三幅。

③ 中国当代文学研究会少数民族文学会：《少数民族民俗资料》（第二集上册），1981年版，第166—167页。

"月也"与鞋垫。侗族有一个特殊的社交活动"月也"（也称为"月贺"），汉语叫做"吃相思"，这是以村寨为单位的集体走访作客的社交活动[①]，在"月也"的活动中有一项和服饰密切相关的环节——客人离去时主寨的姑娘们会把礼物挂在竹枝上送给客人。这竹枝被称为"牙拿"（侗语），"牙拿"上的礼品，大多是姑娘们自己手工制作的鞋垫等物品，一件一件挂在上面，在鞋垫的最细处拦腰绑着一个红纸条，纸条上写着做这个鞋垫的姑娘的名字。

订婚与赠布。订婚的时间一般在春节初五、初六进行。男方的父母请本家的叔伯三四人，带上一只鸭子、三条腌鱼到女方家，女方父母请叔伯三四人作陪，并杀鸡、狗或羊招待。双方饮酒对歌，互认亲家。在第二年的大年初三，男方家要给女方家送粑粑，每个二两左右，至少400个分给全寨人共享。当天早饭后，男方请本家叔伯兄弟姐妹将米粑等物品分成9挑，吹芦笙、放铁炮和鞭炮送到女方家。女方要设宴招待，并用一匹侗布回赠作为回礼。女方叔伯们将粑粑按户分到全村各家，以示社会对该婚约的认可。[②]

2. 服饰禁忌

染布习俗。对女性，尤其是孕产妇的禁忌在世界很多地方都很普遍，弗雷泽在其著名的《金枝》中曾写下了这样的话："在许多民族之间，对于分娩后的妇女都有与上所说相似的限制，其理由显然也是一样的。妇女在此期间都被认为是处于危险的境况之中，她们可能污染她们接触的任何人和任何东西；因此她们被隔绝起来，直到健康和体力恢复，想象的危险期渡过为止。"[③] 孕产妇的这些禁忌可能与血相关，会被认为不洁，因此一些重要的或严肃的事情就会让孕产妇回避。在《西太平洋的航海者》一书中也有相关的描述："妇女们弯腰朝着一件专门给怀孕妇女穿的衣服。她们的嘴几乎贴在衣服上，这样才可能将她们运载着咒语效能的

---

① "月也"多在农历正月进行，因此也被称为"贺年"或"行年"；在八月的中秋节前后也会有一次，不过时间较短，一般为几天，被称为"贺月"或"行月"。

② 潘志成：《从江县占里侗寨当代婚育习惯法考察》，《湘潭大学学报》（哲学社会科学版）2008年第2期。

③ ［英］J. G. 弗雷泽，徐育新、汪培基、张泽石译：《金枝》，新世界出版社2006年版，第208页。

气息遍布在衣服上。”[1]

在贵州苗族的一些地区，染布有很多的禁忌，比如染布的时候在布旁边放一只碗，碗里装一只生鸡蛋，据说这样可以防止那些怀孕或结了婚而没有生小孩的人去动布。当地人认为孕妇腹中的胎儿也是有灵性的，他们看到鸡蛋就不会去拿布了。又如所有与染布相关的东西都不能沾油。还有的关于染布的习俗非常有趣，比如一些地方的苗族女性在染布时忌讳别人夸布染得好，她们认为这样反而会折了布的“寿命”，[2] 但革东苗寨和偏寨的苗族女性不这么认为，因为她们喜欢别人说布的好话[3]。

在制作染液时要非常讲究，在从前还要举行专门的祭祖祭神的仪式后，才能舀水入缸，再加入染料和酒进行调制，认为只有这样才能使水成为活水，染好布。又如那些纺织和染布的妇女还会在枕头边上放一把剪刀，应该也是辟邪之意。

同样的，在侗族一些地区，染布也是一件很严肃的事，其习俗中也有与孕妇相关的规定：“……70 岁的侗族老人贾福英说：布匹要染几次才能染好，但是第一次染时，一定要挑选一个吉日，而这个吉日一定要由寨里的鬼师占卜选定。在选定的这一天里染布才能开始，不然布匹就染不好。……在制作染液加入燃烧后的稻草灰时也有一个禁忌，就是怀孕的女人不能在场，认为不吉利。如果在场，就认为染液做的不好，布染不好。”[4] 在这样的场合，孕妇是应该避讳的。这使得笔者记起在榕江县的一次田野调查，笔者一行在一个山顶上的苗寨采访，当地妇女无不热情地拿出家中的盛装、银饰，还有年轻的姑娘试穿，只有一个怀孕七八个月的年轻孕妇（十八九岁的样子）自始至终离大家很远，眼中也是对热闹的期盼，但无论笔者怎样招呼都远远观望。旁人对笔者说她不方便，当时笔者还奇怪都是同性有什么不方便，其他妇女也没有说出什么（可

---

① ［英］布罗尼斯拉夫·马林诺夫斯基：《西太平洋上的航海者》，张云江译，中国社会科学出版社 2009 年版，第 462 页。

② 曹端波、傅慧平、马静：《贵州东部高地苗族的婚姻、市场与文化》，知识产权出版社 2013 年版，第 63 页。

③ 同上。

④ 张力军、肖克军：《小黄侗族民俗——博物馆在非物质文化遗产保护中的理论研究与实践》，中国农业出版社 2008 年版，第 142 页。

能是语言不太通，她们无法表达避讳这层意思），后来读到相关的书籍才有所了解。

“在侗族的各种禁忌中，对孕妇的禁忌可以说是最普遍和最广泛的了，如婚嫁、丧葬、祭祀、鸡卜、扫寨、出行、渔猎、建房、制酒、织染等，无不忌讳碰到孕妇，更不用说允许孕妇参加了，就连孕妇家中的人员亦限制参加。”① 这是因为在侗族人眼里，孕妇是“四眼人”，即孕妇有两只眼睛，腹中的胎儿有两只眼睛。在侗族的传统文化中，胎儿、婴儿乃至没有长到茅草高的幼儿都还不能算是人，因此孕妇身上的这四只眼睛，有两只是阳间的、有两只是阴间的，不吉利。他们还认为胎儿是阴间之人，可以自由来往于阴阳两界，其身上可能会附有邪祟，因此必须忌讳。

织布习俗。“吃新节这天，还有个规定，不准妇女纺织、做针线活，因为纺车是转的，如果手摇纺车，预示着风会把雨吹走，这年就不会风调雨顺。”②

“在九龙，妇女手中的针线活，尤其是纺纱、织布，该在当年完成的尽量在当年将之做完，忌放在机上‘揽年’。”③ 这其中应对盛装上的刺绣的限制较为宽松，因为一般盛装上的刺绣很是费时费工，有些盛装上的刺绣若全套绣完，所花的时间可能要超过一年。

在从江一些地区，布织好从织布机拿下来时，不能让任何人看到，尤其是不能让家里的男性看到，小黄、银潭等村寨现在还保留着这种习俗。

“未完成”和“不完整”。关于苗族侗族女性服饰，还有一个“未完成”的习俗：杨鹍国在《苗族服饰——符号与象征》一书中专门提到了这一点：“在习惯上，苗家女性还把服饰视为自己生命的一部分：每套服装的饰物上都会留下一点未绣完、未绘完的地方；她们认为，全部绣绘完了，自己的生命也将结束了。”④ 究其原因，这和苗族侗族女性服饰费

① 刘锋：《侗族：贵州黎平县九龙村调查》，云南大学出版社 2004 年版，第 298 页。

② 杨玉林：《侗乡风情》，贵州民族出版社 2005 年版，第 8 页。

③ 刘锋：《侗族：贵州黎平县九龙村调查》，云南大学出版社 2004 年版，第 292 页。

④ 杨鹍国：《苗族服饰——符号与象征》，贵州人民出版社 1997 年版，第 114 页。

时费工密切相关，试想想，一件盛装的制作周期如果以一年左右来计算，除去农忙时节，至少有七八个月的农闲时间，做成一件盛装需要近千小时的工时，如果一天干 5 个小时，折合成天就是近 42 天，这还仅是一件衣服的时间，真可谓用生命来做传统服饰，这种习俗背后所蕴藏的对服饰的珍重让人动容。

笔者也亲历和耳闻了两个具体案例可以印证。其一是笔者 2009 年在榕江县城调查时，碰到一对带着幼儿的年轻的苗族夫妇，笔者看到孩子的背儿带很有艺术感，犹豫再三后冒昧恳请他们转卖给笔者，碰巧这对夫妇家里也做民族服饰的买卖，丈夫还邀请我们有空去他家里看看，并同意把背儿带转卖给笔者。笔者很是感谢，在与夫妇道别后，正走在路上，那个年轻的妻子又追了过来，她指指背儿带，又指指自己。因为语言不通，笔者并不知道她的用意，此时丈夫也走过来，两人交谈后，他问笔者可否剪下背儿带的一根线？看着他妻子郑重的样子，笔者赶忙点头并询问原因。丈夫解释说，这里的习俗不能将孩子所穿所戴所用的衣服全部给别人，要留下哪怕一根线，这是为了孩子好。笔者听后非常感动，并将这个经历记录在考察笔记上。

其二是《汉声》杂志主编黄永松先生曾经提到过他的一次经历。他曾经到一个贵州苗族的村寨，看到一位老妈妈（大概 80 多岁）有一件很漂亮的衣饰，他非常喜欢就想买下来，老妈妈先是不肯，后来同意了。就在他们离开村寨车子就要启动时，忽见车窗外面老妈妈追了上来，黄先生以为是老妈妈反悔了，但通过当地人翻译后得知，老妈妈也是要在这件衣服上剪下一条线，这样就不是把自己完整的衣服给别人了。

不知为什么，这种“未完成”和“不完整”的习俗是如此打动自小成长于华北平原的笔者，自小到大，笔者的衣服从来都是买的市售的成衣，对那些成批量生产出来的衣服，在穿旧穿小之后，除了压箱底就是给更小的亲戚家的孩子穿，没有很深的不舍，也没有敬畏之心。如果是自己或家人一针一线缝制、刺绣的“唯一”的那件衣服，其上应是饱含着深深的感情，并且不会轻易丢弃，而这，也就是传承重要的一重意义之所在。

3. 服饰与丧葬

一些苗族地区，老人死后，死者生前留下的衣服就不再使用了，而是在寨子边上生火焚烧，意为让死者带走。20世纪50年代，赫章县海确寨的苗族在去世后，要穿着新衣和草鞋下葬。①

回溯历史，世界上很多地方为了对去世的人表示敬意都会在尸体上涂色或穿上特定的衣服，拉德克利夫—布朗在《安达曼岛人》中就提到了这一习俗："下葬之前，尸体要用黏土和红颜料来装饰……这种装饰是在世者对死者敬意的表达……当土著想要表达自己的好意以及对他人的尊敬时，活着的男人或女人会用白黏土和红颜料来妆饰自己，这种装饰用在死者身上，含义与此完全一样。"② 这应该被看作是其民族文化的反映。贵州一些地区也有类似的习俗，但装饰之物不是白黏土和红颜料，而多是自己最好的一套衣裳。在20世纪60年代中期，台江县反排村老人咽气后，要马上找一位平时最为死者所喜欢的老人给死者更衣，苗语称为"丢卧"，即"老衣裳"。衣服质量的好坏据贫富而定，富人多是在生前准备好的新衣，穷人则一般是旧衣服。衣服的件数也有规定：下衣只有一件，上衣则是一、三、五等奇数件，忌用偶数，这是因为他们认为用双数则还会有一个死人，与死者成双。对死者衣服的穿法也有一些规定，如与活人不同的是，"活人的裹腿和包头帕由左向右缠绕，腰带、发髻也向右边挽结，而死人则与活人相反，必须向左边缠绕，向左边挽髻。人们认为'死左活右'是规矩，要这样做，死者才会得到这些东西。……在临近的巫梭寨，除了有上述的情况外，还要给死者穿反衣，使原来的右衽衣变成了左衽衣"③。此外，"死者穿着，忌用棉衣和帽子。认为穿棉戴帽，以后子孙耳朵要聋。丝、毛织品也不能给死者穿，其意不明"。但随着时代的向前发展，这其中有些习俗也渐渐被当地人摒弃了。

在榕江县两汪乡的苗族，其丧葬习俗也与服饰有关："停丧时在尸体下要铺垫白布，尸体上盖青布，青布上再盖用白布镶边的红绫子，称为'露水裙'。另用红、黄、蓝、白、黑五色线织一根1米长的腰带，围在

① 中国科学院民族研究所少数民族社会历史调查组、中国科学院贵州分院民族研究所：《贵州省赫章县海确寨苗族社会历史调查资料》（内部资料），1964年，第22页。

② ［英］拉德克利夫—布朗：《安达曼岛人》，梁粤译，广西师范大学出版社2005年版，第214—215页。

③ 贵州省编写组：《苗族社会历史调查（二）》，贵州民族出版社1987年版，第184页。

死者腰上，但不束紧，称为‘拦腰带’。”[1]

笔者在雷山进行田野调查时了解到，这里的一些地区，苗族的老年女性去世后要穿上自己最美丽的一套服装入殓，这套衣服就是“老衣裳”。这套衣服一般是一等盛装，是衣服所有人最喜欢的一套盛装。但还有一个习俗就是需要将其上所缀的银饰取下[2]，不过这是近十来年的习俗。[3] 笔者问其原因，他们告诉我，以前苗寨都是夜不闭户，治安非常好，也从不丢东西；后来很多外地人来后，有些人会偷东西，甚至会在人下葬后掘其墓将衣服上的银饰偷出来卖钱。金钱的损失还是小事，当地人认为死后穿着本民族的盛装可以更快地和祖先团聚，而死者却会因盗墓贼的打扰（很多盗墓贼将银饰取下后就将衣服丢弃一旁）不仅不得安宁，还无法归宗，这是非常重大的问题，因此也就约定俗成，不再在“老衣裳”上缀银饰了。

侗族女性寿终时，其习俗要穿着传统服饰下葬，具体情况如下：要给死者梳好发髻，上身穿上青色的花寿衣、下身着百褶裙，腿上要穿上绑腿、系上绑腿的花带，足着龙舟形的花寿鞋。在胸口挂上三根麻线，手边放一块新手帕和毛巾。有些还要佩戴上金银首饰。[4] 侗族也有一些风俗是关于家族中去世的长辈的：在一些侗族地区，如果家里有长辈或亲戚谢世，姑娘就会在头上扎一条白布或一根白麻绳，以示哀思，此时爱慕她的小伙子或男朋友就暂时不能来打扰她了。[5] 侗族在进行丧葬仪式时，必要请一队唢呐，称为“坐鼓”。死者家人要拿一块自家亲手织就的白土布“孝布”送给吹唢呐的人，挂在唢呐的喇叭口上。

在贵州的一些地区，如黎平县，如果一户侗族人家有人去世，那么在月内整个家族的妇女都不能做针线等女红，正织到一半的布要剪掉，正在制蓝靛染料的则要将染桶封存起来。如果确实需要动针线的，就去

---

① 何积全：《苗族文化研究》，贵州人民出版社 1999 年版，第 183 页。

② 这里的银饰不是佩戴在人身上的手镯、耳环等物，而是专门缝缀在衣服上的银片等佩饰。

③ 杨鹍国：《苗族服饰——符号与象征》，贵州人民出版社 1997 年版，第 84 页。

④ 杨玉林：《侗乡风情》，贵州民族出版社 2005 年版，第 79 页。

⑤ 廖君湘：《侗族传统社会过程与社会生活》，民族出版社 2005 年版，第 271—272 页。

别人家做。如果不遵守，按照当地的说法这户人家就会遭到鼠患，且老鼠会专门啃咬纺织品。①

“每逢丧事，孝家和女婿家都得准备数十丈的孝帕，凡是前来送礼吊唁的客人，丧家须发孝帕一根。每根孝帕长6尺，宽1尺以上。孝帕必须自家纺织，若是购买白布以代替，则被视为不珍贵，孝家由此被人作为茶余饭后的笑话而无脸面。甚至认为如果死者不着自纺自织的侗布做成的寿衣安葬，阴间的老祖宗是不会认同死者的，死者将变成孤魂野鬼，日后他不仅不会保佑家人的平安幸福，而且还会祸害于家人。所以，凡是家里有老人的，儿媳们都会于农闲时节织布以待防备。”②

二　族别标志——本民族归属的认同

苗族侗族传统服饰的款式和图案不仅仅具有装饰性，它还是识别“我族”与“他族”、“我支”与“他支”的认同符号。在族别标志这个文化层面，贵州苗族女性民族传统服饰具有双重意义，可以从穿着者生前和穿着者去世之后两个不同的角度去探究。

（一）生前——判定民族与支系的标志

族别认同的第一个层次针对的是穿着者生前而言。贵州苗族女性民族传统服饰是其穿着者属于此民族而非彼民族、此支系而非彼支系的重要标志。例如，在苗族的传说中，百褶裙就是为了区别于其他民族的女性服饰而被创造出来的：“古时候苗家穿的裙子与汉族的差不多，不易区分开来，一家母女俩立志要缝一种裙子，一看就知道是苗家的标志。她们受山坡上五颜六色青杆菌的启发，按着青杆菌的褶子做成了一条裙子，穿到花场上踩花。”③ 据传寨子中的其他苗族姐妹见到这种百褶裙都觉得十分好看，于是纷纷效仿，百褶裙得以迅速传播开来。而此后苗族的各个支系根据所处寨子的地理位置的不同逐渐穿上各种长短不一的百褶裙。与此类似的说法遍布贵州的很多地区。

① 刘锋：《侗族：贵州黎平县九龙村调查》，云南大学出版社2004年版，第304页。

② 同上书，第54页。

③ 席克定：《试论苗族妇女服装的类型、演变和时代》，《贵州苗族研究》1998年第1期。

再如孙玲在其《黔中南苗族服饰多样化成因探微》一文中对贵州省的安顺市南部和黔南布依族苗族自治州的十数个苗族服饰的样本进行研究①，在其所用来分析的服装样本中，有12件属于苗族成年女性服装，现将其列表进行分析（见表6—2）。

表6—2　　关于紫云县、平坝县、长顺县12个服饰样本分析

样本序号	首服	上衣和下衣	款式特征	样本来源地
1	“两耳锅”状的包头巾	上身为装饰有花边的中长无领大襟左衽上衣，下身为裤裙	上衣下裤（裤裙）	紫云苗族布依族自治县四大寨乡孟林
2	圆环形头巾	上身为挑花装饰的无领无扣对襟上衣，下身为百褶裙	上衣下裙（百褶裙）	紫云苗族布依族自治县四大寨乡喜凯村
3	前尖后圆的包头巾	上身为镶有花边的立领大襟左衽上衣，下身为百褶裙	上衣下裙（百褶裙）	紫云苗族布依族自治县水塘镇过岩村
4	头部以假发、竹片与木梳装饰	上身为内外两件，内穿无领无袖对襟有袖上衣，外穿无领无袖对襟短袖外衣，下着无褶的长裙	上衣下裙（上衣两件、无褶长裙）	紫云苗族布依族自治县猫营镇坎桥村
5	首服为圆形包头巾	上身为内外两件，内穿黑色立领无扣上衣，外穿镶花边红色大襟左衽上衣，下身为百褶裙	上衣下裙（上衣两件、百褶裙）	紫云苗族布依族自治县水塘镇纳都寨
6	头发以梳子固定，无首服	上身为无领大襟左衽上衣，装饰有贴花，下身为无褶的长裙	上衣下裙（无褶长裙）	紫云苗族布依族自治县板当镇沙坝村

① 贵州世居民族研究中心：《贵州世居民族研究》，贵州民族出版社2004年版，第320—333页。

续表

样本序号	首服	上衣和下衣	款式特征	样本来源地
7	首服是以头巾包裹发髻，外罩青布帽等，戴一种叫做“竹箩箩”的装饰物	上身为无领无扣的对襟上衣，下身为百褶裙	上衣下裙（百褶裙）	紫云苗族布依族自治县松山镇团坡村
8	头部是以真发、假发相混合后插入牛角造型的木梳，无首服	上身为立领无扣的上衣，装饰有挑花，并镶有彩条，下身是百褶裙	上衣下裙（百褶裙）	紫云苗族布依族自治县松山镇团坡村
9	无首服	上身是立领镶有花边的上衣，下身为镶花边的长裤	上衣下裤	长顺县改尧镇孟秋村
10	首服是以头巾包裹发髻	上身是无领无扣的对襟上衣，镶有花边，下衣为百褶裙	上衣下裙（百褶裙）	平坝县马场镇马鞍村
11	首服是由头巾包裹成圆环的样式	上身为大襟左衽的上衣，有领子的构成，并镶有花边，下身为镶有花边的长裤	上衣下裤	长顺县灯草乡灯草村
12	首服是由头巾包裹成圆环的样式	上身为无领的对襟上衣，下身为百褶裙	上衣下裙（百褶裙）	长顺县古羊镇简庆乡

通过这12个样本，我们可以从中管窥苗族女性民族传统服饰款式的多样性——不同县、不同村寨的苗族女装在其服饰组成、服饰款式与头饰搭配上各不相同。这十二个样本中就首服而言，分为仅以木梳装饰（样本4、6、8）、以头巾包头（样本1、2、3、5、7、10、11、12）以及

以特殊首服包头（样本7）三种类型；服装款式有上衣下裙和上衣下裤两种类型。其中从上衣件数上来看，有一件和两件之分；从门襟的系合方式来看，有对襟和大襟两种；下裙又包括百褶裙和无褶长裙，下裤又包括长裤和裙裤；在装饰上又有挑花、镶拼、绲边等不同的形式。从这12个样本中，我们可以看到服饰是判定苗族女性穿着者族别与支系的重要指标。

（二）去世后——认祖归宗的需要

族别认同的第二个层次是对穿着者故世后对认祖归宗的需求而言的。苗族有着“万物有灵”的观念，认为人的灵魂可以脱离肉体而永恒存在。因此也就有着关于祖先崇拜的种种传说。苗族人民“相信自己的始祖和列祖列宗的灵魂都是不灭的，他们生活在另一个世界”①，那么如何在死去后重回祖先的怀抱呢？服饰在这其中扮演着重要的角色。

在苗族的传统文化中，本民族的服饰（尤以盛装为甚）是认祖归宗的一个重要媒介，即只有故世后穿着本民族的服饰才能够被祖先认出是自己的子孙并将其灵魂接走。因此，装殓时穿着“老衣服”是贵州很多苗族地区的丧葬习俗，穿着的服饰一般以盛装为主，且所选盛装是穿着者所有盛装中最为精美的一套，由此可见人们对死后认祖归宗的重视。

在一些地区，服饰的一贯性在去世后的穿着中得到了更完整的反应，比如丹寨的扬武地区就是这样：“过去妇女是穿裙不穿裤，所以老人逝世后，虽穿裤入殓，但通常会在旁边放一条裙子，希望死后灵魂回归故土时，可以改穿短裙，以防祖先不悦或不认识他们。”② 而据研究这似乎与清代开辟苗疆时，统治者强迫其脱掉传统的裙子而改穿裤装有关。

贵州省黎平县三龙乡九龙寨侗老人去世后其寿衣的款式是长袍马褂的款式③，材质是市售的绸缎，但唯有里布的面料必须是侗布，当地侗族人认为如若不用侗布，则老人过世后无法“翻阳”（当地习俗认为人过世后可以重回阳间）。

---

① 伍新福：《中国苗族通史》，贵州民族出版社1999年版，第71页。

② 江碧贞、方绍能：《苗族服饰图志——黔东南》，（台北）辅仁大学织品服装研究所2000年版，第343页。

③ 在贵州很多侗族村寨，老人的寿衣都是丝绸材质的长袍马褂的款式，不知是否在民国时期已然如此，但可以肯定的是，应和民族的融合与相互影响有关。

三 评判指标——对制作者女工的判定

在苗族和侗族的传统文化中，女孩缝制、刺绣服饰是她们必须掌握的基本技能。“（苗族）女孩在五六岁时便开始学习，十四五岁时已经熟练地掌握挑花刺绣、织花带、织锦、做衣裙、鞋帽等。”① 侗族女孩也是如此，“侗族妇女善刺绣，女孩子六七岁便开始跟母亲学绣花，到出嫁时已经是绣花能手了”②。在苗族家庭中，姑娘们在结婚时会陪嫁上出嫁前的这几年自己一针一线刺绣的花衣。

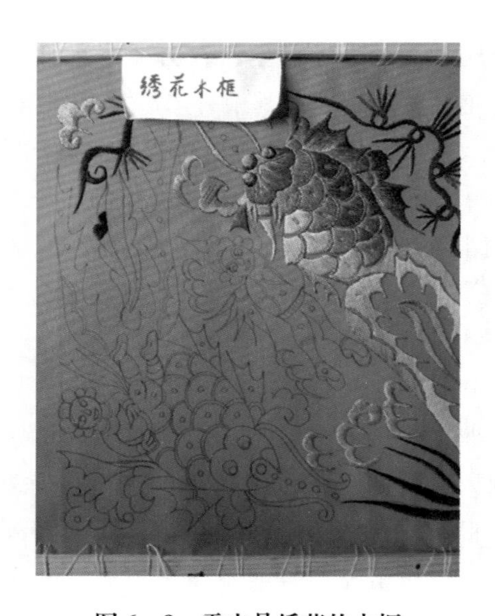

图 6—8 雷山县绣花的木框

在侗族家庭中，母亲的私房财产如棉花、布匹、衣服、银饰等都由女儿继承，而在女儿结婚时，娘家也会陪嫁上各种纺织工具（见图 6—8）。由此可见，女红是陪伴苗族侗族女性一生的一项技艺。榕江县乐里镇七十二寨一带的侗族在新娘出嫁时有“坐箱子”的习俗。此种习俗是在新娘出嫁的那天，家人把装嫁妆的箱子摆到屋外，请亲朋好友来观看、

① 王慧琴：《苗族女性文化》，北京大学出版社 1995 年版，第 18 页。

② 吴泽霖、陈国钧：《贵州苗夷社会研究》，民族出版社 2004 年版，第 38 页。

品评，新娘未婚的表哥或表弟坐在箱子上唱歌送别新娘："走到妹家妹家好，妹家青布有多少。妹拿好布送爱人，剩下粗布送给我。"新娘则和道："走到妹家妹家穷，妹有粗布哥不要。妹的粗布哥不收，哥想贵重的绸缎。"在"坐箱子"这一唱一和中，表兄（弟）们夸赞了新娘聪明美丽，也祝愿新娘嫁一个如意郎君，并向新娘讨要布匹、布鞋或鞋垫以留作纪念。①

而在一些节日喜庆的场合，姑娘们穿着自己做的衣服，向众人展示自己的美丽与巧手，女红技艺好的姑娘会得到人们的称赞，是很值得自豪的事情。"在贵州西部的'花苗'中，女孩在赶场寻觅情郎之前，最重要的是要绣许多花披肩，而花场上的异性一般都从这些披肩中来初识这个姑娘的人品和心灵。"② 女红的技艺还直接与苗族侗族女性的婚姻密切相关。在过去，女红的优劣是评判一位苗族女性是否心灵手巧、是否贤惠的一项重要指标，甚至与她们的婚姻密切相关。③ 在20世纪50年代，在贵州某些地区关于离婚的理由中排在第一位的就是女方不会缝制花衣，由此可见女红在苗族女性生活中的重要地位。④ 到了今天，随着生活水平、生活节奏、生活方式的改变等因素的影响，苗族女性尤其是年轻一代的苗族女性，对本民族的传统服饰手工艺的掌握情况并不乐观，笔者在雷山县进行调查时，当地50岁上下那一代苗族女性都是从小就开始学习女红，一般15岁就学成了。在出嫁前掌握缝纫刺绣的技巧是那一代女性必须具备的生活技能。苗族传统服饰尤其是盛装服饰的技艺传承逐渐式微，因此对作为"评判指标"这一项的文化意义有逐渐弱化的趋势。

四　仪式构成——作为礼仪服的存在

在重大的场合，如嫁娶、祭祀、节日等场合，苗族女性的盛装还是

---

① 《贵州民族报》1997年3月6日第3版；杨玉林：《侗乡风情》，贵州民族出版社2005年版，第68页。

② 吴秋林：《美神的眼睛——高坡苗族背牌文化诠释》，贵州人民出版社2001年版，第123—124页。

③ 20世纪50年代末，贵州少数民族社会历史调查组在对贵州省剑河县进行田野调查时发现，"这里的姑娘很小时候就学习纺纱，十一二岁时，操作的熟练程度已像成人一样了"。

④ 中国科学院民族研究所少数民族社会历史调查组、中国科学院贵州分院民族研究所：《贵州省赫章县海确寨苗族社会历史调查资料》（内部资料），1964年，第23页。

仪式的重要构成部分。在这些穿着场合，它是作为礼仪服而存在。作为礼仪服的盛装主要可以分为结婚时的嫁衣以及节庆场合的礼服两个用途。

苗族女性在出嫁时没有专门的嫁衣，盛装就成为出嫁时所穿的礼服而存在。出嫁时所穿的盛装一定是所有盛装①中最为隆重的一套。如施洞的苗族女性盛装分为一等盛装和二等盛装。一等盛装是规格最高、最为繁复的衣服，衣服上用破线绣刺绣很多花纹，并在袖部、前衣片下摆处缀有银片；全套所配的银饰有七八十种，要在头顶正中戴大小两个银角，并在左右两边各插数支银凤雀，颈间还佩戴数个银项圈、带坠饰的银花压领等。此种盛装在制作时间上一般都超过一年，在姊妹节或出嫁时穿着。二等盛装刺绣纹样不如一等盛装复杂，衣服上花纹较少，也没有费时费工的破线绣；所配银饰数量也少很多，头上仅有一个银头帕，颈间也只有一个银项圈，一般是赶场、伴嫁时候穿着。

在节庆场合，会根据节日的隆重程度来选择所穿的盛装。除了手工缝制、刺绣的盛装外，机器车缝和机器刺绣的盛装的出现增加了作为礼仪服饰而存在的盛装的种类，这是因为随着民族地区商业与旅游业的发展，外地游客大量涌入，在一些相关节庆活动中，一些游客因为好奇等种种原因，时有碰触服饰的刺绣部分，甚至摘下盛装上佩戴银饰的举动，没有那么费时费工、成本也较少的机制盛装②应运而生。这种机制的盛装属于礼仪服中礼仪性最弱的类型。

服饰在男女的婚姻中也扮演重要的角色。在20世纪50年代，施洞偏寨新嫁娘“回娘家”时，男方的亲戚需要送女方家约50件衣服的布匹，而新娘在回娘家时需要在婆家留一件新衣服，表示已经出嫁，形同“订亲”。③

“祭祀祖母是每个侗族村寨的一件重大事情……祭祀祖母时，寨上年纪最大、辈分最高的老人，身穿青色长袍，外加紫色背心，头戴青帕，

---

① 在贵州一些地区，苗族女性有不止一套的盛装，有些地区的女性有三四套，但会根据穿着场合的不同，分为一等盛装和二等盛装。

② 机制盛装成本较少，如笔者2012年到雷山县西江田调时，其一套机制盛妆成本在五六百元，而手工盛装的成本在3000—5000元。

③ 曹端波、傅慧平、马静：《贵州东部高地苗族的婚姻、市场与文化》，知识产权出版社2013年版，第34页。

按照严格的礼仪进入祖母坛进行祭祀活动，男女在祖母坛外肃立，先由管‘萨’人烧好茶水，给‘萨’敬香献茶，再给身着节日盛装、佩戴银饰的青年妇女们每人喝一口祖母茶，摘一小枝千年矮插于发髻上。”[①]

在侗族的祭萨活动中，银帽也是祭祀活动中的一项物品，“侗族‘堂萨’一般位于寨子中心，占地约 3 个平方米。祭坛设置在‘萨’屋内……坛下一般埋铁三脚架、铁锅、火钳、银帽、木棒、铁剑各一，白石子若干；坛上纸伞周围，还挂有 12 根椿树枝和 24 堆小石头，以示‘守将’之位”[②]。

五　身份识别——服饰中的符号语言

传统服饰是表明穿着者身份的符号。怀海德（Alfred North Whitehead，1861—1947）在谈到符号学（Semiology）时认为人类是为了表现自己而寻找符号，事实上，表现就是符号。在用服装这种“符号”进行身份的表达时，穿着者其实是在进行身份的建构工作（identity work），是“人们为了寻求意义并且设法使当前情景令自己感到舒适而采取的行为”[③]。

在贵州很多地区，苗族侗族女性的服饰根据年龄和身份的不同，服装款式也不尽相同。台江地区的女孩在幼时所着的传统服饰与同年龄段的男童相类：上身穿土布缝制的右衽长衣，下穿开裆裤，头戴钉有银罗汉、银响铃等银饰的绣花帽。[④] 到十六七岁时，开始留长发，穿裙子，样式与成年女性相类，只是刺绣等装饰细节略有差异。革东一带的苗族女孩幼年服饰比较简单：夏季的单衣没有什么装饰，只在两肩缝缀宽约 2 厘米的绣花绲边；冬季的夹衣是在背部缝缀一块刺绣几何图案的绣片。到了青年时期，则换上大领右衽（或左衽）的大襟衣，下着百褶裙，在

① 杨玉林：《侗乡风情》，贵州民族出版社 2005 年版，第 6 页。

② 同上书，第 5 页。

③ McDermott，R. P.，and Church，J. 1976. Making sense and feeling good：The ethnography of communication and identity work. Communication 2：121 - 142.

④ 台江幼童的绣花帽造型独特，色彩艳丽，不仅钉缀银饰还以多种绣法刺绣边缘，笔者在施洞见到一个 5 岁左右的女童头戴这样的帽子，此女童肌肤如雪、唇红齿白，戴着彩色缀太阳纹银饰的高高的童帽，引得众人围观。

裙子之外围一条围腰，长发束于头顶绾成髻插上木梳或银梳，以长方形土布包头。在节日里，青年女性则穿上盛装，全身装饰银饰。基本上，老年女性的服饰款式都比较简单，如笔者在郎德上寨所见的苗族老年女性，所着服饰有上衣、下裙和围裙，均为黑色自织土布，足着黑布鞋，头上以黑布包头。上衣为大襟左衽长袖衣，在领口装饰手织花带，在袖子的中段起至袖头部分装饰有刺绣绣片。下着筒状百褶裙，裙长至小腿肚以下。外围与百褶裙同样长度的宽腰头围裙，围裙款式简单，只在中间部位拼缝了一块长方形的市售薄绸（见图6—9）。再如西江老年女性其服装款式与郎德上寨基本相同，只是上衣的面料采用市售的蓝缎子，围裙上中间那块市售薄绸换成了黑丝绒，并在丝绒上以平绣绣上花卉的图案（见图6—10）。再如新桥苗寨，老年女性上衣不仅不穿花衣，其样式还非常简单，为小立领右衽窄袖上衣，其裙子样式与年轻女性相同，但用料简单、花纹更为朴素；与年轻女性露出膝盖以下皮肤不同，老年女性下穿黑色直筒长裤（见图6—11）。

图6—9　郎德上寨苗族老年女性服饰及其款式图

图 6—10　西江苗族老年女性服饰及其款式图

图 6—11　新桥苗族老年女性服饰及其款式图

图 6—12　台江穿着盛装的祖孙俩

图 6—13　西江青年女性（右）和中年女性（左）服装

花纹和图案的装饰也是区分年龄和婚姻状况的标志。[①] 一般而言，未婚的少女衣服上多饰有色彩鲜艳的花边，已婚的中青年女性的花边就淡雅一些，而老年女性花边不再用彩色，而以青色为多。笔者在从江县庆云侗乡考察时了解到，当地的刺绣工艺以挑花为主，图案有蝴蝶、鸽子、燕子等。这里的女子服饰较有代表性的有三种：一是十多岁的一种，二是出嫁后的一种，三是当妈妈以后的一种，其区别主要在于衣服上的挑花以及装饰在胳膊上的花带。岜沙青年女性的百褶裙，在婚前只能穿单色的，婚后可以穿装饰有蜡染图案的。

对于榕江县乐里镇的侗族女性来说，30 岁是她们所穿服饰的分界线。首先是上衣，这里的女性穿大襟右衽上衣，如果是 30 岁以下的女性，上衣的领口装饰有整圈的绣花饰带，如果是 30 岁以上的女性，装饰的是半圈的绣花饰带，只有右半边没有左半边（见图 6—14、图 6—15）。调查发现，在此地越是年纪轻的女性上衣上刺绣的花纹越多，年纪越大的刺绣的花纹越少，老年妇女的服装颜色灰暗，衣服上很少有纹绣（有些老大妈身上衣服颜色较鲜艳，绣花也较多，据采访是年轻时穿的没舍得扔，接着穿，但这样的情况较少）。其次是下衣，30 岁以下的女性下身穿的是裤子，叫“裤衣”，30 岁以上的女性下身穿的是裙子，叫“裙衣”。此外，姑娘结婚以后成为媳妇，都要穿裙子。与乐里镇相似，麻江县铜鼓村的侗族女性服饰也是以衣服的某个部位有无刺绣来表示姑娘是否成年，肩部和前襟不绣花的是 18 岁以上的姑娘，有绣花的是 12—17 岁的姑娘。

服装的颜色也是判定婚否的标志之一。从江贯洞一带的侗族女性，其冬季服饰腰系青色围裙，围裙上端有一条约两寸宽的腰带，颜色为蓝色或绿色。这其中是有讲究的：一般系浅蓝色腰带的为未婚女子，已婚妇女则系深蓝色或绿色腰带。若围裙与腰带为一色，表示已经当了妈妈，

① 其实，在有些地区不同年龄的女性连发式都有不同，如从江县加鸠苗族女性从发式上可以看出不同的年龄和婚姻状况，15 岁以下的女孩留类似盖碗一样的发式“汤道洒”（苗语）；15—18 岁的少女留二层发式“替洒”（苗语），成年后留一边倒发式“偏洒”（苗语）。一些侗族地区生头胎的产妇，会在当天和母亲、婆婆梳一样的发型，即在脑后挽圆髻，罩以发网，并插上木梳和竹簪。

身份有了改变。[①] 台江施洞女性服饰婚前以红色为主色调、婚后以蓝色为主色调。

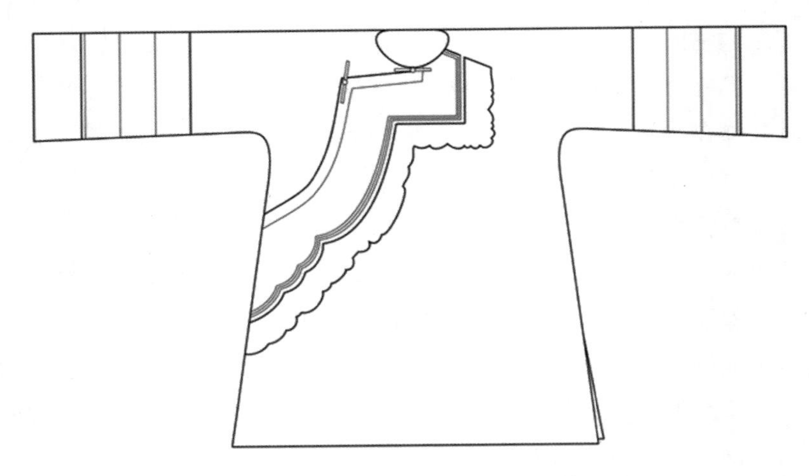

图 6—14　乐里 30 岁以上女性上衣款式图

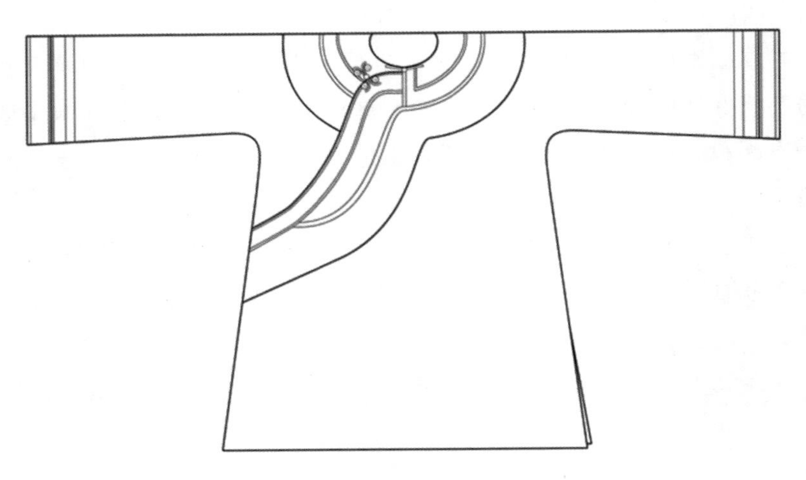

图 6—15　乐里 30 岁以下女性上衣款式图

① 吴泽霖、陈国钧:《贵州苗夷社会研究》, 民族出版社 2004 年版, 第 84—85 页。

银饰的多少也体现在年龄上，佩戴最多银饰的是未婚的年轻姑娘，在节庆场合需要穿着一等盛装时，全身上下都装饰有银饰；结婚后的新妇银饰就少了一些；中年女性更少一些，只戴基本的款式，即便在穿着盛装时也只佩戴项圈、手镯等饰品；老年女性佩戴银饰的数量最少，一对耳环或是一个戒指，有些人甚至什么也不戴。在本书第二章第二节所述雷山县两种比较典型的银项圈，每种都是以 3 个为一组，婚前戴 3 个，婚后戴 1 个。细银条绞丝呈螺旋环状在台江施洞地区也有相似的款式，也是未婚姑娘佩戴一组 3 个。据笔者在台江姊妹节所见，当地苗族未婚姑娘在着盛装时皆佩戴 3 个这样的银项圈，体积较大且遮住整个脖颈部位。有些颈部较短的姑娘，所戴的项圈甚至遮住了下巴，但风俗如此，无不遵守。侗族已婚妇女一般都会挽椎髻，并在其上佩戴梳子和发簪，发簪中有一些是双鱼或双环的花纹，表明了她们是和丈夫“成双成对”的已婚妇女身份。三穗县苗族女性从头饰上可以看出未婚与已婚的区别：未婚的女子用黑土布包头，盖住除脸部以外的整个头部，并在两耳上方折出两个角；已婚女子用黑色土布折成几层，在头围处围一圈，然后佩戴一圈银饰（这圈银饰不是整圈，而是从前额到两侧双耳之间的位置）。鸭塘地区苗族女孩对于银角的佩戴是以 15 岁为界限的：15 岁之前不用佩戴，而这之后穿着盛装时要戴银角。

再来看足服，苗族女性布鞋上的花纹多少由穿着者的年龄决定：绣满花纹的一般为年轻女子所穿着，中老年女性的布鞋上一般只点缀很少的花纹或完全没有花纹。侗族女性中不同年龄层和身份的人所穿的花鞋差异很大，是以鞋帮处所绣花纹的不同来划分，分为“满帮”“跟花”和“半帮”三种：整个帮面绣满花纹的称“满帮”，为未婚少女穿着；只在鞋帮前后端绣有花纹，中间无花的称“跟花”，为已婚妇女穿着；只在鞋帮前端绣花的称“半帮”，为老年妇女穿着，并且老年妇女所穿之鞋不能用鲜艳的红绿等色，而只能用青、蓝等色。

贵州苗族女性盛装还是穿着者身份的标识，如我们可以从穿着者所穿的服饰上看出她的年龄范围与结婚与否。如雷山西江苗寨，女性根据不同的年龄所着服装区别很大：先来看盛装，一般戴银角的都是年轻的姑娘，而中年女性多戴银头帕。再来看便装，中年女性多穿以市售的黑色、亮蓝色、紫红色绒布为质料的便装，而老年女性则穿以自织土布或浅蓝色市售的确凉布为面料的便装上衣。

台江施洞地区的苗族女性服饰也是如此，年轻姑娘穿花衣，衣服上装饰着红色调为主的破线绣花纹，缀有银佩饰，全身上下佩戴着银首饰，头上的银角和颈间的银项圈非常引人注意。百褶裙也是到膝盖以下的位置。而老年女性的服饰以黑紫色为主，在衣襟处绣有深蓝紫色调的刺绣，下身的围裙到小腿肚以下的位置，全身基本没有佩戴首饰。不同年龄女性的服饰形成了鲜明的对比。

贵州凯里湾水镇的苗族女性也是根据年龄的不同而穿着不同的盛装：岩寨村一等盛装的刺绣较多，几乎全身都是刺绣，主要是年轻姑娘穿戴，而二等盛装只有袖口和领口处才有刺绣，一般也只有老人才穿二等盛装。

施洞女性围裙中间部位的图案根据年龄层次的不同而有所区别："年轻者多以神话人物、龙、蝴蝶为主体图纹；中老年者则力求朴素、淡雅，多为简单的几何形图纹。"①

六　审美表达——体现对审美的认知

民族传统服饰是此民族审美观念的表达，体现了这个民族对审美的认知。现以更具多样性的贵州苗族女性盛装为例进行分析。笔者在贵州进行田野考察时，发现这里的苗族女性服饰的地域性很强——不同地区的服饰风格迥异，哪怕一些相邻的村寨其服饰也有很大区别。因篇幅所限，现以贵州雷山县、从江县、台江县与榕江县的六个村寨的盛装为样本，从色彩、造型和装饰三个层面进行分析，管窥贵州苗族女性盛装的独特审美文化（见图6—16至图6—22）。

---

① 江碧贞、方绍能：《苗族服饰图志——黔东南》，（台北）辅仁大学织品服装研究所2000年版，第72页。

图 6—16　样本一：雷山县西江苗族女盛装

图 6—17　样本二：雷山县新桥苗族女盛装

图 6—18　样本三：榕江县滚仲苗族女盛装（右为局部）

图 6—19 样本四：台江县反排苗族女盛装

图 6—20 样本五：从江县岜沙苗族女盛装

图 6—21 样本六：台江县施洞苗族女盛装（右为局部）

图 6—22　六个样本的款式图

（一）浓郁、艳丽与简素——色彩的多重审美维度

如果将苗族女性盛装的色彩按照从彩色到无彩色用一个横轴来表示，那么，一些地区的服饰处于横轴的两端，设若左端为色彩十分浓郁的类型，如类似样本一西江服饰与样本二新桥服饰的色彩，那么右端则为无彩色的类型，如类似样本四反排服饰的色彩。其余的都位于横轴的中部，有些靠近左端，较为艳丽，类似样本三滚仲服饰的色彩；有些靠近右端，

类似样本五岜沙服饰的色彩。

在贵州的一些地区，丰厚浓艳的色彩是其苗族女盛装的重要符号特征，一些对比强烈的色彩碰撞可以对视觉造成很强的冲击力。如样本一所示的西江女盛装，服装的主体用色是大面积的冷色调（蓝色）与暖色调（红色）的撞色。在色彩的排列上，上部分以蓝色为主调、下部分以红色为主调，在蓝色和红色的交接处以黑色来衔接。绸缎底布的上衣为整块的大面积的蓝色，而袖部和裙子上的红色则是夹杂着蓝绿等色调来点缀。西江苗族女盛装的衣袖花具有很强的辨识性，除了其技法（绉绣、辫绣）和图案（团龙、盘龙）上的固定模式外，其在色彩上的红绿搭配也是别具一格。再如样本二新桥女盛装的色彩是由同色系的同类色色块组成的，这些色块以红色系为主，有玫红、朱红、洋红、橘红、大红、酡红等色，深深浅浅、或浓或淡，多达十余种，间或点缀这些几何色块的是绿、蓝、黑、白等色。

样本三滚仲女盛装的彩色部分主要由四个部分组成——上衣、下裙、围裙与裹腿：上衣底部为深绿色，在领口、前门襟、袖子的下部有红色、粉色、浅黄、浅绿和浅蓝的拼布装饰，在袖口处有一块5.5厘米宽的浅蓝色缎子袖头；下裙为蓝白相间的百褶裙，上装饰粉红、深蓝的条纹；外围一条色彩浓丽的深紫色丝绒底布，四周装饰以红色、粉色、黄色、浅绿色为主色调的刺绣花带的包边，最上部是青翠的浅绿色缎子腰头，腰头与围裙之间是数条冷暖色相间的0.5厘米宽的绲边。裹腿是与腰头一样的绿色缎子面料，在其上下边缘拼接对比强烈的红色绲边。在上衣、下裙、围裙与裹腿如此丰富，甚至对冲的彩色下，其头帕的色调就非常与众不同了——头帕是一块自织的长方形白色土布，在土布的两侧是黑色几何形花纹，黑白色调的头帕中和了彩色衣身上斑斓的色彩给予人的视觉冲击，为整体的色调增添了稳定性。

以色彩来形成节奏感也是贵州苗族女性盛装的重要特征。如前所述，样本二的新桥型女盛装在色彩上属于异常丰富的类型，但其巧妙之处就在于其裹腿是完全的黑色，这不仅将衣身上的色块衬托得更加明丽，还形成了繁与简、彩色与无彩色的对比，并且裹腿的黑色与围裙上的黑色相呼应，形成了彩色（上衣）、黑色（围裙上半部）、彩色（围裙下半部）、黑色（裹腿）相间的节奏感。再如样本三滚仲型的百褶裙，是以自织的土布为面料，一种染成一色的深蓝布，一种用蜡染染出蓝白相间的几何型花纹布，然后将这两种土布进行交错拼接，形成以白色为主色调的花纹布与全部蓝色布相间的排列，且花纹布中白中有蓝，形成对比又呼应的效果，最为精彩的是蜡染布上的粉红色镶条的装饰，其缎子的质地不仅与土布的粗简产生对比，其暖色调的色彩也使素雅的底布上见艳丽，为已有的蓝白节奏平添了一抹活泼。

贵州苗族女性盛装的配色非常大胆，不仅有红与绿或粉与紫等色调的搭配，还有将沉重的黑和绚丽的红进行的搭配，如样本六，是在黑色的底布上用红色丝线以破线绣的技法绣出的红色图案，破线绣的绣品具有良好的光泽度，红色的丝光与底布的黑色以及衣服上缝缀的银片的银白色形成三种色调的对比。

色彩的多种维度还体现在色彩搭配的巧妙性上，如从江地区苗族女性胸兜上的刺绣。在我们一般的概念中，刺绣的底布应该是浅色，而其上刺绣纹样应该是深色，且为彩色的。从江地区这种锁绣却与众不同：底布为黑色，而其上的刺绣的线则用白色。为了打破通体的黑白对比，还在白色的纹样上点缀有绿色、红色、黄色、蓝色的小面积色条，与众不同而别具巧思（见图 6—23）。

图 6—23　从江苗族刺绣图案

（二）阔大、适体与轻盈——款式造型的多重审美维度

如前文所述，笔者曾按照领部和前襟系合方式划分，将其划分为直领（或立领）对襟型、交领大襟型、圆领大襟型、琵琶襟型、立领（或翻领）大襟型、圆领对襟型和马蹄领大襟型。不同的款式形成了贵州苗族女性盛装造型的多样性。

一般而论，与便装相比，贵州地区苗族女性的盛装在款式造型上更为阔大。[①] 这是由于便装是日常所穿的衣服，在劳作和干家务活时紧身合体的款式更为方便，而盛装是节庆等重大场合所着的礼服，穿着时间较少，其上一般又有很多刺绣等装饰，因此较为阔大。

从上衣与下衣的造型上来看，贵州女性盛装在造型上可以分三个大的类别：一为上衣下衣一样阔大的类型，如样本一的西江型服饰。西江型服饰的上衣袖子较为肥大，上衣下摆有较大的松量；下面内层的百褶裙有数百个褶裥，因此内裙本身有 3 厘米左右的厚度，外层系飘带裙是为了走动跳舞时有飘逸之风的一种装饰，因此也是从腰头向下摆散开的样式。与此类似的还有样本二的新桥型服饰、样本四的反排型服饰、样本六的施洞型服饰。

二为上衣紧窄下衣阔大的类型，如样本三的滚仲型服饰。滚仲的上衣为大襟右衽窄袖衣，衣身和衣袖都较为紧窄；下裙是由系在里面的百褶裙和系在外面的围裙组成的。百褶裙是以蜡染的打褶土布和没有蜡染的、仅染为蓝紫色的土布两种布料相间缝合而成，褶裥量比较大，打开后将两侧拼接后呈一个 360 度的圆环，穿在身上呈一个上窄下宽的圆台型，因此造成整款服装上身紧窄下身宽阔的造型特点。

三为上下衣都比较紧窄的类型，如样本五的岜沙型服饰。上衣紧身，袖子紧窄，撒摆，呈 A 字型，下裙为百褶裙，长度在膝盖以上，整体都较为紧身。

再来看看这六个样本具体的款式造型。从上衣的款式来看，袖子的形状与下摆的造型在一定程度上决定了上半身的外形轮廓；从下裙的款

---

① 这是一般而言，也有便装与盛装同样合体的范例，如样本五的岜沙型女盛装。

式来看，裙子的长度[①]与是否有褶裥[②]则在一定程度上决定了下半身的外形轮廓：样本五的袖子最为紧窄，也是唯一一款上衣穿在围裙里面的款式，围裙上窄下宽，下裙为百褶裙，裙长及膝，整体呈一个紧窄的类似圆锥的A字型。样本三的袖子比样本五稍肥，上衣下摆被收进围裙中，下裙为百褶裙，裙长及膝，整体呈一个类似圆柱体的A字型。袖子更肥一些的是样本二，上衣短小，衣摆在腰部，在外轮廓上与下半身没有褶裥的、直身短裙相接，形成一个类似梯形的造型。样本四袖子的肥度与样本二相类，与其他五个样本不同，样本四是内着百褶裙，而外穿一件连体、长度在膝盖以下、掩过内裙的长衫，袖子的肥度与裙子的宽度大体相当，整体造型类似一个桶形。样本一的袖子肥大，上窄下阔，本身就呈A型，大襟上衣及腰，撒摆，也成A型；下裙内为百褶裙，但其外系一条基本上下同宽的飘带裙，因此样本一整体来看，上半身呈A字型，下本身长度至脚踝的裙子呈桶形。样本六的袖子最为肥大，上半身造型与样本一相似，但百褶裙及膝，褶裥较密，因此与上半身构成一个较整体的A字造型。

（三）质感、技法与对比——装饰搭配的多重审美维度

贵州苗族女性盛装的一大特点在于其繁复的装饰，这里所讲的装饰分为两类。第一类是佩饰，主要指的是非服装面料质地的银饰。苗族盛装又被称为“银子衣裳”，从中可以看到银质的配饰对服装的重要作用。在贵州地区，银饰可以说是构成苗族女性盛装完整性的必不可少的组成。具有独特金属质感的银白色的银饰在盛装上格外耀目：在色彩丰富浓烈的款式上平添素雅之韵，而在没有色彩装饰的深色底布（紫黑、深蓝紫等）上则有着非常好的提亮效果。如西江型银饰较多，头部有高80厘米、两角之间宽也可达80厘米的银角，此外头饰还有银冠、银梳、银雀花、银插花、银插针、银扇、银耳环、银耳柱、银耳坠，颈间戴银项圈、银项链、银压领，手腕处佩戴多种款式的银手镯，指间戴戒指。除此之

---

① 对于黔东南苗族女装有一个根据裙长来进行划分的标准：在膝盖以上的被称为“短裙苗”，大约膝盖位置以及膝盖以下的被称为“中裙苗”，盖过小腿直至在脚踝之上的被成为“长裙苗”。

② 褶裥的叠合产生更多的松量，腰头的收紧使得与散摆的下摆对比强烈，呈现出A字的效果。

外，还在衣身上佩挂银衣片、银背鼓、银泡、银铃等各种银饰。这些银饰的大量的“白”中和了衣服那异常丰富的“彩”。再如反排型女盛装，反排型可以称得上是笔者在贵州地区所见苗族女性盛装最为素雅的典型：上衣和下裙皆为黑色，款式简单，在面料上没有任何刺绣、镶拼等装饰手段，如果仅是如此则太过简素，于是在头上佩戴独具特色的银飘头排，身上斜挎一个以银链系结的雕工精细的银盒。在素雅至极的服装上、在暗暗的底布上，银飘头排和银盒在头顶和腰胯部，形成了一定的节奏，打破了通体一片的浓黑。

第二类是衣服上的刺绣、织绣、蜡染和拼接等装饰手段，“苗族妇女在少女时代生活的一个重要内容，就是学习纺织、刺绣、挑花、蜡染、编制等技术”[①]。在我们所举的几个样本中，这些运用在面料上的装饰手段各不相同，除去样本四没有任何装饰外，其他六个样本根据装饰面积的多少可以被纳入三个类型：一是基本布满的类型，如新桥型；二是面积较大的类型，如西江型、施洞型；三是占有一定面积的类型，如滚仲型、岜沙型。

新桥型是以织绣的方式来装饰的，其织绣的部分占了整个服装的绝大部分面积，整体的视觉效果非常绚烂；西江型主要是以刺绣来装饰的，装饰部位为袖子的下半部、两侧肩线以及外系的飘带裙，衣领与前襟为织绣布条的镶拼，运用到了平绣、绉绣、辫绣等不同绣法，所以其绣出的图案具有不同的凹凸肌理效果，与百褶裙的较为粗糙的土布面料以及上衣丝滑的缎子面料形成对比。滚仲型是在衣领、前门襟、围裙的四周进行刺绣，在衣领、袖口、围裙的腰头、裹腿的两端进行镶拼，内系的百褶裙使用的是拼布、蜡染与彩画相结合的装饰手段。拼条的数量是这六种样本中最多的，如前门襟处多达九条。较少面积的粉红色系的拼条和较大面积的翠绿衣身、浅绿腰头形成鲜明的对比。岜沙型是在围兜的下摆、裹腿的中间部位采用织绣和刺绣的技法，围兜的边缘、袖口以及裹腿的两端采用镶拼的装饰手段。贵州苗族女性盛装中用以刺绣的线多为红、绿、蓝、黄、粉等鲜艳的色彩，且因为其中一些技法而多有凸出面料本身的具有厚度的特殊肌理。岜沙型围兜下摆的刺绣运用的技法主

① 席克定：《苗族妇女服装研究》，贵州民族出版社2005年版，第131页。

要是数纱绣，较为平展；绣线是以白线为主色调，颜色的选择也并不多见，且其线不是丝线，没有光泽，与上衣具有金属光泽的蓝紫色的亮布形成对比。

通过对以上雷山、台江、从江、榕江四个县的六个样本的分析与解读，我们可以对贵州苗族女性盛装有一定的审美认知。从色彩上，浓艳与简素以及在二者之间的不同维度的色彩形成了贵州苗族女性盛装异常丰富的色彩组合种类，有些搭用色极为大胆，也有的简素至极，这些不同的色彩搭配形成了此支系区别于彼支系的独特的服饰面貌并形成了民族服饰的符号性。从造型上，苗族女装的一大特点就是款式多样，阔大、适体与轻盈组成了其款式造型的多重审美维度，形成了外观廓型上的不同的造型美。从装饰细节上，面料与非面料（金属）的不同质感形成鲜明的对比，而用于面料上的刺绣、蜡染、镶拼、拼布等不同的工艺手段产生不同的效果，构成了其独特的装饰审美维度。

七　情感媒介——连接母女间感情的纽带

贵州苗族女性服饰还是连接母女之间感情的纽带。苗族姑娘自幼学习服装制作工艺，到十多岁时技艺就比较纯熟了，这时的她们除了做自己结婚时的盛装外，还会给未来的孩子绣花帽、绣背儿带、绣花鞋、蜡花衣。这是因为一些苗族地区女性都有“坐家”的习俗，而侗族女性也是新婚后“不落夫家”，这是由于过去苗族侗族女性结婚时间较早，多为十几岁，因此婚后两三年不在夫家住，对怀孕生产没有什么影响；而现在因为遵循婚姻法，结婚年龄推后了很多，夫妻结婚后如果两三年不住在一起会影响生育，因此很多地区将这个时间缩短至一年、半年，有些地区则没有了这种风俗。结婚后还在娘家的这段日子可长可短，一般都延续至生育第一个孩子之后。而苗族侗族妇女在这段时间里除了田间的劳作外，最为重要的活计就是制作各种服饰及日常用品，其中，给未来孩子的鞋帽服装以及背儿带就是其中重要的一项。“苗族将始祖传说中的龙、蝶、枫等缘起物，象征自然力量的鸟、山野的花草以及水边的生物等作为图案的主题。这些图案与其说是装饰还不如说是护符用的。苗族相信这些图案织成苗锦包裹孩子，可以避免人生的灾难。”① 当她们的第一个孩子出生后，两家亲家一起喝满月酒时，要把姑娘婚前做的这些衣服摆出来让亲友品评：“这是社会生活习俗对女性制衣技艺的第二次重要检阅，女性也只有通过这次‘考试’，才能最后确立自己在家庭和社会中的形象和地位。”②

笔者在雷山县进行田野调查时，有两个采访的案例，其一为西江苗寨的毛云芬（女，58 岁，苗族），她是从外地嫁到西江来的，在出嫁时将自己的一套盛装给母亲留做了纪念。毛云芬有三个女儿，在每个女儿出嫁前，她都要为其亲手缝制一套盛装。每件盛装仅上衣就需要缝制 3—4 个月的时间，由此可见母亲对女儿的心意（图 6—24 是为其小女儿所做盛装的衣袖花）。除了盛装以外，毛云芬还要给孙辈缝制背儿带，背儿带是女儿十五六岁时就开始做，耗时需一年才能完成。

图 6—24 毛云芬为女儿缝制的盛装局部

另一位西江苗族女性顾某某（37 岁，苗族）告诉笔者，她的两套盛装一套是母亲所做，一般不拿出来穿；另一套是自己做的。在笔者调查

---

① ［日］乌丸贞惠：《SPIRITUAL FABRIC—— 20 Years of Textile Research among the Miao People of Guizhou, China（织就岁月的人们—— 中国贵州苗族染织探访 20 年）》，福冈西日本新闻社 2006 年版，第 132 页。

② 杨鹍国：《苗族服饰——符号与象征》，贵州人民出版社 1997 年版，第 115 页。

时，她正在为14岁的女儿做盛装，手上的一片衣袖花已经做了将近1个月了。女儿的盛装上衣需用时4—5个月，下裙用时也需4—5个月，最后完成一套需要一年的时间。

毛云芬带到西江的那套盛装，其上所配的银饰是父亲亲手打制，饱含了父亲对女儿的亲情。同样，顾某某母亲为其所做的那套盛装上所配银饰也是其父兄亲手打制。

前文所述，笔者2011年于台江姊妹节期间遇到的施洞苗族少女龙诗梅（17岁）身上佩戴和装饰的银饰异常精美繁复，都是其父于数年前开始一点一点打制而成的。在贵州的苗族地区，一个女孩受不受家里的宠爱，可以从父母为她准备的盛装上见其端倪——服装是否做工精美细致，所佩银饰重量如何、是否精致，这些都是考量的标准。

苗族侗族女性为孩子所做服装中，除了衣服，帽子是一个非常重要的部分。如给小女孩所做的帽子有带尾巴的狗头帽。狗头帽以前中为中心缝缀九个银质的坐佛，双耳上是两个圆形的银花，代表太阳和月亮。其后装饰有九个带银链的响铃，帽顶上绣有花鸟，非常精美（见图6—25）。黎平县地坪乡苗族儿童所戴童帽的额前部分缀十二个银菩萨，取祈求对孩子护佑的作用，银菩萨下面还缀一行银泡，两侧缀串银吊坠的银链。榕江县新华乡苗族儿童的童帽上缀一排银锥，是驱邪之用。

图6—25　台江县城戴帽子的小童（正面、背面）

笔者在参加施洞姊妹节时，一个长得非常美丽的、头戴花帽的苗族小女孩吸引了附近人们的主意力，女孩长得眉目如画、唇红齿白，头上的帽子造型独特、颜色丰富，还缀有银片，以至于很多外地的游客都不再理会争奇斗艳、身着银衣的年轻姑娘们，而把照相机纷纷对准这个小女孩（见图6—26）。无独有偶，在岜沙苗寨时，一个背着精美刺绣装饰的小布袋的小男孩也吸引了大家的目光，在一身紫黑色土布的映衬下，以白、黄、桔、绿等浅色调装饰的布袋分外惹人注意（见图6—27）。

图6—26　戴手工刺绣童帽的施洞苗族女童

图6—27　背手工刺绣书包的苗族男童

笔者还在榕江县见到一顶造型特别的侗族儿童花帽，其整体造型非常像中国古代的亭子，以绕线绣装饰，并缀有彩色穗子，在近前额处还钉有祥云式样的金属缘边，其精美让人赞叹（见图6—28）。笔者与这顶童帽的一面之缘还有一个有趣的小故事：当笔者来到这个侗寨，寨中的一位妇女得知笔者是来看传统服饰的，就回家拿来这顶帽子，数次在笔者眼前晃，然后又拿开。笔者不解其意，以为她是想卖给笔者，于是询问价格，此时她只是摇头不语，但当笔者发出由衷的赞美之声时，她又露出十分开心的笑容。后来笔者醒悟到这顶帽子一定是她满怀爱心地、亲手为自己的孩子所做的服饰品，她一次次让我看只是想得到笔者这个外来之人的肯定，就好像一个画家想要得到观众对自己画作的赞赏——这顶帽子就是她的作品，也是她爱的表达，而对于她来讲，笔者就是一个评判的观众。

图 6—28　侗族儿童花帽

图 6—29　刺绣非常繁复的苗族背儿带

背儿带是苗族侗族服饰中重要的组成部分，无论过去还是现在，无论贫穷还是富裕，苗族侗族女性在背儿带的制作上都倾注了对孩子浓浓的爱意。没有这份爱，是无法刺绣制作出这些充满美和善的艺术品的。苗族背儿带一般也是由两部分组成，每部分由前后两片组成，前片朝外，为自织自染的土布，上以刺绣、挑花、补花等工艺进行装饰，后片朝里，为自织土布或买来的花布等，因为这一面看不见，所以不再在其上进行装饰。背儿带的带子一般很长，笔者在雷山看到一条挑花背儿带两边的带子各有3米长，加上中间的主体部分共7米，将带子做这么长，其初衷可能是将孩子重叠环绕捆绑以策安全，体现了慈母的爱心。除了这种款式，还有一种是在上边再加一块布，这块近似四方形的布的用途就是盖孩子的头部，以防风吹。图6—29是笔者在台江看到的苗族背儿带，其刺绣花纹繁复——刺绣部分几乎覆盖了全部的底布，只留下了几条边沿以作为装饰线。小孩头上戴的帽子也是绣满了动物和花草的图案，这其中所花费的时间与心力也许只有母亲才可以做到。

这种浓浓的母爱不仅是对年幼的孩子，也是对成年的姑娘。龙诗梅告诉笔者，从小到大妈妈为她做过三件盛装，身上这件成年人的盛装前前后后一共做了两三年。在施洞镇的姊妹节开幕活动中，这种母爱被千百位母亲集中地表达了出来。一直到开幕表演的前一刻，广场上都随处可见为女儿装扮的家人。有些姑娘走来时只穿了盛装、戴了手上的首饰，到了广场再佩戴头上银角、银凤、银花枝等银饰。一般姑娘们都空着手，而母亲（或祖母或姐姐或嫂子）则挽着竹篮，篮子里盛放的是这些头饰，她们仔细地为女儿装扮，想让女儿以最美的状态参加这个盛大的节日。笔者就看到一个姑娘安安静静地坐在板凳上，身边围满了给她插插戴戴的家人。从姑娘们这些家人的脸上都能看到一种期盼，那就是他们对女孩的爱，希望她美，希望她的美被承认（见图6—30、图6—31）。

图6—30 为女儿整理装扮的母亲（施洞）

图6—31 为女儿整理装扮的母亲（鸭塘）

相关案例6—1：侗族女童服饰

侗族女童的民族传统服饰也分为便装和盛装，一般都是孩子的母亲精心刺绣、缝制而成，尤其是盛装，做工精美、式样繁复。

侗族女童的盛装一般有作为主体服装的圆领上衣、长裤和作为服装服装的胸兜、围腰、假袖、童帽和童鞋几个部分。

圆领上衣长度在膝盖以上，两侧有长约10厘米的侧开衩，在领口、门襟和袖口等处刺绣装饰有花草的图案。和中国的很多少数民族相似，贵州很多地区的女孩在十七八岁才开始穿着传统的百褶裙，在此之前都穿长裤。下面的裤子一般为藏青色或青色，也会在裤脚刺绣装饰有动植物的图案。

胸兜的形制与成年女性相类，刺绣的花样繁多，以鲜明活泼为宜。围腰也以刺绣装饰，其上装饰有彩色的丝线“龙胡须”。一些女童盛装的上衣还有配套的假袖，假袖上刺绣各种花卉，穿着时以别针固定在上衣的袖口处。

童帽的类型很多，为了美观、辟邪以及显示家中的富裕会在其上缝缀银观音、玉观音、银罗汉以及银狮、银虎等装饰物，并挂着缀有小银铃和小银钩的银链子。有一种无顶的童帽，帽的四周以丝线刺绣各种花草图案；还有猫耳帽，底布为藏青色土布，两侧各有一个耸起的铜猫耳，猫耳里缝缀有白色的羊毛，是对毛茸茸的猫耳的拟态，帽子的后脑部分有银铃等装饰。传统的女童鞋也是足尖上翘的龙舟形式，上面绣有色彩鲜艳的花鸟图案。

第二节　对贵州苗族侗族女性传统服饰研究的意义

从某个层面上来讲，苗族的民族传统服饰是其民族历史记忆的载体，因此被称为“穿在身上的史书”。如前文所述，在其上体现了文化表征、族别标志、评判指标、仪式构成、身份识别、审美表达与情感媒介的多种文化意义。随着时代的向前发展，人们的生活节奏、生活方式都发生了很大的变化，并且在民族之间的相互交流逐渐增多、人们的经济观念逐渐改变等诸多因素的影响下，贵州苗族侗族女性传统服饰也随之发生了很大的变化，而从时间的层面即时代变迁对其的影响，空间的横轴即民族间与国际交流对其的影响，以及从对贵州苗族侗族女性传统服饰的研究传承、发展与创新三个层面来讲，对贵州苗族侗族女性传统服饰的研究都有着非常重要的意义。

一　时间的纵轴——时代变迁对于贵州苗族侗族女性传统服饰的影响

贵州因其自然环境、传统文化以及交流等诸多因素，与中国很多其他地区相比，其民族传统服饰及服饰穿着文化保留得更为完好，我们可以从本书第二章、第三章和第四章所述的苗族侗族女性服装、饰品以及服饰技艺中可见一斑。苗族服饰是中国少数民族服饰中最具代表性的服饰之一，其精美程度令人叹为观止。笔者在贵阳、雷山等地的博物馆所见到的半个世纪或是一个世纪以前的苗族传统服装与饰品，其造型、文化属性及艺术气息与今日之服装、饰品已有很大不同，甚至是20世纪八九十年代的服饰品也和今天的服饰品相去甚远。这些都说明了时代的变迁对苗族侗族女性传统服饰产生了决定性的影响。贵州民族民俗博物馆所藏一把20世纪20年代贵州苗族银梳，整体造型为牛角状（见图6—35），将外在形式与内在用途很好地结合在了一起，当是图腾崇拜的产物。在笔者的调查中没有见到这种体积巨大的银梳。

图6—32　民国时期银项圈

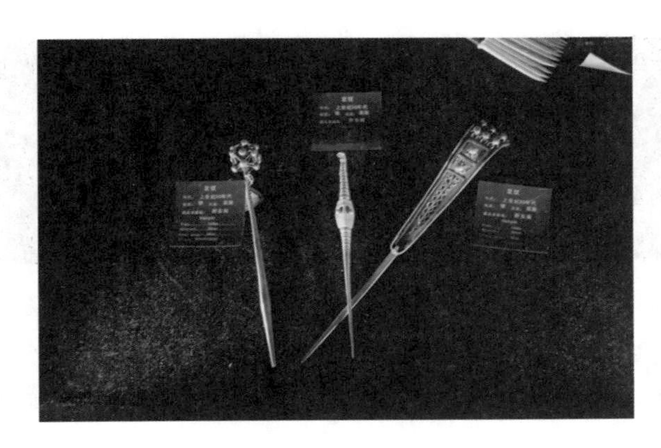

图 6—33　20 世纪 30 年代的三种银发簪

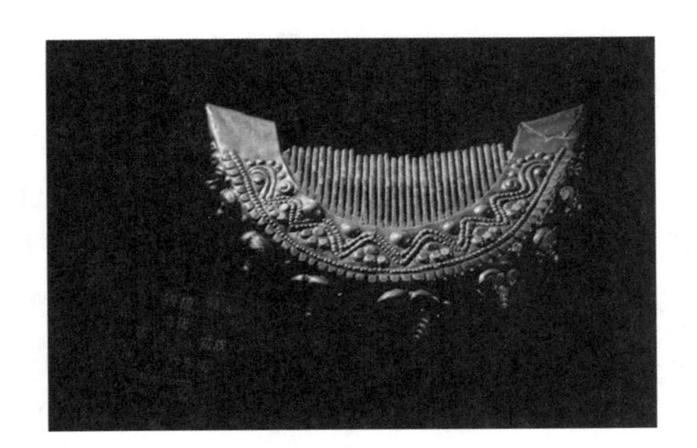

图 6—34　清代的银梳

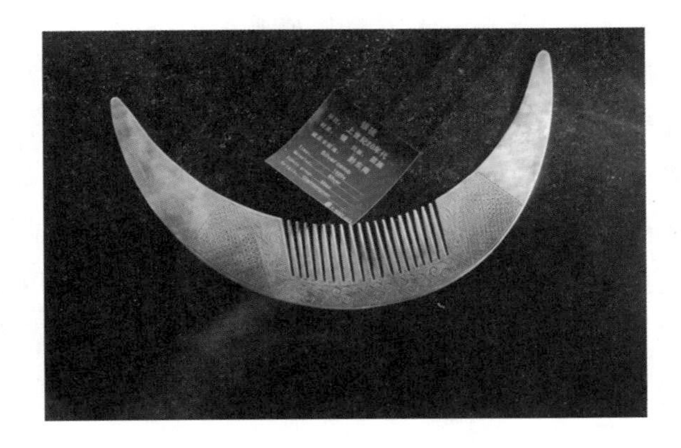

图 6—35　20 世纪 20 年代的银梳

图 6—36　20 世纪 30 年代的三种银手镯

从某种意义上来讲，服饰的变迁最能体现时代的变化，即便是贵州这个经济欠发达的地区亦是如此。对于服装这种人们日常生活中每天都要穿着的必需品，这种变化就尤为明显。有学者对施洞偏寨在 20 世纪 50 年代、70 年代、90 年代的婚礼过程中的礼服进行考察时发现，服饰作为礼品在不同的时代也有着它的变迁，如在 20 世纪 50 年代，在“恋爱”“提亲”“迎亲”“回娘家”“坐家”这几个节点中，只有在“回娘家”时，男方的亲戚需要送女方家约 50 件衣服的布匹，而新娘在回娘家时需要在婆家留一件新衣服，表示已经出嫁，形同“订亲”。20 世纪 70 年代，在“恋爱”“提亲”“迎亲”“回娘家”“坐家”这几个节点中，只在“恋爱”这个环节中女子送男子自己亲手所做的鞋垫，以示爱意。在 20 世纪 90 年代，在“恋爱”“提亲”“迎亲”“回娘家”“坐家”这几个节点中，只在“回娘家”这个环节男方需给女方准备一些银饰、传统服饰、布鞋等服饰品。①

随着岁月的流逝，服装的款式、构成服饰的搭配，穿着的习俗都可能在较短的时间产生变化，而一二十年、三四十年，乃至五六十年，其变化就更为显著。

在研究者于 20 世纪 50 年代末所进行的田野调查中，北部地区侗族男子上衣多为对襟短褂，已与附近汉族男子服装非常相似了。南部地区男子多着无领右衽上衣，包头巾。女子特点显著，且不同地区款式不尽相同，一般可分为裙衣和裤衣两个大类。首先是穿裙的地区，“穿裙的妇女

① 曹端波、傅慧平、马静：《贵州东部高地苗族的婚姻、市场与文化》，知识产权出版社 2013 年版，第 34—35 页。

中，其共同点是衣无领，束腰带，裹腿，穿卷鼻云钩鞋，挽发髻”①。在黎平、从江、三江接壤的地区，“春冬穿右衽衣，夏秋则改穿对襟衣，衬胸襟，挽偏髻，上插银簪”②。榕江县西北一带，“上衣宽袖右衽，衣襟镶宽滚（绲）边，上绣龙凤蝴蝶等花纹，裙长过膝”③。穿长裤的侗族女性中，在锦屏九寨、通道北部和靖县一带，“穿右衽无领衣，有托肩滚（绲）边，并钉银珠大扣；姑娘以红色毛绳与头发辫结，盘在头上，出嫁后挽发髻，包对角头帕，束腰带”④。黎平、锦屏两县毗邻地区，“衣长及膝，包三角头帕，但也有与当地汉族农村妇女装束相似的”。都柳江两岸及黎榕公路沿线一带，“上衣大襟无领，长及膝盖，紧边袖口和裤脚镶有花边或滚（绲）边，发式为挽髻或盘头”⑤。

相关案例6—2：《苗族社会历史调查（一）》相关内容——针对六十年前调查文本的传承研究案例之一

在1957年的调查中，台江女性在盛大节日或其他隆重场合中所佩戴的银饰，其重量达到300两之多。而在其时，男子为了辟邪也会佩戴很少的银饰，如一根银链或者一只手钏，或是像巫脚、交下等地的个别男子也会因为辟邪或祈福等因素而佩戴单只的、以细丝扭成的形如田螺的耳环。⑥ 男子的这种佩戴银饰的习俗，如今已经不再，这也从一个侧面说明了服饰的流变。此时期台江地区的苗族女性均留长发，为了使头发显得浓密，还会在真发中夹杂几束假发，假发是由自己梳洗头发时脱落的头发制成。而60年后的今天，据笔者的田野考察来看，假发一般都不是由真发制成，而是以买来的市售假发为多。发髻的位置是在头部的中央，是以四周的头发梳拢至头顶而得到，与现在并无不同，也是在发髻之后插戴木梳或是银梳，以便随时将碎发或蓬松的头发梳紧。在发髻之外，

① 中国科学院民族研究所、贵州少数民族社会历史调查组：《侗族简史简志合编（内部资料）》，1963年，第58页。

② 同上。

③ 同上。

④ 同上书，第57—58页。

⑤ 同上书，第58页。

⑥ 贵州编写组：《苗族社会历史调查（一）》，贵州民族出版社1986年版，第271页。

也会围头帕，头帕多为长方形的土布，也有像革一地区是用3米长的窄布条围裹头部数周。

20世纪50年代，台江地区苗族女性在衣服款式上与今天大体相同：多穿大领右衽或左衽上衣，下着百褶裙，根据不同的地域，裙子有长裙、中裙与短裙之分；外围围裙。区别在于一些细节和服装的用料上。在足服上，以前的台江女性较少穿布鞋，一般只在重大的集会或是赶场时穿着，布鞋有绣花的也有纯素面的，内穿自制的布袜，在袜子的跟部绣有花朵。这种布袜现在已经退出历史的舞台。在平时，妇女们一般穿着草鞋，草鞋的款式很特别，是在鞋头部位拉一根草绳夹在大拇指与二脚趾之间，在草绳的末端拉两根人字形的长绳，这两根长绳的末端分别伸向脚的内外两侧，与鞋两侧各一个绳圈处固定，脚后跟处不用绳子捆绑。其款式与今天流行的“人字拖”并无差别。[①] 除了草鞋外，此时的台江女性还常常打赤脚；在今天，赤脚的情况已经比较少见。

相关案例6—3：《苗族社会历史调查（二）》相关内容——针对六十年前调查文本的传承研究案例之二

20世纪50年代对雷山县掌披地区的调查中，提到这个地区的女性服饰款式变化极少，如果有一些微小变化，也会持续若干代的人。[②] 据《苗族社会历史调查（二）》的调查，当地苗族女性上身所着之大襟衣和下身所着之百褶裙应有三四十年的历史了，即此种改变应发生在20世纪10年代前后。在这种上衣和下裳的搭配中，百褶裙是原有的款式，而大襟衣可能是受汉族服饰影响而来。这种大襟衣的款式又保留了它初出现时的样式，从中可以看出这个地区对服饰样式的固守。在《苗族社会历史调查（二）》中有对雷山县掌披地区苗族女性服饰能够较好保留传统这一现象的分析，主要总结了两方面原因：一是因其与外界接触不多，因此受到外来文化及外来服饰文化的影响较少；二是从经济的因素来考量。在20世纪50年代，这个地区无论男装女装的制作，都要从种棉、纺纱开

---

① 贵州省编写组：《苗族社会历史调查》（二），贵州民族出版社1987年版，第272页。

② 同上书，第225页。

始，其步骤繁多、手工繁复，因而制作周期较长，尤其女装更是如此。如果频频对服装款式进行改变，则一些还在制作中的服饰就要被舍弃，按照新样式制作，无论从时间上还是从人力与物力上，都会有很大的损耗，而保持其款式的稳定性、因因相袭才是一个更为简单的方式。

再来看近十几年服饰的变迁。

笔者于2009年曾到从江岜沙苗寨进行了实地的调研。这里的女性所着的传统服饰都是如下款式：内穿胸兜，外着直领对襟窄袖上衣，下着及膝百褶裙，腿上绑缚裹腿。因上衣为直领，胸兜为上平下尖的五角形，如果直接穿会露出锁骨以下的部分肌肤，在当时适值盛夏，寨中女性无论老幼都在胸兜里再穿一件紧身长袖薄内衣，材质为有弹力的针织面料，因此锁骨下的肌肤就没有裸露出来。但笔者查阅岜沙1996年的图像资料时发现，其时这里的女性无论老幼在胸兜之内皆不着长袖薄内衣。这可能是随着岜沙旅游观光的发展而对服装的穿着产生的影响。

雷山县西江地区传统的西江飘带裙每一条飘带由三段组成，面料中有丝绸。飘带裙的具体样式如下：由9—11条绣花带组成，每根花带分为3节，每节之间以蝴蝶形绣片连缀，节与节之间再以彩色珠花和流苏为装饰。裙子的面料大多为丝绸，以彩线用平绣的手法刺绣花草、鸟蝶纹样，带尾镶嵌如意云纹。① 一直到20世纪90年代初亦如此，但笔者在2009—2013年四次进入西江考察时，其飘带裙的每一条飘带都无一例外是五段的组成，且面料是棉布和丝绒组成。而此地区所传世的清末的条裙，腰头以下是三段的组成，且只有下面两段有刺绣的纹样（见图6—37、图6—38）。

在《侗族服饰的文化变迁——以九龙寨侗族服饰为例》一文中提到了侗族一些村寨的饰品在造型与材质上的变化。如在20世纪90年代以前，九龙寨的女性簪花使用绸缎或红色的布缝成花朵的样子，插上白色的鸡毛，做成一种叫做“化棉”的头花。女性会在节日戴四支这样的头花。但在90年代以后，女性们头上的这种头花逐渐被从商店里买来的绸

① 江碧贞、方绍能：《苗族服饰图志——黔东南》，（台北）辅仁大学织品服装研究所2000年版，第25页。

子花以及塑料花代替了。①

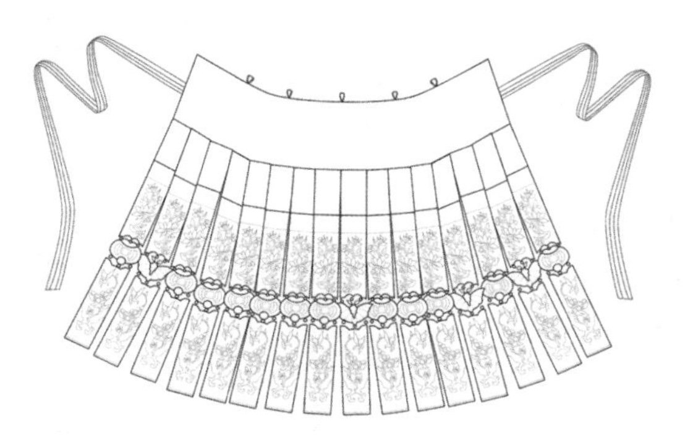

图 6—37　20 世纪 90 年代以前的飘带裙款式图

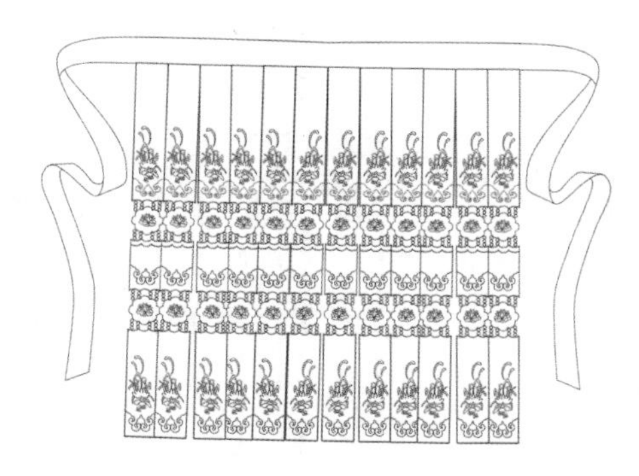

图 6—38　20 世纪 90 年代以后的飘带裙款式图

在一些地区，服饰造型的佩饰也会发生改变，如久仰乡在 1993 年的传统盛装是膨大的造型，袖口有装饰的花纹；饰品也有项圈和链条，头上的飘头排还有缀饰（见图 6—39）。但现今其服饰造型更为贴体，饰品没有项圈和链条，头上的飘头排也已经没有了缀饰。

辅助服装款式的变化是一个重要的方面，笔者在参加姊妹节活动时见到多个支系的苗族盛装，但与盛装上、下裙及繁复的饰品相配的已经没有传统的刺绣花鞋，基本上全是偏带的市售布鞋。这种搭配方式在一

① 贵州世居民族研究中心：《贵州世居民族研究》，贵州民族出版社 2004 年版，第 359 页。

定程度上破坏了传统服饰的整体性。

图 6—39　1993 年久仰乡苗族女性服装款式

贵州苗族侗族女性传统服饰所用面料的变化也体现了时代变迁对传统服饰的影响。

相关案例 6—4：贵州省黎平县三龙乡九龙寨侗装面料调查①

一些学者对贵州省黎平县三龙乡九龙寨进行调查时，发现这里侗族服装，其便装基本与汉族服饰相类，所用面料有棉、麻、丝绸、的确良、尼龙等材质；盛装也一改过去完全用自织自染土布的状况，加入一些市售的面料。

九龙寨侗布分为三种：第一种为软侗布（侗语为 miincmas），第二种为硬侗布（侗语为 miincngebl），第三种为亮布（侗语为 miinckuadt）。软侗布和硬侗布用来做单衣、夹衣、裤子和棉衣，主要是便装为主；亮布

---

① 本案例根据张全辉《侗族服饰的文化变迁——以九龙寨侗族服饰为例》（贵州世居民族研究中心，贵州民族出版社 2004 年版）以及其他相关资料编写而成。

主要做盛装服饰。

因侗布在制作过程中工序繁复、耗时耗工，与当今快节奏的时代特色不符；且手织的侗布一般较厚，染色也是人工的植物染色，夏天穿着侗族制作的服饰既不透气，衣服还容易因出汗掉色，因此有渐渐式微的趋势，当地一般服饰基本全用市售布制作，而侗族民族服饰则采用侗布和市售的成品布相结合的用料方式。例如单衣常用白色或蓝色的的确凉来代替侗布，春秋所着之夹层的服饰则里布用侗布材质。衣服的领、袖、前襟等处的绲边用市售的成品布裁制；花边或者用市售的丝线编织而成，或者直接买成品的花边。

二　空间的横轴——民族间与国际交流对贵州苗族侗族女性传统服饰的影响

（一）民族间交流对贵州苗族侗族女性传统服饰的影响

李当岐先生在《服装学概论》中提出："当一个国家、一个民族、一个地域本来的服饰生活中移入了外来的服饰时，这两者相互作用，或者融合，或者混合，或者并存，这是世界各地普遍可见的现象。"[①] 民族间交流对贵州苗族侗族女性传统服饰的影响主要由以下两个层面构成：一是苗族与侗族两个民族之间的女性传统服饰的相互影响与交流。笔者曾在《黔东南苗族侗族女性服饰文化比较研究》中对贵州苗族侗族女性服装相似性的成因进行了分析，总结出地域因素的影响、相近的经济文化类型、文化交流的影响、审美趋同的影响是使得两者相似的四个重要因素。[②] 二是苗族侗族女性服饰的汉化以及苗族侗族女性服饰受其他民族服饰的影响。

民族间服饰的相互影响有自发的也有自觉（甚至可以说是强迫）的。后者如清王朝对苗族改服饰与发型的禁令，并且针对当时苗族不分男女的穿着方式作出着修改的命令："服饰宜分男女"。民国初年，一些地区行政当局也强制苗族穿汉族的服饰，笔者在贵州从江见到一些村寨的老

① 李当岐：《服装学概论》，高等教育出版社 1998 年版，第 204 页。

② 周梦：《黔东南苗族侗族女性服饰文化比较研究》，中国社会科学出版社 2011 年版，第 243—247 页。

年男性所穿之盛装为长袍的形制。

自发的改变则是由于此方觉得彼方的服饰更为美丽而作出的发自内心的、自然而然的改变。台湾学者江碧贞、方绍能20世纪90年代在贵州进行田野考察时就发现了苗族侗族女性之间在服饰与装扮上的相互影响："据我们在1991年度的考察，发现当地的男子服饰均已现代化。女子发型则出现苗侗两式的混用现象，有的遵循传统将头发挽成云髻，有的则学习侗族姑娘盘发于顶……服饰方面亦是如此，年轻一代的穿着打扮甚至与尚重侗族相同，有一种'唯侗族马首是瞻'的心态。"[①] 再如："1997年，我们再次考察荣嘴和蜡亮时发现，鼓社祭上，已有愈来愈多的苗族姑娘穿着侗族盛装出现在会场，彼此互相评比，引以为美，服装侗化的现象似乎与日俱增。"[②]

黎平大稼乡荣嘴村年轻女性的盛装非常漂亮，有两种款式。一是和称为"欧堆"的苗族古花衣一脉相承的盛装，二是受侗族盛装影响的侗式盛装。第一种盛装款式独特，肩部两端有两个缝缀上的起翘，围裙的纹样细致绵密，具有一种古意（见图6—40）。另一种明显与侗族盛装相似，从门襟的系结、围裙的结构到饰品的搭配都与尚重地区很相似（见图6—41）。

本民族各个支系之间的相互影响也打破了服饰之间的支系的原生性，如"据当地老人说，早期他们（方召）不谙织绣，多向台拱型苗族购买围腰，为了方便区别，特别在下摆两侧挑绣一排人形以为记号。经济富裕后，他们也向周边苗族学习佩戴银饰，造型融合了台拱型、西江型、久仰型和南哨型苗族的银饰特征"[③]。这些变化弱化了苗族传统服饰最为精彩的支系服饰的多彩性。

在过去，因为贵州苗族女性传统服饰上的银饰有着较强的地域差异，所以一些银饰打造者就需要会打不同地方的银饰，比如革东一个银饰店，其老板原为西江人，但因为西江做银饰的太多了，只能到革东"碰碰运

---

① 江碧贞、方绍能：《苗族服饰图志——黔东南》，（台北）辅仁大学织品服装研究所2000年版，第173页。

② 同上。

③ 同上书，第93页。

图 6—40 苗族古花衣款式图（正面、背面）

图 6—41 类似侗族服饰的盛装款式图

气”，银饰店的老板娘（苗族，35 岁）告诉采访者：“到这边我们很少打西江的银饰样式了。因为这边的人不喜欢。她们喜欢本地的样式。”[①] 他们为了在革东立足，只有入乡随俗，把这边的银饰打得好看才有市场。近年，随着贵州苗族侗族地区交通的逐渐便捷，不同民族之间的交流日益方便，银匠们在各村寨之间为苗族侗族女性打造银饰，姑娘们会挑选自己喜欢的花样，这也使得不同民族之间的银饰样式相互影响。“我们在九龙调查期间，看到了侗族妇女戴着繁复的银饰迎接贵宾，仔细调查后得知这是最近才兴起的现象。”[②] 这是因为当地妇女参加侗歌比赛时，县相关单位觉得其服饰不够华美，于是从苗族地区“引进了苗族银饰给她们佩戴，她们自己也感觉不错，于是在侗族地区的妇女普遍接受了苗族银饰”[③]。

“九龙寨人们所戴的一种铜手镯上面刻有‘长命百岁’‘健康最好’‘四季发财’‘雨水之情’等祝福的汉字。铜镯价格不高，几元到几十元不等，且人们相信佩戴铜镯能够辟邪、保平安……”[④] 由此我们还可以看出汉族文化对侗族服饰的影响。

（二）国际交流对贵州苗族侗族女性传统服饰的影响

国际交流对贵州苗族侗族女性传统服饰的影响主要表现在两个方面，一是海外的某些服装款式和着装风格对其影响，二是海外一些学术与研究机构和个人对贵州苗族侗族女性传统服饰的摄取。自 20 世纪 80 年代以来，国外一些研究机构和个人在中国收购了大量苗族传统服饰，一些外国的学者甚至说中国学者几十年后要想研究苗族服饰只能去国外的博物馆研究。“法国巴黎一家私立民俗博物馆已收藏了 180 多套苗族服饰，其中黔东南的有 108 套，极具文物价值的月亮山地区祭祀服‘百鸟衣’上个世纪 80 年代就陆续有外国人到县城收购苗族服装 15 套，超过了贵州省

---

① 曹端波、傅慧平、马静：《贵州东部高地苗族的婚姻、市场与文化》，知识产权出版社 2013 年版，第 43—44 页。

② 贵州世居民族研究中心：《贵州世居民族研究》，贵州民族出版社 2004 年版，第 363 页。

③ 同上。

④ 刘锋：《侗族：贵州黎平县九龙村调查》，云南大学出版社 2004 年版，第 340 页。

的收藏。”[①] 也许这有夸大其词之处，但也应该引起足够重视。

从20世纪80年代初开始，陆续有外国人到台江县城收购苗族服装，自小女红出众的排羊乡九摆寨的苗族老人王安丽得知这个消息后，也在县城盘了个小铺子，一面做些小买卖，一面制做传统服饰和刺绣绣片卖给外国人，乡亲们知道后也把家里的刺绣服饰送到她的铺子里寄卖。渐渐的她所卖的服饰品有了名气，常有外国人专程来购买。后来好的刺绣的传统服饰越来越少，连王安丽老人已过世的母亲的旧衣也卖掉了，卖出去的衣服已经记不清有多少了。

这种卖出去的传统服饰不是一个个例，而是普遍存在的问题，而有些女性已不满足于坐等旅客来买了，而是自己“走出去”，“部分能干的当地妇女将自己收购到的或自绣的绣品带到凯里市营盘坡、上海城煌庙、北京民族商品市场等地去销售，可以卖个好价钱”[②]。

从空间这个层面看，民族间与国际交流都对贵州苗族侗族女性传统服饰产生了深远的影响。

三　传承、发展与创新的需求

“流行的变迁既非纯粹自行生成，也不是单纯的受到外力的驱使。基本上，它将两种各自独立的情况，混合成一个尚未理清的形态。我们认为主导流行变迁的规则，一部分在于遵循某种用来发展风格的内在逻辑，这种内在逻辑的基础必须奠定在各种心理社会的基础上。”[③] 这种流行的变迁决定了它在新的时代背景下将会以新的面貌出现。贵州苗族侗族女性传统服饰的传承很大程度上得益于它的穿着需要，即因为要穿，才会传承。但今时今日，这种情况有了很大的改变：因为种种因素综合作用的影响，除了岁时年节之外，贵州很多地区的苗族侗族女性在日常生活中不太穿着传统的民族服饰，这就使得它的传承必然受到影响，也使得

---

① 陈雪英：《贵州雷山西江苗族服饰文化传承与教育功能》，《民族教育研究》2009年第1期。

② 刘孝蓉：《贵州民族工艺品传承与旅游商品开发探讨——以台江县施洞镇银饰、刺绣为例》，《贵州师范大学学报》（自然科学版）2008年增刊。

③ Lowe, E. D., and Lowe, J. W. G. 1985. Qunantitative analysis of women's dress. InM. R. Solomon, ed. *The psychology of fashion*, , p202 - 205. Lexington, MA: Lexington Books.

我们对其的保护迫在眉睫。这些都只说明一个问题：对贵州苗族侗族女性传统服饰的传承刻不容缓。

相关案例 6—5：黎平大稼乡荣嘴村的古花衣“欧堆”

黎平大稼乡荣嘴村的苗族青年女性有一种古花衣，苗族叫“欧堆”，翻译成汉语叫“翅膀衣”，有学者在 20 世纪 90 年代初到当地进行田野调查，看到了一套清末的“欧堆”（见图 6—42）。这种古花衣由“披肩和衣袖组成，披肩为一块方巾，下端垂有九条白棉地细带，带尾缀以三角形贴饰。衣袖绣花以浅蓝、白色为主，杂以黑、砖红色线条，配色构图十分匀称、雅致”①。笔者看来，这件古花衣从服装款式到色彩都非常与众不同，披肩的造型以及垂饰和垂饰上所缀之羽毛都与苗族图腾崇拜密切相关，且披肩和袖子上的花纹用色素雅，极具艺术气息，是不可多得的贵州苗族服饰精品。这种古花衣的制作工艺目前已失传。

图 6—42　荣嘴村苗族古花衣款式图（正面、背面）

① 江碧贞、方绍能：《苗族服饰图志——黔东南》，（台北）辅仁大学织品服装研究所 2000 年版，第 173 页。

在《苗族服饰图志——黔东南》中展示了三件西江服饰，每件都与笔者四次去西江调研时所见的服装差异很大。“黑缎地暗花直领对襟盘龙飞鸟纹上衣”配色淡雅、意境古拙，其盘龙纹样与现今西江流行的差别很大：首先是纹样的大小，此书中图片所示的这件上衣每片衣袖花大概有六个盘龙纹样①，中间是蝴蝶纹样；而笔者所见的类似款式的衣袖花都是只有一个盘龙图案，占据整个衣袖花绝大部分面积。其次是用色的不同，此上衣所有镶拼的绣片皆以浅浅的桔红、黄、绿等色调为主，盘龙图案以浅粉、白、浅蓝为主色调，每条盘龙的分割的刺绣部分是橘红色、间杂黄线，用色协调；而笔者所见的盘龙图案，无不是墨绿与艳红或艳粉的组合，在色彩的搭配上稍逊一筹。“直领对襟钩绣上衣”的两个衣袖花居然是以繁体的汉字作为刺绣纹样，色彩为桔红、淡草绿、深草绿、玫瑰紫、本白、浅粉、浅黄，用色大胆而和谐。该书中图150“红缎地百花如意条裙”与平时所见的飘带裙不同：首先，其底布为缎面而非绒面；其次，每根飘带由三段组成，且第一段是和腰头类似的朴素的青蓝色，无任何纹饰；再次，其花草的造型更为秀丽纤柔，更为素雅。

相关案例6—6：对1990年11月与2012年7月的西江苗族女装对比

台湾学者江碧贞、方绍能在1990年11月对雷山县西江苗寨进行了田野调查，以下是他们对当时这个村子女性服饰的描述：

已婚妇女以符绣花较为朴素，且只佩戴少许银饰。适婚姑娘则穿着华丽的银装，发髻上高插一支形似水牯牛犄角的大银角、花鸟银簪和银梳；颈、胸部戴有半月形压领、麻花形项圈等银饰。银装的内容有银衣、褶裙和条裙，用来作为银衣的花衣……领襟、衣袖和下摆均有华丽繁复的绣花，两袖的刺绣更是精华所在，纹饰构图工整、设计讲究对称，以龙和蝴蝶为主题，配合人物、庙宇、花草等图纹，色彩缤纷，造型多变。另外，袖花也出现有趣的汉字纹样……②

笔者2012年7月在西江进行田野调查时，看到的盛装与图6—43中

---

① 因该书中图片所展示为背面（单面），只能以一面的纹样推测另一面的数量。

② 江碧贞、方绍能：《苗族服饰图志——黔东南》，（台北）辅仁大学织品服装研究所2000年版，第301页。

的大致相同。这个大致相同包括的是上衣和飘带裙的用色、银饰的种类、银饰的装饰部位、衣袖花和飘带裙的纹样与用色、胸部银饰的类型等。但即便如此相似，但还是存在以下不同。

第一，银角的造型与纹样变化。该书中图143中的整个银角更宽，且U字形的两个尖角向中间的方向弯曲，银角的整个曲线也更加饱满；笔者所见的整个银角更长，两个尖角直直向上。其中双龙抢宝的两条龙纹样更抽象而古朴，双龙之间是一个八瓣的花卉，笔者所见为汉字“福”。

第二，头部银饰的搭配变化。该书中所见两幅图片女性盛装的头部搭配皆由以下部分构成：银角、缀银饰红头帕①、银插花，因此可能是那个时期盛装较为固定的搭配。但笔者几次到西江当地考察时，其女性着盛装时无不是以银角和银帽搭配，再辅以银插花；从未见缀银饰红头帕和银角的组合，一般都是单独佩戴，或作为主体的头饰再辅以银插花佩戴。

第三，飘带裙的变化。如果只从颜色和用料来看，1990年的飘带裙与笔者2012年所见相差不多，但区别在于1990年的飘带裙是三段的，而2012年为五段。

图6—43　1990年西江苗族女装款式图

图6—44　2012年西江苗族女装款式图

① 缀有蝴蝶型银饰的横条状大红色围帕，是将两排用银丝盘绕而成的螺纹圆形银片缝缀在一块红的头帕上，银片直径3厘米左右。

以上是随着时间的推移，服饰的大体形态不变，只在一些细节上有一些变化的案例。下面这个案例则是从款式、搭配到佩饰皆不相同。

相关案例 6—7：对 1996 年 10 月与 2009 年 7 月的从江县高文苗族女装对比

笔者于 2009 年到榕江县料理乡高文村进行服饰调研时，见到这里的女性盛装为右衽大襟宽袖上衣，下配百褶裙，外围围裙，下着裹腿，头上戴银花冠，胸前戴有花银压领（见图 6—45）。在 13 年前，台湾学者江碧贞、方绍能对从江县料理镇高文村进行了田野调查，其女性盛装如下：内着长袖衣，外着半袖对襟外衣，下着百褶裙和缀繁复飘带的围裙，系绑腿，头上戴一个样式独特的银冠，胸前戴扭转银项圈（见图 6—46）。

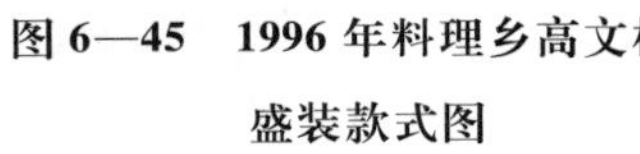

图 6—45　1996 年料理乡高文村女盛装款式图

图 6—46　2009 年料理乡高文村女盛装款式图

以下是他们对当时这个村子女性服饰的描述：

女子传统常服式样简单，多为盛装汰旧的衣物，其形制与材质均离不开盛装的范畴。年轻妇女的盛装上衣为对襟款式，襟沿以鲜艳的色布和织花镶绲，衣袖中间有织花，纹饰最为丰富的在于袖后及衣背下摆，内容主要为花鸟蔓草和几何纹。衣内的菱形胸兜，靠颈处有些许织花，下缘以花布缀接。黑色七分裤外再穿一件褶裙，裙长及膝，侧旁以织花缘饰。围腰以印花或绸缎为材质，配色鲜艳强烈，令人感到缤纷、热闹的气息。盛装打扮时年轻姑娘会在裙外系上织花飘带，再以银花、银簪和项圈为饰物。[①]

只过了 13 年，服饰从款式到搭配再到佩饰就都产生了很大的变化，传承的紧迫性由此可见一斑。

当然也有一些地区的服饰变化不是很大，如笔者在 2009 年采访的马鞍村，其女性内穿裹胸，外穿直领对襟长袖衣，下着及膝百褶裙，系腿套。研究者在 1997 年在马鞍进行田野调查时[②]，其服饰亦基本如此。

① 江碧贞、方绍能：《苗族服饰图志——黔东南》，（台北）辅仁大学织品服装研究所 2000 年版，第 249 页。

② 同上书，第 218—219 页。

第七章　贵州苗族侗族女性传统服饰之留存现状与影响因素

第一节　贵州苗族侗族女性传统服饰的留存现状

20 世纪 80 年代以来，中国逐渐掀起对民族服饰研究的热潮，而贵州由于多种因素的影响，其苗族侗族女性服饰留存状况较其他地区为好。但少数民族传统服饰是社会历史发展的产物，随着时代向前发展，贵州生产生活方式发生改变，苗族侗族与其他民族之间的交流逐渐增多，而服装的制作者——贵州苗族侗族女性心理和精神面貌也发生了巨大的变化，再加上经济因素的影响，因此其传统服饰在款式、用色、工艺、搭配等诸多方面都发生了很大变化。本民族的服饰虽然在传统的婚嫁、节庆等特殊场合依然是主角，但随着经济的发展、交流的增多以及生活方式的变化，这些美丽的民族服饰正在悄悄地退出历史的舞台。如钟涛所著《中国侗族》中介绍了贵州省黎平县银朝侗寨，这是个很偏僻的寨子，属于“九洞”地区，还保存着 200 年前清代的盛装，在钟涛先生 20 世纪 80 年代去考察时仅存几套，而这样的情况已是不多见。2012 年，笔者在雷山县一个苗寨进行调研时，当地村民告诉笔者，从 20 世纪 90 年代初开始，本地具有百年以上或者 50 年以上的民族传统服饰就都被人以比较便宜的价格买走了，等村民们意识到这些服装的价值时，留下的都是比较新的衣裳了。随着人们观念意识与生活方式的改变，在贵州的很多地区，苗族侗族传统服饰甚至成为当地民族群众过节留影的道具，渐渐淡出人们日常的生活。笔者在台江县县城进行调研时，看到县城的公园边有很多租赁民族服饰的摊位（见图7—1），衣杆上挂满了琳琅满目的民族服饰，以机绣的简化款式为多，每个摊位都有样片以招揽顾客，旁边还放着穿衣镜。不时有苗族妇女租好衣服后照相留影，这也说明了很多苗族女性家中已经没有或者很少再留存本民族的服饰了。

图7—1　台江县城民族服饰租赁摊位

有学者提出自20世纪80年代以来，苗族传统服饰的变迁速度加快并呈现出三个方面的变迁趋势：一是传统生活装的礼服化，即人们在日常生活中少穿或不穿过去引以为荣的作为民族标志的民族服饰，取而代之以市售的成衣，而传统服饰仅是人们在节庆、婚丧及宗教活动时作为礼服穿着；二是服饰材料的非本土化，即绣线、染料等不再自给自足而是取自市售的外来品，市售的布匹取代自织自染的土布，本地的原材料使用率大大降低甚至逐渐消失；三是传统工艺技术的衰落，传统的棉花种植、采摘、纺纱，种桑养蚕，染料的种植与制剂，染布做亮以及织、绣等工艺逐渐衰微，甚至在部分地区已经全部消亡，掌握精湛技艺的老一代人渐渐老去乃至离开人世，而新一代人对工艺完全陌生以致后继无人。[1] 除了刺绣、蜡染等工艺外，传统服装的结构也在发生变化。在孙玲《黔中南苗族服饰多样化成因探微》一文中对贵州省安顺市南部和黔南布依族苗族自治州苗族服饰样本的研究中[2]，有12件属于苗族成年女性服装，在这12件样本中，孙玲将其分为两个大类："缝合型"与"裁剪型"。前者是将长方形的面料直接拼合缝纫而得到；后者是加入了一些现代裁剪理念，有了如领窝、腋窝等有弧度转折的裁片的服装。除此之外，作者还根据经线方向与服装纵向的关系将"缝合型"分为了"直拼式"（面料经线与服装纵向平行）和"横拼式"（面料经线与服装纵向垂直）这两种类型。与"横拼式"相比，"直拼式"用料更为简单，缝合更为容易。因此按照裁剪与缝制的难易程度可以做如下排列：直拼式缝合型、横拼式缝合型、裁剪型。[3] 通过对文本的解读我们可以知道，"直拼式缝合型"属于生产力水平较低情况下的产物，"横拼式缝合型"则是生产力进一步发展后的产物，而更为紧身合体的"裁剪型"则是跟现代裁剪技术相融合的产物。在这些服装样本中，也有一些是将"直拼式缝合型"与"横拼式缝合型"相结合的服装。在布片的组成上、在裁剪上、在不同款式所采用的自织布匹的纱支上，三种类型的服装存在较大的差异，这也使得服装的款式有了一定的差别。这就产生了一个问题：日益先进的裁剪技术改变了民族传统服饰的外观，改变了贵州很多地区苗族侗族那种较为宽博的服饰外观，逐渐减低了这些服装的民族特性，同时，也会使得很多苗族侗族女性服装特有的平面裁剪方式逐渐退出历史舞台——时代在向前发展，随着交通条件的改善和民族之间相互影响等因素，外来的服装款式和裁剪方式对贵州苗族侗族女性传统服饰的影响无可避免，这是一个传承与发展之间的矛盾，需要学者们提出更好的解决方案。

综上所述，一个严峻的趋势摆在我们面前，那就是繁多的少数

---

① 张永发：《中国苗族服饰研究》，民族出版社2004年版，第6—7页。

② 贵州世居民族研究中心：《贵州世居民族研究》，贵州民族出版社2004年版，第320—333页。

③ 同上。

民族传统服饰正逐渐消失，精湛的民族服饰技艺正逐渐走向湮灭，这其中涉及实物与技艺两个层面。对于贵州苗族侗族女性传统服饰的留存现状进行分析，主要可以从服饰实物与服饰技艺两个层面入手。

服饰实物指的是苗族侗族女性运用传统服饰技艺所制作的实物的衣服。这些衣服从造型、款式、用色、系结方式、装饰细节等诸多方面都与今天占主体的汉族服饰区别很大，具有一目了然的民族识别性，是民族文化、历史、习俗的集中反映。[①]

服饰技艺指的是在贵州苗族侗族女性传统服饰的制作中所运用到的技艺。如果严格按照传统的模式，那么从前期准备工作的纺纱、织布到染色、捶亮以至后期的裁剪、缝制，以及最为繁复的各种刺绣等装饰工艺都应该包含在服饰技艺的范畴中。[②]

一　服饰实物的留存

贵州苗族侗族女性传统服饰实物的留存基本可以分为两大类，一是作为当地群众生活中重要组成部分而留存的服饰，二是作为商品买卖流失的服饰。下文就按照这两种类型分别结合案例进行分析。

（一）作为贵州当地群众生活中重要组成部分的服饰

1. 概述

作为贵州当地群众生活中主要组成部分的女性传统服饰主要可以划分为节日、婚嫁场合所穿的盛装以及日常所穿的便装（见表7—1）。今时今日，贵州苗族侗族女性的服装（盛装与便装）以多种方式存在，基本可以分为以下几种形式：一作为日常穿着的便装；二是作为婚嫁、祭祀、节庆等重要场合的礼服的盛装；三是作为母女间传承的盛装；四是作为装殓用的“老衣服”的盛装；五是作为表演服饰的盛装与便装；六是作为租赁商品的盛装与便装；七是作为旅游业中接待人员的盛装与便装；八是作为馈赠礼品的服饰。

---

① 具体内容见本书第一章相关内容。

② 具体内容见本书第三章相关内容。

表7—1　　贵州苗族侗族女性传统服饰的存在方式

编号	服装种类（盛装/便装）	穿着场合	穿着者或持有者	服饰性质	备注
1	便装	用于日常穿着的服饰	苗族侗族女性	日常穿着服饰	变化性相对较快，受到流行的一定影响
2	盛装	用于婚嫁、祭祀、节庆的服饰	苗族侗族女性	礼服	相对稳定，是保有本民族最典型、最传统元素的服饰
3	盛装及服饰品	用于母女间传承服饰	苗族侗族女性	穿戴/纪念之物	母亲亲手所做的女儿的盛装或给外孙（女）所做的背儿带
4	盛装	用于装殓的“老衣服”	苗族侗族女性	装殓服饰	此种服饰存在于穿着者在世时，随着穿着者死亡而消亡
5	盛装与便装	用于表演的服饰	苗族侗族女性	演出服饰	已不是传统意义上的民族服饰，有改良，且对盛装与便装有区分
6	盛装与便装	用于拍照的服饰	游客	租赁商品	此种服饰的穿着者并非当地的苗族侗族女性，而多为外来游客，但这毕竟是民族服饰留存的一种形式，因此也被纳入其中
7	盛装与便装	用于旅游业中接待人员的服饰	苗族侗族女性	工作服	已不是传统意义上的民族服饰，有改良，但对盛装与便装区分模糊
8	盛装、便装、部分辅助服装	用于本民族之间礼品的赠与或交换，如聘礼、恋人间的定情信物、隔代间服饰品的赠与等	苗族侗族男性女性之间	礼品	服饰品，具有礼品的性质

2. 具体案例研究：西江日常生活中传统服饰的八种存在方式

上文所述的这八种存在方式与生活方式、经济需求和民族文化密切相关，下面就以一个具体的苗族村寨——西江苗寨为例分而述之。

作为日常穿着的服饰。此种情况主要指的是便装而言（见图7—2、图7—3）。在西江，日常穿着传统便装的多半是中老年女性（约30岁以上），而年轻的女性在日常中多穿汉族的便装。这种便装应是与汉族服装相融合的产物，衣服的质料和图案近些年变化很大。在过去，西江女性的服装都为裙，没有内裤也没有长裤，大概在1919年前后，西江梁聚五和侯教之因感西江妇女及地长裙不利于劳作，于是设计了一种上衣下裤的便装，即上衣为右衽大襟，在肩部装饰花卉，下着长裤，外束与上衣长度相当的绣花围裙。[1] 一般来讲，老年女子所穿便装为青黑色自染土布或市售的浅蓝色的确良布，没有什么花纹和图案，非常素雅；头上盘髻，插木梳、银梳为多。中年女子所穿便装多为丝绒等市售的面料，颜色多为紫红色、黑色、蓝色等；头上盘髻，插银梳，佩戴红色、粉红色假花。

图7—2　穿手作便装的西江女性（前排左一、二）

---

① 韦荣慧：《西江千户苗寨历史与文化》，中央民族大学出版社2006年版，第57页。

图 7—3　成件买卖的便装上衣

作为婚嫁、祭祀、节庆等场合礼服的服饰。在婚嫁、祭祀、节庆等重要场合要穿着盛装。《苗族古歌》的创世纪说生命是从枫树中来的，蝴蝶妈妈“妹榜妹留”是从枫树的树心中孕育出来，后与“水泡”游方生下了 12 个蛋，鹡宇鸟帮助孵出了姜央、雷、龙、虎、水牛、蛇、蜈蚣等各种生命，而姜央就是人类的祖先。因此枫树在苗族文化中具有崇高的地位，以枫木制成的木鼓被认为是祖先的归宿之所，而敲击木鼓能够唤起祖宗的灵魂，因此就有了祭鼓的仪式。“牯藏节”是苗族最隆重的祭祖仪式，也称“吃牯藏”“吃牯脏”“刺牛”。“牯藏节”的仪式需要宰杀祭牛以祭祀祖先①，这是一个庄严而神圣的日子。西江的“牯藏节”十三年一次，在这个重大的节日里西江的男女老幼都会穿上传统的盛装。2010 年适逢西江 13 年一次的“牯藏节”，11 月 9 日举办了盛大的开幕仪式，妇女们美丽的盛装将节日装点得更为隆重。在这些特殊的日子里，人们会拿出自己最美的盛装来穿戴。

西江女子盛装可以说是在中国各支系的苗族服饰中认知度较高的

① “牯藏节”是苗族的大型祭祀活动。一般 7 年一小祭，13 年一大祭，非常隆重。于农历十月至十一月的乙亥日进行，不同的苗族地区、不同的村寨过牯藏节的时间都不尽相同。届时要杀一头牯子牛，人们穿上盛装跳芦笙舞，祭祀先人。

一种，是由雄衣和大襟大袖衣演化而来，有内外两层，内层为家里自织自染的土布，为比较深的青紫色，外层为蓝色或紫色的市售绸缎。在衣袖、前襟等处会以挑、绉等绣法刺绣有龙、花、草等图案。据笔者观察，盘龙的图案是每件盛装上都要装饰的内容，风格古朴，以红、绿两色为主，再辅以蓝、黄等色。在两肩部镶宽约 5 厘米的花草图案，在穿着时要在袖口、肩部、前襟等处缀各种造型的银片。下装为百褶裙，乃以自织自染土布为料，裙长至脚面。外围一条飘带裙，由 24 条花带组成，每条以五段组成，中间饰以珠子，飘带以红色为主色调，上以彩色绣有花、鸟、鱼、虫、蛙、龙、凤、各色植物等图案，象征二十四节气。“24 条花飘带组成五条大江大河，是先民居住地与横渡江河的印记，分别代表黄河（苗语“欧纺”，意为黄河水）、淮河（苗语“欧略”，即浑水河）、长江（苗语“欧夯”，意深水河）、赣江（苗语“欧赣”，即鸭群河）与湘江（苗语“偶香”，即稻香河）”①，穿着盛装需头戴银冠和银角，并将与此搭配的项饰、胸饰、手饰等银饰戴在身上的各个部位。

作为母女间传承的服饰。西江苗族女子的盛装中一般都会有一套盛装是由母亲亲手缝制而成，其上的刺绣等装饰都是母亲一针一线做成，体现了母女间的深情。当地女性在出嫁前就学习缝制传统服饰的技艺，在结婚前就基本掌握了全部技巧。婚后生了女儿后，就会为女儿亲手缝制作为嫁妆的盛装，这套承载着母爱的衣服会被女儿一直珍藏。盛装所配的银饰由母亲传给女儿，如果女儿较多，就平分给她们，如果缺什么款式，女儿们就自己找银匠把缺少的款式添齐。

除了为女儿做衣服，她们也会为孙辈做背儿带以及婴儿贴身所着的衣服，这些寄托了长辈对小辈健康成长心愿的服饰品一般都不会假手于他人，针针线线中凝聚着长辈的期许。

作为装殓用“老衣服”（寿衣）的服饰。将传统盛装作为殉葬品，即去世时穿在身上，这是贵州很多地区苗族侗族女性的一个重要穿衣习俗。这里作为殉葬品的服饰一般来讲多为盛装。笔者 2011 年 4 月第二次到访西江时，见到了被当地人称为“苗王”的“鼓藏头”唐守成。据他介绍，

---

① 韦荣慧：《西江千户苗寨历史与文化》，中央民族大学出版社 2006 年版，第 59 页。

当地老年女性一般都有3—4套盛装，以前有些手工好的、喜欢绣的一生可以做七八套，多年以前外国朋友来旅游和开发时，把衣服都买走了。西江女性年轻时穿花带裙，葬礼时穿百褶裙，人老后加穿一个胸围腰，上绣龙、凤等图案。现在这些盛装都被“分配”了用途：其中自己最心爱的那套——往往是做工最为精美的一套——就作为自己装殓用的“老衣服”，寿鞋也自己准备自己绣，死后穿戴整齐去与祖先相见。次一等的就留给女儿做纪念，剩下的就自己平时穿，有些参加表演时穿，有些参加节庆和宗教仪式时穿，[①] 当笔者问到盛装上的银饰怎么处理时，唐守成回答说银饰一套要几万块，怕人盗走不会随着衣服下葬，而是临走前偷偷给自己的家人。

当地老年女性在去世时所穿鞋子为“鸡冠鞋”，也称“鼻梁鞋”“老人鞋”。这种鞋的鞋底是以麻线自纳的布底，在鞋头位置有缀织的鸡冠，也有的像大象卷起来的鼻子。老年女性平时穿着，去世后作为寿鞋；有的没有脚后跟的护帮结构，在鞋口缀几何形花边，并在突起部位织绣素白的花纹。

作为表演服饰的盛装与便装。作为比较早的开展旅游业的民族地区，作为表演服饰的民族服饰是西江女性传统服饰一个重要的留存方式。表演服饰由三种类型组成：一是手绣的传统民族服饰，二是机绣的民族传统服饰，三是改良的民族服饰。

作为表演服饰的手绣传统民族服饰主要是老年女性穿着（见图7—4）。其原因有二：一是因款式不同，老年女性的传统服饰较为朴素，参加此类活动的机会较少；[②] 二是相较于中年女性，老年女性参加表演的机会较少，一套机绣服装加上白铜饰品价格大概在千元左右，而她们参加一次表演的收入是15元左右（2012年价格），大部分人不舍得置备这样一套衣服。因此她们一般都是穿着手绣的传统服饰作为表演服。

---

① 盛装的分配也没有严格的一件就一个用途，视具体情况而定。

② 如笔者所见，2012年西江一次文艺汇演共9个节目，其中只有1个节目的表演者是老年人，其中老年女性10人，所着皆为传统服饰。

图 7—4　老年女性的盛装演出服

机绣的民族传统服饰的穿着者是中青年女性。西江常常会有影视剧拍摄、节目录制等各种活动，仅笔者四次到西江调查时，就有三次遇到这样的情况。西江妇女参加各种表演的机会很多（如穿着传统服饰作群众演员），因此有经济能力专门配备一套机绣的服装以及白铜的佩饰，当笔者询问为何用机绣的衣服且不使用银饰时，前文所提到的杨胜芳告诉说参加集体活动时穿着，其上的配饰为白铜，穿上这样的衣服脏了、磕了、碰了都不心疼。但不是所有的妇女都穿戴机绣的衣服参加活动，一般以经常参加表演活动的中青年女性为多。

与前两种相比，第三种情况要更加“专业”——其穿着者是西江苗寨歌舞表演队的演员（见图 7—5）。她们的表演是经过训练与彩排的节目，面向的是国内外观众，因而其穿着的服饰被加入大量的时尚元素，甚至加入其他苗族支系甚至是其他民族女装的款式要素，不同于传统的款式。

图 7—5　穿着机绣服饰的民族歌舞演员

演出地点在西江古街的广场上，每天中午和下午的固定时间进行表演，以 2009 年 8 月 5 日的表演为例，其节目有舞蹈《走苗山》（苗族）、《南猛芦笙舞》（苗族）、《掌坳铜鼓舞》（苗族）、《反排木鼓舞》（苗族），歌曲《天地人间充满爱》（苗族）、《多耶踩歌堂》（侗族）。

表演服既有传统的苗族盛装与便装，也有现代的改良民族服饰（见图 7—6），很多是不同民族或同一民族不同地区的具有代表性服饰的混搭，并在其中注入时尚元素，如有的节目中女演员所着为西江附近短裙苗的百褶裙——这种百褶裙长度在膝盖以上 10 厘米左右，与此相配的是小腿上的绑腿。上衣为右衽的大襟衣，衣长比传统的短裙苗上衣短 5—10 厘米，上衣与裙子之间露出一大段腰肢，这种表演服很明显是经过改良的舞台服装，更为大胆与现代。

图 7—6　西江文艺表演中的民族演出服

作为租赁商品的服饰。作为租赁商品的传统服饰一般以盛装为多，也有少量便装作为点缀。西江的服饰租赁地点有两个：一是在寨中广场北侧，一是在山顶的旅游景点。一套衣服的价格在 10 元左右[①]，不限制照多少张，收费按次来计算。游客付完费后，出租者会帮助客人穿戴上服装。供出租用的基本上都是机绣的产品，在款式上更为简化、色彩上更为艳丽，做工与传统手做的服饰差别很大，与之相配的是白铜的饰品（见图 7—7）。其中一些还是经过现代改良的设计，因而跟传统的款式相去甚远。

① 此为 2012 年的价格。

图 7—7 穿着租赁服饰的大学生游客

图 7—8 西江某家庭宾馆迎宾服装款式图

作为旅游业中接待人员的服饰。自 20 世纪 90 年代以来，西江大力发展旅游业，民族服饰成为西江的一张名片，而西江的苗族女性服饰也成为中国苗族女性服饰中认知度最高的数种款式类型之一。在西江旅游业的接待人员主要可以分为两个类型，一是西江苗寨的工作人员，一般以便装的上衣下裤为主，梳发髻，头上簪花；二是分布在西江的家庭旅馆和饭馆的迎宾与服务人员，一般以上衣下裙为主，其设计加入了较多的现代元素，模糊了盛装与便装的界限（见图 7—8）。

作为馈赠礼品的服饰。作为礼品的传统服饰普遍存在于贵州一些地区，如在革东寨的婚俗中，新嫁娘的嫁妆中包括盛装、裙子、背儿带、银饰等服饰品；① 又如从江的岜沙

① 曹端波、傅慧平、马静：《贵州东部高地苗族的婚姻、市场与文化》，知识产权出版社 2013 年版，第 33 页。

苗寨，年轻姑娘会为心上人亲手制作佩戴于后腰的花带。再如三四十年前，三穗县寨头村的苗族青年男女在恋爱时候互送的礼物中就少不了服饰品：如果双方情义相投，男方要送女方布和针线，女方要送男方挑花的头帕、一双草鞋和一副鞋垫。除了这些还有送衣服和项圈的。而在西江，也有将服饰品作为礼物的习俗，如外婆以亲手所做的背儿带作为礼物赠与外孙也是一种风俗。西江的背儿带主要是以平绣的花卉来装饰，刺绣的部分并不多，因而属于较为简单的类型，但因需亲手裁制、一针一线地刺绣，也需要数月的时间，属于较为珍贵的礼物。

（二）作为商品买卖流失的服饰

随着交流的日益加深和旅游业的飞速发展，贵州苗族侗族女性的传统服饰作为商品进行买卖的情况日益增多，这使得传统服饰实物的逐渐减少成为一种常态。如果从衣服的物的形式来考察，贵州苗族侗族女性传统服饰及服饰品一般可以分为以下三种类型：一是整套或整件的服装，二是首饰等佩饰，三是把服装拆分的服饰品局部。

1. 整套或整件的服装商品

这种整套或整件的服装商品就是把传统的女性服饰以一套或一件为单位作为买卖的商品，如一套盛装的上衣和裙子、一件便装上衣，等等。随着生活节奏的加快，如今贵州苗族侗族女性的便装多以机器制作为主，因此一般来讲，这类商品以盛装为多，便装也有一些，都是手工制作的。[①] 盛装的服装卖得比较多的是上衣、百褶裙、围腰和花鞋，这类商品以年代久远、品相完美无残缺为佳。这类盛装服装的制作需要花费相当的时间和精力，且一些手工工艺已经失传，因此此类商品的价格增长很快。笔者曾经采访雷山县一个服饰品店的老板，据她介绍，现在他们去乡下收购老衣服非常困难，老百姓家里也越来越少，有时往往花费了很多人力、物力和时间，却白跑一趟。并且想要收到老一点的衣服，要跑的地方越来越远、越来越偏僻，这些成本都会合到衣服的售价当中去，这也是价格升高的一个原因。由于老衣服越来越少、价格越来越贵，在利益的驱动下，也出现将现在手工制作的东西做旧冒充老衣服的情况，

---

① 机器制作的便装售卖的对象为本地妇女，手工制作的便装一般有一些年头，售卖对象为游客。

做旧的手段包括将衣服的边缘磨损、将衣服进行褪色处理或将局部进行染色处理等手段。经过做旧处理的这类服饰，如果不是专业的人士，很难鉴别其真伪。笔者询问当地的专家，他们一般是通过工艺、织物以及图案造型、气息等方面来进行鉴别。

2. 佩饰商品

佩饰商品主要指的是金属的首饰以及佩饰。这类商品一般被买方作为装饰的首饰，也有一些是作为收藏。佩饰商品分为老首饰和新打制的首饰。老首饰一般所指为祖辈流传下来的首饰，风格传统而民族，种类也比较多，是有着一定之规的，如一些地区的盛装首饰分为头饰、颈饰、胸饰、背饰、腰饰、手饰等复杂的组成，多者种类近百。[①] 而新打制的首饰分为两种类型，一种是按照老首饰的样式由现代人新打制的首饰，这类首饰在款式上一般与老首饰相比变化并不多，主要的消费者是民族地区的当地居民，他们打制这类银饰是为了与自己民族的传统服饰相搭配；还有一种是以老工艺或新工艺或新老工艺结合的、按照现代审美所打制的、传统性与民族性较弱的现代的首饰，新打制的佩饰种类相对较少，多为手镯、项链、戒指等。比如我们在西江调研时，发现古街上有很多银铺，他们所卖的首饰是与现代审美观紧密结合的产品，其消费者主要是来这里游览的游客。

3. 被拆分的服装局部商品

贵州苗族侗族女性传统服饰作为商品被买卖有三四十年的历史。最初的购买者包括以下几类人：一是国内外研究此方面的学者和科研学术机构，二是国外的游客，三是国内外的民族传统服饰爱好者。这类服饰在20世纪80年代开始被作为商品买卖，那时的服饰品数量也比较多，价钱也比较便宜。那时专门的传统服饰品商贩还不多，一般多是上述三类购买者到村寨的农户家购买。当地群众知道家中的传统服饰品可以卖钱，于是就开始将其作为商品进行买卖。渐渐地，那些具有一定商业头脑的农户就开始到各家各户去收购。[②] 在最初，这些服饰品商贩能够用比较少的价钱就收到品质较好的服饰品。20世纪末21世纪初，随着贵州旅游业

---

① 可参见第二章第一节的相关内容。

② 这里面除了本民族的人以外，还有很多是民族地区的汉族人。

的开发，国内外的游客渐渐增多，代表苗族侗族民族文化的苗族侗族女性传统服饰凝聚了民族的物质文明与精神文明的精华，其美丽使得它们成为贵州最受欢迎的旅游品之一，也因此流失的速度很快。与国内游客不同，国外的服饰研究者和游客民族传统服饰的购买量很大，越是年代古老的越受欢迎。[①] 近年来，随着年代久远的民族传统服饰品数量的逐渐减少，以传统工艺做的仿制品（或者说是现代制作的传统服饰品）逐渐增多。据笔者调查发现，对于这两类服饰品，国内外游客的喜好不尽相同：国内游客喜欢现代的仿制品，国外游客喜欢年代较为久远的服饰品。随着老的传统服饰品的逐渐减少，新制的服饰品开始充斥市场。

相关案例7—1：对台江县五河潘玉珍的访谈（三）——关于服饰品买卖

被采访人：潘玉珍（女，苗族，台江施洞五河人，70 岁）

采访时间：2016 年 3 月 5 日

采访地点：北京潘家园潘玉珍家中

问：您能说说协助收集苗族传统服饰的情况吗？

答：我是 1980 年过完年，大概就是那年的这会儿，农历二月阳历三月，国家民委、省民委、县民委委托我帮着收苗族传统服饰，每个支系收三套——老、中、青三代的衣服。说让我三年完成，我三月开始的，到了当年的九十月份就收齐了。当时生三闺女刚满月就开始干，半年完成任务。

问：您后来又给民族文化宫收苗族传统服饰？

答：对。大概是 1983 年、1984 年，我给民族文化宫收好了衣服。你看这套就是。当时的衣服便宜啊，是 300 元。现在这一套要 30 万了。

问：300 元是全套吗？包括银饰？

答：是全套，衣服包括银饰都包括了，那时银子也很便宜。当时 300 元也是不少钱了——一个县委书记一个月的工资才 70 元，那时候的米才

① 笔者 2006 年在云南丽江采访时，某民族服饰品店的店主告诉我们，外国人买古老的民族服饰是成车的拉，也许这种说法有夸张之处，但也从一个侧面反映了流失的速度之快。

要7分一斤，你算算300元能买多少斤米？当时我收一般是80—100元一套（件），然后给民族文化宫160元一套（件）——来回路费、吃饭什么的都需要费用。

问：当时衣服好收吗？您是怎么收的？

答：就是先从亲戚开始，挨家挨户地去说去做工作，为什么得做工作呢？因为当时收衣服时先得把衣服交给国家，然后国家再给钱。收齐了衣服后国家就给钱了，国家给钱，给到县里，然后人们再去领。我后来又给民族宫、上海博物馆、中央民族大学、北京服装学院、云南大学、香港大学这些单位收，然后就在潘家园卖民族服饰。

问：您后来怎么开始做服装的生意了？

答：我因为帮国家收衣服，那个时候就经常去北京，这张照片（潘玉珍指着家中相框中的一张照片）是我1980年8月22日来北京在颐和园照的，当时我穿着传统服饰带着我的二女儿。很多外国游客，有美国的、法国的、日本的看到我的衣服都想买，但那会儿还没放开，不许卖，我就把地址给他们，以后再联系。记得那时来北京的火车票是32元，在当时就是不便宜了。当时去得多的时候我每星期都来一趟北京，每次带的背儿带都不同，人们都看呆了。我1980年开始给国家收衣服，1983年11月开放以后，领了执照，然后开始卖民族服饰。当时要有公函，才能到村里面收衣服。后来从（20世纪）80年代中期我开始卖衣服。

（三）对四类民族传统服饰品经营者的考察

在传统服饰实物的流失或说是转移的这个过程中，买卖服饰实物的经营者扮演着决定性的角色，对他们的分析与梳理可以帮助我们更好地研究这类问题。

在贵州有很多经营民族服饰的人，对于实物的传承他们的作用是双方面的。一方面使得这些民族服饰有了传承的可能，如服饰中的一部分被博物馆、高校、服饰学者等相关研究单位和个人买走；另一方面也加速了一些民族服饰的湮灭：不仅使这些服饰流散到了各地，还有一些服饰被买走后裁成很多块缝缀到批量化生产的“一过性”的时装上。笔者在雷山县西江镇、台江县县城以及施洞镇田野调查时，随处可见出售传统民族服饰品的店面和地摊，这些作为商品售卖的服饰品中不乏具有极高艺术价值和文化价值的服饰品。很多服饰品都是被拆分开来售卖的，最常见的如背儿带的带子、装饰花边和背儿带等被分别拆下来单独卖，还有就是左右两只的衣袖花（多为刺绣装饰）会被放在一起装裱在黑色土布的包边里，顾客买后拿回家可以直接装入镜框中挂于家中。[①]

在笔者看来，买卖服饰实物的经营者可以被纳入四个类型，笔者在2011年进行调查时恰好遇到了这四个类型的经营者，这是四位和善、爱沟通的女性，这也使得我的采访比较顺利，也因此对她们有了较为深入的了解。下面就根据这四个具体案例对这四类经营者进行分析。

第一类是具有现代的经营意识与文化敏感度的店主。这类经营者一般都有自己的店面和较为固定的销售渠道，比较善于推销自己以及他们所售卖的服饰品。这类经营者一般文化水平较高，勇于吸纳新鲜事物，他们的店面都很讲究装潢和布置，着意营造一种文化与艺术的氛围。

相关案例7—2：第一类经营者——西江古街服饰店主石金花

第一类经营者石金花（女，苗族，25岁）[②] 在西江古街上开有一家店面。采访时她穿着现代的汉族服装（见图7—9，摄于2011年）。石金花态度和蔼，很善解人意，对待顾客温文有礼。据她介绍她自从15岁开始跟着父母学习收售民族服饰，至今已有10年。其店面装饰精致而温馨，货品摆放得井井有条。展柜上方排列了一排装上镜框的背扇。木案和这一侧所展卖的都是传统的刺绣、纺织品，其中不乏精品。石金花店面中的服饰也是笔者所见到的西江古街服饰品店中精品服饰最多的。面向店门的这面墙是四层的展柜，上面放置着童帽以及经过现代设计的现代民族服饰品，满足了不同顾客群的需要。东面的墙上挂了一幅造型夸张、描绘便装苗族妇女的油画，这张油画使得这个店散发出不一样的气息。油画下是一排以衣架挂起来的民族服饰，有现代设计的也有传统的，

---

① 如果从商业层面上来讲，这种经过拆分的服饰品、越来越便捷的买卖方式无疑是一种进步，但如果从文化价值和传承角度来讲，也许其做法就值得商榷了。

② 本次采访的地点为西江苗寨，采访时间为2011年4月14日和4月15日。

旁边是一个落地的穿衣镜，便于顾客试衣。石金花店里的民族服饰品做工都很精美，品相也很好。据石金花介绍，她父母已经收集十几年民族服饰了，店里的这些服饰品只是他们家收藏的一小部分，这些年卖出去的服饰精品很多，其中许多卖给了外国人。石金花在我们选购服饰品时问明了我们来自何地，是哪个单位的，并拿出一个专门记录顾客资料的笔记本让我们每个人都留下联系方式，值得一提的是我们一行四人，本想只留一个人的地址和电话，但她执意让我们每个人都留下联系方式，从中也可以看到她的细心与经营意识。图 7—9 中石金花手上所拿的包是她的母亲利用传统服饰的衣片重新设计的，她告诉笔者母亲和她也在进行这方面的设计，有不少这样的工艺品。一年后笔者又来到石金花的店，这次她不在店里，接待笔者的是她的弟弟。店面还是整洁而现代，特别值得一提的是在显眼处挂着银联标志（见图 7 - 10），方便游客刷卡消费。

图 7—9　石金花和她的店面一角

图 7—10　可以刷银行卡的民族服饰店

第二类是较为传统的服饰品店主，他们一般是较早进入民族服饰品买卖行业的那一批人。相较于前一种经营者，他们的文化水平相对较低、认识相对落后。如果说前一种经营者是将民族传统服饰作为精致的工艺品来看待的话，第二类经营者只是将其作为普通商品看待，且不太注重服饰品文化附加值的塑造，没有意识到购买环境对提升传统服饰附加值的作用，依然遵循着比较传统的经营模式。

相关案例 7—3：第二类经营者——西江古街服饰店主李某

第二类经营者是西江古街上的李姓店主（女，苗族，34 岁），不知何种原因，她只告诉了笔者她的姓氏，而没有告诉她的名字（见图 7—11）。[①] 她的店位于古街的中心位置，据她介绍，是属于较早一批开始民族服饰品经营的店面——西江是从 2004 年开始整体开发的，李姓店主从 2006 年就开始做民族服饰品买卖。第一次采访时她穿着现代汉族的服饰，第二天来时她穿着西江的女性便装。其店面没有招牌和名字，一进店内

① 本次采访的地点为西江苗寨古街，采访时间为 2011 年 4 月 14 日和 4 月 15 日。

有一个铺着红布的长桌，上面摆满了现代的工艺品（不限于服装）。左侧墙上挂满了背儿带和背扇，中间墙上挂着各式各样的绣片和一套黄平女性盛装，右侧墙上有两排塑料简易人形模特，上排挂着一排西江当地的女性盛装上衣，下排是带有民族风味的现代设计的女装长裙。她店里的传统民族服饰品大部分很精美，但卖得比较贵：笔者 2009 年来西江时在她的店里看到一件典型的盛装上衣，当时价格是 1500 元人民币，几年后再去看到了一件类似的（不知是不是同一件），要价在 5000 元人民币。笔者曾于 2006 年为单位购置水族马尾绣背儿带，花费 750 元人民币，在这个店里也看到一件与我购买的背儿带从款式到做工、品相都很相似的要价在 5000 元人民币。[①] 当笔者说她店里的服饰品价格偏贵时，她解释说他们去收衣服时，要走很远很远的路，没有车可搭的时候只能步行，很多时候非常辛苦的下去却什么也收不上来——即使是很偏僻的乡下，好的老衣服也越来越难找了，她说店里很多服饰品都是以前收的，

图 7—11　李姓店主和她的民族服饰品店

① 这也从一个侧面说明了传统的民族服饰品的价格在这几年增长得很快。

因为越来越难收，卖掉就没有了，所以价格才会持续上涨。[①] 她还说如果现在不买，过一两年只有更贵。

第三类经营者是以流动的地摊来售卖民族服饰，这种售卖方式的好处在于，哪里有节庆活动哪里有集市哪里有游客她们就赶往哪里。一般这种流动摊位只交很少的场地费，甚至不交场地费，因此他们的传统服饰品可以讲价。他们一般年级较大，文化水平较低（其中很多人根本不识字）。

相关案例7—4：第三类经营者——台江服饰摊主欧阳菊

笔者是在台江县城的中心公园举办的市集活动中见到第三类经营者欧阳菊（女，苗族，50岁）[②] 的（见图7—12、图7—13）。欧阳菊是台江人，纯朴憨厚[③]，所卖的衣服价格较前两个店主低，但其服饰品的精美度较差，年头也较新。她所卖的民族服饰有一些是比较古旧的，还有很大一部分是她和她的同伴们用传统的技艺新做的。据她介绍，她所做的衣服上的纹样都是传统的，有些稍稍作一点改变，她也可以自己设计新图案，并拿出一些给笔者看。这些新设计的纹样多是受现代的汉族纹样影响，本民族的特色弱了许多。欧阳菊在公园的一角展卖她的服饰品，与前两个店家不同，她的很多服饰品都是现代机绣、可以批量生产的那种，如一个盛装的围裙就有四五件，她的货品很杂，除了苗族侗族的以

① 她说的这些情况是笔者2011年4月第三次调查时调查地点的服饰品店主、摊主普遍反映的问题，一方面可以理解为他们为了卖更高价钱的说辞，其实另一方面也反映了一个现实，那就是较为古老的、做工精细的、品相好的服饰品流失情况严重。笔者曾在一户农家见到一件苗族刺绣盛装上衣（无银饰），当时要价3000元，两年后笔者故地重访，这件衣服已经涨到了12000元。据笔者采访时了解到，在西江当地收一套衣服根据绣工的粗细来定，有一两千的，也有两三千的，特别好的五六千。笔者对比2006年、2009年、2011年三次到同一地区的调查情况，认为他们所言非虚，这也表明了传统民族服饰的保护、传承与发展问题刻不容缓。

② 本次采访的地点为台江县县城和台江县施洞镇，采访时间为2011年4月16日和4月17日。

③ 欧阳菊代表了这样一类售卖民族服饰的妇女，在这个市集上有很多像欧阳菊这样的卖主。欧阳菊是长期做民族服饰买卖生意的，还有一些人是临时性质的，例如一个苗族老妈妈家里有事需要钱，因此把自己的衣服拿来卖，也不会叫高价和讨价还价，以很低的价钱就把衣服卖掉了。

外，还有黎族、傣族的，甚至还有一件仿清朝满族的刺绣“龙袍”。第二天笔者来到施洞参加姊妹节活动，在施洞镇针对姊妹节旅游开发设置的民族服饰品买卖市场上又看到了欧阳菊，除了前一天看到的那些服饰品，她还带来了一些新的服饰品。她告诉笔者，她在凯里租了房子卖民族服饰品，在节庆时哪里有集市她就去哪里。

图 7—12 欧阳菊向笔者介绍她的服饰商品

图 7—13 台江的民族服饰摊位

除以上三类专门出售服饰的传统服饰品经营者外，还有一种特殊的服饰品经营者，那就是进行兼职经营的类型。

相关案例 7—5：对一个兼卖服饰的杂货店店主的采访

被采访人：张志珍（女，苗族，63 岁）

采访时间：2009 年 7 月 28 日

采访地点：雷山郎德上寨张志珍家的杂货店内

这是一个在郎德上寨主路路边卖日杂用品的小店，准确的说是张志珍儿媳所开，因儿媳回老家，张志珍老人帮忙看店。这个杂货店七八平米见方，里面的油盐酱醋等日杂百货是卖给寨子的乡亲的，品种不多的饮料是卖给游客的，还有就是作为商品出售的传统服饰，也是卖给游客的。传统服饰悬挂在店里东墙上，有七八件，墙前的桌子上还堆放着一些，有三四十件，这些传统服饰是卖出一些再更新一些。在采访中得知有些是张志珍自己做的旧衣服（儿媳妇是内蒙的汉族，不会做民族服饰），这些衣服价格她来决定；有些是寨子中其他人家里的传统服饰，放在她这里寄售，如果有人询问价格她就给衣服的主人打电话询问，一般在 100 元至七八百元。衣服的款式有传统的盛装上衣、百褶裙，还有背儿带以及一些被拆开的服饰品，如一对衣袖花、一条花带，等等。主要的售卖对象是来郎德旅游的游客。据张志珍讲，在郎德，服装的买卖生意是村民们除了种田外一种重要的收入方式。笔者 2009 年夏天在郎德采访时，适逢寨子修路，因为路不好走，寨子的旅游业大受影响——往年暑期游客众多，但今天只有一些零星的散客以及艺术院校写生的学生，因而传统服饰也卖得不太好，有时一个星期都卖不出去一件。

还有一些服装店主采用自产自销的经营售卖形式，她们所制作和售卖的服装一般以机器车缝和机绣为主，是将传统款式与现代机器加工相结合，是时代向前发展的产物，以下是关于她们的两个采访案例。

相关案例7—6：黄平县采访案例之一——对服饰店主杨芬的采访

被采访人：杨芬（女，苗族，40岁）

采访时间：2016年1月24日

采访地点：贵州省黔东南州黄平县谷陇镇

问：您现在除了经营这种机绣的苗族服饰之外，自己会做一些手工刺绣吗？

答：会的，有时候也会做，但是我从学会做刺绣到现在才有3年时间。

问：像现在这种机绣的盛装是多少钱一件呢？

答：一般是300—680元的价位。

问：同样是机绣，价位不同有什么区别吗？

答：会根据衣服的大小、用料的多少，还有刺绣的用线来区别，机绣用的线，都有不同价钱，有一种是3块多一个线团，有的是6块多，衣服的价位也会受到这些线的影响。

问：那您现在经营这个民族服饰店的话收入怎么样呢？

答：也只能够基本的生活了，平时买菜呀、柴米油盐也大概能供应得上，但是就真的是没有多余的存款了。因为舍不得孩子，所以也不愿意出门打工，孩子要在家里上学，想陪着他们，收入的话每天都说不定，生意好时每天会收入200多元，不好时几十块钱也有；我的门面是租来的，也需要付一定的门面费用。

问：您有几个孩子呢？

答：有两个孩子，大的上初三了，小的还在上六年级。

问：这条街都是做民族服饰的吗？平时生意都好吗？

答：是的，这条街基本上都是做民族服装出售的，现在买衣服的人也还挺多，大多都是出门赚钱了回来买，现在大家都不怎么做（盛装）了。

相关案例7—7：黄平县采访案例之二——对服饰店主龙阿依的采访

被采访人：龙阿依（女，苗族，48岁）

采访时间：2016 年 1 月 24 日

采访地点：贵州省黔东南州黄平县谷陇镇

问：您现在在做的是机绣的盛装吗？

答：是的，这是机绣的。

问：那您平时除了做机绣的还做手绣的盛装吗？

答：做，我这儿也会有手绣的衣服卖。

问：您做一件这样手绣的衣服大概需要多久？卖多少钱？

答：这样一件衣服用的时间就很长，我从绣花到把这些绣片做成一件完整的衣服，前后也得需要一年的时间，卖得也比较贵呀，这样一件衣服卖 4000 多块，还有一件做工比较好的卖 5000 多块，花了我一年多的时间。

问：那您做机绣的一件盛装需要多长时间？

答：机绣的就比较快了，一般一周我就能做五件。

问：那这些百褶裙呢？是用手工捏的褶还是机器做的？

答：这些还是手工捏褶的，不过下摆部分有机绣也有手绣的。

问：那这些百褶裙的价位是多少呢？做一条百褶裙需要多长时间？都是什么样的价位？

答：一般这种百褶裙一个月才能完成一条，一般最少也是 1200 元起价了，裙子下摆的刺绣较多的就比较贵，如果是手绣的话就要 2000 元以上了。

问：那是手绣的卖得比较好呢还是机绣的？

答：机绣的啊，机绣的比较便宜，买的人也多，现在人们也爱在衣服上缝银泡，缝上银泡了看着也很好看的，机绣的就自然卖得比较好。

二　服饰技艺的留存现状

随着传统服饰渐渐淡出人们日常生活，很多服饰技艺也面临失传的境地。法国传教士萨维纳（F. M. Savina）在近一个世纪之前的 20 世纪 20 年代曾调查过苗族妇女的服饰技艺，并留下了相关的文字：“所有的苗族妇女都做刺绣手工……所有的妇女都懂得刺绣和纺线、缝补衣服。”① 由此可见在那个年代，萨维纳所观察的苗族妇女在掌握服饰缝制、刺绣技艺方面具有普遍性。成文于70年前的《贵州苗民》一文在讲到分布于贵州黄平、镇远、施秉等地的苗族时，也作了如下的描写：“他们衣服较短，喜蓝色。女人以长扣（clasps）束发，戴大耳环和银项圈，且用花布装饰衣边袖口。……妇女多事农耕劳作，白天从事户外劳动，夜晚织绩。”② 从中可以看出在日出而作、日落而归的农耕时代，纺织等工作是苗族女性晚间的固定工作。

但上文所述的这种状况在今天的贵州苗族侗族地区发生了质的改变，妇女自织自染自制传统服饰从一种必需转变成一种非必需的存在。

（一）现状概述：简单化与去手工化

在今天，贵州苗族侗族女性服饰技艺正在朝着简单化和去手工化的方向发展。

首先是简单化，这可以从工艺的种类、图案的繁简程度以及色彩的选择上来体现：在很多地区，原来用数种刺绣技艺来刺绣的盛装，现在只用一两种。有些技艺因为掌握的人少，也渐渐不用了，比如锡绣就是如此。图案也比以前简单了很多，还有就是色彩也比较单一。如前所述，在过去女性服饰所用的面料都是从种棉、纺纱、织布等经过一系列的步骤得到的土布，但现在这种历时一年才能完成的、结合民族特有的上色与做亮技艺而得到的面料渐渐被市售的棉布、绸缎、丝绒等面料所取代。

其次是去手工化。去手工化即是以批量成产的机器化的手段来取代手工技艺。因为百褶裙的褶裥制作非常费时费工，所以在很多地区百褶裙也再不用自己压褶，而是买市集上那种已经以机器压好褶的蓝色棉布。笔者在榕江县的村寨采访时，据当地人介绍，这样打好褶的布是论斤卖的，一斤十几元，其时间和经济成本比自己做土布、压褶不知要便宜多少。除了褶裥外，从手工走向机器化批量生产的还有花带。以前的花带是手工织就的，一天只能织几厘米，最是费时费工。贵州很多地区现在已经不用手织的花带，而是以机器批量生产的来代替了。此外，笔者还

① ［法］萨维纳：《苗族史》，肖风译，贵州大学出版社2009年版，第240—241页。

② 林耀华：《从书斋到田野》，中央民族大学出版社2000年版，第360页。

在从江县看到一位用背儿带背着孩子的侗族妇女，背儿带上的花纹非常鲜艳，纹样也是较为传统的几何图形，远看以为是刺绣的，近看发现是将传统纹样印在布上（见图7—15）。

图7—14　台江县城售卖花带的服饰摊位

图7—15　小黄村印着传统图案的背儿带局部

相关案例7—8：黎平县西迷村盛装的发展变化

尚重西迷村村民杨凡瑜（女，侗族，30岁）在接受课题组采访时（2016年3月19日）介绍说她是从七八岁开始学习服饰技艺的，出嫁前是母亲教授，出嫁后是婆母教授。刺绣的技艺是一代代传下来的，一般30岁以上的都会一些，30岁以下的有一小部分会。现在大家开始注重本民族的文化，尤其是民族节日必须要穿盛装，盛装必须自己有，别人不会外借，因此女童从中小学就开始学习女红。

尚重西迷村的女性盛装工艺复杂，尤其是它的刺绣在服装上占有非常大的比重，因此在制作上要耗费很多时间，一个技艺熟练的女性不做其他农活做一套盛装需7—8个月时间，如果每天做一些则需要一年多的时间。随着生活节奏的加快和生活方式的变化，其盛装服饰具有了一些变化，主要集中在以下几个方面。

首先是面料的变化。盛装所用的面料中3件上衣主要是用缎子和丝绒的市售面料，而百褶裙和胸兜主要是自织自染的面料，现在有些女性裙子和胸兜都买市售的面料，如胸兜用一种深棕色带有光泽的面料，是对做亮侗布的一种模拟。

其次是刺绣的简化。刺绣是尚重地区侗族女性盛装最为重要的装饰手段，其风格自呈一派，因为运用了缠绣、编带绣、贴布绣等技法，所以刺绣的部分高于底布，形成一种立体的效果，但这些刺绣方式非常费时费工，随着生活节奏的加快，尤其是较为年轻的女性没有更多的时间花费在制作这些绣片上，技法和图案的简化成为一种趋势。

最后是足服款式的变化。足服的变化很大：传统的盛装的足服是花纹精美立体的花鞋——一种全手工制作与刺绣的翘尖布鞋；而新式的盛装足服则是一种市售的高跟偏带布鞋，鞋面上的刺绣也是机绣的花。

随着生活习俗的变化与生活节奏的加快，服饰的变迁在所难免，“一个民族的传统文化如果不加以创新和变革，也就没有生命力，也就无法与当代社会相适应，并将逐步失去功能”[①]。在民族服饰逐步与现代生活相融合的今天，尽可能全面而深入地对民族服饰“此时”最传统的“样貌”、穿着步骤、穿着习俗进行细致的记录，是对于其民族服饰文化的重要保护手段，本书对尚重地区最具代表性的尚重西迷村侗族女性盛装的调查与记录就是对此的尝试。

（二）传承主体：女性年龄层与技艺的掌握程度

随着时代的发展，生活方式和生活节奏都有了很大的改变，技艺的传承受到了很多因素的制约，在分析对服饰技艺的传承时，笔者发现因为手工技艺的掌握程度与其制作者的年龄成一个正相关的关系，因此对贵州苗族侗族女性可以年龄作为一个划分的标准，以此对技艺传承人的首要的人的因素进行分析：“在传统农耕社会中，女性要负责全家人的穿着并将其视作为母为妻的责任，社会也将服饰制作技艺作为一种评价系

---

① 何星亮：《非物质文化遗产保护与民族文化现代化》，载杨源、何星亮《民族服饰与文化遗产研究》，云南大学出版社2005年版，第372页。

统。而随着文化的变迁，服饰制作不再是衡量女性价值的最重要标准，这种改变在某种意义上弱化了传承意识和责任感。同时，市场经济的推进导致农村过剩劳动力的出现，大量年轻人外出打工，文化传承后继乏人；即使那些没有外出打工的年轻人，在地方旅游经济等开发的影响之下，也将传统服饰制作视为陈旧的技术手段和生产方式而不再愿意承袭。政府和社会对服饰文化重视、扶持、保护的力度不够，未能形成完善的保护机制，致使有些珍贵技艺在无人过问的情况下失传或濒危。社会评价体系功能减弱、传承意识和责任感不足、学习动力与激励机制缺乏、政府关注度不够，这一切都凸显了苗族服饰文化传承的断代危机。”①

1. 老年层——纯熟技艺掌握者的去世或逐渐老去

大约6年前，笔者在雷山县进行田野调查时，当地的一位工作人员告诉笔者，在达地乡有一位近70岁的老妈妈，他们都叫她“梗老木”，她会做百鸟衣，她这种做百鸟衣的技法不仅附近的乡亲们不会，家里人也没有会的。她做的百鸟衣远近闻名，以蚕丝为原料，精工细作，工艺比起其他苗族传统服饰来说要复杂得多，但可惜做一件这样的衣服从最开始准备材料到最后的完成需要两年的时间，寨子里的年轻人都觉得太浪费时间，没有人愿意花两年时间来学这门技艺。② 随着这位老妈妈逐渐老去，乃至如果有朝一日离开人世，那么这门用蚕丝来做百鸟衣的技艺也就随之湮灭了。而这样的例子在调查中不胜枚举。下文所列举的施秉县双井镇龙塘村的苗族女性张老刘带着两岁的小孙女留在老家，闲下来时为孙女做做嫁衣，而像她远在外地打工的儿媳妇这一代女性已经很少有时间和精力去学习和制作传统服饰了。

相关案例7—9：对施秉县龙塘村张老刘的采访

被采访人：张老刘（女，苗族，63岁）

采访时间：2016年1月23日

---

① 陈雪英：《贵州雷山西江苗族服饰文化传承与教育功能》，《民族教育研究》2009年第1期。

② 笔者是在2009年进行田野调查时得知“梗老木”和她的技艺的，据当时的镇政府工作人员说没有人来传承这门技艺，不知今天这个情况有没有得到改善。

采访地点：贵州省黔东南州施秉县双井镇龙塘村

问：您现在还做刺绣吗？

答：做的，平时只要闲下来都会去做。

问：那您大概是几岁的时候开始做刺绣的呢？

答：我十岁左右的时候开始做的。

问：您现在有做好的刺绣能让我们看吗？

答：可以的，你们等一下我拿过来啊。

[张老刘从卧室里的一个木制衣柜中拿出自己近期做的一张完整的刺绣，绣片上缝上了一层纸巾，用来保护做好的绣片，防潮防尘。]

问：您做一个这样子的绣片大概需要多长时间才能完成？

答：需要一年的时间呢。

问：那您做这个绣片是做在衣服上的哪个部位的呢？

答：这个是做在袖子上的。

问：绣片上的底布是您自己织的还是买的？

答：这个是我自己织的。

问：那您织这个底布大概需要多长时间才能完成呢？

答：这个底布用十多天的时间就可以织完了。

问：您能解释一下这个绣片上的纹样吗？

答：这个呢，就是我们的"王"，这个是龙，这个是鱼，还有鸟。

问：您做这个刺绣是给谁做的呢？

答：给我孙女儿做的，给她结婚的时候穿。

问：那现在村子里做刺绣的人还多吗？

答：在家的人都还在做，但也只是在空闲的时候做。

2. 中年层——部分技艺掌握者多外出打工

近年来，外出打工的贵州少数民族青年越来越多，很多以前应由年轻人做的活计现在逐渐都由老人代劳，随着老人逐渐老去，一些技艺陷入无法传承的境地。据有关方面统计，截至2005年年底，贵州农村外出务工人员已达到477万，其中相当一部分为女性。[①] 在笔者2009年、2011年、2012年对贵州的田野调查中，常常遇到一个村寨中多是老人与儿童留守，而年轻人甚至中年人都外出打工的现象，这其中不乏30—50岁的妇女，而这些掌握传统服饰技艺的女性，正是传承得以进行的、承前启后的中坚力量，这种现状的确使人担忧。在作为传承的主力——中青年妇女大量外流的情况下，贵州的少数民族传统服饰技艺已经出现了整体性的传承危机："少数民族非物质文化遗产具有更强的濒危性。……与汉族非物质文化遗产相比，少数民族非物质文化遗产更具有脆弱性。特别是在当前现代化、全球经济一体化的背景之下，少数民族非物质文化遗产极易被国内主流文化甚至世界外来文化所吞噬。"[②] 也因此对少数民族传统服饰保护与传承就显得尤为迫切。

2015年春节期间在凯里市鸭塘地区进行访谈，当地中年女性现在不做刺绣了，原因如下：平时干活很忙，而现在衣服在市面上都可以买到，自己做的不一定能做好，最主要还是要花费大量的时间，因此她们更愿意花钱去买。这同时引起另一个问题，都不愿意做而使得传统服饰的价格反而升高了。我们可以参照一下市面上盛装的价格，比如她们穿在裙子前面的那块方形的绣片和袖子上的两块绣片加在一起价位在6000—7000元，而那件手工织的内搭上衣也卖到400元一件，两个袖套700元，鞋也卖到了400元一双，而那条3米长的腰带也是在400元左右，整套盛装，配饰银饰加起来一共在2万元左右，对一般家庭来讲，确实存在一定的压力。

但因为每逢节日苗族女性都会按照习俗穿上这些盛装，所以这个市场也就有它存在的必要性——只要有女孩的人家都会给自己的女儿准备这么一套盛装。而现在寨子里大多数20世纪90年代以后出生的女孩也都不做刺绣了，妈妈这一辈的人虽然会做，但是因为外出打工或太忙的原因也都不怎么做手工刺绣了。

---

① 邓光华：《回顾与展望——贵州民族文化与研究》，中央文献出版社2001年版，第177页。

② 韩小兵：《中国少数民族非物质文化遗产法律保护基本问题研究》，中央民族大学出版社2011年版，第66页。

相关案例 7—10：对黄平县谷陇镇张世英的采访

被采访人：张世英（女，苗族，45 岁）

采访时间：2016 年 1 月 24 日

采访地点：贵州省黔东南州黄平县谷陇镇

问：您现在还做刺绣吗？

答：不做了，我已经很久没做刺绣了，在我的记忆中，做刺绣都是 18 岁以前的事了。

问：那您现在在做什么工作呢？

答：我现在外出打工啊，因为家里孩子多，不出去的话他们没有学费和生活费，家里还要建新房，建新房也得需要钱啊，在家的话是找不到钱的。

问：您一共有几个孩子？

答：有四个孩子，但是有两个已经出嫁了，还有两个在上学，所以得出去给他们赚学费和生活费。

问：那您在外面是做什么工作呢？收入怎么样？

答：我在一个玩具厂里工作，一个月收入也就两千多吧，都是多做多得，少做少得，但因为现在自己也慢慢上年纪了，很多事情也做不来了。

问：那您以前做过刺绣吗？

答：以前做的呀，以前还是姑娘的时候也经常做。

问：那您是从几岁开始会做刺绣的？跟谁学的？

答：那个时候是从七八岁就开始拿针了，不过真正会做了是从 11 岁的样子才会做的。

问：以前有做过完整的一件盛装吗？现在还会想着给自己或孩子做盛装吗？

答：以前有做过盛装的，但是现在都可以买了，所以都不会想着去做了，以前是因为不做的话没有盛装穿，现在不一样了，花钱就可以买到了。

3. 青年层——传承的后继者没有时间和兴趣学习技艺

在笔者的采访中，经常有这样的情况：如外出求学、工作的女性，或是嫁到外地（尤其是汉族地区）的很多女性，对传统服饰的兴趣都不大。如笔者走访的榕江县七十二寨地区，这里的侗族女孩子学做衣服的时间比以前迟了许多，而学不学做衣服、从什么时候开始学做衣服是和受教育情况密切相关的：如果女孩子不读书，从十三四岁开始学做衣服；而如果女孩子读书，六七岁上学，大部分时间都是在学校度过，所以也就不学了。高中毕业后，如果考取了大学，就不再学做衣服，如果考不取，就再接着学做衣服，因此掌握传统技艺的人越来越少。台湾研究者何兆华、罗麦瑞在《苗族纹饰》一书中引用多年前台湾高山族传统服饰文化一点一滴流失的例子，对苗族传统服饰及文化的传承现状表示担忧："然而随着时代的变迁，苗族社会正在起根本的变化：机器取代手工、成衣取代土布、化学染料取代天然染料、服饰制作也由精致转向粗疏。价值观的改变，使得年轻人对其信仰、文化产生怀疑，不愿再花心思去织、染、绣，丰富的服饰文化被经济冲击吞噬流失，图像符号正在崩离瓦解，对自身的文化已丧失信息及兴趣……对苗族及中国传统的服饰文化而言，都是令人十分惋惜的事。"[①]

出版于2008年的《小黄侗族民俗——博物馆在非物质文化遗产保护中的理论研究与实践》曾有如下描述："小黄人的服装主要以侗服为主，只有一些外出打工回乡的年轻人才穿着从外面带回来的时髦衣服，但在侗族重大节日庆典活动时也自然而然地换上自己本民族的传统服装。"[②]但笔者2009年到小黄进行调查时，发现这种情况已经有了很大的变化，村中很大一部分青年和中年人都穿汉族的服饰，只有老人几乎全穿本民族的服饰。《雷山苗族非物质文化遗产申报文本专辑》中也提到了雷山苗族织锦传承的濒危性与传承人年龄之间的关系："对于织锦技术，有的寨子里只有几个人在学，而有的寨中根本没有人愿意学。因为年轻一代皆

---

① 辅仁大学织品服装研究所中华服饰文化中心：《苗族纹饰》，（台北）辅仁大学出版社1993年版，第15页。

② 张力军、肖克军：《小黄侗族民俗——博物馆在非物质文化遗产保护中的理论研究与实践》，中国农业出版社2008年版，第125页。

喜欢穿现代服装，而不愿意穿自己本民族的服装。再者，织锦花费时间较多，需要一定技术，年轻人较难掌握。而年轻女孩年龄稍大一点，不是出嫁就是出门打工，也使认真学习织锦技术的人少之又少。”①

4. 合适的传承人难得

在贵州苗族侗族女性传统服饰的传承中，合适的传承人较为难得。传承人需要符合几个因素：感情因素、技巧因素、时间因素、经济因素。

首先是要喜爱传统服饰技艺——喜爱是能够学习好这些繁杂技艺的前提。如果仅仅是建立在取得商业利益的基础上，那么是很难将自己的感情投入其中的。这些感情可能是对女红的喜爱，也可能是将自己对子女的爱投诸为他们所做的服饰品中，因此其服饰品也很难达到一个质的高度。如果对比现在和几十年前的服饰品，即便是相同的图案、相近的配色，其效果和生动的程度都会相差很多，这也是有些服饰品能够打动观者的内心，而有些则不能的原因。

其次，是技巧的因素，心灵手巧是传统服饰手工技能的要素。后天的刻苦学习当然是极其重要的一部分，但先天的素质也很重要。同样的一项手工技能，有些人掌握得好、有些人掌握得差，这就和其人本身对技巧的领悟能力以及对技巧的掌握密切相关。

再次是时间因素，贵州苗族侗族女性传统服饰技艺的掌握需要大量的时间，其中有些技艺具有季节的约束性，比如土布的取得，再比如用蓝靛染色都是如此。因此，学生和外出打工者是没有时间做传统服饰的。

最后是经济因素，如前所述，制作传统服饰需要花费很多时间，而这些传统服饰除了自己和家人穿以外，大部分并没有销售的渠道，因此，在一段时间内，有可能是没有经济回报的付出。这也是一些没有上学、没有外出打工的年轻女性不愿意学习和制作传统服饰的原因。

以上这四个因素都制约了传承人的获得。

（三）技艺传承者的知识产权保护

服饰技艺不是将千百年来流传下来的相关款式、图案、构成、技艺完全照抄，它还糅合了它的制作者，即技艺传承者的审美与创造，因此，

① 雷山县文化体育局：《雷山苗族非物质文化遗产申报文本专辑》，中央民族大学出版社2010年版，第47页。

每一件手工的服饰品（包括服装与饰品）都是独一无二的。一些样式新颖、做工精致的服饰品自身没有专利，因此会被模仿。比如在某个银匠村某种银饰运用了新工艺被做出来，但不久后就会被这个村寨的其他银匠仿制，住在一个寨子里的被仿制者和仿制者有可能有亲缘关系，即便没有亲缘关系也是邻居，碍于情面就不好提出不允许模仿等要求。对于银饰的首创者来讲，其实削弱了其作品的市场竞争力。

（四）国家与地方各级政府的宣传与扶持

大部分的技艺传承人都为中老年，所受教育程度不高，其家庭一般是世居在某个村寨中，很少外出，信息闭塞，对于市场与营销所知甚少甚至一窍不通。除此之外，他们的原料采购来源也比较单一，这也限制了服饰品的生产成本。退一步讲，如果让他们将更多的时间用在原料的选择与营销宣传上，且不说他们是否能够胜任，单就时间和精力来讲就不太现实，长此以往势必会削弱其产品的价值。对于这样的技艺传承人，打通市场的上下游是一个非常重要的环节，这就需要国家和各级地方政府出面为这样的技艺传承人创造更有利的创作环境。

（五）产销经济利益的分配

因为技艺传承人很难直接与大批量的购买者建立联系，所以贵州苗族侗族女性传统服饰品多有中间的销售机构及个人。在售卖的过程中，其销售价格远远高于其给予技艺传承人的价格，从而使得真正的获利人不是服饰品的制作者而是服饰品的中转者，这背离了公平的原则，使技艺传承人的积极性受到了很大的伤害，从长远来看，会因此降低服饰品的质量与品质。同时，市场对服饰品的大批量需求也会使得制作者降低对其作品的要求，以更为简单便捷的方式来进行制作，如对面料的改变和以机器代替手工来刺绣就是如此。我们都知道，在贵州，无论是苗族女性还是侗族女性，她们制作土布的工期都非常长，是从种棉、纺织开始的，还要自己染色晾晒等，这个过程一般都需要近一年的时间，且品种单一，产量也很低；但以市售的各种布为面料就节约了大量的时间成本和经济成本，使得批量的制作成为可能，且市售的布不仅简单易得，还具有不掉色的特点。再来看以机器代替手工刺绣。我们都知道手工刺绣具有细腻、精致的特征，且每件绣品都是独一无二的，每个人的作品也都在尊重传统范式的前提下凝聚了制作者个性化的审美与取舍，因此具有更高的文化价值。但手工的刺绣非常费时费工，且工艺复杂，现在有渐渐被机器所代替的趋势，其可能性的结果如何呢，学者安丽哲在她的著作中提出了她的观点："可能有一天，长角苗妇女的传统（制）服饰的市场需求远远超出她们的供应量，那么其中必然有人会想到利用机械来代替手工。而一旦机械化之后，机械的千篇一律会磨灭长角苗妇女个体的智慧，那时候长角苗传统民族服饰中将不会再有每个人自己的风格标志，而成了大家都穿着和出售同样风格且廉价的工业商品，这时个体制作的昂贵服装将被淘汰，个体手工工业自然会衰败。"①

（六）相关案例研究：关于服饰技艺的四个相关访谈

相关案例 7—11：对老年苗族女性关于服饰技艺的采访

被采访人：杨光珍（女，苗族，71 岁）

采访时间：2015 年 2 月 1 日

采访地点：贵州省苗族侗族自治州凯里市湾水镇岩寨村四组杨光珍家中

问：您是从什么时候开始学习做刺绣的？

答：大概是从 8 岁的时候开始跟着大人们学习，真正能做刺绣是在我 15 岁的时候。

问：那刺绣是谁教您的呢？

答：小时候看到大人们在做刺绣，然后也拿着针线跟着学，或是有时候跟着同龄女孩，还有家里的老人们一起。

问：最开始做的刺绣是什么？

答：最开始是结婚后给我的女儿做的裙子，那时候做的绣片是用来做百褶裙的那种。

问：那您会做盛装吗？

答：盛装是会做的，不过做的是二等盛装，一等盛装没有做过。

---

① 安丽哲：《符号·性别·遗产——苗族服饰的艺术人类学研究》，知识产权出版社 2010 年版，第 213 页。

问：那这两种盛装有什么区别吗？

答：一等盛装的刺绣较多，几乎全身都是刺绣，主要是年轻姑娘穿戴；而二等盛装只有袖口和领口处才有刺绣，一般也只有老人才穿二等盛装。

问：您的下一辈她们还会做刺绣吗？

答：我有三个儿子，但儿媳们平时只做十字绣，传统刺绣她们也会，不过很少做，现在几乎都不做传统手工绣了。我的女儿们现在都在忙于她们的生意，也很少有时间去做手工刺绣，但是只要闲下来她们也会去做。

问：您现在做的这个是用来做什么呢？

答：这个是用来做背儿带的，我今年已经做了两条背儿带了，这是第三条，这个是给我的孙子和外孙们的。

问：你们寨子里现在还有人在做这些吗？

答：我们寨子里还有人在做，不过大多都是老人们了，年轻人几乎都没有会做刺绣的了。现在的年轻人都不太愿意去学这些东西了，不愿意学自然也就不会了。

问：那您的女儿是跟您学的刺绣吗？

答：是的，她们小的时候我教了她们一些，只是她们现在都在忙着她们的生意，很少有时间去做。

相关案例7—12：对中年苗族女性关于服饰技艺的采访

被采访人：王妹（女，苗族，40岁）

采访时间：2015年2月1日

采访地点：贵州省苗族侗族自治州凯里市湾水镇曲江村小田寨王妹家中

问：您从什么时候开始做刺绣？

答：八九岁的时候，当时我们都不念书，所以在家闲着没事，看见大人们做刺绣，自己也拿着针线跟着学。

问：那您会做盛装吗？

答：我不会做盛装，但是以前我会织布，不过那都已经是20年前了，现在都已经忘记怎么织了。后来有布卖了呀，集市上开始有现成的布卖的时候我就开始不织布了。

问：那时候纺的布质量好一些还是现在买的好？

答：都挺好的，只不过当时用手工纺的布比较柔软一些，那时候染布用的染料是我们自己煮出来的，用树叶煮出汁来，先把线染了，再用染过的线织成布，这样织出来的非常柔软，而且不会掉色。

问：那您现在正在做的这个绣片是用来做什么的？

答：现在做的这个绣片是用在盛装的局部装饰的。

问：您女儿有没有跟您学做刺绣？

答：没有，她现在连衣服破了都不会补，就更别说学刺绣了，她现在在念高中，因为从小都在念书，所以我们也不让她学这个，怕耽误她的学习。

问：那您的刺绣手艺是谁教您的？

答：以前我是跟着母亲和小姑们学的。

相关案例7—13：对青年苗族女性关于服饰技艺的采访

被采访人：潘莉（女，苗族，22岁，贵州财经大学二年级本科在读）

采访时间：2015年2月22日

采访地点：贵州省黔东南苗族侗族自治州凯里市鸭塘镇中坝村五组潘莉家中

问：你会做刺绣吗？什么时候学的？跟谁学的？

答：从去年暑假开始跟妈妈学的。

问：那你为什么想去学做刺绣呢？

答：因为觉得这是我们本民族的特色，是一门手艺，而且我个人对手工刺绣也比较感兴趣。

问：那在你认识的同龄人中，有会做刺绣的吗？

答：没有了，在我身边的同龄人几乎都没有人做刺绣了。

问：那你平时做手工刺绣的时间多吗？都是在什么时候做？

答：大多数都是在假期的时候。

问：如果你以后有了女儿，你会教她做刺绣吗？

答：希望她能学会这门手艺，能够继承这种传统的东西。

问：你对手工传统传承的前景有什么样的看法？

答：我觉得会成为一门很专业的东西，因为现在有些手工做得好的人就专门做手工以及民族服饰来出售，而且价格高，他们的收入也很可观，比如说现在加工一双鞋的加工费就是100块钱。

相关案例7—14：对两位侗族青年女性的服饰语言解读

被采访人：吴雪引（女，侗族，18岁）、吴国莉（女，侗族，26岁）

采访时间：2009年7月23日

采访地点：榕江县乐里镇归洪村、从江县高增乡岜扒村

笔者在2009年见到榕江县乐里镇归洪村的吴雪引时，她刚刚18岁，长相甜美，聪明而善解人意，普通话流利。当时的吴雪引在榕江县一中上高三，属于本村女孩子中的佼佼者，其长发披肩，为离子直烫，上身穿时尚的白色T恤，下身穿紧身蓝色牛仔裤，脚穿皮凉鞋，身上没佩戴任何银饰，从着装上看，和普通的城市里的高三女生没有任何分别。在采访时，她告诉笔者，传统的衣服她也有，以后结婚时穿一次然后就留作纪念了，自己不会再穿。

同样在2009年，笔者在从江县采访时，遇到了高增乡岜扒村的吴国莉，吴国莉开朗热情，普通话流利，是凯里学院英语系的大专毕业生，也是岜扒村的第一个大学生。因为母亲为本村的妇女主任，所以吴国莉与外界接触较多。与笔者偶遇的吴国莉在凯里工作，采访时是回家来喝表姐孩子的满月酒。吴国莉也是留披在肩上的长直发，上身穿套装上衣，下穿蓝色牛仔裤，脚穿深蓝色运动鞋，手挎淡紫色小皮包。得知笔者是来调查传统服饰的，特意从家中箱子里找到她本民族的侗布上衣穿上让

我拍照。①

三 个案研究：对西江苗寨传统服饰留存与传承状况的分析

（一）背景资料

西江是苗语“Dlib Jang”的音译，它的意思是“苗族（Dlib 西）氏族居住的田坝”，相传西江苗族先祖于此定居已有700年的历史。西江原称“仙祥”，后称“鸡讲”，1916年易名为“西江”。西江是贵州省首批历史文化名镇和重点保护单位之一。西江苗寨位于雷山县，地处雷公山国家级自然保护区的雷公山麓，海拔833米，处群山环抱的谷底。西江东北毗邻台江县，东南是雷山县方祥乡，西北接凯里市，西南连接雷山县丹江镇。西江距雷山县城36公里，距黔东南苗族侗族自治州州府凯里80公里。西江解放初期有800余户，3200余人，1982年有1040户、4513人，故有“千户苗寨”之称。据2005年度第五次人口普查数字显示，西江苗寨共有1285户5120人，其中99.5%为苗族。西江苗寨内部分为8个自然村寨，分别是也薅、乌嘎、东引、也通、平寨、羊排、也东、南贵，是一个结构紧凑、布局合理的大山寨。

棉花和麻是苗族的主要纺织原料。在过去，西江纺织业很发达，是重要的经济支柱，每家都会有织布机和纺纱机，每个苗寨都有若干台扎麻机和弹棉机。

西江苗族过去男女穿长裙、包黑色头巾头帕，故称“黑苗”；女子裙子很长，在脚踝左右，也称“长裙苗”。西江苗族女性传统服饰分为便装和盛装两种，便装为日常穿着，样式较为简单；盛装是传统服饰的精华，为节庆和婚嫁等场合穿着，无论是款式、色彩、图案还是配饰都更为讲究。女子的传统盛装尤其华美，款式古朴、色彩丰富、图案精美，是苗族女性服饰中较具代表性的类型之一。

“银饰”在西江苗寨人们生活中占有重要的地位，在过去，每家都会从收入中拿出很大一部分买银子，并送到银匠那里打制各种精美的银饰，

① 吴雪引、吴国莉的美丽与聪慧给笔者留下深刻的印象，她们的言谈举止、穿着打扮代表了教育程度较高的、走出家门的年轻一代苗族侗族女性对于传统服饰的态度——只是将其当作民族文化的一种存在，不疏离也不亲近。

以用来与女性的盛装搭配穿着。

（二）西江苗族女性传统服饰的留存现状

据西江苗族博物馆杨天伟馆长介绍，西江传统服饰流失问题非常严重，一个做过比较多年的服饰品售卖者，其手中就有传统服饰300余件。而这样的服装贩子在西江不在少数。经调查笔者发现，在西江，已经有相当多的家庭将传统的手绣盛装卖出去了，在20世纪80年代可能只是几十块钱的价格，今天可能是几千元的价格，但越是过去流失的越是精品，而现在想要找到一件精品也许需要翻山越岭走很多地方。为了多卖钱，售卖者还会把一件衣服进行拆分，如将一件衣服的衣袖花拆出来缝缀到衣服上，或是将蜡染的绣片缝缀在时尚服饰上。来购买传统服饰品的也有外国游客。据当地服饰店主讲，外国游客来了，遇到好的传统服饰品，不讲价就会买下。他们也很会挑，喜欢更为传统的样式。在西江，像这样被中外游客买走的传统服饰品数量巨大。

今天的苗族传统盛装服装的变化之一就是制作方式的改变，即从手工制作改为机器制作，以前精美的手绣、灵动的图案现在都变成整齐、刻板的机绣图案，色彩也没有以前的丰富和温润，浓烈的大红大绿失却古秀之美。

（三）西江苗族女性传统服饰的保护措施

1. 实物的保护

西江苗寨对传统服饰实物的保护主要有两个方面。一是西江苗族博物馆的馆藏。西江苗族博物馆于2008年4月破土动工，并于同年9月25日正式开馆，全馆占地面积3000平方米，建筑面积1650平方米。西江苗族博物馆坐落于西江古街中段，具有典型的苗族建筑风格，以“美人靠”长廊连接六栋单体二层吊脚木楼，建筑风格与周围的老建筑融为一体。博物馆由前厅、苗族历史文化厅、节日厅、歌舞艺术厅、服饰与银饰厅、生活习俗厅、生产习俗厅、建筑艺术厅、苗衣苗药厅、宗教信仰厅、多功能媒体厅等11个厅（室）组成。西江苗族博物馆馆藏文物473种1220余件，图片500余幅。其中服饰与银饰厅主要展览苗族女性服饰品，博物馆现藏有30多套苗族精品盛装，绝大部分为苗族女性服饰，图案精美、品相完好，是本地服饰的精品。作为一个新成立的博物馆，西江苗族博物馆需要做的工作还有很多。据采访，西江苗族博物馆下一步的工作计划，首先是博物馆的硬软件提升，包括人员的引进；其次就是实物的收集与完善。

图 7—16 西江苗族博物馆展示的织机

二是镇政府推出的新举措——利用挂牌的家庭博物馆来对西江传统服饰等文化遗产进行保护。西江苗族博物馆对实物的收集中，资金的来源是一个大问题。建设博物馆和收购衣服的资金主要由三方面组成：一是国家的拨款，二是镇政府的拨款，三是寨子入口门票的收入。

2. 手工艺技术的传承

西江的年轻一代女性多已不会做民族服饰，主要原因有二：一是外出打工或上学，二是外嫁。据当地人介绍，40 岁左右的妇女基本都会做，30 岁左右的有一些会做，20 岁左右的年轻人一般毕业后出去打工了，还有很多嫁到广东等外地，因为那些地方不穿所以也就不学了，因此手工艺技术的传承是一个大问题。据西江管理办的工作人员介绍，西江曾有一个“民族文化进课堂”的项目，主要是教学生刺绣，后因资金等问题没能继续下去，非常遗憾。而对传承人的培训，资金是一个很重要的问题，需要政府和社会等各方的继续关注。

（四）相关案例：基于当地群众的个案访谈

相关案例 7—15：西江个案访谈之毛云芬

被采访人：毛云芬（女，苗族，58 岁）

采访时间：2010 年 7 月 20 日

采访地点：西江羊排村毛云芬家中

问：能给我看看您的盛装吗？

答：我不是本地人，从外地嫁到西江时，把自己的盛装留下给妈妈留念了。现在这件是我给我女儿做的。

问：您是什么时候开始学刺绣的？

答：小时候学，15 岁学成了，自己绣，没人教，花样是自己画然后自己绣的。①

问：您现在还做盛装吗？

答：还做。我有三个女儿和一个儿子，两个女儿出嫁了，出嫁前每人给她们陪嫁一件。小女儿正在读书，现在正在给她做。

问：您做一件盛装大概多长时间？

答：如果停下手中的活计而天天做盛装，做一件上衣需要 3—4 个月。衣服上的花带都是我自己织的，盛装上的花带、腰间的花纹都是老妈妈蜡染的。这种花带年轻一代已经很少有人会织了。还有银饰。我自己的盛装的银饰是我父亲打造的纯银的配饰。女儿们的是买的银饰。

问：您手中做的这件是什么？

答：是背儿带，每个女儿都有一个，这件是做给没出嫁的小女儿的，这种衣服在孩子十五六岁时就给她做，做一年才能完成。有活时在地里干活，没活时在家做。

问：您孙女这一代还会不会穿传统的苗族服饰？

答：很难说。她们还小，不太懂得。连女儿这一代对我们自己的衣服都不是太喜欢。这件衣服做了有 24 年了，大女儿嫁到广东没什么机会

① 西江女性一般结婚较早，像她们那一代在婚前就掌握了缝纫刺绣的技巧。

穿，也不喜欢就没带走，二女儿有，就给小女儿了。

在对毛云芬的采访后，笔者对于传统服饰的传承感到更大的压力：从毛云芬的外婆、母亲、毛云芬本人到其女儿和孙女等不同年龄的女性对本民族的传统服饰所持的态度从珍视、喜爱到不愿意穿着，这虽然是一个个案，但却是普遍存在的趋势，这不仅说明了与外界交流的增强和生活方式的改变等因素使得人们对传统服饰的态度发生了改变，也说明了对传统服饰的传承迫在眉睫。表 7—2 是毛云芬为女儿所做的盛装尺寸。

表 7—2　　一位苗族母亲为女儿所做的盛装尺寸列表（毛云芬）

部位名称	尺寸	其他
衣长	61 厘米	衣长较短，在腰围线以下约 12 厘米
通臂长	136 厘米	每个袖口绣有四只蝴蝶
领高	8 厘米	后领有立体的构成
前衣片（两片）	31 厘米（包含 5.5 厘米包边）	前衣片为左压右的大襟款式，穿着时两个下摆为交叉的尖角
后片（两片）	宽 30 厘米	后片两边的衣角装饰有银饰，为◣形，竖向 9.5 厘米，横向 10 厘米。

注：衣身为蓝色，袖子缝缀一块黑色棉布，针脚很细，1 厘米大概 6 针，后背银饰共 10 片。

下一个采访案例是西江苗寨村民顾某，自从西江成为旅游景点后，雇佣了当地一些居民作为景区的工作人员，顾某就是其中一名负责广场卫生的雇员。

相关案例 7—16：西江个案访谈之顾某[①]

被采访人：顾某（女，苗族，42 岁）
采访时间：2010 年 7 月 22 日
采访地点：西江寨广场

---

① 可能因为我们并不熟悉，抑或是民族文化的原因，顾某没有告诉我她的名字。

问：请问您有几套盛装？

答：我有两套衣服，一套妈妈给我做的，上边的银饰都是我爸爸和哥哥打的，现在爸爸老了，哥哥接着做，在古街上有一个门面。一套是自己做的。

问：您手上做的是什么？[①]

答：我现在是给我14岁的女儿做盛装，这是袖肘上的那块，做一件上衣得四五个月，下裙四五个月，做完一套得要一年。

问：做一件盛装大概花费多少钱呢？

答：上衣的料子加上线等等的成本在四五百元钱，裙子成本在200元左右，全套银器在4000—5000元，如果是白铜的在两三千元。

顾某虽然是在西江这样一个因旅游业而经济较为发达的寨子，也无疑是一笔不小的开支。下文的采访案例杨胜芳属于掌握一定女红技艺的苗族女性，在笔者第二年回访西江时已外出打工。

相关案例7—17：西江个案访谈之杨胜芳

被采访人：杨胜芳（女，苗族，41岁）

采访时间：2010年7月24日

采访地点：西江羊排村杨胜芳家中

问：这几件盛装都是你的吗？[②]

答：不是，有我姥姥留下的，有我妈妈的，有我自己的。

问：你现在还做盛装吗？

答：不做了，太花时间，我有这么多件呢，不用做了。

问：那村子里的女孩现在还会做你们自己的衣服吗？

答：一般40岁往上的还会，30岁往上的有些会有些已经不会了。十几二十多岁的女孩要么读书，要么外出打工，没人学了。

---

① 在笔者采访时，顾某正在绣片上绣花。

② 得知笔者要看盛装，杨胜芳一下子拿出了四件女性盛装上衣。

问：那你们会全套的手艺（技艺）吗?

答：有些已经不会了，有些是照着以前的衣服学（模仿），但还是不太像。这几件就不一样。

问：这四件你都穿吗?

答：不。姥姥和妈妈的是留纪念的，以后传给我女儿。我自己手绣是过节时穿的，最新的这件是参加寨子里活动穿的，上边挂的是铝的，碰坏了不可惜。

杨胜芳是笔者第一次到西江调查时展示盛装数量最多的一位被采访人。杨胜芳共拿出四件盛装：第一件是杨胜芳姥姥的盛装，有80多年的历史了，古朴淡雅，尤其是衣服上的图案非常的生动；第二件是杨胜芳母亲的盛装，有60多年的历史；第三件是杨胜芳自己手绣的盛装，有30多年的历史；第四件是杨胜芳平时参加活动时穿的机绣盛装，有3年历史（见表7—3）。

表7—3 一个家庭不同年代四件女性盛装尺寸比较（持有人：杨胜芳）

序号	盛装的归属	衣长	通臂长	其他尺寸	年代	服饰描述
样本1	外祖母的盛装	65厘米	125.5厘米	袖口22厘米 开衩24厘米	20世纪20年代	手工缝制，古朴素雅，其上的刺绣有一种栩栩如生的感觉
样本2	母亲的盛装	62厘米	136厘米	袖口21厘米 开衩25厘米	20世纪40年代	手工缝制，色彩比样本1稍鲜艳
样本3	自己的盛装	68厘米	128厘米	袖肥20厘米；开衩（前）32厘米，开衩（后）28厘米	20世纪70年代	手工缝制，色彩鲜艳
样本4	自己的盛装	前片74厘米；后片52厘米	134厘米	开衩（前）49厘米；开衩（后）23厘米	2006年	机器车缝、机器刺绣，色彩艳丽

唐守成是西江小学的教师，同时也是西江千户苗寨的“鼓藏头”。他的双重身份使他具有一定的典型性——具有较高的文化水平、清晰的思路以及语言表达能力。以下是笔者在2011年4月对唐守成的采访。

相关案例7—18：西江个案访谈之唐守成

被采访人：唐守成（男，苗族，47岁）

采访时间：2011年4月14日

采访地点：贵州省雷山县西江镇西江苗寨唐守成家中

问：女孩的盛装从什么时候开始做呢？

答：以前的衣服（盛装）是用手绣出来，谁家有孩子，到了八九岁、十几岁就要做一套盛装。孩子的妈妈利用一年多至两年的空闲时间，如赶不过来就让姥姥一起做。出嫁时，重大场合，如跳芦笙，小伙子就通过姑娘身上的盛装看姑娘与父母的关系好不好。①

问：这里的盛装的穿着场合是怎么的？我们在寨子里看到一些妇女有些穿苗族便装、有些穿汉族的衣服，是根据自己的喜好吗，还是旅游的需要？

答：结婚时要穿盛装。结婚后一些重要礼仪要穿盛装，如老人去世，媳妇要穿盛装；在老人下葬时，要穿此衣服把老人安葬。盛装也在百年后作为寿衣穿。村子里的妇女有的喜欢穿苗族服饰，这是自己的习惯，也没有人规定，都是看自己喜欢。

问：我来到西江三回了，看到老的衣服越来越少，您怎么看这个问题？

答：以前有些手工好的女子，喜欢绣的一生可以做七八套，多年以前外国朋友来旅游和开发时，把这些衣服都买走了。当时外国人来买，人们不知道非物质文化遗产的概念，把老的东西卖给外国人，十多年前，

---

① 如果女孩和家里长辈关系好，受父母的宠爱，家里只要有财力就会用心做，其盛装的刺绣就会更为精美、银饰就会更为繁复。

我们苗族人对哪些服装珍贵、哪些服装不珍贵都不了解，后来县文联的同志来进行了培训。现在寨子里每家这些老点的衣服都没了，基本上都是近些年做的。

问：西江女性盛装的图案有什么含义？

答：鱼在苗族中是很重要的，在重要场合都很重要。鱼还起到繁衍的作用，苗族希望多子多福，不管男女，以多为好。还有鹡宇、龙、凤、蝴蝶等图案。苗族是以蝴蝶妈妈的后代自居，苗族衣服少不了蝴蝶。

问：现在收一套衣服多少钱？

答：根据绣工，有两三千块，贵的七八千块。

问：葬礼和婚礼穿一样的吗？

答：年轻时穿花带裙，葬礼时穿百褶裙。老的加一个胸围腰，上绣龙、凤等。寿鞋都自己准备，自己绣。

问：一个女性有几套盛装？

答：一般都至少有两三套，有些传下去。第一喜欢的自己死时穿走，第二套留给子女，有些自己用。银饰一套几万块，不会下葬，怕人盗走，临走前偷偷给自己的家人。

问：有些服饰是否也有辟邪作用？

答：一些衣服有辟邪作用，如小孩的帽子上有辟邪的银饰，还有银手镯也可以辟邪，小时候就打一对，长大一点镯子就加一点银子，再大一点再加一些，接着戴，如果家里人口少就一点点加一直戴。

问：有些服饰是否也有定情的作用？

答：女孩如果看上一个男孩，就送男方一方定情的自己手绣的胸巾，如果男孩也喜欢她想要娶她，就收下这方胸巾，否则，就退还给她。

问：这些银饰是如何传承与分配的？

答：比如一个母亲有三个女儿，分别给三个女儿银饰，每人得一部分，如一个女儿分的是项链和手镯，那么再缺什么就自己花钱打什么。其他两个女儿也是一样。

问：寨子里出租给游客的“苗王”“苗后”的衣服谁设计的？

答：那些是汉族人自己设计的。要我们自己设计就是以苗族自己的风格为主，大气一些。

问：出租服装的都是些什么人？

答：苗族多，也有一些汉族人。

问：女孩还学做衣服、刺绣吗？

答：已不多了。学这个需要一定的社会背景，得有时间，女孩要读书，初中毕业后出去打工，以前走不出去，早出晚归，打猪草、打猪食。有些人空闲着，就自己绣花绣胸巾。

问：结婚的衣服谁做？

答：主要是母亲做，母亲绣完自己帮着补一些。

问：年轻女孩是不是基本穿汉装？

答：平时基本穿汉装，回来后做接待时穿苗族衣服。

问：有与服装有关的情歌吗？

答：不知道。一些古歌、叙事歌、情歌，可能中间有一些服装。

问：年轻女子接触现代时装比较多，更喜欢哪种？

答：休闲时汉族服装很好，方便。在有仪式时，还是喜欢穿苗族传统服装。

问：西江应为长裙苗，为什么寨子里广场上一些表演的裙子特别短？

答：这里特别短的裙子是表演用的，是时装化了，上衣特别短，也是时装化了，是社会的产物、旅游开发的产物。

问：我们在这里看表演，一些年老的女性穿的是自己手绣的盛装？

答：年轻人穿机绣的盛装，不怕日晒、小雨，老人年纪大了，有几套盛装，得有三四套，从中选出一套不太好的来穿。老年妇女不喜欢穿现代机绣的，如果穿机绣的，还得花几百元去买，她们表演一次就只得十几元钱。

问：一般与民族服饰相配的鞋子是怎样的？

答：冬季老年人穿保暖鞋，中年女性穿布鞋。夏天以前上山穿布鞋，现在穿塑料凉鞋，盛装没有冬夏之分，便装夏天多做一些，不染色，就是白色。或以汉族布料加工成苗族的服饰。

问：做一套盛装需要多少时间？

答：在家里不停的做，几个月，必须两个人来弄，有些拿不定主意，会东问西问，几个人一起参考。盛装的面料，自己做的少了，市场上买棉线，一坨坨的，染布是用植物染料，以前是蜡染，现在是化学染料，现在又准备做蓝靛。每个人的盛装都有不同的地方，也有相同的地方。

问：您怎么看旅游与穿民族服饰的关系？

答：如果是我做的话，都穿苗族衣服，返多点钱给农户。每年能增加三四千的收入，常年穿常返，不穿不返钱。小孩和男人穿汉服，小孩不穿，为了方便。

问：您怎么看关于家庭博物馆的问题？

答：家庭博物馆，老百姓住寨子里保护自己的文化太差了，自己认为老了、旧了，不用了，后来在省文联等单位集中培训，人们有了保护意识——谁家弄了给点钱，一般给个三百五百；也有不利因素，东西成天在那里，银饰氧化、服饰花纹掉色。

第二节 对贵州苗族侗族女性传统服饰传承影响因素的分析

一 生活方式的改变

随着时代的进步，以汉族文化模式为主体的生活方式改变了民族地区原有的生活状态，旧有的生产方式、生活方式都因此有了巨大的改变，这其中当然也包括衣食住行之首的服装——少数民族地区人们的服装款式、着装状态、着装观念、穿衣心理都产生了很大的变化。传统和现代的搭配比比皆是，如榕江县寨章村小寨的姑娘结婚时伴娘的装束就是两者的结合："8—9个伴娘都是未结婚的姑娘，她们个个都穿着盛装，一条条银项链挂在脖子上，两边耳朵坠着如柳叶似的银饰，双手戴着玉石手镯，脚下是一双双亮油油的新皮鞋。"①

① 姚丽娟、石开忠：《侗族地区的社会变迁》，中央民族大学出版社2005年版，第268页。

相关案例 7—19：对苗族女性姜珍花的采访

被采访人：姜珍花（女，苗族，35 岁）

采访时间：2015 年 2 月 3 日

采访地点：贵州省苗族侗族自治州凯里市湾水镇桥头姜珍花家中

问：您从什么时候开始学习做刺绣？是谁传授的手艺？

答：大概是 8 岁的时候，看到别人在做刺绣，自己也跟着一块儿做。

问：您现在在做的这件衣服是买来的还是自己做的？

答：这件衣服是买来的，衣服上的刺绣是拿电脑做的，这种衣服都比较便宜，衣服加裙子大概就 1000 块钱左右。

问：那您现在自己不做刺绣了吗？

答：现在都懒得做了，因为可以在市场上买到，比较方便，但是我家里面也有一件自己做的盛装，是手工做的，比电脑做的要更好一些，比较平整，所以也舍不得在手工做出来的衣服上钉银饰。

问：那您现在做的那件盛装大概花了多长时间？

答：差不多花了半年的时间，因为那段时间比较清闲，做得比较快，所以花了半年时间。

在本书第一章足部辅助服装部分所提到的曾在施洞地区流行的长布袜，笔者在 2012 年的考察时并没有见到，此种长布袜做工精美，应为穿着盛装时搭配花鞋而穿，但随着人们生活方式的改变，市售的各种材质、各种长短的袜子应有尽有，此种费时费工且清洗有一定困难的传统手工长布袜就逐渐退出了历史的舞台。

随着生活方式的改变，面料的变化也是一个方面：在过去，贵州苗族侗族女性传统服饰所用的面料为自织自染的土布，这种土布从种棉、纺纱、织布到最后染布、作亮以至裁衣，需要大约一年的周期，这与现代社会快捷的生活节奏之间有很大的矛盾。

二　经济因素的冲击

贵州苗族侗族女性传统服饰的文化价值与经济价值的不对等关系成

为困扰其传承的一个重要因素。

现代市场经济发展根本的驱动力是“利益”。批量生产的大机器生产方式与贵州苗族侗族女性传统的一针一线的手作方式之间存在很大的矛盾，以至于苗族侗族女性的劳动得不到应有的价值回报。商品经济因素对民族传统服饰造成了巨大的冲击，成衣流水线的批量生产使得耗时耗工、手工的民族传统服饰制作方式受到冲击。用几个月甚至一年的时间织绣一件衣裳在现代人眼里无疑是不可理解和难以接受的。

苗族侗族传统女性服饰的留存和传承，与社会的进步、经济的发展有着密切的联系。一般来讲，两者之间是呈反比的，即社会越是进步、经济越是发展，民族传统服饰的流失与技艺的湮灭速度越快。由贵州少数民族社会历史调查组和贵州省民族研究所共同调查撰写的《苗族社会历史调查》（一）第五编中，曾从经济的角度分析了1956—1963年台江服饰保留浓厚传统性的原因：台江大部分地区的海拔都在1000米左右，除了个别的地区（如革一）外绝大多数地区织布所用的棉花都无法自给自足，只能从外地购入棉花或棉纱。此外，女性盛装所用的丝线、绸、缎等面辅料都需要花钱购入，而做这些衣服更是占用了妇女很多工时，这些都与经济生产挂钩。因此，传统服饰“就被先辈当着（作）珍宝一样的传给后辈，后辈也很自然的继承了下来”[①]。

50年后的今天，情况依然如此，经济因素依然是影响苗族侗族女性服饰传承的重要因素：妇女一年中制作全家人衣服所花的时间占其全部劳动时间的1/3更多，做一件衣服从种棉、收获、纺纱、织布到染色、裁剪和缝制，时间跨度为整整一年，费时费工，而买一件现成的汉族服装大概在50元左右，算算投入产出比，这笔账就很清楚了。笔者在岜沙采访时，路过一户人家，从对其女主人的采访中，可以探知传统服饰制作周期与所费的工时。

相关案例7—20：对苗族女性王妹丙的调研

被采访人：王妹丙（女，苗族，43岁，见图7—17）

① 贵州编写组：《苗族社会历史调查》（一），贵州民族出版社1986年版，第161页。

采访时间：2009 年 7 月 24 日

采访地点：从江县岜沙苗寨王妹丙家中

笔者在岜沙苗寨采访时，看到正在自家门口晾布和捶布的王妹丙。王妹丙告诉笔者，当地做衣服都用自织自染的土布。一般是三月种棉花，十月收棉花，十一月、十二月纺纱，二月至五月织布，六月至十一月染布，然后是裁布和制作。如果做一身便装一般女性大概用一个月，如果是年轻手快的姑娘做一两个星期①，如果是制作盛装所需的时间为两三个月。② 岜沙女性非常勤劳，平时要上坡种地，一般都在农闲时做衣服，盛装上的刺绣都是有点时间就绣上一点，积少成多。王妹丙说自己的衣服更新

图 7—17　拿着捶完的土布的王妹丙

① 岜沙对传统服饰的传承比很多寨子要好，在寨中经常能看到十七八、二十多岁的年轻姑娘三五成群地作传统服饰。

② 岜沙的苗族女性传统服饰从款式到装饰都属于比较简单的类型。从款式来讲，是紧身合体的五件套——对襟直摆上衣、到大腿中段的百褶裙、五角形胸兜、紧身裤与裹腿，服装结构也比较简单；从装饰上来讲，只在领口、袖口和胸兜底摆以平绣刺绣花纹。因此，其盛装的制作周期要比普通服装为短。

不快，上衣一年做一件，裙子两条；给丈夫的每年要做七八套；[①] 给孩子的传统服饰也要每年都做。时间成本与人力成本由此可见一斑。王妹丙正在做的这个捶布的工作绝对可以说是一项体力活，木槌的重量由几斤到十斤左右不等，在笔者采访期间她就一直在这里晾布和捶布，从黄昏时节一直到日暮。

由于经济因素的影响，在贵州很多苗族侗族村寨中，传统服饰有着渐渐淡出人们生活的趋势，如《侗族：贵州黎平县九龙村调查》一书中有这样的记录："特别是20世纪90年代市场经济发展起来以后，商品经济深入到九龙，侗衣穿着逐渐被机制成衣取代。……在穿着上的表现，就是青年人穿着汉装，追求时髦，除春节初一祭祀活动穿侗衣外，平常基本不着侗装，侗衣成为一种摆设。"[②] 同时，此书还分析了除经济发展的原因外，传统侗族服饰本身不适于现代生活的几个因素：首先是布的质地较厚，适合冬季穿着；其次是工序多，耗费人力；再次是技术上的因素——因为植物染色的缘故，容易褪色；最后是以利于穿着，尤其是女性盛装服装部件繁多，穿着步骤复杂，穿着用时长。这些因素都制约了人们对传统服饰的需求，因此，"九龙寨的男女青年，甚至老年男人，侗衣着装越来越少，侗布的生产也比过去少"[③]。并且，除了自己制作，九龙村现在也有经营传统侗族服饰制作的店，加工一件侗衣或侗裤，收加工费7元，每条裙子收加工费60元。此价位应为以缝纫机机缝和机器压褶的价格。

黎平县九龙村体现了经济因素对传统服饰传承的不利影响，但同时因为旅游业的发展，有时经济因素也对传统服饰的传承与发展起到积极的促进作用，如雷山县郎德上寨，在1985年被作为黔东南民族风情旅游点率先对外开放，因此它的旅游业发展较快，外地人来这里都被其传统服饰所吸引，当地人也因此看到了商机，"如今全寨（郎德苗寨）拥有盛

① 岜沙是一个开放了旅游的苗寨，每天都有几个场次的活动，一般表演以男子为多，其传统服饰也充当表演服的角色，因此更新较快。

② 刘锋：《侗族：贵州黎平县九龙村调查》，云南大学出版社2004年版，第53—54页。

③ 同上。

装银饰120多套，为刚对外开放时的七倍。许多小女孩，放学就绣花，小小年纪就能绣围腰、做花鞋。妇女们在旅游接待中发展，利用农闲时间制作服饰之类手工艺品，也可挣钱，而且工艺越高，挣得越多，有人一年竟能净赚四五千元。因此，提高纺织、刺绣、蜡染等技艺，成了她们的首爱”①。

土布的减少也影响到蜡染技艺的发展，随着与外界交流的增多，纺织品的种类也在不断丰富，蜡染作为主流纺织品的地位已经渐渐动摇，它正在转向成为旅游产品而存在，逐渐被当作特色纪念品推向市场。这也同时出现一个问题：为了追求经济收益的最大化，粗制滥造的市场化的蜡染制品所占比例有逐渐增加的趋势，扰乱了市场，也降低了蜡染服饰品的品质，对其长远发展产生不利的影响。

三　交流因素

交流因素对贵州苗族侗族女性传统服饰的影响主要有两个层面。一是全球快时尚消费模式对贵州苗族侗族女性传统服饰的影响。而在经济全球化、地区一体化的今天，多重因素影响下的贵州少数民族，其生活方式与价值观念都发生了很大的变化，对苗族侗族人民尤其是青少年产生了很大的影响。席卷全球的快时尚服饰消费趋向以其便捷性、紧跟流行性逐渐开始对贵州苗族侗族女性服饰产生影响，而这些对于服饰的消费观念与贵州苗族侗族女性传统服饰精工细作的手作方式之间存在巨大的差异。吴浩在《中国侗族村寨文化》中说：“女子外出求学、打工的人逐渐增多，凡外出的人都准备了两套着装，出门穿汉装，回家着侗装。”② 她们认为“自己的衣服虽然漂亮，但县城的女孩都穿汉族服装”。

二是贵州地区少数民族之间服饰及其文化的相互影响。20世纪30年代中期，吕思勉先生在其书中写道：“今贵州男子，有取（娶）苗女者，犹多为亲族所歧视；甚至毁其宗祠。至汉女嫁苗男者，则可谓绝无矣。

① 郎德苗寨博物馆：《郎德苗寨博物馆》，文物出版社2007年版，第50页。

② 吴浩：《中国侗族村寨文化》，民族出版社2004年版，第92页。

以是故，其种类颇纯，迄今不能尽与汉人同化。”① 同样，费孝通在《乡土中国生育制度》一书中曾经提到过中国乡土社区的单位是村落，在过去这基本是一个与外界隔绝的单位：“我想我们可以说，乡土社会的生活是富于地方性的。地方性是指他们活动范围有地域上的限制，在区域间接触少，生活隔离，各自保持着孤立的社会圈子。”② 以上情况在今天有了改变。各民族的传统服饰是其民族文化的外化，在交通不便的过去，贵州独特的地理地势使得各民族之间的交流不是那么频繁，每个民族都能够较为完整地保留各自的服饰外在形态及其内在的文化内涵，各民族之间服饰的交融性导致民族传统服饰的识别性逐渐减弱。

在进行田野调查时笔者发现，交通越是便利的地方，一般汉化程度越高，其居民穿民族服饰的人就越少，民族服饰文化的留存程度也就越低；反之，如果我们要去的村子道路崎岖难走，甚至路况危险最后不得不徒步进行时，我们到达目的地后的收获也就越大，甚至还会有惊喜。这说明了路修得越好，经济越发展，与外界的交流就会越频繁，其副产品就是民族服饰文化的湮灭速度也随之加快，这似乎是一个无法调和的矛盾。

在服装学领域有一个“模仿流动”理论，指的是服装新形式的出现或是旧形式的改变，新形式被人们所接受、流传和普及开来的现象。而之所以出现这种现象是因为人们有着“通过穿同一种服饰获得与对方同等的立场的特殊意识手段”③，在这个模仿流动的过程中，“一般地讲，上位的、城市的、装饰性的、新的东西都占优势，取代那些下位的、地方的、实用性的、旧的东西而完成变化，前者是被模仿的对象”④。“模仿流动”理论在一些交流活跃的苗侗地区很适用。此外，在一些外出打工或外出上学的女性身上也体现了这个理论。笔者在榕江县采访时了解到，当地一些苗族妇女所嫁丈夫为汉族或其他民族，平时生活在县城，基本不穿苗族传统服饰了，究其原因在于在县城大家都穿汉族服

---

① 吕思勉：《中华民族源流史》，九州出版社 2009 年版，第 231 页。

② 费孝通：《乡土中国生育制度》，北京大学出版社 1998 年版，第 9 页。

③ 李当岐：《服装学概论》，高等教育出版社 1998 年版，第 195 页。

④ 同上书，第 195 页。

饰，如果自己穿苗族衣服感觉很怪，即便是回娘家时也穿汉族服装，这也许跟她们嫁给苗族以外的其他民族后，对自我的民族认知有所改变密切相关。

特别值得一提的是，虽然贵州苗族侗族女性传统服饰有很大的不同，但并不是每个地区唯有一种服装款式。笔者在进行田野调查时，曾遇到两个村寨，其中一个村寨同为苗族妇女，但所着服装从款式到材质都有很大不同。而这样的例子还有很多（见图7—18、图7—19）。

图7—18　穿着不同款式、质料服饰的四位苗族女性及其服装款式图

图 7—19　穿着不同款式服饰的两位苗族女性及其服装款式图

还有一种情况是同为一个村寨，但由于各民族杂居，因此存在多个民族传统服饰并存的现象，关于此种情况笔者也在田野调查中遇到了，不过这个亲历的案例不是在贵州，而是在紧邻黔东南从江县的广西三江，因其非常典型，在此也将其作为案例列举如下。

相关案例 7—21：三个民族传统服饰并存的三江同乐乡良冲村

在广西三江同乐乡良冲村有苗、侗、汉、瑶四个民族，彼此亲密无间、和睦相处。男子一般都穿汉族服饰，即普通的上衣下裤，而女子则穿本民族的服装。在良冲村，四个民族之间可以通婚。女子婚前穿本民族的传统服饰，婚后穿婆家的民族传统服装，偶尔穿本民族传统服装。图 7—21 为良冲村的苗、瑶、侗三个民族的女性合影。左一为侗族妇女，上穿直领对襟半截袖上衣，内着胸兜；下着百褶裙，腿缠裹腿，头戴白色扭结式头帕。中间为村长之妻（瑶族妇女），衣服结构复杂：内着圆领偏襟窄袖衣，上衣之外围一个四角形胸兜，胸兜之外是一件缠绕式外衣，此外衣后面为一整片、前片只有左右两条自肩线而下的宽带子（约 20 厘米宽），穿着时将这两条带子在前中交叉缠绕至后中位置系合；下身内穿长裤，外穿一片式打褶裙（不是百褶裙），无首服。右一为书记之妻（苗族妇女），上穿立领右衽长及膝盖的长袖土布上衣，下着百褶裙，腿裹腿套；头戴黑色头帕，将全部头发包起。

图 7—20　良冲村侗、瑶、苗不同民族女性传统服饰及其服装款式图

相关案例 7—22：关于榕江三宝侗寨传统服饰着装调查

三宝侗寨离榕江县县城 2.5 公里，只有 15 分钟车程，这决定了这个寨子与外界的交流很频繁，受到外界的影响很大。笔者采访时，有几个身穿白色传统夏装的姑娘在寨口迎宾，她们是这里的工作人员，身上的衣服和银饰整洁光鲜，脸上画着细致的妆容，普通话也说得非常好。当我们走进寨子，发现这里的女性并不是人人都穿侗族传统服装。三宝的中青年女性的盛装一般一个人有五六件之多，平时穿的数量更多。银饰每人一套，多少不一样，根据家里的经济情况而定。从年龄上看，穿传统服装的一般是 30 岁以上的女性，尤其是老年女性更是如此。此外就是像寨口迎宾的姑娘、卖侗族服饰品的店铺女老板等因工作需要，不论年龄都穿传统服饰。车寨五村三组的王大姐告诉笔者，这里的妇女 40 岁以上的都会织布，买来棉纱（此地建国后已不种棉），再用买来的蓝靛染色。织一匹布要一个月时间，做亮需要一个月左右，要用木桩不停地捶打，一个槌子七八斤，年轻女孩有些上班、有些上学，既不上班也不上学的女孩也不愿意做这些。采访时一个妇女手中正在缠线，即把买来的尼龙线在木制的机器上绕成同样的宽度，作为花带的材料。缠线虽不复杂，但很需要耐心。因会制作工艺的人越来越少，在三宝地区有很多女性穿的侗族服饰都是机器做的，买好布后请人裁剪机缝，手工费夏装 30 元一件，冬装较复杂，60 元一件，下装的百褶裙是买现成的布做的，不用压褶——这种布本身就有细密的褶裥，因褶裥的关系分量较重，一般都是论斤秤，17 元一斤，做一条裙子大约是 4 斤布。此地衣服的款式比较简单，较为宽松，到了冬天只需在衣服里边加穿毛衣和棉毛裤来保暖，非常方便。年轻的女孩与外界交流多，虽然觉得本民族的衣服很好看，但因为汉族服装具有款式多、价钱便宜、可以直接买来穿等优势，一般都是选择后者。

四　生活方式的变化

生活方式的变化是影响贵州苗族侗族女性服饰传承的又一个重要因素。在贵州的很多村寨调研时，很多当地女性认为传统服饰制作周期长、费时费工，而在现代生活中，生活节奏加快、事情繁多，很难静下心来一针一线地进行传统服饰的制作。

在榕江县归洪村，笔者采访了住在村口一组的吴正清（男，时年41岁，侗族），据他介绍这个有150多户、890多人的村子里，妇女基本上都会做传统侗族服饰。一般女孩子从八九岁就开始在妈妈的教育下学做衣服、学绣花，十几岁的姑娘已会做全套的衣服。但近些年又有了一些新的情况，随着时代的发展，这里女孩子的生活方式发生了改变，大都到学校去接受教育。这个村子的学校有一到三年级，四年级以上要到别的村子去上，如果书读得好家里也有条件供，就可以继续上初中、高中，那就要去县城或更远的地方上学。而女孩一旦能读上去或者出外打工就再也不学做衣服了，如果读了大学就不再学了，打工回来后如果感兴趣就接着学，如果不感兴趣也就作罢。

笔者在雷山县郎德上寨了解到，这里所做百褶裙染色时要用青柿子水、新鲜的猪血、蓝靛和蛋清等混合做染料，在自织的土布上涂了这些混合的染料后，先蒸，再捶打定色，工艺非常复杂，与现代的生活方式不太协调，因此愿意这样做的妇女越来越少了。

贵州很多地区的苗族侗族同胞（多为男性）都去两广、江浙等地打工，去外面三四年，或者五六年，当地人称为“找点钱”，存了一定的本钱后回家来做点小生意，妇女在家种田、带孩子、做家务，非常辛劳，用传统工艺做衣服费时费工，很多人也因此改穿汉族服饰了。

笔者2011年在台江进行田野调查时，正值当地举办姊妹节，在县城能看到很多穿传统盛装的儿童，但他们所穿的民族服饰除了手工刺绣的，还有很多是机绣的；身上所佩戴的饰品的材质由白铜代替了白银；很多孩子多是上身穿民族服饰，下身穿牛仔裤等现代服饰，传统与民族的味道越来越淡。

相关案例7—23：关于七十二寨侗族女性传统服饰的制作与穿着情况调查

七十二寨属于经济情况较好的村寨，这从妇女的服饰上就可以看出来。平均每个妇女都有五六件盛装，虽然这里的苗族服饰相对来讲较为简单，但因为件数多，所以所花的时间并不少。还有就是像刘梦发（女，33岁，苗族）这样子女多的（她有4个孩子，2个儿子2个女儿），每年除了干地里的活和收拾家里洗衣做饭之外，时间几乎全花在了做衣服上。这里的女性服装如果是便装，手快的人一两天就做得出来，其上的手绣部分不包括在内。如果加上刺绣的部分得做一个礼拜到半个月。如果不干别的活做一件盛装，裁布和缝制需要半个月左右，衣服上的花朵装饰内侧为自己手绣，外侧边缘的花边是买现成的，如果边干地里的活边做全套下来需要几个月。为了节约时间成本，这里的裙子已经不再按照传统的方式自己织布、染布，然后再自己一条一条的捏褶来做了，这是一种在外观上类似于自染布的蓝黑色棉布，有着机器轧好的细密的褶裥，不易变形，可以水洗。这种布是论斤卖，1 斤 17 元人民币，一般做一条裙子需要 2 公斤的布。买回后拿自制的土布做腰头，将布的两端缝合再缝入腰头中就可以了。做一条这样的裙子虽然不花什么时间，但就当地的经济收入而言，成本却并不低。于是，妇女们常常给丈夫、孩子做传统服装，而自己就穿现成的便宜的汉族服装（一套大概几十元，而且不费任何工时）。除此之外，村中那些嫁到外地或者嫁给汉族人的年轻媳妇（刘梦发的丈夫就是汉族），经常需要外出，也很少穿本民族的衣服了，反而是那些还恪守着传统生活方式的中老年女性，从生活习惯到穿着习惯都保持着原有的模式。

五　相关立法的缺失

少数民族传统服饰遗产保护方面存在立法上的薄弱环节，关于少数民族传统服饰的专门立法处于缺失状态，这使得对少数民族传统服饰的保护处于缺乏法律支持的不利境地。在这样的状况下，流失无疑是不可避免的。

自 20 世纪 80 年代以来，国外和台湾的一些学校、博物馆、研究机构和个人来到贵州，购买了大量精品的苗族侗族女性传统服饰，以苗族精品服饰居多。此外，20 世纪 90 年代以来，国际上流行的“民族风”对服装市场产生了很大的影响，北京、上海、广州的一些服装公司也购买了很多传统服饰，然后将这些服饰拆分，如衣服领部、前襟的绣片等，把这些服饰局部缝缀在时装上，这比雇人刺绣绣片要便宜得多，也比工业化统一的批量机绣绣片更有宣传的噱头——每件都是少数民族手工刺绣的、独一无二的图案——可以由此卖更高的价格，很多传统服饰也因此流失了。

六　当地群众传统服饰保护意识的薄弱

在生活节奏日益加快、资讯日益发达、交流日益频繁的当代社会，贵州苗族侗族群众的价值观都在自觉不自觉地经受冲击与挑战，甚至可能由于地区经济整体的落后而对传统服饰所带来的与汉族着装外观的不同产生自卑的心理，因此对于本民族的服饰呈一种摒弃的态度，这种情况较多地存在于年轻一代的身上。具体到女性，其自出生之日起，就看到自己的母亲以及其他女性亲人、女性乡邻穿着传统服饰，在这样的环境长大的她们，多是将本民族的传统服饰作为一个当然的存在，并没有意识到其后所蕴含的民族、历史、文化价值。对于传统服饰及其文化的坚守，需要各级政府、科研单位等对当地群众的宣传与沟通，激发和培养其对本民族传统服饰的自信心、文化认同以及自觉性。

在七十二寨采访时，这里的侗族女性对衣着较为重视，其服饰便装与盛装差别较大，盛装更为精美、花费财力也更多。在服装的装饰层面，家里比较富裕的衣服的刺绣等就更为繁复、成本就相对高一些，不富裕的就花样略简单点、成本稍低一点。在采访的几户人家里，不同年龄层次的侗族女性其服饰的数量都比较多：中青年的女性人人都有好几套便装、一套以上的盛装；老人家每人便装也有六七套，盛装一两套；小女孩因为长得快，每人也都有五六套便装，在十二三岁之前都是母亲做，这之后开始学着做，再大些就自己做了。每家每户的侗族女性都有这么多的衣服，如果孩子的衣服穿小了、成人的衣服穿旧了，怎么办？据当地的一位侗族少女讲这些衣服“烧火埋在地下”，这种对于旧衣的处理方式，笔者因没有亲见①，也存在疑问，但如果属实，对传统服饰的留存不啻是一种消极的方式，也使得大量的服饰实物消失。

① 埋入地下是否会影响土壤质量与结构，这是一个存疑的问题。

第八章　贵州苗族侗族女性传统服饰之传承的三个要素

第一节　传承中的主体因素——传承人、组织者以及普通制作者

一　传承人

（一）传承人的本族性、情感性与精神性

贵州苗族侗族女性传统服饰的传承离不开传承人，提到传承人就需要考虑三个层面，即传承人的本族性、情感性与精神性，这三个层面是紧密相连的。

贵州苗族侗族女性传统服饰的传承人以本民族女性为最佳，其原因如下：他（她）们是传统服饰这个“作品”的作者，也是这个民族的“自我”（self）中的一员；他（她）们具有对本民族文化耳濡目染的先天优势，也具有对本民族传统服饰优于“他者”（the other）的领悟与认识。即是说传承人与他（她）们作品之间存在着一种“联系”。

这是怎样一种“联系”？鲍桑葵曾经有这样的论述：“联系的纽带在于：正像形式在一个自然过程中表现了法则一样，在人的制作品中，只要没有机器介入，他在手法方面的观念本身会连同其结果，即自动化的活动，表现在他的双手的制作品中。作品揭示了人，人又是观念（体现在感官和感觉中）的化身。这在有意识的制作中就是内容和表现之间的

桥梁。”[①] 这句话中所提到的“观念”和“有意识的制作”都与服饰中所蕴含的情感性、精神性密切相关。

最早对于民族服饰中情感因素的关注非常偶然，2008 年，笔者在雷山西江苗寨的一个民族服饰品店，看到九个刺绣的帽顶，一旧八新，无论尺寸、构图、款式、色彩、技艺来看都完全相同，价钱也相同，都是 70 元，笔者直觉的把那个旧的拿到手中把玩，最后决定买下了它。店主看到我选择这个旧的，有些不解，认为有新的为什么要买旧的？笔者于是问店主，为什么笔者所选的这个这么旧，而剩下的那些又那么新？且旧的和新的从尺寸、构图、款式、色彩、技艺上都一样。店主说这个旧的是从村里收来的，是从一户人家孩子的帽子上拆下来的，因为被戴过所以有点旧了。这个帽顶的款式是本地的传统款式，那八个新的是请人照着这个传统款式现做的——因为游客都不喜欢旧的服饰品，嫌别人穿戴过，感觉不干净。按照这个老帽顶复制的新帽顶卖了好多个了，而这个老帽顶却一直无人问津，所以奇怪笔者的选择。店主的解释使笔者有些困惑：除了新旧之别，明明是同样的东西，究竟是哪里不同，以至于笔者能够毫不犹豫地弃新而选旧呢。这个疑问一直存在我的心里，直到 2011 年才找到答案。在这一年，笔者结识了自 1994 年就开始对贵州苗族服饰进行调查研究的日本学者鸟丸知子（Tomoko Torimaru）女士。在一次闲谈时，她告诉笔者，近两年她去贵州看到的一些民族服饰品和早些年去贵州时大大不同了，尤其给小孩做的帽子、背儿带等服饰品，差别很大。笔者问她有什么差异，是否是技艺的变化？她说不是技艺的变化，现在的苗族女性拼命做衣服、绣花不是为了给自己的孩子穿戴，而是将其做成了买卖的商品。这样完成的作品虽然使用了相同的技艺，但是效果完全不同，我们在作为商品的这些民族服装里根本找不到那种属于母亲的浓浓的感情。而随着生活节奏的加快、生活习俗的改变，会有更多的苗族侗族服饰逐渐退出当地群众生活的舞台，也会有越来越多的民族服饰仅仅是作为商品而被制作出来。对于这样的服饰商品来讲，制作者并不知道它的购买者是谁，因此也就将其仅仅作为一个工作而不投入感情。反观那些不是作为商品的民族服饰品，要么是中年的妈妈给青年的

---

① ［英］鲍桑葵：《美学史》，张今译，广西师范大学出版社 2001 年版，第 362 页。

即将成亲的女儿做，要么是青年的妈妈给幼年的孩子做，或者是即将出嫁的女孩子给自己做，无论哪种情况，其中所包含的感情都是丰沛而醇厚的，在这样的情境下所做出的衣服，虽然可能在尺寸、构图、款式、色彩、技艺等层面上都没有什么区别，但最终的成品却有着可以一眼就能够辨识的差异。笔者觉得她的话非常有道理——当传统的手工艺成为商品且不再作为评判女性价值的一种参照物时，它已经不再是女性的社会角色必然的组成部分，在此时单纯地追求高效率以换取更大的交换价值就成了一种必然，这必将损害服饰品的文化价值。同样，只有对本民族的传统服饰具有深深感情的传承人才能制作出好的作品。

再来看服饰的精神性。如果有两件衣服，一件是传了几代的女性盛装，另一件是与这个款式相同的新做的盛装，我们对这两件在尺寸、构图、款式、色彩、技艺上都没有什么区别的女性服饰进行比较，就会发现，与老盛装相比，新盛装似乎更多了一种烟火气，而老盛装似乎更具有一种宁静的气质。也许有研究者认为，衣服是一个物件而已，怎么会有烟火气和宁静的气质？的确，民族服饰是物质性的，这表现在它是有形的实物，民族服饰又具有精神性，这一方面是因为其上所体现的民族服饰技艺，另一方面还体现在它是制作者精神世界的反映。这种反映不仅表现在制作者对服饰色彩的调配、对服饰图案的创作上，还表现在它是制作者心理因素的体现。这与我们观赏画作是一样的：内心平静的画家所作的画就具有一种宁静的感觉，而内心焦躁的画家的画作呈现给观者的却是躁动的感觉。此外，像玉雕、微雕、内画瓶等传统手工艺作品在制作时，都要求制作者收敛心神，有一个比较平稳的心理状态，否则一个起伏就有可能前功尽弃。贵州苗族侗族女性服饰有许多技艺与此非常近似，如破线绣，需要将一根丝线破为6—8股，甚至16股，然后再进行刺绣，在刺绣时需要十几根甚至二三十根针，以如此细的丝线来刺绣的图案无论人物的五官口鼻还是植物枝叶纤维，都能做到纤毫毕现，因此需要制作者在制作时能够凝神静气。因此，精神性也是考量传承人的一个重要因素。

（二）对传承人的认定

笔者在贵州进行采访时发现，随着民族间交流的逐渐加强以及汉族服饰的普及，苗族侗族传统的女性服饰技艺逐渐式微，如在贵州多个县区进行采访时，当地群众告诉笔者："现在做衣服的都是30岁往上的人，20多岁的女孩要不就上学，要不就出去打工，没时间学做衣服了。"而这种情况在其他地区也很普遍。少数民族传统服饰技艺的生存特点就在于其传承，传承人是少数民族传统服饰进行传承的必要的条件，因此对传承者的认定与支持尤为重要。

在非物质文化遗产的框架中，传承一般以以下四种形式进行：家庭（或家族）传承；社会传承；群体传承；神授传承。其中群体传承与神授传承并不应用于对民族传统服饰的传承，与其密切相关的基本是家庭（或家族）传承或社会传承。

家庭（或家族）传承一般指的是在有血缘关系的人们中间进行的传授和学习，绝大多数都不传外人，多见于技艺性比较强的领域。贵州苗族侗族女性传统服饰技艺在家庭（或家族）传承这个层面多见于母女间的传承，但并不具有排他性，亲友之间对技艺的交流与相互学习非常普遍。

社会传承有两种方式：一是师傅带徒弟的传授方式，二是通过自己学习掌握某种技艺。贵州苗族侗族女性传统服饰技艺在社会传承的两个侧面上都有体现，有的是有正式的师承关系，有的是全凭自己钻研来掌握这些技巧。

对传承者的认定包括对其传承路线（很多是家族内代代相传）、技艺内容、技艺水平、技艺创新等多个角度进行考察，在每种服饰技艺的掌握者中遴选出最为适合的人才，通过一定的认定标准将其作为正式的传承人固定下来。

相关案例8—1：对台江县县级非物质文化遗产项目"刺绣"代表性传承人张艳梅的调研

被采访人：张艳梅（女，苗族，39岁，台江施洞五河人）

采访时间：2016年3月20日

采访方式：电话采访

问：请您谈谈您学习苗族传统服饰技艺的经历。

答：我出生于台江县清水江边一个苗族家庭，父亲是教师，母亲是本地的刺绣能手。我高中毕业后在母亲的影响下开始学习苗绣，经过十多年的学习，掌握了很多刺绣技艺，尤其擅长辫绣。一件好的苗绣作品，必须要有内涵。刺绣前，要把这些情节通过画师画在绣布上。我会先把在民间收集到的苗家作品讲给画师听，然后由画师作画在绣布上，再来绣。我还有继续学习，比如补锦绣针迹在台拱翁里河一带老一辈的苗族女性盛装中很流行，工艺繁复，现在会做的人很少了，以后有可能消失，下一步我想好好学习这种技法。

问：您怎么看苗族传统服饰？

答：苗族没有文字，只有口述传说和古歌，我希望非遗的保护不只让我们看到影像，希望它是“活”的，希望传统服饰能一辈辈在我们苗族人身上穿着。苗绣劈线绣只集中在苗疆腹地台江，所以我们应该好好传承下去。服饰中有很多我们民族的文化，比如水涡纹的大耳环，其实那不是水涡，我听妈妈唱古歌，她告诉我那是太阳，指引着东方，护佑着我们祖祖辈辈人。

问：请您谈谈对民族传统服饰传承的认识？

答：现在外出务工的年轻人很多，村里多数是留守老人和儿童，传承在链接上有断层，市场经济对它的冲击也很大。另外，机绣对手绣的仿真度很高，这些都会对手绣有影响。但是，我们苗族还是保留了很多传统的东西，我们崇尚祖训，相信万物有灵，认为穿着祖辈的衣着才能回归与祖辈在天堂踩鼓，所以我还是很有信心的。

（三）传承人的多级认证体系

为使中国的非物质文化遗产保护工作规范化，国务院发布《关于加强文化遗产保护的通知》，建立了非遗四级保护体系，即“国家 + 省 + 市 + 县”的四级保护体系，要求各地方和各有关部门贯彻“保护为主、抢救第一、合理利用、传承发展”的工作方针，切实做好非物质文化遗产的保护、管理和合理利用工作。按照国家文化部规划建立的“国家 + 省 + 市 + 县”共四级保护体系，各省、直辖市、自治区也都建立了自己的非物质文化遗产保护名录，并逐步向市/县扩展。

具体到贵州苗族侗族女性传统服饰，可以分为如下四级保护体系：一为国家级的，如国家级非物质文化遗产中涉及贵州苗族侗族女性传统服饰的项目；二为省级，如贵州省级非物质文化遗产中涉及贵州苗族侗族女性传统服饰的项目；三为市级，如贵阳市非物质文化遗产中涉及贵州苗族侗族女性传统服饰的项目；四为县级，如雷山县非物质文化遗产中涉及贵州苗族侗族女性传统服饰的项目。

（四）对传承人的保护与支持

传承人也是当地群众中的组成部分，但他们身份特殊，也承担了更为重要的历史使命：他们是传承中的主体——人。近年来，中国对非物质文化遗产的保护逐渐加大了力度，国家、省、市各级对传承人的认定工作也在进行，但不容否认的是被认定的传承人毕竟是少数（见表8—1），而在民间还有很多技艺精湛的、不为人知的对于苗族侗族女性传统服饰技艺的掌握者。

表8—1　　国家级非物质文化遗产传承人名单

序号	项目编号	姓名	性别	民族	出生年	项目名称	地区	类别	批次
160	Ⅷ－40	杨光宾	男	苗族	1963	苗族银饰锻制技艺	贵州省雷山县	传统手工技艺	第一批
04－1773	Ⅶ－22	吴通英	女	苗族	1951	苗绣	贵州省台江县	传统美术	第四批
04－1820	Ⅶ－107	陈显月	女	侗族	1964	侗族刺绣	贵州省锦屏县	传统美术	第四批
04－1840	Ⅷ－25	王阿勇	女	苗族	1944	苗族蜡染技艺	贵州省丹寨县	传统技艺	第四批
04－1844	Ⅷ－40	吴水根	男	苗族	1966	银饰锻制技艺（苗族银饰锻制技艺）	贵州省台江县	传统技艺	第四批

此外，对传承人权益缺乏有效的保护机制，如工作环境、团队与队伍建设、收入保障、相关培训等方面都还不成熟，有着很大的上升空间。此外，还没有被认定为传承人的那些实际上身怀绝技的传统服饰技艺的手工艺人，其创作、研究、学习以及经济保障等层面条件上的不足极大

地挫伤了他们的积极性，随着这些手工艺人的老去，这些传统服饰技艺就有失传的危险，这需要各级政府的重视，并加大保护和支持的力度。

1. 政策的保护与资金的支持

对苗族侗族女性传统服饰技艺传承者需要在政策和资金上进行双重的支持与保护，如在政策上明文出台保护措施或纳入各地方相关部门的正式编制。苗族侗族女性传统服饰款式复杂、技艺繁复，因此非常花费时间，进行技艺的研究与服饰品的制作势必会影响其经济收入。如果使其静心创作，必须要给予其一定的创作空间，这就需要在经济上解决他们的后顾之忧，如每年将一定的资金以工资或其他方式下拨。笔者认为政策上的倾斜与经济上的支持缺一不可，两者的结合才是对传承人进行保护的根本途径。

2. 培养机制与定期培训

培养机制主要指的是对还不够成熟的技艺持有者的培养，以使其在不久的将来能够成为传承人。培养机制的建立有助于传承人的更新换代，能够保证某项技艺一直传承下去。即便成为传承人，也要进行定期的培训，这有助于帮助传承人互相之间的交流与一定程度上的合做，使其能够跟随时代的步伐不断进步，当然这也牵扯到资金的问题，需要各级政府的支持。采访中一些基层的管理干部深有感触地对笔者说："在培训中，资金是一个很重要的问题，不到位不行。"

3. 建立传承人资料库

对传承人资料的收集是地方政府需要做的一项重要工作。资料库的建立有多重作用，从地方政府的管理角度来看：可以对传承人的具体资料进行存档；有助于对辖区内传承人所掌握的技艺的分类；可以对辖区内各项技艺的传承力量有比较详尽的了解；有助于查漏补缺。从经济合作的角度来看，可以在需要举办相关活动、与相关企业合作、遇到商机时作出迅速而快捷的反应。从文化传承的角度来看，可以理顺传承的脉络；有助于对技艺的记录、收集与整理；可以留下精彩的服饰品图像资料；有助于对传承人、传承脉络、技艺手法、服饰品风格与技法的演变等问题的研究。表 8—2 是笔者草拟的关于传承人的留档提纲。

表 8—2　　对传承人的留档提纲示例

一、传承人的基本资料					
姓名		年龄（周岁）		出生日期	
性别		民族		信仰	
受教育程度		职业		住址	
联系方式		邮政编码			
二、传承人的师承资料					
师承关系		授业师傅姓名		授业师傅具体情况	
传习方式		是否收徒		徒弟具体情况	
三、传承人的代表技艺					
代表技艺	技艺名称	制作方法	制作步骤	制作周期	注意事项
第一项					
第二项					
第三项					
四、传承人的代表作品					
代表作品	题目	创作时间	技艺类型	现存何处	图片资料
第一项					
第二项					
第三项					
第四项					
第五项					

二　有影响力的组织者

（一）对有影响力的组织者的定义

如前面几章所述，贵州苗族侗族女性传统服饰包含“物”与“非物”两个层面的内容。“非物质文化遗产的本质不在于‘物’与‘非物’，而在于文化的‘传承’，其核心是传承文化的人。……传承人消失，原形态的非物质文化遗产也就不复存在。因而，非物质文化遗产保护的重点是传承人。”①

① 金星华、张晓明、兰智奇：《中国少数民族文化发展报告》（2008），民族出版社 2009 年版，第 119 页。

日本在1950年颁布的《文化财保护法》中最早提出“有形文化”与“无形文化”概念，少数民族传统服饰是将“有形文化”与“无形文化”有机结合起来的少数民族文化遗产。其中静态的传承主要针对的是有形文化，属于物质文化遗产的范畴；动态的传承主要针对的是无形文化，属于非物质文化遗产的范畴。

在《文化财保护法》中，“不仅将有形文化遗产和无形文化遗产作为并列的保护对象，还将‘重要无形文化财持有者’（代表性传承人）的保护置于重要位置”[①]。那么，民族传统服饰传承人应如何界定呢？我们可以借鉴非物质文化遗产传承人的概念，“狭义的非物质文化遗产传承人是指，‘在有重要价值的非物质文化遗产传承中，代表某项遗产深厚的民族民间文化传统，掌握杰出的技术、技艺、技能，为社区、群体、族群所公认的有影响力的人物’”[②]。此外，《贵州省民族民间文化保护条例》[③]“推荐与认定”部分中对传承人的认定如下：“熟悉掌握某种民间传统技艺，在当地有较大影响或者被公认为技艺精湛的”——在以上两个认定中有一个共同的词汇——“影响”。现今对民族传统服饰传承人的认定上技艺的精湛是一个重要的，甚至具有决定性和绝对性的评判标准，但笔者在贵州田野调查中发现，除了技艺的精湛以外，“有影响力的”或者说“有组织力的”组织者也具有与传承者一样重要的作用。

（二）传承者与有影响力的组织者之间的关系

需要特别指出的是，技艺传承人与有影响力的组织者两者之间具有重合的部分，即大部分有影响力的组织者本身也是某种民族传统技艺的传承人，而技艺的传承人并不都是有影响力的传承者。

笔者认为，在现今的时代背景之下，少数民族传统服饰不再局限于

---

① 申茂平：《贵州非物质文化遗产研究》，知识产权出版社2009年版，第6页。

② 祁庆富：《论非物质文化遗产保护中的传承与传承人》，载郝苏民《文化·抢救·保护非物质文化遗产——西北各民族在行动》，民族出版社2006年版，第193—210页。

③ 2002年7月30日，贵州省第九届人民代表大会常务委员会第二十九次会议通过了《贵州省民族民间文化保护条例》。《条例》分“总则”“抢救与保护”“推荐与认定”“开发与利用”“保障措施”与“法律责任”共6个部分37条。

当地群众自身的穿着上，它还成为商品和艺术品，商业模式的介入使得有影响力的组织者占据了重要的地位，因此，技艺传承人与有影响力的组织者在今天共同构成了传承中的主体因素。

三　普通的制作者

技艺传承人是服饰传承的主体因素中重要的组成部分，但不容否认的是，国家级、省级、市级、县级四级的保护机制虽然使得一定数量的传承人得到了保护，但同时可以被认定为传承人的毕竟是少数，而服饰技艺的传承自古以来就不是少数人可以完成的，一定数量的技艺掌握者是使得技艺得以流传的充要条件，因此普通的制作者也是服饰技艺传承的主体因素之一。这部分普通制作者就是笔者在数次实地调查中所见到制作服饰品的苗族侗族女性，是千千万万还将传统服饰作为生活必需品而为此制作的苗族侗族女性。

第二节　传承中技术的因素——服饰手工艺的传承

技艺的传承是少数民族传统服饰得以流传的必要条件，在这个方面我们还有很多事情需要去做。技艺的传承并不只是停留在通过实践进行传承的层面，对技艺进行记录、整理和研究的理论工作也非常重要。这种传承方式是将现存的和渐渐走向消亡的技艺以文字、图片的方式记录下来。

一　服饰技艺的特点与传承之间的关系

笔者认为，贵州苗族侗族服饰手工技艺的传承人有着它自身的特点，这是由它本身的特性所决定的，主要体现在以下四个方面。

（一）服饰手工技艺具有生活普遍性的特征

在中国，很多民族传统服饰技艺还普遍存在于当地民众的生活中，贵州的苗族侗族女性的传统服饰手工技艺更是如此，即它们是制作当地群众生活中必需品的手段。传统服饰手工技艺是由于裁剪、制作和装饰传统服饰的需要而产生的，只要当地的女性还穿着传统服饰，这些技艺就必将流传下去。

（二）服饰手工技艺具有个体操作性的特征

受生产生活方式的影响，中国绝大部分的传统服饰手工艺都具有可以进行个体操作的特征，贵州苗族侗族的女性传统服饰技艺更是如此，以进入第一批国家级非物质文化遗产名录的“苗族蜡染技艺”为例，它被纳入“传统手工技艺”的范畴，它与同类别其他手工技艺相比，其传承的特点是具有个体的操作性，即它是个体的某个制作者（一位妇女）自己就可以完成的，因此个体性是贵州苗族侗族女性传统服饰技艺的一大特征。

（三）服饰手工技艺的传承方式具有民间性与家庭性的特征

贵州苗族侗族女性传统服饰技艺还具有民间性与家庭性的特征。同样以进入第一批国家级非物质文化遗产名录的苗绣为例，它被纳入“民间美术”的范畴，它与同类别的顾绣、苏绣、湘绣、粤绣、蜀绣相比，其传承的路径明显不同：其他几种绣法基本上已经失去了它们在家庭中的传承方式，即没有了母女传承、姑嫂之间相互切磋这样的家庭内部的存在，基本是绣厂中的师徒、相关公司中员工之间的传承和相互学习，而贵州苗族侗族女性传统手工技艺一般都是家庭之内的传承，最常见的是母女之间的传承。

（四）服饰手工技艺具有较弱的师承仪式性特征

与中国很多具有较强师承仪式性的传统技艺不同，贵州苗族侗族女性传统服饰技艺的师承仪式性较弱，在某些情形下甚至是完全不具备师承仪式性。众所周知，贵州苗族侗族女性传统服饰的传承一般以家庭为单位，如果是家庭间母女的传承，基本不存在拜师的必要；而如果是姐妹（亲姐妹或非亲姐妹）、姑嫂、妯娌之间对手工技艺的相互学习和切磋，也会因为平辈的关系，很少有拜师的情形。

现在让我们对民族服饰手工技艺所具有的以上四个特点进行分析。首先，生活普遍性特征使得它的掌握者众，因其基数大，所以这些掌握者中具有精湛技艺的人数也相对更多。这个特征决定了它的传承者（可能的传承人）数量相对大。其次，民族服饰的手工技艺具有个体的操作性。这表现为从棉花的种植、纺纱、织布以及布料的染色、后加工乃至刺绣、蜡染等装饰手段的运用，都可以以个体为单位完成。当然，在这个过程中也存在有些需要协同合作的工序或一些分工与合作的情况，但这并不是因为作为个体的制作者在技艺上无法完成此项工作，而是基于节约人力或成本的考量；同时，相互间的协作在苗族侗族人的日常生活中是非常方便而且普遍的[①]，因此即便是部分工序的合作也是简单易行的，这个特征决定了传承者可能存在的普遍性。再次，民族服饰手工技艺传承的民间性与家庭性的特征决定了它的传承一般被限定在家庭内部这个范围[②]，特征决定了它的传承范围。最后，民族服饰手工技艺的师承仪式性特征较弱，这使得它的认定具有一定的难度，也很难形成体系或进行宗流的界定。

综上所述，对于民族服饰的传承人，或者本书所研究的贵州苗族侗族女性来讲，其服饰的技艺是由两部分人来共同传承的：一部分是被认定为传承人的传承人，一部分是没有被认定为传承人的“传承人”，虽然后者并不符合我们严格意义上对传承人的界定，但它数量众多，并且我们不应排除在传承人的遴选过程中有沧海遗珠的现象；[③] 即便没有这些问题，因其基数众多（很多地区、村寨几乎家家户户都是纺织能手、蜡染能手、刺绣能手），在民族传统服饰的传承人上挂一漏万应该是普遍的现象。因此，笔者认为贵州苗族侗族的传承人具有两个类别：一是国家、省、市、镇、乡等各级认定的传承人；二是那些除认定外的传承人，我们可以将其称为传承者。对这两个类别的传承人都应加大保护、支持与培养的力度。

---

① 如在一个村寨中一家需要起楼，整个寨子中可能的劳力都会自发前来帮忙，主人只需提供饭食即可，每家每户都是如此；再如乡亲邻里之间的女红技艺都会毫无保留地分享，等等。

② 随着时代的发展，民族传统服饰的传承具有多种崭新的模式，但毋庸置疑，这些传承方式占有相对少的比例，笔者在此的分析是基于绝大多数状况的。

③ 笔者经过田野调查发现，越是交通和资讯相对较不发达的地区，其当地的妇女所掌握的本民族服饰的技艺就越为纯粹和鲜活，这有两方面原因：其一，交通和资讯相对不发达使得她们与外界的接触较少，这也使得她们世代习得的审美和技艺保持在一个较为稳定的状态，也因之其服饰（作品）更加民族与传统；其二，交通和资讯相对不发达也使得她们受到外界的干扰更少，内心较为稳定地停留在一个比较安静的状态，在此状态下其服饰（作品）更具有民族性和传统性。

二 传承中教与学的几种方式

（一）家庭成员间的传承

在少数民族传统技艺的传承上，家庭无疑是最普遍的传承方式，在很多苗族地区，每个家庭中真正的传统服饰每个妈妈要做三四套，一套给自己作为老衣服，剩下的每个女儿出嫁各给一套；女儿们做了妈妈再给自己的女儿每人一套，自己留一套作为老衣服。做一件这样的盛装需要一年的时间，但这丝毫不妨碍她们制作的热情，这也是苗族侗族女性传统服饰传承的最主要的动力。

（二）师徒间的传承

师徒传承不同于母女之间的传承，其范围更广、更具有专业性、效用更大，因而也是苗族侗族女性服饰未来技艺传承的一种有效方式。笔者认为，苗族侗族女性服饰制作技艺尤其是刺绣技艺可以借鉴中国四大名绣（苏绣、粤绣、湘绣、蜀绣）的传承方式。文化部办公厅在2009年5月26日发布了711名第三批国家级非物质文化遗产项目代表性传承人名单[①]，在传统美术一项中有三个苏绣、一个蜀绣的传承人上榜，她们是江苏省苏州市的姚建萍（苏绣）、江苏省无锡市的赵红育（苏绣）、江苏省南通市的金蕾蕾（苏绣）和重庆市渝中区的康宁（蜀绣）。其中，苏绣传承人姚建萍在苏州木渎姚建萍刺绣艺术馆举行带徒仪式，他们将在艺术馆“闭门”三年，潜心学艺，传承苏绣文化。姚建萍说，从事刺绣行业，必须耐得住寂寞、受得起挫折、经得起诱惑。这种收徒来进行传承的方式很值得借鉴，而现今苗族侗族女性服饰在这一点上还很薄弱，需要进行进一步的尝试。

（三）工艺研习所传承

据笔者在云南、贵州、广西的调查，工艺研习所并不是一个主流的传承方式，无论从规模还是数量上都远远不够。笔者预计，在国家和各

---

① 此名单是根据《国务院办公厅关于加强我国非物质文化遗产保护工作的意见》（国办发〔2005〕18号）精神，为有效保护和传承国家级非物质文化遗产，鼓励和支持国家级非物质文化遗产项目代表性传承人开展传习活动而经各地申报、专家评审委员会评审、社会公示等程序，最后确定的711名第三批国家级非物质文化遗产项目代表性传承人。

级政府的大力支持和推动下，这将是苗族侗族女性传统服饰传承的重要途径之一。

（四）当地技艺互助组传承

相对于管理更为规范的工艺研习所来讲，贵州当地还有一些更为民间性质的技艺互助组。这些互助组一般以一至数位技艺精湛的民间艺人为中心，组织本村寨和附近村寨喜欢女红的女性，传授、学习和研讨相关技艺，并在核心民间艺人的指导下进行技艺实践活动。如下面的榕江县兴华水族乡摆贝村的“百鸟衣”传承人姜老本和她的“摆贝苗族妇女刺绣互助组”。

相关案例8—2：榕江摆贝“百鸟衣”传承人姜老本和她的“摆贝苗族妇女刺绣互助组”

榕江县兴华水族乡摆贝村苗族“百鸟衣”是以土布和红、黄、蓝、绿等彩色锦缎丝绸拼合，并在胸兜和围腰上绣有各种花、鸟、鱼、虫、太阳、蝴蝶等纹样，裙摆装饰有绣片和蜡染布片，底端缀有一圈鸟的羽毛。百鸟衣色彩绚丽、造型古朴、特色鲜明、工艺复杂，具有很高的艺术价值及经济价值。年过半百的苗族女性姜老本是省级苗族百鸟衣服饰的传承人，她对此种服饰的制作纯熟精湛，能够不用描样直接剪出相关的图案。

“百鸟衣”制作工艺复杂，因而掌握和从事这项工艺的人很少。姜老本决心要把“百鸟衣”这项独特技艺传授给更多的人，因此在自己的家里成立了“摆贝苗族妇女刺绣互助组”，现在已带出徒弟一百多名。

（五）当地中小学校开设相关课程

贵州民族地区的学校课程设置应当增加对苗族侗族等传统服饰留存状况较好的少数民族的服饰技艺课程，充分体现服饰文化的民族性，将对苗族侗族民族服饰文化课程及传统工艺课程等纳入义务教育课程体系之中，让贵州学生通过学习含有本民族服饰文化、工艺的课程和教材，了解本民族服饰文化的发展历史与现实，学习适应少数民族地区的各种知识和技能。

丹寨县扬武乡的扬武中学有两个特色：一是课间操是以丹寨著名的锦鸡舞为灵感的“锦鸡操”，二是开设了蜡染兴趣小组，并专门开辟了蜡染工作室，配备了相关的工具。据校长陈炳贵（男，苗族，40岁）介绍，扬武中学蜡染兴趣小组的学习完全是建立在学生自愿的基础上，对这项技艺感兴趣的同学学校就培养他们，这其中也有一个选拔的过程；这样做也是为了将丹寨的蜡染更好地传承下去。学生们的蜡染作品一半是传统图案一半是画他们感兴趣的东西（见图8—1）。参观完扬武中学有两件事让笔者很有感触：一是在重视升学率的社会大环境下，扬武中学能够让学生根据自己的兴趣把很多时间用在传统技艺的学习上，这种做法非常难得。二是一个小细节，在扬武中学的每层楼梯上都悬挂着学生们在兴趣班上的蜡染“不乱扔垃圾”宣传画，并注明这是几年级几班谁的作品，非常具有地方特色。

图8—1　扬武中学学生蜡染作品

在当地学校开设相关课程是传承中的一个组成方面，但有时也存在着师资不足、经费缺乏等种种问题，如台江县的施洞小学希望以开设手工课来传承苗族服饰文化，曾经试图将苗族服饰及相关内容纳入课堂体系，但由于需增加经费投入、专业老师难寻以及增大了学生的课业压力等问题而暂时没能实现。[①]

（六）高等院校服装专业人才的培养

由于少数民族服饰文化专业传承者的数量较少，且多已年迈，并仍有减少的趋势，所以要拯救优秀少数民族服饰文化，必须培养专业人才，充分发挥传承人的作用。因此，相关部门可以聘请一些当地少数民族服饰文化的传人，以老带新，从而更好地传承弘扬优秀的少数民族服饰文化。任何一种民族服饰文化都是以人为载体而进行传承的，特别是一些以“口传心授”为主要传承方式的非物质文化遗产。当地也可以建立一系列少数民族生态文化传承人保护制度，通过“传帮带”的方式，使少数民族服饰文化血脉得以延续。

相关案例8—3：对苗族服装设计专业在校生吴初夏的访谈

被采访人：吴初夏（女，苗族，贵州省凯里市湾水镇洪溪村小寨组人，设计专业大学本科二年级在读，22岁）

采访时间：2015年3月4日

采访地点：北京某大学教室

问：关于苗族的一些服饰技艺，你学过吗？

答：没有学过，小时候看见妈妈和奶奶在做刺绣，自己特别喜欢，然后跟妈妈说我也学，但是这个时候奶奶就会说：“学什么呀？你现在在念书，以后再学。”就这样我一直都在念书，没有机会学。但是奶奶有时候也会给我针线，叫我试着去绣一些东西，但是那时候还太小，我也是三分钟热度之后就没有继续下去。

问：在你身边的同龄人中，还有会做刺绣的吗？

答：现在我认识的同龄人中几乎都没有会做刺绣的了，但是我记得小时候有一个事情给我的印象很深刻，曾经我有一个小学同学因为家里的经济条件不好，她就会趁着假期做一些刺绣，然后拿出去卖钱，用这

---

① 王爱青：《台江县学校教育传承中苗族服饰文化现状考察》，《凯里学院学报》2009年第1期。

些钱来充自己的学费，但是现在我也不知道那个同学的情况了，因为小学毕业之后就没了联系，但是当时是很佩服她的，她也受到了大人们的夸赞。

问：那现在村子里面做刺绣的人还多吗?

答：不是很多了，首先现在村里的人越来越少了，因为大多数人都出去打工，村里就差不多只有老人和小孩在，老人们偶尔也会做一些刺绣，但是大多情况下都不怎么做了，年纪大的眼睛不太好了。

问：关于一些传统服饰技法你有所了解吗?

答：有的，记得小时候奶奶经常自己养蚕，然后丝线用来做刺绣，盛装上的布料也是奶奶自己做的。那些制作过程一直都在脑海里。首先将布料染色，染的时候奶奶会将一块方形的布固定在两个木条上，然后叫我们几个小毛孩拿着木棍，把布料展开，就用鸡翅膀上面的毛蘸着煮好的染料往面料上涂匀。染料是用一种石头煮出来的，煮出来之后是一种很重的紫色，最开心的是每次奶奶会不小心涂到我的指甲，指甲上就会有一种很漂亮的紫色。涂好染料之后，就会用柏树的树叶烧出了烟去把布料熏干，树叶事先要用水打湿，以免有太大的火焰把布料烧坏，熏干之后把布折成长方形，放在一块很平整的石头上用木槌去捶打，然后再展开，折叠，再捶打，反复多次之后，布料就会变得很有光泽了并且会有一定的硬度，不过也很容易掉色，所以大人们每次在穿盛装的时候都特别小心，加倍地爱护。不过很遗憾的是现在这些技艺已经没有人去做了，因为有了新的面料去代替它，所以渐渐的就没有人做这些古老的技艺了。

问：那现在家里的具体传承情况是什么样的呢?

答：现在的传承情况可以说是有喜有悲吧，因为现在自己动手去做盛装的人越来越少，每次我问他们为什么不自己做了呢？都会回答道："因为可以买到啦，所以就没必要花时间去做了，而且自己做的又不一定好，又花时间和精力。"所以现在很多人都不太愿意去做刺绣了，不过这也在另一个方面说明了一件事情，就是现在已经开始有专门的小工坊去制作民族服饰并用来出售，这未尝不是一件好事。

问：能谈谈为什么当时想学设计专业吗?

答：我是特别喜欢服装专业，在校考的每个学校填的专业里我都填了服装专业，那种喜欢有时候是一种说不上来的感觉，我喜欢把自己的想法转化为现实，也有很大一部分原因是从小就受到苗族服饰文化的影响，让我对服装有着一种特别的感情。特别是上大学之后，更明白了自己民族服饰的珍贵。

问：学了服装设计之后，你对本民族的传统文化有没有一些新的了解？

答：今年是大二了，通过前面的学习，我更加认识到民族文化的重要性，一方面是老师们的教导，另一方面也是自己血缘中的根基让我更加觉出自己的民族文化的重要性。苗族文化现在给我的感觉是神秘、淳朴、善良、热情，当然也是非常美的，这种美不单单体现于服装上，也有苗族人的性格，他们善良、直爽，热爱自己的生活，不管在什么时候，对生活都充满了追求。现在每次从学校回到家乡去，都会觉得在我身边的人是那么可爱善良，他们爱喝酒、热情好客，对待身边的人和事都是用一颗真诚的心。正是这些朴实的性格，激发了他们对美的追求，也正因如此，苗族服饰才会那样丰富多彩，用一颗美丽的心去创造身边的事物。

问：想过在将来把时尚设计和民族的东西结合在一起吗？

答：现在我一直在思考这个问题，首先受到大学的影响，使我认识到民族文化的重要性，我特别希望我能成为一个传承者，也更加希望自己能成为一个创造者。我想过，怎么样才能更好地将苗族文化传承下去，并且发扬光大，最重要的一点我觉得是要为苗族文化赋予一定的价值，这种价值就要靠设计、靠创作。所以我特别希望将来我有能力创立一个民族文化品牌，让我自己的家乡得到更多人的认可，把她的美和故事带给更多的人，也希望通过自己的能力，把我的家乡变得更美好。可能这条路会很长很长，但是我希望我能一直为这个梦想坚持下去。

问：最后你能谈谈你的展望和规划吗？

答：现在随着时代的发展和变化，也有越来越多的人去关注民族文化，并且保护民族文化，这让我觉得很欣慰。但是我个人认为最好的传承和保护就是让民族文化具有自己的价值，这个价值是要靠我们去赋予和创造，当它具有价值之后自然也就会得到更多人的关注，而这时民族文化也就有了一个更好的生存空间。可能会在工作的几年之后，在我具备一定的能力之后我会选择创业，开始创立自己的品牌，目前我是这个想法，所以在接下来的日子里，我需要让自己静下来，去沉淀自己，学习更多的东西。

三 关于传统手工艺的手工性与市场化之间的悖论

托夫勒在《第三次浪潮》一书中提道："第二次浪潮最为人们所熟悉的原则，就是标准化。谁都知道，工业化社会生产千千万万同样的产品。"[①] 随着贵州旅游业的发展，越来越多的游客喜欢上苗族侗族传统服饰品；此外，当今社会市场化的、机器大生产方式的服装制造业使得纯手工制作的传统服饰品拥有了越来越多的消费者，也因此传统的、单件单品制作的传统服饰生产方式不再适应逐渐加大的市场购买力，因此将传统工艺进行市场化改良、增大生产数量与力度是适应当今消费市场的必然。同时，市场化的生产方式也在一定程度上对传统手工艺的原生态保护起到了消极的影响作用，因此产生了传统手工艺的手工性与市场化之间的悖论：如果要满足市场需要，就要进行市场化的改革，这是时代发展与地区经济进步的必然；而市场化的改革也在一定程度上使得传统服饰手工艺的原生态受到影响。

相关案例 8—4：丹寨手工蜡染技艺的市场化

丹寨蜡染是贵州蜡染重要的组成部分，具有较高的审美价值、文化价值和经济价值，2006 年 5 月 20 日，国务院在中央政府门户网上发出通知，批准文化部确定并公布第一批国家级非物质文化遗产名录，共 518 项，其中丹寨苗族蜡染技艺榜上有名。[②]

---

① ［美］阿尔夫·托夫勒：《第三次浪潮》，朱志焱、潘琪、张焱译，生活·读书·新知三联书店 1983 年版，第 92 页。

② 文化遗产名称：苗族蜡染技艺
遗产编号：Ⅷ－25
遗产类别：传统手工技艺
申报日期：2006 年
所属地区：贵州·黔东南州·丹寨县
遗产级别：国家
申报人/申报单位：贵州省丹寨县

丹寨的蜡染以扬武乡的排莫村、排倒村和排调镇的远景村为中心，50多平方公里的21个自然村寨，基本上家家都能做蜡染。传统蜡染采用手工织布与植物染料，在过去，蜡染的服饰品主要用于自给自足，满足自家人穿着的需要。

20世纪90年代以来，这种以家庭需要为主的生产模式被打破了，形成了以手工艺能人为技术核心，并接受小批量订单的生产模式，这种以慢工细活的手工方式来制作蜡染服饰品，没有什么固定的销售渠道。如今，随着时代的发展、对外交流力度的加大，对于蜡染制品的需求量也大大增加了，这就产生了传统的生产模式与日渐增加的市场需求之间的矛盾——生产规模上不去，手工生产出货慢，因而很多订单做不了。如丹寨蜡染能手王阿勇曾多次出国表演蜡染技艺，其蜡染作品一直呈供不应求的状态。2010年1月，贵州日报采访时，其三儿媳妇杨丽莎告诉记者，很多订单他们都无法接，因为出货周期长，用纯手工的方式无法在规定时间内交货。此外，当地蜡染能手中有很多只谙苗语，不懂汉话，这些都影响了市场的开拓。

同时，一些看好当地蜡染资源的外地客商正在做关于丹寨蜡染市场化的努力，并为此实施了相关的技术措施与现代的市场营销手段：第一，逐渐从生产环节入手缩短蜡染成品周期，在布料的选择上弃用生产周期长、成本高的自织土布，而改用市售的棉布和棉麻面料。第二，对蜡染容器的改造，聘请当地专家建造3平方米的蜡染池，以使例如整条床单这样的产品都可以全部浸染（见图8—2）。第三，改装晾晒设备——传统的蜡染每20分钟必须晾一次，他们将这个晾晒的步骤电动化，使其可以在机器操作下按时自行晾晒，节省了人力成本。第四，革新传统手工环节以适应大批量生产，完成一个月1000件蜡染成品的生产。第五，将制作者每个人擅长的图案做成个人标识，写上其名字，附在每幅作品的商标上以增加人们对蜡染的兴趣和文化含量。第六，在一些大城市如上海等地设立销售点来拓展销售渠道。经过这一系列的措施，丹寨的苗族蜡染正在朝着市场化的方向迈进，但同时市场化的批量生产也使得传统蜡染手工艺的手工性逐渐弱化，机器化和统一化的一些生产环节使得丹寨蜡染以往那种完全手工制作所形成的每件服饰品的唯一性和独有性的特色渐渐弱化。两者之间的矛盾需要在实践中探索出路。

图 8—2 经过改装的蜡染池

第三节 传承中的其他因素——传承的助力

一 各级地方政府的重视和支持

国家和地方政府对传承的助力主要体现为政策和资金上的支持，政策上的支持是传承的基本保证力量，而资金上的支持是将传承贯彻下去的经济后盾，只有政策和资金的双管齐下，才能保证民族传统服饰的顺利传承。同时应该积极开展政企合作与项目的引进，建立政府的扶持与企业合作相结合的发展机制，通过政府建立专项扶持基金，对凡是从事少数民族传统服饰的研究机构、单位及个人可按照条件和要求申请相应经费，不断吸纳民营私有企业的加入，建立与企业的合作关系，在合作初期政府需给予企业一定的扶持优惠政策，最终寻找合作共赢的方式，从而更加完善地传承与发展贵州苗族侗族女性传统服饰文化。

雷山县文化体育局提出雷山县在银饰制作这项技艺中所面临的濒危情况：一是传承方式脆弱。这是由于传统的银饰制作工艺一般都是以家庭为单位并遵循子承父业的传承方式，受此限制能够继承和发扬这门传统工艺的银匠人数有限。二是工艺流程的简单化和本民族特性的降低。这是由于年轻的工匠缺乏对本民族工艺文化内涵的认识和了解，为了经济利益和生存空间而展开恶性竞争，如从过去的纯银用料改为以锌白铜浸银来替代，再如从过去的精湛工序到现在的流程简单化。此外，加入的一些样式和纹饰是对外来文化或其他少数民族文化的移植，缺乏民族特性。三是银匠艺人老龄化，银匠工艺后继乏人。现今坚持银饰制作的匠人，其年龄都在50岁上下，而在现代打工潮的冲击下，许多银匠的后代舍弃这门手艺而外出打工挣钱了。走出家门的他们接触现代化的机械大生产的制作方式后，反而认为传统的手作工艺费时费料，丧失了对本民族工艺的自信心，这些都导致了银匠的传承后继无人。针对以上情况当地政府采取了一系列举措，如在每年的“苗族文化年”中涉及苗族银饰的部分、将现有的几个银饰制作村寨命名为“银匠村”，等等。此外，还计划采取一系列相关举措：对银饰制作工艺进行普查、收集、拍摄、记录和整理，通过各种方式将这种技艺完整地保存下来，并编纂成书；把银饰加工知识技术带进中小学课堂；加强对“银匠村”的保护，改善其人文环境以及外部环境，对银匠提供一定的帮助，请技艺高超的银匠培训新手，为他们提供场所和资料支持；开展银饰制品艺术展或相关比赛项目，培养人们对制作工艺的兴趣；建立“银饰博物馆”，收集和展览银饰珍品，传播银饰文化；以“文化生态保护区”的形式保留“银匠村”特定的工艺生产现场，对拥有古老技艺且世代传承的家庭给予政策扶持和经济补助，鼓励其后代将家族的精湛技艺传承下去；建立银饰工艺的保护体系与传承人的认定与培养机制，建立新旧结合，传、帮、带结合的新的传承人培养机制，将符合条件的银匠命名为“民间文化传承人”，将银匠村命名为“银饰艺术之乡”，推进传承与发展；建立由专家指导的、以县长为组长的雷山苗族非物质文化遗产保护领导小组，建立以乡镇分管领导为负责人的普查工作队，成立以乡镇分管，乡镇长为组长、各学校校长和银饰名匠为成员的银饰制作教学工作组，并编纂教材；加大经费投入，县、乡两级财政每年拿出部分资金用于保护工程，专款专用。①

---

① 雷山县文化体育局：《雷山苗族非物质文化遗产申报文本专辑》，中央民族大学出版社2010年版，第63—64页。

相关案例8—5：政府扶持的民营蜡染企业——贵州丹寨宁航蜡染有限公司

被采访人：姜建华（男，侗族，49岁）、宁曼丽（女，汉族，49岁）

采访时间：2011年4月18日

采访地点：丹寨县龙泉镇建设南路166号贵州丹寨宁航蜡染有限公司

2011年4月，笔者在丹寨对当地的蜡染传承状况进行考察时，采访到一家刚刚成立一年的民营蜡染企业——贵州丹寨宁航蜡染有限公司。公司创办者是夫妇二人，丈夫姜建华，负责后勤、人员和技术方面，妻子宁曼丽负责产品开发。公司的成立也是机缘巧合：2009年的金融危机使得安徽客商宁曼丽那些面向国外市场的坯布销售不出去，偶然看到关于贵州蜡染的报道后，宁曼丽萌生了将坯布做成蜡染的想法，于是来到贵州进行考察。正值当地进行能工巧匠大赛，她将20多米布交给正在表演的两位榕江的选手去染。染完后，效果很好。宁曼丽将其带到上海的国际面料展上，很受青睐，于是决定在此投资，在当地政府的大力支持下，仅两个月就建成投产。

该公司的运营模式是"公司+农户+基地"的方式，现有专职员工30余人，最小的十八九岁，最大的67岁（见图8—3），平均月收入1500元左右。除了专职员工外，公司还依靠分散在各个村庄的散户进行生产，合作的农户有几十家。

该公司的产品主要分为三种类型：一是传统的纹样和图案，这是产品的主流。但在设计上也有一定的变化，如运用"反绘"的方式，即把面料中原来是白色的地方变成蓝色，原来蓝色的地方变成白色。二是根据客户需要在传统图案中融入时尚的元素。三是纯现代的图案，有专门的设计人员进行新产品的研发。不同年龄层的员工也有不同的分工：年龄较大的员工画古典的传统图案；中年的员工画传统与现代结合的图案；年轻的员工则主攻现代风格的图案。不同年龄层次的员工之间也会经常交流画蜡的经验，其中一些员工是师承的关系。该公司还预备开设蜡染体验模式，即让客人通过自己的操作来了解苗族蜡染。宁曼丽认为蜡染服饰品是非常具有生命力的商品，其公司还接到美国、日本等的订单，她对蜡染的传承发展充满希望。[①]

图8—3　宁航蜡染公司正在画蜡的工人

二　相关研究与科研机构的学术支持与方向性建议

博物馆、研究所、高校等相关研究机构和科研机构的学术支持和方向性建议可以对贵州苗族侗族女性传统服饰的传承起到重要的作用，这些机构理论研究和文化研究方面的优势是任何其他机构和团体所无法取代的。举几个小例子，笔者在田野调查中发现，贵州苗族侗族女性在衣服上绣花时，基本上都是模仿祖辈留下的衣服上的图案，

① 2011年12月，贵州丹寨宁航蜡染有限公司被评为首批省级非物质文化遗产生产性保护示范基地。

有些照着绣出了很漂亮的花却不知道这是什么花；很多关于服饰的传说代代相传，但由于经过每代人的“加工”很多已经失去原有的味道；很多地方的博物馆和收藏者并不十分清楚什么样的衣服是真正具有收藏和研究价值的，这些不能不说是一种遗憾。笔者认为博物馆、研究所、高校等相关科研机构对贵州苗族侗族女性传统服饰的传承的助力作用应体现在两个方面：一是这些机构本身的收藏（如对实物精品的收藏）、研究（如建立少数民族服饰数据库）、传承（如对技艺的整理和记录）与宣传（如举办专题的民族服饰展）；二是指导地方的博物馆和研究机构开展相关的工作，并充分发挥智囊的作用，对传承提出前进的方向性建议。

三　当地文化馆对相关文化宣传活动的开展

除了各级政府外，贵州当地的文化馆也起着重要的作用。文化馆职能要有以下八项：第一，举办各类展览、讲座、培训等，普及科学文化知识，开展社会教育，提高群众文化素质，促进当地精神文明建设。第二，组织开展丰富多彩的、群众喜闻乐见的文化活动；开展流动文化服务；指导群众业余文艺团队建设，辅导和培训群众文艺骨干。第三，组织并指导群众文艺创作，开展群众文化工作理论研究。第四，收集、整理、研究非物质文化遗产，开展非物质文化遗产的普查、展示、宣传活动，指导传承人开展传习活动。第五，建成全国文化信息资源共享工程基层服务点，开展数字文化信息服务。第六，指导下一级文化馆（文化站、社区文化中心）工作，为下一级文化馆（文化站、社区文化中心）培训人员，并向下一级文化馆（文化站、社区文化中心）配送文化资源和文化服务。第七，指导本地区老年文化、老年教育、少儿文化工作。第八，开展对外民间文化交流。这其中至少有三项与苗族侗族女性服饰传承密切相关，首先如第四项“收集、整理、研究非物质文化遗产，开展非物质文化遗产的普查、展示、宣传活动，指导传承人开展传习活动”。这是与服饰传承直接密切相关的条目，包括了对民族服饰的收集、整理、普查、展示和宣传等活动，还包括了非常重要的传习内容。其次是第一项“举办各类展览、讲座、培训等”，这主要体现在可以通过展览、讲座、培训等内容加强当地群众对贵州苗族侗族女性传统服饰品保护的意识，增强其对本民族精湛的服饰技艺的自豪感，提高其对传统服饰的兴趣。还有第五项，可以建立“文化信息资源共享工程基层服务点”，建立“数字化”的信息库。

四　合理运用民间组织的力量

对贵州苗族侗族女性传统服饰的保护不是个体行为，它需要地区当地政府、群众的共同参与，也需要政府或民间组织的力量共同促进。在丹寨扬武乡有一个民间蜡染协会，会长是杨芳女士（女，苗族，45 岁，见图 8—4），杨芳从 1996 年开始招收学徒，至今毕业了 300 多名学员。2004 年，杨芳成立了“扬武农民民间蜡染协会”，2008 年 6 月，在当地政府的支持下协会正式在工商部门注册了“丹寨排倒莫蜡染专业合作社”，开始了由“非营利性质”的协会到“民办、民管、民受益”的合作社的经营模式，实施“市场 + 合作社 + 社员”的经营管理模式，并注册了蜡染产品商标“排倒莫”[①]。合作社现有固定的成员 30 余人[②]，非固定成员分布于附近的 6 个村庄，达 300 人。合作社定期举办苗族蜡染文化学习、技艺交流的活动，鼓励成员坚守本地特色。据民间蜡染协会的副会长杨丽（女，苗族，45 岁）介绍，在协会的发展过程中发现，仅仅是研究蜡染技法还很不够，如果能使得掌握蜡染手艺的本地妇女的作品走出去，这样不仅能使人们了解丹寨蜡染，还能使妇女们增加收入，提高生活水平。

---

① “排倒莫”的名字来源于地处黔东南丹寨县东南部 36 公里两个毗邻的村寨排倒和排莫，因其民俗相似在苗语中称为“八道峁”，即排倒莫。这两个村寨的苗族妇女不论老幼都会做蜡染，寨子里有很多蜡染能手。

② 合作社成员年龄在 20—50 岁，成员来源地是以排倒、排莫和基加三大村为中心，辐射到周边乡镇，第一批入会的成员中有省级苗族蜡染技艺传承人韦主春（女，苗族，47 岁），州级苗族蜡染技艺传承人杨芳（女，苗族，45 岁）、杨春池（女，苗族，30 岁）、王光花（女，苗族，27 岁）、杨品英（女，苗族，50 岁）、王祖霞（女，苗族，22 岁）、王瑞（女，苗族，20 岁），以上 7 人均为排倒村和排莫村人。另外还有县级苗族蜡染技艺传承人杨秀芬（女，苗族，36 岁）、杨秀珍（女，苗族，33 岁）、罗佩琼（女，苗族，43 岁）、杨永权（女，苗族，38 岁）、张国芬（女，苗族，40 岁）、杨承柳（女，苗族，26 岁）、杨再梅（女，苗族，21 岁），以上 7 人均为基加村人。

图 8—4 丹寨扬武民间蜡染协会会长杨芳

五 相关的服饰公司或企业的市场化推进

公司或民间团体的助力主要体现在资金上，即用一定的资金购买民族传统服饰，将其以不同的方式保护起来，甚至在保有一定的民族传统服饰的基础上对其加以研究。在国内外的服装公司中，对民族传统服饰购买和研究的案例很多，国外如法国的高级服装品牌 DIOR 和 MAX MARA 就不定期地收集很多本民族或其他民族的传统服饰，甚至为此建立专门的博物馆，对其进行分类、整理和研究；国内如爱慕、欧迪芬等内衣品牌长期收集以汉族为主体的各族女性的传统内衣，对其进行分类、整理，并从服饰文化等诸多角度对其进行研究。

第九章　贵州苗族侗族女性传统服饰之传承出路与设想

第一节　保护层面——实物保护与传承环境的建立

一　服饰实物层面——对贵州苗族侗族女性传统服饰的实物保护

对实物的保护是传承的首要问题，传统服饰实物的收集可以分层实现，如全国各级博物馆、科研院所与大专院校、县乡镇村的文化职能部门以及将服饰实物用于收藏和研究的个人。这其中，博物馆应是主要的收集、整理与研究的主体：博物馆是陈列、典藏自然和人类文化遗产的实物的场所，是对那些有科学性、历史性或者艺术价值的物品进行分类，为公众提供知识、教育和欣赏的文化教育机构或社会公共机构；博物馆是非营利的永久性机构，它对公众开放，为社会发展提供服务；除了陈列与典藏外，博物馆还有征集和研究这些实物的职能。博物馆对少数民族传统服饰的收藏与保护具有积极促进作用。

特别需要指出的是，贵州苗族侗族女性服饰因为分布较广、支系众多，仅靠国家级和省级的博物馆是无法达到全面和系统的实物收藏的。这就是需要当地的一些中小型专题博物馆，甚至是私营博物馆做必要的补充——在过去，大中型综合博物馆占中国博物馆的绝大部分，近年来，一些专题性的博物馆渐渐走进人们的视野，如笔者在雷山县所访问的“中国雷山苗族银饰刺绣博物馆”，再如西江镇一些苗族家庭服饰博物馆。这些专题性质的博物馆对苗族侗族民族服饰的保护意义重大，不仅能够收藏服饰实物，还可以对服饰及其文化进行宣传。

相关案例 9—1：黔东南州民族博物馆

黔东南州民族博物馆开馆于 1988 年，设有“综合馆”“苗族文化馆”“侗族文化馆”“民族服饰银饰馆”和“非物质文化遗产馆”5 个基本陈列以及 1 个临展厅，2006 年挂牌为中国民族博物馆分馆。自开馆以来累计接待观众达百万人，先后举办各类临时展览近百个，对宣传和展示黔东南苗侗民族文化起到了积极作用。

相关案例 9—2：贵州民俗民族博物馆

贵州民俗民族博物馆是一座私营博物馆，已故馆长曾宪阳从 20 世纪 80 年代以来就开始关注贵州少数民族服饰，收集了大量的贵州少数民族精品服饰，馆藏苗族、侗族、布依族等民族服饰约 3000 件（套），其中有很多民族传统服饰精品。

相关案例 9—3：太阳鼓苗侗服饰博物馆

太阳鼓苗侗服饰博物馆属于民办博物馆，位于凯里三棵树镇，馆长杨建红在贵州民族大学毕业后在凯里博物馆工作，因偶然的机会于 1993 年开始收集民族传统服饰，20 多年来收藏了 120 多套精品的苗族、侗族服饰以及 600 多件单品。博物馆于 2012 年 4 月正式挂牌，展览面积 1000 平方米，共 582 件展品和 180 张图片，有关于 100 套苗族侗族服饰的款式、穿戴习俗和装饰风格的文字介绍。杨建红认为“传承必须通过生产来传承”。在此思路引导下，她在附近村寨挑选民族传统服饰艺人，并对其进行培训，在培训的过程中采集数据、记录技艺。现在杨建红已经建立了几个稳定的专业村，培养了几百人的绣工力量。

相关案例 9—4：雷山西江家庭博物馆

在县政府和镇政府的支持与引导下，雷山西江苗寨一部分农户开办了家庭博物馆（见图9—1）。在这些家庭博物馆中，展出的是各种与生产生活息息相关的、人们的日常用品。笔者在西江千户苗寨采访时了解到，这里每个家庭博物馆每年都会进行评级，有一级、二级、三级三个等级，根据等级政府每年会给予一定的补助。在2008年度文化遗产保护评级补助中，镇政府共表彰了35户村民，其中获一级家庭博物馆2户，每户各获奖金2000元；二级家庭博物馆3户，各获奖金1200元。与出售这些实物一次性得到的收入相比，这种细水长流式的收益方式无疑对人们具有更大的诱惑力。家庭博物馆以服饰尤其是女性服饰为主要的藏品，对当地苗族女性服饰实物的保护作用很大。此举有效地激发了群众积极参与民族文化遗产保护的意识，在村民受益的同时，实物也得到了保存和保护。

图9—1　西江家庭博物馆

二　传承环境层面——建立和完善原生态文化村落

这里所指的传承环境是传承的人文环境。传承环境的保护是贵州苗族侗族女性传统服饰传承的一个重要方面，建立和完善原始生态文化村落是传承环境保护的一个重要途径。在民族传统文化的保护、民族传统服饰的传承和旅游业的发展之间建立联系，以原生态文化村落的发展为载体可以对苗族侗族女性传统服饰的传承提供更为良性的环境：原生态文化村落的建立与发展可以吸引更多的游客，可以对传统服饰技艺进行更好的宣传，可以使得传统服饰在它应有的环境中被穿戴，可以为传承人与服饰制作者提供更优厚的经济回报激发其积极性，从而利于传统服饰的传承。

相关案例9—5：生态博物馆

生态博物馆的概念在1971年诞生于法国，是由法国人弗朗索瓦·于贝尔和乔治·亨利·里维埃提出。生态博物馆与传统的博物馆不同，传统博物馆是将文化遗产放到一个特定的博物馆建筑中，使这些文化遗产远离了它所产生的环境，而生态博物馆是将文化遗产保存在它所属的社区及原生环境之中，是一种以村寨社区为单位的、没有围墙的“活体博物馆”，其核心是“活态展示”。这里的“生态”既包括自然生态，也包括人文生态，它强调保护和保存文化遗产的真实性、完整性和原生性。

全世界的生态博物馆已发展到300多座，生态博物馆的理念被引入中国之后，在中国建立了生态博物馆十余个，这十余个生态博物馆涉及苗、侗、瑶、汉等民族的十几个村寨，保护了当地的传统文化。

中国的第一座生态博物馆是1998年建立于贵州六盘水市六枝特区与织金县交界处的梭戛乡梭戛苗族生态博物馆。[①] 梭戛苗族女性传统服饰保存完好，特有的牛角形头饰造型独特，在最初对中国生态博物馆选址的民俗调查中，已经将这里的女性传统服饰用影像的方式保存了下来。随后又在贵州建立了堂安侗族生态博物馆、隆里古城生态博物馆以及镇山布依族生态博物馆，形成了“贵州生态博物馆群”，这在中国其他省（市、区）是不多见的。

---

① 此博物馆包括12个长角苗主要聚居的村寨，即六枝特区梭戛苗族彝族回族乡安柱村（上、下）安柱寨，高兴村陇戛寨、补空寨、小坝田寨、高兴寨，新华乡新寨村大湾新寨、双屯村新发寨；织金县阿弓镇长地村后寨，官寨村苗寨、小新寨，化董村化董寨、依中底寨。

下文所述之案例为贵州从江县丙妹镇岜沙苗寨，这个距县城仅7.5公里的寨子从村民的装束到生活方式都很少受到外界的影响，作为一个相对比较封闭的少数民族村寨，岜沙反而是附近地区最有名且旅游业最为发达的村寨，这其实体现了原生态的村落环境与旅游业发展之间的关系。

相关案例9—6：最后一个持枪部落——岜沙

岜沙苗寨对外的宣传词是“最后一个持枪部落”。笔者到这里以后，在寨口的迎宾仪式就是寨中男子将火枪冲天空中放一枪，让人倍感新奇。岜沙苗族对自然树木崇拜，每一个小孩生出来后父母就会为其种上一棵树，这里的每一个人都有属于自己的一棵树，待百年后用这棵树做棺木——不是把树刨切成木板制成棺材，而是将树按直径切开，把中间掏空，将人放入其中，再将树按成长方向那样竖着埋入地下，然后在埋葬死者的地方又栽上一棵树，叫做“落叶归根”，岜沙人用这种方式来让生命得到再生与延续。因为对树的崇拜，岜沙的生态环境很好。

岜沙的传统服饰很具特色，属于简约紧身的类型，是用自织自染的土布制成，女子的衣服上有精美的锁绣。男子留有长发髻，盘于头顶；女子梳发髻盘于脑后，颇具古意。

县里的工作人员介绍，岜沙可以算是离县城最近的村寨之一，但却是附近村寨中少有的不易受外界影响及同化的寨子。工作人员举了一个例子，在以前，岜沙的人基本都自给自足，衣服女性来做，吃饭种田就可以解决。寨中的女性都不出寨，只有男性定期去镇上挑柴去卖，然后买些盐之类的必需品就回家。近几年与外界的交流才逐渐增多。

擅长歌舞是贵州苗族侗族的一大特点，歌舞是贵州苗族侗族女性生活中不可或缺的艺术形式，受到了人们的关注。苗族的飞歌、侗族的大歌都在全国以及世界范围内产生了影响。在每年的旅游季，贵州苗族侗族各种民族风情歌舞表演都吸引着外来的游客（见表9—1）。

表 9—1　　　　　　从江县 2016 年春节旅游活动安排

序号	活动名称	活动时间	活动地点	活动内容
1	侗族集体婚礼	农历十二月二十	高增乡小黄村	当年要结婚的青年男女，全村同一天办酒席，多则十余对
2	赶略活动	正月初一	贯洞龙图片区	杀猪宰牛，男女老少穿盛装祭萨后，扛着火枪驱魔出寨
3	侗歌节	正月初一	下江镇高仟村	清泉闪光的音乐——侗歌比赛
4	侗族鼓楼抢鸡	正月初二	贯洞镇干团村	侗族传统婚恋习俗活动
5	苗族芦笙节	正月初四	雍里乡雍里村	赶变婆、芦笙赛等民俗活动
6	变婆芦笙节	正月初四	翠里乡高文村	芦笙赛、赶变婆等民俗活动
7	鼓楼对歌	正月初四、初五	高增乡小黄村	小黄、高黄、新黔三个片区的群众相邀在鼓楼对歌
8	岜沙风情表演	每天	丙妹镇岜沙村	岜沙苗族风情体验
9	吹芦笙踩歌堂	正月初三至十五	加勉乡各村	吹芦笙、踩歌堂

侗族的大歌早在 20 世纪 50 年代就已经蜚声海外：1953 年，黎平岩洞村的侗族姑娘吴培信参加了中国人民赴朝慰问团，将侗族大歌带到了朝鲜；1957 年，黎平三龙乡侗族姑娘吴万英、吴万芬、吴云英、吴锡英参加了全国民间音乐舞蹈汇演，把侗族大歌带到了北京；1957 年，吴培信参加了第六届世界青年与学生友谊联欢节，把侗族大歌带到了苏联；1959 年，中央人民广播电台首次将侗族大歌灌制成唱片在全国发行；1959 年，侗族大歌首次被拍成电影新闻纪录片；1986 年，侗族大歌合唱团参加法国金秋艺术节，将侗族大歌带到了巴黎；1996 年，从江县小黄侗族大歌队在北京演出后又赴法国巴黎演出，又一次引起哄动。[①]

随着旅游业的发展，歌舞表演成为贵州旅游业的一张名片。丰富的民族歌舞资源为观者带来美的享受，苗族侗族的歌舞是其中重要的组成部分，比如苗族的芦笙节、侗族的踩歌堂等。踩歌堂是流行于侗族地区的一种文化娱乐活动，举办的时间一般在侗年和春节前后，三五天或七八天不等。踩歌堂的地点一般选在村寨的鼓楼、戏楼等公共场地或是晒

① 杨玉林：《侗乡风情》，贵州民族出版社 2005 年版，第 181—182 页。

坝、场坝等空旷的地方。在活动期间，相邻村寨的青年男女以及老人孩子都会奔赴而来，青年男女在这种场合会穿着节日的盛装，尤其是侗族青年女性会穿着她们最美丽的盛装，将全套的银首饰和银佩饰都佩戴和装饰在头上和身上，脚穿绣花鞋，画着淡雅的妆容，展现自己最美好的一面。

“饭养身，歌养心”，苗族侗族人民以歌舞来怡情、悦己，来创造美，而歌舞者所身着的民族传统服饰恰恰是美的一部分，在这些歌舞表演中，民族传统服饰是必不可少的组成部分，以具有仪式性的礼服形式而存在。在贵州，一些开发比较早的村寨已经形成自己比较完备的歌舞表演体系，并有固定的专职演员和群众演员、丰富的歌舞种类与表演项目，比如岜沙和西江。

相关案例 9—7：西江苗寨的歌舞表演

西江歌舞表演形式多样。首先看歌类，有飞歌、酒礼歌、情歌、祝福歌、儿歌等。酒礼歌包括拦门酒歌、迎客酒歌、敬客酒歌、交际酒歌、酬谢酒歌和送客酒歌，等等。在表演迎客酒歌和拦门酒歌时，盛装的西江姑娘要身着盛装一面唱歌一面用牛角杯为客人敬酒。在表演敬客酒歌和酬谢酒歌时，盛装的西江姑娘唱着歌一面给客人搛菜一面喂酒。欢送客人离去的有送客酒歌，盛装的西江姑娘一面唱歌一面将客人送出寨子。情歌的类型很多，按照内容分有《询问歌》《单身歌》《赞美歌》《深夜歌》《春天歌》《逃婚歌》《分别歌》等[①]，在演唱时可以低声对唱也可以二重唱，在表演时青年男女可以穿着盛装也可以穿着本民族的便装。

再来看舞类。西江的舞蹈主要有铜鼓舞、芦笙舞、板凳舞和烟杆舞。鼓在西江的民族文化中占有重要的地位[②]，他们有具有悠久历史的鼓社制，最隆重最盛大的节日是 13 年一次的“鼓藏节”。在举办鼓藏节时，铜鼓舞是必不可少的重要节目，在鼓藏头的带领下穿着民族盛装的男女围成大圈庆祝节日。铜鼓舞种类繁多，有捉螃蟹、翻身舞、迎客舞、打

---

① 吴音标、冯国荣：《西江千户苗寨研究》，人民出版社 2014 年版，第 143 页。

② 笔者在第三次田野调查时见到了西江的“鼓”，此鼓以青铜制成，鼓面上雕刻着精美的花纹，以木架支撑供奉于在供桌上，供桌前有一只香炉，此鼓被单独放在一间屋子里。

猎舞、鸭步舞、送客舞、祭鼓舞、青年放牧、捞虾舞、送鼓舞、迎宾舞。[①] 芦笙舞是贵州各地苗族较为普遍的舞蹈，笔者所见有两种形式，一是只有青年男子边吹芦笙边跳舞，这种形式中，青年男子是表演的主角；还有一种是在青年男子吹芦笙跳舞的伴奏伴舞中，青年女性身穿盛装翩翩起舞，在这种形式中，青年女性是表演的主角。板凳舞是一种具有随意性、趣味性的舞蹈，主要的道具是板凳，舞者双手各拿一只板凳，以敲击出声为节奏，舞步变化多样，舞者有多种人数和组合。表 9—2 节目单所示是笔者 2009 年 8 月 5 日在当地进行调查时见到的表演内容。

表 9—2　　西江苗寨歌舞表演节目明细

序号	类别	节目名称	节目特色
1	舞蹈	《走苗山》	榕江两旺短裙苗女性舞蹈
2	侗族大歌	《天地人间充满爱》	歌词大意："百花争艳歌声美，侗族村寨歌传情，天地人间充满爱，和谐关爱情更深"
3	舞蹈	《南猛芦笙舞》	雷山县岔河村芦笙舞
4	苗歌	《你是一朵花》	多声部情歌，已被列入第二批国家级非物质文化遗产名录
5	苗族舞蹈	《掌坳铜鼓舞》	铜鼓舞，已被列入第二批国家级非物质文化遗产名录
6	苗族舞蹈	《反排木鼓舞》	反排木鼓舞，为祭祀舞蹈，已被列入第一批国家级非物质文化遗产名录
7	侗歌	《多耶踩歌堂》	侗族民间歌舞

歌舞表演不仅限于本地，还来到了北京，成为传播民族文化的桥梁。

相关案例 9—8：苗族舞蹈诗《巫卡调恰》

2015 年 5 月 16 日晚黄平苗族舞蹈诗《巫卡调恰》在北京民族剧院首演，全剧共六幕，总时长 70 分钟，20 名舞蹈演员均来自黔东南黄平地区，围绕苗族最具代表性的"火塘文化"展开，剧中的服装是在传统民

---

① 吴音标、冯国荣：《西江千户苗寨研究》，人民出版社 2014 年版，第 150—153 页。

族服饰的基础上与现代设计进行了结合，设计者为苗族舞蹈家龙阿朵。

黄平县委宣传部常务副部长杨德（苗，男，时年50岁）在2015年5月15日接受笔者的采访时向笔者说了如下话语：现在40岁以下的人都不会唱歌了，他们中学一毕业就出去打工，村里只有老人儿童，渐渐的就把苗族传统文化淡忘了，我们现在就要把这些东西留下来，将来他们再寻找的时候能够找得到。现在制作苗语新闻，每周一期，就是用来保护和传承苗族文化的，再不这么做就来不及了，如果仅仅是身份上是苗族，既不会说苗语，也不穿苗装，那苗族文化也就无法再传承了。随着时代的发展，人们的审美观也在发生变化，人们穿着服装的款式、图案，都发生了变化。因此文化部门保护和传承文化的任务也越来越重了，一方面，通过收集图片、文字，把即将消失的文化保留下来；另一方面，就是把优秀的文化通过文艺节目、书籍出版等形式传承下去，让喜欢苗族传统文化的人能够看得到，吸引人们回归，这次的舞蹈诗就是一次尝试。

第二节　研究层面——对贵州苗族侗族女性传统服饰及其文化的研究

一　对于贵州苗族侗族女性传统服饰的田野调查

对贵州苗族侗族女性传统服饰的研究要从“物”与“非物”两个层面入手，这在本书第一章已有阐述。“物”的层面是实体的服饰，一是具体的服装部件，二是具体的饰品；“非物”也包括两个层面，首先是制作这些服饰的手工技艺，其次是服饰的动态穿着文化，从穿着与佩戴步骤、穿着习俗与特点等方面进行考量。对贵州苗族侗族女性传统服饰进行“物”与“非物”的研究，田野调查（field reserch）是入口与基础。

“田野调查”又被称为“实地调查”“田野作业”等，是指研究者根据社会发展或自身研究的需要，对某一特定区域以及某些特定人群进行的实地的调查活动。田野调查涉及的范畴相当广泛，涵盖了民族学、社会学、人类学、民俗学、宗教学、民间文学、语言学、考古学等各类社会科学领域。“田野”（field）在这里包含的是实地的、现场的意思。田野调查是以观察者主观立场上的所见所闻为视角展开的，这种研究方法注重对直观资料的获得，但通过对直观获取资料的分析、整理与深化，可以通过一系列去粗取精、去伪存真、由表及里、由此及彼的过程，来实现对观察对象从感性认识向理性认知的重要转化。佩尔图（pelto）认为田野工作是“包括将调查的基本要素联系合起来形成一个有效解决问题的程序”①。

田野调查是一个复杂的调研研究过程，可以分为若干阶段，包括准备阶段（对调查地点和调查对象的资料收集梳理、调查方案的设计、对调查地点与当地风俗人情的了解、路线与联系人等情况的确定、物资的准备，等等）、现场调查阶段、撰写调查报告阶段、补充调查阶段（针对一次调查没能完全调查清楚的情况）以及后期的追踪调查阶段等。下面从民族学与服饰学双重背景入手，择其重点进行梳理。

（一）田野调查的“先期”——文献资料梳理时期与调查方案设计时期

对少数民族文化（包括服饰文化）的研究需要两方面的学术支撑：一是专业理论积累与文献资料的梳理，二是实地的田野调查，二者相辅相成。在开展田野调查工作之前，有两个“先期”的工作需要做好，一是对文献资料的梳理，二是对调查方案的设计。准备工作一般是从查阅大量相关资料开始，这既包括相关的古文献资料也包括现代的资料，既包括相关的专著也包括相关的论文，等等。在查阅了大量的相关资料后就可以开始进行一系列的选择，即对调查方案进行设计，这其中主要包括四方面内容：一是调查主题的确定（包括调查主体的选择、调查地点的选择、民族的选择、服装支系与服饰类型的选择等方面内容），二是调查对象的选择（包括当地专家、普通居民、手工艺人、地方政府相关工作人员等不同调查对象），三是调查提纲的拟定（根据所要研究的内容和所要获得的资料而拟定具体的调查提纲），四是对具体实施方案的确定（包括设计行程、路线，联系当地的相关人员、联系驻地等工作）。

将“先期”工作完成后，接下来就是实地的田野调查，涉及的层面

---

① Pelto, P, J (1970). *Anthropological research: The structure of inquiry*. NewYork: Harper & Row: 331.

是下文所述的实地调查阶段，亦即对调查资料的获得阶段。

（二）田野调查的“进行时”——实地资料收集时期

1. 关于民族传统服饰田野调查的文字资料的收集

关于田野调查的文字资料收集主要包括三个方面，一是被调查地，二是被调查人，三是被调查物。

首先是被调查地，这是田野调查的背景，调查的要点如下：村落的具体地址，村落的具体位置（据镇、乡、县中心的距离），村落的生态环境，历史沿革，村落结构，村落的内部组织，村落的乡规民约、不成文法，村落的公共设施（道路、祠庙、墓地、井泉、鼓楼），村落的宗教信仰，村落的人口，村落的民族构成，当地的气候与气温、植被、物产与特产，主要的产生方式，人均年收入，等等。

其次是被调查人，需要对被采访人进行分类，以此来区分采访的方向与重点，如传统服饰的传承人与技艺精湛者（主要从技艺和传承的角度进行考察）、当地的专家学者（主要从传承与文化的角度进行考察）、普通的老百姓（主要从传统服饰在其日常生活中所扮演的角色进行考察）、当地政府的工作人员（主要从当地政府对传统服饰的政策和引导的角度进行考察），等等。除了专家学者与当地政府的工作人员外，传承人与普通老百姓最好能够找到老、中、青不同的年龄层的人进行访谈。需要注意的是对被采访人的相关背景资料进行详细记录，应包括如下内容：姓名、性别、出生年月、民族、具体的居住地、采访时间、采访地点、采访人、被采访人、详细的问答记录，等等。

最后是被调查物，即传统服饰。关于服饰田野调查要以具体的样本为例进行记录、分析和研究，最少以某一位女性的一件盛装或一件便装为样本，所选取的样本必须具有一定的代表性，或是别具特色（如最古老、最繁复、最精致）。要考察的对象包括以下部分：第一，基本信息（样本的采集地——县、乡、镇、村、组；采集时间——某年某月某日某时；所有者——姓名、性别、年龄、民族；制作者——姓名、性别、年龄、民族、文化程度；制作时间——某年某月；制作时长——几天、几个月、几年）。第二，样本的款式描述。是一部式还是二部式？如是一部式是无领型贯首服、翻领型贯首服，还是特殊领型（旗帜服）贯首服？如果是二部式，其领口及前门襟是直领（立领）对襟型、交领大襟型、圆领大襟（琵琶襟）型，还是立领（翻领）大襟（琵琶襟）型，是圆领对襟还是马蹄领大襟？二部式的下衣是裙子还是裤子？裙子和裤子的具体款式是什么？第三，样本的服装组成。上衣是什么？下衣是什么？头部辅助服装是什么？足部辅助服装是什么？肩部辅助服装是什么？胸部辅助服装是什么？腰腹部辅助服装是什么？背部辅助服装是什么？小臂部辅助服装是什么？腿部辅助服装是什么？绑缚型辅助服装是什么？第四，样本的饰品组成。头饰有什么？胸饰有什么？背饰有什么？腰饰有什么？手饰有什么？衣服上的佩饰有什么？第五，样本的服装和饰品的各部分尺寸（以上衣为例，颈围、胸围、腰围、肩宽、肩斜度、前中长、后中长、袖长、袖口宽、上衣各部分刺绣的尺寸）。第六，样本的穿着的方法、步骤和习惯（穿着方法、穿着步骤、穿着习惯）。第七，样本的比照样本记录（可与此样本作为对照组的样本情况）。

2. 关于民族传统服饰田野调查的图片资料的收集

图片资料是记录民族传统服饰最为直观的一种方式，但对所记录和研究的服饰并不是仅仅拍下其照片这样简单。图片资料主要分为两种情况，一是以人为载体，即穿着传统服饰的人；二是只拍服饰本身。根据这两种不同的拍摄对象，需要注意的问题也不相同。

拍摄人穿着服饰的图片，首先是关于服饰拍摄背景：在拍摄人穿着服饰的图片时，可以选择在村寨的空场上或穿着者自家的房子前，以自然风光为背景，但要注意背景不要太碎，否则会影响拍摄主体。其次是关于服饰的穿着者：服饰的穿着者要以服饰的所有人为第一选择对象。如果服饰的所有者因种种原因无法穿着，则选择同一村寨中与其年龄体型相近的人来穿着。在进行严肃而严谨的学术调查时，一般不建议其村寨以外的人穿着此村寨的服饰，如有一些研究者深入贵州民族地区，向当地的群众借其传统服饰自己穿上拍照，作为图片资料的记录，这其实并不是一种可取的研究方式。当地的民族传统服饰是当地居民生活中穿着的服饰，是他们生活中的一部分，作为一个“他者”无论是以何种研究角度，穿上别人的衣服，都不利于我们尽量保持其“原生态”的考察原则。在观察此类图片时，笔者发现外来者无论是外貌（包括五官特征、肤色等）还是气质都与当地居民有很大差距，甚至还有手腕上戴着时尚手表和自己的时尚饰品，脚下穿着时尚皮鞋、运动鞋的例子，使得整个图片不伦不类。这其中还要考虑因尺寸不合适而造成的穿着效果的问题，如贵州苗族侗族女性一般都比较娇小苗条，其传统服饰都是根据个人的身体尺寸"量身订做"的，都是符合这种身高和体型的。如果外来的服饰穿着者是一位高大壮硕的北方人，那么也许本来到腰部以下的上衣下摆此时只能到腰部以上，本来是到脚踝处的长裙此时只能是到小腿处，等等。因此，除非是当地人不愿意被拍摄，因为调查者来穿戴民族传统服饰不是一个最佳的方案。

拍摄服饰实物本身的图片，首先是关于服装平展度，服装的平展度是研究者在进行田野调查时一个不容忽视的问题。服装的是否平展直接影响到观者对其服装结构与各部分比例的直观感受；二是关于实物的拍摄背景，在拍摄实物时，背景一定要简单，以单色为佳，这样才能将服饰的细节，如刺绣、衣缘的花边凸显出来；三是关于辅助工具，在拍摄实物时需要的辅助工具有衬布、杆状支撑物以及熨斗、针线等。服饰实物以放在衬布上拍摄为佳，建议准备黑白两色衬布，浅色衣服用黑色衬布、深色衣服用白色衬布。熨斗主要是为了熨烫衬布，使其没有褶裥以免影响拍摄效果。杆状支撑物是为了将上衣以通臂长的方式展示出来。针线主要用来进行一些微细的修补。

3. 关于民族传统服饰田野调查的影像资料的收集

影像资料的收集一般需要进行团队式的合作，如有人采访、有人整理和展示衣物，还有人将这些采访与展示服饰的过程拍摄出来。影像资料的内容包括三个部分，一是服饰资料，如对当地人穿着步骤的记录；二是采访资料，是对采访当地人的记录；三是背景资料，如对所采访村寨自然风光、建筑、人文的影像记录。

二　对于贵州苗族侗族女性传统服饰的学术研究

对于贵州苗族侗族女性传统服饰的学术研究是在两个基础上开始的：一是对历史文献和前人研究成果的学习和梳理。对历史文献的梳理可以帮助我们更深入地体会贵州苗族侗族传统服饰之所以产生的背景、所蕴含的文化以及它的传承与变迁脉络。对前人研究成果的学习和梳理可以帮助我们选择（或缩小）所研究的范围，帮助我们确定更适合的切入点。二是实地的田野调查以及在此基础上的研究。因为研究对象——传统服饰的特殊性，这里主要针对第二点展开讨论。

对贵州苗族侗族女性传统服饰的学术研究应该以实地的田野调查为基点，在此基础之上进行后续的工作。与其他的研究对象不同，传统服饰有着它的存在环境，服饰首先是具有物质性的实体，但它又是鲜活的，它不是脱离环境而单独存在的。我们在博物馆看到一件苗族（侗族）女性盛装，看到的是它的款式、造型、颜色、组成部件、所属地区以及制作年代，只是它最终成型样子。同时，还有好多是我们看不到的：它的材质是如何得来的（如是自纺自织自染的面料还是市售的面料）？它的制作者是谁（年龄、居住地址、所掌握的技艺）？它的所属地是一个怎样的地方（具体的哪个村寨、自然环境如何）？它的穿着场合是什么？它用到的手工工艺是什么？它的色彩为什么要这么搭配？它的图案背后有什么文化寓意？它的穿着步骤是什么？等等。这些都不是仅仅通过观察展柜中的这件衣服就可以得到的，而这所有的看似琐碎而杂乱的问题共同构成了这件衣服背后的服饰文化。所以说田野调查是进行贵州苗族侗族女性传统服饰的起点，在这之上进行忠实记录、系统整理以及最后的服饰及文化研究是对这个课题的学术研究所应该遵循的步骤。在考察中，针对某件服饰我们需要做全方位的全面而系统的了解，为这之后的研究做准备。

（一）忠实记录

在对贵州苗族侗族女性传统服饰的研究中，如果没有对其的忠实记录（文字、图片、影像等），那么对其的研究只能是“无本之木”“无源之水”。

忠实记录是指在田野调查中对贵州苗族侗族女性传统服饰的忠于原貌的记录。当然，这个“忠实”是相对而言的，因为当我们作为外来者去进行考察时势必以一种“他者”（the other）的角度来观察调查的对象，这其中就包含了不同文化状态下对当地服饰及其文化理解的偏差。同时，这也是一体的两面：作为“他者”的我们可能也具有了一种更为非主观的角度。总之，在这一步骤中，我们尽可能地保证用客观而理性的视角去观察与记录。

我们可以通过三个例子来分析忠实记录的重要性。

首先是张柏如和他的调查。笔者在进行这一课题的资料收集过程中知道了张柏如和他的著作《侗族服饰艺术探秘》。笔者通过多方渠道都没有找到这本书，后一名在台湾辅仁大学交流学习的学生在辅仁大学的图书馆找到了这本书，并替笔者拍摄了全书的照片。此书以图片和文字相结合的方式，记录了作者在20世纪80—90年代走访湘桂黔三省侗族服饰的情况，其中包括了侗族的月堆瓦、芦笙衣图录、现代侗族服装款式、侗女的发式、侗女头帕、侗族银饰、现代侗族服饰图录、侗布的染洗曝、织绣艺术的品种、烟色菱纹罗与侗锦、侗族刺绣针法、织绣艺术品种图录、侗族背儿带、侗族的芦笙衣、侗锦纹饰，以及侗族纹（太阳与古榕、神鸟、龙与凤、葫芦、鱼、月亮花、竹子、蜘蛛、井纹、马纹、蛇图腾）等内容。笔者在本书的调研过程中偶然得到了张柏如给友人的信件，其中提到他16年自费进行田野调查完成《侗族服饰艺术探秘》的经历。笔者进行田野调查的时间和张柏如先生相差一二十年，而“仅仅”是这一二十年，书中所展现许多作者在贵州实地拍摄的侗族女性传统服饰在笔者去调查时已经看不到了。笔者曾有采访张柏如先生的计划，经查张柏如已于2006年作古，我们现在只能从这本书的图文来了解作者的足迹以及当时贵州侗族的服饰情况了。

再来看台湾学者江碧贞、方绍能和他们的调查。江碧贞、方绍能在20世纪90年代曾多次到贵州考察苗族传统服饰，并合作编写了《苗族服饰图志——黔东南》一书。此书以图片和文字相结合的方式对台江县、剑河县、三穗县、黎平县、从江县、榕江县、雷山县、丹寨县、黄平县和凯里市39种类型的苗族服饰进行了梳理。此书既有服饰的平面展开的状态，也有穿着图以及细节图，是在细致而严谨的田野考察基础上的服饰研究著作。

在对这本著作的研究中有几个问题值得我们注意：第一，与张柏如先生的研究一样，笔者的田野调查时间与江碧贞和方绍能的调查时间相差16年（以双方第一次田野调查的时间为基点），但两位学者所见到的“当时”的服饰和笔者所见到的“当时”的服饰差别已经很大了，即便是在同一村寨也如此。[1] 那些有“古意”的传统服饰已经渐渐淡出人们的生活。第二，在他们考察时还可以看到当地一些农户保存的家传的服饰，

① 本书的第七章第二节有对两者的比较。

图 9—2 1996 年排莫村的苗族女性盛装款式

有些是民国时期的，还有一些是清代的。在笔者考察时，清代的服饰已不可见。他们在 1996 年走访丹寨县复兴乡排莫村时，请村民穿着一套家传的盛装服饰（见图 9—2），其上衣制作年代约为 20 世纪 40 年代前后，裙子则是一条推测年代应为清代的马面裙，其搭配古色古色。第三，他们在 20 世纪 90 年代调查时，发现了苗族侗族女性服饰之间有相互影响的现象，基本上以苗族女性向侗族女性模仿居多（这种模仿从发式的梳理到衣服、银饰的款式），符合服饰学中经济发展较弱的一方向经济发展较强的一方进行模仿的理论。第四，江碧贞和方绍能第一次调查的时间是 1991 年，第二次调查的时间是 1997 年，尽管仅相隔 6 年，但不同民族之间相互影响与相互融合的现象却越来越严重。

最后我们来看一对日本母女学者对贵州苗族服饰的考察。日本服饰文化学者鸟丸贞惠（SadaeTorimaru）博士和鸟丸知子（Tomoko Torimaru）博士是一对研究刺绣与织绣工艺的母女学者，她们的研究方向是中国苗族刺绣技术与中国古代刺绣技术的关系。她们的研究源于 1985 年 7 月鸟丸贞惠女士偶然间的一次旅行，她来到中国的贵州，见到了当地的苗族服饰，马上就被苗族服饰美丽的外观和精湛的制作技艺所吸引，于是开始了对贵州苗族传统服饰的田野调查之旅。此后，受母亲的影响，鸟丸知子女士也于 1994 年开始了对贵州的田野调查及研究。

在鸟丸贞惠 30 年和鸟丸知子数十年的调查中，她们坚持深入贵州村寨，了解、学习、记录和掌握当地具有代表性的服饰品的织造与刺绣技艺。在探访的初期，还没有相应的影像设备，于是她们就用纸笔画图和文字解释的方式来记录；后来，她们采用图像与文字相结合的形式进行记录，得到了珍贵的、大量的第一手资料。根据这些资料和相关的研究，鸟丸贞惠和鸟丸知子撰写了5本关于贵州苗族织造与刺绣工艺的书籍，书中对从纺纱、织布、染料的采集、发酵、染布的过程到刺绣的针法、步骤以及一些相关的内容，都有着非常详尽的图片和文字说明，她们的研究方法在一些人眼里可能是"笨"办法，但事实上，却是她们真正掌握了所调查对象的制作的全部过程。

相关案例9—9：鸟丸贞惠和鸟丸知子对贵州苗族织绣技术的探访与研究

鸟丸贞惠和鸟丸知子的田野调查方法所需时间较多，且中间还会有很多重复的工作内容，具体流程如下：经过前期的资料收集工作后，先划定决定探访的某个村寨。到这个村寨后，先了解这个村寨纺织或刺绣工艺最佳的高手。找到这位高手后对其进行采访，如果她正在做此种服饰则马上进行记录，如果此时不是她做这种工艺的时间则询问她具体的制作时间[①]，并约定明年在此时段前来探访。第二年在约定的时间进行第二次的访问，将其制作的每一个步骤通过图片、视频和文字的形式进行记载。受某些技艺工期长的限制，有时连续两年探访也不能看到整个的工艺流程[②]，例如因为时间的配合问题这次的探访只看到了工艺的第二、三个步骤，那么为了看之前错过的第一个步骤和之后将要进行的第四个步骤，就得相约第三年再来访问。就是这样一次次一点一滴的积累，她们深入走访了贵州数十个村寨，得到大量的一手资料。鸟丸贞惠和鸟丸知子就是以这种深入、细致、踏实的田野调查记录了当时所见到的服饰情况。

通过以上三个例子，我们不难看出针对一个"活"（不断发展变化）的观察对象，忠实地记录它"此时"的留存状态是非常重要的。研究者

① 一些服饰工艺是有着特定的时间限定的，如染布技艺。

② 鸟丸贞惠是公务员，她对贵州苗族纺织与刺绣技术30年的探访都是利用业余时间进行的；鸟丸知子是教师，她的探访时间是假期，因此她们都不能每次长时间在贵州逗留。

田野调查的“此时”（最近的时间节点）就是后来者眼中的“历史”，不同的研究者“此时”的“节点”就组成了研究贵州苗族侗族女性传统服饰的时间脉络，也是我们可以依据和遵循的坚实的基础。

最后需要指出的是在民族学研究中常常用到的对某一特定社区的多次重复探访在对民族服饰的考察中同样适用。不同于“时尚服饰”的相对稳定性，民族传统服饰受多方面因素的影响（第九章第二节的相关内容），其流变可以说是日新月异。贵州苗族侗族女性服饰的流变简言之有三个趋势：第一，服饰的汉化（针对盛装、便装而言）；第二，少数民族之间的服饰影响与融合（针对盛装、便装而言，如苗族侗族）；第三，服饰的简化（针对盛装而言）。这些变化涉及传统服饰的变迁，需要对某个特定观察点（如某个村寨）进行多次重复的探访，可以在每年的特定时间进行重复探访，也可以中间可以相隔一两年、三四年来进行，这样就可以得到此地传统服饰变迁的轨迹路线。

（二）系统整理

通过实地的田野调查得到一手的资料后，接下来要做的便是对田野调查资料的系统整理工作。这个过程是在大量的田野调查资料中遵循研究者的研究主线、按照一定的选取标准“去粗取精”以对资料进行全面而系统的梳理。

系统的整理工作包括对文字资料的系统整理、对视觉（图片与影像）资料的系统整理以及在此基础之上的归纳与总结。

对文字资料的系统整理主要包括以下几个部分：第一，针对描述性的文字资料的整理。这指的是对某件服饰（或某种服饰技艺）的描述性文字。因为时间等限定因素，对考察对象在现场的描述性记录可能在文字上比较松散和口语化，需要进行后期的规范。然后去掉内容中重复或无意义的部分，根据研究所需对资料进行删减。第二，针对访谈记录的整理。在田野调查中的访谈记录可以用纸笔记录的方式，可以用录音的方式，也可以是二者的结合。针对这部分的文字资料的整理需要在后期将遗漏的内容补齐，如以录音的形式记录，需要重复听录音将语音资料转化为文字资料。然后对这些资料进行筛选，去掉无意义的文字。需要注意的是访谈记录中对被采访人的话语需要尽可能地忠实记录，如将被采访者的口语化语言改为书面语则会失去其语言的鲜活性及部分真实性。

对影像资料的系统整理以图片资料的整理为例，主要包括以下几个部分：第一，删除无效图片。无效图片指的是模糊不清或为了保险起见针对某一主题同一角度重复拍摄中图片质量较差的部分。第二，对筛选后的图片资料进行分类。分类的依据可以按照研究的主线或是研究者的习惯，如可以按照背景资料图片（村寨景观、建筑景观）、服饰片面图片、服饰穿着效果图片、服饰穿着步骤图片、服饰技艺制作步骤图片、服饰局部图片等进行分类。

最后是在前期的文字和图片的梳理工作基础上对所研究内容的主要特征、特性等进行总结与深化，如绘制服装款式线描图（见图9—3、图9—4、图9—5），为之后的文化研究步骤做进一步的准备。

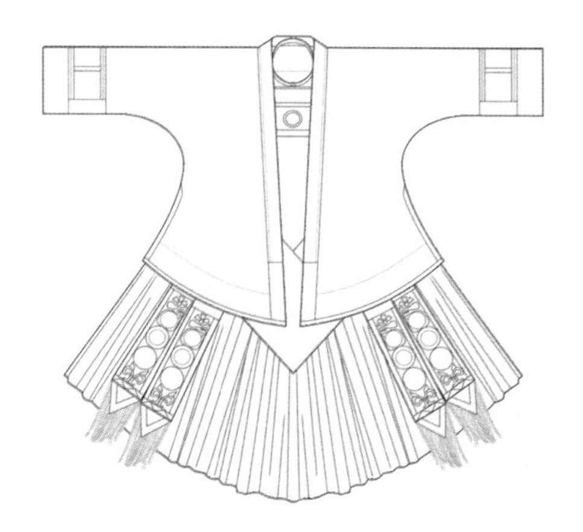

图9—3　盛装全身款式图

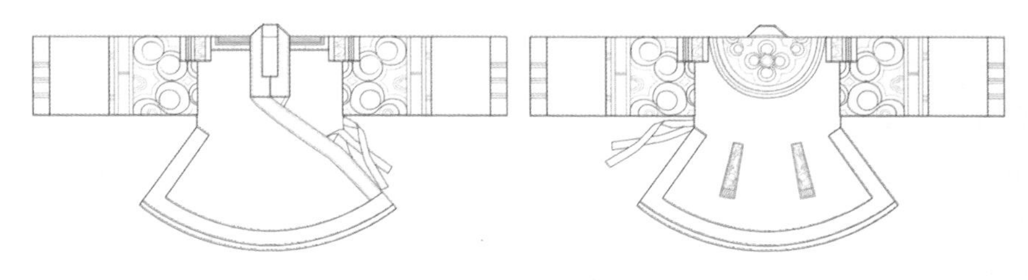

图9—4　盛装上衣款式图（正面、背面）

图9—5 盛装组合款式图（全身、上衣背面、百褶裙、腿套）

（三）文化研究

在前期田野调查忠实记录的基础上，经过对收集的一手资料的系统整理，我们就可以进行下一个步骤：文化研究。这里的“文化研究”中的文化是服饰文化，所取的是“文化”广义的概念，包括的范围很广，既包括对服饰的物质性的探究，也包括对服饰的精神性的研究，还包括对服饰技艺的考察。

前文所提到的鸟丸贞惠和鸟丸知子，她们的研究主要集中在对服饰的物质性和服饰技艺的研究上，研究方式是在前期田野调查的基础上进行后期的实验与对比工作。每次探访完回到日本之后，她们马上就开始对文字量巨大的田野调查笔记进行分类与整理，并对照片等影像资料进行排序。做完这部分工作后，她们就开始实验的部分了：她们按照整理出来的步骤开始对调研对象（某种织布方法或某种刺绣方法）进行手工制作，以此来巩固和检验记录的正确性。因为贵州苗族的织染刺绣技艺繁复，因此即便是详细的记录还会有问题出现，或是缺少了某个步骤的记录，这样就需要反复地对实验内容进行检验，如果还是没有办法解决，就将问题或是缺少的部分记录下来，在下一次到贵州时再进行探访，然后再回日本进行实验研究。乌丸贞惠和乌丸知子比较关注对工艺的比较研究，比如她们在贵州发现了与福冈县传统织物博多织有相似性的经浮纹织物，由此可以将研究横向进行比对；同时，经浮纹织物从获取原料、织前准备到纺织技法都体现了苗族纺织技术的精髓，并与中国古代纺织的特定技艺有着千丝万缕的关系，因此也可以将研究向纵深发展。

第三节　保障层面——数字化存档与法律保护

一　非物质文化体系层面——将精品服饰和精湛技艺纳入非物质文化遗产体系

如今，非物质文化遗产的概念在中国被提出已有十个年头了，“非物质文化遗产这个名词在我们中国出现是2005年的事”[①]。根据联合国教科文组织2003年10月17日通过的《保护非物质文化遗产公约》中的定义，非物质文化遗产（intangible cultural heritage）指被各群体、团体，有时为个人所视为其文化遗产的各种实践、表演、表现形式、知识体系和技能及其有关的工具、实物、工艺品和文化场所。各个群体和团体随着其所处环境、与自然界的相互关系和历史条件的变化不断使这种代代相传的非物质文化遗产得到创新，同时使他们自己具有一种认同感和历史感，从而促进了文化多样性并激发了人类的创造力。

从中我们可以看出，少数民族传统服饰（实物）和民族服饰技艺（服装及配饰的制作工艺）都可以被纳入“非物质文化遗产”的范畴之中。在国家级以及省级非物质文化遗产名录中已有如下的项目（见表9—3、表9—4），但比起因支系众多而服装样式、服饰技艺多样的贵州苗族侗族女性服饰来说，这还远远不够。

① 北京市文化局社文处、北京群众艺术馆、北京市西城区文化馆：《非物质文化遗产纵横谈：北京市非物质文化遗产保护工作高级研讨论文集》，民族出版社2007年版，第1页。

表 9—3　　贵州省级非物质文化遗产名录中的少数民族蜡染项目

编号	项目名称	类别	级别及批次	申报地区或单位
375Ⅷ-25	苗族蜡染技艺	传统手工技艺类	国家级第1批	贵州省安顺市
	苗族蜡染	民间手工技艺类	省级第1批	贵州省丹寨县
	枫香染制作技艺	传统手工技艺类	省级第2批	贵州省惠水县、麻江县
	蓝靛靛染工艺	传统手工技艺类	省级第2批	贵州省册亨县、贞丰县、黎平县
	安顺蜡染	传统手工技艺类	省级第2批	贵州省安顺市
	黄平蜡染	传统技艺类	省级第3批	贵州省黄平县
	苗族蜡染	传统技艺类	省级第1、2批扩展项目	贵州省紫云苗族布依族自治县

表 9—4　　国家级非物质文化遗产名录中的贵州服饰手工艺项目

<table>
<tr><th>编号</th><th>项目名称</th><th>类别</th><th>批次</th><th>申报地区或单位</th></tr>
<tr><td>321Ⅶ-22</td><td>苗绣</td><td rowspan="2">民间美术</td><td rowspan="4">第1批及扩展项目</td><td>贵州省雷山县、贵阳市、剑河县（雷山苗绣、花溪苗绣、剑河苗绣）</td></tr>
<tr><td>322Ⅶ-23</td><td>水族马尾绣</td><td>贵州省三都水族自治县</td></tr>
<tr><td>375Ⅷ-25</td><td>苗族蜡染技艺</td><td rowspan="2">传统手工技艺</td><td>贵州省丹寨县、安顺市</td></tr>
<tr><td>390Ⅷ-40</td><td>苗族银饰锻制技艺</td><td>贵州省雷山县、黄平县</td></tr>
<tr><td>888Ⅷ-105</td><td>苗族织锦技艺</td><td rowspan="2">传统技艺/传统手工技艺</td><td rowspan="2">第2批</td><td>贵州省麻江县、雷山县</td></tr>
<tr><td>891Ⅷ-108</td><td>枫香印染技艺</td><td>贵州省惠水县、麻江县</td></tr>
<tr><td></td><td>侗族刺绣</td><td>传统美术</td><td>第3批</td><td>贵州省锦屏县</td></tr>
</table>

二　制定系统而明确的《中国民族传统服饰保护法》

自20世纪80年代以来，海外一些机构和个人就开始了对贵州苗族侗族传统服饰的摄取。到了20世纪90年代，随着旅游业的发展，贵州省尤其是黔东南地区的苗族服饰流失非常严重。先期偶然来到贵州的外国人发现这里的民族传统服饰留存完好且价格便宜[①]，回国后口口相传，于是一些境外的收购者就以游客的身份组团来到贵州，收购了大量有百年甚至几百年历史的服饰精品。一家法国私立博物馆收藏了贵州苗族传统服饰精品180套，他曾对中国的一位研究者说，100年后研究中国的苗族服饰，可能要到他的博物馆去了。这其中包含的深意使闻者惊心。

直至今日，任何一个外国人都可能将一件拥有悠久历史的贵州苗族服饰带出境外。在2003年1月，贵州省颁布了《贵州省民族民间文化保护条例》，但其中对民族工艺品和旅游工艺品并没有明确的划分，且对可携带出境的工艺品的制作年限也没有做出相关的规定。与此相对，贵州是一个经济欠发达地区，当地群众缺乏对传统服饰文化价值的认知，因而片面追求经济利益成为一种趋势，这些都使得精品的流失成为一种必然。

法律具有强制性的约束效力，它可以对大到政府、社会，小到相关单位、个人都具有规范作用，因此有关法律的制定是首要的保护措施。对于相关法律的制定，很多人提出过类似的想法，关键在于要制定系统的《中国民族文物保护法》或更具有针对性的《中国民族传统服饰保护法》。何为系统？就是能够涵盖中国少数民族传统服饰的类别、种属、地区、特点等要素的法律，构架在一个全面的体系之上。何为明确？就是要明确要保护的传统服饰的存在年限、技艺特点、保护措施以及违反此法律所要承担的责任，做到“有法可依、有

---

① 笔者走访一个苗族村寨，对村长访谈时了解到，在20世纪80年代末，一套刺绣精美的盛装售价大概在10—20元人民币，虽是个例，但也具有一定的代表性。当他们了解到家中代代相传的这些旧衣服的文化价值与真正的经济价值时，整个村子的精品老衣服已经被卖光了。

法必依、执法必严、违法必究”，只有被纳入法制轨道才能使保护措施落到实处。

三 建立贵州苗族侗族女性传统服饰数据库

民族传统服饰数据库的建立是一项庞大的工程，我们可以从数据库的记录手段和数据库的记录内容两个方面来梳理。

从数据库的记录手段来看，包括文字资料、图片资料和影音资料三个层次的数据。文字资料方面主要涉及对贵州苗族侗族女性传统服饰的分类描述，包括具体款式、服装搭配、配饰组合、用色习惯、版型特点等。图片资料主要包括对贵州苗族侗族女性传统形象（包括整套服饰以及每套服饰的各个组成部分）的记录，包括单纯的实物形象记录以及对这些服饰的穿着状态的记录，如请当地本民族的穿着者按照传统的穿着方式进行穿戴，等等。

从数据库记录的内容来看，主要是涉及实物内容和技艺内容两个层面。

技艺内容在建立之先需要建立一个归纳与整理体系。有些研究机构和团体已有的研究方法值得我们去借鉴，如台湾汉声杂志黄永松说道：“我们把传统手艺做整理，因为它们消失得太快。所以我们成立了‘民间文化基因库’，建立了种、类、项、目，有个体系。”①

贵州苗族侗族女性传统服饰技艺属于非物质文化遗产的领域，对于这种非实物的文化形式来讲，文字和音像手段的应用是十分必要的。对贵州苗族侗族女性传统服饰以及服饰制作技艺进行系统的影像记录是一种比较特别的方式。在传统的以文字进行描述的基础上，音像手段在近年来被越来越多地应用。“迄今为止，影视作品尚不是民族学家的主要创作形式，但文字与影像之间的不可替代性决定了这两种文化展示方法的独立性、互补性及其存在的价值。”②

---

① 黄永松在座谈会《留住手艺》上的发言。时间：2014 年 2 月 26 日上午；地点：北京服装学院中关村创意产业园天工传习馆。

② 宋蜀华、白振声：《民族学理论与方法》，中央民族大学出版社 1998 年版，第 344 页。

第四节　发展层面——非物质文化遗产体系建设与现代设计

一　贵州苗族侗族女性传统服饰的现代设计

对于贵州苗族侗族女性传统服饰的现代设计，需要解决两个问题，一是观念层面，即设计导向作用：以设计理念改变人们对贵州苗族侗族女性传统服饰的认知观念；二是设计实践层面。

首先看第一个层面，需要优秀的设计师对贵州苗族侗族女性传统服饰元素进一步挖掘设计，将贵州苗族侗族女性传统服饰文化与时尚设计理念相融合，融入当下人们的生活，使设计理念引领生活理念，生活理念赋予设计理念。

此外，还可以对贵州苗族侗族女性传统盛装进行高级订制类型的设计。高级订制是针对个体使用者和具体的情境进行服装设计和制作的一种服装类型。它针对性强，从面料的选择、款式的设计到制作方面都有着较高的要求。它与贵州苗族侗族女性传统盛装在许多层面上具有着相似性。其一，二者都是在较为郑重甚至隆重的场合中穿用。贵州苗族侗族女性传统盛装一般只在重大节日和婚礼等场合穿用。高级订制服装多为礼服，也是拥有者在重要的宴会、颁奖典礼或婚礼上穿用。其二，两者都是手工缝制，工业化的机器生产对于民族服饰来讲，只是近十多年来的事情，而贵州苗族侗族女性传统盛装一直以来都是由心灵手巧的贵州苗族侗族妇女手工缝制并代代相传。高级订制服装的一个重要标志就是手工缝制比重大，这里的手工缝制既包括将各个衣片缝合在一起，更包括衣服上的绣、镶、钉、滚等诸多工艺的手工制作。所用的时间完全可以与苗族盛装所花费的时间相媲美。其三，二者的工艺要求都很高。高级订制服装对工艺的要求非常高，技师都是有着十数年工作经验的专业人士。经常会出现一件女装晚礼服需要数种刺绣方法数百个工时的手工制作。而贵州苗族侗族女性传统盛装是将本民族的服饰工艺经过千百年来的优胜劣汰流传下来的，其精细程度也达到了一定的高度。

高级订制的特点在于顶级的运作理念（包括时间成本、人工成本、服务成本、材料成本、工艺成本都很高昂）、针对个体受众、手工制作比重大、设计含量高（针对特定的人、针对特定的穿着场合、遵守特定的设计要求），这些都与贵州苗族侗族女性传统盛装有着很多的契合点。

此外，对贵州苗族侗族女性传统服饰的现代设计不局限于只承担穿着的实用作用的服装，还有一些是作为传统技艺载体、用来收藏的服饰品。这些服饰品以观赏性和收藏性为主，一般不用做穿戴。

相关案例 9—10：现代设计制作的苗族刺绣服饰工艺品

笔者曾采访了一位苗族手工艺人潘玉珍（女，苗族，70 岁，台江施洞五河人），她自小就学习手工技艺，掌握的种类多而全，且熟知苗族古歌和传说中的故事。中年以后，她自己不再做衣服，转而开始做民族服饰品的买卖，是最早一批到北京潘家园做这种生意的人。因为有年头的传统服饰越来越少，她就请老家五河擅画擅绣的苗族女性来制作苗族刺绣服饰工艺品，具体流程如下：选定一个传统的款式，请她的一位亲戚来家里，潘玉珍讲古歌里的故事，亲戚就根据这些故事在一张大纸上用笔画图案，绘画的过程一气呵成，中间并不修改。然后把这张图给刺绣的绣工，绣工就按照这个图配色、刺绣。

潘玉珍为笔者展示了一件以鼓藏衣的形制和图案为灵感的现代设计刺绣服饰品（见图 9—6）。这件衣服上布满了刺绣，由数十种彩线绣成，每种色彩都有深浅不一的多个色度，上面绣有央公央妹、大象、马、蜘蛛、竹子、十二生肖、蝴蝶、葫芦等图案，鲜活而灵动，非常具有感染力。绣工的工钱是按天结算，每天 40—50 元，完成的服饰根据工时来计算价格，一般价位从几千元至上万元。

图 9—6 现代刺绣设计服饰品局部

二　贵州苗族侗族女性传统服饰的舞台化设计

贵州民族地区特有的旅游资源使得民族传统服饰的舞台化设计成为其留存的重要方式之一。苗族侗族的女性传统服饰尤其是盛装服饰作为不可或缺的民族文化符号在节庆与表演等场合成为其重要的组成部分。

贵州苗族侗族节日众多，以苗族为例，就有“牯藏节”“龙舟节”“四月八”“赶秋会”“吃姐妹饭节”“清明歌会”“跳年节”“杀鱼节”等，有些节日中有很多舞台表演的环节，人们一般都穿着自己民族的传统服饰进行表演。高婕在《苗族服饰的传统文化功能及其在当代旅游场域中的变迁》一文中提到在旅游中民族服饰功能的“增量”表现在六个方面：资源化、符号化、媒介化、商品化、工具化、舞台化。“‘舞台’至上，服饰是必不可少的道具。尤其是民族旅游中，缺少了‘舞台化’的民族服饰，旅游效应、‘舞台效果’都会大减其半。”①

随着时代的前进和交流的增加，对这些表演服饰进行现代设计既使之贴近了现代的需求，又是贵州苗族侗族女性传统服饰向前发展的需要。

三　贵州苗族侗族女性传统服饰的品牌化推广

对贵州苗族侗族女性传统服饰的品牌化设计，即是从贵州苗族侗族女性传统服饰的色彩、配饰、材料、搭配、细节、造型等方面入手，对其进行深入的研究，进行品牌化研发。建立品牌模式的少数民族服饰传承的方式，是偏向成衣化的呈现方式，是以贵州苗族侗族女性传统服饰元素的运用设计进行展现。成衣作为近代服装工业中的一个专业概念，指的是服装企业按照标准号型成批量生产的成品的服装。从 20 世纪六七十年代以来，成衣就成为现代服装产业中最为关键的概念之一。它的优点在于可以批量生产，价格较订制服装要便宜很多。对贵州苗族侗族女性传统服饰进行成衣设计主要可以从民族元素的角度入手进行设计。对贵州苗族侗族女性传统服饰的创新设计主要包括以下几个层面：一是款

---

① 高婕：《苗族服饰的传统文化功能及其在当代旅游场域中的变迁》，载中国博物馆协会第六届会员代表大会暨服装博物馆专业委员会《服装历史文化技术与发展论文集》（艺术与设计增刊），《艺术与设计》，2014 年，第 132—135 页。

式设计的角度，使繁复的盛装款式简洁化、便捷化，如前文所述苗族盛装款式组成复杂，配饰繁多，这并不符合现代生活节奏；二是工艺设计的角度，完成从手工到机器的转变，成为人们日常穿着的衣服；三是纹样设计的角度，与现代元素相结合，增加时尚元素和现代感。

对贵州苗族侗族女性传统服饰及技艺进行品牌化包装主要包括媒体推广、大众宣传、视觉促销等途径。首先，现代社会的一大特征就在于媒体巨大的推广力量，这种力量可以使普通的人变得出名，使普通的商品增加几倍的附加值。其次，大众宣传对贵州苗族侗族女性传统服饰文化及技艺推广意义重大。

相关案例 9—11：民族服饰品牌化尝试——施秉“蝴蝶妈妈”系列产品

“蝴蝶妈妈”系列品牌是贵州省施秉县舞水云台旅游商品开发有限公司的系列产品。该公司法人龙禄颖（女，49 岁）为苗族，她初中毕业后独自前往广州，边打工边函授学习市场营销管理和会计，十多年后回乡创业，并于 2006 年以 500 万元人民币注册成功该公司。龙禄颖先后获得“双学双比”女能手、“优秀企业会员”、“支持工会先进工作者”、“巾帼创业带头人”、“十佳农民工创业之星”、“百佳绣娘”、“最美女农民工”等荣誉，2013 年被选为贵州省第一届妇女手工协会理事。

该公司是一家以苗族传统工艺和现代设计风格相结合，以手工刺绣为特色旅游产品集设计、研发、营销为一体的民营企业。以“传承民族文化，带动妇女就业，诚信创造财富”为宗旨，以“公司 + 合作社 + 农户”的运作模式，以“热情培训指导、规范工艺标准、统一领料加工、按质计件付费”的经营手段吸引周边乡村苗族刺绣能手加盟公司的联合开发。公司带动了当地一批妇女以手工作坊的形式，走上自主创业的道路。

其主打产品为“蝴蝶妈妈”系列苗绣服饰品，有纯手工“数纱绣”苗族刺绣纹样领带、双面平绣披肩、刺绣绣片、苗族风格女装等产品。该公司可以按照客户需求样式定做产品，其产品民族特色鲜明，品种多样。其设计理念要使产品兼顾观赏性、实用性和收藏纪念性，产品在国内外销售，在展销活动中受到消费者欢迎，其作品曾在服饰品设计赛事中获奖。在未来，该公司力争将“蝴蝶妈妈”打造成苗绣一流品牌。

结　论

如本书之前的章节所述，贵州苗族侗族女性传统服饰种类繁多、配饰丰富、工艺精美，在很大程度上保留了民族传统服饰文化的印记，它和它背后所蕴含的深厚的服饰文化是一座巨大的宝库，值得我们去珍惜、去保护、去传承。

对贵州苗族侗族女性传统服饰文化的传承要侧重于三个点："物""人"与"技"。在"物"这个层面，着重对服饰实物的保护、收集与研究；在"人"这个层面，要注重对传承人的培养与有影响力的组织者的支持；在"技"这个层面，要将现有的服饰制作技艺最大限度地保留下来。

对贵州苗族侗族女性传统服饰进行传承涉及四个不同层面的内容：保护层面、研究层面、保障层面与发展层面。这四方面的内容共同构成了对贵州苗族侗族女性传统服饰保护与传承的框架，它们是并行不悖的，从不同的角度保证了保护与传承的良性发展。

首先，是保护的层面。第一，服饰实物的保护、征集与收藏是一切工作的前提。全国各级博物馆、科研院所与大专院校可以是保护与收集服饰实物的主要力量，但像县、镇的文化馆、农户的家庭博物馆以及一些研究民族传统服饰的个人，如专家学者等，也是必要而有益的补充。此外，如果每个镇、行政村能够收集一些本镇、本村现存最为古老、工艺最为精湛、款式最为传统的服饰，那么这个保护与收集的层面就相对更为全面，更能保证样本的多样性与丰富性，也为后续的研究提供了良好的基础。第二，服饰技艺的保护与传承是苗族侗族女性传统服饰能够"活"下去的关键所在，其中对掌握传统技艺的"人"的保护和培养是重中之重，以往我们对"人"的因素认识中一般只关注技艺的传承人，但贵州苗族侗族支系众多，技艺繁杂，仅依赖现有认定的各级传承人会存在某些技艺的遗失以及传授接续中断等现实问题，因此，抢救濒危服饰技艺、确立多级传承人与手工艺人工作制、对有影响力的组织者给予支持、扩展传统技艺的受众层面——发展当地普通妇女学习技艺以及在大中小学不同阶段推广传统技艺的教学是四个可行的方向。第三，民族传统服饰的良性传承还离不开一个良好的传统环境——衣裳从来不是孤立的，它是它所在的环境的一个映射。如果将建立和完善原生态文化村落与对此村落中的传统服饰保护结合来建设与发展，将是一个很好的思路，生态博物馆可以作为对此的一个尝试：在这里，“衣”与“环境”是互相促进的关系——在生态博物馆中，穿着民族传统服饰是一个必要的条件；同样，对生态博物馆的建设与发展又可以促进当地民族传统服饰的保护。

其次，是研究的层面。第一，对贵州苗族侗族女性传统服饰及其文化的研究已是迫在眉睫，而田野调查是研究的基础。笔者从 2007 年第一次到贵州对此课题进行调研至今整整过去了十年，在此期间，贵州苗族侗族女性传统服饰的实物以极快的速度流失，很多精湛的技艺随着手工艺人的老去甚至故去而失传。在本课题研究过程中查阅资料，看到很多 20 世纪 90 年代末期前人研究的资料，即便同一个村落其服饰今昔差异巨大的例子也比比皆是。在这样的情况下，对于“此时”的贵州苗族侗族女性传统服饰的专业、全面而深入的田野调查就显得非常重要了。这需要研究者沉下心来对贵州苗族侗族女性传统服饰尤其是盛装服饰从图、文两个层面进行详细的记录，图像资料包括服饰的各个角度的穿着图、服饰构件图、服饰局部图、配饰构件图、穿着步骤图和穿着步骤视频资料、服饰所在环境图片资料，等等；文字资料包括对服饰款式、搭配、穿着细节、穿着习俗、服饰与配饰各部分具体尺寸、服饰纹样描述、服饰背后民族文化内涵描述、服饰存在环境的记录，等等。特别值得一提的是，以往对民族传统服饰的考察都侧重于静态穿着文化层面，但随着它们有着逐渐退出人们日常生活的趋势，对这些传统服饰尤其是其中盛装的穿着步骤、穿着习俗等动态穿着文化的考察就变得非常重要了。第二，在上述田野调查的基础上，可以进行对于贵州苗族侗族女性传统服饰的学术研究。此研究是在忠实记录、系统整理之后的学术研究。在研究中要把握几个原则：真实、细致、深入，尤其需要厘清服饰背后的文化内涵。这其中包括对各个支系服饰的归纳梳理、源流追溯、文化研究等不同的方面。笔者在田野调查中发现了这样一个问题：一些国家级博物馆以及首都等地高校的专家学者有着很强的理论基础和研究高度，但却不具备地缘优势，很难经常下到贵州的村落中进行田野调查；同时，一些地方的博物馆以及地方的大中专院校、地方群艺馆的工作人员与教师有着地缘优势，但却不知从何下手进行研究。针对这个问题，可以尝试中央单位与地方单位的共赢：可以根据两者不同的优势进行结合共同就某一课题进行调研与科研的分工与协作。

再次，在保障层面。第一，将精品服饰和精湛技艺纳入非物质文化遗产体系是保障的前提，对其非物质文化遗产的保护要侧重对传统技艺的传承和对传承人的保护与培养。第二，制定系统而明确的《中国民族传统服饰保护法》是非常重要的保障措施。民族传统服饰既是非物质文化遗产也是具有实际经济价值的实物，之前它没有被纳入文物的范畴，其原因似在于它作为“衣”是人们生活的必需品，与我们印象中的文物的概念相去甚远，也因此流失很多。但我们需要认识到两点：其一，这个“衣”是有不同种类和年代的，具有几十年甚至上百年历史的款式复杂、技艺精湛、配饰精美的民族传统服饰（尤其是盛装），人们平时所着的车缝的民族服饰是不能拿来类比的；其二，如果以经济价值作为衡量的一个标准的话，那么今天的“衣”也许就是明天的重要文物——笔者所采访的手工艺人20世纪80年代收集的300元一套的盛装今天的价格已达到30万元，且虽有价格但这种类型的衣服已经收不上来了。这样的例子比比皆是。正是因为对民族传统服饰的价值缺乏正确的判断，所以流失的精品不计其数。因此，有针对性的法律保护势在必行。第三，建立苗族侗族女性传统服饰数据库是一项虽庞杂但直接影响后续研究的重大工程，可以以地域为划分的基本标准，在此基础上，以不同的支系为切入点，全面而系统地构建贵州苗族侗族女性传统服饰的种、类、项、目数据资料库，其中就涉及前文所述的田野调查的图片资料与文字资料。

最后，是发展的层面。服饰与建筑不同，它是“活”的，在田野调查中有很多有着几十年、上百年乃至几百年历史的建筑都历经风雨伫立在原处，与此相比，服饰的“寿命”则比较短暂，尤其是在当代，它具有快速的更新换代的特性。随着经济的发展、生活方式的改变、交流的加强等诸多因素，民族传统服饰有着渐渐淡出当地人生活的趋势，于是，对贵州苗族侗族女性传统服饰的现代设计、舞台化设计和品牌化推广就显得尤为重要。“民族的就是世界的”并不是老生常谈的空话，很多国际品牌定期到贵州学习苗族传统服饰技艺并将其用于设计产品中就是一个例证。随着人们生活水平的提高，对服饰的个性化与文化性的追求成为一个趋势，而利用民族传统服饰进行的时尚化设计产品恰好符合这一趋势，因此，我们在这些方面发展的空间还很大。

对贵州苗族侗族女性传统服饰文化的传承是一项任重而道远的事业，希望对“她”有深爱的人以珍重之心去手作、去记录、去研究、去传承。

附录一　对专家学者的访谈记录[①]

访谈之一：对服饰文化专家华梅教授[②]的访谈

被采访人：华梅教授

采访人：笔者

采访时间：2016 年 4 月 25 日

采访方式：电话、邮件

笔者：华教授，您早在 20 世纪 80 年代初版的《中国服装史》中就有专门的章节介绍中国少数民族服饰，您的著作《人类服饰文化学》中也有很多涉及民族服饰的内容，请问您是如何看待民族传统服饰的传承这个问题的？

华梅：国家教育部在高校中设立服装设计专业是 1983 年。我作为第一批讲授“中国服装史”的教师，实际上从 1982 年就开始准备讲义。当年能够给我提供资料的中国服装史类书很少，因此我更多的是从原讲授的“中国工艺美术史”中去汲取营养。这样一比较，发现当年主要由戏剧院校专家撰写的中国服装史类书籍，重点是叙述至新中国成立前，即

① 本部分访谈记录所采访的专家学者以姓氏笔划为序。

② 服饰文化专家、天津师范大学美术与设计学院教授、华梅服饰文化学研究所所长、国家人事部授衔“有突出贡献中青年专家”，出版有《人类服饰文化学》《服饰与中国文化》《中国历代〈舆服制〉研究》《中国服装史》等数十部著作和教材，主持多项国家社科基金重大项目、一般项目及省部级项目。

近现代，基本上没有新中国确立的55个少数民族服饰。另外有一些绘画资料才涉及少数民族。而我是在美术学院讲课，必须有别于戏剧学院，所以列出少数民族服饰章节十分必要。结果很成功，这本教材至2013年已发行3版，印刷31次，第3版还获批为国家十一五规划教材。事实已经说明，美术院校师生非常需要。

我在1995年出版的百万言学术专著《人类服饰文化学》，由6部分内容构成我提出的服饰文化学研究体系，第一部分就是“人类服饰史”。既然是全人类，也就无所谓少数民族了。因此，占全人类总数比例较大且影响较深远的民族肯定都要有。只有各民族的服饰汇集到一起，才能显示出人类服饰的文化性。哪一个民族都不是孤立地生存于地球之上的，每个民族的服饰文化特色也不是绝对独特的。所谓特色是相对而言，有交错，有相近或相似，这就如同百花争艳，每一种花都有自己特有的花形与颜色，但这些各异的花又都属于花朵一类，放大些都是植物。只有一种花行不行？那就说不上五彩缤纷和争妍斗艳了。各民族共同创造了丰富多彩的人类服饰文化，这就是我进行服饰文化研究时的基本理论基础。

关于民族传统服饰的传承问题，这对于地球上的人类来说，应像抢救保护濒临灭绝的动物一样去下大力量做。因为，现代社会的节奏太快，人们趋新的本能会使人类拼命地追赶并创造现代文明。这个时候，太繁复太精致太耗费时间的民族民间服饰很容易被抛弃。再者说，如果要穿着数千年农牧经济催化出的民族民间服饰去融入风驰电掣且高度智能化的城市生活时，确实有诸多不便。是否实用、是否前卫，使得追求城市文明的青年有所不适，这些势必造成民族服饰传承所面临的最大难题。可是，如果放弃民族服饰，那将是对人类的背叛，是现代人在人类文明继承上的最严重失误甚或罪过。先确定一个问题，一定要将民族服饰精华继承发扬，而且应该是原汁原味。至于怎么继承，那又是一个严肃的课题。

笔者：华教授，请您从服饰学的角度谈谈如何进行民族传统服饰的学术研究，研究应该从哪些方面入手，研究的方法是什么。

华梅：20世纪30年代时，英美国家的一些人类学家率先深入未开发的区域，努力去探索居住环境相对封闭、现代文明尚未触及的民族生活境况。由他们撰写的书，谈到了许多有关民族服饰和着装理念，进而发现了一些原始民族的文化生活与服饰心理，还有连带的民间工艺。学术界将当时的人类学家著作分为两大类，即自然人类学和文化人类学。

1995 年，我在我的《人类服饰文化学》一书中，首次提出服饰文化学的理论体系，即由人类服饰史、服饰社会学、服饰生理学、服饰心理学、服饰民俗学和服饰艺术学构成。时隔 21 年后，我带领年轻教师写了《人类服饰文化学拓展研究》，也以一百万字的规模上交教育部，是 2013 年获批的教育部人文社科后期资助项目，结题后将在高等教育出版社出版。这部书包括 10 个部分，即服饰政治学、服饰经济学、服饰文艺学、服饰科技学、服饰教育学、服饰军事学、服饰民族学、服饰考古学、服饰传播学和服饰生态学。我想，研究服饰就应该这样全方位、大视角、跨学科地去立体研究，而且绝对不能就服饰论服饰。研究民族传统服饰也是要以这样的理论体系去进行，不能只局限于民族服饰本身。

研究的具体方法，除了已出版多种的少数民族服饰书籍惯用的生活区域、生活方式、文化信仰和服饰款式纹样色彩等以外，应该更深一层，不应只限于这些知识性内容，还要进行分析，即以服饰文化学高度去归纳并探讨。传统民族服饰，包括贵州苗族侗族女性传统服饰，也包括汉族传统服饰，已经脱离了原来产生、形成、演变的时代与环境，怎么再谈发扬光大？以上这些想法太天真了，原因是太简单，且悬浮于社会生活之上，如今还有姑娘从八九岁就开始一针一针缝制自己的嫁衣吗？还有小伙子披荆斩棘去寻找最美的花儿献给心爱的姑娘吗？没有了这份心思，就不可能再做出传统服饰。我也有一个天真的想法，就是将其博物馆化，趁着现在还有些老年人懂得传统工艺，快速抢救，把一些真正像样的民族传统服饰制作出来让它像标本一样，保留在博物馆中，让后代子孙永远看到真正的一个时代一个民族的文化积淀物，以及物质之上存留的信念与精神。尽可能多尽可能真实地保留下来，就是我们对人类文化的贡献。

访谈之二：对台湾学者江碧贞女士[①]的访谈

被采访人：江碧贞女士

采访人：笔者

采访时间：2016 年 3 月 31 日

采访方式：电话、邮件

笔者：江女士，请问您是在怎样的机缘下，萌生对黔东南苗族服饰进行探访和研究的想法的？

江碧贞：中国人常常讲到“缘”这个字，世上确实有很多事，起源于一种奇妙的缘分。1987 年春天，当时我任职的世界地理杂志社派我到云南采访石林自然奇观、大理三月街等节庆活动，这也是两岸开放后我第一次到大陆。当时我们的计划是，从香港转车到广州，再搭乘火车到昆明。或许是受到金庸武侠小说的影响，从小我就对苗族感到神秘和好奇，在奔驰的火车上，我忍不住向随行的香港摄影师提议说，一起到苗乡探险的计划。没想到，这位叫方绍能的摄影师居然同意了，于是我们中途在凯里下车，很幸运的，我们在黔东南州旅游局的热心协助下，顺利在台江施洞地区拍到热闹的姊妹节，生平首次见识到苗家的灿银彩衣，以及拦路、进门、交杯的酒文化（文章陆续发表在《世界地理杂志》）。可以说，参加施洞姊妹节的经历，启发了我们研究考察苗族服饰的契机！

笔者：请问服饰考察工作有经历几个阶段？

江碧贞：我们的服饰考察工作大致分成三个阶段，1988—1992 年为第一个阶段，我们陆续造访贵州以及邻近的湖南、广西、云南、四川的 98 个村寨，拍摄并发表苗族、瑶族、侗族、水族、布依族、壮族、傣族、白族、哈尼族、拉祜族、纳西族、布朗族、基诺族、景颇族的服饰影像和节庆活动。这个阶段让我们了解了中国西南服饰工艺之美，以及丰富

---

① 江碧真女士为台湾服饰学者，《苗族服饰图志——黔东南》一书的第一作者。

的生活文化特色。同时也证实，中国西南少数民族地区普遍存在以服饰穿着标志族群身份和文化认同的现象。

当时我们胸怀壮志，想以三本书囊括所有苗族服饰种类。第一本书，主要以苗族人口聚居最为集中的、贵州省黔东南苗族侗族自治州（以下简称黔东南州）为采访目标。第二本书为贵州其他地区，包括黔西南、黔南、黔西北、六盘水等地。第三本书，为贵州以外的省份如云南、四川、广西、湖南以及中国境外的苗族地区。

从1992年至1998年，进行服饰考察的第二个阶段，我们这时才真正进入有详细规画、系统性的田野考察工作。本阶段考察范围主要在贵州省黔东南苗族侗族自治州（以下简称黔东南州）辖下的台江、剑河、三穗、黎平、从江、榕江、雷山、丹寨、凯里、黄平、麻江等11个县市。黔东南州面积达3万平方公里，就是文献上记载、名号响亮的“千里苗疆”。这次我们以有“天下苗族第一县”之称的台江县为始，深入11个县市的68个苗寨了解贵州东南的族群分布状况，以及苗族传统服饰与苗族支系、族群身份认同的关联，作为出版百苗图的研究依据。

碍于经费筹措不易，第三阶段的苗族服饰考察从2003年至2009年，考察范围扩及贵州境内的贵阳、安顺、六盘水以及黔南布依族苗族自治州、黔西南布依族苗族自治州，总共考察四五十个村寨。

笔者：江女士，请问您的采访和研究步骤及方法是怎样的？

江碧贞：早期因服饰图像和信息相当有限，我们手里的参考数据除了一本1985年民族文化宫出版的《中国苗族服饰》以外，就是一些以文字为主的苗族简史、地方民族志之类的书籍。以1993—1998年我们在黔东南地区的调查工作为例，下乡考察之前，我们会先拜访相关单位例如黔东南州旅游局、黔东南州民委、黔东南州文化研究所以搜集更多的信息。同时我们也向一些研究苗学的先进贤达请益，如贵州民院李廷贵教授等人、黔东南州文化研究所研究员钟涛先生以及各县的相关文化单位，大致了解该地区苗族分布情况以及服饰种类和特色。或许是被我们的热诚感动，多数人乐于提供信息，甚至介绍当地的熟识来协助我们，这也是最让我们感动的地方。

紧接着我们会在凯里找好陪同、苗语翻译、车及司机，一行人先到县城拜访县民委、文化局等单位领导，知会他们我们远道来访之目的，也顺便了解该县辖属地区的族群分布状况，以及他们知道的苗族服饰种类。因公务往来，有些同志会有黑白或彩色照片可供参考，有些则无，只口头提供一些印象数据。之后，我们会根据汇整的资料，再规划考察的村寨顺序（有时会以有“赶场或过节”的地方为优先）。

以台江县为例，我们在县城了解大致状况后，就先后到台拱、施洞、革东、方召等地进行访谈。基本上，黔东南州的苗侗族村寨成片区聚居，不像黔中、黔西北地区那样零散分布，而且中间还夹杂其他民族。每个族群都有一定人口数量，也有属于成员自己的服饰标志，相同服饰大致上也是一个内婚集团，因为走亲（通婚）、经济往来的关系，成员内部也知道自己的“人”住在哪里，或是附近的村寨住了哪些“外”人。

下乡考察前，我们会先做一个访谈调查表，再根据访谈内容逐一询问，访谈时以当地西南官话或普通话进行，或通过翻译以苗话进行访谈。根据访谈的内容，我们的访谈对象也有区别。例如关于村寨历史、同一族群（或穿着相同服饰的成员）的分布村寨名称，或赶场过节时间、习俗传说等问题，我们主要以乡长、村长和寨老为访谈对象，事实上他们提供的数据也比其他人准确很多。

有关传统服饰各年龄层的穿着打扮、织染绣工艺流程、纹样内容，以及风俗习惯禁忌，一般我们的访谈对象以中老年妇女为主。在那个年代，她们是一群娴熟女红的老手，也习惯以口耳相授的方式传承老祖先的文化习俗和信仰传说。也就是说，老一辈的想法比较原汁原味吧！然而必须坦诚的是，山路迢迢时间匆匆，在访谈过程中，由于时间限制、调查范围广泛、访谈对象的状况等种种因素，内容难免挂一漏万，这些访谈的成果内容仍需诸位前辈指正，也存在进一步研究探讨的空间。

关于拍照和分工方面，一般的程序是：我们到村寨了解实际情况后，会请村长代为寻觅适合拍照的妇女（一般是村长家人、亲戚或邻居）。首先分成便服和盛装，再按照各年龄层的服饰，一个个打扮穿戴好。因我是女性，在房间穿着时通常由我做影像记录，等打扮整齐后再一起来到屋外，这时摄影师早已挑好一处背景好的地方，再依照妇女的正面、侧面、背面，以及各部位的局部来拍照。

关于田野影像的记录过程中，我们一再强调，拍摄时一定要严守符合实际现况的规定。也就是说，被记录者必须以符合她的性别、年龄、婚姻状况的正规传统（当地叫正楷）穿戴内容，以及当地认可的穿戴习惯，来呈现此地的传统服饰风貌，以免以讹传讹造成外界的错误印象。因为我们常看见，有些官方摄影者为求画面效果丰富，常令当地妇女穿不符合她的年龄身份的衣服，或叫她们穿着贵重的节庆盛装下田或织布，这些影像看来很突兀，也都不符合苗族的现实生活。

笔者：请问您第一次去贵州和最后一次去，感受有何不同？这个过程中苗族服饰产生了哪些变化？

江碧贞：我第一次去贵州是在 1987 年。在施洞清水江边参加“姊妹节”，看见一群盛装打扮的苗姑娘，穿戴银衣围成一圈圈在踩鼓，场面非常壮观，令人惊艳。当时我住在施洞招待所里，直到凌晨 2 点还听到此起彼落的男女对歌声，歌声嘹亮情意缱绻，给人留下深刻的印象。1992 年以后，看见巴士一车车的把年轻人载去沿海打工，渐渐的，到了施洞再也没听到男女的对歌声，只见大家拿着录音机，大声放着台港的流行歌。女孩不再像妈妈一样织布绣花，平常打扮也开始赶流行、时髦化。

随着改革开放的脚步，旅游观光业带来的人潮和钱潮，使得绣工精美的苗衣成为中外游客和古董商人争相收藏的东西。苗衣生意的红火，好处是带给一些家庭不错的经济收入，也确实改善他们的生活。坏处是，因利之所趋从 1993 年开始引发的疯狂收购潮，使得深藏贵州民间的苗族织物逐渐被商人搜刮殆尽，流入凯里的营盘坡、金泉湖，流入北京的潘家园以及上海、昆明、成都等大城市商场。慢慢地，也从收藏家手里辗转流入世界各国的古董市场和公私立博物馆。

问题是，一方面商贩子把老东西搜刮殆尽，使后来者没有参照的工艺范本，也失去世代相传的文化内涵和恒久追颂的精神价值；另一方面，巴士把年轻人载到遥远的城市打工赚钱，原来封闭单纯的染织工艺的传承环境也出现断裂的现象。年轻人觉得织布绣花太费工耗时，宁愿去沿海打工赚钱也不愿学织布、不愿来绣花了。20 多年下来，随着大家观念的改变，贵州苗族的日常衣着几已现代化、城市化，令人庆幸的是，由于族群认同意识的关系，大家依然会在嫁娶或参加“芦笙节”“过苗年”等重要节庆时，穿着和族人一样的传统民族服饰，以标志个体的社会归属。虽然新世代的苗族服装已出现“传统工艺简化”或“胡乱添加新物料”的现象，不过比起一些已经不会或已摒弃传统服饰的村寨，似乎又好了许多！

2013年是我最后一次去贵州，我们去了黔西北考察长角苗、白苗、青苗、歪梳苗，和贵州其他地区一样，平时大家都已习惯穿现代时装了，如果没有特别问对方的民族成分，我们单从这群妇女的外观也看不出谁是苗族、谁不是苗族。现在大家只有参加节庆或游客入寨要拍照时，她们才会穿上“原汁原味”的传统服装，摇身一变成为正宗的苗族。这种因应现实需求而出现的身份转换，似乎是贵州乃至中国西南少数民族地区普遍存在的文化现象。

以下是一个特例。有趣的是，2006—2010年，我们多次造访施洞，发现另一个奇特的现象。虽然年轻男女仍去沿海打工，但大多数人仍会“买”一套苗衣，于返乡过节或嫁娶时穿戴使用。由于老东西没有了，新制苗衣也水涨船高待价而沽，一套新制苗衣当时大约在6000—8000元（不含银饰），以三个月的制作时间，平均一个月就有2000—2500元的收入。有些绣花高手眼见苗衣的利润很好，反而愿意留在家乡为人“作嫁衣裳”。渐渐的，大家有样学样，鼓励越来越多的人留在家乡织布绣花。至此，因为追逐经济效益而被舍弃的传统苗衣，再次因为符合经济效益，而被人们保留下来（施洞苗族是特例）。

笔者：请谈谈最让您印象深刻的探访和给您留下最深印象的服饰。

江碧贞：有很多地方都很值得一书，但以研究苗族服饰文化的观点来说，有两个例子给我留下很深的印象。有学者说，服装是人的第二层皮肤。它不只是御寒护体的功能，最重要是带给族群成员一种安全归属感，包括现世与死后的世界。记得1990年，我们去黔南州三都县高峒村采访白领苗（黔东南一书中列为复兴型），因筹备展览需采集一套妇女盛装，所以我们买了涡旋纹蜡染上衣后，又到另一户人家想买一件绸缎制的围裙（款式似清代马面裙）。当时一个年轻人从屋里拿出一件老裙子想出售，正当我依照标本采集规定问他裙子的主人时，屋里一位六七十岁的老妇人慌慌张张地跑出来，经过翻译我才知道，这件裙子是她母亲送给她的嫁妆，已经有很久的历史了，她希望自己百年以后能穿着它入殓，把自己打扮得像族人一样得体，去见妈妈去见祖宗，这样祖宗才会欢喜，才会在那一头高兴接迎她。她还说，她怕自己没穿好苗衣，万一祖宗不认识她了，不来接迎她了，她怕自己找不着回家的路。听她这么说，当下我们就打消了购买的想法，同时也希望她的孩子能理解和尊重她的想法。这天，谢谢这位老妇人给我上了宝贵的一课。

苗族人大都相信，东西用久了会沾染主人的灵气，所以就算有人愿意出让穿过的服装或背儿带，他们也必然做一些“切断”的仪式，如剪去一截带子或卸去配饰，表示它已和主人毫无关联了。尤其是采集背儿带时，常因这种“切断”仪式，出现残缺不完整的现象。

印象最深的一次采访是2003年我们造访黔、桂两省交界的荔波县白裤瑶村寨时费尽口舌劝说当地人让与背儿带，对方还是不愿割爱。我依然记得那位妈妈在水井边说的话：“我们这里没有在卖背带，你们把背带拿走了，娃娃的魂万一被勾走了那该怎么办?”见我拿起相机瞄准她的后背（拍背带图案），她连东西也不顾，就背着孩子一溜烟的跑回家了。一问之下才知道，这位妈妈因怕孩子被陌生人的相机摄去魂魄，所以才仓皇逃走。虽然在村长沟通下，我们终于在邻寨拍到白裤瑶的背儿带照片，但是因为顾及她们的感受，我们从不曾在当地进行背儿带的收藏。因为我们深深知道，当地妇女的这些看似“迷信”的观念与过度反应，其实都出于身为人母的舐犊情深，也是爱的一种具体表现。

笔者：您是怎样看待贵州苗族女性传统服饰的传承问题的？对于此您有什么好的建议吗？

江碧贞：和中国大多数的民族地区问题一样，贵州苗族女性传统服饰以及染织工艺的传承也面临以下诸多问题。

随着经济现代化的步伐以及城乡差距缩小，贵州苗族女性的日常穿着日趋现代化，只有在重要民族节庆或婚礼时才穿传统服饰。这些新世代穿着的“传统服饰”大部分出现工艺简化的现象，有的以机制编带和花布替代人工绣花，有的胡乱添加新物料，有的如黄平革家直接向工厂买印花服装来穿，省钱又省工。

因为观念的改变，以及苗族女童就学的普遍化，染织工艺出现后继乏人的现象。传统苗族社会，染织工艺的习得教授需要大量时间和心思，所以苗族女孩从六七岁开始即跟在妈妈旁边学手艺，学纺纱织布泡蓝草制靛，开染缸染布以及绣花工艺。等到年岁渐长，到了十六七岁就开始准备嫁衣。苗族传统社会素以“男管吃女管穿”分工，出嫁后除料理家务上山劳动，女性还须负责全家人的衣着，服饰女红的优劣是社会评鉴妇德妇功的标准，也是女性体现自我价值和成就感的一项。有句话说：教育改变观念，观念改变行为。不管是因为审美观的改变，还是女红劳动不符合现代经济效益，如今除了少数偏远地区或一些特殊个案，贵州苗族女孩越来越少投入染织工艺的行列。简言之，随着时代推移，染织工艺的势微在所难免。建议贵州当地成立一个专门保存染织工艺的文化单位，负责研究纪录保存这些珍贵的人类文化财产。

笔者：您在书中对于黔东南地区苗族服饰的“型”和“式”是如何划分的（服饰风格、支系、方言）？

江碧贞：苗族服饰研究滥觞于清代，当时服装的差异主要用来区分不同的苗族，如“青、白、黑、红、花……”苗族服饰种类究竟有多少类别，即使到了今天，也没人能准确回答这个问题。

在谈苗族服饰的“型”或“式”分类标准之前，首先我们需厘清一个问题。苗族人口众多、居住地域幅员广大，苗族内部确实存在不同支系的现象，截至目前，学界有关苗族支系的研究成果仍在语言系统的建立上（分成湘西方言—东部方言、黔东方言—中部方言、川滇黔方言—西部方言），并未对各地苗族做进一步的支系分类和名称定位。也就是说，我们不确定，不同苗族服饰是否符合人类学或民族学对不同苗族支系（或分支）的学术定义，两者之间究竟为何，尚待以后研究者继续深入考察。

在我们撰写的《苗族服饰图志——黔东南》一书里，我们在地图上详细列出，不同服饰的苗族村寨名称（通过报导人取得数据），也就是说，我们试图勾勒出一个族群边界。最重要的是，我们在考察中发现，穿着相同服饰的苗族人口基本上也是一个通婚集团（内部因血缘和地理远近又分成一些小通婚集团），为了开亲，他们也知道“自己人”住在哪里，“外人”又住在哪里。例如黔东南地区的长裙苗宁愿绕远路和穿着相同服饰的苗族开亲，也不会和比邻而居的短裙苗开亲。虽然在一些族群交壤地带（或到沿海打工后认识）有一些通婚案例，但传统意义上通常并不是很普遍。

其次要说的是，依据我们的实地考察经验，不管是苗族还是其他中国西南少数民族，一般人从传统盛装的外观就能分辨出不同族群服饰间之异同性。更清楚地说，一种服饰类型基本上要有一致性和常态性，而且是能从视觉上分辨出来的。以施洞型苗族为例，他们的服饰色彩、绣花与周边的台拱型、方召型就有明显差别，基本上也不会和他们开亲（少数例外）。

明清以来，对苗族的分类标准一直很混乱，不管是用衣服色彩、装饰特征还是居住地域、职业名称来做分类，似乎流于作者的主观印象，其分类方法也不太科学。近代以降，经过很多学者的努力，我们对苗族了解越来越多，也从实际拍摄的田野影像揭开了苗族服饰的真实面纱。但因苗族分布地域实在太广、服饰种类繁多，学界始终未能提出一个统一的划分标准。

针对服饰研究来说，1985 年由民族文化宫出版的《中国苗族服饰》，首先以“型”“式”为苗族服饰提出一个分类标准。书内将全国苗族服饰划分为湘西、黔东、黔中南、川滇黔、海南五个类型，型下又分为二十余式。他们以大地区名称为型，每个型下又有多种式（多以县为名），以黔东型为例，型下又分成台江式、雷公山式、丹寨式、丹都式、融水式。台江式下又有不同的服饰类别。

2000 年由吴仕忠先生编著、贵州人民出版社出版的《中国苗族服饰图志》也以“式”为分类单位，洋洋洒洒列出 173 个苗族服饰款式，堪称集大成者。在日本名井佳子 2012 年出版的苗族服饰著作里，也以“型”作为分类单位，型的取名来自她拍摄服饰的村寨地名。

感谢贵州友人多年的协助，经过漫长的田野考察工作，我们终于掌握了一些珍贵的田野材料，希望能够为混淆的苗族服饰分类、命名的问题，提出一个比较中肯的划分标准。基本上我们以“型”（style）作为苗族服饰分类单位，一个型代表一种服饰类别，拥有一定人口和居住地域，基本上也是一个内婚集团（少数例外）。在订定“型”的名称时，为求统一性，命名方式一律采用地名（行政区域为村，少数为乡或镇）。为让命名更具代表性，我们会挑选的地点通常必须符合以下条件：人口相对集中、社群举行重大节日庆典的会场、同一服饰区内最典型最具代表的村寨，而且在命名时也询问当地寨老和村长的同意。

以施洞型苗族为例，该支苗族分布在贵州台江、施秉两县交界的清水江沿岸，如台江县的施洞、老屯、平兆、宝贡、五河、良田；以及施秉县的双井、马号、胜秉、清江等乡镇。而施洞符合上述命名标准，且为多数报导人同意，因此即以“施洞”一名为此服饰类型的代表。

因社会发展的变迁或族群的主观意愿、客观的环境因素等，当然在命名过程，并非每个类型都能百分百符合上述的标准，但基本上我们仍以符合多数条件为命名首选。

笔者：您接下来还有什么针对贵州苗族服饰的研究和出版计划？

江碧贞：1987 年我因惊艳于施洞苗族之美，从而开始长达 20 年的苗族服饰文化研究，虽因经费问题截至目前只出版一本《苗族服饰图志——黔东南》，但苗族究竟有多少服饰类型，这些问题一直是我心中待解之谜。如果有经费的话，我希望编著一套完整的《百苗图》，以目前我们亲身在黔滇川桂（再加上越南）等地拍摄的百苗田野影像成果为基础，再结合其他地区苗族服饰研究者的影像成果，将中国境内外的苗族服饰以三册或五册图录来呈现。

访谈之三：对舞台服饰设计家李克瑜教授[①]的访谈

被采访人：李克瑜教授

采访人：笔者

采访时间：2014 年 10 月 14 日

采访地点：北京市西城区后海李克瑜教授家中

笔者：李老师，作为中国芭蕾舞台服饰设计的拓荒者和中国服装设计的重要奠基人，您的许多舞台服装设计作品和服装设计作品都是以民族传统元素为灵感的，这也构成了您独特的艺术风格。请问您在设计中

① 李克瑜教授，1929 年出生于上海，1954 年毕业于中央美术学院；舞台服饰设计家、舞蹈速写家、高级时装设计家、服装设计教育家；中国服装设计师协会专家委员、北京服装协会理事、中国美术家协会理事、中国舞台美术学会顾问；中央芭蕾舞剧团国家一级服装设计师，北京服装学院顾问、教授。2003 年获中国服装设计师荣誉勋章、中国舞台美术学会杰出贡献奖；2013 年获第五届中国非凡时尚人物“终身成就奖”。

国芭蕾舞剧《鱼美人》时，在服饰设计上有哪些创新呢？

李克瑜：创新之处就在于多用中国民族传统的东西。第一个是《贝壳舞》，其中像贝壳一样展开的衣服是参考中国戏剧《白蛇传》的戏服进行设计的。还有一个《珊瑚舞》，顾名思义应该有珊瑚的特点，于是我给女演员头上设计的是结合凤冠造型的珊瑚头饰。当年因为材料有限，就用铁丝绕成珊瑚的造型，浇上红蜡，再用铁皮罐头剪成亮片穿上小珠子点缀，谁知用这些简陋的方法做出的“珊瑚”在舞台上却有着逼真的效果。额头借用了京剧的贴片来装饰，有一种俏皮的美丽。在我设计《珊瑚舞》服装的这个时期，演员的每次排练我都不落下，我看到这部剧中关于手的动作特别多，联想起清代后妃的护甲，于是就用罐头皮做成护甲，亮闪闪的，舞台效果很好，这个舞蹈以后在全国都很流行。《献酒舞》中仙女的衣服受荷花舞的影响，大裙摆运用了传统的云头纹样，好像献酒的仙女从天而降，其头饰的造型是从《八十七神仙卷》中获取的灵感。在《水草舞》中设计女演员的头饰时，我运用了藏族女性辫子的元素，服装上以水草条纹相搭配。

1962 年，我又为芭蕾舞剧《泪泉》设计了服装。用到了很多中国民族元素，在为女演员设计服装时，头饰用的凤冠的元素，衣服上的纹样则是凤凰，并把京剧的“水袖”用了上去。剧中需要给 12 位鞑靼兵设计服装，对我的要求是只要 4 个方案、每 3 个人换一下衣服颜色即可。我为了设计查阅了很多资料，有了很多想法，觉得不用很可惜，于是一口气设计了 12 套不同的服饰。

笔者：您后来又为数十部舞蹈、舞剧和歌剧设计了服装，用到了很多中国民族元素，您为什么如此热爱民族传统元素呢？

李克瑜：的确，后面的设计我更多地运用民族元素进行设计，如蒋祖慧编导的《祝福》（1980 年），祥林嫂服装我以蓝印花布为素材，围裙上加了透明纱边，有芭蕾舞的特点，乔其纱裤边也印了蓝印花布图案，适合平民女子的身份，并使裤腿更飘逸，得了文化部服装设计奖。对民族传统文化我是一直都非常喜爱的，不过对它特别的重视缘起于 1981 年。这一年我与老伴茅沅应“美中文化交流中心”的邀请到美国作访问学者。我们参观了十多个城市，许多大学、博物馆和剧院。在很多博物馆都看到中国的文物，感觉它们与西方的文物相比毫不逊色，甚至更胜一筹，这种认知所带来的可能就是血脉相连的民族文化所给予我的震撼。

笔者：《泉边》是您以彝族元素为灵感的设计，还获得了国际大奖，能谈一谈当时的情况吗？

李克瑜：1984 年，我同时为芭蕾舞《泉边》和《睡美人》设计服装。有一天，女儿一进门就对我说我设计的衣服在日本获得国际大奖了。我一听说还以为是《睡美人》——《睡美人》的服装用的是汉代的元素。其实得奖的是《泉边》，它获得了第四届大阪国际芭蕾舞比赛的服装设计大奖。《泉边》用的是彝族元素，当时因时间紧迫，我在一个服装店看到了一块紫丝绒，就以此为主色调，加上蓝色、粉色、白色，男女主角的头饰来源于彝族头饰，又将彝族的纹样装饰于衣服的领部和袖口。评委们都对服装中的中国少数民族元素感到很新鲜，颜色搭配也觉得很新颖，就把唯一一个服装设计奖给了我。这也印证了“民族的就是世界的”。

笔者：您的服装设计作品中，用到了哪些民族的、传统的元素？这些元素是怎么和时装相结合的呢？

李克瑜：我设计过一款白礼服，用的是蒙古族纹样，这个纹样是用白缎子绲边做的。用了三种白色的材质：凡尔丁、缎子和珍珠，形成了既统一又具有质感对比的效果。后来再设计礼服，我想到了美丽的苗族银饰，我在去贵州采风时收集了很多苗族银饰，于是想着用黑色的丝绒配银饰，便设计了一个系列以苗族银饰为灵感的礼服，在香港演出时受到广泛好评。

笔者：您到北服后提出了对少数民族服饰的挖掘整理和收集工作？

李克瑜：在为《草原儿女》设计舞台服装时我去过内蒙，还为其他的剧去过南方少数民族地区，对云南、贵州都非常有感情。我提出对少数民族传统的服饰进行收集整理工作——随着生活方式的改变，这些传统服饰逐渐会退出历史的舞台，因此对它的收集和保护刻不容缓。于是我们到民族地区搜集了 30 多个民族 300 多套民族服饰，组建了今天的民族服饰博物馆。

笔者：您是如何看待民族传统文化与服装设计的关系的呢？

李克瑜：我是觉得中国有几千年的文明传承，我们有那么多的民族传统文化，这些是我们的根，融入我们的血液中，如果我们摒弃它，只愿意跟在西方建立的时尚流行之后，是非常可惜的一件事情。其实西方的设计师也非常重视我们中国的东西，他们在设计中引入了非常多的中国民族传统元素，如青花、水墨、旗袍、脸谱、云纹、蓝印花布等，不一而足。而身为中国人的我们却不用，这可说不过去。作为教师，一个非常重要的职责就是让学生热爱民族传统的文化。这有一个前提，就是设计老师自己必须热爱民族传统的文化、民族传统的艺术，只有热爱了才能有热情去探究其中的深味，才能鼓励学生体会与领悟、继承与发扬。时装设计在中国属于一个新兴的领域，需要引导和大家共同支持。

访谈之四：对民族服饰专家杨文斌先生[①]的的访谈

被采访人：杨文斌先生

采访人：笔者

采访时间：2016 年 3 月 3 日

采访方式：电话采访

主题一：关于杨文斌老师的考察和研究经历

笔者：杨老师，您能谈谈对贵州少数民族传统服饰研究的经历吗？

杨文斌：好。20 世纪 80 年代改革开放以后，国内外好多专家学者来到我们贵州，他们发表了很多文章，写了很多感受。他们觉得我们贵州很多少数民族尤其是苗族的服饰文化非常精彩，服饰文化非常有价值。我本人学过美术，我就思考到底我们苗族服饰有多么高的文化价值，是真的还是假的？于是我就不拿工资了，下海去当自由人，我就在 1985 年开始深入黔东南州苗乡侗寨去考察少数民族服饰，主要是考察苗族、侗族、瑶族等少数民族。去了以后发现少数民族服饰文化没有被认识的还有很多，这些都是中华民族文化的重要组成部分。所以我就一直走乡串寨，发现越是走到偏远的地方、交通不发达的地方，这些地方保持的服

---

① 杨文斌先生为贵州凯里学院艺术学院客座教授，蜡染专家。

饰文化越完整，保存的原汁原味越纯粹。所以我就作了一些考察、拍了一些照片、写了一些文章。后来我所在的公司经济效益不好，不准备投资少数民族服饰的开发，没有资金，一度我连工资都没有保证，也想不做了。但又觉得这样放弃很可惜——这些服饰文化中的文化内涵、审美艺术、精湛工艺都非常精彩，需要我们去保护和传承。最使我感到惊讶的是那些妇女在世的时候她们展示出自己对植物染色工艺的精通，我们记录了下来。后来很多年轻人就不学了，消失速度惊人，所以我要把这些传统的服饰、文化、符号、工艺和这些植物染色的技艺保护下来。当时我和一些台湾的朋友商量，先保护植物染色，在这些老人还在世时保存下她们的工艺，用植物染色对我们的服饰是很有好处的，因为很多化学染色污染环境，有的对皮肤有负作用，所以我们当成一种使命自己悄悄去做这些事情。后来又开始研究服饰文化，这些老人在世时还可以说得出服饰上的符号文化中的一二三，这些可以作为我们今后研究服饰文化的依据。

到了1994年，北京服装学院看到我调研的贵州民族服饰文化资料比较齐，问我愿不愿意到北京服装学院配合他们建立一所民族服饰博物馆，负责服饰的收集和整理工作，我觉得这个工作很适合我，我就可以利用这个机会走很多地方，向民间学习，收集一些民间美术的资料。民族服饰博物馆分配给我的任务是负责西南、华南、中南少数民族服饰资料，包括文字资料和照片的收集整理工作。从1994年到2006年，我主要负责以上地区的少数民族资料的收集整理工作。因为少数民族文化博大精深，想要整理完整难度很大，因为我是苗族，所以我重点从民族学、人类学、审美学、工艺学的角度对苗族的服饰文化进行研究，包括刺绣、蜡染、织锦、银饰，然后写了一些书，比如说《苗族传统蜡染》，这样我一边做田野考察一边记录，久而久之，对这些少数民族的文化就有了逐步的了解，前前后后30年，整理了一些资料。对民族文化传承怎样去做，我也收集了一些资料，还有一些实物，比如说苗族的刺绣、蜡染等，可以做一个小型的博物馆了。

后来就开始做植物染色的考察和研究，在少数民族民间的植物染色基础上运用现代的工艺和手法做了一些实验，前前后后做了一百多种颜色。因为其中有一些牵涉到传统的产权，目前还没有出版，还在整理当中。退休以后，凯里学院有一些针对非物质文化遗产的课程，包括蜡染、刺绣、银饰等，凯里学院就聘我为兼职教授，带学生学习传统的工艺，办班。几年后，有些学生做老师，有些自己开公司，培养民族民间艺人，有的现在已成为苗族银饰传承人（国家级）、贵州省工艺大师。

2012年，我开始负责主管撰写《中国工艺美术全集（贵州卷）》印染篇，主要是蜡染，至2015年年底写完了，今年年底前出版，最后这一段时间主要精力在写这本书。去年写完这本书稿以后，我觉得我们考察植物染色，它来源于民间也应该回馈民间，我便有了办班的想法，于是在广州和上海建立了蜡染和植物染色的培训基地——现在上海和广州条件比较成熟，并和高校挂起钩来，把学生培训出来以后学生再去公司里进行推广。我现在在广州华南农业大学艺术学院服装专业，在这里对学生进行蜡染、刺绣、植物染色的培训，在这里讲完课还要回贵阳，给贵阳高校的学生上课。

其实中国的民间传统服饰工艺的市场很大。2014年我以蜡染专家的名义随中国文化部组团到美国、加拿大进行文化交流，在国外看到了一些中国传统服饰的设计作品，但没有看到有关植物染色的工艺。美国的朋友也和我谈到怎样把中国传统的服饰工艺与现代相结合，把传统的服饰符号进行时尚设计，如何和市场结合。我也为此做了一些尝试。

我目前的要务是培养年轻一代去做，今年我已经74岁了，因为高校学生的整体素质、审美以及研究能力都是有一定优势的，我想重点的培养对象是高校的学生。

以上是我这些年为贵州少数民族服饰及其工艺的保护和传承做的一些工作。

主题二：关于杨文斌老师的植物染色研究

笔者：您从20世纪80年代开始做研究，您对贵州少数民族服饰的研究主要是植物染色这个领域？

杨文斌：我关注的主要是蜡染、刺绣、织锦以及银饰，我们在研究的时候发现植物染色消逝得太快，因此把它作重点研究的对象，同时我们也研究织绣这一块。对刺绣的研究不仅仅局限于技艺，它其中还蕴含了人类学、审美学的一些观念。我觉得我们现在出的书存在一个问题：图案提出来了，但解读不了，没有文化内涵方面的阐述。很多书照片不错，可是仅有工艺方面的内容，文化内涵和审美艺术的解读几乎没有，这是不完全的。

笔者：您调查的传统的植物染色可以染出多少个颜色？

杨文斌：我们调查出来的纯植物染色有15—20种，我们经过实验后可以达到100多种。

贵州少数民族服饰染色工艺非常奇妙，根据面料性能的不同、染印的工艺不同，染的过程中的步骤也有差别。比如说一个蓝色，加水牛皮胶是一个蓝色，加其他植物红色又是另一种暗红色。比如说红色，就有暗红、朱红等四五种，黄色也有四五种，蓝色有四五种，还有黑色。比如要得到红色，有些要茜草、红花，有些要当地一些树皮，有些要当地的一些花。同一种颜色在不同的面料染出的效果也不同——如染在丝布上和染在棉布上红色的色调就不同了。

主题三：关于贵州苗族侗族女性传统服饰的传承现状

笔者：您怎么看贵州苗族侗族女性刺绣工艺的传承现状？

杨文斌：总体上来说今不如昔，现在的刺绣不如从前。为什么会出现这种情况？以前女性大都是文盲，从前看一个姑娘聪明与否、能干与否，就要看她刺绣、蜡染、纺纱、织布的水平高不高，如果刺绣工艺技艺也好、配色不错，又会纺纱织布，就说她能干、聪明。现在衡量一个姑娘聪不聪明就是看她在学校学习好不好，学习很好的姑娘刺绣很差人们也觉得无所谓，还是觉得她是个聪明的姑娘——衡量的标准不同了。

笔者：那在这样的一个过程中，会不会有些刺绣的技艺就湮灭了呢？

杨文斌：是存在这个问题。因为刺绣费工费时，绣得好不好人们也不像以前那么在乎了，过年过节大家有一件传统服饰来穿就可以了，大家看个大概就行了，不像以前老年人认真地去看去琢磨。包括蜡染和银饰也一样，现在很少去关注了。

主题四：关于“银角”“银翼”与传统服饰词汇的研究方法

笔者：您在一些书中提出对雷山苗族女性的头饰“银角”的称谓是错误的，应为“银翼”？

杨文斌：关于银饰的书里面有一些是相互借鉴的——前面人这么写了，后面人就跟着也这么写，出现了一些错误，有一些主题已经是“离题千里”，现在再去纠正已经晚了——已经既成事实了。比方说雷山西江头上戴的银饰现在叫“银角”，其实不是“银角”，它的造型是鸟，两边的那个是鸟的翅膀，80岁以上的当地人都叫它“嘎达逆”（音，苗语），就是“银翼”的意思，60岁以下的人才叫它“角”，怎么鸟的翅膀就成了牛角了，全弄错了。我们去贵州西北部考察时看到当地苗族建筑上的牛角，问老百姓为什么房子上装饰这个牛头？他们说这是牛，是我们的老祖宗。那我们就说了，牛是老祖宗为什么家里老人去世了还敢杀牛呢，乱套了。

我写文章写贵州少数民族银饰，就改过来了，不叫它“银角”，叫它“银翼”。苗族古歌里说，蝴蝶生十二个蛋，有一个蛋孵出人类始祖姜央，还有一个蛋孵出了牛，因此人和牛是兄弟，如果姜央叫牛“爸爸”，这就不对了。做苗族文化的研究，你要把苗族服饰的一些称呼弄清楚是音译还是意译，要按照老一辈人的称呼来做。月亮山从江、榕江地区有一个“山”字形头部银饰纹样，那个也不是牛角，它是鸟翼，是鸟崇拜。在《苗族古歌》里鹡宇鸟是由枫树枝变成的来帮助蝴蝶妈妈孵蛋的，这个在古歌里讲得很清楚。

主题五：关于西江苗寨的首饰、盛装面料与飘带裙

笔者：请您谈谈西江盛装的两种银头饰——银翼和缀银饰的红头帕。

杨文斌：银翼和缀银饰的红头帕是在家的传家宝，它们是象征繁衍和财富，出嫁后不能带到夫家的。如果出嫁的姑娘把它带到夫家就会把娘家的财和后代的福气也一起带走了，头上的其他银饰和衣服上的银饰都可以带，唯有这两个出嫁时不能带。如果出嫁时女孩想带走可以另外找钱打，但家里的银角（银翼）和缀银饰的红头帕是留给家里的男孩

子的。

银翼是中部方言苗族的鸟图腾崇拜，苗族姑娘佩戴银饰，从几斤到十几斤二十几斤重，其作用一方面在于装饰，另一方面是为了夸耀财富。

笔者：西江女性上衣用的蓝色的缎子布做底是从什么时候开始的？

杨文斌：用缎子是从民国时候开始的，大概在20世纪三四十年代开始的，是比较有钱的人家才用得起，后来就流行起来了，清朝的时候都是用自己织自己染的布（平纹布啊、斗纹布）做底布。

笔者：西江的飘带裙在刺绣风格上也比较接近汉族的风格，是不是受汉族的影响？

杨文斌：西江和榕江这边清代也有飘带裙，传统的西江飘带裙的带子是一整条的，民国初年一整条由三截组成，20世纪80年代变成五截了。它上面刺绣的图案都是写实性的，是受到汉文化的影响。月亮山地区的榕江、从江的苗族飘带都是整条的，造型都是抽象的图案，这才是苗族传统的样式。西江在民国以前的飘带裙，一个寨子里只有一两条，是家里非常富有的人家才有的。

主题六：关于苗族的“百鸟衣”

笔者：我在雷山调研时，有一位当地的工作人员对我说当地有一个寨子有一位叫梗老木的苗族老年女性，会制作“百鸟衣”，以蚕丝为原料，但因为工艺复杂、工期长，所以没有年轻人愿意学。那么据您所知现在掌握百鸟衣制作工艺的人还多吗？

杨文斌：还有。所谓的“百鸟衣”，它就是盛装，节日和祭祀的时候穿的盛装。它的裙脚都是用白色的羽毛，也是鸟崇拜在服饰上的体现，它上面的图案除了鸟还有龙、有鱼等很多种动物。

“百鸟衣”盛装是男人、女人都穿的。吃鼓藏时，男子先穿着祭祖，然后女子再穿上跳舞等。现在雷山达地野蒙地区有一种衣服，围裙不像围裙、裤子不像裤子的衣服，那个不是正宗的，是20世纪90年代设计出来的一种款式，把这种衣服卖给外国人。

主题七：关于“老衣服”与民族信仰文化

笔者：想请您谈一谈关于传统服饰中的“老衣服”。苗族侗族每个人都有“老衣服”吗？

杨文斌：苗族侗族都有“老衣服”这个概念，但不是每个人都有。黎平县的侗族芦笙衣，那是一种盛装，其中有很多侗族的服饰文化符号，比如说“涡纹”，来源于祖先崇拜的“蛇龙纹”，“蜘蛛纹”来源于蜘蛛崇拜。此外，刺绣、银饰中也有很多体现。

按道理说，所谓的老衣服是每一个人的盛装礼服，尤其是妇女，再穷都要有一套礼服。所谓的礼服是程式性的服饰文化符号，有规定的款式，这个是必须要有的，去世后就穿着这件礼服下葬。如果没有这个礼服或是款式不会被祖先接纳。现在年轻的一代有些有有些也没有盛装的礼服了。

笔者：就是说按照道理苗族侗族的每个人尤其是女性都应该有一套“老衣服”的？

杨文斌：是啊，不过现在有些人不太相信这个了，就不穿了。

笔者：我在一些侗族村寨进行田野调查时，当地的女性告诉我有些衣服穿旧了就烧了或是埋在地里，这是为什么？

杨文斌：有些老人去世后，她原来有很多衣服，她穿不完，她就穿一件入土，其他的就烧了，如果不烧掉，她去世以后到阴间这些衣服就不属于她了。

笔者：我采访的时候，还有一些是给女儿做纪念的？

杨文斌：有些衣服给后代做了纪念，这些做了纪念的衣服在老人去世后也就不属于她了。在苗族鼓藏节吃鼓藏的时候，老人穿着她的传统盛装，当老祖神看到了穿着盛装的老人记住了她，她死后到阴间后还穿着这套有着本民族符号特征的衣服，就会被老祖神和先人们接纳。所以在鼓藏节这种祭祖的时候苗族人必须要穿本民族的传统盛装，就是刚才讲的，你在这个时候穿传统盛装，即便死后不穿老祖宗也认得她；如果在这个时候不穿，等她死了之后再穿老祖宗也不一定记得她。所以重大节日的时候老人穿传统盛装是非常重要的。我们苗族认为人死了有三条鬼：一个在坟上，一个回到家里香火上，一个往东方走回到东方去找老祖宗。

笔者：这里面有很多文化都是和服饰有关的？

杨文斌：对。苗族服饰传承了几千年，就是因为其中的符号不能变，符号变了后你去老祖宗那儿老祖宗不相认不接纳。

主题八：关于传统服饰的流失与刺绣服饰的价值判定

笔者：我查找了一些20世纪90年代的图片资料，其中很多服饰和我去进行田野调查时不同了。

杨文斌：贵州苗族侗族传统的服饰款式基本没有变，但材料、工艺、色彩、图案变了很多。贵州很多传统服饰都被国外的人、台湾人买去了，还有一些做生意的人拿到外边卖掉了，因为当时这里的人穷，国内收藏的人买不起，当时我没有那么多钱，只能拍照，现在留下来的只有照片。

苗族服饰比较多的在台湾，台湾史前博物馆、实践大学、辅仁大学收了很多。台湾有一个黄英锋先生、陈景林先生，1992年来贵州收了一万多件。我们贵州省有一个刘雍，他也收藏了五千多件，我收藏了一千多件，大部分是蜡染和织绣，和我研究的专题有关。

笔者：现在手工刺绣的服饰品都卖得很贵了。

杨文斌：刺绣的服饰品怎么评判它的价值。在收集时要注意地区，比如支系人数多的，如黄平，它的传统服饰的数量也多，现在比以前也贵不多；支系人数少的地区，工艺比较特别，年代比较久的服饰品现在贵得很多，比如说月亮山地区的、比如说榕江的计划支系的、摆贝支系的，一件盛装衣服是清代的，就比较珍贵，价格在十多万。再比如黎平的花苗服饰，它的衣服上绣满了花，一套就要几十万。新的刺绣服饰，现在以工时来计算手工刺绣价格，当然比以前的加工价格显得贵多了，再则年轻人一般不会刺绣，只有中年妇女刺绣，刺绣付费以外出打工计算工时。

主题九：关于苗侗民族间传统服饰的相互影响

笔者：您怎么看民族之间的相互影响、民族个性减弱？苗族侗族头饰有互相影响的情况吗?

杨文斌: 这两个民族之间是互相影响的，我的观点是顺其自然。比如说银饰，因为苗族分布得比较广，如果是生活在侗族地区的苗族，人口比较少，如果想穿戴一下自己民族的银饰，又找不到苗族的银匠，就要找侗族的银匠来做，侗族银匠就按照侗族的银饰来做，她也可以接受了，在这个过程中就会发生两者之间的相互影响。再比如说雷山地区苗族的银马花（银冠），上面装饰有骑马的人，苗族的人骑马纹样代表有钱和有地位——有钱和有地位才能够骑马，现在侗族的姑娘也戴，还有布依族、土家族、水族的姑娘都戴，我觉得要顺其自然，不要硬性规定谁可以戴、谁不可以戴，她觉得美，她不是“美盲”就可以戴她喜欢的银饰。

访谈之五：对民族服饰专家杨源研究员[①]的访谈

被采访人：杨源研究员

采访人：笔者

采访时间：2016 年 2 月 18 日

采访地点：中国妇女儿童博物馆杨源研究员办公室

笔者: 您出版和主编了多部关于民族传统服饰的著作[②]，在业内产生了很大的影响，作为民族服饰专家，请您谈谈您对民族传统服饰保护与传承问题的看法、意见与建议。

杨源: 对民族传统服饰文化的保护与传承应该遵循两个原则：一是

① 杨源研究员为中国妇女儿童博物馆副馆长、研究员，中国博物馆协会常务理事，中国民族服饰研究会会长，中国博物馆协会服装专业委员会主任，国家非物质文化遗产保护工作专家委员会委员。

② 杨源研究员出版有《中国民族服饰文化图典》《银装盛彩·中国民族服饰》《中国服饰·百年时尚》等著作，主编有《中国织绣服饰全集·少数民族服饰卷》（下卷）、《民族服饰与文化遗产研究论文集》、《中国民族服饰工艺研究》、《民族服饰与文化遗产研究——国际人类学与民族学联合会第十六届世界大会民族服饰专题会议论文集》等著作与论文集。

强调“原状保护”，即尽可能地保持它最为原生态的状态——最传统的技艺、最传统的款式、最传统的民族服饰文化……如可以鼓励少数民族每个人都拥有一套本民族的传统盛装，在婚丧嫁娶和重大节日时穿着，平时就不要强求他们穿民族服饰了。要引导年轻人热爱他们的传统服饰，让他们了解传统服饰文化的价值。提升民族自豪感，才有可能做到原状保护。二是对传统服饰文化的当代时尚运用，即将传统元素提取出来做现代的设计。将传统与时尚的元素相结合，设计出适合今天人们需要的生活用品，让传统艺术服务当代生活。传统文化是现代时尚取之不尽的设计源泉，我们要尽可能地保持原汁原味的民族传统服饰，只有这样才能从中汲取更为丰富的养分，所以我们要尽可能地进行“原状”保护。通过这两方面的努力，对传统服饰及其文化进行保护、传承与弘扬。

2014 年 APEC 会议领导人服装设计是一次用传统演绎时尚的经典范例。顶层设计很重要——国家领导人高度重视，且举全国之力共同完成。APEC 中国领导人身着“新中装”亮相世界，彰显出中国传统服饰文化的深厚底蕴和当代时尚的意境追求，向世界展示了“衣冠大国”的古朴风韵和时尚气派。

传承与弘扬，让传统服务于社会，服装企业和服装设计师的作用很重要。我国很多服装企业，如东北虎、玫瑰坊和 SHEME 以及设计师李薇、梁子、楚燕、马可等都从传统中汲取灵感，但这些服装企业和设计师在整个中国服装企业和设计师中只占了十分微小的比重，还远远不够。意中贸易委员会驻中国首席代表瓦伦蒂诺十年前曾经说过，中国的时装设计永远赶不上意大利，因为意大利的时装是在传统与古典文化的氛围中发展起来的，中国的时装设计缺乏古典氛围。这些话引起我们的反思，也让我们意识到保护传统文化的重要，丢失了传统文化就不能创造出现代时尚，越是传统的才越有可能成为时尚的。

笔者：您是如何看待少数民族传统服饰手工艺人的发展现状的？

杨老师：现在民族地区掌握传统服饰的妇女一般年龄都在 50 岁以上，现在有一些组织和个人在尝试一种新的发展模式，即将传统手工技艺与产业开发相结合——让这些民族地区的手工艺人根据相关的要求制作织绣饰品，然后他们再收购这些织绣饰品并开发出服装或现代生活用品，拿到大城市或海外进行销售。每个妇女一年的收入能达到 2 万元人民币，这种方式既对当地的传统工艺形成了保护，也使这些掌握技能的妇女可以不外出打工而在家里就获得生活资源，是一种比较好的形式。在这方面贵州做得比较好，黔东南地区一套苗族盛装从制作到刺绣可以达到6000—10000元。

笔者：您从什么时候开始到民族地区进行民族传统服饰的调研的，您觉得那时民族地区的民族传统服饰的留存状况与今天有什么不同？

杨老师：我从20世纪80年代中期就开始到少数民族地区进行采风与调研，那时与现在相比变化巨大：当时的民族传统服饰非常完整，且民族地区的人们平时就穿着传统服饰，而现在只有年节时才穿着。这也是今天我们对民族传统服饰保护与传承的工作刻不容缓的原因。

笔者：您认为在对民族传统服饰的传承上，博物馆应该秉承怎样的原则？扮演的是怎样的角色？

杨源：博物馆对非物质服饰文化遗产的保护应该秉承“原状保护”的原则。今天，我们从国家到地方都开始重视对非物质文化遗产的保护，这是大前提，这是大好的形势，我们要珍惜。但同时我们需要注意的是“原状保护”的重要性，“原状保护”即前面提到的尽可能地保持它最为原生态的状态，博物馆需要承担的是保护那些以传统的技艺制作的传统款式的民族传统服饰，这对于传统服饰技艺的传承以及今后的研究都是非常重要的。

博物馆在民族传统服饰的保护传承方面承担着重要的职责。中国一些地区的综合类博物馆都不同程度地收藏有中国古代、近代各类服装、丝织品、饰物，以及纺织、印染、刺绣等文物和标本。此外，由于民族服饰可以作为一个民族的标志，代表一个民族的形象，各民族的衣冠服饰都与其生存环境、生产方式、生活习俗、艺术审美有着密切的联系，因此在民族类博物馆中，民族服饰的收藏、研究、展示占有重要的地位。

据不完全统计，目前中国纺织服装类博物馆大约有26家，与中国拥有的4000多家博物馆的数量相比，这个数字是微不足道的。但是，这些由政府、企业、高校和个人建立的公有或民营的服装纺织类博物馆在一定程度上丰富了中国博物馆的类型，并有力地保护了服装纺织类文物，尤其是起到了积极的传承和发展的作用。这些具有收藏、展示、研究、教学、生产、经营等功能的专业博物馆，改变观念，转换机制，逐步调整和拓宽适合自身发展的轨迹，遵循“保护为主、抢救第一、合理利用、传承发展”的原则，集专业、科技、保护、开发于一体，并以此区别于传统的综合类博物馆。从20世纪80年代至今，由行业集资或地方政府与行业部门共同投资兴办，以及政府出资由高校承办的服装纺织类博物馆逐渐落成开馆。其中，起步较早的是纺织类博物馆——1982年，轻工业部牵头成立了南京云锦研究所中国织锦工艺陈列馆，这是中国最早出现的纺织类博物馆。此后还有南通纺织博物馆、东华大学纺织史陈列馆、苏州丝绸博物馆、中国丝绸博物馆、绍兴纺织博物馆、高阳纺织博物馆、成都蜀锦织绣博物馆、青岛纺织博物馆、天津纺织博物馆，与此同时，由政府、企业、高校和个人兴建的服装鞋帽类专业博物馆于20世纪90年代开始走上了建设发展之路。如宁波服装博物馆、南通蓝印花布博物馆、北京服装学院民族服饰博物馆、上海纺织服饰博物馆、宁波雅戈尔服装博物馆、温州中国鞋文化博物馆、上海美斯特邦威服饰博物馆、江西服装学院服饰文化陈列馆、江南大学民间服饰传习馆、天津应大皮衣博物馆、宁波服装博物馆、江苏宜禾中国职业装博物馆、天津华夏鞋文化博物馆、北京盛锡福帽文化博物馆、福建七匹狼中国男装博物馆、深圳艺之卉百年时尚博物馆。前面提到的北京服装学院民族服饰博物馆是在1999年由北京市政府出资、北京服装学院筹建的，这是中国第一家民族服饰博物馆，收集和展览大量的民族服饰精品。

特别需要指出的是，除了国家和地区的各级博物馆外，服装企业博物馆应该起到更重要的作用。因为服装企业是专门做服装这个领域的，有着它自身的优势：博物馆与企业的一体化是传承与创新的优势所在，能够真正实现“在保护中传承，在传承中保护”。

笔者：杨老师，中国妇女儿童博物馆很注重对中国民族服饰的传承和展现，举办了很多相关的展览，您能否介绍一下这方面的内容？

杨源：我来中国妇女儿童博物馆九年了，比较重视对服饰这个领域的交流。中国妇女儿童博物馆自建馆以来先后策划、主办或承接过多个国际交流展和民族艺术展，这其中包括《中国百年旗袍展》《祥和吉美——中国服装三百年》《化零为整——21世纪美国拼布艺术展》《川针引线·巧手致富——四川妇女居家灵活就业成就暨传统手工艺术展》《华韵盛装——中国民族服饰织绣展》（海外展）等民族传统服饰和国外服装服饰的展览。在博物馆的六层还开设了两个专门的展厅，一是女性服饰馆，展出了中国56个民族的妇女服饰；二是女性艺术馆，从刺绣、织锦、剪纸、印染、书画等门类中，选取了不同历史时期、不同地域与不同民族的女艺术家的作品。其实，这也是中国妇女儿童博物馆的特色。

访谈之六：对民族学专家杨筑慧教授[①]的访谈

被采访人：杨筑慧教授

采访人：笔者

采访时间：2016年2月26日

采访地点：中央民族大学文华楼民族学与社会学学院1305教研室

笔者：目前关于“民族传统服饰”的田野调查的梳理与研究还不多见，您认为田野调查对“民族传统服饰”研究的重要性如何？您认为在调查中有哪些内容是需要重点关注的？

杨筑慧：田野调查很重要，在田野调查中要关注传统服饰原来是什么样，现在是什么样，所用的材料有什么变化，它的制作工艺是怎样的。比如说三宝侗寨原来装饰于肩领部的“托肩”是用刺绣的工艺，现在直接用买来的花边装饰。在采访时还要注意被采访人的年龄层，这和她的工艺掌握情况密切相关。还有这些手工艺的掌握者她们的主体认识很重要——她们是如何看待传统工艺的传承的？以上这些都是在调查中相对比较好问的。那不好调查的是什么呢？比如说随着时代的发展，一些传统的款式与技艺丢失了，她们怎么看待这个问题？采访者不要想当然的设定她们怎样看待这些逐渐丢失的传统。再比如说以前对一个女性来讲，会做传统服饰、手工技艺好是评判能干、贤惠的一个标准，现在许多人都不会做了，那用什么来作为评判标准呢？

---

① 杨筑慧教授为贵州榕江人，侗族，中央民族大学民族学院社会学学院教授，博士生导师，主要从事民族学（文化人类学）、南方民族历史与社会文化的教学和研究工作，为中国民族学学会理事，中国人口学会成员。

笔者：贵州苗族侗族女性传统服饰的传承面临着诸多问题，请杨老师谈一谈您对民族传统服饰传承有什么好的建议和设想。

杨筑慧：传统服饰及其技艺传承很难，因为买现成的衣服很简单，而做一件传统服饰从种棉开始，要纺纱、织布到最后的裁制与刺绣，要花大约一年的时间。很多年轻的女性出来打工都不会穿民族传统服饰，因为这样与主流社会形成区隔，也会让人另眼对待。这些姑娘在外面待久了，回乡后穿本民族的衣服反而不习惯了，买的衣服式样多，省事又穿着很方便。

我们其实可以思考这样的问题：女性的盛装一般都华美而繁复，但平时的便装却没有什么变化，比如三宝的便装，其装饰就是在肩部装饰栏杆，系带上有绣花，基本没有款式上的变化。而汉族的衣服从材质上就有纯棉、化纤、蕾丝等的很多选择，从款式上更是多种多样，单就是袖子的长短就有七分袖、八分袖、九分袖等。这些与基本一成不变的侗族便装相比，确实存在很大的吸引力。年轻人穿汉化的现代服饰有三方面原因：一是款式变化多样的现代服饰让她们觉得新奇，二是传统的民族服饰穿着和清洗不是那么方便，三是穿着传统民族服饰满足不了她们对社会认同的需求。老年人穿民族传统服饰有两方面原因：一是对过往的怀念，是一种怀旧以及对过去的认同，是所谓的“乡愁”；还有一方面原因是“从众”的心理——大家都穿我也穿。

过去，三宝的盛装是年轻姑娘在老人的指导下做的，绣花姑娘做，一般是农闲时做或者晚上做，“行歌坐月”时做，花绣完后让会做衣服的女性镶嵌在衣服上（做衣服是最难的，一般是请有经验的老人来做）。过去做百褶裙需要用拇指上的指甲在每一条褶子上划痕，一条一条的划，一遍一遍的划，我看到有些人的拇指因此都变形了。压百褶裙时，还需要把它固定在木桶或柱子上，捆扎定型。现在的花边都是现买的，而百褶裙的褶子都是机器来压褶，机器压的褶比手工压的褶成型度好，因此穿着、洗涤也更为方便——以前盛装的百褶裙一般都不洗，一是怕掉色，二是怕破坏裙身上的褶裥，一般只在年节或特殊场合穿，过了许多年，看起来仍是新的。

笔者：您认为贵州苗族侗族女性传统服饰向现代的转变有没有什么规律呢？

杨筑慧：据我的观察，民族传统服饰的变化是从下而上的：先改变鞋子，然后是裤子（裙子），接着是上衣，最后是头饰，即传统服饰的稳定性是自上而下递减的，这是一个值得研究的问题。我有一次去高增进行田野调查，当地的盛装非常繁复，但是鞋子不再是手绣的尖头花鞋了。据调查，当地年轻的女性绝大部分都不会做这种鞋了，我住在村支书家，她的女儿还会做，这已经是个例了。据老人们说，三宝在清代时是穿裙子的，在 20 世纪 70 年代末至 80 年代初还是穿着腰侧挽结系合的大裆裤，但今天全部穿的是现代的汉族的裤子。刚开始有人穿这种现代的裤子时，老人们说这和侗装的上衣不搭配，但渐渐地穿的人越来越多慢慢就把原来的大裆裤取代了，而上衣却没有什么变化。

笔者：在当今时代背景下，您认为贵州苗族侗族女性传统服饰及其文化传承应该遵循什么样的方向？

杨筑慧：贵州对侗族传统服饰保存比较好的是黎平和从江，榕江的乐里也还不错；广西保护得比较好的是融水。传承要有土壤、有背景，它不是水中月、镜中花。黎平非常重视对民族传统文化的保护与宣传，它在这方面做得比较好，有很多侗族文化节、民族节。它在打造侗都文化，有的村寨打算申请非遗，经常会有相关民族文化节活动，这样就有机会展示民族传统服装。举一个例子，彝族一些地方有一年一度的“赛装节”，在这个节日人们要比赛谁的衣服制作得精巧好看，这样就会对它的传统服饰的传承起到积极的影响。所以传承是需要有一个土壤的。

节日文化是民族传统服饰传承的一个窗口，去年（2015 年）榕江过“萨玛节”时一共有 120 多支来自不同地方、不同民族的庆祝队伍参加，人们都穿着盛装前来，场面盛大。

传统是一个动态的过程，不是静止不变的，在继承传统的同时，也要与时俱进，要有创新，符合现代的审美趋向，要有改变，比如款式上可以更多样一些。刺绣等技法可以保留，一些基本的民族元素也要留存，但像面料制作周期很长，就可以用机器批量生产的面料来代替。

笔者：请您谈谈对贵州侗族女性传统服饰文化进行学术研究的建议。

杨筑慧：从学术研究上来看，可以从多方面来入手：一是对苗族侗族传统服饰工艺的研究。哪怕人们不穿民族传统服饰了，但把工艺留下来也是非常有价值的。贵州苗族侗族的传统服饰工艺有很多值得学习和借鉴的，比如它来自自然的环保理念，过去染布原料制作没有石灰，是用稻草烧完后做成稻草水（弱碱性）来泡蓝靛，蓝靛也是自己种植的，具有清热、解毒、消炎的作用，这些都是取之于自然、对人体无害的植物原料，值得研究、推广和应用。二是从文化上入手，民族传统服饰是一种文化的表征，是识别一个民族、某一民族支系的外化的文化符号，它也是本民族文化的一种重要载体。除此之外，服饰还有其他功能也值得研究。三是从价值评判入手，民族服饰体现、反映了什么样的价值观？作为某一民族服饰的承载者，他们如何认识自己的服饰价值与意义？这方面的研究较少。四是服饰的变迁，变迁的原因是什么、具体表现如何、未来发展的趋向如何。五是服饰的内涵也值得探究，如反映的自然环境、历史经历、族群关系、宗教信仰、审美情趣、性别与年龄差异、角色变化等。

笔者：近年，在贵州很多地区都开始发展生态文化村，您对生态文化村是怎么看的？

杨筑慧：生态文化村是由一些专家学者提议、由政府倡导的对于民族传统村落的保护措施。从对生态文化村的维持和长期发展来看，最终要落实到老百姓自己，靠他们的文化自觉，就是说让他们觉得这是他们自己的事情，是他们自己的居住、生活环境，生态文化村发展好了对他们自己有益。我在台湾考察时发现他们有很多地方保护得很好，经过询问我了解到台湾也有很多少数民族村落，当地政府让老百姓提文案：怎么保护？如何实施？然后请专家进行评估，通过后政府拨款，然后由当地老百姓自己管理，使其积极地投入其中，充分发挥他们的主观能动性。这种模式值得我们借鉴。同时也要注意防止“异化”，生态文化村的发展要与本民族的民族文化相契合，不要胡乱加入不相干的元素，尤其是一些旅游公司，为了利益而不顾村落与自然环境和民族文化的协调，随意加入不相干的元素，破坏了整体风格和环境，显得不伦不类。

访谈之七：对凯里学院张锦华教授①的访谈

被采访人：张锦华教授

采访人：笔者

采访时间：2016年2月17日、27日、28日

采访方式：电话、邮件

笔者：张教授，请问您如何看待贵州苗族侗族女性传统服饰的传承现状？

张锦华：苗侗族服饰的传承，是在千百年的历史长河中逐渐形成的一种地域的特色，是一种母传女的活动形式，延续了千百年的土法制作，从纺棉到家机布，再进行刺绣，一件衣服经过十来年的制作才能完成。

原本苗侗服饰是一个象征，也是传统的服饰，但在现代技术的发展下，现代工业制作的服饰，只需要花钱就能买到，而且方便快捷，易穿易洗，无形中就把传统的服饰远远放在一边。加上打工潮的来袭，青年人都外出打工，没有时间和精力学习制作传统服饰，所以现代流行的服饰，也就是机器生产的，没有手工制作的特色了。因此，服饰的消亡基本上呈现出在几年的时间内逐步消失的趋势。

笔者：您认为贵州苗族侗族女性传统服饰的传承中亟待解决的问题是什么？您对贵州苗族侗族女性传统服饰的传承有什么好的意见与建议？

张锦华：在民间以传承的方式建立刺绣厂、蜡染厂、银饰厂来引导一些创业青年，让他们在这些环境中进行有偿劳动，用市场经济来刺激传统技艺的发展，可以解决一定的失传问题；在大学里开设民族传承的相关课程，可以提升人们对传统服饰的认知。

笔者：贵州具有丰富的民族传统服饰资源，请问凯里学院美术系在教学中是如何利用这些丰富资源的？

张锦华：一是招收有地方性支持的五年制民族传承班；二是开设有

---

① 张锦华教授为贵州凯里学院艺术学院院长、硕士研究生导师。

民族民间美术的相关课程；三是建立实训室，包括刺绣实训室、蜡染实训室、银饰实训室、陶艺实训室；四是加大科研力度，编著教材、出版著作、发表相关教改论文，如我撰写的《苗族民间美术研究》和《贵州民族民间文化考察录》、彭咏编著的《黔东南苗族侗族民族民间工艺美术教程》、吴安丽主编的《黔东南苗族侗族服饰及蜡染艺术》，等等。

笔者：凯里学院美术系有没有对民族服饰相应的采风活动？这些活动是怎么进行的？

张锦华：每年每个专业每个年级的学生都有一次采风活动，时间在每年的四月至五月份，地点为黔东南苗族侗族自治州及毗邻民族地域，民族主要包括苗族、侗族、瑶族、水族等本地区现有的民族。采风手段，一是绘画性收集素材（拍摄资料）；二是深入到民间老人、民间能手中去进行实地调查，调查内容包括民间故事、民间传统习俗、民间工艺、民间民俗活动等；三是对民族村寨的田野调查，包括①雷山西江千户苗寨；②丹寨扬武镇、雅灰村、麻鸟村、送陇村的苗族鸟服饰；③台江反排苗族村寨、施洞苗族村寨的苗族服饰；④施秉云台山一带苗族服饰；⑤剑河苗族服饰（著名的苗族锡绣的发祥地）；⑥镇远苗族服饰、报京侗族服饰；⑦锦屏侗族服饰；⑧黎平肇兴侗族服饰；⑨从江岜沙苗族服饰，丙妹、加鸠、宰便的侗族服饰；⑩榕江车江（三宝侗寨）的侗族服饰；⑪黄平苗族服饰，等等。这些活动对有一定基础的本省（本地）学生来讲，因为他们比较了解本地的情况，这些专门性的考察是对他们现有认识的进一步提升认识；对于省外学生来讲，因为他们基本从没有接触过这块，所以对此非常感兴趣。

笔者：请您介绍一下贵系将贵州苗族侗族等民族传统服饰引入课堂中学习的情况。

张锦华：对美术学、设计类的学生，在人才培养计划中安排有相对的民族民间美术课程，目的是将民族文化融入教学中去，在凯里学院学习的学生能很好地了解少数民族的特色和文化发展情况。

我们招收民族传承班学生，目的就是为地方上培养专门的民族传承人才，毕业后为地方经济服务，同时也是为了传承人才的不断代而所做的工作。

我们的民族传承（五年制）人才的培养方案中，培养目标是为黔东南州民族民间文化艺术的传承和经济社会的发展需要培养具有艺术理论修养、熟练掌握民间技艺的现代民族民间艺术设计的应用型人才，使毕业生能够胜任小学民族民间文化传统教学及民族民间产品设计的工作。

在课程设置上，我们以民族民间文化、民族手工艺为核心，开设了《少数民族民间美术概论》《民族民间美术》《苗（侗）族蜡染设计及制作》《苗（侗）族刺绣设计及制作》《苗（侗）族图案设计及制作》《黔东南民族民间工艺美术概论》《蜡染工艺品设计与制作》（课堂教学+校内实训）、《刺绣工艺品设计与制作》（课堂教学+校内实训）、《银饰工艺品设计与制作》（课堂教学+校内实训）、《民族旅游产品包装设计》等核心课程以及《黔东南苗族侗族工艺美术》《黔东南苗族侗族服饰蜡染艺术》《民族民间工艺欣赏》《黔东南民族民间美术理论》《贵州民族文化艺术赏析》《原生态民族文化概论》《民族手工艺流程》《民族手工艺品制作》等专业选修课。

笔者：结合贵州民族传统文化，凯里学院美术系在教学科研活动中做了哪些工作？

张锦华：一是在教学上，安排《民族民间美术》《黔东南苗侗文化概论》《苗族侗族建筑赏析》等课程；二是在教学科研上，以苗族侗族民间艺术以及在教学上的运用撰写论文；三是出版《苗族民间美术研究》《贵州民族民间文化考察录》等专著。

笔者：凯里学院为民族传统服饰的保护做了哪些工作？

张锦华：我院收集了大量的苗族侗族服饰及其民间工艺品，建立了苗侗文化艺术馆；建立凯里学院原生态民族文化研究中心；长期聘请民间工艺大师、民间传承人来校上课；创立了黔东南民族民间蜡染研究所。

苗侗文化艺术馆整理收集了六十余套（件）苗侗服饰精品，都是在苗乡侗寨收集的比较有价值的服饰，为师生的进一步学习研究提供了良好的实物资料。凯里学院原生态民族文化研究中心成立于2006年12月，原名为凯里学院地方性知识研究中心，2007年更为现名。2007年12月省教育厅批准为贵州省高等学校人文社会科学研究基地。基地下设苗族侗族文化博物馆和锦屏文书研究室。基地由办公室、资料室、博物馆组成，场地面积为1400平方米。学校每年确保投入基地工作经费10万元以上，从2007年至今学校共投入基地建设与工作经费约150万元。基地配主任

1名，专职副主任1名，现有专职研究人员40名，兼职研究人员17名，专职工作人员8名。基地根据要求建立了学术委员会，制定了基地发展规划、科研资助办法、工作职责及岗位职责，有效地推动了我院原生态民族文化研究与学术建设。学院聘请民间工艺大师杨文斌为我院客座教授，为学生上银饰课；聘请光德刺绣公司负责人王光德及其公司的刺绣能手为传承技能教师，为学生上刺绣课程；聘请黔东南州仰优民族工艺品有限公司负责人、蜡染传承人靳秀丽为学生上蜡染课，起到了良好的教学效果。

附录二　相关案例目录

附录三　表格目录

附录四　图片目录

参考文献

（以引用先后为序）

[1]［英］戴维·米勒：《论民族性》，刘曙辉译，译林出版社 2011 年版。

[2]［德］赫尔曼·施赖贝尔：《羞耻心的文化史——从缠腰布到比基尼》，辛进译，生活·读书·新知三联书店 1988 年版。

[3] 吴泽霖、陈国钧：《贵州苗夷社会研究》，民族出版社 2004 年版。

[4] 管彦波：《民族地理学》，社会科学文献出版社 2011 年版。

[5] 李当岐：《服装学概论》，高等教育出版社 1998 年版。

[6] 龙海清：《苗族族名及自称考释》，《贵州民族研究》1983 年第 4 期。

[7] 石德富：《苗瑶民族的自称及其演变》，《民族语文》2004 年第 6 期。

[8] 吕思勉：《中华民族源流史》，九州出版社 2009 年版。

[9] 杨庭硕：《人群代码的历史过程——以苗族族名为例》，贵州人民出版社 1998 年版。

[10]（唐）樊绰：《蛮书》，文渊阁四库全书，卷十，1776（清乾隆四十一年）。

[11] 贵州省统计局、国家统计局贵州调查总队：《贵州统计年鉴 2013》，中国统计出版社 2013 年版。

[12]（明）李贤等：《大明一统志》，三秦出版社 1990 年版，第 1350 页。

[13]（清）陆次云：《峒溪纤志》，胡思敬《问影楼舆地丛书第一集》，胡思敬，1908（清光绪三十四年）。

[14]［日］鸟居龙藏：《苗族调查报告》，国立编译馆译，贵州大学出版社 2009 年版。

[15] 张中奎：《改土归流与苗疆再造：清代“新疆六厅”的王化进程及

其社会文化变迁》，中国社会科学出版社 2012 年版。

[16] 中国科学院民族研究所、贵州少数民族社会历史调查组：《侗族简史简志合编》（内部资料），1963 年。

[17] 石林：《侗台语的分化年代探析》，《贵州民族研究》（季刊）1997 年第 2 期。

[18] 王炳江、史梦薇：《侗水语分化的语言年代学考察》，《法制与社会》2010 年第 8 期。

[19] 梁敏、张均如：《侗台语言的系属和有关民族的源流》，《语言研究》2006 年第 26 卷第 4 期。

[20] 阿伍：《侗族的族称》，《贵州民族研究》（季刊）2003 年第 4 期。

[21] 吴世华：《侗族原始支系初探》，《贵州民族研究》（季刊）1988 年第 2 期。

[22] 张民：《探侗族自称的来源和内涵》，《贵州民族研究》（季刊）1995 年第 1 期。

[23] 张民：《关于侗族族源的探讨与商榷》，《民族论坛》1992 年第 2 期。

[24] 张民：《侗族史研究述评》，《贵州民族研究》（季刊）1987 年第 3 期。

[25]（宋）陆游：《老学庵笔记》，中华书局 1979 年版。

[26] 潘永荣、石锦宏：《侗汉常用词典》，贵州民族出版社 2008 年版。

[27] 杨友桂：《侗族族称族源新议》，《怀化师专学报》1992 年第 11 卷第 4 期。

[28] 周宏伟：《释“洞庭”及其相关问题》，《中国历史地理论丛》2010 年第 25 卷第 3 期。

[29] 王立霞：《唐代羁縻府州内部结构及其相关问题》，《江西社会科学》2007 年第 12 期。

[30]（后晋）刘昫：《旧唐书》，中华书局 1975 年版。

[31]（宋）范成大：《桂海虞衡志》，中华书局 2002 年版。

[32] 贵州省国土资源厅：《贵州民族》，http：//www.gzgtzy.gov.cn/Html/2008/08/05/20080805_8419047_6755.html。

[33] 贵州省国土资源厅：《黔东南州》，http：//www.gzgtzy.gov.cn/Ht-

ml/2008/08/05/20080805_ 8419088_ 6771. html。
[34] 谭其骧：《中国历史地图集第七册：元、明时期》，中国地图出版社1996年重印。
[35] 国立故宫博物院编辑委员会：《宫中档雍正朝奏折》（第9卷），（台北）“国立”故宫博物院1979年版。
[36] 史继忠：《贵州汉族移民考》，《贵州文史丛刊》1990年第1期。
[37] 中国第一历史档案馆、中国人民大学清史研究所、贵州省档案馆：《清代前期苗民起义档案史料汇编》（上册），光明日报出版社1987年版。
[38] 国立故宫博物院编辑委员会：《宫中档雍正朝奏折》（第24卷），（台北）“国立”故宫博物院1979年版。
[39] [美] 大卫·费特曼：《民族志：步步深入》，龚建华译，重庆大学出版社2007年版。
[40] 张肖梅：《贵州经济》，中国国民经济研究所，1939年。
[41] (清)傅恒：《皇清职贡图》，吉林出版集团有限责任公司2005年版。
[42] 佚名：《黔省诸苗全图》，写本，早稻田大学图书馆藏。
[43] 佚名：《蛮苗图说》，写本，早稻田大学图书馆藏。
[44] 佚名：《苗人图》，刻本，早稻田大学图书馆藏。
[45] 中国民族博物馆编：《中国苗族服饰研究》，民族出版社2004年版。
[46] 江碧贞、方绍能：《苗族服饰图志——黔东南》，（台北）辅仁大学织品服装研究所，2000年。
[47] 杨鹍国：《苗族服饰——符号与象征》，贵州人民出版社1997年版。
[48] 席克定：《苗族妇女服装研究》，贵州民族出版社2005年版。
[49] 杨正文：《鸟纹羽衣——苗族服饰及其制作技艺考察》，四川人民出版社2003年版。
[50] 张柏如：《侗族服饰艺术探秘》，（台北）汉声出版社1994年版。
[51] 刘太安：《中国雷山苗族服饰》，民族出版社2004年版。
[52] 安丽哲：《符号·性别·遗产——苗族服饰的艺术人类学研究》，知识产权出版社2010年版。
[53] 贺琛：《苗族蜡染》，云南大学出版社2006年版。

[54] 黎焰：《苗族女装结构》，云南大学出版社 2006 年版。
[55] 王彦：《侗族织绣》，云南大学出版社 2006 年版。
[56] 苏玲：《侗族亮布》，云南大学出版社 2006 年版。
[57] 杨庭硕、潘盛之：《百苗图抄本汇编》，贵州人民出版社 2004 年版。
[58] 刘锋：《百苗图疏证》，民族出版社 2004 年版。
[59] 李德龙：《黔南苗蛮图说研究》，中央民族大学出版社 2008 年版。
[60] 席克定：《试论苗族妇女服装的类型、演变和时代》，《贵州苗族研究》1998 年第 1 期。
[61] 黎焰、杨源：《近现代贵州苗族服饰文化的变迁》，《湛江师范学院学报》2006 年第 1 期。
[62] 傅安辉：《侗族服饰的历史流变》，《黔东南民族师范高等专科学校学报》2003 年第 21 卷第 2 期。
[63] 李汉林：《论黔东方言区苗族服饰文化与其生境关系研究》，《贵州民族学院学报》（哲学社会科学版）2001 年第 2 期。
[64] 何武：《苗族服饰的“规则性”及其情感寄托》，《贵州民族研究》2008 年第 2 期。
[65] 崔岩：《动物纹样在黔东南苗族服饰中的符号学意义》，《装饰》2006 年第 2 期。
[66] 丁朝北：《黔南苗族服饰试论》，《贵州民族研究》（季刊）1988 年第 3 期。
[67] 许凡、赵晶、阳献东：《符号与象征——黔东南少数民族刺绣纹样的精神意涵》，《轻纺工业与技术》2013 年第 2 期。
[68] 王清敏：《黔东南苗族服饰图案探微》，《贵阳学院学报》（社会科学版）2009 年第 4 期。
[69] 石林：《从江苗族着装习俗》，《百科知识》1996 年第 4 期。
[70] 王绿竹：《贵州蜡染艺术浅论》，《贵州文史丛刊》2008 年第 4 期。
[71] 陈默溪：《贵州苗族戳纱绣探胜》，《贵州民族研究》（季刊）1998 年第 3 期。
[72] 陈明春：《论苗装图式的美学内涵》，《黔东南民族师范高等专科学校学报》2006 年第 24 卷第 4 期。
[73] 许星、廖军：《黔东南岜沙苗族服饰研究》，《南京艺术学院学报》

（美术与设计版）2010 年第 4 期。
[74] 李建萍：《从江县小黄侗寨的织染工艺与民俗》，《古今农业》2007 年第 1 期。
[75] 黄玉冰：《西江苗族刺绣的色彩特征》，《丝绸》2009 年第 2 期。
[76] 陈宁康、傅木兰：《贵州少数民族挑花》，《贵州文史丛刊》1984 年第 3 期。
[77] 张泰明：《苗族刺绣的历史踪迹》，《贵州民族研究》（季刊）1995 年第 1 期。
[78] 冯洁、冯涛：《侗族面料工艺研究》，《四川丝绸》2008 年第 3 期。
[79] 姚作舟、沈磊：《黔东南苗族刺绣的基本特征》，《贵州大学学报》（艺术版）2009 年第 4 期。
[80] 陈雪英：《贵州雷山西江苗族服饰文化传承与教育功能》，《民族教育研究》2009 年第 20 卷第 1 期。
[81] 刘孝蓉：《贵州民族工艺品传承与旅游商品开发探讨——以台江县施洞镇银饰、刺绣为例》，《贵州师范大学学报》（自然科学版）2008 年第 26 期增刊。
[82] 吴春兰：《论苗族妇女在服饰民俗旅游中的作用——以黔东南苗族侗族自治州剑河县革东镇为例》，《凯里学院学报》2002 年第 30 卷第 1 期。
[83] 曾祥慧：《试析黔东南苗族服饰的文化整合》，《贵州民族研究》2010 年第 3 期。
[84] 杨晓辉：《贵州民间蜡染概述》，《贵州大学学报》（艺术版）2008 年第 22 卷第 3 期。
[85] 吴海燕、但文红：《黔东南地区苗族妇女传统服饰文化保护研究》，《贵州师范大学学报》（自然科学版）2011 年第 29 卷第 1 期。
[86] 龙叶先：《苗族刺绣文化的现代传承分析》，《贵阳学院学报》（社会科学版）2006 年第 3 期。
[87] 芶菊兰、陈立生：《贵州西江苗族服饰的发展和时尚化研究》，《贵州民族研究》2004 年第 24 卷第 2 期。
[88] 杨正文：《黔东南苗族传统服饰及工艺市场化状况调查》，《贵州民族研究》2005 年第 25 卷第 3 期。

[89] 王爱青：《台江县学校教育传承中苗族服饰文化现状考察》，《凯里学院学报》2009 年第 1 期。
[90] 龙叶先：《苗族刺绣工艺传承的教育人类学研究》，中央民族大学硕士论文，2005 年。
[91] 蒋怡敏：《苗族服饰图案在数字插画中的应用与研究》，东华大学硕士论文，2011 年。
[92] 骆醒妹：《黔东南西江镇苗族刺绣图案的艺术研究》，中央民族大学硕士论文，2012 年。
[93] 李晖：《黔东南苗族服饰中传统动、植物图案的应用研究》，中南民族大学硕士论文，2010 年。
[94] 刘天勇：《贵州苗族服饰符号语义及研究价值》，四川美术学院硕士论文，2005 年。
[95] 李亚洁：《黔东南苗族服饰色彩研究》，北京服装学院硕士论文，2009 年。
[96] 李丹：《云南苗族服饰图案艺术研究》，昆明理工大学硕士论文，2006 年。
[97] 史晖：《国外苗图收藏与研究》，中央民族大学硕士论文，2009 年。
[98] 申卉芪：《论苗族传统服饰图案的现代应用》，中央民族大学博士论文，2005 年。
[99] 陈雪英：《西江苗族“换装”礼仪的教育诠释》，西南大学博士论文，2009 年。
[100] 王良范：《千家苗寨：西江苗人的日常生活》，贵州人民出版社 2013 年版。
[101] 李当岐：《西洋服装史》，高等教育出版社 1998 年版。
[102] （清）严如熤：《苗防备览》，刻本，绍义堂，1843（清道光二十三年）。
[103] （明）吴敬所、（汉）伶玄：《国色天香赵飞燕外传》（外二种），吉林文史出版社 1999 年版。
[104] （清）李宗昉：《黔记》，商务印书馆 1936 年版。
[105] 龙光茂：《中国苗族服饰文化》，外文出版社 1994 年版。
[106] 黄能馥、陈娟娟：《中国服装史》，中国旅游出版社 1995 年版。

［107］管彦波：《中国西南民族社会生活史》，黑龙江人民出版社 2005 年版。
［108］杨玉林：《侗乡风情》，贵州民族出版社 2005 年版。
［109］翁家烈、姬龙安：《中国苗族风情录》，贵州民族出版社 2002 年版。
［110］贵州省编写组：《苗族社会历史调查》（二），贵州民族出版社 1987 年版。
［111］中国当代文学研究会少数民族文学分会：《少数民族民俗资料》（第二集上册），1981 年。
［112］韦荣慧：《西江千户苗寨历史与文化》，中央民族大学出版社 2006 年版。
［113］杨文章、杨文斌、龙鼎天：《中国苗族银匠村——控拜》（内部资料）。
［114］刘锋：《侗族：贵州黎平县九龙村调查》，云南大学出版社 2004 年版。
［115］（清）爱必达：《黔南识略》，《中国地方志集成·贵州府县志辑》（第 5 册），巴蜀书社 2006 年版。
［116］（清）黄应培：《道光凤凰厅志》，《中国地方志集成·湖南府县志辑》（第 72 册），江苏古籍出版社 2002 年版。
［117］（南朝梁）任昉：《述异记》，中华书局 1931 年版。
［118］张晓松：《草根绝唱》，广西师范大学出版社 2004 年版。
［119］郎德苗寨博物馆：《郎德苗寨博物馆》，文物出版社 2007 年版。
［120］管彦波：《文化与艺术——中国少数民族头饰文化研究》，中国经济出版社 2002 年版。
［121］吴仕忠：《中国苗族服饰图志》，贵州人民出版社 2000 年版。
［122］高春明：《中国服饰名物考》，上海文化出版社 2001 年版。
［123］潘定智：《从苗族民间传承文化看蚩尤与苗族文化精神》，《贵州民族学院学报》（社会科学版）1996 年第 4 期。
［124］雷梦水、潘超、孙忠铨等：《中华竹枝词》（五），北京古籍出版社 1997 年版。
［125］［德］格罗赛：《艺术的起源》，商务印书馆 1984 年版。

[126] 尹红：《黔东南苗绣艺术中的原逻辑思维》，《艺术探索》（广西艺术学院学报）2005 年第 19 卷第 2 期。

[127] 辅仁大学织品服装研究所中华服饰文化中心：《苗族纹饰》，（台北）辅仁大学出版社 1993 年版。

[128] 马学良、今旦：《苗族史诗》，中国民间文艺出版社 1983 年版。

[129] 钟茂兰：《民间染织美术》，中国纺织出版社 2002 年版。

[130]（晋）嵇含：《南方草木状》，上海古籍出版社，汉魏六朝笔记小说大观，上海古籍出版社 1999 年版。

[131] 佚名：《山海经校注》，袁珂校注，上海古籍出版社 1980 年版。

[132] [英] J. G. 弗雷泽：《金枝》，徐育新、汪培基、张泽石译，新世界出版社 2006 年版。

[133] 肖绍菊：《苗族服饰的数学因素挖掘及其数学美》，《贵州民族研究》2008 年第 28 卷第 6 期。

[134] [日] 鸟丸知子：《一针一线：贵州苗族服饰手工艺》，蒋玉秋译，中国纺织出版社 2011 年版。

[135] 吴安丽：《黔东南苗族侗族服饰及蜡染艺术》，电子科技大学出版社 2009 年版。

[136] 杨通山：《侗乡风情录》，四川民族出版社 1983 年版。

[137]（汉）许慎：《说文解字》，中华书局 1978 年版。

[138] 廖君湘：《侗族传统社会过程与社会生活》，民族出版社 2005 年版。

[139]（晋）张华：《博物志校证》，范宁校证，中华书局 1980 年版。

[140] 三江县民委：《三江侗族自治县民族志》，广西人民出版社 1989 年版。

[141] 吴浩：《中国侗族村寨文化》，民族出版社 2004 年版。

[142] 刘芝凤：《中国侗族民俗与稻作文化》，人民出版社 1999 年版。

[143] 杨筑慧：《侗族风俗志》，中央民族大学出版社 2006 年版。

[144] 王慧琴：《苗族女性文化》，北京大学出版社 1995 年版。

[145] 张力军、肖克军：《小黄侗族民俗——博物馆在非物质文化遗产保护中的理论研究与实践》，中国农业出版社 2008 年版。

[146] 中国社会科学院民族研究所贵州少数民族社会历史调查组，中国科学院贵州分院民族研究所：《贵州省剑河县久仰乡必下寨苗族社会调查资料》（内部参考资料），1964 年。

[147] 曹端波、傅慧平、马静：《贵州东部高地苗族的婚姻、市场与文化》，知识产权出版社 2013 年版。

[148] 夏纬瑛：《夏小正经文校释》，农业出版社 1981 年版。

[149] 周振甫，译注：《诗经译注》，中华书局 2002 年版。

[150] （清）王先谦：《荀子集解》，中华书局 1988 年版。

[151] （北朝魏）贾思勰：《齐民要术校释》，缪启愉校释，中国农业出版社 1998 年版。

[152] （明）李时珍：《本草纲目新校注本》，刘衡如、刘山永校注，华夏出版社 2008 年版。

[153] （明）宋应星：《天工开物译注》，潘吉星译注，上海古籍出版社 1998 年版。

[154] （清）俞渭：《光绪黎平府志》，刻本，黎平府志局，1892（清光绪十八年）。

[155] （宋）戴侗：《六书故》，上海社会科学院出版社 2006 年版。

[156] （汉）刘熙：《释名》，中华书局 1985 年版。

[157] （清）蔡宗建：《镇远府志》，刻本，1789（清乾隆五十四年）。

[158] （清）敬文：《铜仁府志》，刻本，1824（清道光四年）。

[159] （清）郑珍、莫友芝：《遵义府志》，遵义市志编纂委员会办公室，1984 年。

[160] 雷山县文化体育局：《雷山苗族非物质文化遗产申报文本专辑》，中央民族大学出版社 2010 年版。

[161] ［日］鸟丸贞惠：《SPIRITUAL FABRIC—— 20 Years of Textile Research among the Miao People of Guizhou, China》（织就岁月的人们——中国贵州苗族染织探访 20 年），西日本新闻社 2006 年版。

[162] （唐）李延寿：《北史》，中华书局 1974 年版。

[163] （明）郭子章：《黔记》，书目文献出版社 1997 年版。

[164] （清）田雯：《黔书》，中华书局 1985 年版。

[165]（清）张澍：《续黔书》，（台北）成文出版社 1967 年版。

[166]（唐）慧琳：《一切经音义》，刻本，欂桑雒东狮谷白莲社，1737（日本元文二年），https：//www. digital. archives. go. jp/DAS/meta/MetSearch. cgi? DEF_XSL = default&IS_KIND = summary_normal&IS_SCH = META&IS_STYLE = default&IS_TYPE = meta&DB_ID = G9100001EXTERNAL&GRP_ID = G9100001&IS_SORT_FLD = &IS_SORT_KND = &IS_START = 1&IS_TAG_S1 = fpid&IS_CND_S1 = ALL&IS_KEY_S1 = F1000000000000103707&IS_NUMBER = 100&ON_LYD = on&IS_EXTSCH = F9999999999999900000% 2BF2009121017025600406% 2BF2005031812174403109% 2BF2008112110371121713% 2BF1000000000000103707&IS_DATA_TYPE = &IS_LYD_DIV = &LIST_TYPE = default&IS_ORG_ID = F1000000000000103707&CAT_XML_FLG = on.

[167] 贺琛、杨文斌：《贵州蜡染》，苏州大学出版社 2009 年版。

[168] 杨再伟：《贵州民间美术概论》，云南美术出版社 2009 年版。

[169] 吴育标、冯国荣：《西江千户苗寨研究》，人民出版社 2014 年版。

[170] 中国科学院民族研究所少数民族社会历史调查组、中国科学院贵州分院民族研究所：《贵州省赫章县海确寨苗族社会历史调查资料》（内部资料），1964 年。

[171] 周梦：《黔东南苗族侗族女性服饰文化比较研究》，中国社会科学出版社 2011 年版。

[172] 朱光潜：《西方美学史》，人民文学出版社 1964 年版。

[173] 宋蜀华、白振声：《民族学理论与方法》，中央民族大学出版社 1998 年版。

[174] 朱慧珍：《苗族与侗族审美比较研究》，《贵州民族研究》1998 年第 4 期。

[175] [英] 鲍桑葵：《美学史》，张今译，广西师范大学出版社 2001 年版。

[176] 宗白华：《美学漫步》，上海人民出版社 1981 年版。

[177] [美] 凡勃伦：《有闲阶级论》，蔡受百译，商务印书馆 1964

年版。
[178] 徐赣丽:《当代节日传统的保护与政府管理——以贵州台江姊妹节为例》,《西北民族研究》2005 年第 2 期。
[179] 贵州省文化厅群文处、贵州省群众文化学会:《贵州少数民族节日大观》,贵州民族出版社 1991 年版。
[180] 张永祥、许士仁:《苗汉词典》(黔东方言),贵州民族出版社 1990 年版。
[181] (清)李台:《嘉庆黄平州志》,《中国地方志集成·贵州府县志辑》(第 20 册),巴蜀书社 2006 年版。
[182] 杨玉林:《侗乡风情》,贵州民族出版社 2005 年版。
[183] 吴秋林:《美神的眼睛——高坡苗族背牌文化诠释》,贵州人民出版社 2001 年版。
[184] 周大鸣:《文化人类学概论》,中山大学出版社 2009 年版。
[185] 黔东南苗族侗族自治州文化局:《民族世俗艺术研究》,贵州民族出版社 1993 年版。
[186] 曾祥慧:《超越传统的认知——试论黔东南苗族服饰的知识性》,载余正生《苗族文化发展凯里共识》,中国言实出版社 2013 年版。
[187] 梁启超:《什么是文化》,《学灯》1922 年 12 月 9 日。
[188] [法] 列维·布留尔:《原始思维》,丁由译,商务印书馆 1997 年版。
[189] 中国社会科学院语言研究所词典编辑室:《现代汉语词典》(第 7 版),商务印书馆 2016 年版。
[190] [英] 拉德克利夫—布朗:《安达曼岛人》,梁粤译,广西师范大学出版社 2005 年版。
[191] 田鲁:《艺苑奇葩——苗族刺绣艺术解读》,合肥工业大学出版社 2006 年版。
[192] 伍新福:《中国苗族通史》,贵州民族出版社 1999 年版。
[193] 罗义群:《苗族文化与屈赋》,中央民族大学出版社 1997 年版。
[194] 石德富:《"妹榜妹留"新解》,《贵州社会科学》2008 年第 8 期。
[195] 段宝林:《蚩尤考》,《民族文学研究》1998 年第 4 期。

[196] （汉）司马迁：《史记·五帝本纪》，中华书局1963年版。
[197] 吴晓东：《西部苗族史诗并非有关蚩尤的口碑史》，《民族文学研究》2003年第3期。
[198] 吴晓东：《西部苗族史诗并非有关蚩尤的口碑史》，《民族文学研究》2003年第3期。
[199] 杨宏远、姜永能：《山水相伴的家园——榕江》，贵州人民出版社2006年版。
[200] 吴正彪：《蚩尤神话和苗族风俗浅谈》，《黔南民族师专学报》1999年第4期。
[201] （南朝宋）范晔：《后汉书》，中华书局1973年版。
[202] 邓启耀：《衣装秘语——中国民族服饰文化象征》，四川人民出版社2005年版。
[203] 宋兆麟：《雷山苗族的招龙仪式》，《世界宗教研究》1983年第3期。
[204] 杨保愿：《侗族萨神系神话正误之辩析》，载中国少数民族文学学会《神话新探》，贵州人民出版社1986年版。
[205] 陈维刚：《广西侗族的蛇图腾崇拜》，《广西民族学院学报》1982年第4期。
[206] 潘志成：《从江县占里侗寨当代婚育习惯法考察》，《湘潭大学学报》（哲学社会科学版）2008年第2期。
[207] ［英］布罗尼斯拉夫·马林诺夫斯基：《西太平洋上的航海者》，张云江译，中国社会科学出版社2009年版。
[208] 何积全：《苗族文化研究》，贵州人民出版社1999年版。
[209] 贵州世居民族研究中心：《贵州世居民族研究》，贵州民族出版社2004年版。
[210]《贵州民族报》1997年3月6日，第3版，杨玉林：《侗乡风情》，贵州民族出版社2005年版。
[211] McDermott, R. P., and Church, J. 1976. Making sense and feeling good: The ethnography of communication and identity work. Communication 2: 121 – 142.

[212] Lowe, E. D., and Lowe, J. W. G. 1985. Qunantitative analysis of women's dress. InM. R. Solomon, ed. The psychology of fashion,, p202 –205. Lexington, MA: Lexington Books.

[213] 张永发:《中国苗族服饰研究》,民族出版社2004年版。

[214] [法] 萨维纳:《苗族史》,肖风译,贵州大学出版社2009年版。

[215] 林耀华:《从书斋到田野》,中央民族大学出版社2000年版。

[216] 何星亮:《非物质文化遗产保护与民族文化现代化》,载杨源、何星亮《民族服饰与文化遗产研究》,云南大学出版社2005年版。

[217] 邓光华:《回顾与展望——贵州民族文化与研究》,中央文献出版社2001年版。

[218] 韩小兵:《中国少数民族非物质文化遗产法律保护基本问题研究》,中央民族大学出版社2011年版。

[219] 姚丽娟、石开忠:《侗族地区的社会变迁》,中央民族大学出版社2005年版。

[220] 费孝通:《乡土中国生育制度》,北京大学出版社1998年版。

[221] 金星华、张晓明、兰智奇:《中国少数民族文化发展报告》(2008),民族出版社2009年版。

[222] 申茂平:《贵州非物质文化遗产研究》,知识产权出版社2009年版。

[223] 祁庆富:《论非物质文化遗产保护中的传承与传承人》,载郝苏民《文化·抢救·保护非物质文化遗产——西北各民族在行动》,民族出版社2006年版。

[224] [美] 阿尔夫·托夫勒:《第三次浪潮》,朱志焱、潘琪、张焱译,生活·读书·新知三联书店1983年版。

[225] 陈丹:《台江倾力打造苗族传统文化产业》,《贵州日报》2007年8月20日。

[226] Pelto, P, J (1970). Anthropological research: The structure of inquiry. NewYork: Harper&Row.

[227] 高婕:《苗族服饰的传统文化功能及其在当代旅游场域中的变迁》,

中国博物馆协会第六届会员代表大会暨服装博物馆专业委员会:《服装历史文化技术与发展论文集》(艺术与设计增刊),艺术与设计,2014年。

后　　记

金秋十月，紫竹院的修竹依然青翠、银杏树已是一片金黄，《贵州苗族侗族女性传统服饰传承研究》终于完稿，我不禁思绪万千：与贵州苗族侗族女性传统服饰结缘到书稿的完成，中间竟然过去了整整十个春秋。这十年，是我对贵州苗族侗族女性传统服饰从见而钟情到沉浸其中的十年，也是伴随着我从青葱岁月进入中年的十年。

贵州是一片神奇的土地，它的山山水水和各民族同胞独特的审美创造令人惊叹，其中的民族传统服饰更是绚丽多彩。特别需要指出的是，对贵州苗族侗族女性传统服饰的传承要立足“传统”与“现代”两个层面：一是保护它最为“传统”的“样貌”，这其中包括对它的外观、组成、图案、色彩、材质等要素以及其背后的服饰文化的忠实记录与细致研究，在此过程中，“动态穿着文化”是其中不可或缺的重要部分；此外，建立在民族学与服饰学交叉研究背景下的“民族传统服饰田野调查”是研究的基础，对于这两方面内容，本书作了较为系统的梳理。二是社会在前进、文化在前行，我们研究民族传统服饰的目的之一在于使之有机的融入到更为广阔的现代社会，古为今用、推陈出新，创造出崭新的具有中国特色的民族服饰文化，本书也为此提出一些可供参考的实现途径。

在书稿的写作过程中，总有一些幸运伴随着我：比如在前期的资料收集过程中，看到《苗族服饰图志——黔东南》一书，有了想采访其作者的念头，后来经过辗转联系，结识了其作者台湾的江碧贞女士，通过电话与邮件等形式，江女士对她和方绍能先生对黔东南苗族服饰的探访经历娓娓道来，鲜活而生动。也是在收集资料时，看到《侗族服饰艺术探秘》一书，想要采访其作者，却发现张柏如先生已经作古，遗憾之余于网上偶见售卖张先生的手写信札，顺利购得之后，发现这封与友人的手书信件不仅附有张先生的名片，还谈到了他写此书的经历。这些机缘巧合似乎在冥冥中鼓舞并助力我前行。

此书得以顺利完稿，我要真诚感谢：

全国哲学社会科学规划办公室对本项目的立项资助，使得本书得以付梓；五位匿名评审专家对我研究的肯定，并提出了中肯的建议；中央民族大学良好的研究环境和民大美术学院领导一直以来对我教学科研工作的支持；责编王茵博士在书稿的完成过程中给予我的帮助与鼓励。

李克瑜教授、华梅教授、杨筑慧教授、杨源教授、张锦华教授、杨文斌先生与江碧贞女士在百忙之中接受我的采访，从各自不同的角度和我分享了他们对民族传统服饰传承的看法，为本书增色；管彦波教授的启发与指导拓宽了我的研究思路；日本独立学者鸟丸知子（Torimaru Tomoko）博士对贵州苗族服饰技艺的研究给予了我启发。

贵州当地的朋友们，他们使得我的田野调研更趋丰富与扎实，他们是：雷山县外事办主任张海学，从江旅游局局长周志军，黄平县委宣传部常务副部长杨德，侗族学者吴世华、陆锦宏，贵州民俗民族博物馆馆长曾丽，三江侗族博物馆馆长赵东莲，太阳鼓苗侗服饰博物馆馆长杨建红，丹寨扬武民间蜡染协会会长杨芳以及李越文、刘露、潘玉珍、张艳梅、吴成、王杰、甘明盛、王春明、杨顺、杨昌元、罗新明、欧光亮、潘振森、吴国发、石振茂、唐守成、贾元两、滚合作、吴雪引、吴国莉等朋友们。还有每次调研中那些给予我各种帮助的、众多不知名的当地群众，他们的热情好客与善良淳朴将被我永远铭记在心。

我的学生韦亮菊、李金格、李晓悦、黄梓彤为本书绘制精美的服饰线描款式图；吴初夏和黄梓彤还协助我收集了部分相关资料。

此外，我还要感谢父母对我数十年如一日的深爱与包容，感谢我的先生和孩子们对我的爱与支持。他们是我前行的动力。

当然还要特别感谢勤劳、智慧、善良、美丽的贵州苗族侗族女性，她们是贵州苗族侗族传统服饰之魂，也是本书之所以成书的根本所在，她们用慧心与巧手创造与继承了精美绝伦的服饰，为我们展示了民族文化在“衣裳”这一载体之上所能展现的大美。

作为2015年第三批国家社科基金后期资助项目中唯一的民族问题研

究方向的项目，在书稿的完成过程中我常常忐忑不安，希望交上一份完美的答卷，却总有不够完善的执念，无论怎样，如果拙作能够抛砖引玉，引起更多的专家学者、服饰爱好者的关注，从而使得更多人去了解、认识、传承与弘扬贵州苗族侗族女性传统服饰，乃至中国各民族的传统服饰，那么，吾愿已足。

由于学术水平所限，书稿中难免错误与疏漏之处，希望读者不吝赐教。

周梦于 2017 秋月